# Das Ingenieurwissen: Physik

Heinz Niedrig · Martin Sternberg

# Das Ingenieurwissen: Physik

Springer Vieweg

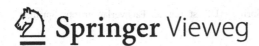

Heinz Niedrig
Technische Universität Berlin
Berlin, Deutschland

Martin Sternberg
Hochschule Bochum
Bochum, Deutschland

ISBN 978-3-642-41127-4
ISBN 978-3-642-41128-1 (eBook)
DOI 10.1007/978-3-642-41128-1

Die Deutsche Nationalbibliothek verzeichnet diese Publikation in der Deutschen Nationalbibliografie; detaillierte bibliografische Daten sind im Internet über http://dnb.d-nb.de abrufbar.

Das vorliegende Buch ist Teil des ursprünglich erschienenen Werks „HÜTTE - Das Ingenieurwissen", 34. Auflage.


Gedruckt auf säurefreiem und chlorfrei gebleichtem Papier.

Springer Vieweg ist eine Marke von Springer DE. Springer DE ist Teil der Fachverlagsgruppe Springer Science+Business Media
www.springer-vieweg.de

# Vorwort

Die HÜTTE Das Ingenieurwissen ist ein Kompendium und Nachschlagewerk für unterschiedliche Aufgabenstellungen und Verwendungen. Sie enthält in einem Band mit 17 Kapiteln alle Grundlagen des Ingenieurwissens:

- Mathematisch-naturwissenschaftliche Grundlagen
- Technologische Grundlagen
- Grundlagen für Produkte und Dienstleistungen
- Ökonomisch-rechtliche Grundlagen

Je nach ihrer Spezialisierung benötigen Ingenieure im Studium und für ihre beruflichen Aufgaben nicht alle Fachgebiete zur gleichen Zeit und in gleicher Tiefe. Beispielsweise werden Studierende der Eingangssemester, Wirtschaftsingenieure oder Mechatroniker in einer jeweils eigenen Auswahl von Kapiteln nachschlagen. Die elektronische Version der Hütte lässt das Herunterladen einzelner Kapitel bereits seit einiger Zeit zu und es wird davon in beträchtlichem Umfang Gebrauch gemacht.

Als Herausgeber begrüßen wir die Initiative des Verlages, nunmehr Einzelkapitel in Buchform anzubieten und so auf den Bedarf einzugehen. Das klassische Angebot der Gesamt-Hütte wird davon nicht betroffen sein und weiterhin bestehen bleiben. Wir wünschen uns, dass die Einzelbände als individuell wählbare Bestandteile des Ingenieurwissens ein eigenständiges, nützliches Angebot werden.

Unser herzlicher Dank gilt allen Kolleginnen und Kollegen für ihre Beiträge und den Mitarbeiterinnen und Mitarbeitern des Springer-Verlages für die sachkundige redaktionelle Betreuung sowie dem Verlag für die vorzügliche Ausstattung der Bände.

Berlin, August 2013
H. Czichos, M. Hennecke

Das vorliegende Buch ist dem Standardwerk *HÜTTE Das Ingenieurwissen 34. Auflage* entnommen. Es will einen erweiterten Leserkreis von Ingenieuren und Naturwissenschaftlern ansprechen, der nur einen Teil des gesamten Werkes für seine tägliche Arbeit braucht. Das Gesamtwerk ist im sog. Wissenskreis dargestellt.

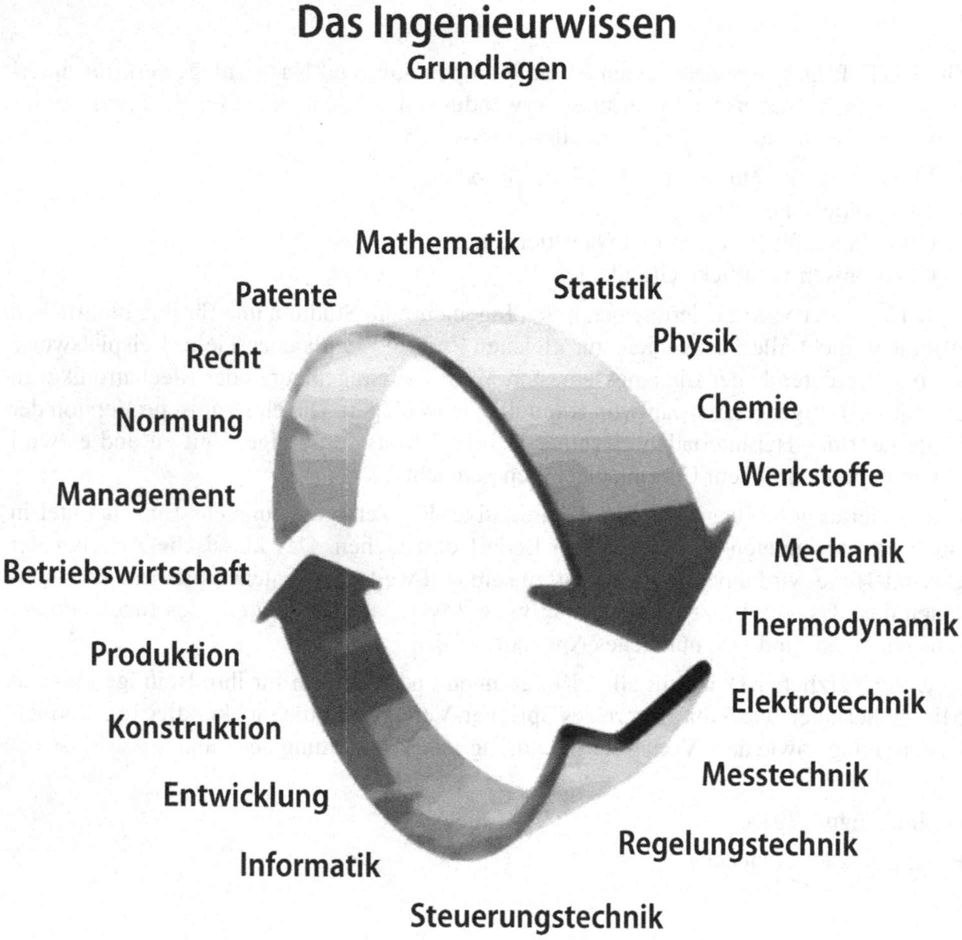

# Inhaltsverzeichnis

*Physik*

H. Niedrig, M. Sternberg

# Physik

H. Niedrig, M. Sternberg

## 0 Übersicht

Die Grundlagen der Physik wurden traditionell ungefähr entsprechend der historischen Entwicklung der einzelnen Teilgebiete dargestellt, also etwa in der Reihenfolge:

- Mechanik
- Schwingungen und Wellen
- Akustik
- Wärmelehre
- Elektrizitätslehre
- Optik
- Elektromagnetische Strahlung
- Atomphysik
- Kerne und Elementarteilchen
- Relativitätsprinzip.

In dieser Abfolge von Teilgebieten werden übergeordnete Prinzipien der Physik, wie z. B. das Feldkonzept, die vier grundlegenden Wechselwirkungsarten, oder die Wellenausbreitung, nicht sehr deutlich.
Deshalb wurde in der vorliegenden Darstellung der Physik eine andere Systematik gewählt, die – ähnlich wie in den Feynman Lectures und in den Büchern von Alonso und Finn oder von Stroppe, vgl. den Abschnitt Literatur – von nur wenigen Grundkonzepten ausgeht, und hier zu einer Gliederung in drei Teile führt:

* Teil I: Teilchen und Teilchensysteme
  - Kinematik
  - Kraft und Impuls
  - Dynamik starrer Körper
  - Statistische Mechanik – Thermodynamik
  - Transporterscheinungen
  - Hydro- und Aerodynamik
* Teil II: Wechselwirkungen und Felder
  - Gravitationswechselwirkung
  - Elektrische Wechselwirkung
  - Magnetische Wechselwirkung
  - Zeitveränderliche elektromagnetische Felder
  - Elektrische Stromkreise
  - Transport elektrischer Ladung: Leitungsmechanismen
  - Starke und schwache Wechselwirkung: Atomkerne und Elementarteilchen
* Teil III: Wellen und Quanten
  - Wellenausbreitung
  - Elektromagnetische Wellen
  - Wechselwirkung elektromagnetischer Strahlung mit Materie
  - Reflexion und Brechung, Polarisation
  - Geometrische Optik
  - Interferenz und Beugung
  - Wellenaspekte bei der optischen Abbildung
  - Materiewellen.

Hier können die systematischen Zusammenhänge in den verschiedenen Bereichen der Physik leichter als in der traditionellen Darstellung deutlich gemacht werden.
Beispielsweise werden bei der Mechanik des Massenpunktes und der Teilchensysteme in Teil I die Relativitätsprinzipe (Galilei- und Lorentz-Transformation) bereits mitbehandelt, ebenso die Schwingungen. Starre Körper, Fluide und Gase werden als Teilchensysteme aufgefasst, und die Thermodynamik wird mithilfe der kinetischen Gastheorie als statistische Mechanik dargestellt. Die Transporterscheinungen (Diffusion, Wärmeleitung, Viskosität) werden als Nichtgleichgewichtsvorgänge im Anschluss an die thermodynamischen Gleichgewichtsprozesse (Kreisprozesse) behandelt.
In Teil II werden die vier bekannten fundamentalen Wechselwirkungsarten (Gravitations-, elektromagnetische, starke und schwache Wechselwirkung) mit ihren Kraftfeldern im Zusammenhang besprochen, wobei das Schwergewicht naturgemäß bei der Elektrodynamik liegt. Die Atomstruktur wird einführend bei den elektrischen Leitungsmechanismen erläutert. Kernstruktur, -zerfall und -energiegewinnung finden

H. Niedrig, M. Sternberg, *Das Ingenieurwissen: Physik*,
DOI 10.1007/978-3-642-41128-1_1, 

sich unter dem Stichwort Starke Wechselwirkung. Die Elementarteilchensystematik wird einschließlich des Standardmodells unter dem Stichwort Schwache Wechselwirkung behandelt.
Teil III geht zunächst von der allgemeinen Beschreibung von Wellenbewegungen und der daraus resultierenden Wellengleichung aus, um dann elastische Wellen, akustische Wellen (inklusive Doppler-Prinzip) und vor allem elektromagnetische Wellen zu behandeln. Es schließen sich die Wechselwirkung elektromagnetischer Strahlung mit Materie, die Strahlungsgesetze, das Quantenkonzept des Lichtes und die Spektroskopie an bis hin zur induzierten Emission und dem Laser. Die Optik wird zunächst im Grenzfall der (unendlich) kleinen Wellenlänge betrachtet (Strahlenoptik, geometrische Optik). Der entgegengesetzte Fall führt zur Interferenz und Beugung (Huygens, Fresnel, Fraunhofer), zur Abbe'schen Mikroskoptheorie und zur Holografie. Als letzter Aspekt werden Elektronen als Materiewellen (de Broglie) betrachtet: Schrödinger-Gleichung, Elektronenbeugung und Elektronenoptik.
Dem Ganzen vorgeschaltet ist ein Abschnitt über physikalische Größen und Einheiten und das Internationale Einheitensystem, das hier durchgängig verwendet wird.

# 1 Physikalische Größen und Einheiten

*Physik* ist die Wissenschaft von den Eigenschaften, der Struktur und der Bewegung der (unbelebten) Materie, und von den Kräften oder Wechselwirkungen, die diese Eigenschaften, Strukturen und Bewegungen hervorrufen. Aufgabe der Physik ist es, solche physikalischen Vorgänge in Raum und Zeit zu verfolgen (zu beobachten) und in logische Beziehungen zueinander zu setzen. Die Sprache, in der das geschieht, ist die der Mathematik. Die Beobachtungsergebnisse müssen daher in messbaren, d. h. zahlenmäßig erfassbaren Werten (Vielfachen oder Teilen von festgelegten Einheiten) ausgedrückt werden, um physikalische Gesetzmäßigkeiten erkennen zu können. Der Vergleich mit der Einheit stellt einen *Messvorgang* dar. Er ist stets mit einem *Messfehler* verknüpft, der die Genauigkeit der Messung begrenzt.

## 1.1 Physikalische Größen

Physikalische Gesetzmäßigkeiten sind mathematische Zusammenhänge zwischen *physikalischen Größen*. Physikalische Größen $G$ kennzeichnen (im Prinzip) *messbare* Eigenschaften und Zustände von physikalischen Objekten oder Vorgängen. Sie werden ihrer Qualität nach bestimmten *Größenarten* (z. B. Länge, Zeit, Kraft, Ladung usw.) zugeordnet. Der Wert einer physikalischen Größe ist das Produkt aus einem *Zahlenwert* $\{G\}$ (früher: Maßzahl) und einer *Einheit* $[G]$ (früher: Maßeinheit):

$$G = \{G\}[G] \,. \tag{1-1}$$

Außerdem haben Größen und Einheiten eine *Dimension*, z. B. haben Kreisumfang und die Einheit Femtometer beide die Dimension Länge. Formal kann man einen Ausdruck für die Dimension aus der SI-Einheit ableiten, indem man im Potenzprodukt der Basiseinheiten diese durch die entsprechenden Basisdimensionen ersetzt.

## 1.2 Basisgrößen und -einheiten

Man unterscheidet heute zwischen Basisgrößenarten und abgeleiteten Größenarten. Letztere können als Potenzprodukte mit ganzzahligen Exponenten der Basisgrößenarten dargestellt werden (z. B. Geschwindigkeit = Länge · Zeit$^{-1}$). Welche Größenarten als Basisgrößenarten gewählt werden, ist in gewissem Maße willkürlich und geschieht nach Gesichtspunkten der Zweckmäßigkeit. In den verschiedenen Gebieten der Physik kommt man mit unterschiedlich vielen Basisgrößenarten aus (Tabelle 1-1).

## 1.3 Das Internationale Einheitensystem, Konstanten und Einheiten

Die neben den SI-Einheiten üblichen und zugelassenen Einheiten sind heute definitorisch sämtlich an das SI (Système International d'Unités) angeschlossen. Die sieben Basisgrößen und -einheiten des SI sind in Tabelle 1-2 aufgeführt. Alle anderen physikalischen Größen lassen sich als Potenzprodukte der Basisgrößen darstellen (abgeleitete Größen). Bei wichtigen abgeleiteten Größen werden die zugehörigen Po-

**Tabelle 1-1.** Schema der Basisgrößenarten, auf denen das SI basiert

| Teilgebiete der Physik | | | Anzahl der Basisgrößen |
|---|---|---|---|
| *Geometrie*: Länge $l$ | | | 1 |
| *Kinematik*: $l$, Zeit $t$ | | | 2 |
| *Dynamik*: $l$, $t$, Masse $m$ | | | 3 |
| *Elektrodynamik*: $l$, $t$, $m$, Ladung $Q$ | *Phänomenologische Thermodynamik*: $l$, $t$, $m$, Temperatur $T$ | *Atomistik*: $l$, $t$, $m$, Stoffmenge $\nu$ | 4 |
| *Elektrothermik*: $l$, $t$, $m$, $Q$, $T$ | *Statistische Physik*: $l$, $t$, $m$, $T$, $\nu$ | *Elektrische Transportphänomene*: $l$, $t$, $m$, $Q$, $\nu$ | 5 |
| *Physik der Materie*: $l$, $t$, $m$, $Q$, $T$, $\nu$ | | | 6 |

tenzprodukte der Basiseinheiten durch weitere Einheitennamen abgekürzt, z. B. für die elektrische Spannung: $\mathrm{kg} \cdot \mathrm{m}^2 \cdot \mathrm{A}^{-1} \cdot \mathrm{s}^{-3} = \mathrm{V}$ (Volt). Anstelle der sich als Basisgröße natürlich anbietenden elektrischen Ladung wird die besser messbare elektrische Stromstärke verwendet.

Definitionen der *Basiseinheiten* (in Klammern die Größenordnung der relativen Unsicherheiten der Realisierungen):

- 1 *Meter* (m) ist die Länge der Strecke, die Licht im Vakuum während der Dauer von 1/299 792 458 Sekunden durchläuft ($10^{-14}$).
- 1 *Sekunde* (s) ist das 9 192 631 770-fache der Periodendauer der dem Übergang zwischen den beiden Hyperfeinstrukturniveaus des Grundzustands von Atomen des Nuklids $^{133}$Cs entsprechenden Strahlung ($10^{-14}$).
- 1 *Kilogramm* (kg) ist die Masse des internationalen Kilogrammprototyps ($10^{-9}$).
- 1 *Ampere* (A) ist die Stärke eines zeitlich unveränderlichen Stroms, der, durch zwei im Vakuum parallel im Abstand von 1 Meter angeordnete, geradlinige, unendlich lange Leiter von vernachlässigbar kleinem kreisförmigem Querschnitt fließend, zwischen diesen Leitern je 1 Meter Leiterlänge die Kraft $2 \cdot 10^{-7}$ Newton hervorruft ($10^{-6}$).
- 1 *Kelvin* (K) ist der 273,16-te Teil der thermodynamischen Temperatur des Tripelpunktes des Wassers ($10^{-6}$).
- 1 *Mol* (mol) ist die Stoffmenge eines Systems, das aus ebenso viel Teilchen besteht, wie Atome in 0,012 Kilogramm des Kohlenstoff-Nuklids $^{12}$C enthalten sind ($10^{-6}$).
- 1 *Candela* (cd) ist die Lichtstärke in einer bestimmten Richtung einer Strahlungsquelle, die monochromatische Strahlung der Frequenz 540 THz aussendet und deren Strahlstärke in dieser Richtung 1/683 W/sr beträgt ($5 \cdot 10^{-3}$).

**Tabelle 1-2.** Basisgrößen und Basiseinheiten des SI

| Basisgröße | Basiseinheit Name | Zeichen |
|---|---|---|
| Länge | Meter | m |
| Zeit | Sekunde | s |
| Masse | Kilogramm | kg |
| elektr. Stromstärke | Ampere | A |
| Temperatur | Kelvin | K |
| Stoffmenge | Mol | mol |
| Lichtstärke | Candela | cd |

Aufgrund der Fortschritte in der Messgenauigkeit insbesondere der Zeitmessung wurde auf der XVII. Generalkonferenz für Maß und Gewicht am 20. 10. 1983 der Zahlenwert der *Vakuumlichtgeschwindigkeit* als Naturkonstante genau festgelegt:

$$c_0 = 299\,792\,458\ \mathrm{m/s}\,. \qquad (1\text{-}2)$$

Damit ist das Meter seit dieser Festlegung metrologisch von der Sekunde abhängig geworden.

Es ist Aufgabe der staatlichen Mess- und Eichlaboratorien, in der Bundesrepublik Deutschland der Physikalisch-Technischen Bundesanstalt, für die experimentelle Realisierung der Basiseinheiten in *Normalen* mit größtmöglicher Genauigkeit zu sorgen, da hiervon die Messgenauigkeiten physikalischer

**Tabelle 1-3.** Vorsätze zur Bildung dezimaler Vielfacher und Teile von Einheiten

| Faktor | Vorsatz | Vorsatzzeichen |
|---|---|---|
| $10^{24}$ | Yotta | Y |
| $10^{21}$ | Zetta | Z |
| $10^{18}$ | Exa | E |
| $10^{15}$ | Peta | P |
| $10^{12}$ | Tera | T |
| $10^{9}$ | Giga[a] | G |
| $10^{6}$ | Mega[a] | M |
| $10^{3}$ | Kilo[a] | k |
| $10^{2}$ | Hekto[b] | h |
| $10^{1}$ | Deka[b] | da |
| $10^{-1}$ | Dezi[b] | d |
| $10^{-2}$ | Zenti[b] | c |
| $10^{-3}$ | Milli | m |
| $10^{-6}$ | Mikro | µ |
| $10^{-9}$ | Nano | n |
| $10^{-12}$ | Piko | p |
| $10^{-15}$ | Femto | f |
| $10^{-18}$ | Atto | a |
| $10^{-21}$ | Zepto | z |
| $10^{-24}$ | Yocto | y |

[a] Die Vorsätze Kilo (K), Mega (M) und Giga (G) sind in der Informatik abweichend wie folgt definiert: $K = 2^{10} = 1024$, $M = 2^{20} = 1\,048\,576$, $G = 2^{30} = 1\,073\,741\,824$.

[b] Die Vorsätze c, d, da und h werden heute im Wesentlichen nur noch in folgenden 9 Einheiten angewandt: cm, dm; ha; cl, dl, hl; dt, hPa sowie (in Österreich) dag.

Beobachtungen und die Herstellungsgenauigkeiten technischer Geräte abhängen.

Zur Vervielfachung bzw. Unterteilung der Einheiten sind international vereinbarte Vorsätze und Vorsatzzeichen zu verwenden (Tabelle 1-3).

Aus der theoretischen Beschreibung der physikalischen Gesetzmäßigkeiten, d. h. der mathematischen Zusammenhänge zwischen den physikalischen Größen, ergeben sich universelle Proportionalitätskonstanten, die sog. *Naturkonstanten*, die entsprechend den Fortschritten der physikalischen Messtechnik von der CODATA Task Group on Fundamental Constants als konsistenter Satz von Naturkonstanten empfohlen und hier verwendet werden (P.J. Mohr, B.N. Taylor: CODATA Recommended Values of the Fundamental Physical Constants: 2002, http://www.physicstoday.org/guide/fundconst.pdf; Reviewed 2005 by P.J. Mohr and B.N. Taylor, Rev. Mod. Phys. **77**, 1, 2005).

In der älteren Literatur sind verschiedene andere Einheitensysteme verwendet, aus denen man manche Einheiten noch antrifft. Tabelle 1-4 enthält daher einige Umrechnungen heute ungültiger und sonstiger Einheiten.

International vereinbarte Normwerte von Kenngrößen der Erde sowie von Luft, Wasser und Sonnenstrahlung enthält Tabelle 1-5.

**Tabelle 1-4.** Einheiten außerhalb des SI

| Einheit | Einheitenzeichen, Definition, Umrechnung in das SI | Anwendung |
|---|---|---|
| *Gesetzliche Einheiten* | | |
| Gon | gon = $(\pi/200)$ rad | ebener Winkel |
| Grad | ° = $(\pi/180)$ rad | ebener Winkel |
| Minute | ′ = $(1/60)°$ | ebener Winkel |
| Sekunde | ″ = $(1/60)′$ | ebener Winkel |
| Liter | l = L = 1 dm³ = $10^{-3}$ m³ | Volumen |
| Minute | min = 60 s | Zeit |
| Stunde | h = 60 min | Zeit |
| Tag | d = 24 h | Zeit |
| Tonne | t = $10^3$ kg | Masse |
| Bar | bar ( = $10^6$ dyn/cm²) = $10^5$ Pa | Druck |
| *– mit beschränktem Anwendungsbereich* | | |
| Dioptrie | dpt = 1/m | Brechwert opt. Systeme |
| Ar | a = 100 m² [1 ha = 100 a] | Fläche von Grundstücken |
| Barn | b = $10^{-28}$ m² = 100 fm² | Wirkungsquerschnitt in der Kernphysik |

**Tabelle 1-4.** Fortsetzung

| Einheit | Einheitenzeichen, Definition, Umrechnung in das SI | | Anwendung |
|---|---|---|---|
| atomare Masseneinheit | u | = $kg/(10^3 \cdot N_A \cdot mol)$ | Masse in der |
| | | = $1{,}66053886 \cdot 10^{-27}$ kg | Atomphysik |
| metrisches Karat | (Kt = ct) | = 0,2 g | Masse von Edelsteinen |
| mm Quecksilbersäule | mmHg | = 133,322 Pa | Blutdruck in der Medizin |
| Elektronenvolt | eV | = $e \cdot (1\,V) = 1{,}60217653 \cdot 10^{-19}$ J | Energie in der Atomphysik |
| *Englische und US-amerikanische Einheiten mit verbreiteter Anwendung* | | | |
| inch (vereinheitl.) | in | = 0,0254 m | Länge |
| — imperial inch (U.K.) | imp. in | = 25,399978 mm | Länge |
| — US inch | | = (1/39,37) m = 25,4000508 mm | Länge |
| foot | ft | = 12 in = 0,3048 m | Länge |
| yard | yd | = 3 ft = 0,9144 m | Länge |
| mile | mile | = 1760 yd = 1609,344 m | Länge |
| gallon (U.K.) | imp. gallon | = $277{,}42\,in^3 = 4{,}54609\,l$ | Volumen (Hohlmaß) |
| gallon (US) | gal | = $231\,in^3$(US) = 3,7854345 l | Volumen (Hohlmaß) f. Flüss. |
| petroleum gallon (US) | ptr. gal | = $230{,}665\,in^3$(US) = 3,779949 l | Volumen von Erdöl |
| petroleum barrel (US) | ptr. bbl | = 42 ptr. gal = 158,7579 l | Volumen von Erdöl |
| pound (vereinheitl.) | lb | = 0,45359237 kg | Masse |
| ounce | oz | = (1/16) lb = 28,349523 g | Masse |
| troy ounce | ozt = oztr | = (480/7000) lb = 31,1034768 kg | Masse von Edelmetallen |
| pound-force (U.K.) | lbf | = $lb \cdot g_n = 4{,}4482216$ N | Kraft |
| horse-power (U.K.) | h.p. | = 550 ft · lbf/s = 745,700 W | Leistung |
| *International übliche SI-fremde Einheiten für besondere Gebiete* | | | |
| internationale Seemeile | sm | = 1852 m | Länge in der Seefahrt |
| international nautical air mile | NM | = NAM = 1 sm | Länge in der Luftfahrt |
| Knoten | kn | = sm/h = 1,852 km/h = $0{,}514\bar{4}$ m/s | Geschw. in der Seefahrt |
| Knoten | kt | = NM/h = $0{,}514\bar{4}$ m/s | Geschw. in der Luftfahrt |
| astronom. Einheit | AE | = $149{,}597870 \cdot 10^9$ m | Länge in der Astronomie |
| Lichtjahr | ly | = $c_0 \cdot a_{tr}(a_{tr} = 365{,}24219878\,d)$ | |
| | | = $9{,}460528 \cdot 10^{15}$ m | Länge in der Astronomie |
| Parsec | pc | = $AE/\sin 1'' = 30{,}856776 \cdot 10^{15}$ m | Länge in der Astronomie |
| *Nicht mehr gesetzliche abgeleitete CGS-Einheiten mit besonderem Namen und verwandte* | | | |
| Dyn | dyn | = $g \cdot cm/s^2 = 10^{-5}$ N | Kraft |
| Erg | erg | = $dyn \cdot cm = 10^{-7}$ J | Energie |
| Poise | P | = $g/(cm \cdot s) = 10^{-1}\,Pa \cdot s$ | dynamische Viskosität |
| Stokes | St | = $cm^2/s = 10^{-4}\,m^2/s$ | kinematische Viskosität |
| Gal | Gal | = $cm/s^2 = 10^{-2}\,m/s^2$ | Fallbeschleunigung |
| Stilb | sb | = $cd/cm^2 = 10^4\,cd/m^2$ | Leuchtdichte |
| Phot | ph | = $cd \cdot sr/cm^2 = 10^4$ lx (lux) | Beleuchtungsstärke |
| Oersted | Oe | = $(10/4\pi)A/cm = (1000/4\pi)A/m$ | magnetische Feldstärke |
| Gauß | G | = $10^{-4}$ T (Tesla) | magnetische Flussdichte |
| Maxwell | M | = $G \cdot m^2 = 10^{-8}$ Wb (Weber) | magnetischer Fluss |
| *Sonstige nicht mehr gesetzliche Einheiten* | | | |
| Kilopond | kp | = $kg \cdot g_n = 9{,}80665$ N | Kraft |
| Kalorie | cal | = $c_{H_2O} \cdot K \cdot g = 4{,}1868$ J | Wärmemenge, (Energie) |

**Tabelle 1-4.** Fortsetzung

| Einheit | Einheitenzeichen, Definition, Umrechnung in das SI | Anwendung |
|---|---|---|
| Pferdestärke | PS = 75 m · kp/s = 735,49875 W | Leistung |
| Apostilb | asb = $(10^{-4}/\pi)$ sb = $1/\pi$ cd/m$^2$ | Leuchtdichte |
| Röntgen | R = 2,58 · $10^{-4}$ C/kg | Ionendosis |
| Rad | rd = $10^{-2}$ J/kg = $10^{-2}$ Gy (Gray) | Energiedosis |
| Rem | rem = $10^{-2}$ J/kg = $10^{-2}$ Sv (Sievert) | Äquivalentdosis |
| Curie | Ci = 3,7 · $10^{10}$ s$^{-1}$ = 37 · $10^9$ Bq (Becquerel) | Aktivität eines Radionuklids |
| Ångstrom | Å = $10^{-10}$ m | Länge in der Spektroskopie und Elektronenmikroskopie |
| X-Einheit | XE = $(1{,}00202 \pm 3 \cdot 10^{-5}) \cdot 10^{-13}$ m | Länge in der Röntgenspektr. |

**Tabelle 1-5.** Genormte Werte von physikalischen Umweltdaten

| Größe (Quelle) | Formelzeichen | Wert |
|---|---|---|
| *Sonnenstrahlung* | | |
| Solarkonstante (DIN 5031-8) | $E_{e0}$ | 1,37 kW/m$^2$ |
| *Erde (Geodätisches Referenzsystem, 1980)* | | |
| Äquatorradius | $a$ | 6 378 137 m |
| Polradius | $b$ | 6 356 752 m |
| mittlerer Erdradius (der volumengleichen Kugel) | $R_E = (a^2 \cdot b)^{1/3}$ | 6 371 000 m |
| Oberfläche | $S_E$ | 510,0656 · $10^6$ km$^2$ |
| Volumen | $V_E = (4\pi/3)a^2 b$ | 1083,207 · $10^9$ km$^3$ |
| Masse | $M_E$ | 5,9742 · $10^{24}$ kg |
| Normfallbeschleunigung | $g_n$ | 9,80665 m/s$^2$ |
| Breitenabhängigkeit der Fallbeschleunigung auf NN | $g(\varphi)$ | $9{,}780327(1 + 0{,}00530244 \sin^2 \varphi - 0{,}00000582 \sin^2 2\varphi)$ |
| *Luft im Normzustand (DIN ISO 2533, basiert auf älteren Werten der Fundamentalkonstanten)* | | |
| *Normdruck* | $p_n$ | 101 325 Pa |
| *Normtemperatur* (anders DIN 1343!) | $T_n$ | 228,15 K = 15°C |
| Dichte der trockenen Luft | $\varrho_n$ | 1,225 kg/m$^3$ |
| molare Masse der trockenen Luft | $M_L = \varrho_n R T_n / p_n$ | 28,964420 kg/kmol |
| spezifische Gaskonstante der trockenen Luft | $R_L = R/M_L = p_n/(\varrho_n T_n)$ | 287,05287 J/(kg · K) |
| Schallgeschwindigkeit | $a_n = c_{a.n} = (1{,}4 p_n/\varrho_n)$ | 340,294 m/s |
| Druckskalenhöhe | $H_{pn} = p_n/(g_n \varrho_n)$ | 8434,5 m |
| mittlere freie Weglänge der Luftteilchen | $l_n$ | 66,328 nm |
| Teilchendichte | $n_n \approx n_0 T_0/T_n$ | 25,471 · $10^{24}$ m$^{-3}$ |
| mittlere Teilchengeschwindigkeit | $\bar{v}_n$ | 458,94 m/s |
| Wärmeleitfähigkeit | $\lambda_n$ | 25,383 mW/(m · K) |
| dynamische Viskosität | $\mu_n$ | 17,894 $\mu$Pa · s |
| Brechzahl (DIN 5030-1) im sichtb. Spektralber. | $n(\lambda)$ | 1,00021 ... 1,00029 |
| *Wasser* | | |
| Dichte bei 4 °C und $p_n$ (DIN 1306) | $\varrho$ | 999,972 kg/m$^3$ |
| Eispunkttemperatur bei $p_n$ | $T_0$ | 273,15 K ≙ 0 °C |
| dyn. Viskosität bei 20 °C (DIN 51 550) | $\eta$ | 1,002 mPa · s |
| Verdampfungsenthalpie bei 25 °C, spezifische –, | $r(= h_{1g})$ | 2442,5 kJ/kg |
| molare | $r_m$ | 44,002 kJ/mol |

# I. Teilchen und Teilchensysteme

In den folgenden Abschnitten 2 bis 7 werden die physikalischen Grundlagen der Mechanik dargestellt, die später in der Technischen Mechanik E im Hinblick auf technische Anwendungen spezieller behandelt werden.

## 2 Kinematik

Die *Kinematik* (Bewegungslehre) behandelt die Gesetzmäßigkeiten, die die Bewegungen von Körpern rein geometrisch beschreiben, ohne Rücksicht auf die Ursachen der Bewegung. Die die Bewegung erzeugenden bzw. dabei auftretenden Kräfte werden erst in der Dynamik behandelt. Es wird zunächst die Kinematik des Massenpunktes besprochen.
Definition des *Massenpunktes*: Der Massenpunkt ist ein idealisierter Körper, dessen gesamte Masse in einem mathematischen Punkt vereinigt ist. Jeder reelle Körper, dessen Größe und Form bei dem betrachteten physikalischen Problem ohne Einfluss bleiben, kann als Massenpunkt behandelt werden (Beispiele: Planetenbewegung, Satellitenbahnen, H-Atom). Die Lage oder der Ort eines Massenpunktes zur Zeit $t$ in einem vorgegebenen Bezugssystem (Bild 2-1) kann durch einen (bei Bewegung des Massenpunktes zeitabhängigen) *Ortsvektor*

$$\boldsymbol{r}(t) = (x(t), y(t), z(t))$$

mit

$$r(t) = |\boldsymbol{r}(t)| = \sqrt{x^2(t) + y^2(t) + z^2(t)} \qquad (2\text{-}1)$$

oder durch die entsprechenden Ortskoordinaten $x(t), y(t), z(t)$ beschrieben werden.
Kinematische Operationen: Hierunter wird die Durchführung bestimmter Bewegungsoperationen verstanden, die zu einer Veränderung der Lage ausgedehnter Körper im Raum führen (Translation, Rotation, Spiegelung). Die Lageveränderung einzelner Massenpunkte wird allein durch die Translation ausreichend beschrieben.

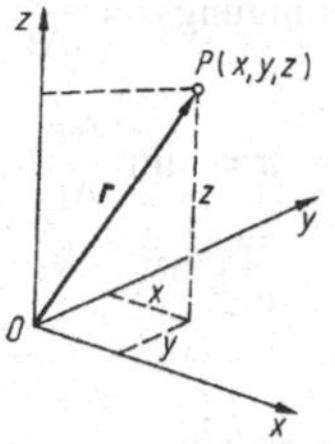


**Bild 2-1.** Ortsvektor eines Massenpunktes $P$

### 2.1 Geradlinige Bewegung

Die die geradlinige Bewegung eines Massenpunktes beschreibenden Größen sind der Weg $\boldsymbol{s}$, die Zeit $t$, die Geschwindigkeit $\boldsymbol{v}$, die Beschleunigung $\boldsymbol{a}$. Definitionen der Geschwindigkeit:

$$\text{mittlere Geschwindigkeit } \bar{\boldsymbol{v}} = \frac{\Delta \boldsymbol{s}}{\Delta t} = \frac{\Delta \boldsymbol{r}}{\Delta t}, \qquad (2\text{-}2)$$

$$\text{Momentan-geschwindigkeit} \quad \boldsymbol{v} = \lim_{\Delta t \to 0} \frac{\Delta \boldsymbol{s}}{\Delta t} = \frac{\mathrm{d}\boldsymbol{s}}{\mathrm{d}t} = \dot{\boldsymbol{s}} = \frac{\mathrm{d}\boldsymbol{r}}{\mathrm{d}t} = \dot{\boldsymbol{r}}. \qquad (2\text{-}3)$$

SI-Einheit: $[v] = \mathrm{m/s}$.

Für die *gleichförmig geradlinige Bewegung* gilt:

$$\boldsymbol{v} = \text{const}$$

Ist zum Zeitpunkt $t_0$ der Ort des Massenpunktes $\boldsymbol{s}_0$ (Bild 2-2), so ergibt sich sein Ort $\boldsymbol{s}$ zu einem späteren Zeitpunkt $t$ durch Integration von $\mathrm{d}\boldsymbol{s} = \boldsymbol{v}\mathrm{d}t$ aus (2-3):

$$\int_{s_0}^{s} \mathrm{d}\boldsymbol{s} = \int_{t_0}^{t} \boldsymbol{v}\mathrm{d}t,$$

$$\boldsymbol{s} = \boldsymbol{s}_0 + \boldsymbol{v}(t - t_0). \qquad (2\text{-}4)$$

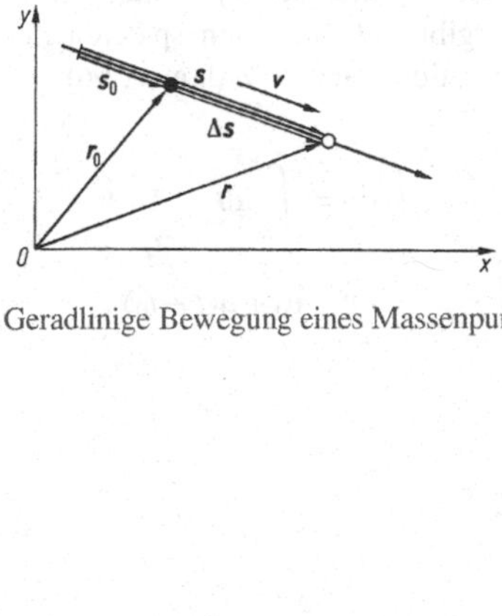


**Bild 2-2.** Geradlinige Bewegung eines Massenpunktes

Definitionen der Beschleunigung:

mittlere Beschleunigung $\bar{\boldsymbol{a}} = \frac{\Delta \boldsymbol{v}}{\Delta t}$, (2-5)

Momentanbeschleunigung
$$\boldsymbol{a} = \lim_{\Delta t \to 0} \frac{\Delta \boldsymbol{v}}{\Delta t} = \frac{\mathrm{d}\boldsymbol{v}}{\mathrm{d}t} = \dot{\boldsymbol{v}} = \frac{\mathrm{d}^2 \boldsymbol{s}}{\mathrm{d}t^2} = \ddot{\boldsymbol{s}} = \frac{\mathrm{d}^2 \boldsymbol{r}}{\mathrm{d}t^2} = \ddot{\boldsymbol{r}} \,. \tag{2-6}$$

SI-Einheit: $[a] = \mathrm{m/s^2}$.

*Verzögerung* liegt vor, wenn $a < 0$ ist, d. h. der Betrag der Geschwindigkeit mit $t$ abnimmt. Verzögerung ist also *negative Beschleunigung*.
*Bemerkung*: Für die geradlinige Bewegung ist eine skalare Schreibweise ausreichend. In der hier gewählten vektoriellen Schreibweise sind die Definitionen (2-3) und (2-6) auch für *krummlinige Bewegungen* gültig. In diesem Fall ist die Geschwindigkeitsänderung $\mathrm{d}\boldsymbol{v}$ und damit die Beschleunigung $\boldsymbol{a}$ i. Allg. nicht parallel zu $\boldsymbol{v}$ (Bild 2-3).
Sonderfälle:

a) Ändert sich nur der Geschwindigkeitsbetrag, nicht aber die Richtung, so handelt es sich um eine geradlinige Bewegung mit $\boldsymbol{a} \parallel \boldsymbol{v}$. *Bahnbeschleunigung*.
b) Ändert sich nur die Geschwindigkeitsrichtung, nicht aber der Betrag, so handelt es sich um eine krummlinige Bewegung mit $\boldsymbol{a} \perp \boldsymbol{v}$. *Normalbeschleunigung*.

Für die *gleichmäßig beschleunigte, geradlinige Bewegung* gilt

$$\boldsymbol{a} = \text{const}, \text{ Anfangsgeschwindigkeit } \boldsymbol{v}_0 \parallel \boldsymbol{a} \,.$$

Ist zum Zeitpunkt $t_0$ der Ort des Massenpunktes $s_0$ und seine Geschwindigkeit $v_0$ (Anfangsgeschwindigkeit), so ergibt sich für einen späteren Zeitpunkt $t$ durch Integration von $\mathrm{d}v = a\,\mathrm{d}t$ aus (2-6)

$$\int_{v_0}^{v} \mathrm{d}v = \int_{t_0}^{t} a\mathrm{d}t$$
$$v = v_0 + a(t - t_0)\,, \tag{2-7}$$

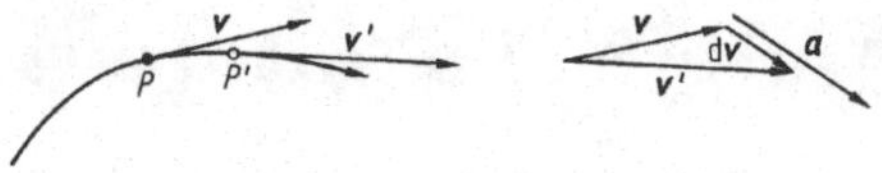


**Bild 2-3.** Änderung von Geschwindigkeitsbetrag und -richtung bei krummliniger Bewegung

und durch Integration von $\mathrm{d}s = v\mathrm{d}t$ aus (2-3)

$$\int_{s_0}^{s} \mathrm{d}s = \int_{t_0}^{t} v\mathrm{d}t = \int_{t_0}^{t} [v_0 + a(t - t_0)]\mathrm{d}t$$
$$s = s_0 + v_0(t - t_0) + \frac{a}{2}(t - t_0)^2 \,. \tag{2-8}$$

Für die Anfangswerte $s_0 = 0$ und $t_0 = 0$ folgt aus (2-7) und (2-8)

$$v = v_0 + at \tag{2-9}$$
$$s = v_0 t + \frac{a}{2}t^2 \tag{2-10}$$

und durch Elimination von $t$ aus (2-9) und (2-10)

$$v = \sqrt{v_0^2 + 2\,as}\,. \tag{2-11}$$

*Freier Fall*:
Im Schwerefeld der Erde unterliegen Massen der Fallbeschleunigung $\boldsymbol{g}$, deren Betrag in der Nähe der Erdoberfläche näherungsweise konstant etwa mit dem Wert $g = 9{,}81\ \mathrm{m/s^2}$ angesetzt werden kann (vgl. 3.2.1). Für die Fallhöhe $h$ $(= s)$ und $a = g$ folgt aus (2-9) bis (2-11)

$$v = v_0 + gt\,, \tag{2-12}$$
$$h = v_0 t + \frac{g}{2}t^2, \tag{2-13}$$
$$v = \sqrt{v_0^2 + 2gh}\,, \tag{2-14}$$

wobei $v_0$ die Fallgeschwindigkeit zur Zeit $t = 0$ ist. Dieselben Gleichungen gelten auch für den *senkrechten Wurf* nach *unten* mit der Anfangsgeschwindigkeit $v_0$.
Der *senkrechte Wurf* nach *oben* ist in der Steigphase (bis zur maximalen Steighöhe $h_{\max}$) eine gleichmäßig verzögerte Bewegung mit der Anfangsgeschwindigkeit $v_0$ und der Beschleunigung $a = -g$. Aus (2-9) bis (2-11) folgt dann:

$$v = v_0 - gt \tag{2-15}$$
$$h = v_0 t - \frac{g}{2}t^2 \tag{2-16}$$
$$v = \sqrt{v_0^2 - 2gh}\,. \tag{2-17}$$

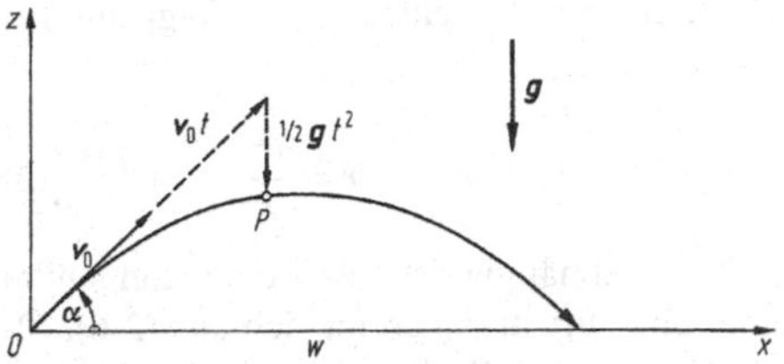


**Bild 2-4.** Schräger Wurf unter dem Winkel $\alpha$

Aus (2-17) ergibt sich die maximale Steighöhe $h_{\max}$ für $v = 0$:

$$h_{\max} = \frac{v_0^2}{2g} . \quad (2\text{-}18)$$

Aus (2-15) folgt für $v = 0$ die Steigzeit

$$t_{\mathrm{m}} = \frac{v_0}{g} . \quad (2\text{-}19)$$

*Schräger Wurf im Erdfeld*:
Die Bahnkurve $\boldsymbol{r}(t)$ beim schrägen Wurf unter dem Winkel $\alpha$ zur Horizontalen (Bild 2-4) ergibt sich analog zu (2-8) oder (2-10) aus der Vektorgleichung

$$\boldsymbol{r} = \boldsymbol{v}_0 t + \frac{\boldsymbol{g}}{2} t^2 , \quad (2\text{-}20)$$

lässt sich also interpretieren als zusammengesetzt aus zwei geradlinigen Bewegungen:

1. einer gleichförmigen Translation in Richtung der Anfangsgeschwindigkeit $\boldsymbol{v}_0$,
2. dem freien Fall in senkrechter Richtung; siehe Bild 2-4.

Aus (2-20) folgen die Koordinaten des Massenpunktes zur Zeit $t$:

$$x = v_0 t \cos\alpha$$
$$z = v_0 t \sin\alpha - \frac{g}{2} t^2 . \quad (2\text{-}21)$$

Durch Elimination von $t$ ergibt sich als Bahnkurve eine Parabel:

$$z = x \tan\alpha - \frac{g}{2 v_0^2 \cos^2\alpha} x^2 . \quad (2\text{-}22)$$

Die Wurfweite $w$ lässt sich aus der Koordinate des zweiten Schnittpunktes der Bahnkurve mit der Horizontalen berechnen:

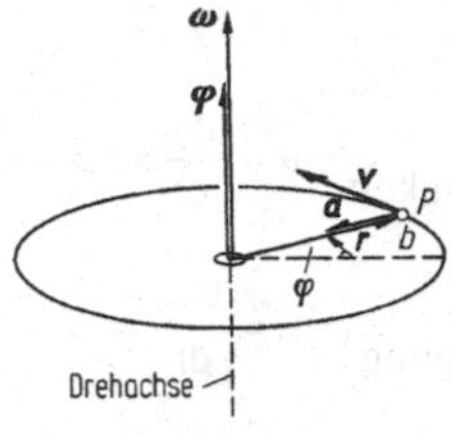


**Bild 2-5.** Gleichförmige Kreisbewegung

$$w = v_0^2 \frac{\sin 2\alpha}{g} . \quad (2\text{-}23)$$

Die maximale Wurfweite ergibt sich für $\sin 2\alpha = 1$, d. h. für $\alpha = 45°$, und beträgt

$$w_{\max} = \frac{v_0^2}{g} . \quad (2\text{-}24)$$

## 2.2 Kreisbewegung

Die die Kreisbewegung eines Massenpunktes beschreibenden Größen sind:

– der Drehwinkel $\boldsymbol{\varphi}$, die Zeit $t$, die Winkelgeschwindigkeit $\boldsymbol{\omega}$, die Winkelbeschleunigung $\boldsymbol{\alpha}$.

Diese Größen beschreiben die Kreisbewegung in analoger Weise wie die Größen Weg, Zeit, Geschwindigkeit und Beschleunigung die geradlinige Bewegung. Der Drehwinkel $\boldsymbol{\varphi}$ und die Winkelgeschwindigkeit $\boldsymbol{\omega}$ sind axiale Vektoren, die senkrecht auf der Ebene der Kreisbewegung stehen und deren Richtung sich aus der Rechtsschraubenregel in Bezug auf den Drehsinn der Bewegung ergeben (Bild 2-5). Winkelbeträge können in der Einheit Grad (°) oder im Bogenmaß (Einheit: rad) angegeben werden. Der Winkel im Bogenmaß ist definiert als die Länge des von den Winkelschenkeln eingeschlossenen Kreisbogens im Einheitskreis. Der Zusammenhang zwischen Winkel $\varphi$ im Bogenmaß, zugehöriger Bogenlänge $b$ auf einem Kreis und dessen Radius $r$ ist dann (Bild 2-5)

$$\varphi = \frac{b}{r}\,\mathrm{rad} .$$

Umrechnungen:

$$\frac{\varphi/\mathrm{rad}}{\varphi/°} = \frac{\pi}{180} , \quad 1\,\mathrm{rad} = 57{,}29\ldots° ,$$
$$1° = 0{,}01745\ldots\,\mathrm{rad} = 17{,}45\ldots\,\mathrm{mrad} .$$

Definitionen:

Winkelgeschwindigkeit $$\omega = \frac{d\varphi}{dt} = \dot{\varphi}\,, \quad (2\text{-}25)$$

Winkelbeschleunigung $$\alpha = \frac{d\omega}{dt} = \dot{\omega} = \frac{d^2\varphi}{dt^2} = \ddot{\varphi}\,. \quad (2\text{-}26)$$

SI-Einheiten:

$$[\omega] = \mathrm{rad/s} = 1/\mathrm{s}, \; [\alpha] = \mathrm{rad/s^2} = 1/\mathrm{s^2}\,.$$

Für die *gleichförmige Kreisbewegung* gilt

$$\omega = \mathrm{const}\,.$$

Ist zum Zeitpunkt $t_0$ die Lage des Massenpunktes auf der Kreisbahn durch den Winkel $\varphi_0$ gegeben, so ergibt sich seine Lage $\varphi$ zu einem späteren Zeitpunkt $t$ durch Integration von $d\varphi = \omega\, dt$ aus (2-25) zu

$$\varphi = \varphi_0 + \omega(t - t_0)\,. \quad (2\text{-}27)$$

Nennen wir die Dauer eines vollständigen Umlaufs $T$ (Umlaufzeit, Periodendauer) und die auf die Zeit bezogene Zahl der Umläufe Drehzahl (Umdrehungsfrequenz) $n$, so gelten die Zusammenhänge

$$n = \frac{1}{T} \quad \text{und} \quad \omega = 2\pi n = \frac{2\pi}{T}\,. \quad (2\text{-}28)$$

Die Winkelgeschwindigkeit $\boldsymbol{\omega}$ bei der Kreisbewegung wird auch Drehgeschwindigkeit genannt. Zwischen den Vektoren $\boldsymbol{\omega}$, $\boldsymbol{v}$ und $\boldsymbol{r}$ bei der Kreisbewegung (Ursprung von $\boldsymbol{r}$ auf der Drehachse, Bild 2-5, jedoch nicht notwendig in der Kreisebene) besteht der Zusammenhang

$$\boldsymbol{v} = \boldsymbol{\omega} \times \boldsymbol{r}\,. \quad (2\text{-}29)$$

Durch Einsetzen in (2-6) und Ausführen der Differenziation unter Beachtung von $\boldsymbol{\omega} = \mathrm{const}$ ergibt sich für die Beschleunigung bei der gleichförmigen Kreisbewegung

$$\boldsymbol{a} = \boldsymbol{\omega} \times \boldsymbol{v} = \boldsymbol{\omega} \times (\boldsymbol{\omega} \times \boldsymbol{r})\,. \quad (2\text{-}30)$$

Demnach ist $\boldsymbol{a} \parallel -\boldsymbol{r}$ (Bild 2-5), also eine reine Normalbeschleunigung ($\boldsymbol{a} \perp \boldsymbol{v}$), bei der Kreisbewegung auch *Zentripetalbeschleunigung* genannt. Für den Betrag der Zentripetalbeschleunigung folgt aus (2-29) und (2-30)

$$a = \omega v = \omega^2 r = \frac{v^2}{r}\,. \quad (2\text{-}31)$$

Wenn $\omega$ zeitabhängig ist, also eine Tangentialbeschleunigung auftritt, so ergibt sich aus (2-6), (2-26) und (2-29) für die Kreisbewegung die Gesamtbeschleunigung

$$\boldsymbol{a} = \boldsymbol{\alpha} \times \boldsymbol{r} + \boldsymbol{\omega} \times \boldsymbol{v} \quad (2\text{-}32)$$

mit der Tangentialbeschleunigung

$$\boldsymbol{a}_\mathrm{t} = \boldsymbol{\alpha} \times \boldsymbol{r} \quad (2\text{-}33)$$

und der Normalbeschleunigung

$$\boldsymbol{a}_\mathrm{n} = \boldsymbol{\omega} \times \boldsymbol{v}\,. \quad (2\text{-}34)$$

## 2.3 Gleichförmig translatorische Relativbewegung

Die Angaben der kinematischen Größen einer Bewegung gelten stets für ein vorgegebenes *Bezugssystem.* Soll die Bewegung in einem anderen Bezugssystem beschrieben werden, so müssen die kinematischen Größen umgerechnet (transformiert) werden. Ruhen beide Bezugssysteme relativ zueinander, so sind lediglich die Ortskoordinaten zu transformieren, während die zurückgelegten Wege, die Geschwindigkeiten und Beschleunigungen in beiden Systemen gleich bleiben. Das wird anders, wenn sich beide Bezugssysteme gegeneinander bewegen. Nicht beschleunigte, relativ zueinander mit konstanter Geschwindigkeit sich bewegende Bezugssysteme werden *Inertialsysteme* genannt. Ist die Relativgeschwindigkeit $v$ der beiden Inertialsysteme klein, so kann die *Galilei-Transformation* verwendet werden. Bei großer Relativgeschwindigkeit ist die *Lorentz-Transformation* zu benutzen.

### 2.3.1 Galilei-Transformation

Die Galilei-Transformation drückt das Relativitätsprinzip der klassischen Mechanik aus. Sie ist gültig, wenn für die Relativgeschwindigkeit $\boldsymbol{v} = (v_x, v_y, v_z)$ der beiden Bezugssysteme S und S′ gilt: $v \ll c_0$ ($c_0$ Vakuumlichtgeschwindigkeit).

Die Koordinaten eines betrachteten Massenpunktes P (Bild 2-6) seien durch die Ortsvektoren

$$\boldsymbol{r} = (x, y, z) \text{ im System S und}$$
$$\boldsymbol{r}' = (x', y', z') \text{ im System S}' \text{ gegeben .}$$

Das System S′ bewege sich nur in $x$-Richtung gegenüber dem System S ($v = v_x$). Zur Zeit $t = 0$ mögen sich die Ursprünge 0 und 0′ der beiden Systeme decken. Aus Bild 2-6 lässt sich die Transformation der Ortskoordinaten ablesen:

$$x' = x - vt\,,\quad y' = y\,,\quad z' = z\,. \tag{2-35}$$

Für die Zeitkoordinate wird in der klassischen Mechanik angenommen, dass in beiden Inertialsystemen die Zeit in gleicher Weise abläuft:

$$t' = t\,. \tag{2-36}$$

Zusammengefasst lautet die *Galilei-Transformation für Koordinaten*:

$$\boldsymbol{r}' = \boldsymbol{r} - \boldsymbol{v}t\,,\quad t' = t\,. \tag{2-37}$$

Die Geschwindigkeit des Massenpunktes P sei

$$\boldsymbol{u} = (u_x, u_y, u_z) \text{ im System S und}$$
$$\boldsymbol{u}' = \left(u'_x, u'_y, u'_z\right) \text{ im System S}'\,.$$

Bei Übergang von S nach S′ transformieren sich die Geschwindigkeiten im Falle der Relativgeschwindigkeit mit alleiniger $x$-Komponente (Bild 2-6) gemäß

$$u'_x = u_x - v_x\,,\quad u'_y = u_y\,,\quad u'_z = u_z\,, \tag{2-38}$$

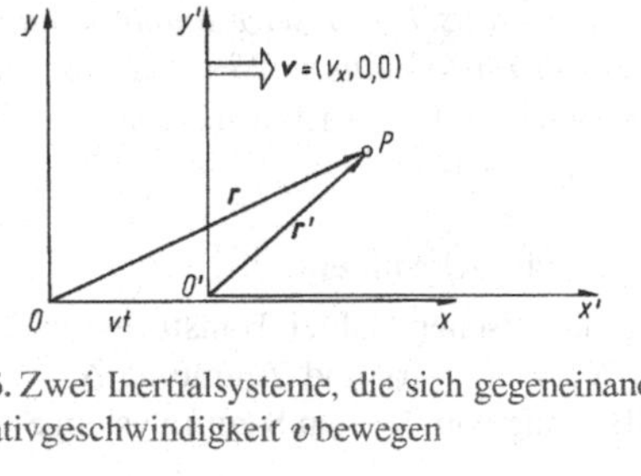


**Bild 2-6.** Zwei Inertialsysteme, die sich gegeneinander mit der Relativgeschwindigkeit $\boldsymbol{v}$ bewegen

oder zusammengefasst und allgemeiner (*Galilei-Transformation für Geschwindigkeiten*)

$$\boldsymbol{u}' = \boldsymbol{u} - \boldsymbol{v} \quad \text{bzw.} \quad \boldsymbol{u} = \boldsymbol{u}' + \boldsymbol{v}\,, \tag{2-39}$$

wie sich durch zeitliche Differenziation von (2-35) bzw. (2-37) ergibt. In der klassischen Galilei-Transformation verhalten sich also Geschwindigkeiten additiv. Sie können sich nach Betrag und Richtung ändern.
Die Beschleunigung des Massenpunktes P sei

$$\boldsymbol{a} = (a_x, a_y, a_z) \text{ im System S und}$$
$$\boldsymbol{a}' = \left(a'_x, a'_y, a'_z\right) \text{ im System S}'\,.$$

Durch Differenziation nach der Zeit folgt aus (2-38) bzw. (2-39)

$$a'_x = a_x\,,\quad a'_y = a_y\,,\quad a'_z = a_z \tag{2-40}$$

oder zusammengefasst (*Galilei-Transformation für Beschleunigungen*)

$$\boldsymbol{a}' = \boldsymbol{a}\,. \tag{2-41}$$

Die Umkehrungen der Galilei-Transformation (Transformation von S′ nach S) lauten

$$\boldsymbol{r} = \boldsymbol{r}' + \boldsymbol{v}t\,,\quad \boldsymbol{u} = \boldsymbol{u}' + \boldsymbol{v}\,,\quad \boldsymbol{a} = \boldsymbol{a}'\,. \tag{2-42}$$

Bei kleinen Relativgeschwindigkeiten ändern sich demnach die Beschleunigungen nicht, wenn von einem Inertialsystem zu einem anderen übergegangen wird. Sie sind invariant gegen die Galilei-Transformation, ebenso wie allgemein die Gesetze der klassischen Mechanik, denen das die Beschleunigung enthaltende 2. Newton'sche Axiom (vgl. 3.2) zugrundeliegt.

### 2.3.2 Lorentz-Transformation

Die Anwendung der Galilei-Transformation auf die Lichtausbreitung parallel und senkrecht zur Richtung der Relativgeschwindigkeit zweier Inertialsysteme ergibt unterschiedliche Vakuumlichtgeschwindigkeiten im gegenüber dem System S mit $v = v_x$ bewegten System S′:

$$c_0 - v \text{ bzw. } c_0 + v \quad \text{für} \quad \boldsymbol{c}_0 \parallel \boldsymbol{v} \text{ bzw. } \boldsymbol{c}_0 \parallel -\boldsymbol{v} \text{ und}$$
$$\sqrt{c_0^2 - v^2} \quad \text{für} \quad \boldsymbol{c}_0 \perp \boldsymbol{v}\,.$$

Michelson (1881) und später Morley und Miller versuchten diesen sich aus der Galilei-Transformation ergebenden Unterschied experimentell mit einem Interferometer nachzuweisen (Bild 2-7). Das Licht einer monochromatischen Lichtquelle wird durch einen halbdurchlässigen Spiegel (gestrichelt in Bild 2-7) aufgespalten und über die Wege $s_1$ oder $s_2$ geleitet. Die Teilstrahlen werden wieder zusammengeführt und interferieren im Detektor B, d. h., je nach Phasendifferenz der beiden Teilwellen verstärken bzw. schwächen diese sich. Die Phasendifferenz durch Wegunterschiede $s_2 - s_1$ ist konstant. Eine weitere Phasendifferenz könnte durch Laufzeitunterschiede infolge unterschiedlicher Ausbreitungsgeschwindigkeit des Lichtes längs $s_1$ und $s_2$ auftreten (s. o.), wenn das Interferometer z. B. in Richtung von $s_2$ bewegt wird (Bild 2-7a). Als bewegtes System hoher Geschwindigkeit benutzten sie die Erde selbst, die sich mit $v \approx 30\,\text{km/s}$ um die Sonne bewegt. Während einer Drehung des Interferometers um 90° müsste dann die Interferenzintensität sich ändern, da $s_1$ und $s_2$ gegenüber $v_{\text{Erde}}$ ihre Rollen vertauschen (Bild 2-7b).

Das *Michelson-Morley-Experiment* ergab jedoch trotz ausreichender Messempfindlichkeit, dass die Lichtgeschwindigkeit in jeder Richtung des bewegten Systems Erde im Rahmen der Messgenauigkeit gleich ist.

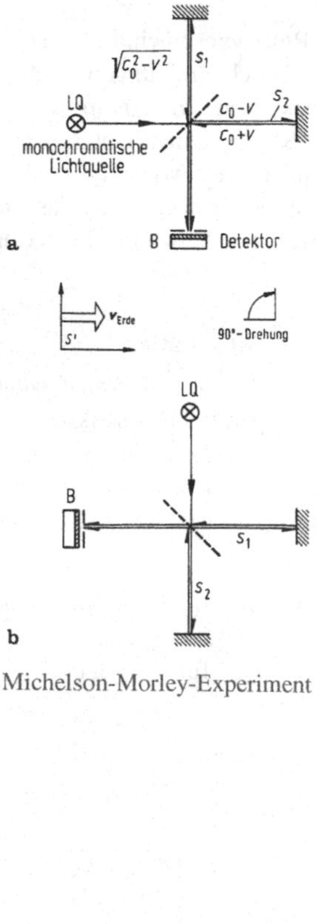


**Bild 2-7.** Das Michelson-Morley-Experiment

Diese Erfahrung führte zur Annahme des Prinzips von der

*Konstanz der Lichtgeschwindigkeit*: Der Betrag der Vakuumlichtgeschwindigkeit ist in allen Inertialsystemen unabhängig von der Richtung gleich groß.

Dieses Prinzip und die daraus folgende Lorentz-Transformation sind die Grundlage der *speziellen Relativitätstheorie* (Einstein).

Im Folgenden werden die gleichen Bezeichnungen wie in 2.3.1 verwendet, vgl. auch Bild 2-6. *Lorentz-Transformation für Koordinaten* und ihre Umkehrung:

$$x' = \frac{x - vt}{\sqrt{1-\beta^2}}\,, \qquad x = \frac{x' + vt'}{\sqrt{1-\beta^2}}\,; \qquad \text{(2-43)}$$

$$y' = y\,, \qquad y = y'\,;$$

$$z' = z\,, \qquad z = z'\,;$$

$$t' = \frac{t - \frac{v}{c_0^2}x}{\sqrt{1-\beta^2}}\,, \qquad t = \frac{t' + \frac{v}{c_0^2}x'}{\sqrt{1-\beta^2}} \qquad \text{(2-44)}$$

$$\text{mit} \quad \beta = \frac{v}{c_0} \quad \text{und} \qquad v = v_x\,. \qquad \text{(2-45)}$$

Für $v \ll c_0$, d. h. $\beta \ll 1$ geht die Lorentz-Transformation (2-43) und (2-44) über in die Galilei-Transformation (2-35) und (2-36). Die klassische Mechanik erweist sich damit als Grenzfall der relativistischen Mechanik für kleine Geschwindigkeiten. Es erweist sich ferner, dass die Grundgesetze der Elektrodynamik, die Maxwell-Gleichungen (siehe 14.5), invariant gegen die Lorentz-Transformation, nicht aber gegen die Galilei-Transformation sind.

Das *Relativitätsprinzip* der speziellen Relativitätstheorie: In Bezugssystemen, die sich gegeneinander gleichförmig geradlinig bewegen (Inertialsysteme), sind die physikalischen Zusammenhänge dieselben, d. h., *alle physikalischen Gesetze sind invariant* gegen die *Lorentz-Transformation.* Wesentliches Merkmal ist, dass nach (2-44) $t' \neq t$ ist, d. h., dass jedes System seine *Eigenzeit* hat.

### 2.3.3 Relativistische Kinematik

Nach der klassischen Galilei-Transformation bleiben Längen $\Delta x = x_2 - x_1$ und Zeiträume $\Delta t = t_2 - t_1$ beim Übergang vom System S zum System S′ gleich.

Nach der Lorentz-Transformation ändern sich jedoch Längen und Zeiträume beim Übergang S → S′: Längenkontraktion und Zeitdilatation.

**Längenkontraktion:**
Eine Länge $l' = x_2' - x_1'$ im System S′ erscheint im System S verändert. Aus der Lorentz-Transformation (2-43) folgt für die Koordinaten $x_2'$ und $x_1'$ zur Zeit $t'$

$$x_2' = x_2\sqrt{1-\beta^2} - vt' , \quad x_1' = x_1\sqrt{1-\beta^2} - vt' .$$

Für die Länge $l'$ im System S′ ergibt sich damit in Koordinaten des Systems S

$$l' = (x_2 - x_1)\sqrt{1-\beta^2} . \tag{2-46}$$

Umgekehrt ergibt sich für eine Länge $l$ im System S in Koordinaten des Systems S′ in entsprechender Weise

$$l = (x_2' - x_1')\sqrt{1-\beta^2} . \tag{2-47}$$

Das heißt, in jedem System erscheinen die in Bewegungsrichtung liegenden Abmessungen eines sich dagegen bewegenden Körpers (zweites System) verkürzt. Seine Abmessungen senkrecht zur Bewegungsrichtung erscheinen unverändert.

**Zeitdilatation:**
Eine Zeitspanne $\Delta t = t_2 - t_1$, die durch zwei Ereignisse am gleichen Ort im System S definiert wird, erscheint im System S′ als Zeitspanne $\Delta t' = t_2' - t_1'$, für die sich aus (2-44) ergibt

$$\Delta t' = \frac{\Delta t}{\sqrt{1-\beta^2}} \geqq \Delta t . \tag{2-48}$$

Eine Zeitspanne $\Delta t'$ im System S′ erscheint andererseits im System S als Zeitspanne $\Delta t$, für den sich entsprechend ergibt

$$\Delta t = \frac{\Delta t'}{\sqrt{1-\beta^2}} \geqq \Delta t' . \tag{2-49}$$

Das heißt, in jedem System erscheinen Zeitspannen eines anderen Inertialsystems gedehnt: Eine gegenüber dem Beobachter bewegte Uhr scheint langsamer zu gehen. Der mitbewegte Beobachter merkt nichts davon. Dies gilt auch umgekehrt: Uhrenparadoxon.

**Geschwindigkeitstransformation:**
Die Geschwindigkeit eines Massenpunktes $P$ sei

$$u = (u_x, u_y, u_z) = \left(\frac{\mathrm{d}x}{\mathrm{d}t}, \frac{\mathrm{d}y}{\mathrm{d}t}, \frac{\mathrm{d}z}{\mathrm{d}t}\right)$$

im System S und

$$u' = (u_x', u_y', u_z') = \left(\frac{\mathrm{d}x'}{\mathrm{d}t'}, \frac{\mathrm{d}y'}{\mathrm{d}t'}, \frac{\mathrm{d}z'}{\mathrm{d}t'}\right)$$

im System S′ (Bild 2-8).
Durch Differenziation der Koordinatentransformation (2-43) nach $t$ und Verwendung von $\mathrm{d}t/\mathrm{d}t'$ aus (2-44) folgt für die Geschwindigkeitskomponenten im System S′

$$u_x' = \frac{u_x - v}{1 - \frac{\beta u_x}{c_0}} , \quad u_y' = \frac{u_y\sqrt{1-\beta^2}}{1 - \frac{\beta u_x}{c_0}} , \quad u_z' = \frac{u_z\sqrt{1-\beta^2}}{1 - \frac{\beta u_x}{c_0}} \tag{2-50}$$

mit $v = v_x$. Für die Umkehrung ergibt sich in analoger Weise

$$u_x = \frac{u_x' + v}{1 + \frac{\beta u_x'}{c_0}} , \quad u_y = \frac{u_y'\sqrt{1-\beta^2}}{1 + \frac{\beta u_x'}{c_0}} , \quad u_z = \frac{u_z'\sqrt{1-\beta^2}}{1 + \frac{\beta u_x'}{c_0}} . \tag{2-51}$$

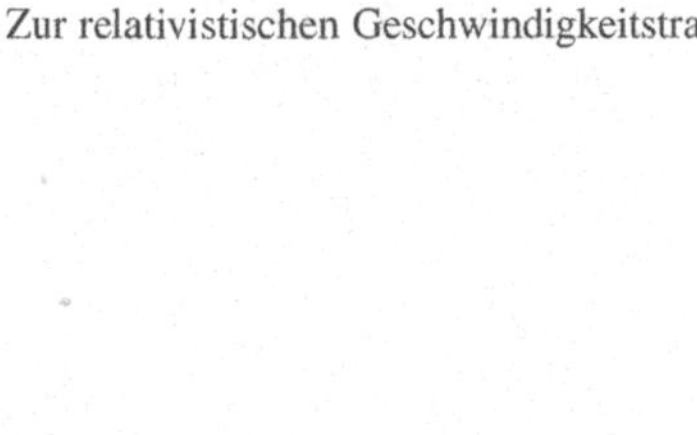

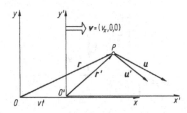

**Bild 2-8.** Zur relativistischen Geschwindigkeitstransformation

Dies ist die *Lorentz-Transformation für Geschwindigkeiten*. Im Gegensatz zur Galilei-Transformation sind hier auch Geschwindigkeiten senkrecht zur Relativgeschwindigkeit der beiden Systeme S und S′ nicht invariant gegenüber einer Lorentz-Transformation. Für $u, v \ll c_0$, also $\beta \ll 1$ geht auch die Lorentz-Transformation für Geschwindigkeiten (2-50) u. (2-51) über in die entsprechende Galilei-Transformation (2-38).

Sonderfall: Ist in einem der Systeme die betrachtete Geschwindigkeit gleich der Lichtgeschwindigkeit $c_0$, so hat der Vorgang auch im zweiten System die Geschwindigkeit $c_0$: In jedem Inertialsystem ist die Vakuumlichtgeschwindigkeit gleich groß, unabhängig von der Richtung. Daraus folgt, dass sie auch unabhängig von der Bewegung der Lichtquelle ist.

Aus (2-50) oder (2-51) lässt sich diese Aussage leicht für $u_x = c_0$ $(u_y = u_z = 0)$ oder $u'_x = c_0$ $(u'_y = u'_z = 0)$ verifizieren. Für z. B. $u_y = c_0$ $(u_x = u_z = 0)$ ist dagegen zu beachten, dass die Bewegungsrichtung im System S′ nicht mehr genau in $y'$-Richtung erfolgt, sondern auch eine $x'$-Komponente auftritt.

Auf die relativistische Dynamik wird in den Kapiteln 3 und 4 eingegangen.

## 2.4 Geradlinig beschleunigte Relativbewegung

Es werden zwei gegeneinander konstant beschleunigte Bezugssysteme betrachtet, bei denen die Relativgeschwindigkeit jederzeit so klein bleibt, dass die Galilei-Transformation anstelle der Lorentz-Transformation angewendet werden kann: $v(t) \ll c_0$ $(\beta \ll 1)$. Wegen des Bezuges zum freien Fall wählen wir für die betrachteten Beschleunigungen hier die $z$-Richtung (Bild 2-9). Das System S′ werde gegenüber

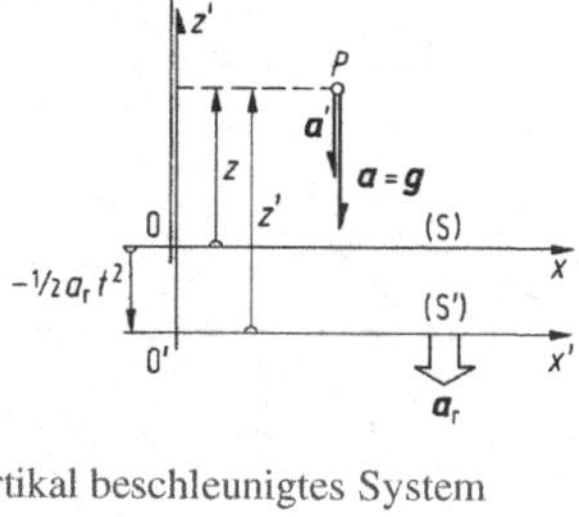


**Bild 2-9.** Vertikal beschleunigtes System

dem System S mit $\boldsymbol{a}_r = (0, 0, -a_r)$ beschleunigt. Für $t = 0$ mögen die Ursprünge 0 und 0′ zusammenfallen und die Anfangs-Relativgeschwindigkeit gleich null sein (o. B. d. A.).

Ein Massenpunkt $P$ werde im ruhenden System S mit $\boldsymbol{a} = (0, 0, a_z)$, z. B. mit der Fallbeschleunigung $\boldsymbol{a} = \boldsymbol{g} = (0, 0, -g)$ nach unten beschleunigt. Die Beschleunigung $\boldsymbol{a}'$ des Massenpunktes $P$ im selbst mit $\boldsymbol{a}_r$ beschleunigten System S′ errechnet sich durch zeitliche Differenziation der Ortskoordinaten (Bild 2-9):

$$z = z' - \frac{a_r}{2} t^2 \,,$$

Mit $a = \mathrm{d}^2 z/\mathrm{d}t^2$, $a' = \mathrm{d}^2 z'/\mathrm{d}t^2$ und $\boldsymbol{a}_r = (0, 0, -a_r)$ folgt daraus

$$\boldsymbol{a} = \boldsymbol{a}' + \boldsymbol{a}_r \,, \quad \boldsymbol{a}' = \boldsymbol{a} - \boldsymbol{a}_r \,, \tag{2-52}$$

$$\text{bzw. mit } \boldsymbol{a} = \boldsymbol{g}\text{:} \quad \boldsymbol{a}' = \boldsymbol{g} - \boldsymbol{a}_r \,. \tag{2-53}$$

Das heißt, die Beschleunigung, der ein Körper in einem ruhenden (oder gleichförmig bewegten) System S unterliegt, ändert sich beim Übergang zu einem beschleunigten System S′ um dessen Beschleunigung. Entsprechendes gilt für die mit der Beschleunigung des Körpers verbundenen Kräfte (siehe 3), es treten *Trägheitskräfte* auf, die in ruhenden oder gleichförmig bewegten Systemen nicht vorhanden sind.

Ist insbesondere die Beschleunigung $\boldsymbol{a}_r$ des Systems S′ gleich der des beschleunigten Körpers $\boldsymbol{a}$ im System S, so verschwindet dessen Beschleunigung im System S′:

$$\boldsymbol{a}' = 0 \quad \text{für} \quad \boldsymbol{a}_r = \boldsymbol{a} \,.$$

In einem Labor, das z. B. im Erdfeld frei fällt $(\boldsymbol{a}_r = \boldsymbol{g})$, herrscht demzufolge „Schwerelosigkeit", was nur bedeutet, dass der Körper gegenüber seiner Umgebung keine Beschleunigung erfährt.

## 2.5 Rotatorische Relativbewegung

In zueinander gleichförmig translatorisch bewegten Bezugssystemen treten keine durch die Systembewegung bedingten Beschleunigungen auf. Ein Beobachter in einem geschlossenen, gleichförmig geradlinig bewegten Labor könnte die Bewegung nicht feststellen.

Anders bei beschleunigten Systemen: Hier treten Trägheitsbeschleunigungen und -kräfte sowohl bei geradlinig beschleunigten (vgl. 2.4) als auch bei rotierenden Systemen auf, die durch die Systembewegung bedingt sind.

Bei *gleichförmig rotierenden Systemen* tritt einerseits die

$$\text{Zentripetalbeschleunigung } \boldsymbol{a}_{\text{zp}} = \boldsymbol{\omega} \times (\boldsymbol{\omega} \times \boldsymbol{r})$$

auf (2-30), die einen Massenpunkt auf der Kreisbahn mit dem Radius $r$ hält. Ein Beobachter im rotierenden System S′ registriert die entsprechende Trägheitsbeschleunigung (Bild 2-10), die radial gerichtete Zentrifugalbeschleunigung

$$\boldsymbol{a}_{\text{zf}} = -\boldsymbol{\omega} \times (\boldsymbol{\omega} \times \boldsymbol{r}) \,. \qquad (2\text{-}54)$$

Im rotierenden System Erde ist die Zentrifugalbeschleunigung neben der (ebenfalls durch die Zentrifugalbeschleunigung bzw. -kraft bedingten) Abplattung der Erde für die Abhängigkeit der effektiven Erdbeschleunigung vom geografischen Breitengrad verantwortlich. Die lokale Fallbeschleunigung variiert von etwa 9,78 m/s$^2$ am Äquator bis 9,83 m/s$^2$ an den Polen.

Eine weitere Trägheitsbeschleunigung in rotierenden Systemen tritt auf, wenn ein Massenpunkt sich mit einer Geschwindigkeit $\boldsymbol{v}$ bewegt: *Coriolis-Beschleunigung* (Bild 2-11).

Ein im ruhenden System S sich mit konstanter Geschwindigkeit $\boldsymbol{v}$ bewegender Massenpunkt P sei zur Zeit $t = 0$ im rotierenden System S′ z. B. gerade im Drehpunkt ($r = 0$). Der Beobachter im System S stellt dann eine mit $t$ zunehmende Abweichung von der geraden Bahn fest, die offenbar von einer senkrecht zu $\boldsymbol{v}$ (und zu $\boldsymbol{\omega}$) wirkenden Beschleunigung $\boldsymbol{a}'_{\text{C}}$, der Coriolis-Beschleunigung, herrührt. Hat der Massenpunkt nach der Zeit $t$ den radialen Weg $r = vt$ zurückgelegt, so ist die Abweichung von der geraden Bahn im rotierenden System S′ das Bogenstück

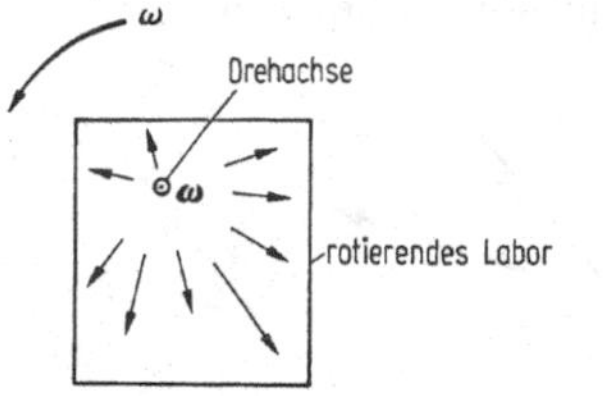


**Bild 2-10.** Zentrifugalbeschleunigung im rotierenden Labor

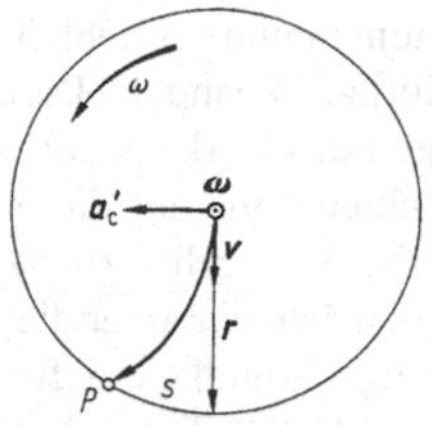


**Bild 2-11.** Zur Coriolis-Beschleunigung

$s = r\omega t = v\omega t^2$, das wegen $s \sim t^2$ offensichtlich beschleunigt zurückgelegt wurde. Für die gleichmäßig beschleunigte Bewegung gilt andererseits nach (2-10) $s = at^2/2$, sodass aus dem Vergleich $a'_{\text{C}} = 2v\omega$ folgt, oder in vektorieller Schreibweise für die *Coriolis-Beschleunigung*:

$$\boldsymbol{a}'_{\text{C}} = 2\boldsymbol{v} \times \boldsymbol{\omega} \,. \qquad (2\text{-}55)$$

Die experimentelle Bestimmung der Coriolis-Beschleunigung auf der Erdoberfläche ermöglicht die Berechnung der Winkelgeschwindigkeit der Erde unabhängig von der Beobachtung des Sternenhimmels: Die Drehung der Schwingungsebene des Foucault-Pendels durch die Coriolis-Beschleunigung ist ein Nachweis für die Drehung der Erde um ihre Achse (Foucault, 1851).

Die Komponente des Winkelgeschwindigkeitsvektors der Erdrotation senkrecht zur Erdoberfläche liegt auf der Nordhalbkugel in positiver $z$-Richtung, auf der Südhalbkugel in negativer $z$-Richtung. Die Coriolis-Beschleunigung führt daher auf der Nordhalbkugel zu einer Rechtsabweichung von der Bewegungsrichtung, auf der Südhalbkugel zu einer Linksabweichung. Tiefdruckzyklone, bei denen die Luftbewegung zum Zentrum gerichtet ist, zeigen als Folge der Coriolis-Beschleunigung in der nördlichen Hemisphäre einen Drehsinn entgegengesetzt zum Uhrzeigersinn, in der südlichen Hemisphäre einen Drehsinn im Uhrzeigersinn.

# 3 Kraft und Impuls

*Kräfte* (allgemeiner: Wechselwirkungen) als Ursache der Bewegung von Körpern werden in der *Dynamik* behandelt. Zunächst wird (in 3 bis 5) die Dynamik des Massenpunktes, später (in 6) die Dynamik von Teilchensystemen und schließlich (in 7) die Dynamik starrer Körper behandelt. Dabei werden vorerst nur die Folgen des Wirkens von Kräften auf die Bewegung betrachtet, ohne auf die Natur der unterschiedlichen Kräfte einzugehen (hierzu siehe Einleitung von Teil B II, Übersicht über die fundamentalen Wechselwirkungen). Grundlage dafür sind die *Newton'schen Axiome* (1686): Trägheitsgesetz, Kraftgesetz und Reaktionsgesetz. Außerdem gehört hierzu das Superpositionsprinzip (Überlagerungsprinzip) für Kräfte.

## 3.1 Trägheitsgesetz

*Erstes Newton'sches Axiom*: Jeder Körper mit konstanter Masse $m$ verharrt im Zustand der Ruhe oder der gleichförmig geradlinigen Bewegung, falls er nicht durch äußere Kräfte $\boldsymbol{F}$ gezwungen wird, diesen Zustand zu ändern:

$$\boldsymbol{v} = \text{const} \quad \text{für} \quad m = \text{const} \quad \text{und} \quad \boldsymbol{F} = 0\,. \tag{3-1}$$

Diese Eigenschaft aller Körper wird Trägheit oder Beharrungsvermögen genannt. Die Trägheit eines Körpers ist mit seiner Masse $m$ verknüpft. Ein Maß für die Trägheitswirkung ist der *Impuls* oder die *Bewegungsgröße*

$$\boldsymbol{p} = m\boldsymbol{v}\,. \tag{3-2}$$

$$\text{SI-Einheit: } [p] = \text{kg} \cdot \text{m/s}\,.$$

Aus (3-1) folgt damit

$$\boldsymbol{p} = m\boldsymbol{v} = \text{const} \quad \text{für} \quad \boldsymbol{F} = 0\,. \tag{3-3}$$

Dies ist die einfachste Form des Impulserhaltungssatzes (für einen Massenpunkt oder Teilchen), siehe auch 3.3 und 6.1.

## 3.2 Kraftgesetz

Die experimentelle Untersuchung der Beziehungen zwischen der wirkenden Kraft und der daraus sich ergebenden Änderung des Bewegungszustandes (Beschleunigung) einer Masse $m$ zeigt:

1. Die Beschleunigung ist der wirkenden Kraft proportional und erfolgt in Richtung der Kraft:

$$\boldsymbol{F} \sim \boldsymbol{a}\,.$$

2. Das Verhältnis zwischen wirkender Kraft und erzielter Beschleunigung ist für jeden Körper eine konstante Größe: seine Masse $m = F/a$.

Das heißt, jeder Körper setzt seiner Beschleunigung Widerstand entgegen durch seine *träge Masse*. Zusammengefasst ergibt sich daraus das *Newton'sche Kraftgesetz*:

$$\boldsymbol{F} = m\boldsymbol{a} = m\frac{\mathrm{d}\boldsymbol{v}}{\mathrm{d}t}\,. \tag{3-4}$$

Bei sich während der Bewegung ändernder Masse (z. B. bei einer Rakete, oder bei relativistischen Geschwindigkeiten) ist stattdessen die allgemeinere Formulierung des Kraftgesetzes anzuwenden:

*Zweites Newton'sches Axiom*: Die zeitliche Änderung des Impulses ist der bewegenden Kraft proportional und erfolgt in Richtung der Kraft:

$$\boldsymbol{F} = \frac{\mathrm{d}}{\mathrm{d}t}(m\boldsymbol{v}) = \frac{\mathrm{d}\boldsymbol{p}}{\mathrm{d}t}\,. \tag{3-5}$$

Für $m = \text{const}$ geht (3-5) in (3-4) über.

$$\text{SI-Einheit: } [F] = \text{kg} \cdot \text{m/s}^2 = \text{N (Newton)}\,.$$

*Überlagerungsgesetz*:
Eine Kraft, die an einem Punkt $P$ angreift, verhält sich wie ein ortsgebundener Vektor $\boldsymbol{F}$, der nur entlang der Wirkungslinie der Kraft verschoben werden darf. Greifen mehrere Kräfte $\boldsymbol{F}_i$ in einem Punkt $P$ an, so addieren sich die Kräfte wie Vektoren zu einer Gesamtkraft (Bild 3-1)

$$\boldsymbol{F}_\Sigma = \sum_{i=1}^{n} \boldsymbol{F}_i\,. \tag{3-6}$$

### 3.2.1 Gewichtskraft

Die Gewichtskraft $\boldsymbol{F}_\mathrm{G}$ eines Körpers (früher: Gewicht) ist die im Schwerefeld eines Himmelskörpers auf den Körper wirkende Schwerkraft.

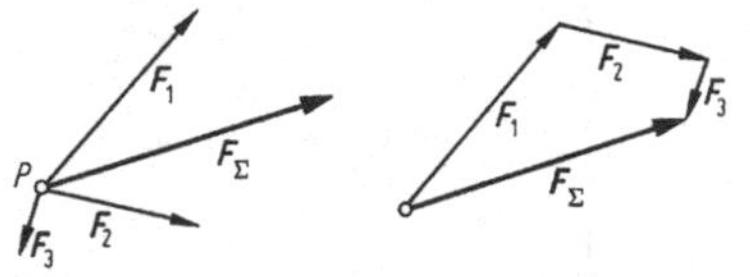


**Bild 3-1.** Kräfteaddition

Kann der Körper der Kraft folgen, so ruft sie eine Beschleunigung $\boldsymbol{g}$ hervor, die *Fallbeschleunigung* oder Schwerebeschleunigung genannt wird, im Fall der Erde auch Erdbeschleunigung (vgl. 2.1). Entsprechend (3-4) gilt

$$\boldsymbol{F}_{\mathrm{G}} = m\boldsymbol{g} \,. \tag{3-7}$$

Für die Erde gilt: Die Normfallbeschleunigung $g_{\mathrm{n}} = 9{,}80665\,\mathrm{m/s^2}$ beruht auf ungenauen älteren Messungen für 45° nördl. Br. auf Meereshöhe. Die internationale Formel in Tabelle 1-5 ergibt für 45° $9{,}80620\,\mathrm{m/s^2}$, den Normwert aber für die Breite 45,497°, am Äquator $9{,}78033\,\mathrm{m/s^2}$ und an den Polen $9{,}83219\,\mathrm{m/s^2}$.
Für den Mond gilt: $g_{\mathrm{Mond}} \approx 0{,}167\, g_{\mathrm{Erde}} \approx 1{,}64\,\mathrm{m/s^2}$.
Kräfte lassen sich wie Vektoren auch in Komponenten zerlegen. Bild 3-2 zeigt dies am Beispiel der Gewichtskraft eines Körpers auf einer geneigten (schiefen) Ebene, die sich in eine Hangabtriebskraft $\boldsymbol{F}_{\mathrm{t}}$ tangential zur geneigten Ebene und in eine Normalkraft $\boldsymbol{F}_{\mathrm{n}}$, die auf die Bahnebene drückt, zerlegen lässt:

$$F_{\mathrm{t}} = F_{\mathrm{G}} \sin\alpha \,, \quad F_{\mathrm{n}} = F_{\mathrm{G}} \cos\alpha \,. \tag{3-8}$$

### 3.2.2 Federkraft

Kräfte können neben Beschleunigungen eines Körpers auch Formänderungen des Körpers hervorrufen, wenn der Körper an der Bewegung gehindert wird. Zum Beispiel können einseitig befestigte Schraubenfedern durch einwirkende Kräfte gedrückt oder gedehnt werden (Bild 3-3).
Bei im Vergleich zur Federlänge kleinen Längenänderungen $s$ sind Kraft und Dehnung proportional (Hooke'sches Gesetz, vgl. D 9.2.1), der Proportionalitätsfaktor $c = F/s$ wird Federsteife, Richtgröße oder Federkonstante genannt. Die um die Strecke $s$ gedehnte Feder erzeugt eine *rücktreibende Kraft* der Größe

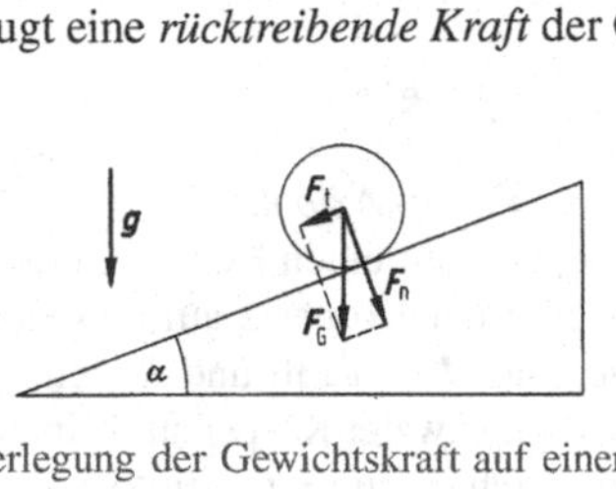


**Bild 3-2.** Zerlegung der Gewichtskraft auf einer geneigten Ebene

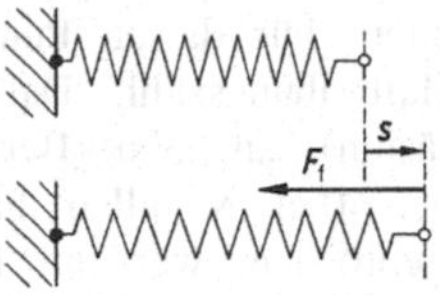


**Bild 3-3.** Rücktreibende Kraft einer gedehnten Feder

$$\boldsymbol{F}_{\mathrm{f}} = -c\boldsymbol{s} \tag{3-9}$$

Federanordnungen gemäß Bild 3-3 sind als Kraftmesser geeignet.

### 3.2.3 Reibungskräfte

Reibungskräfte treten auf, wenn sich berührende Körper (Festkörper, Flüssigkeiten, Gase) relativ zueinander bewegt werden. Reibungskräfte wirken der bewegenden Kraft entgegen und müssen stets auf das betreffende Reibungssystem (allg. tribologisches System, siehe D 10.6) bezogen interpretiert werden.

#### Festkörperreibung

Die Reibungskraft $F_{\mathrm{R}}$ ist unabhängig von der Größe der Berührungsfläche und in erster Näherung von der Normalkraft auf die Berührungsfläche (Bild 3-4) sowie von der Reibungszahl $\mu$ abhängig:

$$F_{\mathrm{R}} = \mu F_{\mathrm{n}} \,. \tag{3-10}$$

Es muss zwischen Haftreibung (Ruhereibung) und Bewegungsreibung, z. B. Gleitreibung, unterschieden werden:
*Haftreibung* tritt zwischen gegeneinander ruhenden Körpern auf, die zueinander in Bewegung gesetzt werden sollen. Bei kleinen Tangentialkräften $\boldsymbol{F}$ ist die Reibungskraft zunächst entgegengesetzt gleich $\boldsymbol{F}$, sodass der Körper weiterhin ruht. Die Reibungskraft steigt mit der Tangentialkraft $\boldsymbol{F}$ an bis zu einem Maximalwert, bei dem der Körper

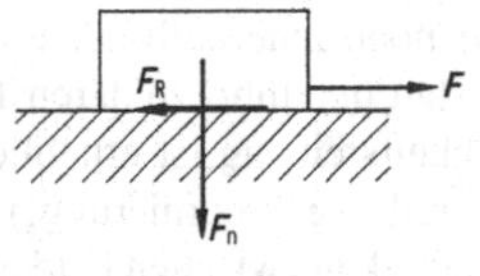


**Bild 3-4.** Reibung zwischen festen Körpern

anfängt zu gleiten. Für diesen Punkt gilt (3-10) mit $\mu = \mu_0$: Haftreibungszahl. Dabei muss die Haftung (Adhäsion) an den Berührungsstellen der Grenzflächen (bei Metallen häufig kaltverschweißt) aufgebrochen werden. Danach, d. h. bei bereits bestehender Gleitbewegung, wirkt die i. Allg. niedrigere *Gleitreibung* $\mu$ ($<\mu_0$). Dabei treten stoßförmige Deformationen an den Berührungspunkten der Grenzflächen auf und (dadurch bedingt) Anregung elastischer Wellen, Temperaturerhöhung (Reibungswärme). An der Energiedissipation bei der Festkörperreibung können daneben elastisch-plastische Kontaktdeformationen (elastische Hysterese, Erzeugung von Versetzungen) sowie reibungsinduzierte Emissionsprozesse (Schallabstrahlung, Tribolumineszenz, Exoelektronen) beteiligt sein. Die Gleitreibungskraft ist i. Allg. kleiner als die Normalkraft ($\mu < 1$). Je nach Materialkombination liegt $\mu$ bei trockener Reibung in folgenden Bereichen:

$$\text{Haftreibungszahlen } \mu_0 \approx (0{,}15\ldots0{,}8)\,,$$

$$\text{Gleitreibungszahlen } \mu \approx (0{,}1\ldots0{,}6) < \mu_0\,.$$

Reibungszahlen sind tribologische Systemkenngrößen und müssen experimentell, z. B. durch Gleitversuche auf einer geneigten Ebene (vgl. 3.2.1) mit veränderlichem Neigungswinkel $\alpha$, ermittelt werden (vgl. D 10.6.1 und D 11.7.3).

Bei Körpern, die auf einer Unterlage rollen, tritt *Rollreibung* auf. Sie ist durch Deformationen der aufeinander abrollenden Körper bedingt. Der Rollreibungswiderstand ist sehr viel kleiner als der Gleitreibungswiderstand:

$$\text{Rollreibungszahlen } \mu' \approx (0{,}002\ldots0{,}04) \ll \mu$$

### Flüssigkeitsreibung

Befindet sich eine Flüssigkeit zwischen den aneinander gleitenden Körpern, so bilden sich gegenüber den Körpern ruhende Grenzschichten aus. Die Reibung findet nur noch innerhalb der tragenden Flüssigkeitsschicht statt und führt zu deren Temperaturerhöhung. Flüssigkeitsreibung ist erheblich kleiner als Haft- und Gleitreibung (Schmierung!) und von der Relativgeschwindigkeit zwischen beiden Körpern abhängig (vgl. 9.4).

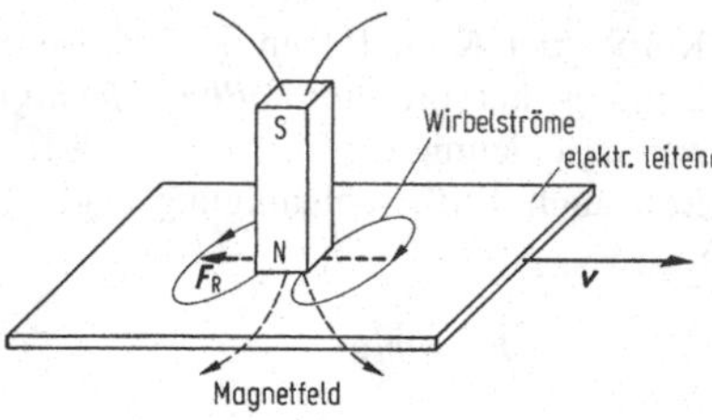


**Bild 3-5.** Wirbelstrombremsung

Näherungsweise gilt bei

kleinen Geschwindigkeiten

$$F_R \sim v \quad \text{(laminare Strömung)}\,,$$

größeren Geschwindigkeiten

$$F_R \sim v^2 \quad \text{(turbulente Strömung)}\,.$$

### Gasreibung

Gasreibung liegt vor, wenn sich eine tragende Gasschicht zwischen den aneinander gleitenden Flächen ausbildet. Der Mechanismus ist ähnlich wie bei der Flüssigkeitsreibung, der Reibungswiderstand ist noch geringer (Ausnutzung: Gaslager, Luftkissenfahrzeug).

### Elektromagnetische „Reibung" (Wirbelstrombremsung)

Bewegt sich ein Metallkörper im Felde eines Magneten (Bild 3-5), so treten durch elektromagnetische Induktion energieverzehrende Wirbelströme im Metall auf, deren Effekt eine bremsende Wirkung auf die Bewegung ist (vgl. 14.1). Für die Reibungskraft gilt dabei streng

$$\boldsymbol{F}_R \sim -\boldsymbol{v}\,.$$

## 3.3 Reaktionsgesetz

*Drittes Newton'sches Axiom*:
Übt ein Körper 1 auf einen Körper 2 eine Kraft $\boldsymbol{F}_{12}$ aus, so reagiert der Körper 2 auf den Körper 1 mit einer Gegenkraft $\boldsymbol{F}_{21}$. Kraft und Gegenkraft bei der Wechselwirkung zweier Körper sind einander entgegengesetzt gleich („actio = reactio"):

$$\boldsymbol{F}_{21} = -\boldsymbol{F}_{12}\,. \tag{3-11}$$

*Beispiele* für das Reaktions- oder Wechselwirkungsgesetz:

### 3.3.1 Kräfte bei elastischen Verformungen

Bei der Dehnung einer Feder (Bild 3-6) durch Ziehen mit einer Kraft $\boldsymbol{F}_M = c\boldsymbol{x}$ reagiert die Feder mit der Gegenkraft $\boldsymbol{F}_f = -\boldsymbol{F}_M = -c\boldsymbol{x}$ (vgl. 3.2.2).
Eine auf eine Unterlage durch ihre Gewichtskraft $\boldsymbol{F}_{KU} = m_K\boldsymbol{g}$ drückende Kugel erfährt durch die auftretenden elastischen Deformationen (Bild 3-7) eine Gegenkraft $\boldsymbol{F}_{UK} = -\boldsymbol{F}_{KU} = -m_K\boldsymbol{g}$.

### 3.3.2 Kräfte zwischen freien Körpern („innere Kräfte")

Bei Körpern, die sich in Kraftrichtung frei bewegen können (z. B. Massen auf reibungsfrei rollenden Wagen, Bild 3-8), wirkt sich das Auftreten „innerer Kräfte" nach dem Reaktionsgesetz gemäß (3-5) durch entgegengesetzt gleiche Impulsänderungen aus:

$$\boldsymbol{F}_{12} = \frac{\mathrm{d}(m_2\boldsymbol{v}_2)}{\mathrm{d}t} = -\boldsymbol{F}_{21} = -\frac{\mathrm{d}(m_1\boldsymbol{v}_1)}{\mathrm{d}t}\,. \tag{3-12}$$

Aus (3-12) folgt

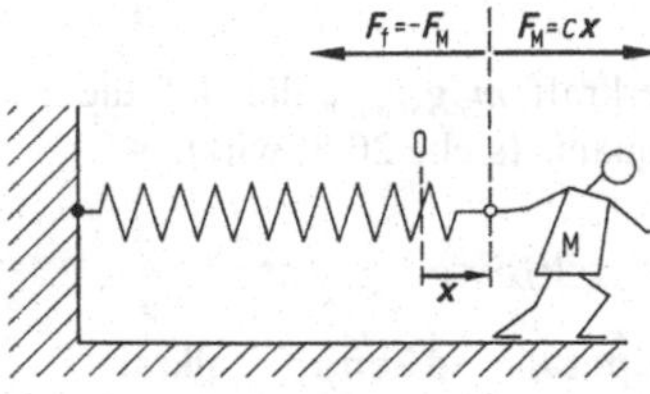


Bild 3-6. Kräfte bei der Federdehnung

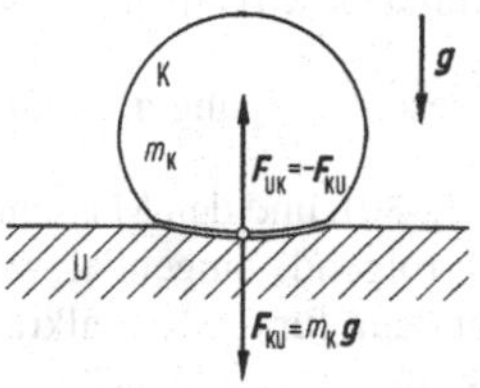


Bild 3-7. Kräfte bei elastischen Deformationen zwischen einer Kugel und ihrer Unterlage

$$\frac{\mathrm{d}}{\mathrm{d}t}(m_1\boldsymbol{v}_1 + m_2\boldsymbol{v}_2) = 0$$

und daraus für den Gesamtimpuls

$$m_1\boldsymbol{v}_1 + m_2\boldsymbol{v}_2 = \mathrm{const}\,. \tag{3-13}$$

Wenn keine äußeren, nur innere Kräfte wirken, bleibt der Gesamtimpuls zeitlich konstant: Impulserhaltungssatz (für zwei Teilchen). Dies lässt sich auf $n$ Teilchen verallgemeinern:
*Impulserhaltungssatz*:

$$\sum_{i=1}^{n} m_i\boldsymbol{v}_i = \sum_{i=1}^{n} \boldsymbol{p}_i = \boldsymbol{p}_{\mathrm{tot}} = \mathrm{const}^{(t)} \tag{3-14}$$

(äußere Kräfte null).

> Der Gesamtimpuls eines Systems von $n$ Teilchen bleibt zeitlich konstant, wenn keine äußeren Kräfte wirken. Der Impulserhaltungssatz gilt unabhängig von der Art der inneren Wechselwirkung immer.

Im Falle abstoßender Kräfte zwischen zwei Massen (Bild 3-9) ergibt sich, wenn ursprünglich der Gesamtimpuls null war, aus (3-13)

$$\frac{v_1}{v_2} = (-)\frac{m_2}{m_1}\,. \tag{3-15}$$

Gleichung (3-15) gestattet den Vergleich zweier Massen allein aus den Trägheitseigenschaften, indem nach einer bestimmten Zeit das Geschwindigkeitsverhältnis gemessen wird. Diese Beziehung ist auch die Grundlage des *Rückstoßprinzips* (Bild 3-9): Stößt ein Körper eine Masse $m_2$ mit einer Geschwindigkeit $\boldsymbol{v}_2$ aus, so erhält der Körper mit der verbleibenden Masse $m_1$ eine Geschwindigkeit $\boldsymbol{v}_1 = \boldsymbol{v}_2 m_2/m_1$ in entgegengesetzter Richtung. Das Rückstoßprinzip liegt auch dem Raketenantrieb zugrunde.

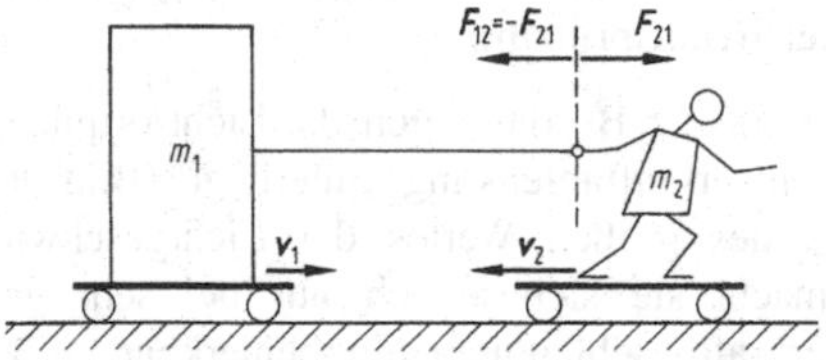


Bild 3-8. Impulsänderung bei Wirken innerer Kräfte

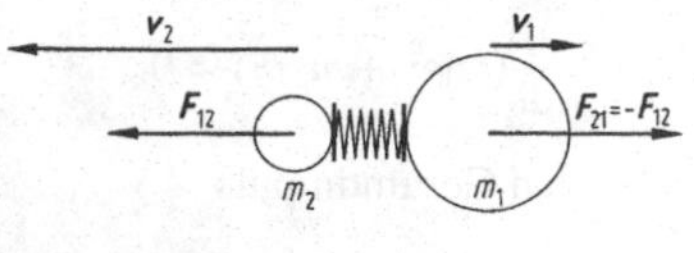


**Bild 3-9.** Rückstoßprinzip

## 3.4 Äquivalenzprinzip: Schwer- und Trägheitskräfte

Die Masse eines Körpers ist für sein Trägheitsverhalten maßgebend. Im Newton'schen Kraftgesetz (3-4) und im Reaktionsgesetz, z. B. (3-12) u. (3-15) ist daher die *träge Masse* $m_t$ anzusetzen, die zugehörigen Kräfte sind *Trägheitskräfte*. Die Masse ist jedoch gleichzeitig auch Ursache für die *Schwerkraft* (Gewichtskraft), z. B. in (3-7). Hier ist die *schwere Masse* $m_s$ anzusetzen. Im Sinne der klassischen Physik sind dies durchaus phänomenologisch verschiedene Eigenschaften der Masse. Schwere Masse und träge Masse treten jedoch in allen Beziehungen gleichwertig auf, und alle Experimente zeigen:

$$\text{schwere Masse} = \text{träge Masse}\,,$$
$$m_{\text{schwer}} = m_{\text{träge}}\,. \qquad (3\text{-}16)$$

Dementsprechend sind auf eine Masse $m$ wirkende Schwer- und Trägheitskräfte in einem geschlossenen Labor nicht prinzipiell unterscheidbar. Sie sind äquivalent. Die Wirkung einer Beschleunigung $\boldsymbol{a}$ auf physikalische Vorgänge in einem Labor, z. B. in einer durch Rückstoß angetriebenen Rakete im Weltraum, ist dieselbe wie die einer Schwerebeschleunigung $\boldsymbol{g}$ $(= -\boldsymbol{a})$ auf die Vorgänge in einem ruhenden Labor auf einer Planetenoberfläche (Bild 3-10).

Das *Äquivalenzprinzip* (Einstein, 1915) postuliert die Ununterscheidbarkeit (Äquivalenz) von schwerer und träger Masse (bzw. von Schwer- und Trägheitskräften) bei allen physikalischen Gesetzen (allgemeines Relativitätsprinzip).

Daraus folgt z. B., dass auch die Lichtfortpflanzung der Schwerkraftablenkung unterliegt (Bild 3-11). Wegen des großen Wertes der Lichtgeschwindigkeit macht sie sich jedoch nur bei sehr großen Schwerkraftbeschleunigungen bemerkbar, z. B. als Lichtablenkung dicht an der Sonnenoberfläche durch eine Schwerkraft $m_\gamma \boldsymbol{g}_{\text{sonne}}$, die auf die Masse $m_\gamma$ eines Lichtquants (siehe 20.3) wirkt.

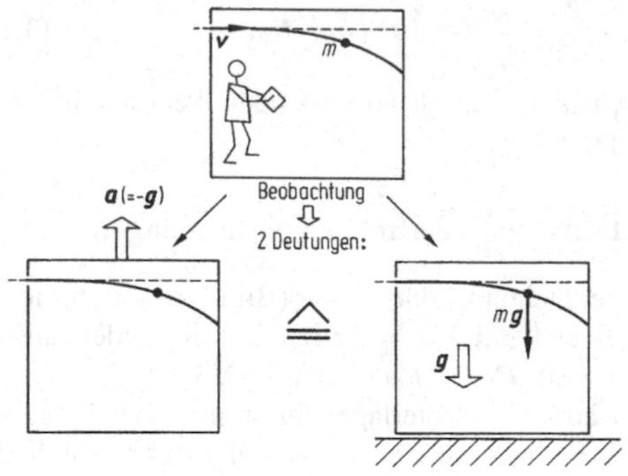


**Bild 3-10.** Äquivalenzprinzip bei der Parabelbahn einer Masse

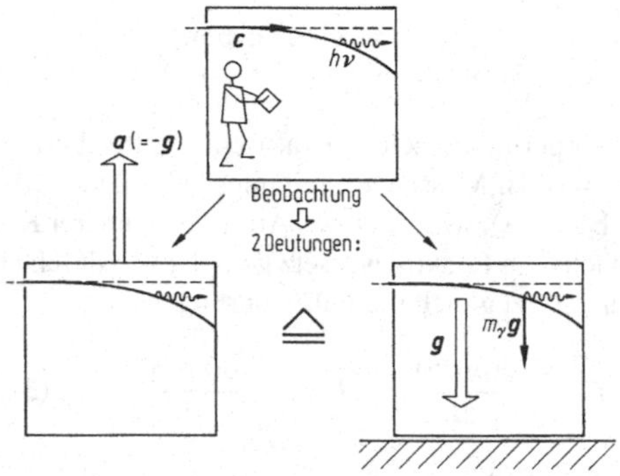


**Bild 3-11.** Äquivalenzprinzip bei der Parabelbahn eines Lichtquants

## 3.5 Trägheitskräfte bei Rotation

### 3.5.1 Zentripetal- und Zentrifugalkraft

Um einen Massenpunkt auf einer kreisförmigen Bahn zu halten, muss eine Kraft in Richtung Bahnmittelpunkt auf die Masse $m$ wirken, die gerade die

$$\text{Zentripetalbeschleunigung } \boldsymbol{a}_{\text{zp}} = \boldsymbol{\omega} \times (\boldsymbol{\omega} \times \boldsymbol{r})$$

hervorruft, vgl. (2-30), und den Massenpunkt hindert, seiner Trägheit folgend, tangential weiterzufliegen. Nach (3-4) folgt dann für die Radialkraft $\boldsymbol{F}_{\text{zp}} = m\boldsymbol{a}_{\text{zp}}$ die Zentripetalkraft

$$\boldsymbol{F}_{\text{zp}} = m\boldsymbol{\omega} \times (\boldsymbol{\omega} \times \boldsymbol{r})\,. \qquad (3\text{-}17)$$

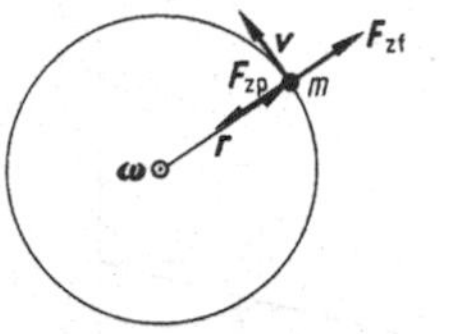


**Bild 3-12.** Zentripetal- und Zentrifugalkraft bei der Kreisbewegung

Der Massenpunkt $m$ selbst übt infolge seiner Trägheit nach dem Reaktionsgesetz (siehe 3.3) eine entgegengesetzt gleich große Kraft in Radialrichtung auf die haltende Bahn oder den haltenden Faden aus (Bild 3-12), die *Zentrifugalkraft*

$$\boldsymbol{F}_{\mathrm{zf}} = -m\boldsymbol{\omega} \times (\boldsymbol{\omega} \times \boldsymbol{r}) \,. \tag{3-18}$$

Der Betrag der Zentrifugalkraft ergibt sich mit (2-29) und (3-2) zu

$$F_{\mathrm{zf}} = mr\omega^2 = mv\omega = p\omega = m\frac{v^2}{r} \,. \tag{3-19}$$

### 3.5.2 Coriolis-Kraft

Der in rotierenden Systemen bei Massenpunkten mit einer Geschwindigkeit $\boldsymbol{v}$ auftretenden Coriolis-Beschleunigung (2-55) $\boldsymbol{a}'_{\mathrm{C}} = 2\boldsymbol{v} \times \boldsymbol{\omega}$ entspricht gemäß (3-4) eine Coriolis-Kraft

$$\boldsymbol{F}_{\mathrm{C}} = 2m\boldsymbol{v} \times \boldsymbol{\omega} \,, \tag{3-20}$$

die stets senkrecht zu $\boldsymbol{v}$ und $\boldsymbol{\omega}$ wirkt (Bild 3-13).

## 3.6 Drehmoment und Gleichgewicht

Ein drehbarer starrer Körper (siehe Abschnitt 7) kann durch eine Kraft $\boldsymbol{F}$, deren Wirkungslinie nicht durch die Drehachse geht, in Drehung versetzt werden (Bild 3-14). Ein geeignetes Maß für diese Wirkung der Kraft ist das folgendermaßen definierte *Drehmoment* oder *Kraftmoment*

$$\boldsymbol{M} = \boldsymbol{r} \times \boldsymbol{F} \,, \tag{3-21}$$

wo $\boldsymbol{r}$ der Abstand des Angriffspunktes der Kraft vom Drehpunkt ist. Der Betrag des Drehmomentes ist mit $r_\perp = r \sin\alpha$ (senkrechter Abstand der Kraftwirkungslinie vom Drehpunkt)

$$M = rF \sin\alpha = r_\perp F \,. \tag{3-22}$$

$\boldsymbol{M}$ ist ein Vektor parallel zur Drehachse und steht senkrecht auf $\boldsymbol{r}$ und $\boldsymbol{F}$. Seine Richtung ergibt sich aus dem Rechtsschraubensinn.

SI-Einheit: $[M] = \mathrm{N} \cdot \mathrm{m}$ (Newtonmeter) .

*Kräftepaar*: Zwei gleich große, entgegengesetzt gerichtete Kräfte, deren parallele Wirkungslinien einen Abstand $\boldsymbol{a}_\perp$ haben, werden ein Kräftepaar genannt (Bild 3-15). Sie üben ein Drehmoment aus von der Größe

$$\boldsymbol{M} = \boldsymbol{a} \times \boldsymbol{F} = \boldsymbol{a}_\perp \times \boldsymbol{F} \,. \tag{3-23}$$

Die auf einen ausgedehnten Körper wirkenden Kräfte können sowohl eine Translation als auch eine Rotation hervorrufen. Notwendige Bedingungen für das Gleichgewicht eines Körpers sind das Verschwinden der Summe aller Kräfte und der Summe aller Drehmomente:

*Gleichgewichtsbedingungen*:

$$\sum_{i=1}^{m} \boldsymbol{F}_i = 0 \,, \quad \sum_{j=1}^{n} \boldsymbol{M}_j = 0 \,. \tag{3-24}$$

Ein Körper befindet sich in einer Gleichgewichtslage, wenn die Gleichgewichtsbedingungen (3-24) erfüllt

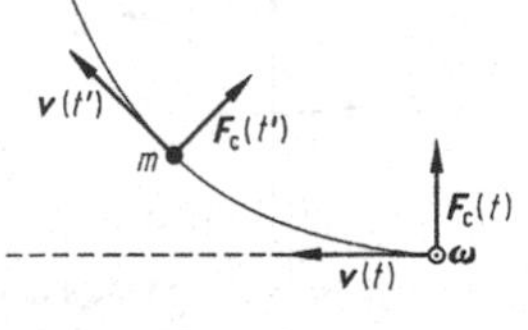


**Bild 3-13.** Richtung der Coriolis-Kraft

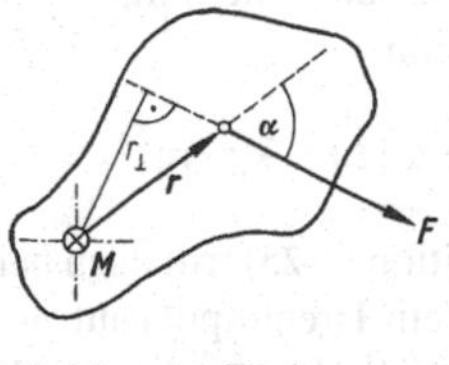


**Bild 3-14.** Zur Definition des Drehmomentes

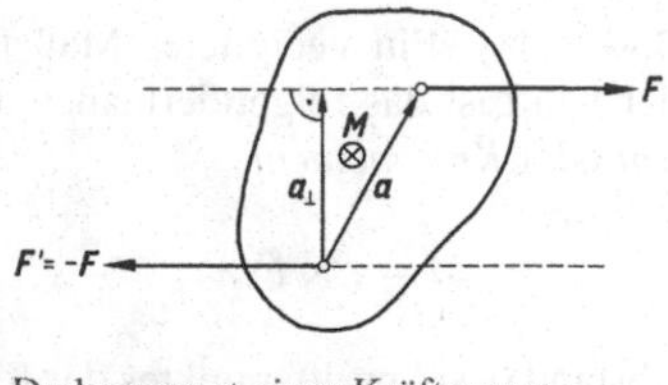


Bild 3-15. Drehmoment eines Kräftepaars

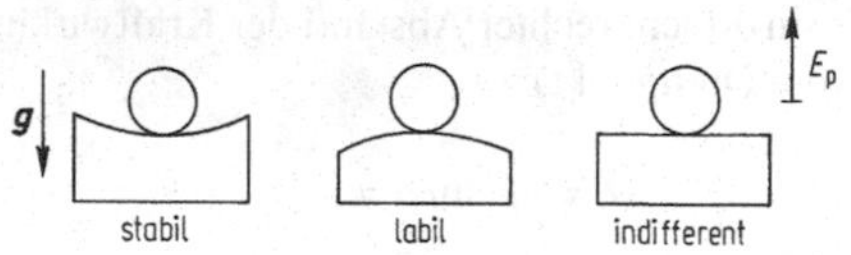


Bild 3-16. Gleichgewichtslagen

sind. Die potenzielle Energie (vgl. 4.2) hat dann einen Extremwert. Man spricht von stabilem, labilem oder indifferentem Gleichgewicht, je nachdem, ob bei Auslenkung des Körpers aus der Gleichgewichtslage die potenzielle Energie $E_p$ (siehe 4.2) steigt, fällt oder konstant bleibt (Bild 3-16).

## 3.7 Drehimpuls (Drall)

Eine ähnliche Rolle wie der Impuls bei der geradlinigen Bewegung (z. B. Erhaltungsgröße bei fehlenden Kräften) spielt der Drehimpuls bei der Kreisbewegung, er ist Erhaltungsgröße bei fehlenden Drehmomenten, siehe 3.8.

Definition des *Drehimpulses* eines Massenpunktes $m$ mit dem Impuls $\boldsymbol{p} = m\boldsymbol{v}$ im Abstande $\boldsymbol{r}$ von einem Drehpunkt (Bild 3-17):

$$\boldsymbol{L} = \boldsymbol{r} \times \boldsymbol{p} = \boldsymbol{r} \times m\boldsymbol{v} . \qquad (3\text{-}25)$$

Betrag des Drehimpulses:

$$L = rp \sin\alpha = r_\perp p . \qquad (3\text{-}26)$$

Der Drehimpuls $\boldsymbol{L}$ ist ein Vektor und steht senkrecht auf $\boldsymbol{r}$ und $\boldsymbol{v}$, seine Richtung ergibt sich aus dem Rechtsschraubsinn.

$$\text{SI-Einheit: } [L] = \text{kg} \cdot \text{m}^2/\text{s} = \text{N} \cdot \text{m} \cdot \text{s} .$$

Nach der Definition (3-25) tritt auch bei der geradlinigen Bewegung ein Drehimpuls auf, wenn die Bewegung nicht durch die Bezugsachse geht. Die Angabe

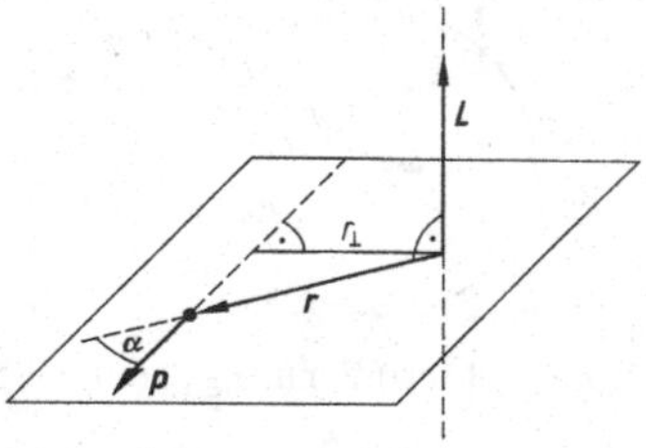


Bild 3-17. Zur Definition des Drehimpulses

eines Drehimpulses erfordert immer die Angabe der Bezugsachse!

Der Drehimpuls eines Teilchens in einer Kreisbahn wird in der Atomphysik häufig *Bahndrehimpuls* genannt und beträgt bezüglich des Kreiszentrums

$$L = mrv = m\omega r^2 , \qquad (3\text{-}27)$$

bzw., da $\boldsymbol{L}$ in die Richtung der Winkelgeschwindigkeit $\boldsymbol{\omega}$ zeigt (Bild 3-18),

$$\boldsymbol{L} = mr^2\boldsymbol{\omega} . \qquad (3\text{-}28)$$

Die zeitliche Änderung des Drehimpulses ergibt sich durch zeitliche Differenziation von (3-25) und liefert einen Zusammenhang mit dem Drehmoment (3-21)

$$\frac{\mathrm{d}\boldsymbol{L}}{\mathrm{d}t} = \boldsymbol{r} \times \boldsymbol{F} = \boldsymbol{M} , \qquad (3\text{-}29)$$

d. h., die zeitliche Änderung des Drehimpulses ist dem wirkenden Drehmoment gleich. Wirkt das Drehmoment während einer Zeit $\Delta t = t_2 - t_1$, so ergibt sich die dadurch bewirkte Änderung des Drehimpulses $\Delta\boldsymbol{L}$ durch Integration von (3-29):

$$\Delta\boldsymbol{L} = \int_{t_1}^{t_2} \boldsymbol{M}\,\mathrm{d}t \quad (= \boldsymbol{M}\Delta t \text{ bei } \boldsymbol{M} = \text{const}) . \qquad (3\text{-}30)$$

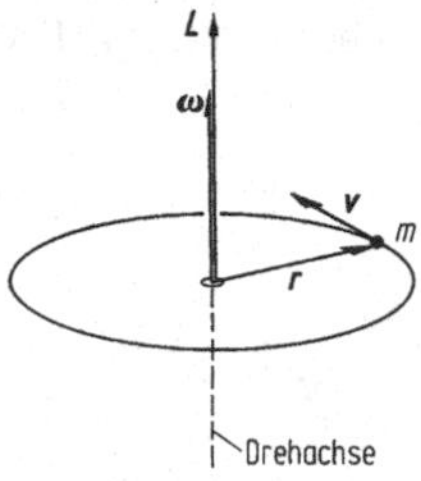


Bild 3-18. Bahndrehimpuls eines Massenpunktes in einer Kreisbahn

$M\Delta t$ heißt Drehmomentenstoß oder Antriebsmoment. Ist das Drehmoment zeitlich konstant, so ist die Drehimpulsänderung nach (3-30) der Zeit proportional.

## 3.8 Drehimpulserhaltung

Wenn kein Drehmoment wirkt ($\boldsymbol{M} = 0$), folgt aus (3-29), dass der Drehimpuls zeitlich konstant bleibt:

$$\boldsymbol{L} = \text{const} \quad \text{für} \quad \boldsymbol{M} = 0 \,. \tag{3-31}$$

Dies ist der *Drallsatz* oder Drehimpulserhaltungssatz, der sich auch auf Teilchensysteme (siehe 6) und starre Körper (siehe 7) verallgemeinern lässt.
Beispiele für die Drehimpulserhaltung bei der Bewegung eines Einzelpartikels:

- Bei der gleichförmig geradlinigen Bewegung eines Massenpunktes gemäß Bild 3-17 bleibt der Drehimpuls bezüglich einer beliebigen Achse nach (3-26) wegen $r_\perp = \text{const}$ konstant ($\boldsymbol{M} = 0$, da keine Kräfte wirken).
- Bei reinen Zentralkräften (Gravitation, siehe 11; Coulomb-Kraft, siehe 12) ist $\boldsymbol{F} \parallel \boldsymbol{r}$ und demzufolge nach (3-21) $\boldsymbol{M} = 0$, somit nach (3-29) $\boldsymbol{L} = \text{const}$. Dies gilt z. B. für die gleichförmige Kreisbewegung, für die Bewegung von Planeten im Gravitationsfeld einer schweren Sonne (Kepler-Problem) oder auch für die Streuung geladener Elementarteilchen im Coulombfeld von Atomkernen (Rutherford-Streuung, siehe 16.1.1).

# 4 Arbeit und Energie

Bei der Verschiebung eines Körpers (Massenpunktes) $P$ längs eines Weges $\boldsymbol{s}$ durch eine Kraft $\boldsymbol{F}$ wird eine Arbeit verrichtet. Die physikalische Größe *Arbeit* ist definiert als das Skalarprodukt aus Kraft und Weg. Bei konstanter Kraft und geradliniger Verschiebung (Bild 4-1) ergibt sich die Arbeit zu

$$W = \boldsymbol{F} \cdot \boldsymbol{s} = Fs\cos\alpha \,. \tag{4-1}$$

Sind Kraft und Weg parallel ($\alpha = 0$), so ist $W = Fs$. Steht die Kraft senkrecht auf dem Weg ($\alpha = 90°$), wird keine Arbeit verrichtet.

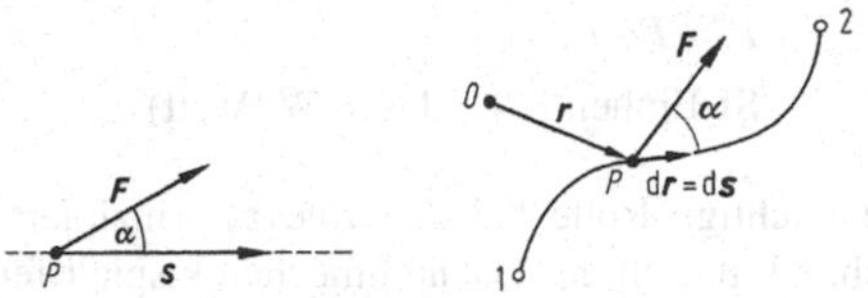


Bild 4-1. Zur Definition der Arbeit

SI-Einheit:

$$[W] = \text{kg} \cdot \text{m}^2/\text{s}^2 = \text{N} \cdot \text{m} = \text{W} \cdot \text{s} = \text{J (Joule)} \,.$$

Bei einem beliebigen Weg und/oder einer ortsveränderlichen Kraft kann (4-1) nur auf ein differenziell kleines Wegelement $\text{d}\boldsymbol{s} = \text{d}\boldsymbol{r}$ angewendet werden (Bild 4-1):

$$\text{d}W = \boldsymbol{F}(\boldsymbol{r}) \cdot \text{d}\boldsymbol{s} = \boldsymbol{F}(\boldsymbol{r}) \cdot \text{d}\boldsymbol{r} = F(s)\cos\alpha(s)\,\text{d}s \,. \tag{4-2}$$

Die Gesamtarbeit bei Verschiebung von 1 nach 2 ergibt sich dann aus (4-2) durch Integration längs des Weges (Bild 4-1):

$$W_{12} = \int_1^2 \boldsymbol{F}(\boldsymbol{r}) \cdot \text{d}\boldsymbol{s} = \int_1^2 F(s)\cos\alpha(s)\,\text{d}s \,. \tag{4-3}$$

Allgemein gilt also: Die *Arbeit* ist das *Wegintegral der angewandten Kraft*.
Die einem Körper oder einem System geeignet zugeführte Arbeit erhöht dessen Fähigkeit, seinerseits Arbeit zu verrichten. Diese Fähigkeit, Arbeit zu verrichten, wird als Energie bezeichnet und in denselben Einheiten wie die Arbeit gemessen.
Wird die Arbeit $W$ in einer Zeit $t$ verrichtet, so wird der Quotient beider Größen als *Leistung* bezeichnet. Man definiert als *mittlere Leistung*

$$\bar{P} = \frac{W}{t} \,, \tag{4-4}$$

und als *Momentanleistung*

$$P(t) = \frac{\text{d}W(t)}{\text{d}t} \,. \tag{4-5}$$

Mit (4-2) und der Definition (2-3) der Geschwindigkeit folgt daraus

$$P = \boldsymbol{F} \cdot \boldsymbol{v} . \quad (4\text{-}6)$$
SI-Einheit: $[P] = \mathrm{J/s} = \mathrm{W}$ (Watt) .

Eine wichtige Rolle bei den Integralprinzipien der Mechanik und in der Quantenmechanik spielt ferner die Größe *Wirkung* mit der Dimension

Wirkung = Arbeit · Zeit = Impuls · Länge
= Länge$^2$ · Zeit$^{-1}$ · Masse
SI-Einheit:
$[\text{Wirkung}] = \mathrm{N \cdot m \cdot s = J \cdot s = kg \cdot m^2/s}$ .

## 4.1 Beschleunigungsarbeit, kinetische Energie

Beim Beschleunigen eines Körpers (Massenpunktes) der Masse $m$ gegen seine Trägheit muss Arbeit verrichtet werden, die dann als Bewegungsenergie oder *kinetische Energie* $E_\mathrm{k}$ im Körper steckt. Das Arbeitsintegral (4-3) liefert mit (3-4) und (2-3)

$$W = \int_0^s \boldsymbol{F} \cdot \mathrm{d}\boldsymbol{s} = \int_0^v m\boldsymbol{v} \cdot \mathrm{d}\boldsymbol{v} = \frac{m}{2} v^2 = E_\mathrm{k} . \quad (4\text{-}7)$$

Die durch die Beschleunigungsarbeit dem Körper erteilte kinetische Energie $E_\mathrm{k}$ hängt eindeutig von seiner Masse $m$ und dem Betrag seiner Geschwindigkeit $v$ bzw. seines Impulses $p$ ab:

$$E_\mathrm{k} = \frac{m}{2} v^2 = \frac{p^2}{2m} . \quad (4\text{-}8)$$

Bei Beschleunigung eines Massenpunktes von $\boldsymbol{v}_1$ auf $\boldsymbol{v}_2$ (Bild 4-2) ergibt sich die erforderliche Beschleunigungsarbeit analog zu (4-7)

$$W_{12} = \int_1^2 \boldsymbol{F} \cdot \mathrm{d}\boldsymbol{s} = \frac{m}{2} v_2^2 - \frac{m}{2} v_1^2 , \quad (4\text{-}9)$$

$$W_{12} = E_{\mathrm{k}2} - E_{\mathrm{k}1} . \quad (4\text{-}10)$$

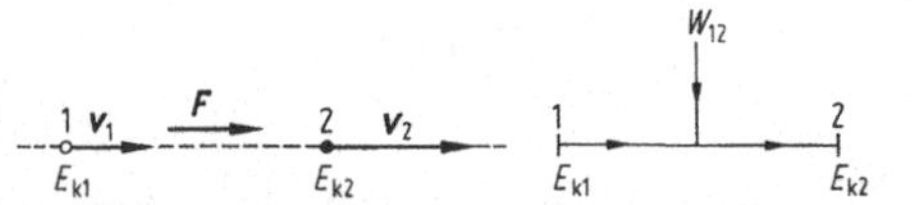


**Bild 4-2.** Beschleunigungsarbeit und Energieflussdiagramm

Die an einem Körper geleistete Beschleunigungsarbeit ist gleich der Änderung seiner kinetischen Energie (vgl. Energieflussdiagramm Bild 4-2).

## 4.2 Potenzielle Energie, Hub- und Spannungsarbeit

Die Arbeit $W_{12}$, die durch eine räumlich und zeitlich konstante Kraft $\boldsymbol{F}$ an einem Körper verrichtet wird, der sich infolge dieser Kraft lediglich gegen seine Trägheit längs verschiedener Wege (z. B. auf den Wegen $s_1$ oder $s_2$ in Bild 4-3) von 1 nach 2 bewegt, ergibt sich aus dem Wegintegral der Kraft zu

$$W_{12} = \int_1^2 \boldsymbol{F} \cdot \mathrm{d}\boldsymbol{r} = \boldsymbol{F} \cdot \boldsymbol{r}_2 - \boldsymbol{F} \cdot \boldsymbol{r}_1$$
$$\text{für} \quad \boldsymbol{F} = \text{const} . \quad (4\text{-}11)$$

Das Ergebnis ist nur von der Lage der Punkte 1 und 2 bzw. von deren Ortsvektoren $\boldsymbol{r}_1$ und $\boldsymbol{r}_2$ abhängig, nicht dagegen von der Wahl der Wegkurve; für die Wege $s_1$ und $s_2$ in Bild 4-3 ist das Ergebnis (4-11) dasselbe:

> Bei konstanter Kraft ist die Arbeit unabhängig vom Wege. Kräfte, für die eine Unabhängigkeit der Arbeit vom Wege gegeben ist, werden *konservative Kräfte* genannt.

Da $W_{12}$ in (4-11) nur von der Differenz zweier gleichartiger Größen $\boldsymbol{F} \cdot \boldsymbol{r}_i$ von der Dimension einer Energie abhängt, ist es sinnvoll, jedem Ort dieses Kraftfeldes eine entsprechende, nur vom Orte $\boldsymbol{r}$ (der „Lage") abhängige Energiegröße zuzuordnen, sodass sich durch Differenzbildung dieser Größen für zwei Punkte stets

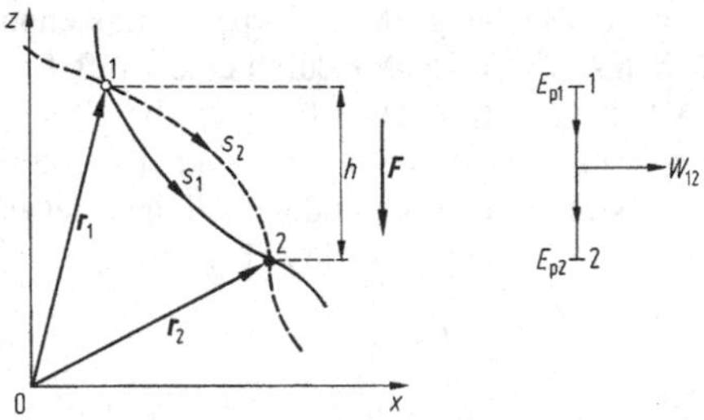


**Bild 4-3.** Potenzielle Energie bei konstanter Kraft, Energieflussdiagramm

sofort die Arbeit ergibt, die bei der Bewegung eines Körpers zwischen den beiden Punkten verrichtet wird. Diese Größe wird Energie der Lage oder *potenzielle Energie* $E_p$ genannt. In unserem Falle ist

$$E_p(\boldsymbol{r}) = -\boldsymbol{F} \cdot \boldsymbol{r} \quad \text{für} \quad \boldsymbol{F} = \text{const} . \tag{4-12}$$

Das Vorzeichen ist so gewählt, dass die potenzielle Energie $E_p$ sinkt, wenn der Körper der Kraft folgt, also vom Kraftfeld Arbeit an dem Körper verrichtet wird ($W > 0$; vgl. Energieflussdiagramm, Bild 4-3). Man kann das so auffassen, dass der Körper potenzielle Energie „verzehrt“, z. B. als Reibungsarbeit an seine Umgebung abgibt oder in kinetische Energie umwandelt. Gleichung (4-12) in (4-11) eingesetzt ergibt die Beziehung

$$W_{12} = E_{p1} - E_{p2} , \tag{4-13}$$

die allgemein für *konservative Kräfte* gilt:

> Die Differenz der potenziellen Energien eines Körpers an zwei Punkten 1 und 2 ist gleich der Arbeit, die von der wirkenden konservativen Kraft an dem Körper geleistet wird, wenn sie ihn von 1 nach 2 bringt.

Ist das Kraftfeld konservativ, aber $\boldsymbol{F} = \boldsymbol{F}(\boldsymbol{r})$, so gilt analog zu (4-12) für differenziell kleine Verschiebungen $\mathrm{d}\boldsymbol{r}$:

$$\mathrm{d}E_p = -\boldsymbol{F}(\boldsymbol{r}) \cdot \mathrm{d}\boldsymbol{r} . \tag{4-14}$$

Wird das Wegelement $\mathrm{d}\boldsymbol{r}$ parallel zu $\boldsymbol{F}(\boldsymbol{r})$ gewählt, so lässt sich der Betrag von $\boldsymbol{F}(\boldsymbol{r})$ aus der örtlichen Änderung der potenziellen Energie längs $\boldsymbol{F}(\boldsymbol{r})$ berechnen:

$$F = -\left(\frac{\mathrm{d}E_p}{\mathrm{d}r}\right)_{\mathrm{d}\boldsymbol{r}\parallel\boldsymbol{F}} . \tag{4-15}$$

Allgemein lautet dieser Zusammenhang bei Verwendung des Operators Gradient (vgl. A 17.1)

$$\boldsymbol{F} = -\operatorname{grad} E_p . \tag{4-16}$$

#### Potenzielle Energie im Erdfeld, Hubarbeit

In hinreichend kleinen Bereichen an der Erdoberfläche kann die Schwerebeschleunigung als konstant angesehen werden, es gilt also $\boldsymbol{F} = \boldsymbol{F}_G = m\boldsymbol{g} = \text{const}$. Da $\boldsymbol{g} = (0, 0, -g)$ nur eine $z$-Komponente hat, folgt aus (4-12) für die potenzielle Energie im Erdfeld

$$E_p = -m\boldsymbol{g} \cdot \boldsymbol{r} = mgz . \tag{4-17}$$

Wird ein Körper der Masse $m$ auf einer Bahn (z. B. $s_1$ in Bild 4-3) durch die Schwerkraft von 1 nach 2 bewegt, so ist die lediglich gegen seine Trägheit verrichtete Arbeit nach (4-13) und (4-17)

$$W_{12} = mg(z_1 - z_2) = mgh , \tag{4-18}$$

d. h., die Arbeit hängt nur von der Höhendifferenz $z_1 - z_2 = h$ (vgl. Bild 4-3) ab. Wie die Höhendifferenz durchlaufen wird, ob schräg, vertikal oder auf einer beliebigen Kurve, spielt keine Rolle. Wenn der Körper um eine Höhe $h$ angehoben wird, so wird an ihm von einer äußeren Kraft $F^a$ Arbeit gegen die Schwerkraft verrichtet. Hierfür sind die Richtungen im Energieflussdiagramm Bild 4-3 umzukehren. In diesem Falle ergibt sich für die Hubarbeit der äußeren Kraft

$$W_{21}^a = -W_{21} = W_{12} = E_{p1} - E_{p2} = mgh . \tag{4-19}$$

#### Potenzielle Energie der Deformation, Verformungsarbeit

Die bei der Verformung elastischer Körper, z. B. bei der Dehnung einer Feder (Bild 3-6), aufzuwendende *Verformungsarbeit* ergibt sich aus (4-3) mit $\boldsymbol{F} = c\boldsymbol{x}$ (vgl. 3.3.1)

$$W = \int_0^x c\boldsymbol{x} \cdot \mathrm{d}\boldsymbol{x} = \frac{1}{2}cx^2 . \tag{4-20}$$

Die Verformungsarbeit wird als potenzielle Energie (*Spannungsenergie*) gespeichert:

$$E_p = \frac{1}{2}cx^2 . \tag{4-21}$$

Da sich gemäß (4-13) die Arbeit als Differenz zweier nur vom Ort abhängiger potenzieller Energien ergibt, lässt sich zu $E_p$ stets eine beliebige, aber für alle $\boldsymbol{r}$ gleiche Konstante hinzufügen, da sie bei der Arbeitsberechnung herausfällt. Dies lässt sich ausnutzen, um den Nullpunkt der Energieskala geeignet zu wählen.

> Die potenzielle Energie ist nur bis auf eine beliebige, vom Ort unabhängige Konstante bestimmt.

## 4.3 Energieerhaltung bei konservativen Kräften

Wirkt eine konservative Kraft auf einen Körper (Massenpunkt), so ist die Arbeit für die durch die Kraft bewirkte Änderung der kinetischen Energie durch (4-10) gegeben. Die potenzielle Energie ändert sich dabei gleichzeitig um den durch (4-13) gegebenen Betrag. Gleichsetzung beider Beziehungen liefert

$$E_{k1} + E_{p1} = E_{k2} + E_{p2} \,. \tag{4-22}$$

Führt man die Summe aus kinetischer und potenzieller Energie als *Gesamtenergie*

$$E = E_k + E_p$$

ein, so bleibt nach (4-22) bei der Bewegung des Körpers von 1 nach 2 die Gesamtenergie $E$ offenbar ungeändert. Das ist die Aussage des *Energieerhaltungssatzes der Mechanik*:

$$E = E_k + E_p = \text{const} \,. \tag{4-23}$$

> Bei konservativen Kräften bleibt die Gesamtenergie (Summe aus kinetischer und potenzieller Energie) konstant.

Die kinetische Energie kann auch Rotationsenergie (bei ausgedehnten Körpern, vgl. 7.1) enthalten.

*Beispiele* für die Anwendung des Energiesatzes:

#### Freier Fall eines Körpers im Erdfeld

Für den freien Fall einer Masse $m$ aus einer Höhe $z_{max} = h$ lautet der Energiesatz mit (4-8) und (4-17) für eine Höhe $z$ (Bild 4-4)

$$\frac{1}{2}mv^2 + mgz = E = mgz_{max} \,, \tag{4-24}$$

woraus sich die Geschwindigkeit in der Höhe $z$ zu

$$v = \sqrt{2g(z_{max} - z)} \tag{4-25}$$

und die Aufprallgeschwindigkeit bei $z = 0$ zu

$$v_{max} = \sqrt{2gh} \tag{4-26}$$

ergibt, vgl. (2-14). Beim Fall von $z_{max} = h$ bis $z = 0$ wird also potenzielle Energie $E_p = mgh$ vollständig in kinetische Energie $E_k = mv_{max}^2/2$ umgewandelt.

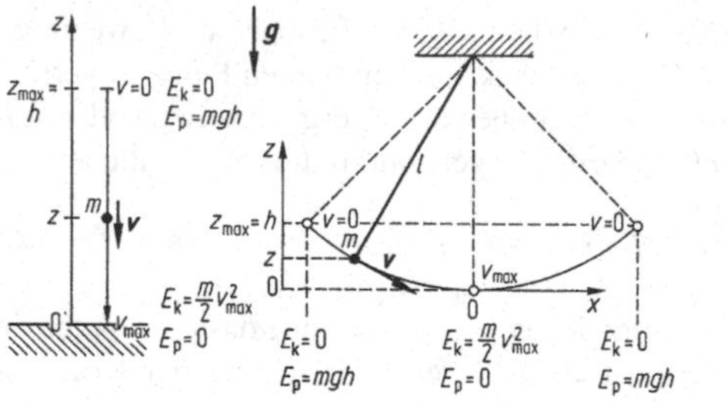


**Bild 4-4.** Energieerhaltung beim freien Fall und beim Pendel

#### Kugeltanz

Ist der fallende Körper in Bild 4-4 eine Stahlkugel und die Unterlage bei $z = 0$ eine Stahlplatte, so verformen sich beide Körper elastisch (Bild 3-7). Dabei wird die kinetische Energie der Kugel in potenzielle Energie der Verformung (Spannungsenergie) umgewandelt. Die dadurch auftretende rücktreibende Kraft bewirkt eine Rückwandlung der Spannungsenergie in kinetische Energie, die Kugel prallt ab und bewegt sich wieder aufwärts bis $z_{max} = h$ (bei vernachlässigter Reibung), worauf sich der Vorgang periodisch wiederholt.

#### Fadenpendel im Erdfeld

In den Umkehrpunkten eines schwingenden Fadenpendels (Bild 4-4) ist $v = 0$ und damit $E_k = 0$, jedoch $E_p$ maximal. Umgekehrt ist es im Nulldurchgang. Es wird also periodisch potenzielle Energie $E_p = mgh$ in kinetische Energie $E_k = mv_{max}^2/2$ und wieder in potenzielle Energie umgewandelt. Die Rechnung ist identisch mit der im ersten Beispiel, die Geschwindigkeit im Nulldurchgang ist durch (4-26) gegeben. Durch Taylor-Entwicklung (vgl. A 9.2.1) findet man $z \approx x^2/(2l)$ und damit aus $E_p = mgz$

$$E_p \approx \frac{mg}{2l}x^2 \,, \tag{4-27}$$

also eine parabolische Abhängigkeit ($\sim x^2$) der potenziellen Energie des Pendels von der horizontalen Auslenkung. Dieser wichtige Fall liegt allgemein bei harmonischen Schwingungen (vgl. 5.2) vor.

## 4.4 Energiesatz bei nichtkonservativen Kräften

In Umkehrung der Definition konservativer Kräfte in 4.2 hängt bei nichtkonservativen Kräften die Arbeit

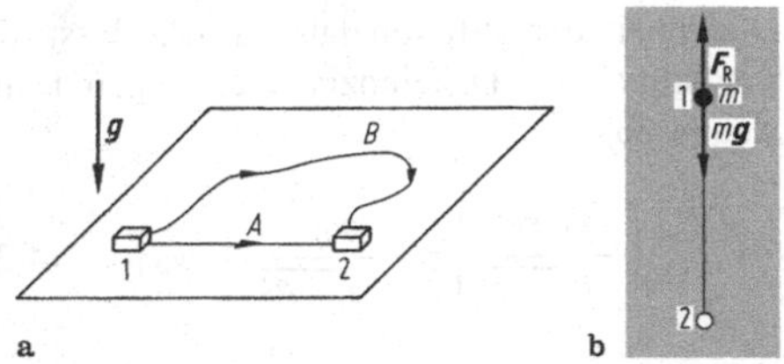


**Bild 4-5.** Zum Energiesatz beim Auftreten von Reibungskräften

meistens vom Wege ab. Wird z. B. Arbeit allein gegen Reibungskräfte verrichtet, etwa beim Verschieben eines Klotzes auf einer horizontalen Unterlage (Bild 4-5a), so ist die Arbeit gemäß (4-3) offensichtlich davon abhängig, ob die Verschiebung von 1 nach 2 über A oder B erfolgt:

$$W_{12,A} < W_{12,B} \,.$$

Die verrichtete Arbeit dient hier nicht zur Erzeugung oder Änderung von $E = E_k + E_p$, sodass (4-10) und (4-13) nicht gültig sind.
Allgemein gilt der Energieerhaltungssatz der Mechanik gemäß (4-23) bei Auftreten von Reibungskräften nicht mehr, sondern muss durch weitere Energieterme ergänzt werden.
Sinkt z. B. ein Körper in einer zähen Flüssigkeit unter Wirkung des Erdfeldes von 1 nach 2 (Bild 4-5b), so wird ein Teil der bei 1 vorhandenen Energie $E_1 = E_{k1} + E_{p1}$ in Reibungsarbeit $W_R$ umgesetzt, sodass bei 2 die Summe aus kinetischer und potenzieller Energie $E_2$ kleiner als bei 1 ist. Der Energiesatz muss daher durch $W_R$ ergänzt werden:

$$E_{k1} + E_{p1} = E_{k2} + E_{p2} + W_R \,. \tag{4-28}$$

Die Reibungsarbeit äußert sich letztlich in Wärmeenergie. Der Energieerhaltungssatz in allgemeiner Form ist der I. Hauptsatz der Wärmelehre (vgl. 8.5.3 und F 1.1.1).

## 4.5 Relativistische Dynamik

Die Grundgleichung der klassischen Dynamik (klassische Bewegungsgleichung) ist das Newton'sche Kraftgesetz (3-5)

$$\boldsymbol{F} = \frac{\mathrm{d}}{\mathrm{d}t}(m_0\boldsymbol{v}) = m_0\frac{\mathrm{d}\boldsymbol{v}}{\mathrm{d}t} = m_0\boldsymbol{a} \,, \tag{4-29}$$

wobei gegenüber (3-5) bei der Masse $m$ der Index 0 hinzugefügt wurde, um die im Sinne der klassischen Mechanik zeit- und geschwindigkeitsunabhängige Masse $m_0$ von der noch einzuführenden relativistischen Masse $m$ zu unterscheiden. Diese klassische Grundgleichung ist nun so zu ändern, dass sie dem Relativitätsprinzip der speziellen Relativitätstheorie genügt, nämlich, dass alle physikalischen Gesetze invariant gegen die Lorentz-Transformation sind (vgl. 2.3.2). Dazu werde das bewegte System S′ in den Massenpunkt mit der Geschwindigkeit $\boldsymbol{v}$ gelegt. Aufgrund der für einen sog. Vierervektor der Geschwindigkeit (der hier nicht behandelt wird), zu fordernden Eigenschaften (Unabhängigkeit des Zeitdifferenzials vom Bewegungszustand des Beobachters) folgt für die Raumkomponente der „relativistischen" Geschwindigkeit des Massenpunktes

$$\boldsymbol{u} = \frac{\mathrm{d}\boldsymbol{r}}{\mathrm{d}\tau} \,, \tag{4-30}$$

worin $\boldsymbol{r}$ der Ortsvektor im System des Beobachters und $\mathrm{d}\tau$ das Differenzial der Eigenzeit des Massenpunktes ist. Letzteres hängt mit dem Zeitdifferenzial $\mathrm{d}t$ des Beobachters gemäß (2-49) zusammen:

$$\mathrm{d}\tau = \sqrt{1-\beta^2}\,\mathrm{d}t \quad \text{mit} \quad \beta = v/c_0 \,, \tag{4-31}$$

sodass mit $\boldsymbol{v} = \mathrm{d}\boldsymbol{r}/\mathrm{d}t$ für die Raumkomponente der „relativistischen" Geschwindigkeit folgt

$$\boldsymbol{u} = \frac{\boldsymbol{v}}{\sqrt{1-\beta^2}} \,, \tag{4-32}$$

und entsprechend für die Raumkomponente des relativistischen Impulses

$$\boldsymbol{p} = m_0\boldsymbol{u} = \frac{m_0\boldsymbol{v}}{\sqrt{1-\beta^2}} \,. \tag{4-33}$$

$m_0$ wird hier als die Ruhemasse des bewegten Massenpunktes bezeichnet, d. h., $m_0$ ist die Masse in seinem eigenen Koordinatensystem ($\beta = 0$). Damit lautet die Grundgleichung der relativistischen Dynamik:

$$\boldsymbol{F} = \frac{\mathrm{d}}{\mathrm{d}t}\left(\frac{m_0\boldsymbol{v}}{\sqrt{1-\beta^2}}\right) \,. \tag{4-34}$$

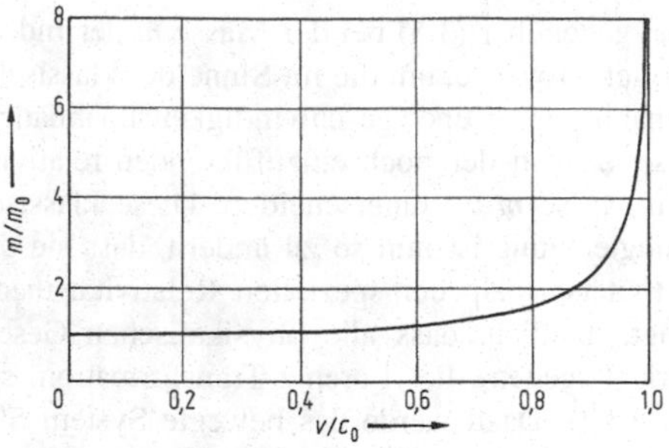


**Bild 4-6.** Relativistische Abhängigkeit der Masse von der Geschwindigkeit

Für kleine Geschwindigkeiten geht (4-34) in die klassische Bewegungsgleichung (4-29) über. In (4-34) lässt sich der Gesamtkoeffizient von $\boldsymbol{v}$ als nunmehr geschwindigkeitsabhängige relativistische Masse $m$ auffassen:

$$m = m(v) = \frac{m_0}{\sqrt{1-\beta^2}} \,. \qquad (4\text{-}35)$$

Für $v \to c_0$ geht $m$ nach unendlich (Bild 4-6). Daraus folgt: Für Partikel mit endlicher Ruhemasse $m_0$ ist die Lichtgeschwindigkeit nicht zu erreichen, denn wegen $m \to \infty$ für $v \to c_0$ müsste die beschleunigende Kraft $\boldsymbol{F}$ unendlich werden, d. h.:

> Die Vakuumlichtgeschwindigkeit ist die obere Grenze für Partikelgeschwindigkeiten.

Die kinetische Energie im relativistischen Fall lässt sich wie im klassischen Fall aus der Arbeit berechnen, die bei Beschleunigung eines Massenpunktes der Ruhemasse $m_0$ von 0 auf die Geschwindigkeit $\boldsymbol{v}$ verrichtet wird:

$$E_\mathrm{k} = W = \int \boldsymbol{F} \cdot \mathrm{d}\boldsymbol{r} = \int \boldsymbol{F} \cdot \boldsymbol{v}\mathrm{d}t \,. \qquad (4\text{-}36)$$

Für den Integranden ergibt sich mit (4-34)

$$\boldsymbol{F} \cdot \mathrm{d}\boldsymbol{r} = \boldsymbol{v} \cdot \boldsymbol{F}\,\mathrm{d}t = \boldsymbol{v} \cdot \frac{\mathrm{d}}{\mathrm{d}t}\left(\frac{m_0 \boldsymbol{v}}{\sqrt{1-\beta^2}}\right)\mathrm{d}t$$

$$= \frac{m_0 \boldsymbol{v}}{(1-\beta^2)^{3/2}}\mathrm{d}\boldsymbol{v} = \mathrm{d}\left(\frac{m_0 c_0^2}{\sqrt{1-\beta^2}}\right) .$$

Die Gleichheit der Differenzialausdrücke lässt sich durch Ausführen der Differenziationen zeigen. Damit folgt aus (4-36)

$$E_\mathrm{k} = \int_0^v \mathrm{d}\left(\frac{m_0 c_0^2}{\sqrt{1-\beta^2}}\right) = \frac{m_0 c_0^2}{\sqrt{1-\beta^2}} - m_0 c_0^2 \,, \qquad (4\text{-}37)$$

bzw. mit (4-35) für die *relativistische kinetische Energie*

$$E_\mathrm{k} = m c_0^2 - m_0 c_0^2 = (m - m_0) c_0^2 \,. \qquad (4\text{-}38)$$

Für kleine Geschwindigkeiten geht (4-38) in den klassischen Ausdruck für die kinetische Energie über, wie sich durch Reihenentwicklung der Wurzel in (4-37) zeigen lässt:

$$E_\mathrm{k} = m_0 c_0^2 \left[1 + \frac{1}{2}\beta^2 + \frac{3}{8}\beta^4 + \ldots - 1\right]$$

$$= \frac{1}{2} m_0 v^2 \left[1 + \frac{3}{4}\beta^2 + \ldots\right] . \qquad (4\text{-}39)$$

In erster Näherung ergibt sich also der klassische Wert $E_\mathrm{k} = m_0 v^2/2$. Die Beziehung (4-38) lässt sich auch in der Form schreiben

$$E = E_0 + E_\mathrm{k} \,, \qquad (4\text{-}40)$$

worin

$$E_0 = m_0 c_0^2 \qquad (4\text{-}41)$$

die Bedeutung einer *Ruheenergie* hat und

$$E = m c_0^2 \qquad (4\text{-}42)$$

die *Gesamtenergie* des bewegten freien Teilchens entsprechend (4-40) darstellt. Bewegt sich das Teilchen in einem konservativen Kraftfeld, so tritt noch die potenzielle Energie hinzu. Unter Berücksichtigung der Ruheenergie lautet also der Energiesatz der Mechanik nunmehr

$$E = m c_0^2 + E_\mathrm{p} = m_0 c_0^2 + E_\mathrm{k} + E_\mathrm{p} = \mathrm{const} \,. \qquad (4\text{-}43)$$

Nach (4-42) entspricht der Energie $E$ eine träge Masse

$$m = \frac{E}{c_0^2} \,. \qquad (4\text{-}44)$$

Die hier für die kinetische Energie abgeleiteten Beziehungen (4-41), (4-42) und (4-44) haben nach Einsteins Relativitätstheorie allgemeine Gültigkeit:

Für alle Energieformen gilt die Äquivalenz von Energie und Masse.

Wegen des großen Wertes von $c_0$ können Massen als gewaltige Energieanhäufungen betrachtet werden. Der Zusammenhang zwischen Gesamtenergie $E = mc_0^2$ und Impuls $\boldsymbol{p} = m\boldsymbol{v}$ folgt aus (4-35) zu

$$E = c_0\sqrt{m_0^2c_0^2 + p^2}\,. \qquad (4\text{-}45)$$

# 5 Schwingungen

Schwingungen sind z. B. zeitperiodische Änderungen einer physikalischen Größe. Mechanische Schwingungen sind wiederholte, spezieller periodische Bewegungen eines Körpers um eine Ruhelage, bei denen sich jeder auftretende Bewegungszustand (Auslenkung, Geschwindigkeit, Beschleunigung) nach einer Schwingungsdauer $T$ (Periodendauer) näherungsweise oder exakt wiederholt. Eine Schwingung entsteht durch Zufuhr von Energie an ein schwingungsfähiges System, das bei mechanischen Schwingern aus einem trägen Körper und einer rücktreibenden Kraft besteht, die bei Auslenkung aus der Ruhelage auftritt (Beispiele siehe 5.2). Die zeitliche Darstellung einer beliebigen periodischen Bewegung, z. B. die Auslenkung (Elongation) $x = f(t)$ zeigt Bild 5-1.

*Periodizität* einer Schwingung $f(t)$ liegt dann vor, wenn stets gilt

$$f(t) = f(t + T)\,. \qquad (5\text{-}1)$$

Die Amplitude $\hat{x}$ (Maximalwert der Auslenkung) bleibt bei periodischen Bewegungen zeitlich konstant

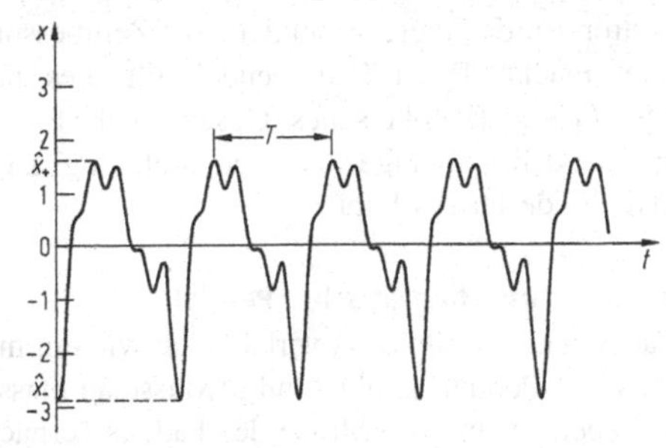


**Bild 5-1.** Periodische Bewegung

(Bild 5-1): *ungedämpfte Schwingungen.* Hierbei bleibt die zugeführte Energie erhalten (siehe 5.2.2). In realen Schwingungssystemen bleibt auch bei sehr kleinen Energieverlusten die Amplitude nur angenähert während kurzer Beobachtungszeiten konstant, es sei denn, dass der Energieverlust durch periodische Energiezufuhr ausgeglichen wird.

Ist dies nicht der Fall, so liegen in realen Schwingungssystemen immer *gedämpfte Schwingungen* mit zeitlich abnehmender Amplitude $\hat{x}$ vor, die dem Kriterium der Periodizität (5-1) nicht mehr genügen.

## 5.1 Kinematik der harmonischen Bewegung

Eine besonders wichtige periodische Bewegung ist die *harmonische Bewegung*, bei der die Auslenkung sinus- oder cosinusförmig von der Zeit abhängt (Bild 5-2). Sie tritt z. B. bei der gleichförmigen Kreisbewegung auf, wenn die Projektion des Massenpunktes auf eine der Koordinatenachsen betrachtet wird.

Mathematische Darstellung der harmonischen Bewegung:

$$x = \hat{x}\sin(\omega t + \varphi_0)\,. \qquad (5\text{-}2)$$

Hierin sind (vgl. Bild 5-2):

| | |
|---|---|
| $x$ | Auslenkung (Elongation) zur Zeit $t$ |
| $\hat{x}$ | Amplitude, Maximalwert der Auslenkung |
| $t$ | Zeit |
| $\varphi = \omega t + \varphi_0$ | Phase, kennzeichnet den momentanen Zustand der Schwingung |
| $\varphi_0$ | Nullphasenwinkel (Anfangsphase), zur Zeit $t = 0$ |
| $\omega = 2\pi\nu = 2\pi/T$ | Kreisfrequenz |
| $\nu = 1/T$ | Frequenz, Zahl der Schwingungen durch die Zeitdauer |
| $T = 1/\nu$ | Schwingungsdauer, Periodendauer |

Differenziation von (5-2) nach der Zeit liefert die Geschwindigkeit, nochmalige Differenziation die Beschleunigung bei der harmonischen Bewegung, die ebenfalls einen harmonischen Zeitverlauf haben, jedoch um den Phasenwinkel $\pi/2$ bzw. $\pi$ gegenüber

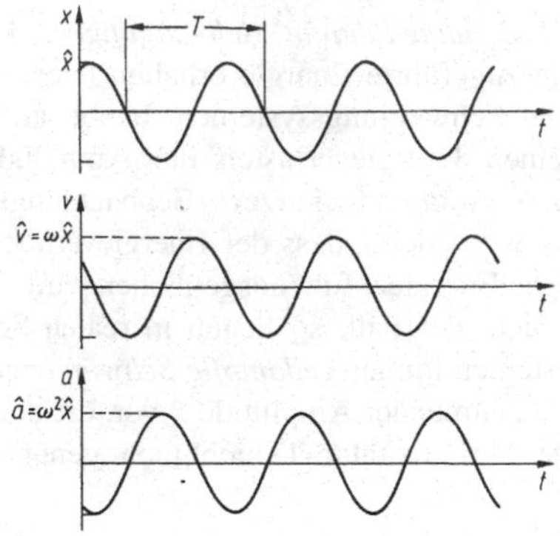


Bild 5-2. Auslenkung, Geschwindigkeit und Beschleunigung als Funktion der Zeit bei der harmonischen Schwingung

der Auslenkung phasenverschoben sind (Bild 5-2):

$$v = \hat{v}\cos(\omega t + \varphi_0) \quad \text{mit} \quad \hat{v} = \omega\hat{x}\,, \qquad (5\text{-}3)$$

$$a = -\,\hat{a}\sin(\omega t + \varphi_0) = -\omega^2 x \quad \text{mit} \quad \hat{a} = \omega^2\hat{x}\,. \qquad (5\text{-}4)$$

Die Beschleunigung ist nach (5-4) stets entgegengesetzt zur Auslenkung gerichtet, wirkt also immer in Richtung zur Ruhelage.

## 5.2 Der ungedämpfte, harmonische Oszillator

Der harmonische Oszillator ist ein physikalisches Modell zur generalisierten Beschreibung von harmonischen Bewegungen. Solche Bewegungen treten immer dann auf, wenn in einem trägen physikalischen System kleine Auslenkungen aus einer stabilen Gleichgewichtslage lineare rücktreibende Kräfte erzeugen.

### 5.2.1 Mechanische harmonische Oszillatoren

Beispiele für Schwingungssysteme, die bei Vernachlässigung von Reibungseinflüssen (d. h. ohne Dämpfung) nach Energiezufuhr harmonische Schwingungen durchführen:

#### Federpendel, linearer Oszillator

Eine Auslenkung um $x$ (Bild 5-3), d. h., Zufuhr von Spannungsenergie (siehe 4.2), ruft gemäß (3-9) eine

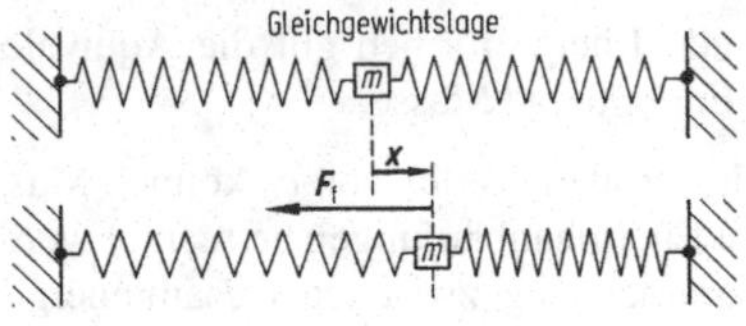


Bild 5-3. Federpendel

rücktreibende Kraft $F_\mathrm{f} = -cx$ hervor, die bei Freigeben der Masse $m$ zu einer Beschleunigung $a$ führt:

$$ma = -cx\,.$$

Daraus ergibt sich die Differenzialgleichung der Federpendelschwingung:

$$m\frac{\mathrm{d}^2 x}{\mathrm{d}t^2} = -cx\,. \qquad (5\text{-}5)$$

Die Lösung dieser Differenzialgleichung, d. h., die Berechnung von $x = x(t)$ erfolgt durch einen harmonischen Ansatz, z. B. $x = \hat{x}\cos\omega t$. Einsetzen in (5-5) ergibt für $\omega$:

$$\omega = \sqrt{\frac{c}{m}}\,, \qquad (5\text{-}6)$$

und daraus mit (2-28) für die Schwingungsfrequenz

$$\nu = \frac{1}{2\pi}\sqrt{\frac{c}{m}}$$

SI-Einheit: $[\nu] = 1/\mathrm{s} = \mathrm{Hz}$ (Hertz)

und für die Schwingungsdauer

$$T = 2\pi\sqrt{\frac{m}{c}}\,. \qquad (5\text{-}7)$$

Frequenz und Schwingungsdauer hängen nicht von der Schwingungsamplitude $\hat{x}$ ab, ein wichtiges Kennzeichen harmonischer Schwingungssysteme (Oszillatoren), das diese besonders zur Zeitmessung geeignet macht. Beim Federpendel gilt dies nur, solange $F_\mathrm{f} \sim x$ (Hooke'sches Gesetz, vgl. E 5.3) gültig ist, d. h., solange die Federdehnung klein gegen die Federlänge bleibt.

#### Fadenpendel (mathematisches Pendel)

Ein Fadenpendel (Bild 5-4) verhält sich wie ein mathematisches Pendel (punktförmige Masse an masselosem Faden), wenn die Masse des Fadens vernachlässigbar klein gegenüber der Pendelmasse $m$ ist, und

wenn deren Abmessung vernachlässigbar klein gegenüber der Fadenlänge $l$ ist.
Eine Auslenkung um das Bogenstück $s$ aus der Ruhelage bedeutet im Erdfeld Zufuhr potenzieller Energie (vgl. 4.3 und Bild 4-4). Die Gewichtskraft $\boldsymbol{mg}$ wirkt sich als fadenspannende Normalkraft $F_n$ und als rücktreibende Tangentialkraft $F_t = -\boldsymbol{mg}\sin\vartheta$ in $-s$-Richtung aus. Diese führt bei Freigabe der Pendelmasse zu einer Bahnbeschleunigung $a = \mathrm{d}^2 s/\mathrm{d}t^2$. Für kleine Auslenkungswinkel $\vartheta$ gilt $\sin\vartheta \approx \vartheta = s/l$ und damit

$$ma \approx -\frac{mg}{l}s \quad \text{mit der Richtgröße} \quad c = \frac{mg}{l}\,. \tag{5-8}$$

Daraus ergibt sich die Differenzialgleichung der Fadenpendelschwingung (bzw. des mathematischen Pendels):

$$\frac{\mathrm{d}^2 s}{\mathrm{d}t^2} = -\frac{g}{l}s\,. \tag{5-9}$$

Diese Differenzialgleichung hat die gleiche mathematische Struktur wie (5-5). Eine Lösung erhält man durch einen entsprechenden harmonischen Ansatz, z. B. $s = \hat{s}\cos\omega t$, und Einsetzen in (5-9) oder einfach durch Vergleich mit (5-5) bis (5-7). Daraus folgt für die Kreisfrequenz

$$\omega = \sqrt{\frac{g}{l}}\,, \tag{5-10}$$

und daraus mit (2-28) für die Schwingungsfrequenz

$$\nu = \frac{1}{2\pi}\sqrt{\frac{g}{l}}$$

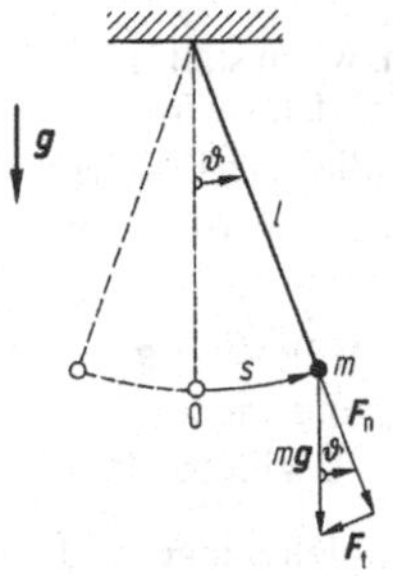


**Bild 5-4.** Fadenpendel

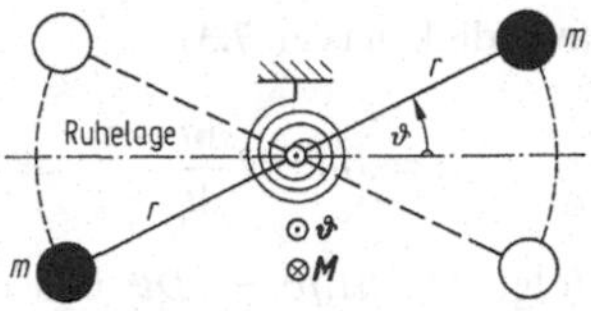


**Bild 5-5.** Drehpendel

und für die Schwingungsdauer

$$T = 2\pi\sqrt{\frac{l}{g}}\,. \tag{5-11}$$

Da die rücktreibende Kraft in (5-8) hier ebenso wie die Trägheitskraft die Masse enthält, fällt diese in der Differenzialgleichung heraus, sodass (anders als beim Federpendel) die Schwingungsdauer unabhängig von der Pendelmasse ist. Wegen der Näherung in (5-8) sind die Pendelschwingungen nur bei kleinen Amplituden ($\hat{\vartheta}$ unter ungefähr 8°) harmonisch.

### Drehpendel, Rotationsoszillator

Drehschwingungen können bei um eine Achse drehbaren Körpern auftreten, wenn eine Auslenkung um einen Drehwinkel $\vartheta$ ein rücktreibendes Drehmoment $\boldsymbol{M} = -D\boldsymbol{\vartheta}$ hervorruft, das bei Freigeben des Oszillators zu einer Winkelbeschleunigung $\alpha$ bzw. einem zunehmenden Drehimpuls $\boldsymbol{L}$ führt. Das rücktreibende Drehmoment kann z. B. durch einen Torsionsstab oder eine Spiralfeder bewirkt werden (Drehsteife, Direktionsmoment oder Winkelrichtgröße $D$). Der rotationsfähige Körper sei z. B. eine Hantel mit zwei Massen $m$ im Abstand $r$ von der Drehachse mit vernachlässigbarer Masse der Hantelachse (Bild 5-5). Der Hantelkörper hat bei Drehung um seine Symmetrieachse senkrecht zur Hantelachse (Bild 5-5) einen Bahndrehimpuls gemäß (3-28)

$$\boldsymbol{L} = 2mr^2\omega\,. \tag{5-12}$$

Mit

$$J = 2m^2\,, \tag{5-13}$$

dem Trägheitsmoment des Hantelkörpers bezüglich der gegebenen Drehachse (vgl. 7.2), folgt aus (5-12) der für beliebige Körper mit dem Trägheitsmoment $J$ gültige Zusammenhang zwischen Drehimpuls und

Winkelgeschwindigkeit (vgl. 7.3)

$$\boldsymbol{L} = J\boldsymbol{\omega} = J\frac{\mathrm{d}\boldsymbol{\vartheta}}{\mathrm{d}t}\,. \qquad (5\text{-}14)$$

Mit (3-29) folgt $\boldsymbol{M} = \mathrm{d}\boldsymbol{L}/\mathrm{d}t = -D\boldsymbol{\vartheta}$ und daraus mit (5-14) die Differenzialgleichung der Drehschwingung

$$J\frac{\mathrm{d}^2\vartheta}{\mathrm{d}t^2} = -D\vartheta\,. \qquad (5\text{-}15)$$

Wie in den vorher behandelten Beispielen folgt mithilfe eines harmonischen Lösungsansatzes, z. B. $\vartheta = \hat{\vartheta}\cos 2\pi\nu t$, durch Einsetzen in (5-15) für die Frequenz $\nu$

$$\nu = \frac{1}{2\pi}\sqrt{\frac{D}{J}}$$

und für die Schwingungsdauer

$$T = 2\pi\sqrt{\frac{J}{D}}\,. \qquad (5\text{-}16)$$

(Beachte: $\omega$ ist hier die Winkelgeschwindigkeit des schwingenden Körpers, nicht – wie in den vorangehenden Beispielen – die Kreisfrequenz der Schwingung.)

### Physikalisches Pendel

Wird ein beliebiger Körper an einer Drehachse außerhalb seines Schwerpunktes (Massenzentrum, vgl. 6.1) im Schwerefeld aufgehängt (Bild 5-6), so kann dieser ebenfalls Pendelschwingungen durchführen. Die rücktreibende Kraft wird hier wie beim Fadenpendel von der Tangentialkomponente der Gewichtskraft

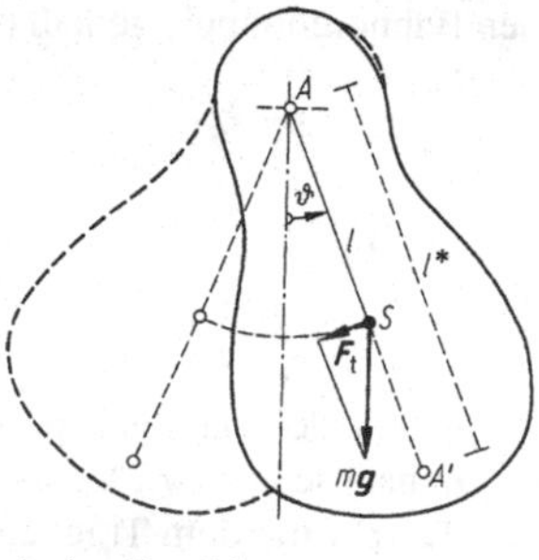


Bild 5-6. Physisches Pendel

$F_t = -mg\sin\vartheta \approx -mg\vartheta$ an die Bahn des Schwerpunktes S geliefert. Sie erzeugt ein rücktreibendes Drehmoment

$$M = lF_t = -D\vartheta \quad \text{mit} \quad D = mgl \qquad (5\text{-}17)$$

als Winkelrichtgröße.
Damit folgt aus (5-16) für die Frequenz

$$\nu = \frac{1}{2\pi}\sqrt{\frac{mgl}{J_\mathrm{A}}}\,,$$

und für die Schwingungsdauer des physikalischen (oder physischen) Pendels

$$T = 2\pi\sqrt{\frac{J_\mathrm{A}}{mgl}}\,. \qquad (5\text{-}18)$$

Wegen der verwendeten Näherung $\sin\vartheta \approx \vartheta$ gilt (5-18) nur für Winkel unter ungefähr 8°. $J_\mathrm{A}$ ist das Trägheitsmoment des Körpers bezüglich der Drehachse $A$ (vgl. 7.2). Ein mathematisches Pendel gleicher Schwingungsdauer müsste eine Länge

$$l^* = \frac{J_\mathrm{A}}{ml}\,, \quad \text{die sog. reduzierte Pendellänge}\,, \qquad (5\text{-}19)$$

haben. Die in Bild 5-6 von $A$ über $S$ aufgetragene reduzierte Pendellänge definiert den Schwingungs- oder Stoßmittelpunkt $A'$. Wie beim mathematischen Pendel der Länge $l^*$ müssen schwingungsanregende Stöße gegen diesen Punkt gerichtet sein, um Stoßkräfte auf den Aufhängepunkt zu vermeiden.
Es lässt sich zeigen, dass die reduzierte Pendellänge $l^*$ und damit die Schwingungsdauer

$$T = 2\pi\sqrt{\frac{l^*}{g}} \qquad (5\text{-}20)$$

sich nicht ändern, wenn statt $A$ der Punkt $A'$ als Drehpunkt gewählt wird. Dies wird bei den *Reversionspendeln* ausgenutzt, die zur Präzisionsbestimmung der Erdbeschleunigung $g$ verwendet werden.

### 5.2.2 Schwingungsgleichung und Schwingungsenergie des harmonischen Oszillators

Die Differenzialgleichungen der verschiedenen Pendelschwingungen in 5.2.1 (5-5), (5-9), (5-15) haben alle dieselbe mathematische Struktur. Ersetzt man darin die lineare Auslenkung $x$, die Bogenauslenkung $s$, die Winkelauslenkung $\vartheta$ usw. durch eine generalisierte Koordinate $\xi$, die auch Druck $p$, elektrische Feldstärke $\boldsymbol{E}$, magnetische Feldstärke $\boldsymbol{H}$ usw. bedeuten kann, sowie die Konstanten mithilfe von (5-6), (5-10) und (5-16) durch die Kreisfrequenz $\omega = \omega_0$, so folgt für die generalisierte Schwingungsgleichung des harmonischen Oszillators

$$\frac{d^2\xi}{dt^2} + \omega_0^2 \xi = 0 \,. \tag{5-21}$$

Sie hat die allgemeine Lösung

$$\xi = \hat{\xi} \sin(\omega_0 t + \varphi_0) \tag{5-22}$$

mit den beiden wählbaren Konstanten $\hat{\xi}$ und $\varphi_0$. Sie lassen sich z. B. durch die *Anfangsbedingungen* festlegen, d. h. durch Vorgabe von Auslenkung und Geschwindigkeit bei $t = 0$. Wird z. B. der Oszillator bei $t = 0$ mit der Auslenkung $\xi(0) = \xi_0$ freigegeben, ohne ihm gleichzeitig eine Geschwindigkeit zu erteilen, d. h., $v(0) = \dot{\xi}(0) = 0$, so folgt aus den beiden Bedingungen: $\varphi_0 = \pi/2$ und $\xi_0 = \hat{\xi}$, sodass die spezielle Lösung für diesen Fall $\xi = \hat{\xi} \cos \omega_0 t$ lautet. Die Lösung der Schwingungsgleichung (5-21) ist also eine harmonische Schwingung mit zeitlich konstanter Amplitude $\hat{\xi}$ (ungedämpfte Schwingung).
Der *Energieinhalt des harmonischen Oszillators* wird am Beispiel des Federpendels berechnet (vgl. 5.2.1). Auslenkung $x$ und Geschwindigkeit $v$ sind bei der Federpendelschwingung durch (5-2) und (5-3) und (5-6) gegeben:

$$x = \hat{x} \sin(\omega_0 t + \varphi_0) \quad \text{und}$$
$$v = \omega_0 \hat{x} \cos(\omega_0 t + \varphi_0) \tag{5-23}$$

mit

$$\omega_0 = \sqrt{c/m} \quad \text{bzw.} \quad c = m\omega_0^2 \,. \tag{5-24}$$

Damit folgt für die kinetische Energie nach (4-8) zu einem Zeitpunkt $t$

$$E_\mathrm{k} = \frac{1}{2} m v^2 = \frac{1}{2} m \omega_0^2 (\hat{x}^2 - x^2) \,. \tag{5-25}$$

Für die potenzielle Energie ergibt sich gemäß (4-21) und mit (5-24) ein parabelförmiger Verlauf über der Auslenkung $x$ (Bild 5-7):

$$E_\mathrm{p} = \frac{1}{2} c x^2 = \frac{1}{2} m \omega_0^2 x^2 \,. \tag{5-26}$$

Die Gesamtenergie ist damit

$$E = E_\mathrm{k} + E_\mathrm{p} = \frac{1}{2} m \omega_0^2 \hat{x}^2 = \frac{1}{2} c \hat{x}^2 = \text{const} \,, \tag{5-27}$$

also zeitlich konstant, da die Federkraft eine konservative Kraft ist.
Es findet eine periodische Umwandlung von potenzieller in kinetische Energie statt und umgekehrt (vgl. 4.3).
Die zeitliche Mittelung über eine Periodendauer $T$

$$\bar{E} = \frac{1}{T} \int_0^T E(t)\, dt \tag{5-28}$$

ergibt durch Einsetzen von (5-25), (5-26) und (5-23) in (5-28) und Ausführen der Integration, dass die zeitlichen Mittelwerte von kinetischer und potenzieller Energie gleich groß und gleich dem halben Wert der Gesamtenergie sind:

$$\bar{E}_\mathrm{k} = \bar{E}_\mathrm{p} = \frac{1}{2} E \,. \tag{5-29}$$

Eine verallgemeinerte Form dieser Aussage ist der sog. Gleichverteilungssatz (siehe 8.3).

### Quantenmechanischer harmonischer Oszillator

In der klassischen Mechanik kann die Amplitude $\hat{x}$ jeden beliebigen Wert annehmen und damit dem Oszillator jede beliebige Gesamtenergie erteilt werden. In der Quantenmechanik, die hier nicht

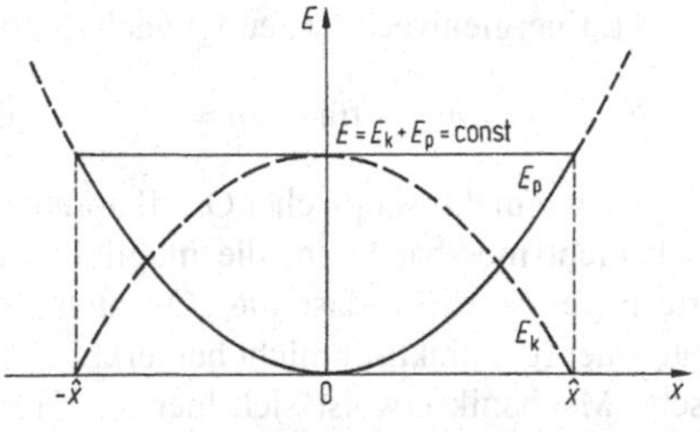


**Bild 5-7.** Potenzielle und kinetische Energie des harmonischen Oszillators als Funktion der Auslenkung

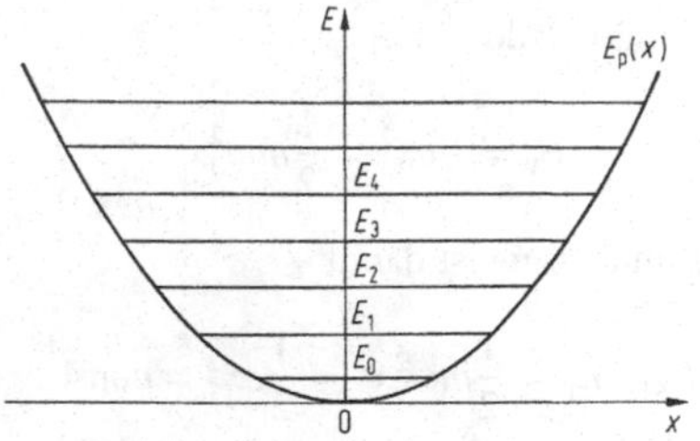


**Bild 5-8.** Erlaubte Energiewerte beim quantenmechanischen harmonischen Oszillator

behandelt werden kann, ist diese Aussage nicht mehr gültig. Der quantenmechanische harmonische Oszillator kann danach nur diskrete Energiewerte $E_n$ für die Gesamtenergie annehmen, die sich z. B. mit der Schrödinger-Gleichung der Wellenmechanik (siehe 25.3) berechnen lassen. Dieses Verhalten ist dadurch bedingt, dass Materie auch Welleneigenschaften zeigt und in begrenzten Schwingungsbereichen stehende Wellen (vgl. 18) ausbilden muss.

Für ein Parabelpotenzial, wie beim harmonischen Oszillator, erhält man als mögliche Energiewerte (Bild 5-8)

$$E_n = \left(n + \frac{1}{2}\right) h\nu_0 = \left(n + \frac{1}{2}\right) \hbar\omega_0 \qquad (5\text{-}30)$$

$$\text{mit} \quad n = 0, 1, 2, \ldots$$

Hierin ist

$h = 6{,}62606896\ldots \cdot 10^{-34}\,\text{J}\cdot\text{s}$
Planck'sches Wirkungsquantum,
Planck-Konstante,
$\hbar = h/2\pi = 1{,}05457168\ldots \cdot 10^{-34}\,\text{J}\cdot\text{s}$ .

Der Energieunterschied zwischen benachbarten Energiewerten („Energieniveaus“) beträgt nach (5-30)

$$\Delta E = h\nu_0 = \hbar\omega_0 \quad \text{für} \quad \Delta n = 1 \, . \qquad (5\text{-}31)$$

Für Frequenzen makroskopischer Oszillatoren ist $\Delta E$ praktisch nicht messbar klein, die möglichen Energiewerte liegen so dicht, dass die „Quantelung“ der Oszillatorenergien praktisch nicht bemerkbar ist. Die klassische Mechanik erweist sich hier als Grenzfall der Quantenmechanik. Anders bei Oszillatoren im atomaren Bereich: Ein Atom, das bei Frequenzen $\nu_0 \approx 10^{14}\,\text{s}^{-1} = 100\,\text{THz}$ schwingt (Lichtfrequenzen), zeigt gut messbare diskrete Energieniveaus.

## 5.3 Freie gedämpfte Schwingungen

Bei realen Schwingungssystemen bleibt die anfängliche Gesamtenergie des Systems nicht erhalten, sondern geht durch das zusätzliche Wirken nichtkonservativer Kräfte (Luftreibung, Lagerreibung, inelastische Deformationen u.a.) allmählich auf die Umgebung über. Die Amplitude einer freien, d. h. nach einer einmaligen Anregung ungestört bleibenden Schwingung nimmt daher zeitlich ab: *Dämpfung*. Abweichend vom ungedämpften harmonischen Oszillator als idealisiertem Grenzfall gilt daher für reale Oszillatoren $\mathrm{d}E/\mathrm{d}t < 0$. Mit der plausiblen, empirisch gerechtfertigten Annahme, dass die Abnahme der Energie proportional der im Schwingungssystem vorhandenen Energie ist, folgt der Ansatz:

$$\frac{\mathrm{d}E}{\mathrm{d}t} = -\delta^* E \, . \qquad (5\text{-}32)$$

Variablentrennung und Integration liefert die zeitliche Änderung der Energie in einem solchen nichtkonservativen System:

$$E(t) = E_0 \mathrm{e}^{-\delta^* t} \, . \qquad (5\text{-}33)$$

$E_0$ ist die Energie des Oszillators zur Zeit $t = 0$. Die Konstante $\delta^*$ heißt Abklingkoeffizient (hier der Energie). Der exponentielle Abfall mit der Zeit ist charakteristisch für gedämpfte Systeme.

Als Beispiel eines solchen Schwingungssystems werde das Federpendel (vgl. 5.2) betrachtet. Ein häufig vorkommender Fall und mathematisch leicht zu behandeln ist die Dämpfung durch eine Reibungskraft, die der Geschwindigkeit proportional und ihr entgegengesetzt gerichtet ist (vgl. 3.2.3):

$$F_\mathrm{R} = -rv = -r\frac{\mathrm{d}x}{\mathrm{d}t} \, . \qquad (5\text{-}34)$$

$r$ heißt Dämpfungskonstante. Die Kraftgleichung des ungedämpften harmonischen Oszillators (5-5) muss jetzt durch die Reibungskraft (5-34) ergänzt werden:

$$ma = -cx - rv \, , \qquad (5\text{-}35)$$

woraus sich die Differenzialgleichung des gedämpften Federpendels ergibt:

$$m\frac{d^2x}{dt^2} + r\frac{dx}{dt} + cx = 0\,. \qquad (5\text{-}36)$$

Durch Ersetzen der speziellen Koeffizienten $m$, $r$ und $c$ durch generalisierte Koeffizienten gemäß

$$\frac{r}{m} = 2\delta\,, \qquad (5\text{-}37)$$

$\delta$ *Abklingkoeffizient* (der Amplitude)

$$\frac{c}{m} = \omega_0^2\,, \qquad (5\text{-}38)$$

$\omega_0$ Kreisfrequenz des ungedämpften Oszillators, vgl. (5-6) ,

ergibt sich die generalisierte Schwingungsgleichung des freien gedämpften Oszillators

$$\frac{d^2x}{dt^2} + 2\delta\frac{dx}{dt} + \omega_0^2 x = 0\,. \qquad (5\text{-}39)$$

Diese Differenzialgleichung lässt sich durch einen Exponentialansatz analog (5-33)

$$x = c_i \exp(\gamma_i t) \qquad (5\text{-}40)$$

lösen. Einsetzen in (5-39) ergibt die allgemeine Lösung

$$x = c_1 \exp(\gamma_1 t) + c_2 \exp(\gamma_2 t) \qquad (5\text{-}41)$$

$$\text{mit} \quad \gamma_{1,2} = -\delta \pm \sqrt{\delta^2 - \omega_0^2}\,. \qquad (5\text{-}42)$$

Die Integrationskonstanten $c_{1,2}$ sind aus den Anfangsbedingungen zu bestimmen. Wichtige Spezialfälle der allgemeinen Lösung ergeben sich je nachdem, wie groß $\delta$ gegenüber $\omega_0$ ist, ob also die Wurzel in (5-42) imaginär, null oder reell ist. Mit steigender Dämpfung (wachsendem Abklingkoeffizienten $\delta$) unterscheidet man:

1. $\delta^2 - \omega_0^2 < 0$: → periodischer Fall,
2. $\delta^2 - \omega_0^2 = 0$: → aperiodischer Grenzfall,
3. $\delta^2 - \omega_0^2 > 0$: → aperiodischer Fall.

Als Anfangsbedingungen nehmen wir wie in 5.2.2 an, dass der gedämpfte Oszillator bei $t = 0$ mit der Auslenkung $x(0) = x_0$ freigegeben wird, ohne ihm gleichzeitig eine Geschwindigkeit zu erteilen, d. h. $v(0) = \dot{x}(0) = 0$. Für die Integrationskonstanten folgt dann

$$c_{1,2} = \frac{x_0}{2}\left(1 \mp \frac{\delta}{\sqrt{\delta^2 - \omega_0^2}}\right). \qquad (5\text{-}43)$$

### 5.3.1 Periodischer Fall (Schwingfall)

Dieser Fall liegt bei geringer Dämpfung vor:

$$\delta^2 < \omega_0^2\,.$$

Aus (5-41), (5-42) und (5-43) ergibt sich dann unter Beachtung der Exponentialdarstellung der trigonometrischen Funktionen (vgl. A 7.1)

$$x = x_0 e^{-\delta t}\left(\frac{\delta}{\omega}\sin\omega t + \cos\omega t\right) \qquad (5\text{-}44)$$

$$\text{mit} \quad \omega = \sqrt{\omega_0^2 - \delta^2}\,. \qquad (5\text{-}45)$$

Für sehr geringe Dämpfung, d. h. $\delta \ll \omega_0$, wird $\omega \approx \omega_0$ bzw. $\omega \gg \delta$, womit sich aus (5-44) näherungsweise ergibt

$$x \approx x_0 e^{-\delta t}\cos\omega t\,, \qquad (5\text{-}46)$$

also eine Cosinusschwingung, deren Amplitude $\hat{x} = x_0 e^{-\delta t}$ mit dem Abklingkoeffizienten $\delta$ zeitlich exponentiell abnimmt (Bild 5-9). Nach (5-27) ist die Schwingungsenergie $E \sim \hat{x}^2$, d. h., sie klingt exponentiell mit $\delta^* = 2\delta$ ab, zeigt also das gemäß (5-33) erwartete Verhalten. Mit steigender Dämpfungskonstante $r$ bzw. steigendem Abklingkoeffizienten $\delta$ nimmt die Amplitude $\hat{x}$ zunehmend schneller zeitlich ab. Das Verhältnis zweier im zeitlichen Abstand einer Schwingungsdauer $T$ aufeinander folgender Amplituden ist

$$\frac{\hat{x}_i}{\hat{x}_{i+1}} = e^{\delta T}\,. \qquad (5\text{-}47)$$

Der Exponent $\delta T$ wird als *logarithmisches Dekrement* $\Lambda$ der gedämpften Schwingung bezeichnet:

$$\Lambda = \delta T = \ln\frac{\hat{x}_i}{\hat{x}_{i+1}}\,. \qquad (5\text{-}48)$$

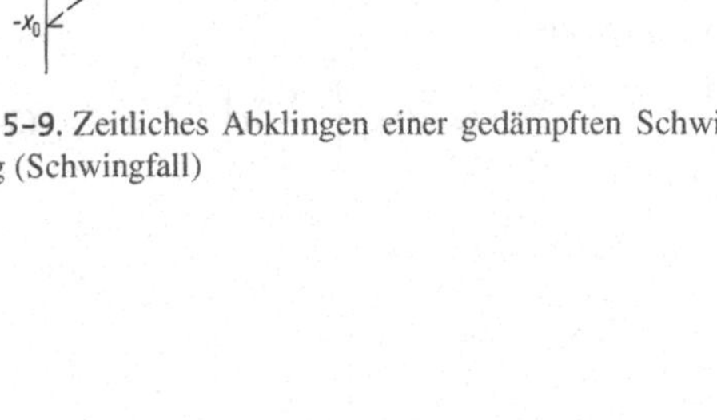

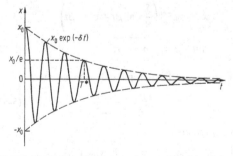

**Bild 5-9.** Zeitliches Abklingen einer gedämpften Schwingung (Schwingfall)

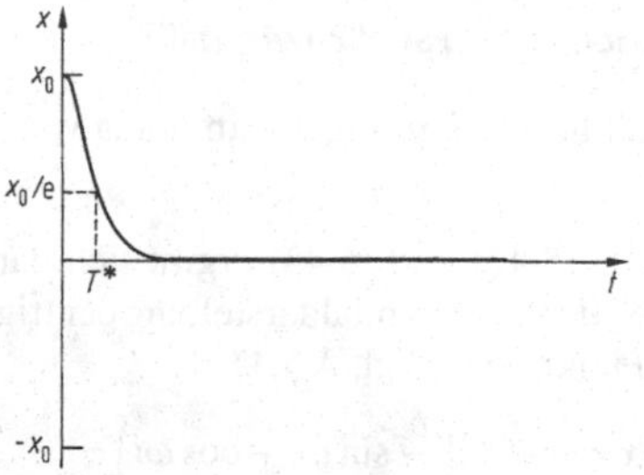


**Bild 5-10.** Zeitliches Abklingen im aperiodischen Grenzfall

### 5.3.2 Aperiodischer Grenzfall

Dieser Fall liegt bei mittlerer Dämpfung dann vor, wenn die Wurzel in (5-42) und (5-43) verschwindet: $\delta^2 = \omega_0^2$.
Die Lösung für die vorgegebenen Anfangsbedingungen ergibt sich aus (5-44) durch Grenzübergang $\omega \to 0$ zu

$$x = x_0 e^{-\delta t}(\delta t + 1) . \qquad (5\text{-}49)$$

Es findet kein periodischer Nulldurchgang mehr statt (Bild 5-10), das Schwingungssystem reagiert nach der Anfangsauslenkung mit der schnellstmöglichen Annäherung an die Ruhelage.

### 5.3.3 Aperiodischer Fall (Kriechfall)

Dieser Fall liegt bei großer Dämpfung vor: $\delta^2 > \omega_0^2$. Mit den gleichen Anfangsbedingungen wie in 5.3.1 ergibt sich unter Beachtung der Exponentialdarstellung der hyperbolischen Funktionen aus (5-41) bis (5-43) oder unter Verwendung der Beziehungen zwischen trigonometrischen und hyperbolischen Funktionen aus (5-44) und (5-45)

$$x = x_0 e^{-\delta t}\left(\frac{\delta}{\beta}\sinh\beta t + \cosh\beta t\right) \qquad (5\text{-}50)$$

$$\text{mit} \quad \beta = \sqrt{\delta^2 - \omega_0^2} . \qquad (5\text{-}51)$$

Für sehr große Dämpfung, d. h. $\delta \gg \omega_0$, wird

$$\beta \approx \delta - \frac{\omega_0^2}{2\delta} \qquad (5\text{-}52)$$

und damit aus (5-50)

$$x \approx x_0 \exp\left(-\frac{\omega_0^2}{2\delta}t\right) . \qquad (5\text{-}53)$$

Nach der Anfangsauslenkung „kriecht" das Schwingungssystem exponentiell mit der Zeit in die Ruhelage zurück. Da $\delta$ hier im Nenner des Exponenten steht, geht dieser Vorgang umso langsamer vor sich, je größer die Dämpfungskonstante $r$ bzw. der Abklingkoeffizient $\delta$ ist (Bild 5-11).

### 5.3.4 Abklingzeit

Als Maß für die Zeit, die ein Schwingungssystem benötigt, um sich der Endlage zu nähern, wird die Abklingzeit $T^*$ als diejenige Zeit eingeführt, in der die Amplitude $\hat{x} = x_0 e^{-\delta t}$ (im Schwingfall) bzw. die Auslenkung $x$ (im Kriechfall) von $x_0$ auf den Wert $x_0/e$ gesunken ist. Aus (5-46) und mit (5-37) folgt bei sehr kleiner Dämpfung für den Schwingfall:

$$T^* = \frac{1}{\delta} = \frac{2m}{r} \sim \frac{1}{r} . \qquad (5\text{-}54)$$

Aus (5-53) und mit (5-37) und (5-38) folgt bei sehr großer Dämpfung für den Kriechfall:

$$T^* = \frac{2\delta}{\omega_0^2} = \frac{r}{c} \sim r . \qquad (5\text{-}55)$$

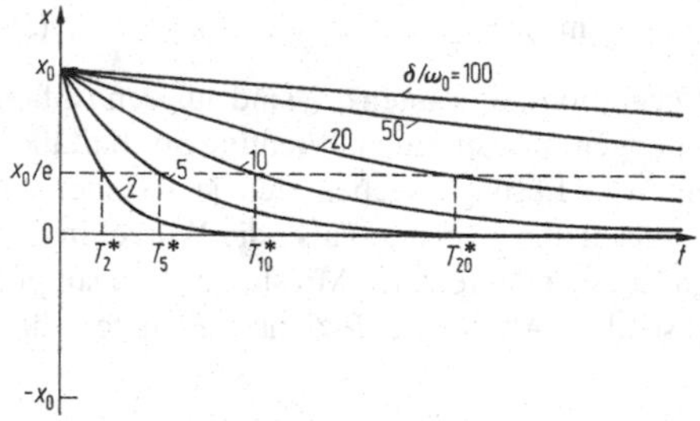


**Bild 5-11.** Zeitliches Abklingen im Kriechfall

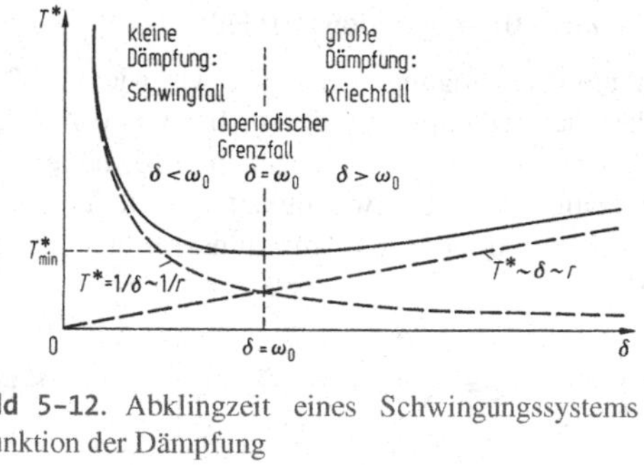


**Bild 5-12.** Abklingzeit eines Schwingungssystems als Funktion der Dämpfung

Mit steigender Dämpfung $r$ nimmt die Abklingzeit $T^*$ zunächst im Schwingfall ab und nimmt dann im Kriechfall wieder zu (Bild 5-12). Das Minimum der Abklingzeit liegt etwa im aperiodischen Grenzfall vor, der deshalb für viele technische Systeme von Bedeutung ist, bei denen einerseits Schwingungen, andererseits zu große Abklingzeiten vermieden werden sollen. Er kann nach 5.3.2 durch Einstellung der Dämpfung auf $\delta = \omega_0$ bzw. gemäß (5-37) und (5-38) auf

$$r = 2\sqrt{mc} \tag{5-56}$$

erreicht werden.

## 5.4 Erzwungene Schwingungen, Resonanz

Wirkt auf das schwingungsfähige System von außen über eine Kopplung eine periodisch veränderliche Kraft ein, z. B.

$$F(t) = \hat{F}\sin\omega t\,, \tag{5-57}$$

so wird das System zum Mitschwingen gezwungen: erzwungene Schwingungen. Wählen wir als Beispiel wieder das Federpendel (mit Dämpfung), so ist dessen Kraftgleichung (5-36) nun durch die periodische Kraft (5-57) zu ergänzen:

$$m\frac{\mathrm{d}^2x}{\mathrm{d}t^2} + r\frac{\mathrm{d}x}{\mathrm{d}t} + cx = F(t) = \hat{F}\sin\omega t\,. \tag{5-58}$$

Durch Einführung der generalisierten Koeffizienten $\delta = r/2m$ und $\omega_0^2 = c/m$ aus (5-37) und (5-38) folgt daraus die Differenzialgleichung der erzwungenen Schwingung:

$$\frac{\mathrm{d}^2x}{\mathrm{d}t^2} + 2\delta\frac{\mathrm{d}x}{\mathrm{d}t} + \omega_0^2 x = \frac{\hat{F}}{m}\sin\omega t\,. \tag{5-59}$$

Die allgemeine Lösung dieser inhomogenen Differenzialgleichung ergibt sich als Summe zweier Anteile:

1. der Lösung der homogenen Differenzialgleichung ($\hat{F} = 0$), die der freien gedämpften Schwingung entspricht und durch (5-41) und (5-42) gegeben ist. Sie beschreibt den zeitlich abklingenden Einschwingvorgang.
2. der stationären Lösung der inhomogenen Gleichung (5-59) für den eingeschwungenen Zustand ($t \gg 1/\delta$).

Für den stationären Fall ist ein geeigneter Lösungsansatz

$$x = \hat{x}\sin(\omega t + \varphi)\,. \tag{5-60}$$

Einsetzen in die Differenzialgleichung (5-59) und Anwendung der Additionstheoreme trigonometrischer Funktionen für Argumentsummen liefert

$$\left[\left(\omega^2 - \omega_0^2\right)\sin\varphi - 2\delta\omega\cos\varphi\right]\hat{x}\cos\omega t + \left[\left(\omega^2 - \omega_0^2\right)\cos\varphi + 2\delta\omega\sin\varphi\right]\hat{x}\sin\omega t = -\frac{\hat{F}}{m}\sin\omega t\,.$$

Diese Gleichung ist nur dann für alle $t$ gültig, wenn die Koeffizienten der linear unabhängigen Zeitfunktionen $\sin\omega t$ und $\cos\omega t$ auf beiden Seiten der Gleichung übereinstimmen, das heißt unter anderem, dass der Koeffizient von $\cos\omega t$ verschwinden muss. Aus diesen beiden Bedingungen ergibt sich für die stationäre *Amplitude* der erzwungenen Schwingung mit der Kreisfrequenz $\omega$ der anregenden periodischen Kraft $F = \hat{F}\sin\omega t$

$$\hat{x} = \frac{\hat{F}}{m\sqrt{\left(\omega^2 - \omega_0^2\right)^2 + 4\delta^2\omega^2}}\,, \tag{5-61}$$

und für die Phasendifferenz $\varphi$ zwischen der Phase der Auslenkung und der Phase der periodischen äußeren Kraft

$$\tan\varphi = \frac{2\delta\omega}{\omega^2 - \omega_0^2}\,. \tag{5-62}$$

Anders als bei der freien Schwingung (vgl. 5.2.2 und 5.3) sind Amplitude und Phasenwinkel der erzwungenen Schwingung nicht mehr von den Anfangsbedingungen abhängig, sondern von der Frequenz bzw. Kreisfrequenz $\omega$ und der Amplitude $\hat{F}$ der erregenden äußeren Kraft sowie von der Dämpfung (Abklingkoeffizient $\delta$) des Schwingungssystems.

### 5.4.1 Resonanz

Die Amplitude der erzwungenen Schwingung zeigt aufgrund der Differenz $(\omega^2 - \omega_0^2)$ im Nenner von (5-61) eine ausgeprägte Frequenzabhängigkeit.

Bei konstanter, zeitunabhängiger Erregerkraft ($\omega = 0$) ist die statische Auslenkung

$$\hat{x}_{st} = \frac{\hat{F}}{m\omega_0^2} = \frac{\hat{F}}{c} . \quad (5\text{-}63)$$

Mit steigender Erregerfrequenz $\omega$ und niedriger Dämpfung $\delta$ erreicht die Amplitude besonders hohe Werte bei $\omega \approx \omega_0$: *Resonanz* (Bild 5-13). Die Lage des Resonanzmaximums $\hat{x}_r = \hat{x}(\omega_r)$ ($\omega_r$ *Resonanzkreisfrequenz*) ergibt sich aus (5-61) durch Bildung von $d\hat{x}/d\omega = 0$:

$$\omega_r = \sqrt{\omega_0^2 - 2\delta^2} < \omega_0 \quad (5\text{-}64)$$

Die *Resonanzamplitude* $\hat{x}_r$ ergibt sich damit aus (5-61) zu

$$\hat{x}_r = \frac{\hat{F}}{2m\delta\sqrt{\omega_0^2 - \delta^2}} . \quad (5\text{-}65)$$

Sie ist stets etwas größer als die Amplitude $\hat{x}_0$ bei $\omega = \omega_0$:

$$\hat{x}_0 = \frac{\hat{F}}{2m\delta\omega_0} . \quad (5\text{-}66)$$

Für kleine Dämpfungen ($\delta \ll \omega_0$) gilt $\omega_r \approx \omega_0$ und $\hat{x}_r \approx \hat{x}_0$. Das Verhältnis von Resonanzamplitude $\hat{x}_r$ zur statischen Auslenkung $\hat{x}_{st}$ wird als *Resonanzüberhöhung* oder *Güte Q* bezeichnet. Mit (5-63) und (5-65) bzw. (5-66) folgt

$$Q = \frac{\hat{x}_r}{\hat{x}_{st}} = \frac{\omega_0^2}{2\delta\sqrt{\omega_0^2 - \delta^2}} \approx \frac{\hat{x}_0}{\hat{x}_{st}} = \frac{\omega_0}{2\delta} \quad (5\text{-}67)$$

für $\delta \ll \omega_0$ .

Mit steigender Dämpfung, d. h. sinkender Güte $Q$, wird $\omega_r < \omega_0$, die Resonanzamplitude sinkt, bis schließlich $\omega_r = 0$ wird bei $\delta = \omega_0/\sqrt{2}$ (Bild 5-13). Für Dämpfungen $\delta > \omega_0/\sqrt{2}$ verschwindet das Resonanzverhalten völlig, die stationäre Schwingungsamplitude $\hat{x}$ ist dann bei allen Frequenzen kleiner als die statische Auslenkung $\hat{x}_{st}$.

Umgekehrt wird mit verschwindender Dämpfung ($\delta \to 0$) die Resonanzamplitude beliebig groß. Da fast jedes mechanisches System (z. B. Brücken, Gebäudedecken, rotierende Maschinen) durch periodische Kräfte zu Schwingungen erregt werden kann, können im Resonanzfalle die Schwingungsamplituden größer werden als es die Festigkeitsbedingungen erlauben, sodass das System zerstört wird: *Resonanzkatastrophe*. Dies muss vermieden werden durch hohe Dämpfung, Umgehung periodischer Kräfte oder große Differenz zwischen Erreger- und Resonanzfrequenz.

Als Maß für den Frequenzbereich, in dem sich die Resonanzerscheinung bei geringer Dämpfung ($\delta \ll \omega_0$, $\omega_r \approx \omega_0$) besonders stark auswirkt, kann die Halbwertsbreite $2\Delta\omega$ benutzt werden (Bild 5-14). Werden die Kreisfrequenzen, bei denen die Amplitude auf den halben Wert der Resonanzamplitude gefallen ist, mit $\omega_{-1/2}$ bzw. $\omega_{+1/2}$ bezeichnet, sowie

$$\Delta\omega = \omega_{+1/2} - \omega_0 \approx \omega_0 - \omega_{-1/2} \quad (5\text{-}68)$$

eingeführt, so kann $\Delta\omega$ gemäß der Bedingung

$$\hat{x}(\omega_{1/2}) = \frac{\hat{x}_0}{2}$$

aus (5-61) und (5-66) näherungsweise berechnet werden:

$$\Delta\omega \approx 2\delta = 2/T^* . \quad (5\text{-}69)$$

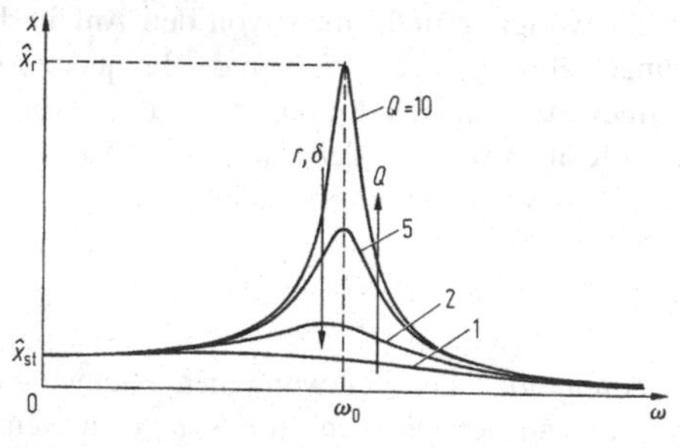


**Bild 5-13.** Resonanzkurven bei verschiedenen Güten $Q$

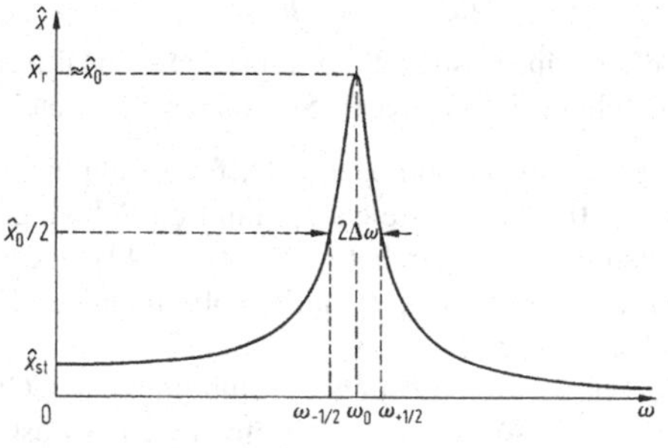


**Bild 5-14.** Halbwertsbreite der Resonanzkurve

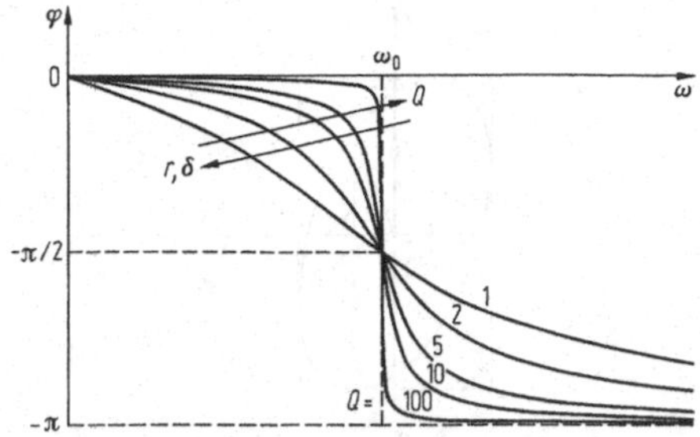


**Bild 5-15.** Phasenkurven der Auslenkung erzwungener Schwingungen bei verschiedenen Güten $Q$

$T^*$ ist die Abklingzeit des freien, gedämpften Schwingungssystems, vgl. 5.3.4. Daraus folgt die generell für Schwingungssysteme gültige Beziehung

$$\Delta\omega/\delta = \Delta\omega T^* = \text{const} . \qquad (5\text{-}70)$$

Mit (5-69) folgt für die Güte aus (5-67)

$$Q = \frac{\omega_0}{\Delta\omega} . \qquad (5\text{-}71)$$

Der Phasenwinkel zwischen einander entsprechenden Phasen der Auslenkung und der Erregerkraft beträgt nach (5-62)

$$\varphi = \arctan \frac{2\delta\omega}{\omega^2 - \omega_0^2} . \qquad (5\text{-}72)$$

Für verschwindende Dämpfung ($\delta = 0$) ist das eine Sprungfunktion, die unterhalb der Resonanz ($\omega < \omega_0$) den Wert $\varphi = 0$, oberhalb ($\omega > 0$) den Wert $\varphi = -\pi$ annimmt (Bild 5-15).

Mit zunehmender Dämpfung (abnehmende Güte) wird der Übergang stetig und zunehmend breiter, wobei $\varphi(\omega_0) = -\pi/2$ ist. Das heißt, bei tiefen Erregerfrequenzen schwingt das System nahezu in gleicher Phase mit der Erregerkraft, bei hohen Erregerfrequenzen dagegen gegenphasig.

Im Resonanzfall ($\omega = \omega_0$) läuft die Phase der Auslenkung der der Erregerkraft um $\pi/2$ nach. Die Zeitfunktionen sind dann:

| | |
|---|---|
| Auslenkung | $x(\omega_0) = \hat{x} \sin(\omega_0 t - \pi/2)$ , |
| Geschwindigkeit | $\dot{x}(\omega_0) = \omega_0 \hat{x} \cos(\omega_0 t - \pi/2)$ |
| | $= \omega_0 \hat{x} \sin \omega_0 t$ , |
| Erregerkraft | $F(\omega_0) = \hat{F}_0 \sin \omega_0 t$ . |

Erregerkraft und Geschwindigkeit sind also im Resonanzfall phasengleich: die Kraft wirkt während der gesamten Periode in die gleiche Richtung wie die Geschwindigkeit, d. h. stets beschleunigend. Bei anderen Frequenzen ist das nicht der Fall. Daraus folgt die hohe Amplitude bei Resonanz.

### 5.4.2 Leistungsaufnahme des Oszillators

Die Leistung, die von der Erregerkraft auf den Oszillator übertragen wird, ergibt sich aus (4-6) zu $P = F\dot{x} = \hat{F} \sin(\omega t)\, \omega\hat{x} \cos(\omega t + \varphi)$. Zeitliche Mittelung über eine ganze Periode und Einsetzen von (5-61) und (5-62) liefert

$$\bar{P} = \frac{\hat{F}_2}{m\delta} \cdot \frac{\delta^2\omega^2}{\left(\omega^2 - \omega_0^2\right)^2 + 4\delta^2\omega^2} \qquad (5\text{-}73)$$

Einführung der Güte $Q = \omega_0/2\delta$ nach (5-67) und einer normierten Frequenz

$$\Omega = \omega/\omega_0 \qquad (5\text{-}74)$$

ergibt weiter

$$\bar{P} = \frac{\hat{F}^2}{2m\omega_0} \cdot \frac{Q\Omega^2}{Q^2(\Omega^2 - 1)^2 + \Omega^2} . \qquad (5\text{-}75)$$

Im Gegensatz zur Amplitudenresonanzkurve hat die Leistungsresonanzkurve ihr Maximum exakt bei $\omega = \omega_0$ ($\Omega = 1$), unabhängig von der Dämpfung bzw. Güte (Bild 5-16). Analog zu (5-68) kann hier eine Leistungshalbwertsbreite definiert werden, die sich als halb so groß wie die Amplitudenhalbwertsbreite erweist:

$$(\Delta\omega)_P \approx \delta \approx \Delta\omega/2 . \qquad (5\text{-}76)$$

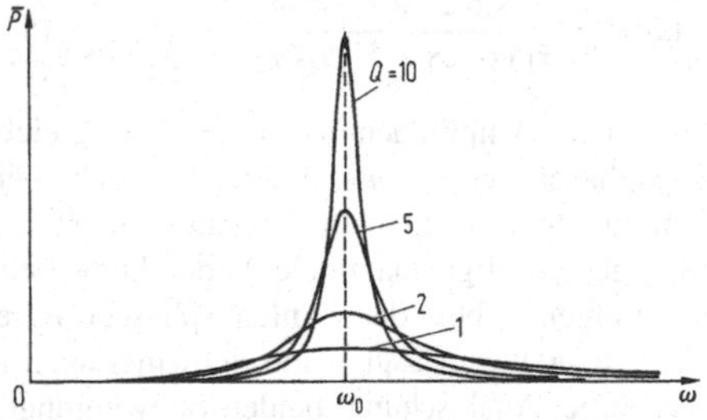


**Bild 5-16.** Leistungsresonanzkurven bei verschiedener Güte $Q$

Die Halbwertsbreite $\Delta\omega$ entspricht also der vollen Breite der Leistungsresonanzkurve bei halber Leistung.

## 5.5 Überlagerung von harmonischen Schwingungen

Oszillatoren können zu mehreren, gleichzeitigen Schwingungen angeregt werden, die sich zu einer resultierenden Schwingung überlagern. Solange die resultierenden Amplituden die Grenze des linearen Verhaltens (z. B. (3-9)) nicht überschreiten, gilt das *Prinzip der ungestörten Superposition*:

> Wird ein Körper zu mehreren Schwingungen angeregt, so überlagern (addieren) sich deren Auslenkungen ohne gegenseitige Störung.

### 5.5.1 Schwingungen gleicher Frequenz

Zwei Schwingungen gleicher Richtung und gleicher Frequenz

$$x_1 = \hat{x}_1 \sin(\omega t + \varphi_1) \quad \text{und}$$
$$x_2 = \hat{x}_2 \sin(\omega t + \varphi_2)$$

überlagern sich zu einer resultierenden harmonischen Schwingung derselben Frequenz

$$x = x_1 + x_2 = \hat{x} \sin(\omega t + \varphi)\,. \qquad (5\text{-}77)$$

Anwendung der Additionstheoreme auf (5-77) und Vergleich der Koeffizienten von $\sin \omega t$ und $\cos \omega t$ liefert Amplitude und Anfangsphase der resultierenden Schwingung:

$$\hat{x} = \sqrt{\hat{x}_1^2 + \hat{x}_2^2 + 2\hat{x}_1\hat{x}_2 \cos(\varphi_1 - \varphi_2)}\,, \qquad (5\text{-}78)$$

$$\tan \varphi = \frac{\hat{x}_1 \sin \varphi_1 + \hat{x}_2 \sin \varphi_2}{\hat{x}_1 \cos \varphi_1 + \hat{x}_2 \cos \varphi_2}\,. \qquad (5\text{-}79)$$

Bei gleichen Amplituden $\hat{x}_1 = \hat{x}_2$ und gleichen Anfangsphasen $\varphi_1 = \varphi_2$ überlagern sich beide Schwingungen zur doppelten resultierenden Amplitude (gegenseitige maximale Verstärkung beider Schwingungen); bei der Anfangsphasendifferenz $\varphi_1 - \varphi_2 = \pi$ heben sich beide Schwingungen auf (gegenseitige Auslöschung beider Schwingungen). Diese Sonderfälle spielen bei der *Interferenz* zweier Schwingungen eine wichtige Rolle.

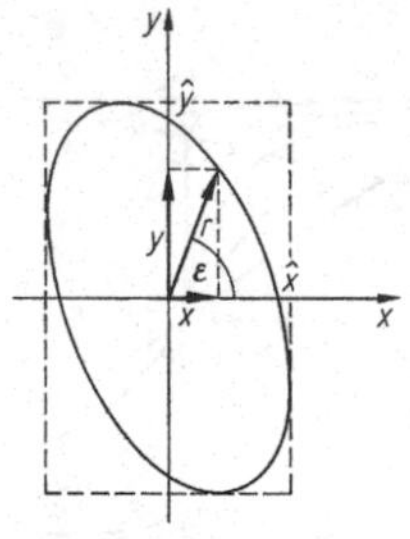


**Bild 5-17.** Bahnkurve der resultierenden Schwingung aus zwei zueinander senkrechten linearen Schwingungen gleicher Frequenz

Die Auslenkungen zweier Schwingungen, die zueinander senkrecht bei Kreisfrequenzen $\omega_x$ und $\omega_y$ erfolgen, z. B.

$$x = \hat{x} \sin(\omega_x t + \varphi_x) \quad \text{und}$$
$$y = \hat{y} \sin(\omega_y t + \varphi_y)\,,$$

müssen vektoriell addiert werden (Bild 5-17). Die Polarkoordinaten der resultierenden Auslenkung zur Zeit $t$ sind

$$r = \sqrt{x^2 + y^2} \quad \text{und} \quad \tan \varepsilon = \frac{y}{x}\,. \qquad (5\text{-}80)$$

Im Falle gleicher Frequenzen $\omega_x = \omega_y$ ergeben sich als Bahnkurven der resultierenden Auslenkung Ellipsen (Bild 5-17), deren Exzentrizität und Lage von den Amplituden und Anfangsphasen der Einzelschwingungen abhängen. Bei ungleichen Frequenzen ergeben sich kompliziertere Bahnkurven, sog. *Lissajous-Figuren.*

### 5.5.2 Schwingungen verschiedener Frequenz

Die Überlagerung von linearen harmonischen Schwingungen mit gleicher Schwingungsrichtung, aber verschiedener Frequenz ergibt eine nichtharmonische oder anharmonische Schwingung. Wir betrachten einige wichtige Sonderfälle:

#### Schwebungen

Schwebungen treten bei Überlagerung zweier Schwingungen mit *geringem Frequenzunterschied* auf. Im einfachen Fall gleicher Amplituden beider

Schwingungen folgt für eine beliebige Auslenkungskoordinate $\xi$

$$\xi = \xi_1 + \xi_2 = \hat{\xi} \sin 2\pi\nu_1 t + \hat{\xi} \sin 2\pi\nu_2 t$$

$$\text{mit} \quad \nu_1 - \nu_2 = \Delta\nu \ll \nu_{1,2} \, .$$

$\Delta\nu$ ist die Differenzfrequenz. Die Anwendung der Additionstheoreme ergibt daraus

$$\xi = 2\hat{\xi} \cos 2\pi \frac{\Delta\nu}{2} t \, \sin 2\pi\nu t \qquad \text{(5-81)}$$

mit der Mittenfrequenz

$$\frac{\nu_1 + \nu_2}{2} = \nu \, .$$

Es ergibt sich also eine Schwingung mit der Mittenfrequenz $\nu$, deren Amplitude periodisch zwischen $2\hat{\xi}$ und 0 schwankt: die Schwingung ist „moduliert" mit einer Frequenz $\nu_{\mathrm{mod}} = \Delta\nu/2 = 1/T_{\mathrm{mod}}$ (Bild 5-18). Die langsam zeitveränderliche Funktion $2\hat{\xi} \cos(2\pi\Delta\nu t/2)$ stellt die Amplitudenhüllkurve dar. Als *Schwebungsdauer* $T_{\mathrm{s}}$ wird der zeitliche Abstand zweier benachbarter Amplitudenmaxima oder Nullstellen der Amplitude bezeichnet. Sie ist gleich der halben Modulationsperiodendauer $T_{\mathrm{mod}}$ und damit

$$T_{\mathrm{s}} = \frac{1}{\Delta\nu} \, . \qquad \text{(5-82)}$$

Die Erscheinung der Schwebung wird häufig zum Frequenzvergleich ausgenutzt: Die Schwebungsdauer wird $\infty$, wenn $\nu_2 = \nu_1$ ist.

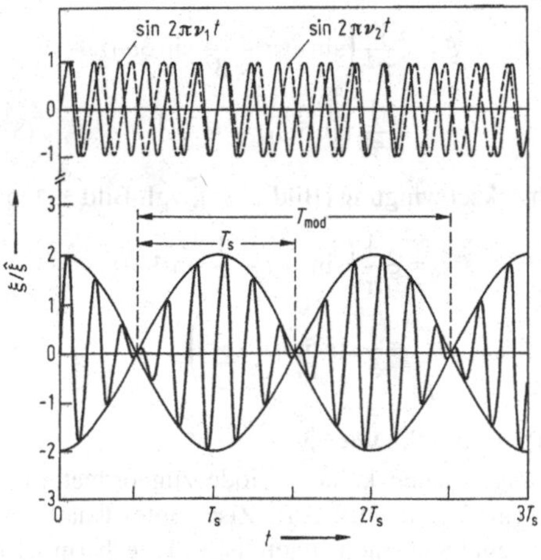


**Bild 5-18.** Überlagerung zweier Schwingungen mit geringem Frequenzunterschied: Schwebung

## Amplitudenmodulation

Wird die Amplitude einer Schwingung der hohen Frequenz $\Omega$ periodisch mit einer niedrigeren Modulationsfrequenz $\omega_{\mathrm{mod}}$ verändert, so spricht man von Amplitudenmodulation. Die Schwebung stellt bereits einen Spezialfall der Amplitudenmodulation dar. Deren allgemeine Beschreibung (Bild 5-19) lautet

$$\xi = \hat{\xi}(1 + m \cos \omega_{\mathrm{mod}} t) \sin \Omega t \quad \text{mit} \quad m \leqq 1 \, , \qquad \text{(5-83)}$$

$m$ wird *Modulationsgrad* genannt.

Nach Anwendung der Additionstheoreme lässt sich (5-83) auch in folgender Form schreiben:

$$\xi = \hat{\xi}\left[\sin \Omega t + \frac{m}{2}(\sin(\Omega - \omega_{\mathrm{mod}})t + \sin(\Omega + \omega_{\mathrm{mod}})t)\right] . \qquad \text{(5-84)}$$

Die Amplitudenmodulation einer Schwingung der Frequenz $\Omega$ mit einer Modulationsfrequenz $\omega_{\mathrm{mod}}$ ist also gleichbedeutend mit einer Überlagerung dreier Schwingungen konstanter Amplitude und den Frequenzen $\Omega$ (sog. Trägerfrequenz), $(\Omega - \omega_{\mathrm{mod}})$ und $(\Omega + \omega_{\mathrm{mod}})$, den unteren und oberen sog. Seitenfrequenzen, vgl. Frequenzspektrum Bild 5-19b, ein für die Nachrichtenübertragung mit modulierten elektrischen Schwingungen äußerst wichtiger Befund, vergleiche Nachrichtentechnik G 22.3.

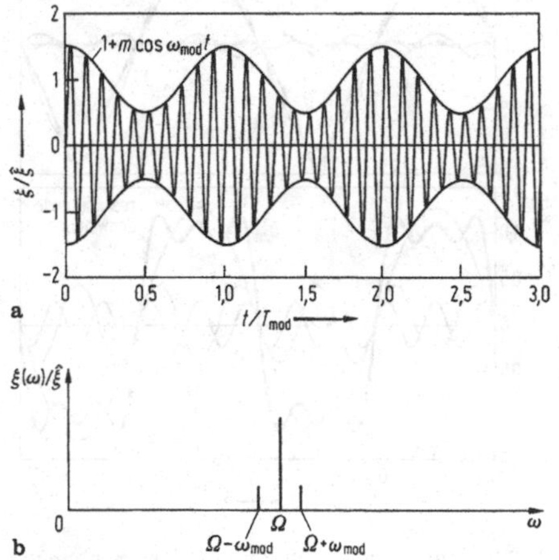


**Bild 5-19.** Amplitudenmodulierte Schwingung und deren Frequenzspektrum

### Anharmonische Schwingungen, Fourier-Darstellung

Die Schwebung und die amplitudenmodulierte Schwingung sind bereits Beispiele für anharmonische Schwingungen, die als Überlagerung harmonischer Schwingungen mit konstanter Amplitude und unterschiedlichen Frequenzen dargestellt werden konnten. Zwei weitere Beispiele zeigt Bild 5-20.

Allgemein lassen sich beliebige anharmonische periodische Vorgänge als Überlagerung von (im Grenzfall unendlich vielen) harmonischen Schwingungen auffassen und als *Fourier-Reihe* darstellen:

$$\xi(t) = \xi_0 + \sum_{n=1}^{\infty} \xi_n \sin(n\omega_1 t + \delta_n) . \tag{5-85}$$

Dabei legt die Periode $T_1 = 2\pi/\omega_1$ der anharmonischen Schwingung die *Grundfrequenz* $\omega_1$ fest, während die Feinstruktur der anharmonischen Schwingung durch die Amplituden $\xi_n$ und die Anfangsphasen $\delta_n$ der *Oberschwingungen* $n\omega_1$ bestimmt wird. Bei akustischen Schwingungen („Klängen") entsprechen dem der „Grundton" und die „Obertöne", wobei die Frequenz des Grundtones die Klanghöhe bestimmt und die Amplituden- und Phasenverteilung der Obertöne die Klangfarbe festlegt. Die

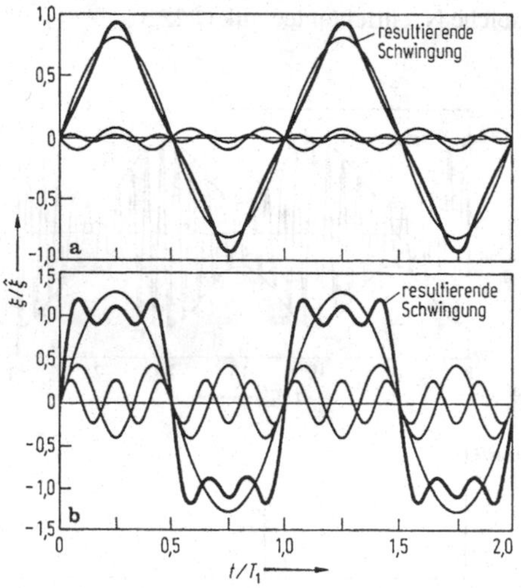


**Bild 5-20.** Entstehung anharmonischer Schwingungen durch Überlagerung harmonischer Schwingungen (jeweils die ersten drei Terme von (5-86) und (5-87))

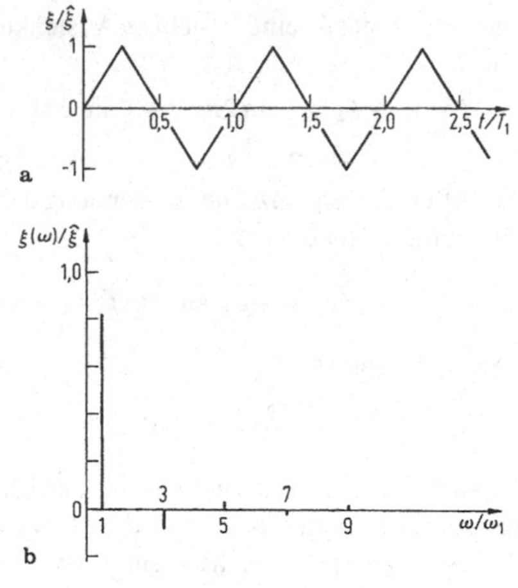


**Bild 5-21.** Dreieckschwingung und zugehöriges Frequenzspektrum

Bestimmung der Koeffizienten $\xi_n$ der einzelnen Teilschwingungen, aus denen sich eine vorgegebene anharmonische Schwingung zusammensetzt, auf mathematischem Wege wird *Fourier*-Analyse genannt (siehe A 21.1). Experimentell kann sie durch einen Satz Frequenzfilter mit unterschiedlichen Durchlassfrequenzen erfolgen.

*Beispiele* für anharmonische Schwingungen:

Dreieckschwingung (Bild 5-21), vgl. auch Bild 5-20a:

$$\xi = \hat{\xi}\frac{8}{\pi^2}\left(\sin\omega_1 t - \frac{1}{3^2}\sin 3\omega_1 t + \frac{1}{5^2}\sin 5\omega_1 t - + \ldots\right) . \tag{5-86}$$

Rechteckschwingung (Bild 5-22), vgl. Bild 5-20b:

$$\xi = \hat{\xi}\frac{4}{\pi}\left(\sin\omega_1 t + \frac{1}{3}\sin 3\omega_1 t + \frac{1}{5}\sin 5\omega_1 t + \ldots\right) . \tag{5-87}$$

### Nichtperiodische Vorgänge

Vorgänge, denen keine Periode zugeordnet werden kann (in der Akustik z. B. Zischlaute, Knalle, oder auch begrenzte, nicht unendlich lange harmonische Wellenzüge), lassen sich nicht durch eine Fourier-Reihe mit diskreten Frequenzen $n\omega$ darstellen.

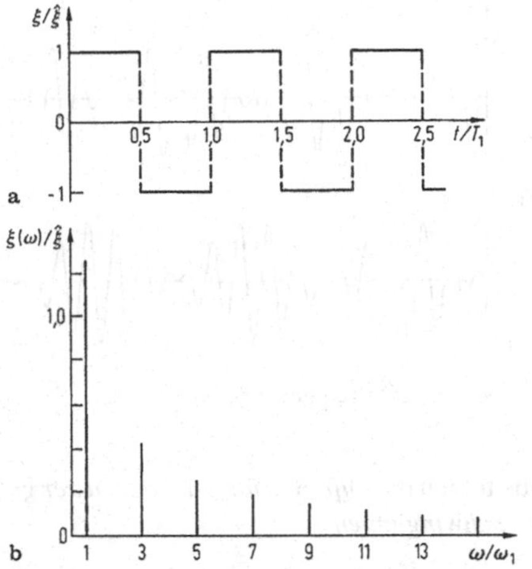


**Bild 5-22.** Rechteckschwingung und zugehöriges Frequenzspektrum

Stattdessen ist dies möglich durch Überlagerung unendlich vieler, kontinuierlich verteilter Frequenzen. Die Summe über ein diskretes Frequenzspektrum bei der Fourier-Reihe (5-85) ist dann durch das *Fourier-Integral* über ein kontinuierliches Frequenzspektrum zu ersetzen:

$$\xi(t) = \int_0^{\infty} \xi_A(\omega) \sin[\omega t + \delta(\omega)] d\omega \,. \tag{5-88}$$

Aufgabe der Fourier-Analyse (siehe A 21) ist hier die

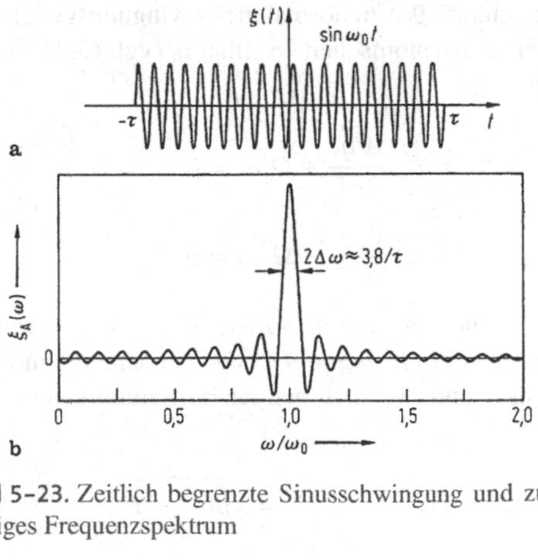


**Bild 5-23.** Zeitlich begrenzte Sinusschwingung und zugehöriges Frequenzspektrum

Bestimmung der Amplitudenfunktion $\xi_A(\omega)$. Als Beispiel sei eine Sinusschwingung der begrenzten zeitlichen Länge $2\tau$ betrachtet (Bild 5-23a). Als Teilschwingungen kommen dann nur Sinusschwingungen mit der Anfangsphase 0 in Frage. Das Fourier-Integral lautet für diesen Fall:

$$\xi(t) = \int_0^{\infty} \xi_A(\omega) \sin \omega t \, d\omega$$

$$= \begin{cases} \sin \omega_0 t & \text{für } -\tau < t < +\tau \\ 0 & \text{sonst} \end{cases} \tag{5-89}$$

Die Amplitudenfunktion $\xi_A(\omega)$ ergibt sich dann (vgl. A 21) zu

$$\xi_A(\omega) = \frac{1}{\pi} \int_{-\infty}^{+\infty} \xi(t') \sin \omega t' \, dt'$$

$$= \frac{1}{\pi} \int_{-\tau}^{+\tau} \sin \omega_0 t' \sin \omega t' \, dt'$$

$$\xi_A(\omega) = \frac{\sin(\omega_0 - \omega)\tau}{\pi(\omega_0 - \omega)} - \frac{\sin(\omega_0 + \omega)\tau}{\pi(\omega_0 + \omega)} \,. \tag{5-90}$$

Diese Amplitudenfunktion hat, wie anschaulich zu erwarten, ihr Maximum bei $\omega = \omega_0$ (Bild 5-23b) und eine Halbwertsbreite

$$2\Delta\omega \approx \frac{3{,}8}{\tau} \,. \tag{5-91}$$

Je größer die Dauer $2\tau$ der Sinusschwingung ist, desto mehr engt sich das Frequenzspektrum auf $\omega_0$ ein. Es liegt ein ganz ähnliches Verhalten vor wie bei der Resonanz, vgl. (5-69).

## 5.6 Gekoppelte Oszillatoren

Oszillatoren werden dann als gekoppelt bezeichnet, wenn sie über eine *Kopplung* Energie austauschen können. Bei mechanischen Schwingern kann der Kopplungsmechanismus z. B. auf elastischer Deformation des Kopplungselementes (Feder zwischen zwei Pendeln), auf Reibung zwischen zwei Schwingern oder auf Trägheit beruhen (Aufhängung eines Fadenpendels an der Masse eines zweiten).

### 5.6.1 Gekoppelte Pendel

Als Beispiel zweier linearer, gekoppelter Oszillatoren werde ein System aus zwei identischen Pendeln mit starren Pendelstangen von vernachlässigbarer Masse betrachtet, die über eine Kopplungsfeder verbunden sind (Bild 5-24).

Wird eines der Pendel angestoßen und ihm damit Schwingungsenergie übertragen, so regt es über die Kopplungsfeder das zweite Pendel zu erzwungenen Schwingungen an (mit $\pi/2$ Phasenverzögerung, vgl. Bild 5-25), bis der Energievorrat des ersten Pendels erschöpft, d. h. vollständig an das zweite Pendel übertragen worden ist. Dann übernimmt dieses die Rolle des Erregers für das erste Pendel und so fort. Die Oszillatoren führen Schwebungen durch, die zeitlich um eine halbe Schwebungsdauer $T_s$ gegeneinander versetzt sind.

Die Schwingungsenergie pendelt dabei periodisch zwischen den beiden Oszillatoren hin und her (Bild 5-25). Die Eigenkreisfrequenz der isolierten Pendel (ohne Kopplung) ist durch (5-10) und (5-8) gegeben:

$$\omega_0 = \sqrt{\frac{c}{m}} \quad \text{mit} \quad c = \frac{mg}{l} . \tag{5-92}$$

Mit Kopplung wird die (hier durch die Schwerkraft bedingte) Richtgröße $c$ der Pendel durch die Richtgröße $c_\mathrm{K}$ der Kopplungsfeder verändert, sodass sich gemäß Bild 5-24 folgende Kraftgleichungen für die beiden Pendel ergeben:

$$\begin{aligned} &\text{Pendel 1:} \quad m\frac{\mathrm{d}^2x_1}{\mathrm{d}t^2} = -cx_1 + c_\mathrm{K}(x_2 - x_1) , \\ &\text{Pendel 2:} \quad m\frac{\mathrm{d}^2x_2}{\mathrm{d}t^2} = -cx_2 - c_\mathrm{K}(x_2 - x_1) , \end{aligned} \tag{5-93}$$

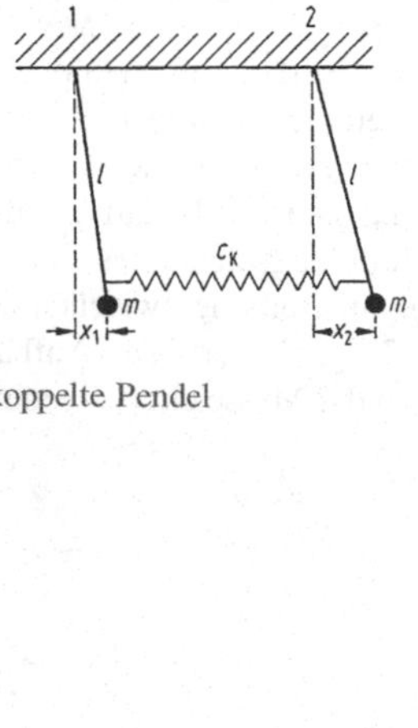


**Bild 5-24.** Gekoppelte Pendel

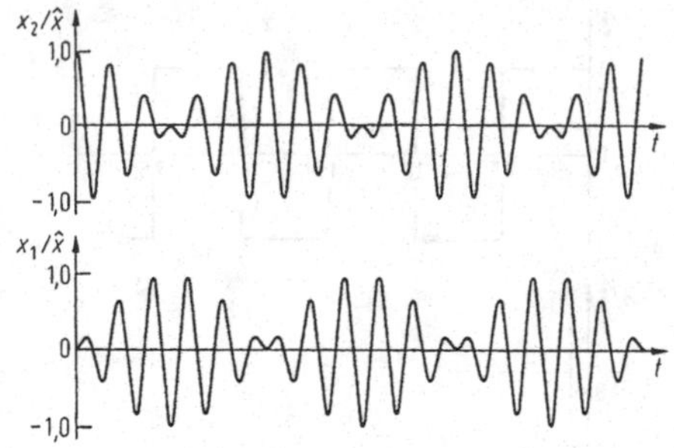


**Bild 5-25.** Schwebungen gekoppelter Pendel

Daraus folgen die *Differenzialgleichungen der gekoppelten Schwingungen*

$$\begin{aligned} &\frac{\mathrm{d}^2x_1}{\mathrm{d}t^2} + \omega_0^2 x_1 + K(x_1 - x_2) = 0 , \\ &\frac{\mathrm{d}^2x_2}{\mathrm{d}t^2} + \omega_0^2 x_2 - K(x_1 - x_2) = 0 \end{aligned} \tag{5-94}$$

mit dem *Kopplungsparameter*

$$K = \frac{c_\mathrm{K}}{m} . \tag{5-95}$$

Es handelt sich um zwei gekoppelte Differenzialgleichungen mit $x_1$ und $x_2$ als gekoppelte, zeitabhängige Variable. Durch Addition und Subtraktion der beiden Gleichungen und Einführung von *Normalkoordinaten*

$$q_1 = x_1 + x_2 , \quad q_2 = x_1 - x_2 \tag{5-96}$$

lassen sich (5-94) zu normalen Schwingungsgleichungen eines harmonischen Oszillators (vgl. (5-21)) entkoppeln:

$$\begin{aligned} &\frac{\mathrm{d}^2q_1}{\mathrm{d}t^2} + \Omega_1^2 q_1 = 0 , \\ &\frac{\mathrm{d}^2q_2}{\mathrm{d}t^2} + \Omega_2^2 q_2 = 0 . \end{aligned} \tag{5-97}$$

Die Frequenzen dieser *Normalschwingungen* (auch *Fundamentalschwingungen* oder Fundamentalmoden genannt) sind, wie sich bei der Herleitung von (5-97) zeigt,

$$\Omega_1 = \omega_0 \quad \text{und} \quad \Omega_2 = \sqrt{\omega_0^2 + 2K} . \tag{5-98}$$

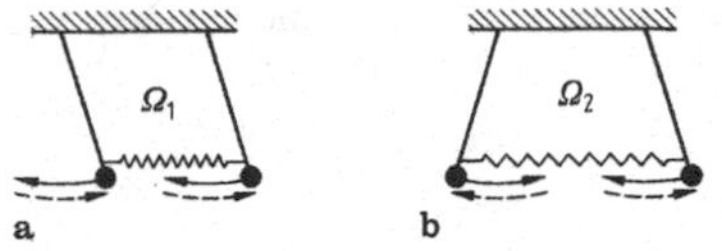


**Bild 5-26.** Normalschwingungen gekoppelter Pendel

Die allgemeinen Lösungen von (5-97) lassen sich aus (5-22) übernehmen, woraus sich mit (5-96) die allgemeinen Lösungen von (5-94) bzw. (5-93) ergeben. Sie setzen sich aus einer Linearkombination von Normalschwingungen zusammen:

$$x_1(t) = \hat{x}_1 \sin(\Omega_1 t + \varphi_{01}) + \hat{x}_2 \sin(\Omega_2 t + \varphi_{02})$$
$$x_2(t) = \hat{x}_1 \sin(\Omega_1 t + \varphi_{01}) - \hat{x}_2 \sin(\Omega_2 t + \varphi_{02}) \qquad (5\text{-}99)$$

Die Konstanten $\hat{x}_i$ und $\varphi_{0i}$ sind aus den Anfangsbedingungen zu bestimmen. So ist z. B. die isolierte Anregung der Normalschwingungen durch folgende Wahl der Anfangsbedingungen möglich:

*1. Normalschwingung*: Die Anfangsbedingungen $x_1(0) = x_2(0) = \hat{x}$, $\dot{x}_1(0) = \dot{x}_2(0) = 0$ liefern eine gleichsinnige Schwingung (Bild 5-26a):

$$x_2(t) = x_1(t) = \hat{x}\cos\Omega_1 t\,. \qquad (5\text{-}100)$$

Hierbei wird die Kopplung überhaupt nicht beansprucht, die Pendel schwingen mit ihrer Eigenfrequenz

$$\Omega_1 = \omega_0\,. \qquad (5\text{-}101)$$

*2. Normalschwingung*: Die Anfangsbedingungen $x_1(0) = -x_2(0) = -\hat{x}$, $\dot{x}_1(0) = \dot{x}_2(0) = 0$ liefern eine gegensinnige Schwingung (Bild 5-26b):

$$x_2(t) = -x_1(t) = \hat{x}\cos\Omega_2 t\,. \qquad (5\text{-}102)$$

Hierbei wird die Kopplung maximal beansprucht, die Pendel schwingen symmetrisch zur Ruhelage und wegen der um $c_K$ erhöhten Richtgröße mit der gemäß (5-98) erhöhten Eigenfrequenz

$$\Omega_2 = \omega_0\sqrt{1 + 2\frac{K}{\omega_0^2}} = \omega_0\sqrt{1 + 2\frac{c_K}{c}}\,. \qquad (5\text{-}103)$$

Für die beiden Normalschwingungen $\Omega_1$ und $\Omega_2$ sind die beiden Differenzialgleichungen (5-93) wegen $x_2 = x_1$ bzw. $x_2 = -x_1$ entkoppelt und können auch direkt gelöst werden.

Aus (5-101) und (5-103) folgt, dass die Frequenzaufspaltung, d. h. der Abstand der beiden Normalfrequenzen, mit steigender Kopplung zunimmt (Bild 5-27). Für $K = 0$ ($c_K = 0$: keine Kopplung) fallen die Frequenzen der Normalschwingungen zusammen („Entartung"):

$$\Omega_1 = \Omega_2 = \omega_0 \quad \text{für} \quad K = 0\,. \qquad (5\text{-}104)$$

*Schwebung*:
Die Anfangsbedingungen $x_2(0) = \hat{x}$, $\dot{x}_2(0) = x_1(0) = \dot{x}_1(0) = 0$ als Beispiel liefern

$$x_1(t) = \frac{\hat{x}}{2}(\cos\Omega_1 t - \cos\Omega_2 t)$$
$$x_2(t) = \frac{\hat{x}}{2}(\cos\Omega_1 t + \cos\Omega_2 t)\,. \qquad (5\text{-}105)$$

Mit

$$\Omega = \frac{1}{2}(\Omega_1 + \Omega_2) \quad \text{und} \quad \Delta\Omega = \Omega_2 - \Omega_1 \qquad (5\text{-}106)$$

folgt durch Anwendung der Additionstheoreme auf (5-105) die Beschreibung der eingangs erwähnten Schwebungen (Bild 5-25, vgl. auch 5.5.2)

$$x_1(t) = \hat{x}\sin\frac{\Delta\Omega}{2}t\sin\Omega t\,,$$
$$x_2(t) = \hat{x}\cos\frac{\Delta\Omega}{2}t\cos\Omega t\,, \qquad (5\text{-}107)$$

sofern die Frequenzaufspaltung $\Delta\Omega \ll \Omega$, d. h. die Kopplung schwach ($K \ll \omega_0^2$) ist.

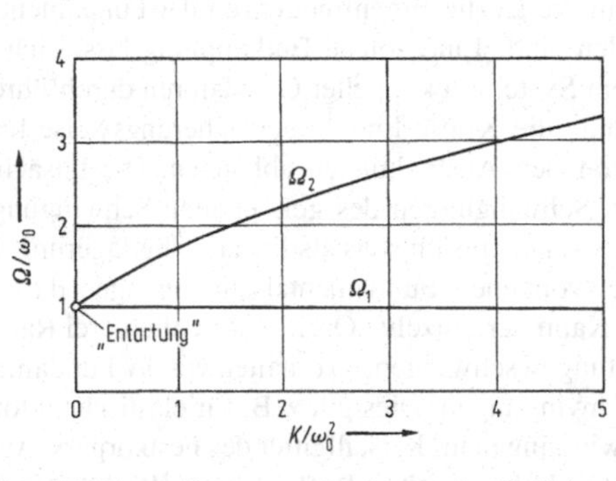


**Bild 5-27.** Normalfrequenzaufspaltung als Funktion der Kopplung

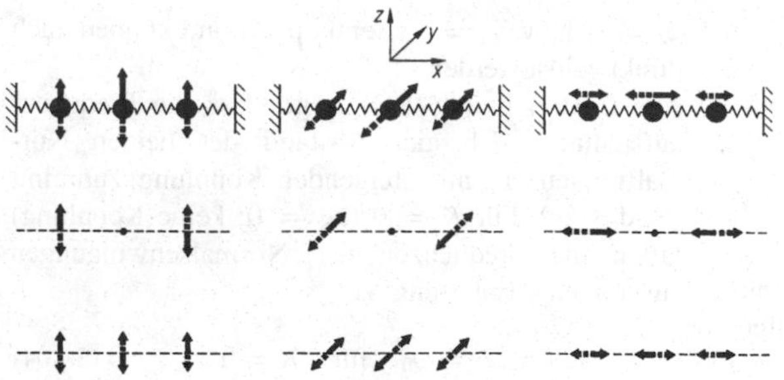


Bild 5-28. Fundamentalmoden einer Federkette

### 5.6.2 Mehrere gekoppelte Oszillatoren

Ein System von $N$ gekoppelten eindimensionalen Oszillatoren besitzt im Allgemeinen $N$ Freiheitsgrade der Bewegung (d. h., es sind $N$ voneinander unabhängige Koordinaten zur Beschreibung der einzelnen Auslenkungen notwendig). Analog dem Beispiel für $N = 2$ im vorigen Abschnitt wird es durch ein System von $N$ gekoppelten Differenzialgleichungen beschrieben:

$$\frac{\mathrm{d}^2 x_i(t)}{\mathrm{d}t^2} = \sum_j A_{ij} x_j(t) \quad \text{mit } i, j = 1, 2, \ldots, N \,. \tag{5-108}$$

Durch eine lineare Variablentransformation und Einführung der Normalkoordinaten $q_1, q_2, \ldots, q_N$ kann eine Entkopplung der $N$ Differenzialgleichungen (5-108) erreicht werden: Man erhält $N$ kopplungsfreie Systeme mit je einem Freiheitsgrad:

$$\frac{\mathrm{d}^2 q_i(t)}{\mathrm{d}t^2} = -\Omega_i^2 q_i(t) \quad \text{mit } i = 1, 2, \ldots, N \,, \tag{5-109}$$

worin die $\Omega_i$ die Eigenfrequenzen der Fundamentalmoden sind. Eine solche Entkopplung lässt sich in jedem System gekoppelter Oszillatoren durchführen, solange die Kräfte linear oder näherungsweise linear von den Auslenkungen abhängen. Die tatsächlichen Schwingungen des gekoppelten Schwingungssystems lassen sich stets als lineare Überlagerung der so gewonnenen Fundamentalschwingungen darstellen. Kann der einzelne Oszillator in allen drei Raumrichtungen schwingen, so erhalten wir $3N$ Fundamentalschwingungen. Dies gilt z. B. für elastische Atomschwingungen im Kristallgitter des Festkörpers. Auch eine Federkette mit z. B. 3 Massen (Bild 5-28) hat demnach $3 \times 3 = 9$ Fundamentalmoden.

Die Anregung einzelner Fundamentalschwingungen lässt sich durch geeignete Wahl der Anfangsbedingungen erreichen (siehe 5.6.1). Die 9 Fundamentalmoden einer Federkette mit 3 Massen sind in Bild (5-28) angedeutet. Ähnliche Fundamentalschwingungen treten bei Molekülen auf, jedoch fallen wegen der fehlenden Einspannung hier u. a. diejenigen mit gleichsinniger Schwingungsrichtung aller Atommassen aus.

## 5.7 Nichtlineare Oszillatoren. Chaotisches Schwingungsverhalten

Bei der mathematischen Beschreibung der in 5.2 bis 5.4 behandelten Oszillatoren werden Näherungen (kleine Federdehnungen, kleine Winkelauslenkungen) benutzt, sodass die rücktreibenden Größen proportional zur Auslenkung angesetzt werden konnten. Die die Schwingungssysteme beschreibenden Differenzialgleichungen sind dadurch linear bezüglich der Auslenkungsvariablen $\xi$ und leicht lösbar. Tatsächlich sind physikalische Systeme i. Allg. nichtlinear. Für nichtlineare Gleichungen gibt es aber kaum allgemeine analytische Lösungsverfahren, sodass die Approximation nichtlinearer Vorgänge durch lineare Gesetze in den meisten Fällen ein notwendiger Kompromiss bei der mathematischen Beschreibung ist. Bei den Schwingungssystemen kommt hinzu, dass im Gültigkeitsbereich der linearen Näherung das für die Anwendungen besonders wichtige *harmonische* Schwingungsverhalten vorliegt. Wenn die Schwingung jedoch den Gültigkeitsbereich der linearen Näherung verlässt, so muss man auch für die in 5.2 bis 5.4 behandelten Oszillatoren die genaueren nichtlinearen Differenzialgleichungen heranziehen.

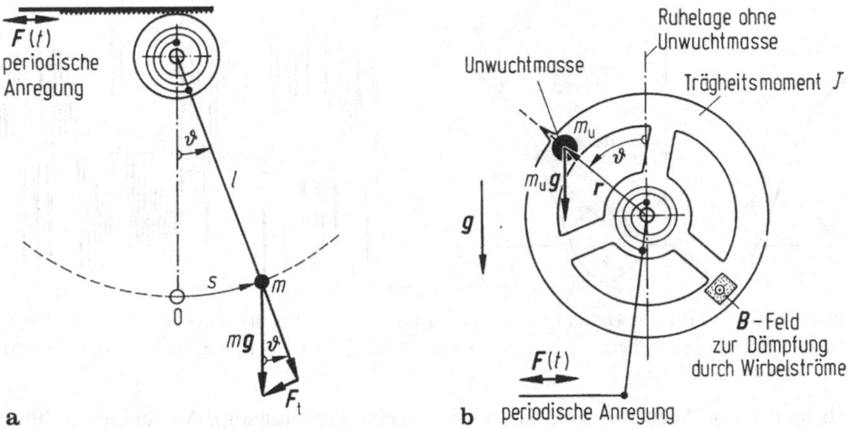


**Bild 5-29.** Nichtlineare Oszillatoren: **a** periodisch zu größeren Amplituden angeregtes Stabpendel, **b** periodisch angeregtes Drehpendel mit Unwucht

So erhält man für das periodisch angeregte Stabpendel (Bild 5-29a) unter Berücksichtigung einer Dämpfung $rv$ die Kraftgleichung (vgl. 5.2.1 und 5.4)

$$m\frac{\mathrm{d}^2 s}{\mathrm{d}t^2} + r\frac{\mathrm{d}s}{\mathrm{d}t} + mg\,\sin\frac{s}{l} = \hat{F}\sin\omega t\,, \qquad (5\text{-}110)$$

die durch den Sinusterm in $s$ nichtlinear ist. Eine ähnliche Differenzialgleichung erhält man für die Drehmomente beim periodisch angeregten Drehpendel in Bild 5-29b, bei dem eine Unwuchtmasse $m_\mathrm{u}$ angebracht ist. Dadurch tritt bei Auslenkung aus der ursprünglichen Ruhelage ein zusätzliches, auslenkendes Drehmoment $\boldsymbol{r} \times (m_\mathrm{u}\boldsymbol{g})$ auf, das erst bei größerer Auslenkung $\vartheta$ durch das von der Spiralfeder ausgeübte rücktreibende Drehmoment $-D\vartheta$ kompensiert wird:

$$J\frac{\mathrm{d}^2\vartheta}{\mathrm{d}t^2} + d\frac{\mathrm{d}\vartheta}{\mathrm{d}t} + D\vartheta - m_\mathrm{u}g|\boldsymbol{r}|\sin\vartheta = \hat{M}\sin\omega t\,. \qquad (5\text{-}111)$$

Die Unwuchtmasse $m_\mathrm{u}$ bewirkt zwei Gleichgewichtslagen $\overline{\vartheta}$ und $\overline{\vartheta'}$ links bzw. rechts von der ursprünglichen Ruhelage $\vartheta = 0$ des Drehpendels ohne Unwuchtmasse. Die Potenzialkurve des Drehpendels (ursprünglich eine Parabel, siehe Bild 5-7) hat nun zwei Minima (Bild 5-30a). Solche Systeme neigen bei bestimmten Parametern zu völlig unregelmäßigen (nichtperiodischen) *chaotischen* Schwingungen, deren Ablauf nicht ohne Weiteres vorhersehbar ist (Bild 5-30b).

Charakteristisch für solche chaotischen Vorgänge ist, dass kleinste Veränderungen der Anfangsbedingungen ein völlig anderes Schwingungsverhalten zur Folge haben können. Hier ist das sonst meist geltende Prinzip außer Kraft, dass kleine stetige Änderungen der Anfangsbedingungen auch stetige Änderungen der Reaktion eines Systems zur Folge haben. Seitdem leistungsfähige Rechner zur Verfügung stehen, mit denen Differenzialgleichungen wie (5-110) und (5-111) numerisch gelöst werden können, kann man Vorgänge wie in Bild 5-30 auch berechnen, und zwar für genau definierte Anfangsbedingungen, wie sie experimentell gar nicht einzuhalten wären. Dabei erhält man tatsächlich bei nur minimal veränderten Bedingungen völlig andere Kurven $\vartheta(t)$, bei exakt gleichen Bedingungen aber natürlich immer dieselben Kurven. Die scheinbar regellose Bewegung ist also in der Theorie wohl determiniert, man spricht deshalb auch von *deterministischem Chaos*.

Ein weiteres Beispiel für ein System, das chaotisches Verhalten zeigen kann, ist ein Planet in einem Doppelsternsystem (Dreikörperproblem). Während ein Planet eines einzelnen Zentralsterns Kepler-Ellipsen durchläuft (siehe 11.2), also eine periodische Bewegung ausführt, durchläuft ein Planet in einem Doppelsternsystem i. Allg. sehr komplizierte Bahnen, die sich zeitweise um das eine, zeitweise um das andere Kraftzentrum bewegen, in gewisser Analogie zum Drehpendel mit Unwucht

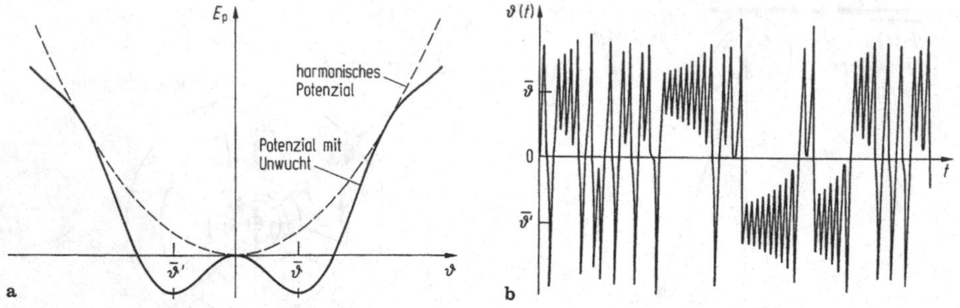


**Bild 5-30.** **a** Potenzialkurve des Drehpendels mit Unwucht (Bild 5-29b); **b** Chaotische Schwingung des Drehpendels mit Unwuchtmasse, die teilweise um die beiden Ruhelagen $\bar{\vartheta}$ bzw. $\bar{\vartheta}'$ erfolgt (nach P. Bergé, Phys. Bl. **46** (1990) 209)

(Bilder 5-29b und 5-30). Auch hier gilt, dass eine minimale Änderung der Anfangsbedingungen u. U. zu völlig veränderten Bahnkurven führen kann.

Die Theorie des deterministischen Chaos (kurz: *Chaostheorie*) ist gegenwärtig Gegenstand einer intensiven Forschung, wie sie erst durch die heutigen Rechner möglich geworden ist. Man versucht beispielsweise, das turbulente Strömungsverhalten (siehe 9.4 und 10.2) und viele andere Phänomene mithilfe der Chaostheorie zu verstehen.

# 6 Teilchensysteme

Reale Materie kann stets als Vielteilchensystem aufgefasst werden, dessen Bestandteile (die Teilchen des Systems) z. B. die Atome oder Moleküle der betrachteten Materiemenge sind, oder auch fiktive „Massenelemente", d. h. differenziell kleine Bruchteile $dm$ der gesamten Masse $m$ des Vielteilchensystems. Materiemengen können in unterschiedlichen Aggregatzuständen auftreten, die charakteristische Eigenschaften als Vielteilchensysteme aufweisen:

1. *Gase*: Die Teilchen (Atome, Moleküle) haben beliebige, stochastisch wechselnde Abstände (Brown'sche Bewegung). Zwischen ihnen gibt es weder Fern- noch Nahordnung. Gase füllen jedes verfügbare Volumen aus. Der mittlere Teilchenabstand und damit die Dichte hängen von äußeren Kräften (Druck) ab (hohe Kompressibilität).

2. *Flüssigkeiten*: Die Teilchen einer Flüssigkeit haben ebenfalls zeitlich variierende Abstände (Brown'sche Bewegung), jedoch eine ausgeprägte Nahordnung (keine Fernordnung). Angreifende Kräfte und Drehmomente verformen eine Flüssigkeit ohne dauerhafte Rückstellkräfte zu erzeugen. Der mittlere Teilchenabstand ($\sim$ Dichte$^{-1/3}$) hängt kaum von äußeren Kräften (Druck) ab (geringe Kompressibilität), Flüssigkeiten haben ein definiertes Volumen.

3. *Festkörper*: Die Teilchen besitzen feste Abstände untereinander, es besteht eine feste Nah- und Fernordnung (Kristallstruktur). Unter Einwirkung äußerer Kräfte und Drehmomente können sich Festkörper unter Ausbildung von Rückstellkräften elastisch verformen. Unterhalb bestimmter Grenzwerte sind die Deformationen bei Entlastung reversibel, die Festkörper nehmen dann ihre vorherige Form wieder an. Oberhalb dieser Grenzwerte verhalten sich Festkörper plastisch oder brechen. Die Kompressibilität ist noch geringer als bei Flüssigkeiten.

Als weiterer Aggregatzustand der Materie wird nach Langmuir der Plasmazustand (siehe 16.6.3) angesehen:

4. *Plasmen*: Kollektive aus neutralen und einer großen Anzahl elektrisch geladener Teilchen, die quasineutral sind (gleich viele positiv und negativ geladene Teilchen), und deren Verhalten durch kollektive Phänomene aufgrund der starken elektromagnetischen Wechselwirkung zwischen den geladenen Teilchen bestimmt ist. Die geladenen Teilchen können z. B. positive oder negative Ionen und freie Elektronen (oder Löcher beim Halbleiter) sein. Plasmen können hochionisierte Gase, elektrolytische Flüssigkeiten oder elektrisch leitende Festkörper sein.

Viele Eigenschaften solcher Vielteilchensysteme lassen sich durch idealisierte Modelle beschreiben, wovon in den folgenden Abschnitten mehrfach Gebrauch gemacht wird, z. B.:

Gase: Modell des *idealen Gases* (Teilchen punktförmig, keine Wechselwirkungen usw.), siehe 8 (Statistische Mechanik).

Flüssigkeiten: Modell der *idealen Flüssigkeit* (Inkompressibilität, keine innere Reibung), siehe 10 (Hydro- und Aerodynamik).

Festkörper: Modell des *starren Körpers*. In diesem Modell bleiben die Abstände aller Elemente des Körpers untereinander konstant, auch wenn äußere Kräfte oder Drehmomente angreifen (siehe 7).

In mancher Hinsicht kann ein Teilchensystem wie ein Massenpunkt behandelt werden, dessen Masse gleich der Summe der Massen aller Teilchen im System ist, in anderer Hinsicht nicht. Die Massen der Teilchen in den betrachteten Teilchensystemen werden als konstant angenommen.

## 6.1 Schwerpunkt (Massenzentrum), Impuls und Drehimpuls von Teilchensystemen

Wir betrachten ein System von Teilchen der Masse $m_i$ (Gesamtmasse $m = \sum m_i$) bei den Ortskoordinaten $\boldsymbol{r}_i$ in einem Kraftfeld mit konstanter Beschleunigung $\boldsymbol{a}$ (z. B. Erdfeld: $\boldsymbol{a} = \boldsymbol{g}$), sodass auf jedes Teilchen eine Kraft $\boldsymbol{F}_i = m_i\boldsymbol{a}$ wirkt (Bild 6-1a). Bezüglich des vorgegebenen Bezugssystems treten dann Drehmomente

$$\boldsymbol{M}_i = \boldsymbol{r}_i \times \boldsymbol{F}_i = \boldsymbol{r}_i \times m_i\boldsymbol{a}$$

auf. Das Gesamtdrehmoment $\boldsymbol{M} = \sum \boldsymbol{M}_i$ lässt sich nun darstellen als Vektorprodukt zwischen einer Schwerpunktskoordinate $\boldsymbol{r}_\mathrm{S}$ und der resultierenden Gesamtkraft $\boldsymbol{F} = \sum \boldsymbol{F}_i = \sum m_i\boldsymbol{a}$:

$$\boldsymbol{M} = \sum_i \boldsymbol{r}_i \times m_i\boldsymbol{a} = \boldsymbol{r}_\mathrm{S} \times \sum_i m_i\boldsymbol{a} \,,$$

$$\left(\sum_i \boldsymbol{r}_i m_i\right) \times \boldsymbol{a} = \left(\boldsymbol{r}_\mathrm{S} \sum_i m_i\right) \times \boldsymbol{a} \,. \qquad (6\text{-}1)$$

Aus der Gleichheit der Klammerterme folgt für die Schwerpunktskoordinate in dem betrachteten Bezugssystem (meist als Laborsystem bezeichnet)

$$\boldsymbol{r}_\mathrm{S} = \frac{\sum m_i\boldsymbol{r}_i}{\sum m_i} = \frac{1}{m}\sum_i m_i\boldsymbol{r}_i \,. \qquad (6\text{-}2)$$

Für kontinuierliche Massenverteilungen (starre Körper) müssen die Summierungen durch Integration ersetzt werden (vgl. 7).

*Beispiel*: System aus zwei Massen. Aus (6-2) folgt

$$\boldsymbol{r}_\mathrm{S} = \frac{m_1\boldsymbol{r}_1 + m_2\boldsymbol{r}_2}{m_1 + m_2} \qquad (6\text{-}3)$$

und weiter $m_1(\boldsymbol{r}_\mathrm{S} - \boldsymbol{r}_1) = m_2(\boldsymbol{r}_2 - \boldsymbol{r}_\mathrm{S})$. Dies bedeutet, dass $(\boldsymbol{r}_\mathrm{S} - \boldsymbol{r}_1) \parallel (\boldsymbol{r}_2 - \boldsymbol{r}_\mathrm{S})$ ist und der Schwerpunkt auf der Verbindungslinie der beiden Massen liegt (Bild 6-1b). Wegen

$$\frac{|\boldsymbol{r}_\mathrm{S} - \boldsymbol{r}_1|}{|\boldsymbol{r}_2 - \boldsymbol{r}_\mathrm{S}|} = \frac{m_2}{m_1} \qquad (6\text{-}4)$$

teilt der Schwerpunkt die Verbindungslinie im umgekehrten Verhältnis der Massen.

Die Schwerpunktskoordinate $\boldsymbol{r}_\mathrm{S}$ ist nach (6-2) eine mittlere Koordinate der mit den Massen $m_i$ gewichteten Teilchenkoordinaten $\boldsymbol{r}_i$. Der dadurch definierte *Schwerpunkt S* wird daher auch als *Massenzentrum* bezeichnet. In einem Bezugssystem mit $S$ als Ursprung (*Schwerpunktsystem*) verschwindet nach (6-1) das resultierende Drehmoment, weil hierin $\boldsymbol{r}_\mathrm{S} = 0$ wird.

Für den Gesamtimpuls eines Teilchensystems, in dem die einzelnen Teilchen $i$ Geschwindigkeiten $\boldsymbol{v}_i = \mathrm{d}\boldsymbol{r}_i/\mathrm{d}t$ haben, folgt

$$\boldsymbol{p} = \sum \boldsymbol{p}_i = \sum m_i \frac{\mathrm{d}\boldsymbol{r}_i}{\mathrm{d}t} = \frac{\mathrm{d}}{\mathrm{d}t}\sum m_i\boldsymbol{r}_i \,,$$

und daraus mit (6-2)

$$\boldsymbol{p} = \frac{\mathrm{d}}{\mathrm{d}t}(m\boldsymbol{r}_\mathrm{S}) = m\frac{\mathrm{d}\boldsymbol{r}_\mathrm{S}}{\mathrm{d}t} \,.$$

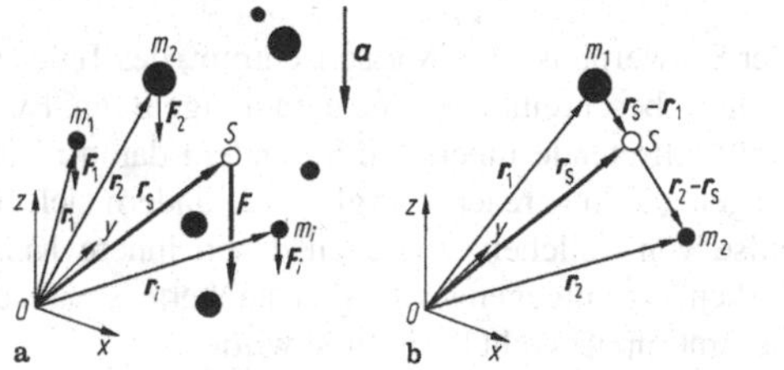


**Bild 6-1.** **a** Zur Definition des Schwerpunktes eines Teilchensystems, **b** Schwerpunkt eines Systems aus zwei Massen

$d\boldsymbol{r}_S/dt = \boldsymbol{v}_S$ ist die Geschwindigkeit des Schwerpunktes (Systemgeschwindigkeit), sodass sich für den *Gesamtimpuls des Teilchensystems* im Laborsystem

$$\boldsymbol{p} = m\boldsymbol{v}_S \qquad (6\text{-}5)$$

ergibt. Gleichung (6-5) entspricht der Impulsdefinition (3-2) für einen einzelnen Massenpunkt. Hinsichtlich des Impulses verhält sich also das Teilchensystem so, als ob die gesamte Masse des Systems im Massenzentrum (Schwerpunkt) vereinigt ist und sich mit dessen Geschwindigkeit bewegt. Im Schwerpunktsystem verschwindet $\boldsymbol{p} = \boldsymbol{p}_{int}$ wegen $\boldsymbol{v}_S = 0$:

$$\boldsymbol{p}_{int} = \sum_i \boldsymbol{p}_{int,i} = 0\,. \qquad (6\text{-}6)$$

$\boldsymbol{p}_{int,i}$ ist hierin der Impuls des $i$-ten Teilchens, $\boldsymbol{p}_{int}$ der Gesamtimpuls des Teilchensystems, beide gemessen im Schwerpunktsystem. Im Folgenden muss zwischen „inneren" („internen") und „äußeren" („externen") Kräften unterschieden werden:

Innere Kräfte $\boldsymbol{F}_{int}$: Kräfte zwischen den Teilen eines betrachteten Systems.

Äußere Kräfte $\boldsymbol{F}_{ext}$: Kräfte, die zwischen dem System oder Teilen davon und der Umgebung wirken.

### 6.1.1 Schwerpunktbewegung ohne äußere Kräfte

Ohne äußere Kräfte bleibt der Gesamtimpuls eines Teilchensystems erhalten.

$$\boldsymbol{p} = m\boldsymbol{v}_S = \text{const}$$

und damit

$$\boldsymbol{v}_S = \text{const} \quad \text{für } \boldsymbol{F}_{ext} = 0\,. \qquad (6\text{-}7)$$

Der Schwerpunkt (das Massenzentrum) des Teilchensystems beschreibt also eine geradlinige Bahn. Eventuell auftretende innere Kräfte ändern daran nichts: Wegen „actio = reactio" (vgl. 3.3.2) ändern sich Impulse von Teilchen, zwischen denen innere Kräfte wirken, um entgegengesetzt gleiche Werte, sodass der Gesamtimpuls nicht beeinflusst wird.

*Beispiel*: Das Massenzentrum eines Raumfahrzeugs, das sich fern von Gravitationseinwirkungen ohne Antrieb geradlinig bewegt, beschreibt auch dann weiter dieselbe geradlinige Bahn, wenn z. B. durch Federkraft eine Raumsonde ausgestoßen wird (Bild 6-2). Das Raumfahrzeug selbst weicht dann von der Bahn des gemeinsamen Massenzentrums $S$ ab!

### 6.1.2 Schwerpunktbewegung bei Einwirkung äußerer Kräfte

Unterliegen die Teilchen des betrachteten Systems äußeren Kräften $\boldsymbol{F}_{ext,i}$, so gilt nach (3-5) z. B. für das $i$-te Teilchen

$$\boldsymbol{F}_{ext,i} = \frac{d\boldsymbol{p}_i}{dt}\,.$$

Für die resultierende Gesamtkraft auf das System ergibt sich damit wegen $\sum \boldsymbol{p}_i = \boldsymbol{p}$

$$\boldsymbol{F}_{ext} = \sum_i \boldsymbol{F}_{ext,i} = \sum_i \frac{d\boldsymbol{p}_i}{dt} = \frac{d}{dt}\sum_i \boldsymbol{p}_i = \frac{d\boldsymbol{p}}{dt}\,,$$

und mit (6-5)

$$\boldsymbol{F}_{ext} = \frac{d\boldsymbol{p}}{dt} = \frac{d(m\boldsymbol{v}_S)}{dt}\,. \qquad (6\text{-}8)$$

Gleichung (6-8) entspricht wiederum dem Kraftgesetz (3-5) für einen einzelnen Massenpunkt. Die Bahn des Schwerpunktes (Massenzentrum) eines Teilchensystems verläuft also so, als ob die resultierende äußere Kraft $\boldsymbol{F}_{ext}$ auf die im Massenzentrum vereinigte Gesamtmasse $m$ des Teilchensystems wirkt. Voraussetzung ist nach 6.1 ein äußeres Kraftfeld mit konstanter Beschleunigung $\boldsymbol{a}$.

Beispiel: Stößt eine Raumfähre, die sich im Schwerefeld der Erde auf einer Kreisbahn bewegt, durch Federkraft einen schweren Satelliten oder eine Raumstation aus, so bewegt sich das gemeinsame

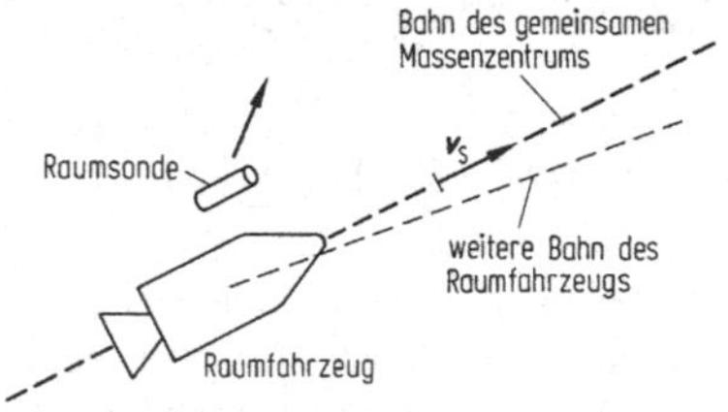


**Bild 6-2.** Geradlinige Bahn des gemeinsamen Massenzentrums eines Raumfahrzeuges und einer von ihm ausgestoßenen Raumsonde bei fehlender Gravitation

Massenzentrum beider Raumkörper weiterhin auf der ursprünglichen Bahn, solange die Schwerebeschleunigung noch als konstant betrachtet werden kann (Bild 6-3). Die Raumfähre weicht danach von der ursprünglichen Kreisbahn ab. (Wegen der tatsächlichen Ortsabhängigkeit der Schwerebeschleunigung im Radialfeld gilt die Aussage über die Schwerpunktbahn für den weiteren Flugverlauf nicht mehr).

### 6.1.3 Drehimpuls eines Teilchensystems

Der Drehimpuls eines *einzelnen Teilchens* mit der Ortskoordinate $\boldsymbol{r}$, der Masse $m$ und der Geschwindigkeit $\boldsymbol{v}$, d. h. mit dem Impuls $\boldsymbol{p} = m\boldsymbol{v}$, ist in (3-25) definiert als

$$\boldsymbol{L} = \boldsymbol{r} \times \boldsymbol{p} = \boldsymbol{r} \times m\boldsymbol{v} . \qquad (6\text{-}9)$$

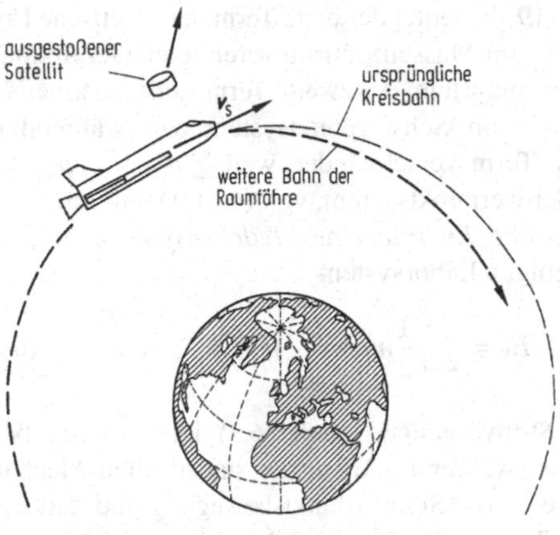


**Bild 6-3.** Die Bahnkurve des gemeinsamen Massenzentrums einer Raumfähre und eines von ihr ausgestoßenen Satelliten ist anfänglich mit der ursprünglichen Kreisbahn identisch

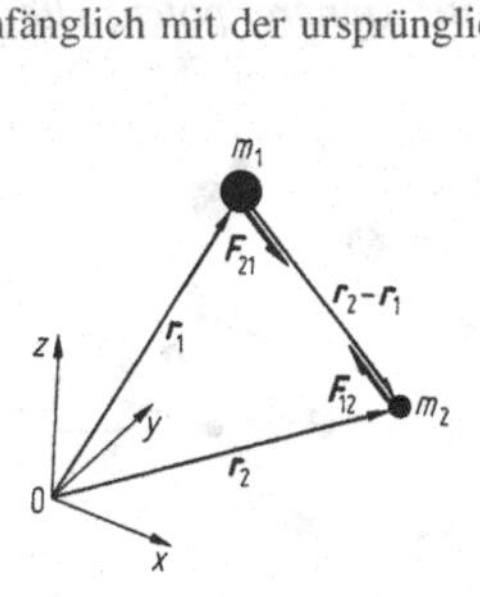


**Bild 6-4.** Zur Berechnung von Drehmomenten durch innere Kräfte

Durch Einwirkung einer Kraft $\boldsymbol{F}$, die gemäß (3-21) ein Drehmoment $\boldsymbol{M} = \boldsymbol{r} \times \boldsymbol{F}$ erzeugt, wird nach (3-29) eine zeitliche Änderung des Drehimpulses $\boldsymbol{L}$ bewirkt:

$$\frac{\mathrm{d}\boldsymbol{L}}{\mathrm{d}t} = \boldsymbol{M} = \boldsymbol{r} \times \boldsymbol{F} . \qquad (6\text{-}10)$$

Bei *Teilchensystemen* kompensieren sich Drehmomente, die durch innere Kräfte zwischen den Teilchen des Systems hervorgerufen werden, zu null (Bild 6-4): Da wegen „actio = reactio" (vgl. 3.3) innere Kräfte zwischen zwei Teilchen 1 und 2 entgegengesetzt gleich groß sind, d. h. $\boldsymbol{F}_{21} = -\boldsymbol{F}_{12}$, gilt für die dadurch bewirkten Drehmomente $\boldsymbol{M}_{\text{int}}$

$$\boldsymbol{M}_{\text{int},12} = \boldsymbol{M}_{\text{int},1} + \boldsymbol{M}_{\text{int},2} = \boldsymbol{r}_1 \times \boldsymbol{F}_{21} + \boldsymbol{r}_2 \times \boldsymbol{F}_{12}$$
$$= (\boldsymbol{r}_2 - \boldsymbol{r}_1) \times \boldsymbol{F}_{12} = 0 ,$$

weil die beiden Faktoren parallele Vektoren sind (Bild 6-4). Dabei ist vorausgesetzt, dass die inneren Kräfte $\boldsymbol{F}_{12}$ und $\boldsymbol{F}_{21}$ längs der Verbindungslinie $\boldsymbol{r}_2 - \boldsymbol{r}_1$ wirken.

Verallgemeinert auf viele Teilchen ergibt sich dann

$$\sum_{i,j} \boldsymbol{M}_{\text{int},ij} = 0 . \qquad (6\text{-}11)$$

Der Gesamtdrehimpuls eines Teilchensystems $\boldsymbol{L} = \sum \boldsymbol{L}_i$ wird daher durch innere Kräfte und die dadurch erzeugten Drehmomente nicht verändert. Fehlen ferner äußere Kräfte $\boldsymbol{F}_{\text{ext},i}$ und dadurch hervorgerufene äußere Drehmomente $\boldsymbol{M}_{\text{ext},i}$, so gilt

$$\boldsymbol{L} = \sum_i \boldsymbol{L}_i = \text{const} \quad \text{für} \quad \boldsymbol{M}_{\text{ext}} = 0 . \qquad (6\text{-}12)$$

Dies ist die allgemeine Form des Drehimpulserhaltungssatzes (vgl. 3.8):

> Wirken keine äußeren Drehmomente, so bleibt der Gesamtdrehimpuls eines Teilchensystems zeitlich konstant.

Unterliegen die Teilchen des betrachteten Systems jedoch äußeren Kräften $\boldsymbol{F}_{\text{ext},i}$ und dadurch hervorgerufenen äußeren Drehmomenten $\boldsymbol{M}_{\text{ext},i} = \boldsymbol{r}_i \times \boldsymbol{F}_{\text{ext},i}$, so gilt für den Gesamtdrehimpuls $\boldsymbol{L}$ des Teilchensystems im selben Bezugssystem, in dem auch die Drehmomente definiert sind, unter Beachtung von (6-10)

$$\frac{\mathrm{d}\boldsymbol{L}}{\mathrm{d}t} = \frac{\mathrm{d}}{\mathrm{d}t}\sum_i \boldsymbol{L}_i = \sum_i \frac{\mathrm{d}\boldsymbol{L}_i}{\mathrm{d}t} = \sum_i \boldsymbol{M}_i .$$

In der letzten Summe können die Drehmomentanteile, die durch innere Kräfte bedingt sind, wegen (6-11) weggelassen werden:

$$\sum_i \boldsymbol{M}_i = \sum_i \boldsymbol{M}_{\text{ext},i} + \sum_{i,j} \boldsymbol{M}_{\text{int},ij}$$
$$= \sum_i \boldsymbol{M}_{\text{ext},i} = \boldsymbol{M}_{\text{ext}} \,. \qquad (6\text{-}13)$$

Damit ergibt sich für die zeitliche Änderung des Gesamtdrehimpulses eines Teilchensystems unter Einwirkung eines äußeren Gesamtdrehmomentes $\boldsymbol{M}_{\text{ext}}$ ganz entsprechend wie beim einzelnen Massenpunkt, vgl. (3-29),

$$\frac{\mathrm{d}\boldsymbol{L}}{\mathrm{d}t} = \boldsymbol{M}_{\text{ext}} \,. \qquad (6\text{-}14)$$

Drehimpuls und Drehmoment hängen von der Wahl des Bezugssystems ab. Um von dieser Willkürlichkeit wegzukommen, kann als Bezugssystem das Schwerpunktsystem gewählt werden. Der Gesamtdrehimpuls des Teilchensystems bezogen auf das Massenzentrum werde innerer Drehimpuls $\boldsymbol{L}_{\text{int}}$ genannt:

$$\boldsymbol{L}_{\text{int}} = \sum_i \boldsymbol{r}_{\text{int},i} \times \boldsymbol{p}_{\text{int},i} \,. \qquad (6\text{-}15)$$

Im Falle von Elementarteilchen wird der innere Drehimpuls auch *Spin S* genannt. Bezüglich eines anderen Bezugssystems kann ferner ein *Bahndrehimpuls* $\boldsymbol{L}_{\text{Bahn}}$ definiert werden:

$$\boldsymbol{L}_{\text{Bahn}} = \boldsymbol{r}_{\text{S}} \times \boldsymbol{p} = \boldsymbol{r}_{\text{S}} \times m\boldsymbol{v}_{\text{S}} \,, \qquad (6\text{-}16)$$

worin $\boldsymbol{p}$ der Gesamtimpuls und $m$ die Gesamtmasse des Teilchensystems sind, und $\boldsymbol{r}_{\text{S}}$ die Koordinate des Massenzentrums und $\boldsymbol{v}_{\text{S}}$ seine Geschwindigkeit. Der Gesamtdrehimpuls des Teilchensystems kann als Summe beider dargestellt werden (ohne Ableitung):

$$\boldsymbol{L} = \boldsymbol{L}_{\text{Bahn}} + \boldsymbol{L}_{\text{int}} \,. \qquad (6\text{-}17)$$

## 6.2 Energieinhalt von Teilchensystemen

Die folgenden Betrachtungen enthalten vor allem für Zweiteilchensysteme (z. B. Stöße, siehe 6.3) und für die statistische Mechanik (Gase als Vielteilchensysteme: Thermostatik bzw. -dynamik, siehe 8) benötigte Festlegungen und Folgerungen.

Die Geschwindigkeit $\boldsymbol{v}_i$ des Teilchens $i$ eines Teilchensystems in einem beliebigen Bezugssystem (Laborsystem) lässt sich zerlegen in die Geschwindigkeit $\boldsymbol{v}_{\text{S}}$ des Massenzentrums und in die Geschwindigkeit $\boldsymbol{v}_{\text{int},i}$ des $i$-ten Teilchens im Schwerpunktsystem (Bild 6-5):

$$\boldsymbol{v}_i = \boldsymbol{v}_{\text{S}} + \boldsymbol{v}_{\text{int},i} \,; \quad \boldsymbol{v}_i^2 = \boldsymbol{v}_{\text{S}}^2 + \boldsymbol{v}_{\text{int},i}^2 + 2\boldsymbol{v}_{\text{S}}\boldsymbol{v}_{\text{int},i} \,. \qquad (6\text{-}18)$$

Für die gesamte kinetische Energie eines Teilchensystems folgt mit (6-18)

$$E_{\text{k}} = \sum_i \frac{1}{2} m_i \boldsymbol{v}_i^2 = \sum_i \frac{1}{2} m_i \boldsymbol{v}_{\text{S}}^2$$
$$+ \sum_i \frac{1}{2} m_i \boldsymbol{v}_{\text{int},i}^2 + \sum_i m_i \boldsymbol{v}_{\text{S}} \boldsymbol{v}_{\text{int},i}$$
$$= \frac{1}{2} m \boldsymbol{v}_{\text{S}}^2 + E_{\text{k, int}} + \boldsymbol{v}_{\text{S}} \sum_i \boldsymbol{p}_{\text{int},i} \,. \qquad (6\text{-}19)$$

In (6-19) bedeutet der erste Term die kinetische Energie der im Massenzentrum vereinigten Gesamtmasse im Laborsystem, der zweite Term stellt die kinetische Energie im Schwerpunktsystem dar, während der dritte Term verschwindet, weil $\sum \boldsymbol{p}_{\text{int},i} = \boldsymbol{p}_{\text{int}} = 0$ im Schwerpunktsystem, vgl. (6-6). Damit gilt für die *kinetische Energie eines Teilchensystems* in einem beliebigen Laborsystem

$$E_{\text{k}} = \sum_i \frac{1}{2} m_i \boldsymbol{v}_i^2 = \frac{1}{2} m \boldsymbol{v}_{\text{S}}^2 + E_{\text{k, int}} \,. \qquad (6\text{-}20)$$

Bei Stoßvorgängen (siehe 6.3) interessieren beide Terme, während z. B. in der statistischen Mechanik (siehe 8) die Schwerpunktsbewegung und damit der erste Term in (6-20) meist ohne Interesse ist.

Die potenzielle Energie aufgrund innerer konservativer Kräfte (*innere potenzielle Energie des*

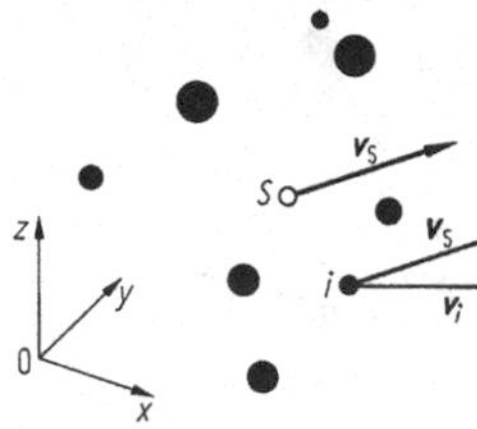


**Bild 6-5.** Teilchengeschwindigkeit im Laborsystem und im Schwerpunktsystem

*Teilchensystems*) lässt sich als Summe der potenziellen Energien $E_{p,ij}$ der nichtgeordneten Teilchenpaare $\{i, j\}$ aufgrund der Kräfte zwischen den Teilchen $i$ und $j$ (unabhängig vom Bezugssystem, Paare $(i, j)$ und $(j, i)$ nur einfach gezählt) darstellen:

$$E_{p,\text{int}} = \sum_{\{i,j\}} E_{p,ij} \,. \tag{6-21}$$

$E_k$ und $E_{p,\text{int}}$ hängen nicht von äußeren Kräften ab (obwohl sich $E_k$ durch äußere Kräfte zeitlich ändern kann). Als *Eigenenergie* des Teilchensystems sei daher definiert

$$U = E_k + E_{p,\text{int}} = \frac{1}{2} m v_S^2 + E_{k,\text{int}} + E_{p,\text{int}} \,. \tag{6-22}$$

Im Schwerpunktsystem fällt der erste Term weg und man erhält die sogenannte *innere Energie*

$$U_{\text{int}} = E_{k,\text{int}} + E_{p,\text{int}} \,. \tag{6-23}$$

Damit ergibt sich für die Eigenenergie im Laborsystem

$$U = U_{\text{int}} + \frac{1}{2} m v_S^2 \,. \tag{6-24}$$

### 6.2.1 Energieerhaltungssatz in Teilchensystemen

Wenn an einem Teilchensystem keine äußere Arbeit $W$ durch äußere Kräfte geleistet wird, oder äußere Kräfte überhaupt fehlen, so bleibt die Eigenenergie des Systems nach dem Energieerhaltungssatz zeitlich konstant:

$$U = E_k + E_{p,\text{int}} = \text{const} \quad \text{für} \quad W = 0 \,. \tag{6-25}$$

Dabei können sich durch innere Kräfte $E_k$ und $E_{p,\text{int}}$ durchaus ändern, ihre Summe bleibt dennoch erhalten.

Wenn dagegen dem Teilchensystem durch äußere Kräfte äußere Arbeit $W_{12}$ zugeführt wird (ohne dass sonstige Energien zwischen dem System und der Umgebung ausgetauscht werden, vgl. 8.5), so erhöht sich dessen Eigenenergie um $W_{12}$ von $U_1$ auf $U_2$ (Energieflussdiagramm Bild 6-6):

$$U_2 - U_1 = W_{12} \,. \tag{6-26}$$

Wird die äußere Arbeit durch eine äußere Kraft geleistet, die ebenfalls konservativ ist, so existiert zusätzlich zur inneren potenziellen Energie auch eine äußere potenzielle Energie, und es gilt entsprechend (4-13)

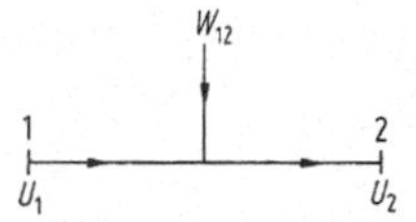

**Bild 6-6.** Energieflussdiagramm zur Leistung äußerer Arbeit an einem Teilchensystem

$$W_{12} = E_{p,\text{ext},1} - E_{p,\text{ext},2} \,. \tag{6-27}$$

Gleichsetzung von (6-26) und (6-27) liefert

$$U_2 + E_{p,\text{ext},2} = U_1 + E_{p,\text{ext},1} \,. \tag{6-28}$$

Daraus folgt, dass die Gesamtenergie $E$ des Teilchensystems sich nicht ändert. Der Energieerhaltungssatz für Teilchensysteme lautet demnach bei konservativen äußeren Kräften analog zu (4-23)

$$E = U + E_{p,\text{ext}} = \text{const} \,. \tag{6-29}$$

### 6.2.2 Bindungsenergie eines Teilchensystems

Es werde ein Teilchensystem (der Einfachheit halber im Schwerpunktsystem) betrachtet, dessen Teilchen zunächst $\infty$ weit voneinander entfernt ruhen. Die innere Energie des Systems werde für diesen Fall auf $U_\infty = 0$ normiert, was wegen der beliebigen Normierbarkeit von $E_{p,\text{int}}$ immer möglich ist (vgl. 4.2). Werden die Teilchen nun durch irgendeinen Mechanismus zusammengebracht, so hat das Teilchensystem die innere Energie

$$U_{\text{int}} = E_{k,\text{int}} + E_{p,\text{int}} \,. \tag{6-30}$$

$E_k$ ist immer positiv. $E_{p,\text{int}}$ kann positiv oder negativ sein, je nachdem, ob beim Zusammenbringen Arbeit zugeführt werden muss (abstoßende Kräfte: $\mathrm{d}E_p > 0$) oder frei wird (anziehende Kräfte: $\mathrm{d}E_p < 0$). $U_{\text{int}}$ kann daher positiv oder negativ sein. Nach (6-26) gilt für den Vorgang des Zusammenbringens der Teilchen

$$U_{\text{int}} - U_\infty = U_{\text{int}} = W \,. \tag{6-31}$$

Ist die innere Energie des Teilchensystems nach dem Zusammenbringen positiv ($U_{\text{int}} > 0$), so musste hierfür äußere Arbeit aufgebracht werden ($W > 0$). Es herrschen abstoßende Kräfte, die Teilchen trennen

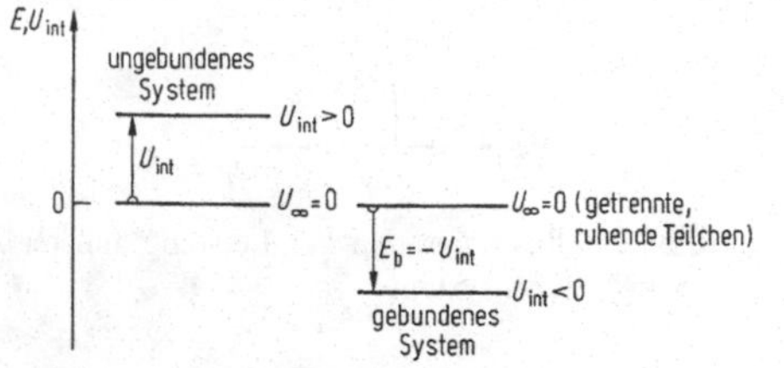


**Bild 6-7.** Energietermschema eines ungebundenen und eines gebundenen Systems

sich wieder. Das System ist nicht stabil (ungebunden). Beispiel: Streuung eines positiv geladenen $\alpha$-Teilchens an einem positiv geladenen Atomkern.
Ist dagegen die innere Energie nach dem Zusammenbringen negativ ($U_{int} < 0$), so ist bei der Formierung des Systems Energie (Arbeit) nach außen abgegeben worden ($W < 0$), das System hat weniger Energie als die getrennten Teilchen. Um das System wieder aufzulösen, muss der Energiebetrag $-U_{int}$ wieder von außen zugeführt werden. Ein System mit negativer innerer Energie ist daher stabil oder „gebunden". Beispiel: Planetensystem der Sonne. $-U_{int}$ ist die *Bindungsenergie des Systems*:

$$-U_{int} = E_b \,. \tag{6-32}$$

Bild 6-7 zeigt die beiden Fälle in einer Energieskala als sog. Termschemata.

## 6.3 Stöße

Es sei als einfachstes Vielteilchensystem ein solches mit zwei Teilchen betrachtet, die sich mit in großer Entfernung voneinander vorgegebenen Impulsen einander nähern, dabei Kräfte aufeinander ausüben und infolgedessen ihren Bewegungszustand ändern („Stoß"), und schließlich mit geänderten Impulsen wieder auseinander fliegen.
Definierte Stoßexperimente sind in der Physik besonders wichtig, weil aus deren Ergebnissen (z. B. Häufigkeit einer bestimmten Ablenkung oder Energieänderungen der Stoßpartner) auf die Art der Wechselwirkung zwischen den stoßenden Teilchen geschlossen werden kann (Kraftfeld der Teilchen, innere Energiezustände). Bei atomaren und elementaren Teilchen sind Stoßversuche oft die einzige Möglichkeit zur Untersuchung dieser Größen. Hier sollen nur die einfachen dynamischen Grundlagen des Stoßvorganges betrachtet werden.

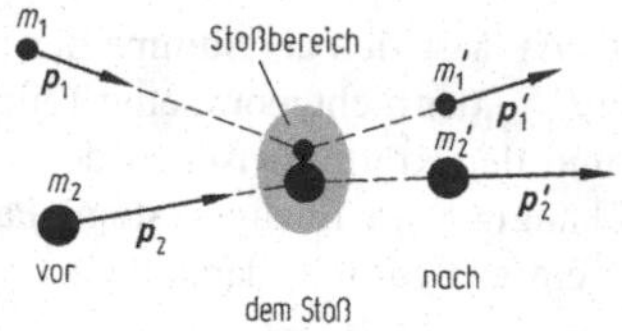


**Bild 6-8.** Stoß zwischen zwei Teilchen

Aus dem Kraftgesetz (3-5) folgt für eine während der Stoßzeit $\Delta t = t_2 - t_1$ wirkende Kraft $\boldsymbol{F}(t)$, dass sie eine Impulsänderung $\Delta\boldsymbol{p} = \boldsymbol{p}_2 - \boldsymbol{p}_1$ hervorruft:

$$\Delta\boldsymbol{p} = \boldsymbol{p}_2 - \boldsymbol{p}_1 = \int_{t_1}^{t_2} \boldsymbol{F}(t)\mathrm{d}t \,. \tag{6-33}$$

Das Integral über den Zeitverlauf der Kraft wird Kraftstoß genannt. Gleichung (6-33) zeigt, dass es für die Impulsänderung nicht auf den zeitlichen Verlauf der Kraft im Einzelnen ankommt, sondern nur auf das Zeitintegral, den Kraftstoß. Wir zerlegen nun den Stoßvorgang in drei Phasen (Bild 6-8):

1. die Phase vor dem Stoß mit vernachlässigbaren Wechselwirkungen zwischen den Teilchen,
2. die Stoßphase mit Wechselwirkungskräften zwischen den stoßenden Teilchen im Stoßbereich, und
3. die Phase nach dem Stoß mit wieder vernachlässigbaren Wechselwirkungen.

Der experimentellen Messung am einfachsten zugänglich sind die Phasen vor und nach dem Stoß. Ohne den Ablauf im Stoßbereich genauer zu kennen, folgt allein daraus, dass nur innere Kräfte beim Stoß wirken, bereits, dass sowohl der Gesamtimpuls als auch die Gesamtenergie erhalten bleiben (die gestrichenen Größen gelten für die Phase nach dem Stoß, die ungestrichenen für die Phase vor dem Stoß): *Impulserhaltung* für den Gesamtimpuls beider Teilchen:

$$\begin{gathered}\boldsymbol{p}_1 + \boldsymbol{p}_2 = \boldsymbol{p}_1' + \boldsymbol{p}_2' \,,\\ m_1\boldsymbol{v}_1 + m_2\boldsymbol{v}_2 = m_1'\boldsymbol{v}_1' + m_2'\boldsymbol{v}_2' \,.\end{gathered} \tag{6-34}$$

Ist $E_k$ bzw. $E_k'$ die Summe der kinetischen Energien vor bzw. nach dem Stoß und $U_{int}$ bzw. $U_{int}'$ die Summe der inneren Energien vor bzw. nach dem Stoß, so fordert die *Energieerhaltung* für die Gesamtenergie beider Teilchen:

$$E_\mathrm{k} + U_\mathrm{int} = E'_\mathrm{k} + U'_\mathrm{int} \,. \tag{6-35}$$

Ändert sich beim Stoß die innere Energie der Teilchen (z. B. bei Atomen als Stoßpartner durch Anregung höherer Energiezustände, oder beim Stoß bereits vorher angeregter Atome durch Übergang zu niedrigeren Energiezuständen) um die sog. Reaktionsenergie

$$Q = U_\mathrm{int} - U'_\mathrm{int} \,, \tag{6-36}$$

so muss sich nach (6-35) auch die kinetische Energie ändern:

$$Q = E'_\mathrm{k} - E_\mathrm{k} = \left(\frac{1}{2}m'_1 v'^2_1 + \frac{1}{2}m'_2 v'^2_2\right) - \left(\frac{1}{2}m_1 v^2_1 + \frac{1}{2}m_2 v^2_2\right) . \tag{6-37}$$

Aus Stoßversuchen, bei denen die kinetischen Energien der Stoßpartner vor und nach dem Stoß gemessen werden, lassen sich daher nach (6-37) die Reaktionsenergien berechnen und z. B. bei Atomen oder Molekülen als Stoßpartner deren Anregungsenergien bestimmen. Das ist das Prinzip der Teilchenspektroskopie bzw. *Energieverlustspektroskopie* (siehe 20.4). Fallunterscheidung:

$Q \neq 0$: *unelastischer Stoß*, siehe oben.

$Q = 0$: *elastischer Stoß*, keine Änderung der inneren Energien: Die gesamte kinetische Energie bleibt nach (6-37) erhalten.

### 6.3.1 Zentraler elastischer Stoß

Der zentrale elastische Stoß ist der einfachste Stoßvorgang. Die Stoßpartner bewegen sich vor und nach dem Stoß auf einer gemeinsamen Geraden (Bild 6-9), und die gesamte kinetische Energie bleibt

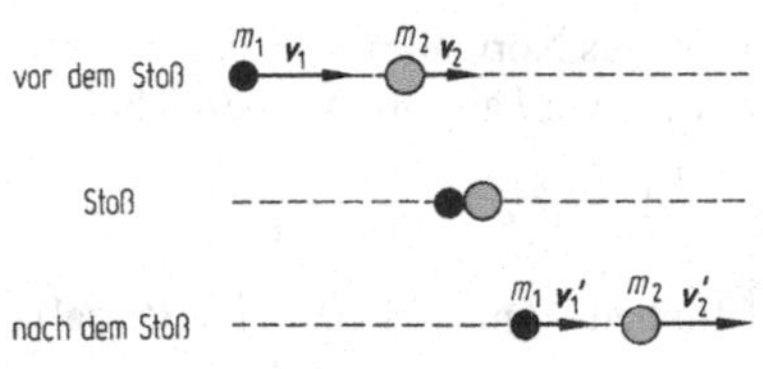


**Bild 6-9.** Zentraler elastischer Stoß

erhalten (Ferner wird angenommen, dass die Teilchenmassen sich nicht ändern.). Die Erhaltungssätze liefern für diesen eindimensionalen Stoßvorgang: Impulserhaltung:

$$m_1\boldsymbol{v}_1 + m_2\boldsymbol{v}_2 = m_1\boldsymbol{v}'_1 + m_2\boldsymbol{v}'_2 \,, \tag{6-38}$$

Energieerhaltung:

$$m_1 v_1^2 + m_2 v_2^2 = m_1 v'^2_1 + m_2 v'^2_2 \,. \tag{6-39}$$

Wegen des eindimensionalen Vorganges können die Geschwindigkeitsvektoren $\boldsymbol{v}_i$ in (6-38) durch ihre Beträge $v_i$ ersetzt werden. Ohne Beschränkung der Allgemeingültigkeit kann ferner durch geeignete Wahl des Koordinatensystems $v_2 = 0$ gesetzt werden (Ursprung vor dem Stoß in $m_2$). Dann folgt aus (6-38) und (6-39)

$$v'_2 = \frac{2m_1}{m_1 + m_2} v_1 \,,$$
$$v'_1 = \frac{m_1 - m_2}{m_1 + m_2} v_1 \quad \text{für} \quad v_2 = 0 \,. \tag{6-40}$$

Aus (6-40) ergeben sich folgende Sonderfälle (Bild 6-10):

1. $m_1 \ll m_2$: $v'_1 \approx -v_1$, $\quad v'_2 \approx 2\frac{m_1}{m_2}v_1 \ll v_1$:
   Impulsumkehr des stoßenden Teilchens, nur geringe Energieabgabe.
2. $m_1 = m_2$: $v'_1 = 0$, $\quad v'_2 = v_1$: Vollständige Impuls- und Energieübertragung.
3. $m_1 \gg m_2$: $v'_1 \approx v_1$, $\quad v'_2 \approx 2v_1$: Impuls des stoßenden Teilchens fast ungeändert, nur geringe Energieabgabe.

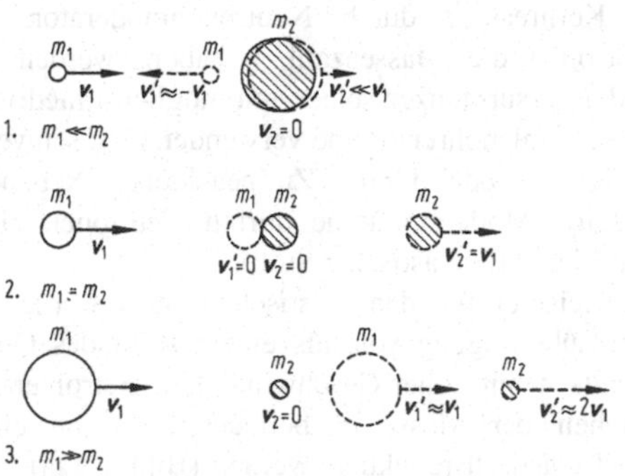

**Bild 6-10.** Sonderfälle des zentralen elastischen Stoßes. Gestrichelt: Massen und Geschwindigkeiten nach dem Stoß

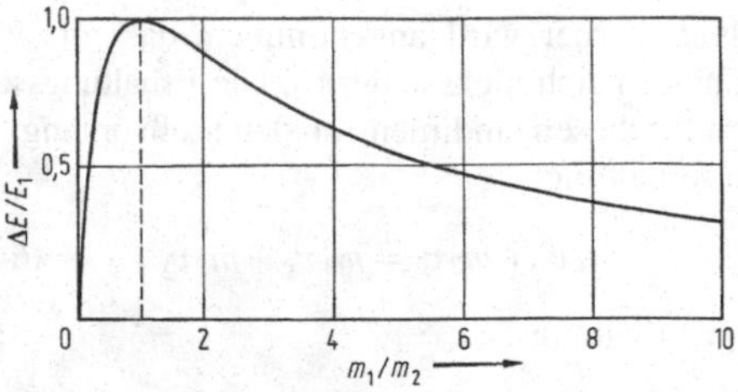


**Bild 6-11.** Relativer Bruchteil der beim zentralen elastischen Stoß übertragenen Energie als Funktion des Massenverhältnisses der Stoßpartner

Für den betrachteten Fall $v_2 = 0$ ist die Energie des gestoßenen Teilchens nach dem Stoß $E'_2$ gleich der vom stoßenden Teilchen übertragenen Energie $\Delta E$, seinem Energieverlust, mit (6-40) demnach:

$$\Delta E = E'_2 = \frac{1}{2} m_2 v_2'^2 = \frac{2m_1^2 m_2}{(m_1 + m_2)^2} v_1^2 \,. \qquad (6\text{-}41)$$

Bezogen auf die Energie des stoßenden Teilchens vor dem Stoß $E_1 = m_1 v_1^2/2$ ergibt sich daraus der Anteil der beim Stoß übertragenen Energie (relativer Energieverlust des stoßenden Teilchens):

$$\frac{\Delta E}{E_1} = \frac{4m_1 m_2}{(m_1 + m_2)^2} = \frac{4m_1/m_2}{(1 + m_1/m_2)^2} \,. \qquad (6\text{-}42)$$

In Abhängigkeit vom Massenverhältnis $m_1/m_2$ zeigt der relative Energieverlust ein Maximum bei $m_1/m_2 = 1$, d. h. für $m_1 = m_2$ (Bild 6-11).

Die Abbremsung von schnellen Teilchen durch Stoß mit anderen Teilchen ist daher am wirkungsvollsten mit Stoßpartnern von etwa gleicher Masse.

Anwendung: Abbremsung schneller Neutronen im Kernreaktor durch Neutronenmoderator. Da Neutronen die Massenzahl 1 haben, werden als Moderatorsubstanzen solche mit möglichst niedrigen Massenzahlen ihrer Atome verwendet, z. B. schwerer Wasserstoff oder Grafit. Zu beachtende Nebenbedingung: Moderatoratome dürfen Neutronen nicht absorbieren (unelastischer Stoß).

Als Beispiel für den elastischen Stoß werde die Impulsübertragung von aus einem Rohr des Querschnitts $A$ mit hoher Geschwindigkeit $v$ strömenden Teilchen der Masse $m$ betrachtet, die an einer Wand elastisch reflektiert werden (Bild 6-12a). Die Teilchengeschwindigkeit lässt sich in eine Normalkomponente $v_n$ und eine Tangentialkomponente

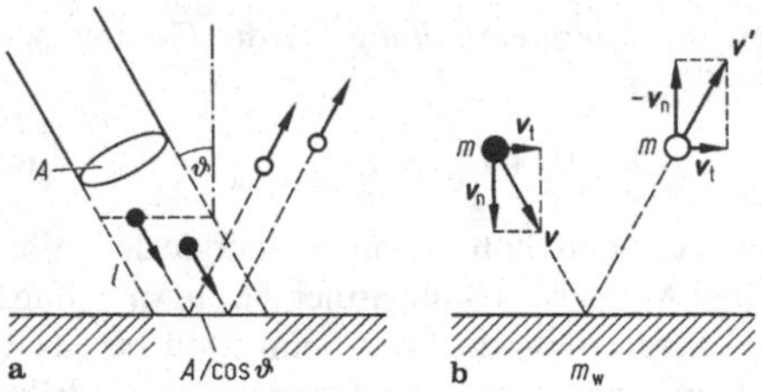


**Bild 6-12.** Elastische Reflexion **a** eines Teilchenstroms **b** eines einzelnen Teilchens an einer Wand

$v_t$ zerlegen. Der Stoßvorgang ist dann darstellbar als zentraler Stoß der kleinen Masse $m$ mit der Geschwindigkeit $v_n$ gegen die sehr große Wandmasse $m_w$, wobei eine Tangentialgeschwindigkeit $v_t$ überlagert ist, die durch den Stoß nicht beeinflusst wird. Die Normalkomponente des Teilchenimpulses wird dabei entsprechend dem oben beschriebenen Sonderfall 1 in der Richtung umgekehrt, sodass der pro Teilchen an die Wand übertragene Impulsbetrag

$$\Delta p = |mv_n - (-mv_n)| = 2mv_n = 2mv \cos\vartheta \qquad (6\text{-}43)$$

ist (Bild 6-12b).

In einer Zeit $\Delta t$ treffen alle im Strahlvolumen $V = Al$ der Länge $l = v\Delta t$ befindlichen Teilchen auf die Wand. Ist die Teilchenzahldichte im Teilchenstrahl $n$, so sind dies

$$Z = nV = nAv\Delta t \qquad (6\text{-}44)$$

Teilchen. In der Zeit $\Delta t$ wird daher insgesamt der Impuls

$$\Delta p_{\text{tot}} = Z\Delta p = 2nmv^2 A\,\Delta t \cos\vartheta \qquad (6\text{-}45)$$

an die Wand übertragen. Nach dem 2. Newton'schen Axiom (3-5) entspricht dem eine zeitlich gemittelte Normalkraft auf die Wand

$$\overline{F}_n = \frac{\Delta p_{\text{tot}}}{\Delta t} = 2nmv^2 A \cos\vartheta \,. \qquad (6\text{-}46)$$

Der Quotient aus Normalkraft $F_n$ und beaufschlagter Wandfläche $A_w$ wird als Druck $p$ bezeichnet:

$$p = \frac{F_n}{A_w} \qquad (6\text{-}47)$$

SI-Einheit : $[p] = \text{N/m}^2 = \text{Pa}$ (Pascal) .

(Weitere Druckeinheiten siehe 8.1.)

Der Druck $p$ darf nicht mit dem Impuls $\boldsymbol{p}$, insbesondere nicht mit dessen Betrag $p$ verwechselt werden. Die vom Teilchenstrom getroffene Wandfläche ist $A_w = A/\cos\vartheta$. Mit $v\cos\vartheta = v_n$ folgt aus (6-46) und (6-47) für den durch den gerichteten Teilchenstrom auf die Wand ausgeübten Druck

$$p = 2nmv_n^2 \,. \qquad (6\text{-}48)$$

Dieses Ergebnis wird später für die Berechnung des Gasdruckes (siehe 8.1) sowie des Strahlungsdruckes elektromagnetischer Strahlung (siehe 20.3) benötigt.

### 6.3.2 Nichtzentraler elastischer Stoß

Der zentrale Stoß, bei dem stoßendes und gestoßenes Teilchen auf derselben Bahngeraden bleiben, ist der einfachste Fall des Stoßes zwischen zwei Teilchen. Im Allgemeinen stoßen die Teilchen nicht zentral aufeinander, es existiert ein Stoßparameter $b$, der den Abstand des (hier wieder als ruhend angenommenen) gestoßenen Teilchens $m_2$ von der Bahn des stoßenden Teilchens $m_1$ angibt (Bild 6-13a). Dann bilden die Bahnen der Teilchen $m_1$ und $m_2$ nach dem Stoß Winkel $\vartheta_1$ und $\vartheta_2$ mit der Bahn des stoßenden Teilchens $m_1$ vor dem Stoß, die von der Größe des Stoßparameters und vom Massenverhältnis $m_1/m_2$ abhängen.
In Impulsvektoren ausgedrückt lauten Impuls- und Energieerhaltungssatz (5-38) und (5-39) für $\boldsymbol{v}_2 = 0$

$$\boldsymbol{p}_1 = \boldsymbol{p}_1' + \boldsymbol{p}_2' \qquad (6\text{-}49)$$

$$\frac{p_1^2}{2m_1} = \frac{p_1'^2}{2m_1} + \frac{p_2'^2}{2m_2} \,. \qquad (6\text{-}50)$$

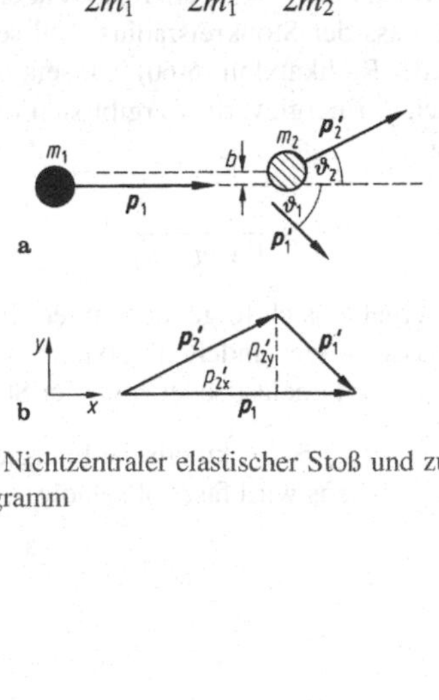


**Bild 6-13.** Nichtzentraler elastischer Stoß und zugehöriges Vektordiagramm

Aus dem Impulsdiagramm Bild 6-13b folgt für die Quadrate der Impulse nach dem Stoß

$$p_2'^2 = p_{2x}'^2 + p_{2y}'^2 \qquad (6\text{-}51)$$

$$p_1'^2 = \left(p_1 - p_{2x}'\right)^2 + p_{2y}'^2 \,, \qquad (6\text{-}52)$$

worin $p_{2x}'$ und $p_{2y}'$ die $x$- bzw. $y$-Komponente des Impulses des gestoßenen Teilchens nach dem Stoß sind. Durch Einsetzen in den Energiesatz (6-50) folgt nach einiger Umrechnung

$$\left(p_{2x}' - \mu v_1\right)^2 + p_{2y}'^2 = (\mu v_1)^2$$

mit der *reduzierten Masse*

$$\mu = \frac{m_1 m_2}{m_1 + m_2} \,. \qquad (6\text{-}53)$$

Dies ist die Gleichung eines Kreises in den Impulskoordinaten $p_{2x}'$ und $p_{2y}'$, des sog. *Stoßkreises*

$$\left(p_{2x}' - R\right)^2 + p_{2y}'^2 = R^2 \,. \qquad (6\text{-}54)$$

Er ist um den Stoßkreisradius

$$R = \mu v_1 = \frac{m_1 m_2}{m_1 + m_2} v_1 = \frac{p_1}{1 + m_1/m_2} \qquad (6\text{-}55)$$

in positiver $x$-Richtung verschoben (Bild 6-14). Bei vorgegebenen Werten $m_1$, $m_2$, $v_1$ ($v_2 = 0$) ist der Stoßkreis der geometrische Ort der Spitzen aller möglicher Impulsvektoren des gestoßenen Teilchens nach dem Stoß, vgl. (6-51) und Bild 6-14. Aus Bild 6-14 folgt, dass das gestoßene Teilchen nur Impulse $\boldsymbol{p}_2'$ in Richtungen des Winkelbereichs $\vartheta_2 = (0 \ldots \pm 90)°$ erhalten kann. Der Winkelbereich

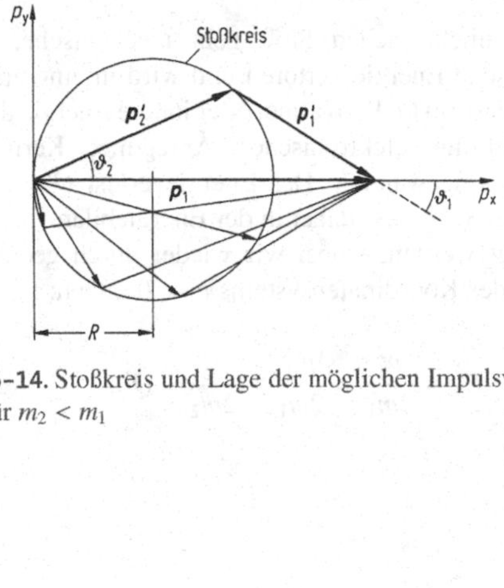


**Bild 6-14.** Stoßkreis und Lage der möglichen Impulsvektoren für $m_2 < m_1$

**Tabelle 6-1.** Charakteristische Fälle elastischer Stöße

| Massen-verhältnis | Stoßkreisradius | Streuwinkel-bereich $\vert\vartheta_1\vert$ | Bemerkungen |
|---|---|---|---|
| 1. $m_1/m_2 < 1$ | $\frac{p_1}{2} < R < p_1$ | 0°...180° | Vor- oder Rückwärtsstreuung von $m_1$ |
| 2. $m_1/m_2 = 1$ | $R = \frac{p_1}{2}$ | 0°...90° | Nach dem Stoß fliegen beide Teilchen unter 90° auseinander |
| 3. $m_1/m_2 > 1$ | $m_2 v_1 < R < \frac{p_1}{2}$ | 0°... < 90° | Nur Vorwärtsstreuung von $m_1$ |

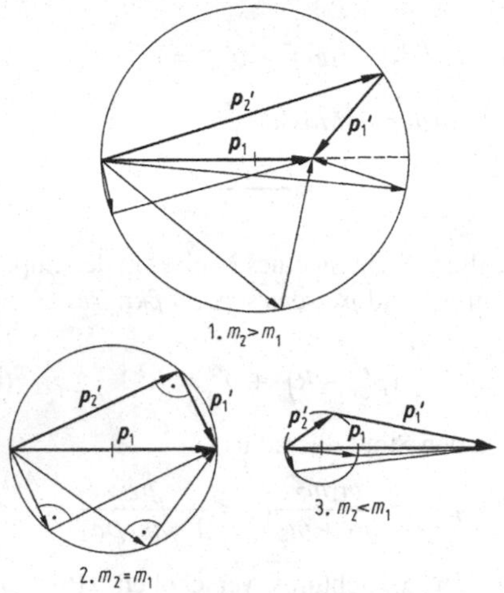


**Bild 6-15.** Charakteristische Fälle elastischer Stöße

des Impulses $\boldsymbol{p}'_1$ des stoßenden Teilchens nach dem Stoß hängt von der Größe des Stoßkreisradius $R$ im Vergleich zum Anfangsimpuls $p_1$ ab, d. h. nach (6-55) von $m_1/m_2$ (Tabelle 6-1 und Bild 6-15).

### 6.3.3 Unelastischer Stoß

Beim unelastischen Stoß geht mechanische, d. h. kinetische Energie verloren und wird in eine andere Energieform (z. B. Wärme, oder innere Energie durch Vermittlung elektronischer Anregung, Kernanregung) umgewandelt. Der Energieverlust $Q' = -Q$ (vgl. (6-37)) muss daher in der Energiebilanz berücksichtigt werden, wobei wir wieder durch geeignete Wahl des Koordinatensystems $v_2 = 0$ setzen:

$$E_1 = \frac{p_1^2}{2m_1} = \frac{p_1'^2}{2m_1} + \frac{p_2'^2}{2m_2} + Q' \,. \qquad (6\text{-}56)$$

Der Impulssatz gilt unverändert:

$$\boldsymbol{p}_1 = \boldsymbol{p}'_1 + \boldsymbol{p}'_2 \,, \qquad (6\text{-}57)$$

damit ebenso das Impulsdiagramm Bild 6-13b und die Zerlegung nach (6-51) und (6-52). Diese eingesetzt in den Energiesatz (6-56) liefern

$$\left(p'_{2x} - \mu v_1\right)^2 + p'^2_{2y} = (\mu v_1)^2 - 2\mu Q' \,. \qquad (6\text{-}58)$$

Hierin ist $\mu$ die reduzierte Masse gemäß (6-53). Gleichung (6-58) ist wiederum die Gleichung eines Kreises in den Impulskoordinaten $p'_{2x}$ und $p'_{2y}$:

$$\left(p'_{2x} - R\right)^2 + p'^2_{2y} = R_u^2 \qquad (6\text{-}59)$$

Stoßkreis (unelastischer Stoß).

$R = \mu v_1$ ist der Stoßkreisradius für den elastischen Stoß (6-55), während der für den unelastischen Stoß geltende Stoßkreisradius

$$R_u = R\sqrt{1 - \frac{Q'}{E_1}\left(1 + \frac{m_1}{m_2}\right)} \qquad (6\text{-}60)$$

kleiner als $R$ ist. Für $Q' = 0$ geht $R_u$ in $R$ über. Aus der Forderung, dass der Stoßkreisradius reell sein muss, folgt, dass der Radikand in (6-60) $\geqq 0$ sein muss. Für den möglichen Energieverlust ergibt sich daraus die Bedingung

$$Q' \leqq \frac{E_1}{1 + m_1/m_2} \,. \qquad (6\text{-}61)$$

Aus (6-61) ergeben sich folgende Sonderfälle für den in Wärme usw. umgewandelten maximalen Energieverlust $Q'_{max}$ (total unelastischer zentraler Stoß):

1. $m_1 \ll m_2$: $Q'_{max} \approx E_1$: kinetische Energie des stoßenden Teilchens wird fast vollständig vernichtet.

2. $m_1 = m_2: \; Q'_{max} = \frac{E_1}{2}$: kinetische Energie wird zur Hälfte vernichtet.

3. $m_1 \gg m_2: \; Q'_{max} \approx \frac{m_2}{m_1} E_1 \ll E_1$: kinetische Energie bleibt nahezu ganz erhalten.

Beim *total unelastischen zentralen Stoß* wird durch die auftretende Deformation keine auseinandertreibende elastische Kraft erzeugt, beide Stoßpartner bewegen sich nach dem Stoß gemeinsam mit derselben Geschwindigkeit $v'$ (Bild 6-16). Der Impulssatz lautet dann ($v_2 = 0$)

$$m_1 v_1 = (m_1 + m_2) v' : v' = \frac{m_1}{m_1 + m_2} v_1 \, . \tag{6-62}$$

*Beispiel 1*: Für gleiche Massen $m_1 = m_2$ z. B. aus Blei als unelastischem Material reduziert sich die Geschwindigkeit nach dem Stoß gemäß (6-62) auf die Hälfte:

$$v' = \frac{v_1}{2} \, . \tag{6-63}$$

*Beispiel 2*: Ballistisches Pendel zur Bestimmung hoher Teilchengeschwindigkeiten (Bild 6-17).

Ein schnelles Projektil mit unbekanntem Impuls $\boldsymbol{p} = m\boldsymbol{v}$ trifft horizontal auf die Masse $m_p$ ($m_p \gg m$) eines Fadenpendels der Länge $l$ und bleibt dort stecken. Die

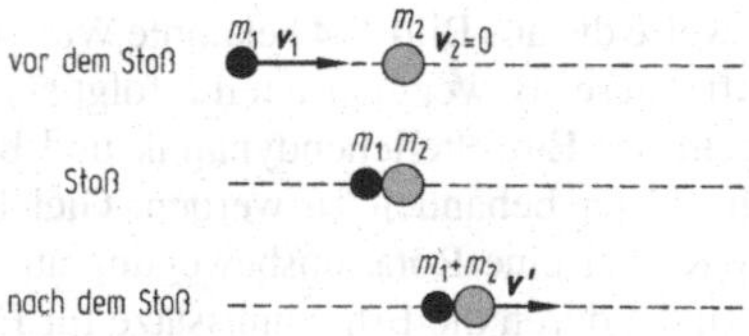


**Bild 6-16.** Total unelastischer zentraler Stoß

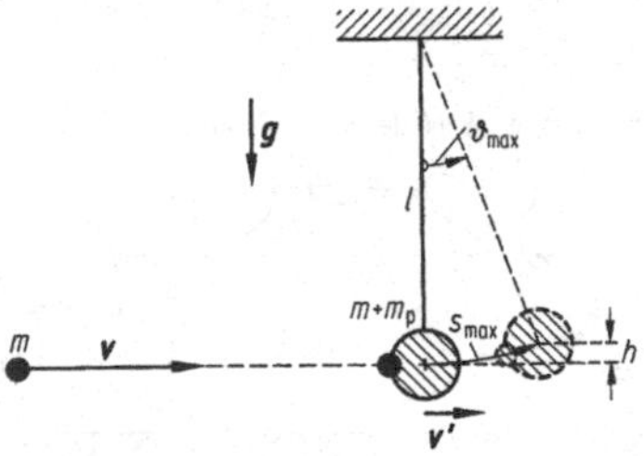


**Bild 6-17.** Ballistisches Pendel

Impulserhaltung fordert

$$mv = (m + m_p) v' \, , \text{d. h.} \, ,$$

$$v' = \frac{m}{m + m_p} v \approx \frac{m}{m_c} v \, . \tag{6-64}$$

Die Geschwindigkeit $v$ des Projektils wird also etwa im Verhältnis der Massen auf $v'$ herabgesetzt. Die Geschwindigkeit $v'$ der Pendelmasse im Moment des Stoßes lässt sich nach (4-26) aus der Hubhöhe $h$ bei maximalem Pendelausschlag $s_{max}$ bzw. $\vartheta_{max}$ bestimmen. Mit $s_{max} = l\vartheta_{max}$ und $h \approx s_{max}\vartheta_{max}/2$ (Bild 6-17) folgt für kleine Ausschläge:

$$v' = \sqrt{2gh} \approx \sqrt{gl} \, \vartheta_{max} = \sqrt{\frac{g}{l}} \, s_{max} \, . \tag{6-65}$$

Aus den Messwerten $\vartheta_{max}$ oder $s_{max}$ lässt sich dann über (6-65) und (6-64) der Impuls des Projektils bzw. bei bekannter Masse $m$ dessen Geschwindigkeit $v$ berechnen.

# 7 Dynamik starrer Körper

Ein starrer Körper ist dadurch definiert, dass seine $N$ Massenelemente konstante Abstände untereinander haben und unter der Wirkung äußerer Kräfte keine gegenseitigen Verschiebungen erleiden. Für viele Fälle, vor allem bei Bewegungen, stellt dieses Modell eine ausreichende Näherung für die Beschreibung des Verhaltens eines festen Körpers dar, insbesondere wenn Deformationen des Körpers dabei keine wesentliche Rolle spielen.

## 7.1 Translation und Rotation eines starren Körpers

Kräfte, die an einem starren Körper angreifen, bewirken beschleunigte Translationen und beschleunigte Rotationen. Deformationen sind beim starren Körper ausgeschlossen.

Die Anzahl $f$ der Parameter (*Freiheitsgrade*), die die räumliche Lage von $N$ Massenpunkten eindeutig festlegen, beträgt im allgemeinen Falle der gegenseitigen Verschiebbarkeit der Massenpunkte

$$f = 3N \, .$$

Im Falle des starren Körpers reduziert sich die Zahl der Freiheitsgrade der Bewegung wegen der untereinander festen Abstände der Massenelemente auf

3 Freiheitsgrade der Translation (in 3 Raumrichtungen) und

3 Freiheitsgrade der Rotation (um 3 Achsen im Raum).

Als *Translation* wird eine solche Bewegung eines starren Körpers bezeichnet, bei der eine beliebige, mit dem Körper fest verbundene Gerade ihre Richtung im Raum nicht verändert. Alle Punkte eines sich in Translationsbewegung befindlichen Körpers haben in jedem beliebigen, festen Zeitpunkt dieselbe Geschwindigkeit und Beschleunigung, ihre Bahnkurven $s$ können durch Parallelverschiebung zur Deckung gebracht werden (Bild 7-1a). Daher kann die Betrachtung der Translation eines starren Körpers auf die Untersuchung der Bewegung irgendeines Punktes (z. B. des Schwerpunktes) reduziert werden.

Bei der *Rotation* eines starren Körpers ändert eine mit dem Körper fest verbundene Gerade ihre Richtung im Raum um einen zeitabhängigen Winkel $\alpha$. Alle Punkte des Körpers beschreiben kreisförmige Bahnen mit der *Rotationsachse* als Zentrum (Bild 7-1b).

Die *allgemeine Bewegung* eines starren Körpers kann stets als Überlagerung einer Translations- und einer Rotationsbewegung beschrieben werden (Bild 7-1c).

Der Ortsvektor des Schwerpunktes (des Massenzentrums) eines starren Körpers ergibt sich durch Summation über alle Massenelemente

$$\mathrm{d}m = \varrho \mathrm{d}V \tag{7-1}$$

des starren Körpers gemäß der Vorschrift (6-2), wobei die Summation hier durch eine Integration über den gesamten Körper $K$ zu ersetzen ist:

$$\boldsymbol{r}_\mathrm{S} = \frac{\int \boldsymbol{r}\,\mathrm{d}m}{\int \mathrm{d}m} = \frac{1}{m}\int_K \boldsymbol{r}\,\mathrm{d}m = \frac{1}{m}\int_K \varrho(\boldsymbol{r})\boldsymbol{r}\,\mathrm{d}V\,. \tag{7-2}$$

$\mathrm{d}V$ ist das zum Massenelement $\mathrm{d}m$ gehörige Volumenelement. $\varrho$ ist die (im Allgemeinen Fall ortsabhängige) *Dichte*

$$\varrho(\boldsymbol{r}) = \frac{\mathrm{d}m}{\mathrm{d}V}\,. \tag{7-3}$$

$$\text{SI-Einheit}: [\varrho] = \mathrm{kg/m^3}\,.$$

Der Translationsanteil einer allgemeinen Bewegung eines starren Körpers, z. B. beim Wurf (Bild 7-2), kann nun durch die Bewegung des Schwerpunktes beschrieben werden, der gemäß (6-8)

$$\boldsymbol{F}_\mathrm{ext} = \frac{\mathrm{d}\boldsymbol{p}}{\mathrm{d}t} = \frac{\mathrm{d}(m\boldsymbol{v}_\mathrm{S})}{\mathrm{d}t} \tag{7-4}$$

beispielsweise die aus Bild 2-4 bekannte Wurfparabel durchläuft. Dieser Bewegungsanteil erfolgt also nach den Regeln der Einzelteilchendynamik und braucht hier nicht weiter behandelt zu werden. Gleichzeitig kann der Körper eine Rotationsbewegung ausführen (Bild 7-2), die durch die Erhaltungssätze für Energie (7.2) und Drehimpuls (7.3) bestimmt ist, und auf die im Folgenden eingegangen wird.

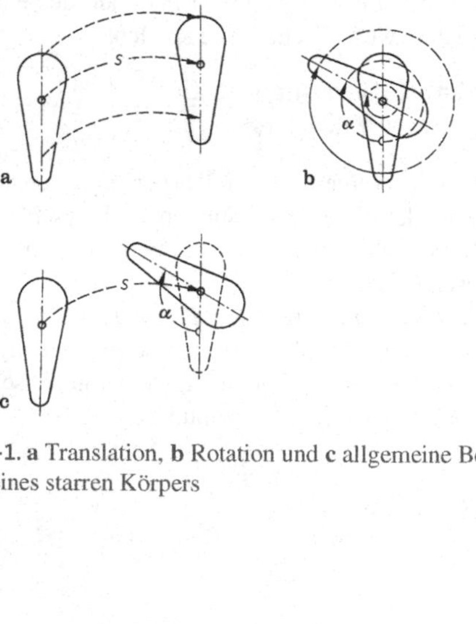


**Bild 7-1.** **a** Translation, **b** Rotation und **c** allgemeine Bewegung eines starren Körpers

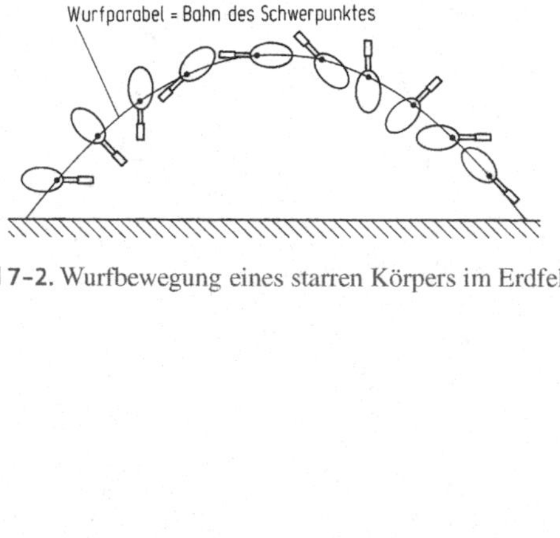


**Bild 7-2.** Wurfbewegung eines starren Körpers im Erdfeld

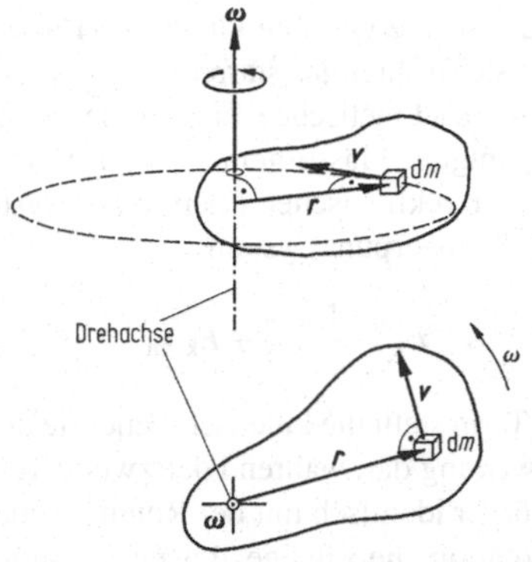


**Bild 7-3.** Zu Rotationsenergie und Trägheitsmoment eines rotierenden starren Körpers

## 7.2 Rotationsenergie, Trägheitsmoment

Wenn ein starrer Körper um eine Achse mit der Winkelgeschwindigkeit $\omega$ rotiert, so ist $\omega$ für alle seine Massenelemente d$m$ gleich. Jedes Massenelement im Abstand $\boldsymbol{r}$ von der Drehachse bewegt sich dann mit einer Geschwindigkeit $\boldsymbol{v}(\boldsymbol{r}) = \boldsymbol{\omega} \times \boldsymbol{r}$ senkrecht zu $\boldsymbol{r}$ (Bild 7-3), hat also eine kinetische Energie

$$\mathrm{d}E_\mathrm{k} = \frac{1}{2}v^2(r)\mathrm{d}m = \frac{1}{2}\omega^2 r^2 \mathrm{d}m\,. \qquad (7\text{-}5)$$

Die gesamte kinetische Energie des rotierenden starren Körpers (Rotationsenergie) folgt aus (7-5) durch Integration über den ganzen Körper $K$ unter Beachtung von $\omega = \text{const}$:

$$E_\mathrm{k} = \frac{1}{2}\omega^2 \int_K r^2 \mathrm{d}m = E_\mathrm{rot}\,. \qquad (7\text{-}6)$$

Der Integralausdruck in (7-6), der nicht von der aufgeprägten Winkelgeschwindigkeit $\omega$ abhängt, sondern eine Trägheitseigenschaft bezogen auf die Rotation um die Drehachse darstellt, wird als *Trägheitsmoment*

$$J = \int_K r^2 \mathrm{d}m = \int_K \varrho(\boldsymbol{r}) r^2 \mathrm{d}V \qquad (7\text{-}7)$$

des Körpers bezüglich der vorgegebenen Drehachse bezeichnet. Damit schreibt sich die *Rotationsenergie*

$$E_\mathrm{rot} = \frac{1}{2}J\omega^2 \qquad (7\text{-}8)$$

in völliger Analogie zur kinetischen Energie (4-7) bei der Translation. Das Trägheitsmoment $J$ und die Winkelgeschwindigkeit $\omega$ bei der Rotationsbewegung entsprechen darin der Masse $m$ und der Geschwindigkeit $v$ bei der Translationsbewegung. Das Trägheitsmoment eines Körpers ist jedoch im Gegensatz zur Masse von der Lage der Drehachse abhängig (Bild 7-4)!

SI-Einheit des Trägheitsmomentes:
$[J] = \mathrm{kg} \cdot \mathrm{m}^2$.

Das Trägheitsmoment $J_\mathrm{S}$ eines Körpers bezüglich einer Achse, die durch den Schwerpunkt $S$ geht, lautet in kartesischen Koordinaten des Schwerpunktsystems:

$$J_\mathrm{S} = \int_K r^2 \mathrm{d}m = \int_K (x^2 + y^2)\,\mathrm{d}m\,. \qquad (7\text{-}9)$$

Hat die Drehachse bei einem rotierenden Körper einen Abstand $s$ von einer parallelen Achse durch den Schwerpunkt (Bild 7-5), so lässt sich das Trägheitsmoment $J_\mathrm{A}$ des Körpers bezüglich der vorgegebenen Drehachse $A$ in folgender Weise darstellen:

$$J_\mathrm{A} = \int_K [(x+s)^2 + y^2]\,\mathrm{d}m$$
$$= J_\mathrm{S} + s^2 m + 2s \int_K x\,\mathrm{d}m\,. \qquad (7\text{-}10)$$

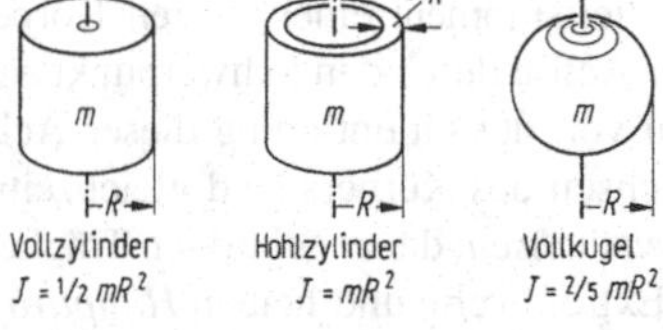

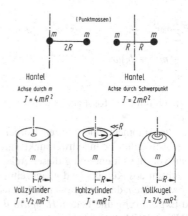

**Bild 7-4.** Trägheitsmomente einfacher Körper

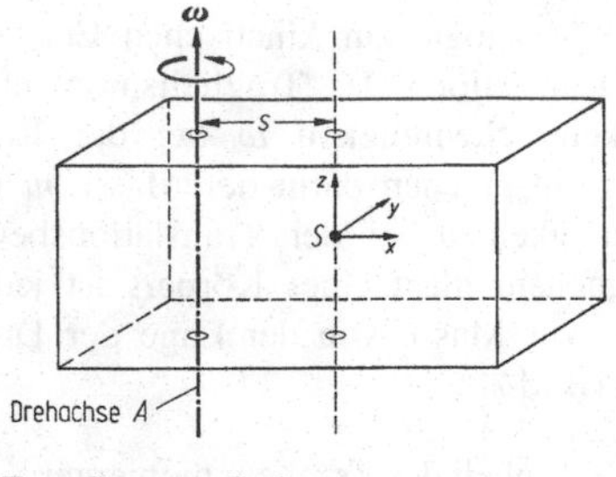


**Bild 7-5.** Zum Satz von Steiner

$x$ ist die $x$-Koordinate von $dm$ im Schwerpunktsystem. Nach (7-2) ist $\int x\,dm = mx_S$ mit $x_S$ als $x$-Koordinate des Schwerpunktes. Im Schwerpunktsystem ist $x_S = 0$, sodass der letzte Integralterm in (7-10) verschwindet. Es resultiert der *Satz von Steiner*

$$J_A = J_S + ms^2 \,. \tag{7-11}$$

Der Bewegungsablauf bei der Rotation um die Achse $A$ kann in die folgenden Teilbewegungen zerlegt werden:

1. Translation der im Schwerpunkt $S$ vereinigten Masse $m$ des Körpers auf einer Kreisbahn mit dem Radius $s$ und der Geschwindigkeit $v = \omega s$ (Winkelgeschwindigkeit $\omega$).
2. Rotation des Körpers mit der gleichen Winkelgeschwindigkeit $\omega$ um die zu $A$ parallele Achse durch seinen Schwerpunkt $S$.

Die Rotationsenergie setzt sich dann aus der kinetischen Energie der Schwerpunktbewegung und aus der Energie der Körperrotation um die Schwerpunktachse zusammen:

$$E_{rot} = \frac{1}{2}mv^2 + \frac{1}{2}J_S\omega^2 = \frac{1}{2}ms^2\omega^2 + \frac{1}{2}J_S\omega^2 \,,$$
$$E_{rot} = \frac{1}{2}[ms^2 + J_S]\omega^2 \,. \tag{7-12}$$

Durch Vergleich mit (7-8) folgt auch hieraus der Satz von Steiner.

Das Trägheitsmoment eines starren Körpers bezüglich einer Achse durch den Schwerpunkt hängt im Allgemeinen von der Orientierung dieser Achse ab. Symmetrieachsen des Körpers sind gleichzeitig sog. *Hauptträgheitsachsen*; die zugehörigen Trägheitsmomente sind Extremwerte und heißen *Hauptträgheitsmomente* (Näheres siehe E 3.1.6).

Nach (6-20) ist die gesamte kinetische Energie eines Teilchensystems, hier des starren Körpers, gleich der Summe aus der kinetischen Energie der im Schwerpunkt vereinigten Masse gemessen im Laborsystem und der inneren kinetischen Energie des Systems gemessen im Schwerpunktsystem:

$$E_k = \frac{1}{2}mv_S^2 + E_{k,\,int} \,. \tag{7-13}$$

Der erste Term stellt die kinetische Energie der Translationsbewegung dar, während der zweite Term beim starren Körper identisch mit der Rotationsenergie ist, da die Rotation die einzige Bewegungsmöglichkeit des starren Körpers im Schwerpunktsystem darstellt:

$$E_k = E_{trans} + E_{rot} = \frac{1}{2}mv_S^2 + \frac{1}{2}J_S\omega^2 \,. \tag{7-14}$$

Der Energiesatz für die Bewegung eines starren Körpers in einem konservativen Kraftfeld lautet daher

$$E = E_k + E_p = \frac{1}{2}mv_S^2 + \frac{1}{2}J_S\omega^2 + E_p = \text{const} \,. \tag{7-15}$$

*Beispiel*: Rollender Zylinder auf einer geneigten Ebene im Erdfeld (Bild 7-6).

Die potenzielle Energie im Erdfeld ist nach (4-17) $E_p = mgz$. Mit abnehmender Höhe $z$ wird potenzielle Energie in kinetische Energie der Translation und der Rotation umgewandelt. Bei einer nicht gleitenden Rollbewegung ist die Schwerpunktgeschwindigkeit mit der Winkelgeschwindigkeit gemäß $v_S = \omega r$ (Abrollbedingung) gekoppelt. Der Energiesatz lautet damit

$$E = \frac{1}{2}mv_S^2 + \frac{1}{2}J_S\omega^2 + mgz = \text{const} \quad \text{mit} \quad v_S = \omega r \,. \tag{7-16}$$

Wegen der Kopplung $v_S = \omega r$ hängt das Verhältnis von Translations- zu Rotationsenergie und damit die

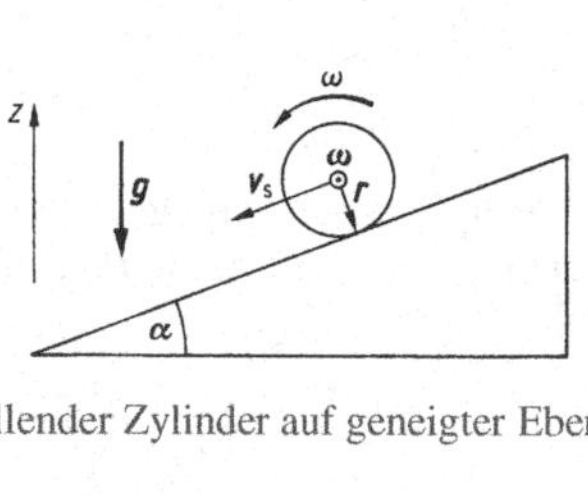


**Bild 7-6.** Rollender Zylinder auf geneigter Ebene

Translationsgeschwindigkeit $v_S$ bei der jeweiligen Höhe $z$ von der Größe des Rollradius $r$ des Zylinders ab.

## 7.3 Drehimpuls eines starren Körpers

Der Drehimpuls wurde zunächst für einen Massenpunkt durch (3-25) definiert. Entsprechend gilt für ein Massenelement d$m$ eines starren Körpers

$$\mathrm{d}\boldsymbol{L} = (\boldsymbol{r} \times \boldsymbol{v})\,\mathrm{d}m\,. \tag{7-17}$$

Wählen wir für $r$ den senkrechten Abstand von der Drehachse ($\boldsymbol{r} \perp \boldsymbol{\omega}$, vgl. Bild 7-7), so folgt aus (7-17) mit $\boldsymbol{v} = \boldsymbol{\omega} \times \boldsymbol{r}$ für den Drehimpuls von d$m$ in Richtung von $\omega$

$$\mathrm{d}L_\omega = \omega r^2\,\mathrm{d}m\,, \tag{7-18}$$

und daraus durch Integration über den ganzen Körper $K$ und unter Beachtung von $\omega = \text{const}$ sowie der Definition des Trägheitsmomentes (7-7) der Drehimpuls des starren Körpers

$$L_\omega = \omega \int_K r^2\,\mathrm{d}m = J\omega\,. \tag{7-19}$$

*Anmerkung*: In (7-18) und (7-19) bedeutet $L_\omega$ die Drehimpulskomponente in Richtung der Rotationsachse $\omega$, die sich in der obigen Ableitung deshalb ergab, weil für $\boldsymbol{r}$ der senkrechte Abstand von der Drehachse gewählt wurde. Der Drehimpuls eines Massenelementes ist jedoch nach (3-25) bezüglich eines Punktes definiert. Wird für alle Massenelemente des starren Körpers der gleiche Bezugspunkt auf der Drehachse gewählt, so zeigt d$\boldsymbol{L}$ gemäß (7-17) für jedes d$m$ i. Allg. (außer für $\boldsymbol{r} \perp \boldsymbol{\omega}$) nicht in die Richtung

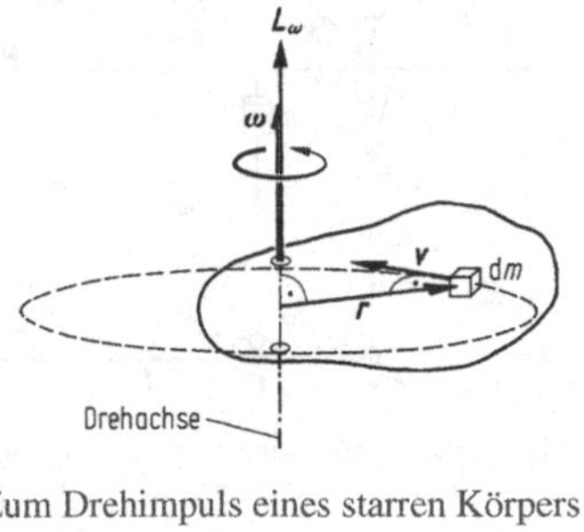


**Bild 7-7.** Zum Drehimpuls eines starren Körpers

von $\boldsymbol{\omega}$, sondern rotiert mit $\omega$ um die Drehachse. Bei der Integration über den ganzen Körper kompensieren sich die verschiedenen d$L$-Komponenten senkrecht zur Drehachse nur dann, wenn diese identisch mit einer Hauptträgheitsachse (vgl. 7.2) des Körpers ist, z. B. bei einer Symmetrieachse. Anderenfalls haben der resultierende Drehimpuls $\boldsymbol{L}$ und die Winkelgeschwindigkeit $\boldsymbol{\omega}$ eines starren Körpers nicht die gleiche Richtung, und der Verknüpfungsoperator zwischen beiden ist ein Tensor: *Trägheitstensor* (Näheres siehe E 3.1.6). $\boldsymbol{L}$ rotiert („präzediert", auch: „präzessiert") dann mit der Winkelgeschwindigkeit $\omega$ um die Richtung von $\boldsymbol{\omega}$. Es lässt sich jedoch zeigen, dass es für jeden Körper (mindestens) drei zueinander senkrechte Hauptträgheitsachsen gibt, für die der Drehimpuls parallel zur Rotationsachse ist. Dann ist das Trägheitsmoment ein Skalar und es gilt für die Hauptträgheitsachsen

$$\boldsymbol{L} = J\boldsymbol{\omega}\,. \tag{7-20}$$

In 6.1.3 wurde gezeigt, dass für ein Teilchensystem die zeitliche Änderung des Gesamtdrehimpulses $\boldsymbol{L}$ gleich dem einwirkenden äußeren Gesamtdrehmoment $\boldsymbol{M}_{\text{ext}}$ ist (6-14). Dasselbe gilt für den starren Körper, der sich als System von Massenelementen d$m$ mit starren Abständen beschreiben lässt. Analog zum Newton'schen Kraftgesetz der Translation gilt also für die Rotation des starren Körpers das Bewegungsgesetz

$$\frac{\mathrm{d}\boldsymbol{L}}{\mathrm{d}t} = \boldsymbol{M}_{\text{ext}}\,. \tag{7-21}$$

Wenn keine äußeren Drehmomente wirken, folgt aus (7-21) die Drehimpulserhaltung

$$\boldsymbol{L} = \text{const} \quad \text{für} \quad \boldsymbol{M}_{\text{ext}} = 0\,. \tag{7-22}$$

Dieser Fall liegt auch vor, wenn der Körper einem konstanten Kraftfeld ausgesetzt ist, z. B. dem Schwerefeld. Die Gewichtskraft greift am Schwerpunkt an, erzeugt aber kein resultierendes Drehmoment, wenn die Drehachse durch den Schwerpunkt geht. Ist die Drehachse gleichzeitig eine Hauptträgheitsachse, so folgt aus (7-20) und (7-22)

$$J\boldsymbol{\omega} = \text{const} \quad \text{für} \quad \boldsymbol{M}_{\text{ext}} = 0\,. \tag{7-23}$$

Ein starrer Körper, der sich um eine Hauptträgheitsachse bei konstantem Trägheitsmoment dreht, rotiert bei fehlendem äußeren Gesamtdrehmoment mit konstanter Winkelgeschwindigkeit. Ein Beispiel ist in Bild 7-2 dargestellt.

Wenn bei einem nichtstarren Körper während der Rotation durch innere Kräfte das Trägheitsmoment $J$ geändert wird, so ändert sich nach (7-23) die Winkelgeschwindigkeit im entgegengesetzten Sinne. Beispiel: Die Pirouettentänzerin erhöht die Winkelgeschwindigkeit ihrer Rotation durch Verringerung ihres Trägheitsmomentes, indem sie die Arme eng an den Körper legt.

### Drehimpuls von atomaren Systemen und Elementarteilchen

Die Erhaltungsgröße Energie ist beim quantenmechanischen harmonischen Oszillator gequantelt, kann also nur diskrete Energiewerte annehmen, die sich um $\Delta E = \hbar\omega_0$ unterscheiden (vgl. 5.2.2, (5-31)), was sich besonders in atomaren Systemen beobachten lässt.

Ähnliches gilt für den *Bahndrehimpuls* in Atomen und den *Eigendrehimpuls* von Elementarteilchen. Auch diese sind, wie die Quantenmechanik zeigt, gequantelt (vgl. 16.1), d. h., sie können nur diskrete Werte

$$L = \sqrt{l(l+1)}\,\hbar \quad (l = 0, 1, \ldots, n-1) \qquad (7\text{-}24)$$

mit der Komponente $L_z = l\hbar$ in einer physikalisch (z. B. durch ein Magnetfeld) ausgezeichneten Richtung $z$ annehmen (vgl. 16.1), die sich jeweils um

$$\Delta L_z = \hbar \qquad (7\text{-}25)$$

unterscheiden. $h$ ist das Planck'sche Wirkungsquantum (vgl. 5.2.2) und hat die gleiche Dimension wie der Drehimpuls ($\hbar = h/2\pi$). Auch hier gilt der Drehimpulserhaltungssatz. Bei makroskopischen Systemen wird die Drehimpulsquantelung wegen der Kleinheit von $\hbar$ im Allgemeinen nicht bemerkt.

## 7.4 Kreisel

Ein Kreisel ist ein rotierender starrer Körper. Wir betrachten als einfachen Fall einen symmetrischen Kreisel, dessen Masse rotationssymmetrisch um eine Drehachse verteilt ist. Durch eine Aufhängung im Schwerpunkt, die eine freie Drehbarkeit in alle Richtungen erlaubt (sog. „kardanische" Aufhängung), wird der Kreisel *kräftefrei* (Bild 7-8 ohne das Gewicht $m$). Nach (7-22) und (7-23, Drehimpulserhaltung) ist dann $\boldsymbol{L} = \text{const} \parallel \boldsymbol{\omega} = \text{const}$, die Kreiselachse behält ihre einmal eingestellte Richtung bei. Anwendung: Kreiselstabilisierung. Lässt man dagegen ein äußeres Drehmoment $\boldsymbol{M}$ dauernd angreifen, z. B. durch Anbringen eines Gewichtes der Masse $m$ im Abstand $\boldsymbol{r}$ vom Lagerpunkt ($\boldsymbol{M} = \boldsymbol{r} \times \boldsymbol{F} = \boldsymbol{r} \times m\boldsymbol{g}$, Bild 7-8), so weicht der Kreisel (die Spitze des Vektors $\boldsymbol{\omega}$) senkrecht zur angreifenden Kraft $\boldsymbol{F}$ aus. Ursache hierfür ist das Bewegungsgesetz der Rotation (7-21), wonach ein angreifendes Drehmoment eine zeitliche Änderung des Drehimpulses bewirkt,

$$\mathrm{d}\boldsymbol{L} = \boldsymbol{M}\mathrm{d}t\,. \qquad (7\text{-}26)$$

Die Änderung $\mathrm{d}\boldsymbol{L}$ erfolgt in Richtung des Drehmomentes $\boldsymbol{M}$, steht also senkrecht auf dem Drehimpulsvektor $\boldsymbol{L}$. Während der Zeit $\mathrm{d}t$ dreht sich daher der Drehimpulsvektor um den Winkel

$$\mathrm{d}\varphi = \frac{\mathrm{d}L}{L} = \frac{M\,\mathrm{d}t}{L} \qquad (7\text{-}27)$$

in die Richtung von $\boldsymbol{L}'$ (Bild 7-8): Präzessionsbewegung des Kreisels. Für die *Winkelgeschwindigkeit der Präzession* $\omega_\mathrm{p} = \mathrm{d}\varphi/\mathrm{d}t$ folgt aus (7-27) mit (7-20)

$$\omega_\mathrm{p} = \frac{M}{L} = \frac{rF}{J\omega} = \frac{rmg}{J\omega}\,, \qquad (7\text{-}28)$$

in vektorieller Schreibweise:

$$\boldsymbol{\omega}_\mathrm{p} \times \boldsymbol{L} = \boldsymbol{M} = \boldsymbol{r} \times \boldsymbol{F}\,. \qquad (7\text{-}29)$$

*Anmerkung*: Die Beziehung (7-28) gilt nur näherungsweise, solange $\omega \gg \omega_\mathrm{p}$. Anderenfalls hat die resul-

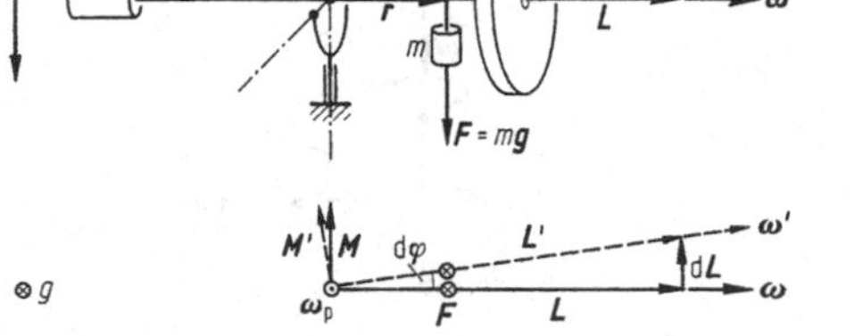

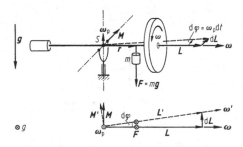

**Bild 7-8.** Kreiselpräzession unter Einwirkung eines Drehmomentes

**Tabelle 7-1.** Kinematische und dynamische Größen von Translation und Rotation

| Größen der Translation | | Verknüpfung | Größen der Rotation | |
|---|---|---|---|---|
| Weg | $s$ | $s = \varphi r$ | Winkel | $\varphi$ |
| Geschwindigkeit | $\boldsymbol{v} = \dot{\boldsymbol{s}}$ | $\boldsymbol{v} = \boldsymbol{\omega} \times \boldsymbol{r}$ | Winkelgeschwindigkeit | $\boldsymbol{\omega} = \dot{\boldsymbol{\varphi}}$ |
| Beschleunigung | $\boldsymbol{a} = \dot{\boldsymbol{v}} = \ddot{\boldsymbol{s}}$ | $\boldsymbol{a} = \boldsymbol{\alpha} \times \boldsymbol{r} + \boldsymbol{\omega} \times \boldsymbol{v}$ | Winkelbeschleunigung | $\boldsymbol{\alpha} = \dot{\boldsymbol{\omega}} = \ddot{\boldsymbol{\varphi}}$ |
| Masse | $m$ | $J = \int r^2 \mathrm{d}m$ | Trägheitsmoment | $J$ |
| Kraft | $\boldsymbol{F}$ | $\boldsymbol{M} = \boldsymbol{r} \times \boldsymbol{F}$ | Drehmoment | $\boldsymbol{M}$ |
| Kraftstoß | $\boldsymbol{I} = \Delta \boldsymbol{p} = \int \boldsymbol{F} \mathrm{d}t$ | $\boldsymbol{H} = \boldsymbol{r} \times \boldsymbol{I}$ | Drehstoß | $\boldsymbol{H} = \Delta \boldsymbol{L} = \int \boldsymbol{M} \mathrm{d}t$ |
| Bewegungsgröße, Impuls | $\boldsymbol{p} = m\boldsymbol{v}$ | $\boldsymbol{L} = \boldsymbol{r} \times \boldsymbol{p}$ | Drall, Drehimpuls | $\boldsymbol{L} = J\boldsymbol{\omega}$ [a] |

[a] gilt nur für Rotation um eine Hauptträgheitsachse

**Tabelle 7-2.** Gesetze der Translation und Rotation

| Translation | | Rotation | |
|---|---|---|---|
| Kraft | $\boldsymbol{F} = \frac{\mathrm{d}}{\mathrm{d}t}\boldsymbol{p}$ | Drehmoment | $\boldsymbol{M} = \frac{\mathrm{d}}{\mathrm{d}t}\boldsymbol{L}$ |
| $m = \text{const}$: | $\boldsymbol{F} = m\frac{\mathrm{d}^2\boldsymbol{s}}{\mathrm{d}t^2}$ | $J = \text{const}$: | $\boldsymbol{M} = J\frac{\mathrm{d}^2\boldsymbol{\varphi}}{\mathrm{d}t^2}$ [a] |
| kinetische Energie, Transl. | $E_{\mathrm{k,trl}} = \frac{1}{2}mv^2 = \frac{p^2}{2m}$ | Rotationsenergie | $E_{\mathrm{k,rot}} = \frac{1}{2}J\omega^2 = \frac{L^2}{2J}$ |
| Leistung | $P = \boldsymbol{F} \cdot \boldsymbol{v}$ | Leistung | $P = \boldsymbol{M} \cdot \boldsymbol{\omega}$ |
| rücktreibende Kraft | $\boldsymbol{F} = -c\boldsymbol{x}$ | rücktreibendes Drehmoment | $\boldsymbol{M} = -D\boldsymbol{\varphi}$ |
| Federpendel | $\omega_0 = \sqrt{c/m}$ | Drehpendel | $\omega_0 = \sqrt{D/J}$ |

[a] gilt nur für Rotation um eine Hauptträgheitsachse

tierende Winkelgeschwindigkeit nicht mehr die Richtung von $\boldsymbol{L}$, sodass (7-20) nicht anwendbar ist. Wird $\omega$ zu klein, so wird die Präzessionsbewegung instabil. Wird auf einen kräftefreien Kreisel ein dauerndes Drehmoment $\boldsymbol{M}$ mit konstanter Richtung ausgeübt (also anders als in Bild 7-8, wo die Richtung des Drehmomentes sich mit der Präzession mitdreht), so richtet sich aufgrund von (7-26) $\boldsymbol{L}$ in Richtung von $\boldsymbol{M}$ aus. Dieser Effekt wird beim *Kreiselkompass* ausgenutzt: Lässt man einen kräftefreien Kreisel z. B. durch eine schwimmende Lagerung sich nur in einer horizontalen Ebene frei bewegen, so übt die Erddrehung ein Drehmoment auf den Kreisel aus, das parallel zur Winkelgeschwindigkeit der Erde wirkt. Dadurch richtet sich der Kreiselkompass stets in Richtung des geografischen Nordpols aus: *Trägheitsnavigation.*

Bahndrehimpulse von Atomen und Eigendrehimpulse von Atomkernen und Elementarteilchen erfahren infolge ihrer meist existierenden magnetischen Momente in Magnetfeldern Drehmomente, die wie beim Kreisel zu Präzessionsbewegungen führen: *Elektronenspinresonanz, Kernresonanz.*

## 7.5 Vergleich Translation — Rotation

Ein Massenpunkt kann nur Translationsbewegungen durchführen. Ein starrer Körper kann dagegen neben der Translation auch Rotationsbewegungen ausführen. Die einander entsprechenden Größen beider Bewegungsarten und ihre Verknüpfungen zeigt Tabelle 7-1, die wichtigsten Gesetze für beide Bewegungsarten sind in Tabelle 7-2 aufgeführt.

# 8 Statistische Mechanik — Thermodynamik

Bei Ein- und Zweiteilchensystemen können die individuellen kinematischen und dynamischen Größen der Teilchen aus den Anfangsvorgaben und den wirkenden Kräften (Bewegungsgleichungen $\boldsymbol{F}_i = m_i\ddot{\boldsymbol{r}}_i$)

bzw. Energie- und Impulserhaltungssatz für jeden Zeitpunkt berechnet werden. Dasselbe gilt für die Massenelemente des starren Körpers, da mit dessen Bewegung auch diejenige seiner Massenelemente bekannt ist.

Die Situation ist völlig anders bei Systemen aus einer großen Zahl von Teilchen, die nicht starr gekoppelt sind, etwa die $N$ Atome oder Moleküle eines Gases (Teilchendichte $n \approx 10^{26}/\mathrm{m}^3$) oder einer Flüssigkeit ($n \approx 10^{29}/\mathrm{m}^3$). Die Lösung eines Systems von $N$ Bewegungsgleichungen ist bei solchen Zahlen unmöglich, zumal dazu die Anfangsbedingungen für alle $N$ Teilchen bekannt sein müssten. Als Ausweg werden statistische Methoden angewandt, die Aussagen über repräsentative Mittelwerte ergeben. Diese sind umso genauer, je größer die Zahl $N$ der Teilchen des Systems ist. In der *kinetischen Theorie der Gase* werden so makrophysikalische Eigenschaften (z. B. der Druck einer Gasmenge) aus mikroskopischen Modellvorstellungen berechnet. Im Gegensatz dazu wird in der *phänomenologischen Thermodynamik* der Makrozustand eines solchen Vielteilchensystems durch makrophysikalische Eigenschaften (sog. Zustandsgrößen wie Druck, Temperatur, Volumen usw.) beschrieben, ohne auf die mikrophysikalischen Ursachen Bezug zu nehmen.

Die in diesem Abschnitt 8 darzustellenden Gesetzmäßigkeiten über Vielteilchensysteme bilden die Grundlage für die weiterführende Behandlung in der Technischen Thermodynamik, Kap. F. Die in 8.5 bis 8.9 formulierten Hauptsätze der Thermodynamik sind ferner die Basis für die Thermodynamik chemischer Reaktionen (C 8.1 – 8.3).

## 8.1 Kinetische Theorie der Gase

Als Modellvorstellung eines Gases wird das *ideale Gas* benutzt. Es soll folgende Eigenschaften haben:

- Atome bzw. Moleküle werden als *Massenpunkte* betrachtet.
- *Keine Wechselwirkungskräfte* zwischen den Molekülen, außer beim Stoß.
- Stöße zwischen den Molekülen untereinander oder mit der Wand werden als *ideal elastisch* behandelt.

Insbesondere die ersten beiden Annahmen sind umso besser erfüllt, je größer der Molekülabstand gegenüber den Moleküldimensionen ist, also bei stark verdünnten Gasen (niedriger Druck bei hoher Temperatur).

Die Atome bzw. Moleküle sind statistisch im betrachteten Volumen des Gases verteilt und bewegen sich mit nach Betrag und Richtung statistisch verteilten Geschwindigkeiten. Diese Vorstellung wird durch die Beobachtung der *Brown'schen Bewegung* gestützt, einer Wimmelbewegung von im Mikroskop gerade noch sichtbaren Teilchen (z. B. Rauchteilchen in Luft, oder suspendierte Teilchen in Wasser) infolge sich nicht genau kompensierender Stoßimpulse durch die umgebenden, im Mikroskop nicht sichtbaren Moleküle.

Das Teilchensystem befinde sich ferner im sog. statistischen Gleichgewicht, d. h., die individuellen Größen, wie die Teilchengeschwindigkeit oder die Teilchenenergie, sollen in der wahrscheinlichsten Verteilung vorliegen, sodass die jeweilige Verteilung ohne äußeren Eingriff zeitlich gleich bleibt.

Auf dieser Basis lassen sich durch wahrscheinlichkeitstheoretische Überlegungen Vorhersagen z. B. über die Geschwindigkeitsverteilung der $N$ Teilchen eines Gases machen. Ohne genauere Betrachtung lassen sich sofort folgende Aussagen machen:

- Die Geschwindigkeit $v$ bestimmter Teilchen ist nicht bekannt, liegt aber sicher zwischen 0 und $\infty$.
- Ist $\mathrm{d}N$ die Zahl der Teilchen mit Geschwindigkeiten zwischen $v$ und $v + \mathrm{d}v$, also im Intervall $\mathrm{d}v$, so ist

$$\mathrm{d}N \sim N\,\mathrm{d}v\,.$$

- Insbesondere geht $\mathrm{d}N \to 0$ für $\mathrm{d}v \to 0$, d. h., die Wahrscheinlichkeit, ein Teilchen mit genau einer Geschwindigkeit anzutreffen, ist gleich null.
- Ferner wird $\mathrm{d}N$ von $v$ selbst abhängen:

$$\mathrm{d}N = N f(v)\,\mathrm{d}v\,. \tag{8-1}$$

Hierin ist $f(v) = (1/N) \cdot \mathrm{d}N/\mathrm{d}v$ die Verteilungsfunktion für den Betrag der Teilchengeschwindigkeit, für die hinsichtlich ihrer Grenzwerte sicher gilt: $f(0) = 0$, $f(\infty) = 0$. Zwischen $v = 0$ und $v = \infty$ wird ein Maximum vorliegen. Maxwell hat diese Verteilung unter Zugrundelegung einfacher, klassischer Wahrscheinlichkeitsannahmen berechnet (Bild 8-1):

*Maxwell'sche Geschwindigkeitsverteilung*

$$f(v) = 4\pi\left(\frac{m}{2\pi kT}\right)^{3/2} v^2 \exp\left(-\frac{mv^2/2}{kT}\right) \tag{8-2}$$

mit

$m$ Teilchenmasse ,
$k = 1{,}3806504 \cdot 10^{-23}$ J/K, Boltzmann-Konstante (siehe 8.2) ,
$T$ Temperatur (siehe 8.2) .

Der Exponentialfaktor in (8-2) wird auch Boltzmann-Faktor genannt (siehe 8.2). Das Maximum der Verteilungskurve ergibt sich mit $\mathrm{d}f(v)/\mathrm{d}v = 0$ aus (8-2). Es liegt dann vor, wenn die kinetische Energie der Teilchen $mv^2/2 = kT$ ist, d. h., wenn der Boltzmann-Faktor den Wert $1/\mathrm{e}$ hat, und liefert die *wahrscheinlichste Geschwindigkeit*

$$\hat{v} = \sqrt{2\frac{kT}{m}} . \tag{8-3}$$

Da die Verteilung unsymmetrisch ist, besteht keine Übereinstimmung mit der *mittleren Geschwindigkeit*

$$\overline{v} = \int_0^\infty f(v) v \, \mathrm{d}v = \frac{2}{\sqrt{\pi}} \hat{v} = 1{,}128 \ldots \hat{v} . \tag{8-4}$$

Das mittlere Geschwindigkeitsquadrat $\overline{v^2}$ ist für die Berechnung der mittleren kinetischen Energie wichtig. Aus der Maxwell-Verteilung (8-2) ergibt sich

$$\overline{v^2} = \int_0^\infty f(v) v^2 \, \mathrm{d}v = 3\frac{kT}{m} = \frac{3}{2}\hat{v}^2 = (1{,}2247 \ldots \hat{v})^2 . \tag{8-5}$$

Für die mittlere kinetische Energie erhält man daraus die Beziehung $m\overline{v^2}/2 = (3/2)kT$ (vgl. 8.2).

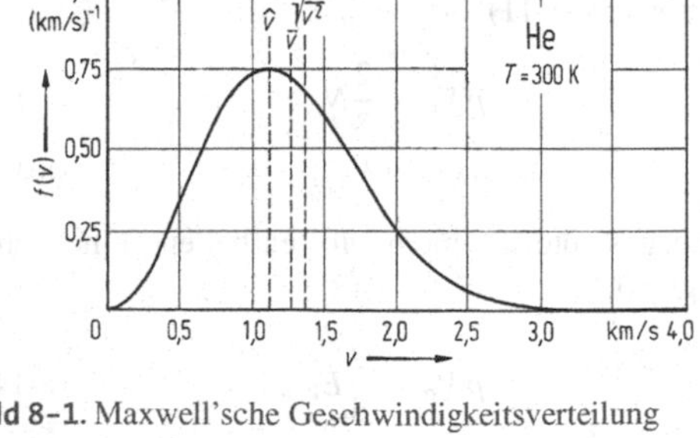


**Bild 8-1.** Maxwell'sche Geschwindigkeitsverteilung

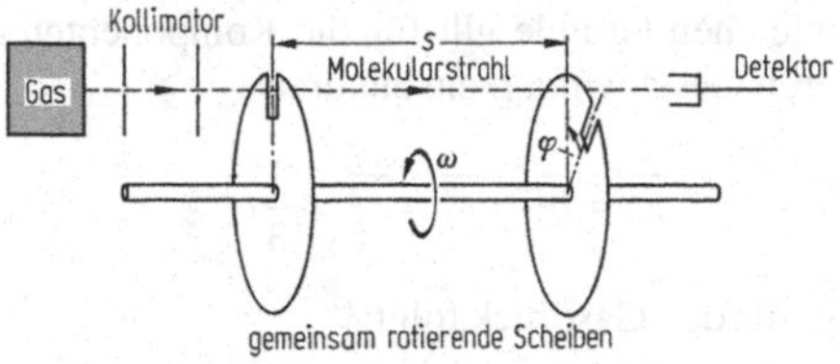


**Bild 8-2.** Geschwindigkeitsselektor für Molekularstrahlen

Zur experimentellen Bestimmung der Gültigkeit der Maxwell'schen Geschwindigkeitsverteilung lässt man Gas aus einer Öffnung in einen hochevakuierten Raum strömen, blendet einen Molekülstrahl mittels Kollimatorblenden aus, und lässt den Strahl nacheinander durch zwei gemeinsam rotierende Scheiben mit versetzten Schlitzen treten (Bild 8-2). Je nach Abstand $s$, Winkelgeschwindigkeit $\omega$ und Winkelversatz der Schlitze $\varphi$ gelangen nur Moleküle eines bestimmten Geschwindigkeitsintervalls $\mathrm{d}v$ in den Detektor. Mit Anordnungen dieser Art konnte die Maxwell'sche Geschwindigkeitsverteilung durch Variation von $\omega$ sehr gut bestätigt werden. Umgekehrt kann eine Anordnung nach Bild 8-2 als Geschwindigkeitsselektor (Monochromator) für Molekularstrahlen benutzt werden.

*Berechnung des Gasdruckes auf eine Wand*: Der Gasdruck $p$ (nicht zu verwechseln mit dem Impuls!) entsteht durch elastische Reflexion der Gasmoleküle an der Wand und lässt sich aus dem Impulsübertrag an die Wand berechnen. Für einen gerichteten Teilchenstrom ergab sich nach (6-47) und (6-48)

$$p = 2nmv_n^2 .$$

In einem Gas sind dagegen die Molekülgeschwindigkeiten und ihre Richtungen isotrop verteilt, sodass bei einer Moleküldichte $n$ nur $n/2$ Moleküle in die Richtung der betrachteten Wand fliegen (Bild 8-3). Aus

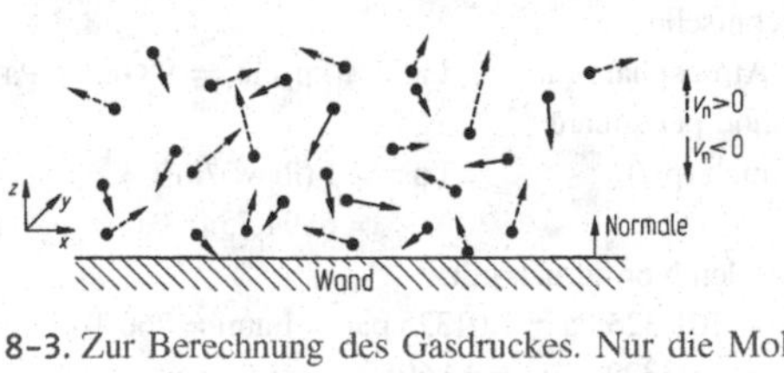


**Bild 8-3.** Zur Berechnung des Gasdruckes. Nur die Moleküle mit $v_n < 0$ bewegen sich zur Wand

dem gleichen Grunde gilt für die Komponenten des mittleren Geschwindigkeitsquadrates

$$\overline{v_n^2} = \overline{v_x^2} = \overline{v_y^2} = \overline{v_z^2} = \frac{1}{3}\overline{v^2}\,, \qquad (8\text{-}6)$$

sodass für den Gasdruck folgt:

$$p = \frac{1}{3}nm\overline{v^2}\,. \qquad (8\text{-}7)$$

SI-Einheit : $[p]$ = Pa = N/m². Weitere Druckeinheiten siehe Tabelle 8-1 .

Mit der mittleren kinetischen Energie eines Teilchens

$$\bar{\varepsilon}_k = \frac{1}{2}m\overline{v^2} \qquad (8\text{-}8)$$

lässt sich der Gasdruck (8-7) darstellen durch

$$p = \frac{2}{3}n\,\bar{\varepsilon}_k\,. \qquad (8\text{-}9)$$

Definition der Stoffmenge und einiger darauf bezogenen Größen:
Die *Stoffmenge* $\nu$ ist die Menge gleichartiger Teilchen (z. B. Atome, Moleküle, Ionen, Elektronen oder sonstige Teilchen), die in einem System enthalten sind. Sie ist eine Basisgröße im Internationalen Einheitensystem (SI):

SI-Einheit : $[\nu]$ = mol (Mol) .

**Tabelle 8-1.** Druckeinheiten

| Name (Zeichen) | Definition, Umrechnung in Pascal |
|---|---|
| Pascal (Pa) | $1\,\text{Pa} = 1\,\text{N/m}^2 = 1\,\text{kg/(m}\cdot\text{s}^2)$ |
| Bar (bar) | $1\,\text{bar} = 10^6\,\text{dyn/cm}^2 = 10^5\,\text{Pa}$ |
| physikalische Atmosphäre (atm) | 1 atm = 101 325 Pa |
| Torr | 1 Torr = (1/760) atm = 133,322... Pa |
| technische Atmosphäre (at) | $1\,\text{at} = 1\,\text{kp/cm}^2 = 98\,066{,}5\,\text{Pa}$ |
| pound per square inch (psi) | $1\,\text{psi} = 1\,(\text{lb wt})/\text{in}^2 = 6894{,}75...\,\text{Pa}$ |
| Für den Normdruck gilt $p_n$ = 101 325 Pa = 1,01325 bar = 1 atm = 760 Torr = 1,03322... at = 14,6959... psi | |

Ein *Mol* ist die Stoffmenge eines Systems, in dem so viel Teilchen enthalten sind wie Atome in 12 g des Kohlenstoffnuklids $^{12}C$, das sind $6{,}02214179 \cdot 10^{23}$ Teilchen.
*Avogadro-Konstante*:

$$N_A = (6{,}02214179 \pm 3 \cdot 10^{-7}) \cdot 10^{23}\,\text{mol}^{-1}\,.$$

*Anmerkung*: In der deutschsprachigen Literatur wird $N_A$ gelegentlich noch Loschmidt-Zahl $L$ genannt. Dieser Name bezeichnet jedoch heute die Zahl der Moleküle im Volumen 1 m³ des idealen Gases im *Normzustand* ($p = p_n$ = 101 325 Pa, $T = T_0$ = 273,15 K $\widehat{=}$ 0°C, vgl. 8.2 und Tabelle 8-1), die *Loschmidt-Konstante*:

$$n_0 = \frac{N_A}{V_{m,0}} = 2{,}6867774 \cdot 10^{25}/\text{m}^3\,.$$

Die *molare Masse M* (Molmasse) ist die Masse der Stoffmenge 1 mol. Der Zahlenwert der molaren Masse ist gleich der relativen Molekülmasse $M_r$ (Molekülmasse bezogen auf die Atommassenkonstante $m_u$ = 1 u).
Das *molare Volumen* $V_m$ (Molvolumen) ist das Volumen der Stoffmenge 1 mol. Insbesondere bei Gasen ist es stark von Druck und Temperatur abhängig. Im Normzustand beträgt das Molvolumen eines idealen Gases $V_m = V_{m,0}$ = 22,413996 l/mol. Es gilt

$$V_m = \frac{V}{\nu}\,. \qquad (8\text{-}10)$$

Ist $m$ die Masse eines Teilchens des betrachteten Stoffes und $n$ die Teilchenzahldichte, so gilt

$$N_A = \frac{M}{m} = nV_m\,. \qquad (8\text{-}11)$$

Durch Multiplikation von (8-9) mit $V_m$ folgt unter Beachtung von (8-11)

$$p\,V_m = \frac{2}{3}N_A\bar{\varepsilon}_k\,. \qquad (8\text{-}12)$$

$$N_A\bar{\varepsilon}_k = \bar{E}_{k,m} \qquad (8\text{-}13)$$

ist die gesamte in einem Mol enthaltene kinetische Energie, d. h.,

$$p\,V_m = \frac{2}{3}\bar{E}_{k,m}\,. \qquad (8\text{-}14)$$

Solange $\bar{E}_{k,m}$ sich nicht ändert (das ist für $T$ = const der Fall, siehe 8.2), gilt demnach das *Gesetz von Boyle und Mariotte*:

$$p\,V_m = \text{const} \quad \text{bzw.} \quad pV = \text{const}\,, \tag{8-15}$$

das experimentell gefunden worden ist.

## 8.2 Temperaturskalen, Gasgesetze

Die Temperatur $T$ einer Materiemenge ist ein Maß für die Bewegungsenergie seiner Moleküle. Sie kennzeichnet einen Zustand der Materiemenge, der von ihrer Masse und stofflichen Zusammensetzung unabhängig ist. Die Temperatur wird deshalb als Zustandsgröße bezeichnet. Wie noch gezeigt werden wird (8-27), gilt für das ideale Gas der folgende Zusammenhang zwischen mittlerer kinetischer Energie der Teilchen und der Temperatur:

$$\overline{E_k} = CT\,. \tag{8-16}$$

$C$ ist eine noch zu bestimmende Konstante. Für $T=0$ findet danach keine Wärmebewegung mehr statt. Dieser Punkt stellt die tiefste mögliche Temperatur dar und dient als Nullpunkt der absoluten oder thermodynamischen Temperatur (Kelvin-Skala). Die Temperatur ist eine Basisgröße des Internationalen Einheitensystems (SI).

SI-Einheit : $[T] = \text{K}$ .
1 Kelvin ist der 273,16te Teil der thermodynamischen Temperatur des Tripelpunktes von Wasser : $1\,\text{K} = T_{tr}(H_2O)/273{,}16$ .

Der Tripelpunkt einer reinen Substanz ist der durch charakteristische, feste Werte von Temperatur und Druck definierte Punkt, an dem allein alle drei Phasen koexistieren (vgl. 8.4). Der Zahlenwert 273,16 folgt aus der früher festgelegten, auf der Temperaturausdehnung des Quecksilbers basierenden Celsius-Skala mit den Fixpunkten $\vartheta = 0\,°\text{C}$ (0 Grad Celsius) für den Eispunkt und $\vartheta = 100\,°\text{C}$ für den Siedepunkt des reinen, luftgesättigten Wassers beim Normdruck $p_n = 101\,325\,\text{Pa}$, wenn man für Temperaturdifferenzen fordert

$$\Delta T_{[\text{K}]} = \Delta\vartheta_{[°\text{C}]}\,. \tag{8-17}$$

Die Werte der Celsius-Temperatur und die der thermodynamischen (Kelvin-) Temperatur sind miteinander verknüpft durch

$$T = T_0 + \vartheta \quad \text{mit} \quad T_0 = 273{,}15\,\text{K}\,. \tag{8-18}$$

$T_0$ ist die Temperatur des Eispunktes $\vartheta = 0\,°\text{C}$. $T$ und $\vartheta$ dürfen in einer Formel nicht gegeneinander gekürzt werden! In angelsächsischen Ländern ist ferner die Fahrenheit-Skala noch üblich, Umrechnung:

$$\vartheta_{[°\text{C}]} = (\vartheta_{[°\text{F}]} - 32)\cdot 5/9\,. \tag{8-19}$$

Viele physikalische Größen sind temperaturabhängig, z. B. die Linearabmessungen fester Körper, das Volumen von Flüssigkeiten, der elektrische Widerstand von Metallen und Halbleitern, die Temperaturstrahlung von erhitzten Körpern, die elektrische Spannung von Thermoelementen, der Druck von Gasen (bei konstantem Volumen), usw. Sie können zur Temperaturmessung mit Thermometern ausgenutzt werden. Tabelle 8-2 führt einige Prinzipien und Messbereiche absoluter und praktischer Thermometer auf.

### Gasgesetze

Die experimentelle Untersuchung der Temperaturabhängigkeit des Druckes und des Volumens einer Gasmenge ergibt das Gasgesetz:

$$pV = p_0V_0(1 + \alpha\vartheta)\,; \tag{8-20}$$

**Tabelle 8-2.** Methoden der Temperaturmessung

| Temperatur $T$(K) | Absolute Thermometer | Praktische Thermometer (müssen geeicht werden) |
|---|---|---|
| $10^4$ – $10^3$ | Pyrometer (Strahlungsgesetze, Planck-Formel) | |
| $10^2$ – $10$ | Gasthermometer (Zustandsgleichung) | Thermoelement<br>Pt-Widerstandsthermometer<br>Hg-Thermometer |
| $1$ – $10^{-1}$ | Dampfdruckthermometer (Clausius-Clapeyron-Gl.) | Ge-, C-Widerstandsthermometer |
| $10^{-2}$ – $10^{-3}$ | Paramagnetische Suszeptibilität (Curie-Gesetz) | |
| $10^{-4}$ | Kernsuszeptibilität | |

$p_0$ und $V_0$ sind Druck und Volumen bei $\vartheta = 0\,°C$ $(T = T_0)$. Dieses Gasgesetz enthält die folgenden empirischen Einzelgesetze:
Gesetz von Boyle und Mariotte (vgl. (8-15)):

$$pV = \text{const} \quad \text{für} \quad \vartheta = \text{const}\,,$$

1. Gesetz von Gay-Lussac:

$$V = V_0(1 + \alpha\vartheta) \quad \text{für} \quad p = \text{const} = p_0\,, \qquad (8\text{-}21)$$

2. Gesetz von Gay-Lussac:

$$p = p_0(1 + \alpha\vartheta) \quad \text{für} \quad V = \text{const} = V_0\,. \qquad (8\text{-}22)$$

Für die meisten Gase (insbesondere in Zuständen fern vom Kondensationsgebiet, vgl. 8.4) gilt für die Konstante $\alpha$:

$$\alpha = \frac{1}{273{,}15\,\text{K}} = \frac{1}{T_0}\,. \qquad (8\text{-}23)$$

Mit (8-18) lässt sich daher (8-20) umformen in

$$pV = \frac{p_0V_0}{T_0}T\,. \qquad (8\text{-}24)$$

Der Quotient $p_0V_0/T_0$ ist für eine feste Gasmenge konstant, da $p_0V_0$ nach (8-15) für $T = T_0$ konstant ist. Ferner besagt das empirisch gefundene Gesetz von Avogadro (vgl. C 5.1.2), dass die Molvolumina verschiedener Gase bei gleichem Druck und gleicher Temperatur gleich sind. Für die Gasmenge 1 mol ist dann der Quotient $p_0V_{m,0}/T_0$ eine universelle Konstante, deren Wert sich aus dem Normdruck $p_n$, dem Molvolumen bei Normbedingungen und $T_0$ berechnen lässt, die *universelle (molare) Gaskonstante*

$$R = \frac{p_0V_{m,0}}{T_0} = 8{,}314472\,\text{J/(mol}\cdot\text{K)}\,. \qquad (8\text{-}25)$$

Das Gasgesetz (8-24) bekommt damit die Form der *allgemeinen Gasgleichung (Zustandsgleichung des idealen Gases)*

$$pV = \nu RT\,. \qquad (8\text{-}26)$$

Mit (8-10) gilt

$$pV_m = RT\,.$$

Die allgemeine Gasgleichung gilt in guter Näherung für reale Gase, deren Zustand fern vom Kondensationsgebiet ist (siehe 8.4), exakt gilt sie für das ideale Gas.

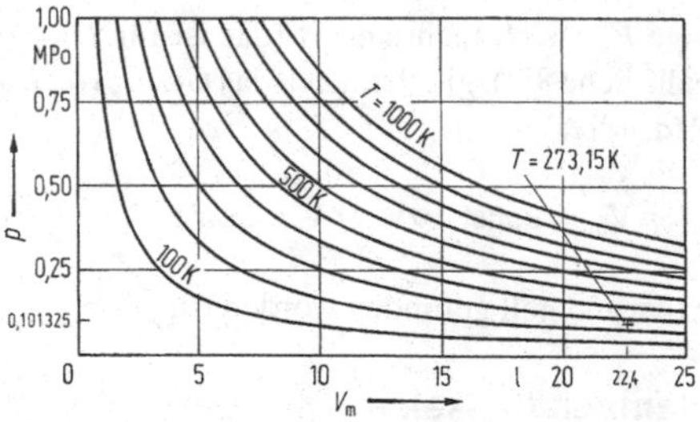


**Bild 8-4.** Isothermen des idealen Gases im $p$, $V$-Diagramm

Bild 8-4 zeigt die Abhängigkeit $p(V_m)$ für $T = \text{const}$, sog. Isothermen, nach (8-26) im $p$, $V$-Diagramm. Wie die Temperatur sind auch Druck und Volumen Zustandsgrößen.
Die kinetische Gastheorie ergibt für das Modell des idealen Gases, dass $pV_m$ proportional zur gesamten mittleren kinetischen Energie der Gasmoleküle ist (8-14). Der Vergleich mit (8-26) ergibt für die mittlere molare kinetische Energie

$$\bar{E}_{k,m} = \frac{3}{2}RT\,. \qquad (8\text{-}27)$$

Nach Division durch die Avogadro-Konstante $N_A$ (vgl. (8-13)) folgt daraus die mittlere kinetische Energie pro Molekül

$$\bar{\varepsilon}_k = \frac{3}{2}\cdot\frac{R}{N_A}T = \frac{3}{2}kT\,, \qquad (8\text{-}28)$$

mit der *Boltzmann-Konstanten*

$$k = \frac{R}{N_A} = 1{,}3806504\cdot 10^{-23}\,\text{J/K}\,. \qquad (8\text{-}29)$$

Gleichung (8-27) und (8-28) stellen die Begründung für die in (8-16) angenommene Proportionalität zwischen der im Gas enthaltenen mittleren kinetischen Energie und der Temperatur dar. Die zunächst empirisch-experimentell definierte Größe *Temperatur* stellt sich hiermit als Maß für die *Energie der statistisch ungeordneten Bewegung* der Moleküle heraus und ist heute auf dieser Basis definiert. Die thermodynamische Temperaturskala hängt damit nicht mehr von speziellen Stoffeigenschaften ab (z. B. von dem Ausdehnungsverhalten des Quecksilbers, wie bei der ursprünglichen Celsius-Skala). Für Flüssigkeiten und Festkörper gibt es zu (8-27) und (8-28) entsprechende Beziehungen.

Die *innere Energie* $U$ eines idealen Gases aus $N$ Atomen (bezogen auf das Schwerpunktsystem, vgl. (6-23); der Index int wird hier weggelassen) ist nach (8-28)

$$U = N\bar{\varepsilon}_k = \frac{3}{2}NkT\,. \qquad (8\text{-}30a)$$

Die molare (stoffmengenbezogene) innere Energie $U_m = U/\nu$ ergibt sich mit $\nu = N/N_A$ und (8-29) zu

$$U_m = \frac{3}{2}RT \qquad (8\text{-}30b)$$

und ist allein von der Temperatur abhängig. Für mehratomige Molekülgase ergibt sich anstatt 3/2 ein anderer Zahlenfaktor, siehe 8.3. Aus (8-8) und (8-28) ergibt sich die *gaskinetische Molekülgeschwindigkeit*

$$v_m = \sqrt{\overline{v^2}} = \sqrt{\frac{3kT}{m}}\,. \qquad (8\text{-}31)$$

Sie steigt mit $\sqrt{T}$, wie auch aus Bild 8-5 zu entnehmen ist.
Für den *Druck* eines idealen Gases bei der Teilchendichte $n$ ergibt sich aus (8-9) mit (8-28)

$$p = nkT\,. \qquad (8\text{-}32)$$

Unter der Einwirkung äußerer Kräfte wird der Gasdruck ortsabhängig, im Gravitationsfeld also höhenabhängig. Zur Berechnung werde eine vertikale Gassäule vom Querschnitt $A$ betrachtet (Bild 8-6).

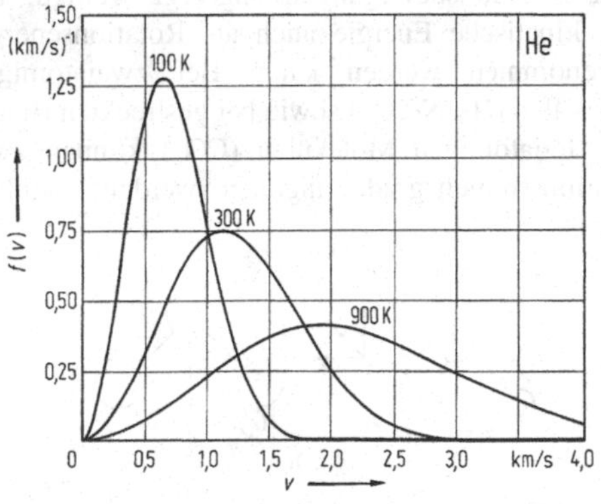


**Bild 8-5.** Maxwell'sche Geschwindigkeitsverteilungen für Helium bei $T = 100$, 300 und 900 K

Zwischen den Höhen $h$ und $h + dh$ entsteht eine Druckdifferenz $dp$, die gleich der an den Teilchen im Volumenelement $A dh$ angreifenden Kraft $nA dh\, mg$, dividiert durch die Querschnittsfläche $A$ ist:

$$dp = -\frac{nA\,dh\,mg}{A} = -nmg\,dh\,. \qquad (8\text{-}33)$$

Unter Beachtung von (8-32) folgt daraus

$$\frac{dp}{p} = -\frac{mg\,dh}{kT}\,. \qquad (8\text{-}34)$$

Die Integration unter der Annahme $T$ = const liefert

$$p = p_0\,e^{-\frac{mgh}{kT}} \quad \text{bzw.} \quad n = n_0\,e^{-\frac{mgh}{kT}}\,. \qquad (8\text{-}35)$$

Mit (8-32) und durch Einführen der Dichte (7-3)

$$\varrho = \frac{dm}{dV} = nm \qquad (8\text{-}36)$$

ergibt sich

$$\frac{m}{kT} = \frac{nm}{p} = \frac{\varrho}{p} = \frac{\varrho_0}{p_0}\,. \qquad (8\text{-}37)$$

Damit folgt aus (8-35) die *barometrische Höhenformel*

$$p = p_0 \cdot \exp(-h \cdot \varrho_0 g/p_0) = p_0 \cdot \exp(-h/H)\,. \qquad (8\text{-}38)$$

Die sog. Druckhöhe $H = p_0/(\varrho_0 g)$ wird für die Normatmosphäre mit $p_0 = p_n = 1013{,}25$ hPa, $\varrho_0 = \varrho_n = 1{,}225\,\text{kg/dm}^3$ und $g = g_n = 9{,}80665\,\text{m/s}^2$ (vgl. Tabelle 1-5) leicht gerundet zur international vereinbarten *Druckskalenhöhe* $H_{p_n} = p_n/(\varrho_n g_n) = 8434{,}5$ m. Bei etwa konstanter Temperatur ist demnach in 8 km Höhe der Luftdruck auf den e-ten Teil gefallen, (8-38) kann für nicht zu große Höhen

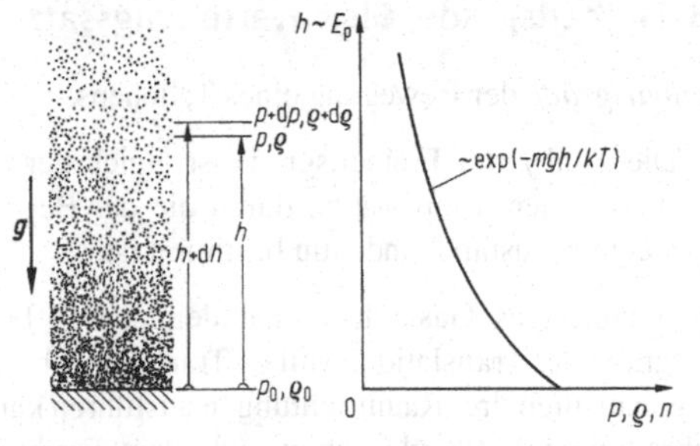


**Bild 8-6.** Ideales Gas im Schwerefeld (zur barometrischen Höhenformel)

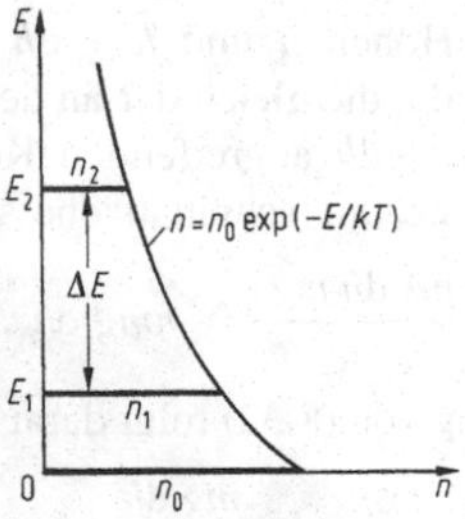


**Bild 8-7.** Zusammenhang zwischen Teilchenenergie und Teilchenzahldichte (zum Boltzmann'schen e-Satz)

zur näherungsweisen Höhenbestimmung aus dem Luftdruck benutzt werden.

Der Zähler im Exponenten von (8-35) stellt die potenzielle Energie $E_p = mgh$ der Teilchen im Erdfeld dar (4-17), sodass für die Teilchenzahldichte folgt (Bild 8-7)

$$n = n_0 e^{-\frac{E_p}{kT}} . \qquad (8\text{-}39)$$

Aus (8-39) folgt für das Verhältnis der Teilchenzahldichten bei Energien, die sich um $\Delta E = E_2 - E_1$ unterscheiden (Bild 8-7), der sog. *Boltzmann'sche e-Satz*

$$\frac{n_2}{n_1} = e^{-\frac{\Delta E}{kT}} . \qquad (8\text{-}40)$$

Dieses Gesetz stellt eine wichtige Beziehung von allgemeiner Gültigkeit für Vielteilchensysteme im thermischen Gleichgewicht ($T = \text{const}$) dar. Der Boltzmann-Faktor (rechte Seite von (8-40)) ist auch bereits im Maxwell'schen Geschwindigkeitsverteilungsgesetz (8-2) aufgetreten.

## 8.3 Freiheitsgrade, Gleichverteilungssatz

*Freiheitsgrade* der Bewegung eines Teilchens:

> Die Zahl $f$ der Freiheitsgrade ist gleich der Anzahl der Koordinaten, durch die der Bewegungszustand eindeutig bestimmt ist.

Ein einatomiges Gasmolekül hat demnach 3 Freiheitsgrade der Translation, weil es Translationsbewegungen in allen drei Raumrichtungen ausführen kann. Mehratomige Moleküle haben außerdem Freiheitsgrade der Rotation und der Schwingung.

In einem Vielteilchensystem, in dem keine Raumrichtung ausgezeichnet ist, ist die Geschwindigkeitsverteilung isotrop, und es gilt nach (8-6)

$$\overline{v_x^2} = \overline{v_y^2} = \overline{v_z^2} = \frac{1}{3}\overline{v^2} . \qquad (8\text{-}41)$$

Das lässt sich auf die Moleküle eines Gases übertragen. Nach Multiplikation mit $m/2$ folgt mit der mittleren kinetischen Energie pro Molekül (8-28) im thermischen Gleichgewicht

$$\frac{m}{2}\overline{v_x^2} = \frac{m}{2}\overline{v_y^2} = \frac{m}{2}\overline{v_z^2} = \frac{1}{3} \cdot \frac{m}{2}\overline{v^2} = \frac{1}{2}kT . \qquad (8\text{-}42)$$

Auf jede der drei möglichen Richtungen der Translationsbewegung eines Moleküls, d. h. auf jeden der drei Translationsfreiheitsgrade, entfällt danach im Mittel der Energiebetrag $kT/2$. Verallgemeinert wird dies im

*Gleichverteilungssatz* (Äquipartitionsprinzip):

> Auf jeden Freiheitsgrad eines Moleküls entfällt im Mittel die gleiche Energie: die mittlere Energie pro Freiheitsgrad und Molekül ist
>
> $$\bar{\varepsilon}_f = \frac{1}{2}kT , \qquad (8\text{-}43)$$
>
> die mittlere molare (innere) Energie pro Freiheitsgrad ist
>
> $$\bar{E}_{m,f} = \frac{1}{2}RT = U_{m,f} . \qquad (8\text{-}44)$$

Bei mehratomigen Molekülen können durch Stoß auch Rotationsbewegungen angeregt werden, sodass kinetische Energie auch als Rotationsenergie aufgenommen werden kann. Bei zweiatomigen Molekülen ($H_2, N_2, O_2$) sowie bei gestreckten (linearen) dreiatomigen Molekülen ($CO_2$) können zwei Rotationsfreiheitsgrade angeregt werden, nämlich

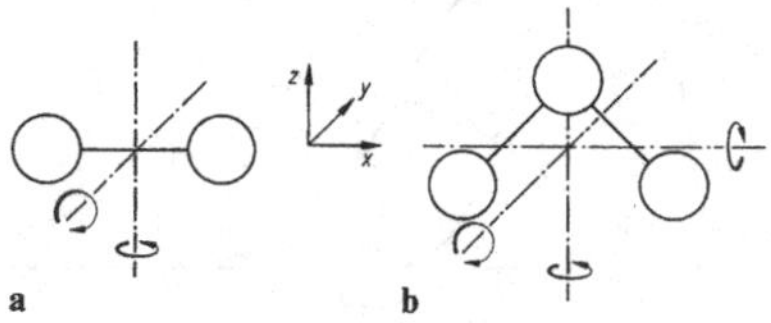


**Bild 8-8.** Rotationsfreiheitsgrade bei **a** zwei- und **b** dreiatomigen Molekülen

**Tabelle 8-3.** Zahl der anregbaren Freiheitsgrade. Die eingeklammerten Schwingungsfreiheitsgrade sind bei Raumtemperatur meist nicht angeregt

| Stoff | Freiheitsgrade | | | |
|---|---|---|---|---|
| | Translation | Rotation | Schwingung | Summe |
| Gas (einatomig) | 3 | – | – | 3 |
| Gas (zweiatomig) | 3 | 2 | (2) | 5 (7) |
| Gas (dreiatomig, gestreckt) | 3 | 2 | (8) | 5 (13) |
| Gas (dreiatomig, gewinkelt) | 3 | 3 | (6) | 6 (12) |
| Festkörper | – | – | 6 | 6 |

Rotationen um die beiden Symmetrieachsen senkrecht zur Molekülachse (Bild 8-8a). Eine Rotation um die Molekülachse ist durch Stoß nicht anregbar. Bei drei- und mehratomigen (nicht gestreckten) Molekülen sind alle drei möglichen Rotationsfreiheitsgrade anregbar (Bild 8-8b).

Schließlich können bei mehratomigen Molekülen durch Stoß auch Schwingungen angeregt werden, wobei je Fundamentalschwingung (Schwingungsmodus, vgl. 5.6) Energie in Form von kinetischer und potenzieller Energie aufgenommen werden kann, sodass je Fundamentalschwingung zwei Schwingungsfreiheitsgrade zu rechnen sind (für die eindeutige Festlegung des Bewegungszustandes bei der Schwingung sind zwei Angaben notwendig, z. B. Auslenkung und Geschwindigkeit; das ergibt zwei Freiheitsgrade). Die Zahl der Fundamentalschwingungen bei Molekülen ergibt sich ähnlich wie bei der Federkette (Bild 5-28), jedoch fallen einige Schwingungsmoden wegen der fehlenden Einspannung weg (Bild 8-9).

Bei Festkörpern haben die an ihre Ruhelagen gebundenen Atome allein die Möglichkeit der Schwingung in drei Raumrichtungen, sodass hier 6 Schwingungsfreiheitsgrade auftreten. Eine Übersicht über die Zahl der anregbaren Freiheitsgrade gibt Tabelle 8-3.

Nach dem Gleichverteilungssatz hängt demnach die molare innere Energie eines Gases von der Zahl $f$ der angeregten Freiheitsgrade ab:

$$U_{\mathrm{m}} = \frac{1}{2} fRT \,. \qquad (8\text{-}45)$$

Da sowohl der Rotationsdrehimpuls (und damit die Rotationsenergie) als auch die Schwingungsenergie

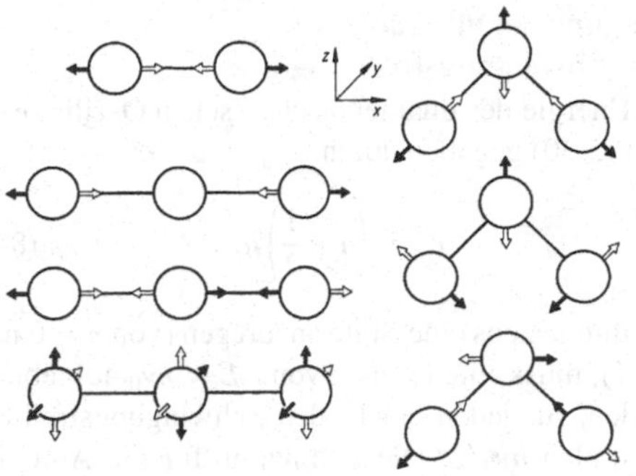


**Bild 8-9.** Schwingungsmoden zwei- und dreiatomiger Moleküle

gequantelt sind (vgl. 7.3 und 5.2.2), muss die mittlere thermische Energie pro Freiheitsgrad mindestens für die Anregung der ersten Quantenstufe der Rotations- bzw. Schwingungsenergie pro Freiheitsgrad ausreichen. Bei tieferen Temperaturen werden daher Schwingungs- und Rotationsfreiheitsgrade nicht angeregt.

Berechnung der Grenztemperaturen am Beispiel des Wasserstoffmoleküls:

### Anregung der Rotationsfreiheitsgrade

Die Rotationsenergie beträgt nach (7-8) mit (7-20)

$$E_{\mathrm{rot}} = \frac{1}{2} J\omega^2 = \frac{(J\omega)^2}{2J} = \frac{L^2}{2J} \,. \qquad (8\text{-}46)$$

Nach (7-25) ist der Drehimpuls $L$ in einer physikalisch ausgezeichneten Richtung $z$ durch $L_z = l\hbar$ ($l$ Drehimpuls-Quantenzahl) gegeben. Der kleinste mögliche Wert für den Drehimpuls (außer 0) ist derjenige für $l = 1$. Daraus folgt als Bedingung für die Anregung eines Rotationsfreiheitsgrades

$$\frac{1}{2} kT \geqq \frac{\hbar^2}{2J} \,, \qquad (8\text{-}47)$$

und die Grenztemperatur ergibt sich zu

$$T_{\mathrm{rot}} = \frac{\hbar^2}{kJ} \,. \qquad (8\text{-}48)$$

Die H-Atome im Wasserstoffmolekül haben den Abstand $r_0 = 77\,\mathrm{pm}$ und die Masse $m_{\mathrm{p}} = 1.67 \cdot 10^{-27}\,\mathrm{kg}$. Das Trägheitsmoment ist $J = m_{\mathrm{p}} r_0^2/2 = 4{,}95 \cdot 10^{-48}\,\mathrm{kg \cdot m^2}$. Damit folgt für die Grenztemperatur $T_{\mathrm{rot}} = 163\,\mathrm{K}$. Die Rotationsfreiheitsgrade sind demnach bei Zimmertemperatur angeregt.

### Anregung der Vibrations- oder Schwingungsfreiheitsgrade

Die Energie des quantenmechanischen Oszillators ist nach (5-30) gegeben durch

$$E_n = \left(n + \frac{1}{2}\right) h\nu_0 \,. \tag{8-49}$$

Um mindestens eine Stufe anzuregen (von $n = 0$ nach $n = 1$), muss eine Energie von $\Delta E = h\nu_0$ aufgebracht werden, für jeden der beiden Schwingungsfreiheitsgrade also $h\nu_0/2$. Die Bedingung für die Anregung der Schwingungsfreiheitsgrade lautet also

$$\frac{1}{2}kT \geqq \frac{h\nu_0}{2} \,. \tag{8-50}$$

Die Grenztemperatur ergibt sich daraus zu

$$T_{\text{vib}} = \frac{h\nu_0}{k} \,. \tag{8-51}$$

Experimentell findet man für das Wasserstoffmolekül $\Delta E \approx 0{,}3\,\text{eV}$, d. h., $\nu_0 = 73\,\text{THz}$. Aus (8-51) ergibt sich damit die Grenztemperatur $T_{\text{vib}} \sim 3500\,\text{K}$. Bei Zimmertemperatur sind daher die Schwingungsfreiheitsgrade (anders als die Rotationsfreiheitsgrade) bei Wasserstoff nicht angeregt.
Diese Grenztemperaturen bestimmen die Temperaturabhängigkeit der Wärmekapazität von Gasen, siehe 8.6. Die bei der Rotations- und Schwingungsanregung auftretenden Quanteneffekte treten grundsätzlich auch bei der Translation auf: Wegen der experimentell unvermeidlichen Beschränkung auf endliche Volumina ist auch die Translationsenergie gequantelt. Infolgedessen können auch die Translationszustände von Gasen bei sehr tiefen Temperaturen nicht mehr angeregt werden.

## 8.4 Reale Gase, tiefe Temperaturen

Zur Beschreibung des Phasenüberganges vom gasförmigen in den flüssigen Zustand und umgekehrt (Kondensation und Verdampfung) ist die Zustandsgleichung des idealen Gases (8-26) nicht geeignet, da sie Wechselwirkungskräfte zwischen den Molekülen nach der Definition des idealen Gases nicht berücksichtigt. Gerade diese bewirken jedoch die Bindung zwischen den Molekülen im flüssigen Zustand. Bei hoher Gasdichte, wie sie in der Nähe der Verflüssigungstemperatur herrscht, müssen daher die *Van-der-Waals-Kräfte* zwischen den Molekülen und ferner das Eigenvolumen der Moleküle in einer Zustandsgleichung realer Gase berücksichtigt werden. Interpretiert man das ideale Gasgesetz $p/RT = 1/V_\text{m}$ als 1. Näherung einer sogenannten *Virialentwicklung* der Form

$$\frac{p}{RT} = \frac{1}{V_\text{m}}\left[1 + \frac{B_1(T)}{V_\text{m}} + \frac{B_2(T)}{V_\text{m}^2} + \ldots\right] \tag{8-52}$$

für den Grenzfall sehr großer molarer Volumina $V_\text{m}$, so erhält man eine bessere Näherung für reale Gase unter Berücksichtigung von $B_1(T)$. Experimentell ergibt sich für die Temperaturabhängigkeit von $B_1$

$$B_1(T) = b - \frac{a}{RT} \,. \tag{8-53}$$

Eingesetzt in (8-52) ergibt sich unter Vernachlässigung höherer Glieder als eine in weiten Bereichen brauchbare *Zustandsgleichung für reale Gase* die *Van-der-Waals-Gleichung*

$$\left(p + \frac{a}{V_\text{m}^2}\right)(V_\text{m} - b) = RT \,, \tag{8-54}$$

bzw. für eine beliebige Stoffmenge $\nu$:

$$\left(p + \frac{a\nu^2}{V^2}\right)(V - \nu b) = \nu RT \,. \tag{8-55}$$

$a/V_\text{m}^2$ *Binnendruck* oder *Kohäsionsdruck*, berücksichtigt die Wechselwirkung der Moleküle und wirkt wie eine Vergrößerung des Außendrucks. Der Binnendruck ist proportional dem inversen Abstand und der Anzahl der benachbarten Moleküle und damit $\sim n^2$, also $\sim V_\text{m}^{-2}$, vgl. (8-54).

$b$ *Covolumen*, berücksichtigt das Eigenvolumen der Moleküle, das das freie Bewegungsvolumen der Gasmoleküle, etwa zwischen zwei Stößen, reduziert. Es stellt den unteren Grenzwert von $V_\text{m}$ bei hohem Druck dar (flüssiger Zustand). Bei kugelförmigen Teilchen mit dem Radius $r_\text{P}$ ist der Stoßradius $r_\text{S} = 2r_\text{P}$ (vgl. 9.1), das Stoßvolumen des stoßenden Teilchens also $V_\text{S} = 8\,V_\text{P}$, das des gestoßenen ist dann gleich 0 zu setzen. Im Mittel ist daher das Stoßvolumen gleich $4\,\text{V}_\text{P}$ und bezogen auf ein Mol

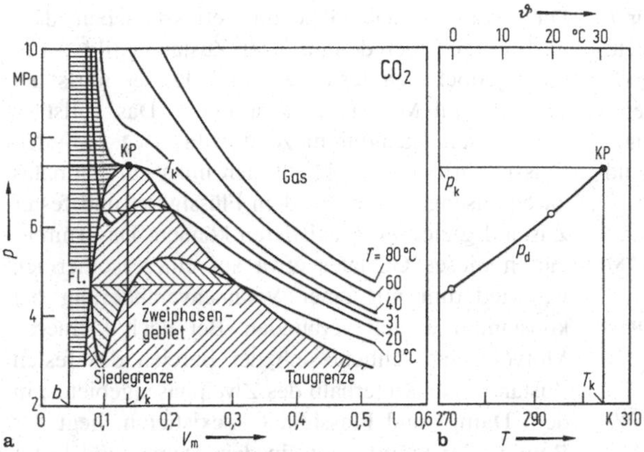


**Bild 8-10.** **a** Isothermen eines realen Gases ($CO_2$) im $p, V$-Diagramm, berechnet aus (8-54). **b** Dampfdruckkurve für das Zweiphasengebiet

$$b = 4 N_A \frac{4\pi r_P^3}{3} . \qquad (8\text{-}56)$$

Für hohe Temperaturen und große Molvolumina sind die Korrekturen vernachlässigbar und (8-54) geht in die Zustandsgleichung des idealen Gases (8-26) über. Die Isothermen eines Van-der-Waals-Gases im $p, V$-Diagramm sind in Bild 8-10 dargestellt.

Die zu höheren Temperaturen gehörenden Isothermen entsprechen erwartungsgemäß denen des idealen Gases (vgl. Bild 8-4). Unterhalb einer *kritischen Temperatur* $T_k$ bilden die Isothermen Maxima und Minima aus, zwischen denen der Kurvenverlauf eine Druckabnahme bei Volumenverringerung bedeuten würde. Derartige Zustandsänderungen treten jedoch nicht auf. Stattdessen werden innerhalb des in Bild 8-10a als *Zweiphasengebiet* gekennzeichneten Bereiches horizontale Geraden durchlaufen, d. h., der Druck bleibt bei Volumenverringerung (für $T$ = const) unverändert. Dies geschieht durch Kondensation eines Teils des Gases in den flüssigen Zustand, einsetzend an der Taugrenze (Bild 8-10a) und fortschreitend bis zur vollständigen Kondensation an der Siedegrenze. Dann steigt der Druck steil an, da Flüssigkeiten nur eine geringe Kompressibilität besitzen. Der Flüssigkeitsbereich links von der Siedegrenze ist zu kleinen Volumina hin durch das Covolumen $b$ begrenzt. Die Fläche unter einer Isotherme entspricht der Volumenarbeit $\int p\,dV$ (siehe 8.5.1) bei der Kompression. Die Lage der horizontalen Isothermenstücke regelt sich so, dass die Volumenarbeit bei der Kompression über das ganze Zweiphasengebiet hinweg dieselbe ist wie beim Durchlaufen der Kurve. Daraus folgt, dass die Flächenstücke im Zweiphasengebiet (Bild 8-10a) paarweise gleichen Flächeninhalt haben. Die gasförmige Phase unterhalb der kritischen Isotherme wird auch Dampf genannt. Oberhalb der kritischen Temperatur ist eine Verflüssigung allein durch Kompression bei konstanter Temperatur nicht möglich.

Der kritische Punkt KP (Bild 8-10a) ist durch einen Wendepunkt der kritischen Isotherme mit horizontaler Tangente gekennzeichnet. Die kritischen Größen $T_k, p_k, V_{m,k}$ lassen sich daher aus der Van-der-Waals-Gleichung (8-54) mittels der Bedingungen $dp/dV = 0$ und $d^2p/dV^2 = 0$ berechnen:

$$T_k = \frac{8a}{27Rb}$$

$$p_k = \frac{a}{27b^2}\,, \quad p_k V_{m,k} = \frac{3}{8} R T_k \qquad (8\text{-}57)$$

$$V_{m,k} = 3b\,.$$

Werte für die kritischen Größen und Van-der-Waals-Konstanten finden sich in Tabelle 8-4.

Innerhalb des Zweiphasengebietes ist im Gleichgewicht der *Sättigungsdampfdruck* $p_d$ allein eine Funktion der Temperatur. Die zugehörige *Dampfdruckkurve* ist in Bild 8-10b dargestellt. Ihr Verlauf lässt sich mittels eines Kreisprozesses (siehe 8.8) berechnen. Dazu werde zunächst 1 mol einer Flüssigkeit bei der Temperatur $T + dT$ und dem Sättigungsdampfdruck $p_d + dp_d$ verdampft, wobei sich das Volumen von $V_{m,l}$ auf $V_{m,g}$ vergrößert.

Anschließend wird der Dampf bei der Temperatur $T$ wieder kondensiert. Die dabei insgesamt geleistete Volumenarbeit $(V_{m,g} - V_{m,l})dp_d$ entspricht der schraffierten Fläche in Bild 8-11 und hängt mit der beim Verdampfen erforderlichen molaren Verdampfungsenthalpie $\Delta H_{m,lg}$ (vgl. 8.6.2) über den Wirkungsgrad des Carnot-Prozesses (siehe 8.9) zusammen:

$$\eta = \frac{(V_{m,g} - V_{m,l})dp_d}{\Delta H_{m,lg}} = \frac{dT}{T}. \quad (8\text{-}58)$$

Daraus folgt für den Anstieg der Dampfdruckkurve die *Clausius-Clapeyron'sche Gleichung*

$$\frac{dp_d}{dT} = \frac{\Delta H_{m,lg}}{(V_{m,g} - V_{m,l})T}. \quad (8\text{-}59)$$

Wird das vergleichsweise kleine Molvolumen der flüssigen Phase gegen das des Dampfes vernachlässigt, ebenso die Temperaturabhängigkeit der molaren Verdampfungswärme, und wird der gesättigte Dampf näherungsweise als ideales Gas behandelt, so folgt aus (8-59) durch Integration

$$p_d = C\exp\left(-\frac{\Delta H_{m,lg}}{RT}\right)$$

$$\text{mit} \quad C = p_k\exp\left(\frac{\Delta H_{m,lg}}{RT_k}\right). \quad (8\text{-}60)$$

Vorrichtungen, die in einem festen Volumen teilweise kondensierte Flüssigkeiten enthalten, und deren Dampfdruck mit einem angeschlossenen Manometer gemessen werden kann, werden als Dampfdruckthermometer zur Temperaturmessung verwendet (vgl. Tabelle 8-2).

Die Van-der-Waals-Gleichung erfasst neben dem gasförmigen auch den flüssigen Zustand (Bild 8-10), nicht jedoch den festen Zustand. Dieser muss bei sehr kleinen Molvolumina auftreten. Das vollständige Zustandsdiagramm zeigt Bild 8-12: An den Flüssigkeitsbereich schließt sich links ein schmales Zweiphasengebiet an, in dem Flüssigkeit und fester Zustand gleichzeitig existieren können. Das Durchlaufen dieses Gebietes etwa auf einer Isothermen ist wiederum mit einer Volumenveränderung bei konstantem Druck verbunden. Bei noch kleineren Molvolumina schließt sich der Bereich des festen Zustandes an. Unterhalb des Zweiphasengebietes, in dem Dampf und Flüssigkeit koexistieren, liegt der Bereich der Sublimation, in dem Dampf und fester Zustand koexistieren. Beide sind durch die Tripellinie getrennt. An dieser Linie im $p,V$-Diagramm können alle drei Phasen (fest, flüssig, gasförmig) gleichzeitig existieren. Im $p,T$-Diagramm entspricht dem ein einziger Punkt, der *Tripelpunkt*. Der Tripelpunkt von reinen Substanzen wird gern als Temperaturfixpunkt benutzt, da er genau definiert ist und sich wegen der mit Phasenänderungen verbundenen Umwandlungsenthalpien (siehe 8.6.2) experimentell leicht über längere Zeit halten lässt.

Die *Verflüssigung* ist bei Gasen, deren kritische Temperatur oberhalb der Raumtemperatur liegt (z. B. $CO_2$ oder $H_2O$, vgl. Tabelle 8-4), allein durch Kompression möglich. Gase mit kritischen Temperaturen unterhalb der Raumtemperatur (z. B. Luft,

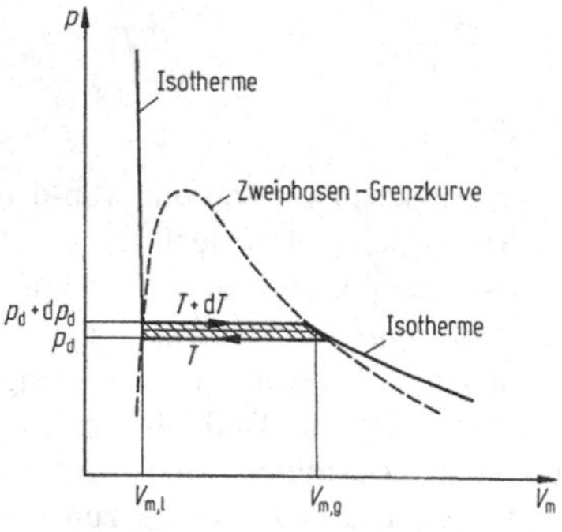


**Bild 8-11.** Carnot-Prozess mit einer verdampfenden Flüssigkeit als Arbeitssubstanz (zur Clausius-Clapeyron-Gleichung)

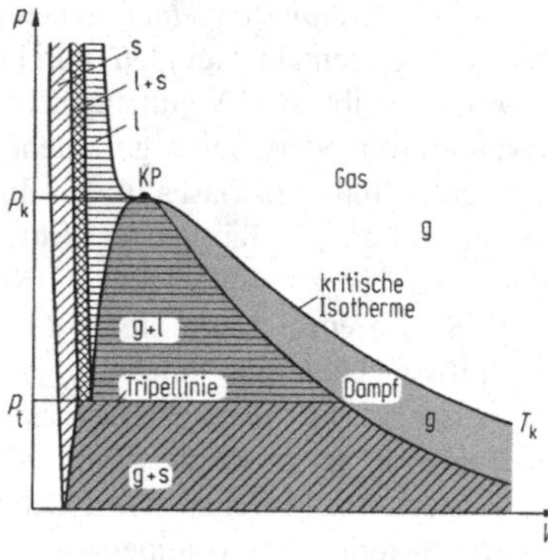


**Bild 8-12.** Vollständiges Zustandsdiagramm einer realen Substanz (nicht maßstabsgerecht). s fester, l flüssiger, g gasförmiger Zustand

**Tabelle 8-4.** Van-der-Waals-Konstanten, kritische Temperatur und kritischer Druck

| | $a$ Pa · m$^6$/mol$^2$ | $b$ cm$^3$/mol | $T_k$ K | $P_k$ MPa |
|---|---|---|---|---|
| Ammoniak | 0,423 | 37,1 | 405,5 | 11,35 |
| Argon | 0,136 | 32,0 | 150,9 | 4,90 |
| Butan | 1,39 | 116,4 | 425,1 | 3,80 |
| Chlor | 0,634 | 54,2 | 416,9 | 7,99 |
| Ethan | 0,558 | 65,1 | 305,3 | 4,87 |
| Helium | 0,00346 | 23,8 | 5,19 | 0,227 |
| Kohlendioxid | 0,366 | 42,9 | 304,1 | 7,38 |
| Krypton | 0,519 | 10,6 | 209,4 | 5,50 |
| Luft | | | 132,5 | 3,77 |
| Methan | 0,230 | 43,1 | 190,6 | 4,50 |
| Neon | 0,0208 | 16,7 | 44,4 | 2,76 |
| Propan | 0,0939 | 90,5 | 369,8 | 4,25 |
| Sauerstoff | 0,138 | 31,9 | 154,6 | 5,04 |
| Schwefeldioxid | 0,686 | 56,8 | 430,8 | 7,88 |
| Stickstoff | 0,137 | 38,7 | 126,2 | 3,39 |
| Wasserstoff | 0,0245 | 26,5 | 32,97 | 1,29 |
| Wasserdampf | 0,5537 | 30,5 | 647,1 | 22,06 |
| Xenon | 0,419 | 51,6 | 289,7 | 5,84 |

$H_2$, He, vgl. Tabelle 8-4) müssen jedoch zunächst unter die kritische Temperatur abgekühlt werden. Dies kann z. B. durch adiabatische Entspannung unter Arbeitsleistung geschehen (siehe 8.7; auch bei idealen Gasen möglich) oder durch adiabatische gedrosselte Entspannung.

*Joule-Thomson-Effekt.* Hierbei handelt es sich um die adiabatische (d. h. wärmeaustauschfreie, siehe 8.7), gedrosselte Entspannung eines realen Gases bei der Strömung durch eine Drosselstelle in einer Anordnung z. B. nach Bild 8-13. Mittels langsam bewegter Kolben wird links der Druck $p_1$ und rechts der Druck $p_2 < p_1$ aufrecht erhalten. Dabei strömt Gas durch

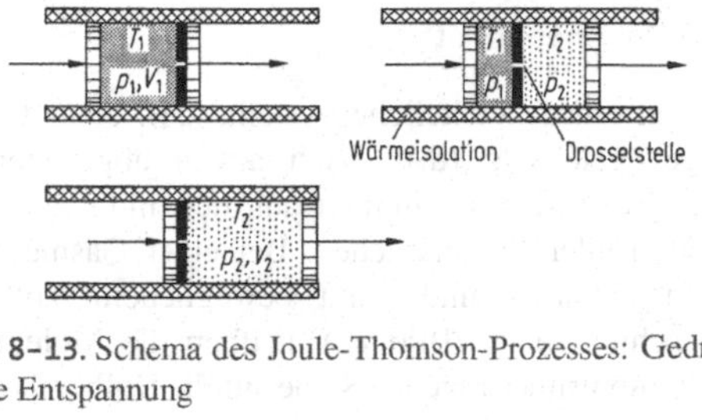


**Bild 8-13.** Schema des Joule-Thomson-Prozesses: Gedrosselte Entspannung

die Drosselstelle von der linken in die rechte Kammer und ändert dabei sein Volumen von $V_1$ auf $V_2 > V_1$. Bei diesem Vorgang bleibt die Enthalpie $H = U + pV$ (vgl. F, C 8.2; $U$ innere Energie, siehe 8.5) konstant. Bei idealen Gasen sind innere Energie $U$ nach (8-30) und $pV$ aufgrund der Gasgleichung (8-26) allein von der Temperatur abhängig, damit auch die Enthalpie. Bei idealen Gasen ändert sich daher die Temperatur für $H$ = const nicht. Bei realen Gasen ist dagegen die innere Energie volumen- bzw. druckabhängig. Bei der gedrosselten Entspannung ($\Delta p < 0$) ist wegen der damit verbundenen Abstandsvergrößerung zwischen den Molekülen Arbeit gegen die zwischenmolekularen Kräfte bzw. gegen den Binnendruck zu verrichten: die mittlere kinetische Energie sinkt. Die eintretende Temperaturerniedrigung $\Delta T < 0$ (Joule-Thomson-Effekt) beträgt für kleine Druckunterschiede $\Delta p$ in erster Näherung

$$\frac{\Delta T}{\Delta p} \approx \frac{1}{C_{mp}}\left(\frac{2a}{RT} - b\right) . \tag{8-61}$$

$C_{mp}$ ist die molare Wärmekapazität bei konstantem Druck (vgl. 8.6.1). Bei Temperaturen oberhalb der aus

(8-61) folgenden *Inversionstemperatur*, für die sich mit (8-57) ergibt

$$T_{\text{inv}} = \frac{2a}{Rb} = \frac{27}{4} T_{\text{k}} = 6{,}75\, T_k\,, \tag{8-62}$$

überwiegt in (8-61) der Einfluss des Covolumens $b$, d. h., abstoßende Kräfte dominieren. Dann steigt die innere Energie bei der gedrosselten Entspannung, die Temperatur wird höher. Unterhalb der Inversionstemperatur ist der Joule-Thomson-Effekt positiv, es tritt Abkühlung auf.

*Linde'sches Gegenstromverfahren* zur Luftverflüssigung: Wird hochkomprimierte Luft (z. B. $p = 200\,\text{bar} = 20\,\text{MPa}$) durch ein Drosselventil entspannt (auf z. B. 20 bar), und die durch den Joule-Thomson-Effekt abgekühlte Luft ($\Delta T = -45\,\text{K}$) zur Vorkühlung der Hochdruckluft verwendet (Gegenstromkühlung), so führt dies bei fortgesetztem Kreislauf zu einer sukzessiven Absenkung der Temperatur bis zur Verflüssigung (Bild 8-14). Die rückströmende, entspannte Luft wird jeweils erneut komprimiert und muss wegen der dabei auftretenden Erwärmung vorgekühlt werden.

Tabelle 8-5 enthält die Siedetemperaturen einiger für die Tieftemperaturtechnik (Kryotechnik) wichtiger Gase.

Tiefere Temperaturen lassen sich durch Verflüssigung z. B. von Helium erreichen ($^4$He: $T_{\text{lg}} = 4{,}2\,\text{K}$, vgl. Tabelle 8-5). Wegen der niedrigen Inversionstemperatur von $^4$He von 47 K reicht jedoch die Vorkühlung des komprimierten Gases selbst mit flüssigem Stickstoff ($T_{\text{lg}} = 77{,}4\,\text{K}$) nicht aus. Es muss daher durch

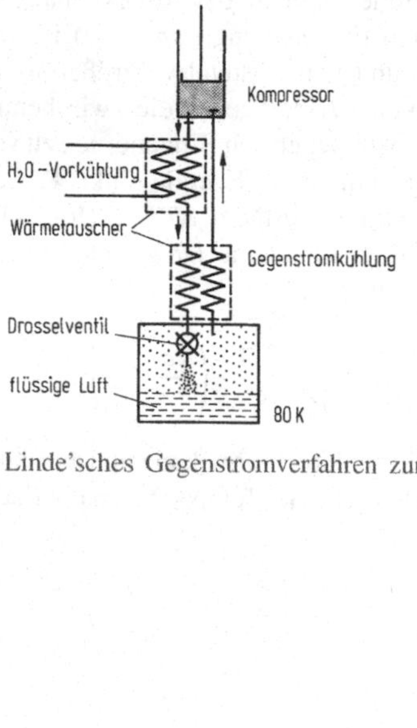


**Bild 8-14.** Linde'sches Gegenstromverfahren zur Luftverflüssigung

**Tabelle 8-5.** Siedetemperatur kryogener Flüssigkeiten bei Normdruck $p_{\text{n}} = 101\,325\,\text{Pa}$

| | $\vartheta_{\text{lg}}$ in °C | $T_{\text{lg}}$ in K |
|---|---|---|
| Helium ($^4$He) | – 268,9279 | 4,2221 |
| Wasserstoff | – 252,87 | 20,28 |
| Neon | – 246,08 | 27,07 |
| Stickstoff | – 195,80 | 77,35 |
| Sauerstoff | – 182,962 | 90,188 |
| Luft | – 194,48 | 78,67 |

adiabatische Expansion des vorgekühlten Gases unter Arbeitsleistung (siehe 8.7) in einer Expansionsmaschine eine weitere Abkühlung bewirkt werden, ehe die Joule-Thomson-Entspannung nach Gegenstromvorkühlung gemäß Bild 8-14 zur Verflüssigung führt. Weitere Ausführungen und Daten über reale Gase finden sich in C 5.2 und F 2.1.3.

## 8.5 Energieaustausch bei Vielteilchensystemen

In 6.2.1 ist der Energieerhaltungssatz für den Fall formuliert, dass ein Vielteilchensystem Energie mit der Umgebung austauscht, z. B. durch äußere Arbeit $W$. Dabei ändert sich die Eigenenergie gemäß (6-26) um

$$\Delta U = U_2 - U_1 = W\,, \tag{8-63}$$

wenn sonst kein weiterer Energieaustausch (z. B. als Wärme, siehe 8.5.2) stattfindet. Die Schwerpunktbewegung des Teilchensystems möge vernachlässigbar sein. Die Eigenenergie $U$ ist dann identisch mit der inneren Energie $U_{\text{int}}$. Für $U$ wird daher im Weiteren die üblichere Bezeichnung innere Energie benutzt.

Vorzeichenfestlegung: Dem Teilchensystem zugeführte Energien (z. B. Arbeit und Wärme) werden positiv gerechnet.

### 8.5.1 Volumenarbeit

Die von einem Vielteilchensystem, z. B. einer Gasmenge, geleistete (d. h. nach außen abgegebene) Arbeit setzt sich zusammen aus den individuellen Arbeiten aller Einzelteilchen. Bei einer Gasmenge, die in einem Zylinder mit beweglichem Kolben eingeschlossen ist (Bild 8-15), üben die Moleküle durch impulsübertragende Stöße auf die Kolbenfläche

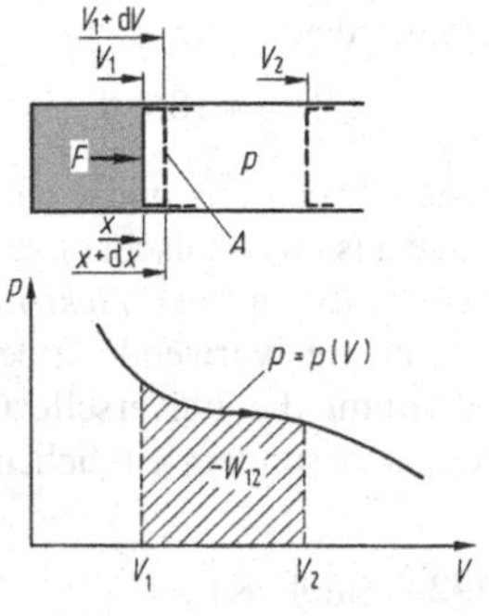


**Bild 8-15.** Volumenarbeit bei Expansion einer Gasmenge

$A$ eine mittlere Normalkraft $F = pA$ aus ($p$ Druck). Folgt der Kolben der Kraft (dazu muss die durch den Außendruck bedingte Gegenkraft nur differenziell kleiner sein), so lässt sich die dabei abgegebene Arbeit $-\mathrm{d}W$ aus der Kolbenversetzung $\mathrm{d}x$ berechnen (Bild 8-15):

$$-\mathrm{d}W = F\,\mathrm{d}x = pA\,\mathrm{d}x = p\,\mathrm{d}V\,,$$
$$-\mathrm{d}W = p\,\mathrm{d}V \quad \text{differenzielle Volumenarbeit}\,. \qquad (8\text{-}64)$$

Erfolgt die Expansion von einem Anfangsvolumen $V_1$ auf das Endvolumen $V_2$, so beträgt die dabei nach außen geleistete Volumenarbeit

$$-W_{12} = \int_{V_1}^{V_2} p\,\mathrm{d}V\,. \qquad (8\text{-}65)$$

Sie entspricht im $p,V$-Diagramm (Bild 8-15) der Fläche unter der Kurve $p = p(V)$, deren Verlauf von der Prozessführung abhängt und zur Berechnung des Integrals in (8-65) bekannt sein muss.

Volumenarbeiten bei der Expansion einer Stoffmenge $\nu$ eines idealen Gases für verschiedene Prozessführungen:

Volumenarbeit bei *isobarer Expansion*:
Ein isobarer Prozess erfolgt bei konstantem Druck $p = \text{const}$ (Bild 8-16). Aus (8-65) folgt dann

$$-W_{12} = p(V_2 - V_1) = p\Delta V\,. \qquad (8\text{-}66)$$

Volumenarbeit bei *isothermer Expansion*:
Ein isothermer Prozess erfolgt bei konstanter Temperatur $T = \text{const}$ (Bild 8-16). Mit der Zustandsgleichung des idealen Gases (8-26) folgt aus (8-65)

$$-W_{12} = \nu RT\,\ln\frac{V_2}{V_1}\,. \qquad (8\text{-}67)$$

Volumenarbeit bei *adiabatischer Expansion*:
Bei einem adiabatischen Prozess wird außer Arbeit keine andere Energieform mit der Umgebung ausgetauscht (insbesondere keine Wärme, siehe 8.5.2). Für diesen Fall gilt der Energiesatz in der Form (8-63), und mit der inneren Energie (8-30) des idealen (einatomigen) Gases folgt

$$-W_{12} = -\Delta U = U_1 - U_2 = \frac{3}{2}\nu R(T_1 - T_2)\,. \qquad (8\text{-}68)$$

Für mehratomige Gase muss der Faktor $3R/2$ nach 8.6.1 durch die dann geltende molare Wärmekapazität $C_{\mathrm{m}V}$ ersetzt werden:

$$-W_{12} = \nu C_{\mathrm{m}V}(T_1 - T_2)\,. \qquad (8\text{-}69)$$

*Bemerkung*: Gleichung (8-68) lässt sich auch durch direkte Berechnung des Arbeitsintegrals (8-65) mithilfe der Funktion $p = p(V)$ für die adiabatische Zustandsänderung (Bild 8-16)

$$pV^\gamma = \text{const} \qquad (8\text{-}70)$$
$$\text{mit} \quad \gamma = C_{\mathrm{m}p}/C_{\mathrm{m}V}: \text{Adiabatenexponent}$$

(Adiabatengleichung, siehe 8.7) gewinnen. $C_{\mathrm{m}p}$, $C_{\mathrm{m}V}$: Molare Wärmekapazität bei konstantem Druck bzw. bei konstantem Volumen (vgl. 8.6.1).

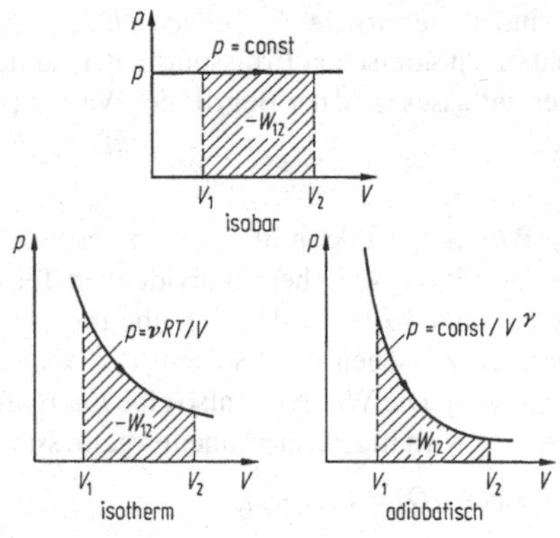


**Bild 8-16.** Isobare, isotherme und adiabatische Expansion im $p,V$-Diagramm

Bei der isobaren und bei der isothermen Expansion gilt der Energiesatz in der Form (8-63) nicht, da bei diesen Prozessführungen auch Wärme ausgetauscht werden muss (vgl. 8.7).

### 8.5.2 Wärme

Ein Energieaustausch zwischen einem Vielteilchensystem und seiner Umgebung, etwa zwischen einer Gasmenge und der einschließenden Zylinderwand (Bild 8-15), kann auch dann stattfinden, wenn z. B. das Verschieben eines beweglichen Kolbens und dadurch geleistete Volumenarbeit nicht möglich sind: So können z. B. Stöße von Gasmolekülen auf die Wand Schwingungen von Wandatomen anregen, wobei die Gasmoleküle kinetische Energie (d. h. innere Energie) verlieren. Umgekehrt können Gasmoleküle bei der Reflexion an der Wand von schwingenden Wandatomen auch kinetische Energie aufnehmen, wobei die Schwingungsenergie der Wandatome abnimmt. Es findet daher ein Energieaustausch in beiden Richtungen durch die Systemgrenzfläche statt. Da die Temperatur eines Gases durch dessen innere Energie, d. h. durch die kinetische Energie der statistisch ungeordneten Bewegung der Gasmoleküle, bestimmt ist (siehe 8.2), und Entsprechendes für die Schwingungsenergie der Festkörperatome gilt (siehe 8.3 u. 8.6), ändern sich die Temperaturen von Teilchensystem und Umgebung, wenn die mittleren Energieströme in beiden Richtungen verschieden sind. Bei gleicher Temperatur von System und Umgebung sind die Energieströme in beiden Richtungen gleich und der resultierende Energiefluss verschwindet: *thermisches Gleichgewicht.*
Zur phänomenologischen Erfassung des resultierenden Energieflusses wird der Begriff der Wärme $Q$ eingeführt:

> Die *Wärme* $Q$ ist der mittlere Wert der Summe der mikroskopischen, individuellen Teilchenarbeiten bzw. der dadurch übertragenen Energien zwischen dem System und seiner Umgebung. Die Wärme ist also eine *Energieform* und wird in Energieeinheiten gemessen.
>
> SI-Einheit: $[Q]$ = J (Joule).

Für die Wärme wurde früher als besondere Einheit die Kalorie (cal) verwendet (Definition siehe 8.6). Der Zusammenhang mit dem Joule

$$1\ \text{cal} = 4{,}1868\ \text{J} \qquad (8\text{-}71)$$

wurde experimentell bestimmt und je nach Erzeugung der Wärmemenge aus mechanischer oder elektrischer Energie das *mechanische* oder *elektrische Wärmeäquivalent* genannt. Bei Verwendung der Kalorie als Energieeinheit nimmt die universelle Gaskonstante (vgl. (8-25)) einen besonders einfachen Zahlenwert an:

$$\begin{aligned} R &= 8{,}314472\ \text{J}/(\text{mol}\cdot\text{K}) \\ &= 1{,}99\ \text{cal}/(\text{mol}\cdot\text{K}) \approx 2\ \text{cal}/(\text{mol}\cdot\text{K})\,. \end{aligned} \qquad (8\text{-}72)$$

### 8.5.3 Energieerhaltungssatz für Vielteilchensysteme

Der Energieaustausch eines Vielteilchensystems mit seiner Umgebung kann nach 8.5.1 und 8.5.2 u. a. durch (am oder vom System verrichtete) Arbeit (z. B. Volumenarbeit) und durch (Aufnahme oder Abgabe von) Wärme geschehen. Beide Energieformen führen beim Austausch zu einer Änderung der inneren Energie des Systems und müssen bei der Formulierung des Energieerhaltungssatzes berücksichtigt werden. Gleichung (6-26) bzw. (8-63) muss daher ergänzt werden: Zufuhr von Arbeit $W$ oder Wärme $Q$ führen zu einer Erhöhung der inneren Energie des Systems um $\Delta U = U_2 - U_1$ (Bild 8-17). Das ist der Inhalt des

> *1. Hauptsatzes der Thermodynamik*
>
> $$\Delta U = Q + W\,. \qquad (8\text{-}73)$$
>
> Ein abgeschlossenes thermodynamisches System enthält eine bestimmte, zeitlich unveränderliche innere Energie $U$, die den thermodynamischen Zustand des Systems eindeutig kennzeichnet. $U$ ändert sich nur dann, wenn dem System von außen Energie in Form von Wärme $Q$ oder Arbeit $W$ zugeführt wird.

Zur inneren Energie tragen im allgemeinen Falle noch weitere Energieformen bei, die einem thermodynamischen System zugeführt werden können, so die elektrische, die magnetische, die chemische und sonstige Energieformen.
Differenzielle Form des 1. Hauptsatzes:

$$\mathrm{d}U = \delta Q + \delta W\,. \qquad (8\text{-}74)$$

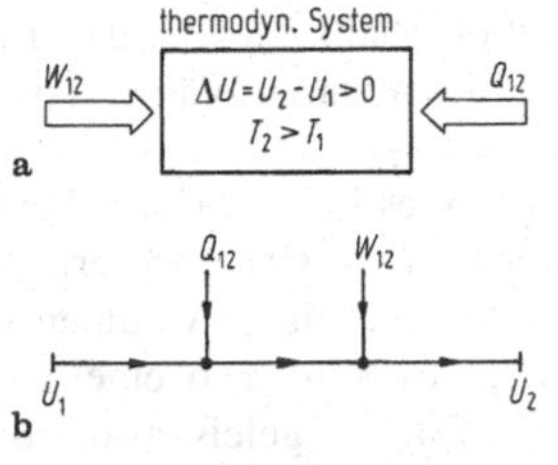


**Bild 8-17.** Zum 1. Hauptsatz der Thermodynamik: **a** Vorzeichenvereinbarung und **b** Energieflussdiagramm

*Bemerkung:* $Q$ und $W$ sind keine Zustandsgrößen des Systems, die differenziellen Größen $\delta Q$ und $\delta W$ für sich genommen sind daher keine totalen Differenziale. Deshalb wird statt des gewöhnlichen Differenzialzeichens das Zeichen $\delta$ verwendet.
Wenn man beachtet, dass z. B. gemäß (8-30) die innere Energie eines abgeschlossenen Systems beschränkt ist, kann der 1. Hauptsatz auch als Unmöglichkeitsaussage formuliert werden:

> Es ist unmöglich, ein Perpetuum mobile erster Art, d. h. eine periodisch arbeitende Maschine, die ohne Energiezufuhr permanent Arbeit verrichtet, zu konstruieren.

## 8.6 Wärmemengen bei thermodynamischen Prozessen

Thermodynamische Prozesse (Zustandsänderungen) sind mit dem Austausch von Wärme zwischen dem betrachteten System und seiner Umgebung verbunden (außer beim adiabatischen Prozess, siehe 8.7). Hier sollen Wärmemengen betrachtet werden, die zur Änderung der Temperatur eines betrachteten Systems erforderlich sind (Wärmekapazitäten), oder zur Änderung des Aggregatzustandes oder auch des kristallinen Ordnungszustandes bei Festkörpern (Umwandlungswärmen oder auch Umwandlungsenthalpien).

### 8.6.1 Spezifische und molare Wärmekapazitäten

Die zur Erhöhung der Temperatur eines Körpers zuzuführende Wärme $Q$ ist proportional zu dessen Masse $m$ und zu der zu erzielenden Temperaturdifferenz $\Delta T$:

$$Q = cm\,\Delta T \quad \text{bzw.} \quad \delta Q = cm\,\mathrm{d}T\,. \tag{8-75}$$

Hierin ist $c$ die spezifische Wärmekapazität

$$c = \frac{1}{m} \cdot \frac{\delta Q}{\mathrm{d}T}\,. \tag{8-76}$$

$$\text{SI-Einheit: } [c] = \mathrm{J/(kg \cdot K)}\,.$$

Die bis 1977 für die Wärmemenge zugelassene Einheit Kalorie (cal) war dadurch definiert, dass für Wasser von $\vartheta = 15\,°\mathrm{C}$ die spezifische Wärmekapazität $c = 1\,\mathrm{cal/(g \cdot K)} = 1\,\mathrm{kcal/(kg \cdot K)}$ gesetzt wurde. Umrechnung siehe (8-71).
Die auf das Mol einer Substanz bezogene Wärmekapazität ist die *molare Wärmekapazität*

$$C_\mathrm{m} = \frac{1}{\nu} \cdot \frac{\delta Q}{\mathrm{d}T}\,. \tag{8-77}$$

$$\text{SI-Einheit: } [C_\mathrm{m}] = \mathrm{J/(mol \cdot K)}\,.$$

Der Zusammenhang zwischen beiden Wärmekapazitäten ergibt sich aus (8-76) und (8-77) zu

$$C_\mathrm{m} = \frac{m}{\nu} c\,. \tag{8-78}$$

Wärmemischung: Werden zwei Körper von verschiedener Temperatur in Berührung gebracht, so erfolgt ein Wärmeaustausch, wobei die Temperaturdifferenz verschwindet und sich eine gemeinsame Mischungstemperatur $T_\mathrm{x}$ einstellt. Für die abgegebene bzw. aufgenommene Wärmemenge gilt die Richmann'sche Mischungsregel

$$c_1 m_1 (T_1 - T_\mathrm{x}) = c_2 m_2 (T_\mathrm{x} - T_2)\,, \tag{8-79}$$

bzw. für $n$ Körper

$$\sum_{i=1}^{n} c_i m_i T_i = T_\mathrm{x} \sum_{i=1}^{n} c_i m_i\,. \tag{8-80}$$

Diese Mischungsregeln können zur Bestimmung unbekannter spezifischer Wärmekapazitäten von Körpern mithilfe von Kalorimetern angewendet werden. Als zweite Substanz von bekannter spezifischer Wärmekapazität wird meist Wasser verwendet.
Bei Festkörpern und Flüssigkeiten sind die spezifischen und die molaren Wärmekapazitäten (Tabelle 8-6) nur wenig von den Zustandsgrößen Volumen, Druck und Temperatur abhängig. Allgemein gilt das nicht, da nach dem 1. Hauptsatz (8-74) die für

eine bestimmte Temperaturerhöhung erforderliche Wärmemenge von der Prozessführung abhängt:

$$\frac{\delta Q}{dT} = \frac{dU}{dT} - \frac{\delta W}{dT} . \quad (8\text{-}81)$$

Der Wert von $\delta Q/dT$ bzw. von $c$ und $C_m$ (8-76) und (8-77) hängt also davon ab, ob bei der Erwärmung Arbeit *nach außen* abgegeben wird, z. B. durch Volumenausdehnung (Volumenarbeit (8-64)). Bei Festkörpern und Flüssigkeiten ist diese gering.

*Molare Wärmekapazitäten von Gasen*:
Die Erwärmung eines Gases bei konstantem Volumen (isochorer Prozess, siehe 8.7) erfolgt wegen $dV = 0$ ohne Volumenarbeit, sodass der 1. Hauptsatz (8-74) sich zu $\delta Q = dU$ reduziert. Aus (8-77) folgt daher für die molare Wärmekapazität bei konstantem Volumen

$$C_{mV} = \frac{1}{\nu}\left(\frac{\delta Q}{dT}\right)_V = \frac{1}{\nu} \cdot \frac{dU}{dT} . \quad (8\text{-}82)$$

Mit (8-45) folgt daraus bei $f$ angeregten Freiheitsgraden

$$C_{mV} = f\frac{R}{2} . \quad (8\text{-}83)$$

Nach Tabelle 8-3 sind für einatomige Gase $f = 3$ Freiheitsgrade der Translation angeregt, d. h. theoretisch, $C_{mV} = 3R/2 = 12{,}47\ldots \mathrm{J/(mol \cdot K)}$.
Für zweiatomige Gase sind bei Zimmertemperatur zwei Freiheitsgrade der Rotation zusätzlich angeregt, sodass hier $f = 5$ und theoretisch $C_{mV} = 5R/2 = 20{,}78\ldots \mathrm{J/(mol \cdot K)}$ sind (vgl. Tabelle 8.7). Bei Wasserstoff ($H_2$) zum Beispiel werden die Rotationsfreiheitsgrade nach (8-48) oberhalb $T_{rot} \approx 163\,\mathrm{K}$ angeregt, die beiden Schwingungsfreiheitsgrade

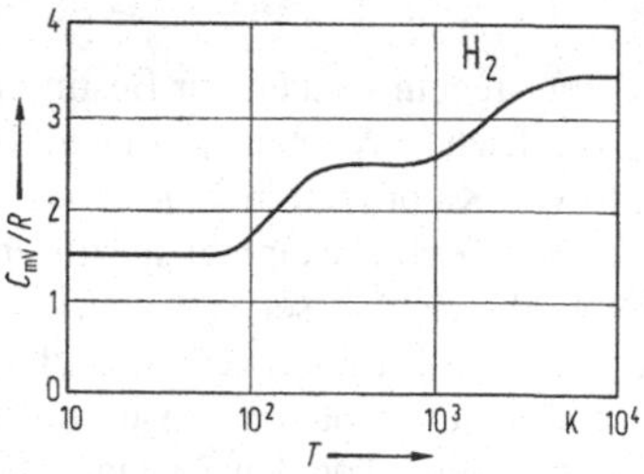


**Bild 8-18.** Temperaturabhängigkeit der molaren Wärmekapazität $C_{mV}$ von Wasserstoff

nach (8-51) erst oberhalb $T_{vib} \approx 3500\,\mathrm{K}$. Daraus ergibt sich der Verlauf der molaren Wärmekapazität mit der Temperatur in Bild 8-18.
Die Erwärmung eines idealen Gases bei konstantem Druck (isobarer Prozess, siehe 8.5) erfolgt nach dem Gasgesetz (8-26) mit einer Volumenvergrößerung $dV = \nu R\, dT/p$, es wird also eine Volumenarbeit $-dW = p\,dV = \nu R\, dT$ geleistet, die durch erhöhte Wärmezufuhr aufgebracht werden muss. Der 1. Hauptsatz (8-74) lautet damit

$$dQ = dU + \nu R\, dT \quad \text{für} \quad p = \text{const} . \quad (8\text{-}84)$$

Aus (8-77) folgt dann mit (8-82) die molare Wärmekapazität bei konstantem Druck

$$C_{mp} = \frac{1}{\nu}\left(\frac{\delta Q}{dT}\right)_p = C_{mV} + R \quad (8\text{-}85)$$

$$\text{und} \quad C_{mp} - C_{mV} = R . \quad (8\text{-}86)$$

Mit (8-83) ergibt sich für $f$ angeregte Freiheitsgrade

$$C_{mp} = (f+2)\frac{R}{2} . \quad (8\text{-}87)$$

Für einatomige Gase ($f=3$) ist demnach $C_{mp} = 5R/2 = 20{,}78\ldots \mathrm{J/(mol \cdot K)}$ und für zweiatomige Gase ($f = 5$) der Wert $C_{mp} = 7R/2 = 29{,}1\ldots \mathrm{J/(mol \cdot K)}$ (vgl. Tabelle 8-7).
Das Verhältnis $C_{mp}/C_{mV}$ wird *Adiabatenexponent* genannt (vgl. 8.7):

$$\frac{C_{mp}}{C_{mV}} = \gamma . \quad (8\text{-}88)$$

*Molare Wärmekapazitäten von Festkörpern*:
Bei Festkörpern kann sich die Temperaturbewegung nicht als Translations- oder Rotationsbewegung, sondern nur in Form von Schwingungen der gebundenen Atome äußern. Nach 8.3 (Tabelle 8-3) ergeben sich für die drei linear unabhängigen Schwingungsrichtungen $f = 6$ Schwingungsfreiheitsgrade. Da sich Festkörper bei Erwärmung nur wenig ausdehnen, gilt ferner $C_{mp} \approx C_{mV} = C_m$. Aus (8-83) folgt daher für die molare Wärmekapazität einatomiger Festkörper (Atomwärme) die experimentell gefundene Regel von *Dulong-Petit*:

$$C_m \approx 3R = 24{,}94\,\mathrm{J/(mol \cdot K)} \approx 6\,\mathrm{cal/(mol \cdot K)} , \quad (8\text{-}89)$$

**Tabelle 8-6.** Spezifische Wärmekapazität $c$ und molare Wärmekapazität $C_m$ einiger fester und flüssiger Stoffe bei 20 °C

| Stoff | $c$ $\frac{kJ}{kg \cdot K}$ | $C_m$ $\frac{J}{mol \cdot K}$ |
|---|---|---|
| *Feste Stoffe*: | | |
| Aluminium | 0,897 | 24,4 |
| Beryllium | 1,825 | 16,5 |
| Beton | 0,84 | |
| Blei | 0,129 | 26,85 |
| Diamant | 0,502 | 6,03 |
| Graphit | 0,708 | 8,50 |
| Eis (0 °C) | 2,1 | 37,7 |
| Eisen | 0,449 | 25,15 |
| Fette | 2 | |
| Glas, Flint- | 0,481 | |
| Glas, Kron- | 0,666 | |
| Gold | 0,129 | 25,4 |
| Grauguss | 0,540 | |
| Kupfer | 0,385 | 24,3 |
| Marmor | ≈ 0,80 | |
| Messing | 0,385 | |
| Natriumchlorid | 0,867 | 50,7 |
| Nickel | 0,444 | 26,3 |
| Platin | 0,133 | 26,0 |
| Sand (trocken) | 0,84 | |
| Schwefel | 0,73 | 22,8 |
| Silber | 0,235 | 25,4 |
| Silicium | 0,703 | 20,0 |
| Stahl(X5CrNi1810) | 0,50 | |
| Teflon (PTFE) | 1,0 | |
| Wolfram | 0,139 | 24,3 |
| Zink | 0,388 | 25,5 |
| Zinn | 0,228 | 26,9 |
| *Flüssigkeiten*: | | |
| Aceton | 2,18 | |
| Benzol | 1,74 | 134,7 |
| Brom | 0,46 | 36,8 |
| Ethanol | 2,44 | |
| Glyzerin | 2,38 | |
| Methanol | 2,53 | 80,0 |
| Nitrobenzol | 1,51 | |
| Olivenöl | 1,97 | |
| Petroleum | 2,14 | |
| Quecksilber | 0,139 | 27,7 |
| Silikonöl | 1,45 | |

**Tabelle 8-6.** Forsetzung

| Stoff | $c$ $\frac{kJ}{kg \cdot K}$ | $C_m$ $\frac{J}{mol \cdot K}$ |
|---|---|---|
| Terpentinöl | 1,80 | |
| Tetrachlorkohlenstoff | 0,861 | |
| Toluol | 1,70 | |
| Trichlorethylen | 0,95 | |
| Wasser | 4,1818 | 75,3 |

**Tabelle 8-7.** Molare Wärmekapazitäten und Adiabatenexponent von Gasen

| Gas | $C_{mp}$ $\frac{J}{mol \cdot K}$ | $C_{mV}$ $\frac{J}{mol \cdot K}$ | $C_{mp}/C_{mV}$ | $C_{mp} - C_{mV}$ $\frac{J}{mol \cdot K}$ |
|---|---|---|---|---|
| Ar | 20,9 | 12,7 | 1,65 | 8,2 |
| He | 20,9 | 12,7 | 1,63 | 8,2 |
| Ne | 20,8 | 12,7 | 1,64 | 8,1 |
| Xe | 20,9 | 12,6 | 1,67 | 8,3 |
| $Cl_2$ | 52,8 | 39,2 | 1,35 | 13,6 |
| CO | 29,2 | 20,9 | 1,40 | 8,3 |
| $O_2$ | 29,3 | 21,0 | 1,40 | 8,3 |
| $N_2$ | 29,1 | 20,8 | 1,40 | 8,3 |
| $H_2$ | 28,9 | 20,5 | 1,41 | 8,4 |
| $CO_2$ | 36,9 | 28,6 | 1,29 | 8,3 |
| $NH_3$ | 34,9 | 26,6 | 1,32 | 8,3 |
| $CH_4$ | 35,6 | 27,2 | 1,31 | 8,4 |
| $O_3$ | 38,2 | 27,3 | 1,40 | 10,9 |
| $SO_2$ | 41,0 | 32,2 | 1,27 | 8,8 |

die für viele Festkörper gut erfüllt ist (Tabelle 8-6). Abweichungen zeigen sich vor allem bei sehr harten Festkörpern (z. B. Be, Diamant, Si), bei denen die Schwingungsfrequenzen sehr hoch sind und nach (8-51) die Schwingungsfreiheitsgrade bei Zimmertemperatur noch nicht voll angeregt sind. Dies wird durch Messungen der Temperaturabhängigkeit der molaren Wärmekapazität bestätigt (Graphit in Bild 8-19).

### 8.6.2 Phasenumwandlungsenthalpien

Hierunter seien die Wärmemengen oder genauer Enthalpien $\Delta H$ verstanden, die bei den sogenannten Phasenübergängen 1. Art auftreten, z. B. beim Schmelzen bzw. Erstarren, Verdampfen bzw. Kondensieren und

**Tabelle 8-8.** Thermische Kenngrößen einiger Stoffe.
Molare Masse $M$, Schmelztemperatur $\vartheta_{sl}$ und molare Schmelzenthalpie $\Delta H_{sl}$ sowie Verdampfungstemperatur $\vartheta_{lg}$ und molare Verdampfungsenthalpie $\Delta H_{lg}$. Die Verdampfungsgrößen gelten für den Normdruck $p_n$ = 101 325 Pa. In einigen Fällen ist anstatt der Schmelztemperatur die Tripelpunkttemperatur angegeben und durch tp gekennzeichnet. Temperaturen, die mit einem Sternchen bezeichnet sind, dienen als Fixpunkte der Internationalen Temperaturskala von 1990 (ITS-90)

| Stoff | $M$ g/mol | $\vartheta_{sl}$ °C | $\Delta H_{sl}$ kJ/mol | $\vartheta_{lg}$ °C | $\Delta H_{lg}$ kJ/mol |
|---|---|---|---|---|---|
| Aluminium | 26,982 | 660,323* | 10,71 | 2519 | 294 |
| Ammoniak $NH_3$ | 17,031 | −77,73 | 5,66 | −33,33 | 23,33 |
| Argon | 39,948 | −189,3442* tp | 1,18 | −185,85 | 6,43 |
| Benzol $C_6H_6$ | 78,112 | 5,49 | 9,87 | 80,09 | 30,72 |
| Blei | 207,2 | 327,46 | 4,77 | 1749 | 179,5 |
| Brom $Br_2$ | 159,808 | −7,2 | 10,57 | 58,8 | 29,96 |
| Calcium | 40,078 | 842 | 8,54 | 1484 | 153 |
| Chlor $Cl_2$ | 70,905 | −101,5 | 6,40 | −34,04 | 20,41 |
| Eisen | 55,845 | 1538 | 13,81 | 2861 | 354 |
| Ethanol $C_2H_5OH$ | 46,068 | −114,14 | 4,931 | 78,3 | 38,56 |
| Fluor $F_2$ | 37,997 | −219,66 | 0,51 | −188,12 | 6,62 |
| Gallium | 69,723 | 29,76 | 5,59 | 2204 | 254 |
| Germanium | 72,61 | 938,25 | 36,94 | 2833 | 334 |
| Gold | 196,967 | 1064,18* | 12,55 | 2856 | 324 |
| Helium | 4,0026 | | | −268,93 | 0,08 |
| Indium | 114,818 | 156,60 | 3,28 | 2072 | 226,4 |
| Iod $I_2$ | 253,809 | 113,7 | 15,52 | 184,4 | 41,57 |
| Iridium | 192,217 | 2446 | 41,12 | 4428 | 563,6 |
| Kalium | 39,098 | 63,38 | 2,33 | 759 | 79,16 |
| Kohlendioxid $CO_2$ | 44,010 | −56,56 tp | 9,02 | −78,4 | 6,02 |
| Kohlenmonoxid CO | 28,010 | −205,02 | 0,833 | −191,5 | 6,04 |
| Kohlenstoff, Diamant | 12,011 | 3550[a] | | | |
| –, Graphit | 12,011 | 3825[b] | | | |
| Krypton | 83,80 | −157,38 tp | 1,64 | −153,22 | 9,08 |
| Kupfer | 63,546 | 1084,62* | 13,26 | 2562 | 304,6 |
| Magnesium | 24,305 | 650 | 8,48 | 1090 | 131,8 |
| Methan $CH_4$ | 16,042 | −182,47 | 0,94 | −161,48 | 8,19 |
| Methanol $CH_3OH$ | 32,042 | −97,53 | 3,215 | 64,6 | 35,21 |
| Natrium | 22,990 | 97,80 | 2,60 | 883 | 89,1 |
| Natriumchlorid NaCl | 58,442 | 800,7 | 28,16 | 1465 | 170,75 |
| Neon | 20,180 | −248,59 | 0,328 | −246,08 | 1,71 |
| Nickel | 58,693 | 1455 | 17,48 | 2913 | 381 |
| Ozon $O_3$ | 47,998 | −193 | | −111,35 | 15,17 |
| Platin | 195,078 | 1768,4 | 22,17 | 3825 | 469 |
| Quecksilber | 200,59 | −38,83 | 2,29 | 356,73 | 59,11 |
| Sauerstoff $O_2$ | 31,9988 | −218,7916* tp | 0,44 | −182,95 | 6,82 |
| Schwefelkohlenstoff $CS_2$ | 76,143 | −112,1 | 4,39 | 46,3 | 26,74 |
| Schwefelwasserstoff $H_2S$ | 34,082 | −85,5 | 2,38 | −59,55 | 18,67 |
| Silber | 107,868 | 961,78* | 11,30 | 2162 | 254 |
| Silicium | 28,086 | 1414 | 50,21 | 3265 | 394,6 |
| Stickstoff $N_2$ | 28,013 | −210,0 | 0,71 | −195,79 | 5,57 |
| Wasser $H_2O$ | 18,015 | 0,00 | 6,01 | 100,00 | 40,65 |
| Wasserstoff $H_2$ | 2,016 | −259,34 | 0,12 | −252,87 | 0,90 |

**Tabelle 8-8.** Fortsetzung

| Stoff | $M$ g/mol | $\vartheta_{sl}$ °C | $\Delta H_{sl}$ kJ/mol | $\vartheta_{lg}$ °C | $\Delta H_{lg}$ kJ/mol |
|---|---|---|---|---|---|
| Wismut | 208,980 | 271,40 | 11,30 | 1564 | 151 |
| Wolfram | 183,84 | 3422 | 52,31 | 5555 | 799 |
| Wood'sches Metall | | 71,7 | | | |
| Xenon | 131,29 | −111,79 tp | 2,27 | −108,11 | 12,57 |
| Zink | 65,39 | 419,527* | 7,32 | 907 | 114,8 |
| Zinn | 118,710 | 231,928* | 7,03 | 2602 | 290,4 |

[a] Zersetzungstemperatur tp Tripelpunkttemperatur
[b] Sublimationstemperatur

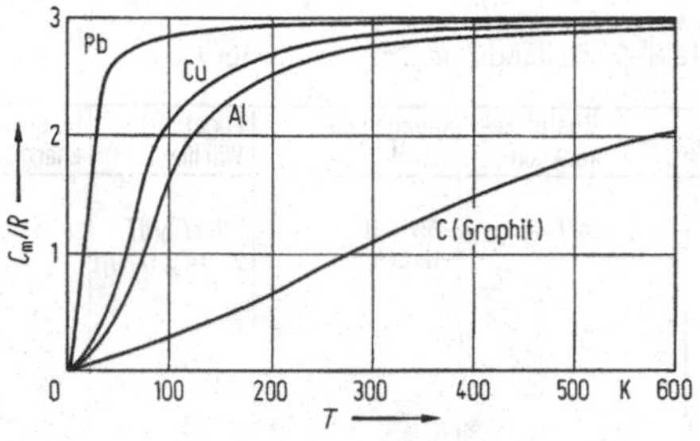


**Bild 8-19.** Temperaturabhängigkeit der molaren Wärmekapazität von Festkörpern

Sublimieren, aber z. B. auch bei Änderungen der Kristallstruktur im festen Zustand (Strukturumwandlung). Bei diesen Phasenumwandlungen findet der Wärmeaustausch ohne Temperaturänderung statt, bis die Umwandlung vollständig ist. Beim Schmelzen und Verdampfen muss Arbeit gegen die anziehenden Bindungskräfte geleistet werden, sowie, wegen der Volumenausdehnung vor allem beim Verdampfen, außerdem Volumenarbeit gegen den äußeren Druck. Bei $\mathrm{d}T = 0$ muss daher eine bestimmte massenbezogene Energie in Form von *Schmelzenthalpie* $\Delta h_{sl}$ bzw. *Verdampfungsenthalpie* $\Delta h_{lg}$ zugeführt werden. Die Verdampfungs- bzw. Schmelzenthalpien werden beim Kondensieren bzw. Erstarren wieder frei. Da die Volumenarbeit vom äußeren Druck abhängt, ist vor allem die Verdampfungsenthalpie etwas vom äußeren Druck abhängig. Einige spezifische Schmelz- und Verdampfungsenthalpien sind in Tabelle 8-8 angegeben (Enthalpie siehe 8.4, C 8.2.1, F 1.2).

Beim Erwärmen einer definierten Stoffmenge, ausgehend vom festen Zustand, steigt deren Temperatur entsprechend der zugeführten Wärmemenge

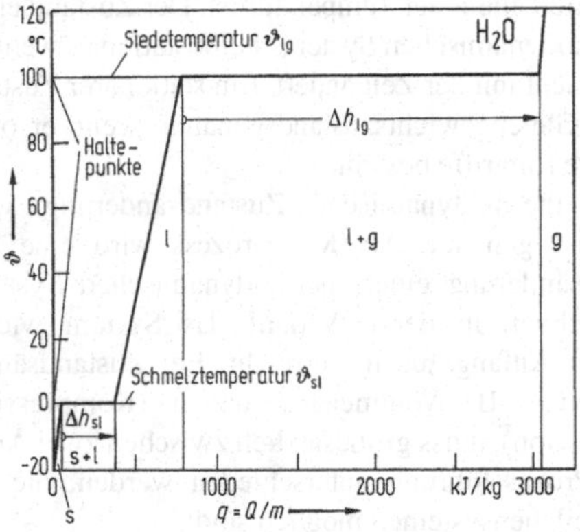


**Bild 8-20.** Erwärmungsverlauf für 1 kg $H_2O$: Haltepunkte bei Schmelz- und Siedetemperatur. s: fester, l: flüssiger und g: gasförmiger Zustand

nach Maßgabe der spezifischen Wärmekapazität (Bild 8-20). Die Schmelz- und die Siedetemperatur machen sich dabei als sogenannte Haltepunkte bemerkbar, bei denen die kontinuierlich zugeführte Wärme zunächst zur Phasenumwandlung dient, und erst nach vollständiger Umwandlung die Temperatur weiter erhöht (Bild 8-20).

Das Beobachten von Haltepunkten bei Erwärmungsvorgängen wird daher zur experimentellen Bestimmung von Schmelztemperaturen benutzt, aber auch zur Entdeckung anderer Phasenumwandlungen wie etwa Kristallstrukturänderungen.

## 8.7 Zustandsänderungen bei idealen Gasen

Der Zustand eines idealen Gases ist durch die drei Zustandsgrößen Druck $p$, Volumen $V$ und Temperatur $T$ bestimmt (anstelle des Volumens $V$ kann auch das spezifische Volumen $v = V/m$ oder das molare (stoffmengenbezogene) Volumen $V_\mathrm{m} = V/\nu$ als Zustandsgröße gewählt werden). Davon können zwei unabhängig gewählt werden, die dritte ergibt sich dann aus der Zustandsgleichung $f(p, V, T) = 0$. Im Falle des idealen Gases ist dies die allgemeine Gasgleichung (8-26). Die einem Gas zugeführte Wärme $Q$ und Arbeit $W$ sind sog. Prozessgrößen, keine Zustandsgrößen, wohl aber die innere Energie $U = U(T)$, vgl. (8-30), und die Enthalpie $H = U + pV$, die beim idealen Gas wegen $pV = \nu RT$ ebenfalls eine Funktion allein der Temperatur ist. Der Zustand eines thermodynamischen Systems heißt stationär, wenn er sich nicht mit der Zeit ändert. Ein stationärer Zustand wird Gleichgewichtszustand genannt, wenn er ohne äußere Eingriffe besteht.

Jede thermodynamische Zustandsänderung wird Prozess genannt. Als Kreisprozess wird eine Zustandsänderung eines thermodynamischen Systems bezeichnet, in deren Verlauf das System wieder seinen Anfangszustand erreicht. Bei Zustandsänderungen, z. B. Volumenänderungen (Kompression, Expansion), muss grundsätzlich zwischen zwei Arten der Prozessführung unterschieden werden, die bei Vielteilchensystemen möglich sind:

*Reversible Zustandsänderungen*: Prozesse, die sehr langsam, in infinitesimal kleinen Schritten durchgeführt werden, sodass das System jeweils nur sehr wenig aus dem statistischen Gleichgewicht gebracht wird. Im Grenzfall ist also jeder Zwischenzustand zwischen zwei betrachteten Endzuständen ein Gleichgewichtszustand. Nach Umkehrung des Prozesses und Wiedererreichung des Ausgangszustandes oder nach Ablauf eines Kreisprozesses sind keine Änderungen im System oder in seiner Umgebung zurückgeblieben. (Dieses Verhalten entspricht dem von Bewegungsvorgängen von Einzelteilchen in der Mechanik, z. B. lässt sich kinetische Energie vollständig in potenzielle Energie umwandeln und umgekehrt.)

*Irreversible Zustandsänderungen* sind demnach solche, bei denen das thermodynamische System nicht in den Ausgangszustand zurückkehren kann, ohne dass in der Umgebung Änderungen eintreten. Reale Prozesse spielen sich mit endlicher Geschwindigkeit ab. Sie sind daher nicht im Gleichgewicht und wegen der immer stattfindenden Ausgleichsvorgänge irreversibel. Im Folgenden werden nur reversible (also idealisierte) Zustandsänderungen betrachtet.

Prozesse, bei deren Ablauf eine der Zustandsgrößen konstant bleibt (Tabelle 8-9):

- bei konstantem Volumen $V$: isochore Prozesse
- bei konstantem Druck $p$: isobare Prozesse
- bei konstanter Temperatur $T$: isotherme Prozesse
- bei konstanter Entropie $S$: isentropische Prozesse
- bei konstanter Enthalpie $H$: isenthalpische Prozesse

**Tabelle 8-9.** Zustandsänderungen idealer Gase

| Prozess | Zustandsfunktion | Abgegebene Arbeit | Zugeführte Wärme | Innere Energie |
|---|---|---|---|---|
| Isochor $V = \mathrm{const}$ 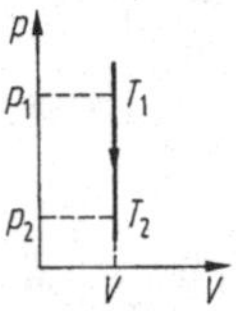 | $p/T = c_\mathrm{ic}$ | $-\delta W = 0$<br>$-W_{12} = 0$ | $\delta Q = \nu C_{\mathrm{m}V}\,\mathrm{d}T$<br>$Q_{12} = \nu C_{\mathrm{m}V}(T_2 - T_1)$ | $\mathrm{d}U = \nu C_{\mathrm{m}V}\,\mathrm{d}T$ |
| Isobar $p = \mathrm{const}$ 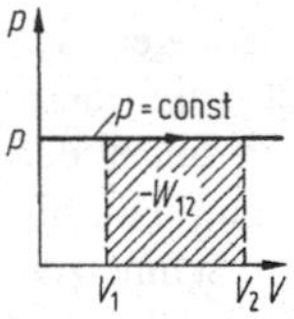 | $V/T = c_\mathrm{ib}$ | $-\delta W = p\,\mathrm{d}V$<br>$-W_{12} = p(V_2 - V_1)$ | $\delta Q = \nu C_{\mathrm{m}p}\,\mathrm{d}T$<br>$Q_{12} = \nu C_{\mathrm{m}p}(T_2 - T_1)$ | $\mathrm{d}U = \nu C_{\mathrm{m}V}\,\mathrm{d}T$ |
| Isotherm $T = \mathrm{const}$ 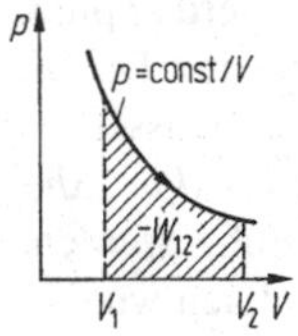 | $pV = c_\mathrm{it}$ | $-\delta W = p\,\mathrm{d}V$<br>$-W_{12} = \nu RT \ln(V_2/V_1)$<br>$= \nu RT \ln(p_1/p_2)$ | $\delta Q = -\delta W = p\mathrm{d}V$<br>$Q_{12} = -W_{12}$ | $\mathrm{d}U = 0$ |
| Adiabatisch $\delta Q = 0$ 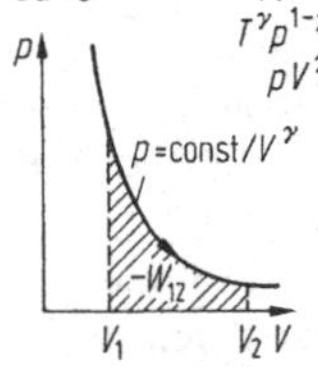 | $TV^{\gamma-1} = c_\mathrm{ad,1}$<br>$T^{\gamma}p^{1-\gamma} = c_\mathrm{ad,2}$<br>$pV^{\gamma} = c_\mathrm{ad,3}$ | $-\delta W = -\mathrm{d}U$<br>$= p\,\mathrm{d}V$<br>$= -\nu C_{\mathrm{m}V}\,\mathrm{d}T$<br>$-W_{12} = \nu C_{\mathrm{m}V}(T_1 - T_2)$ | $\delta Q = 0$<br>$Q_{12} = 0$ | $\mathrm{d}U = \delta W$<br>$= \nu C_{\mathrm{m}V}\,\mathrm{d}T$ |

Prozesse, bei denen das System keine Wärme mit der Umgebung austauscht, werden adiabatische Prozesse genannt.

Es werden diejenigen Zustandsänderungen der Stoffmenge $\nu$ eines idealen Gases betrachtet, die für die in 8.8 behandelten Kreisprozesse wichtig sind. Dabei interessieren die jeweils umgesetzten Energien (Wärme $Q$, Arbeit $W$, Änderung der inneren Energie $\Delta U$), die sich aus dem 1. Hauptsatz der Thermodynamik, (8-73) oder (8-74), ergeben.

*Isochore Zustandsänderung*:

Bei konstantem Volumen $V$ wird keine Volumenarbeit geleistet, demnach ist $W = 0$. Der 1. Hauptsatz ergibt dann in Verbindung mit (8-82)

$$\Delta U = Q = \nu C_{mV} \Delta T = \nu C_{mV}(T_2 - T_1)\,. \qquad (8\text{-}90)$$

Die zugeführte Wärme $Q$ wird vollständig in innere Energie überführt, die um $\Delta U$ erhöht wird (Temperaturzunahme um $\Delta T$). Die Zustandsfunktion für die isochore Zustandsänderung folgt aus der Zustandsgleichung des idealen Gases (8-26) für $V = \text{const}$:

$$\frac{p}{T} = c_{ic} \quad \text{mit} \quad c_{ic} = \text{const} = \frac{\nu R}{V}\,. \qquad (8\text{-}91)$$

*Isotherme Zustandsänderung*:

Bei konstanter Temperatur bleibt nach (8-30) die innere Energie konstant, also $\Delta U = 0$. Dann folgt aus dem 1. Hauptsatz

$$Q = -W\,. \qquad (8\text{-}92)$$

Die zugeführte Wärme wird vollständig in abgegebene Arbeit umgewandelt und umgekehrt. Die Zustandsfunktion für die isotherme Zustandsänderung folgt aus der Zustandsgleichung des idealen Gases (8-26) für $T = \text{const}$:

$$pV = c_{it} \quad \text{mit} \quad c_{it} = \text{const} = \nu RT\,. \qquad (8\text{-}93)$$

Bei einer isothermen Expansion eines idealen Gases muss die nach außen abgegebene Volumenarbeit $W_{12}$ (vgl. 8.5.1) durch Zufuhr von Wärme aus einem Wärmereservoir der Temperatur $T$ ausgeglichen werden, damit die Temperatur des Gases konstant gehalten werden kann (Bild 8-21). Nach (8-67) betragen die umgesetzten Energien

$$-W_{12} = Q_{12} = \nu RT \ln \frac{V_2}{V_1} = \nu RT \ln \frac{p_1}{p_2}\,. \qquad (8\text{-}94)$$

Der für diesen Prozess zu definierende Wirkungsgrad ist $\eta = -W_{12}/Q_{12} = 1$.

*Adiabatische Zustandsänderung*:

Bei einem adiabatischen Prozess wird der Wärmeaustausch zwischen Arbeitsgas und Umgebung unterbunden, d. h. $Q = 0$ bzw. $\delta Q = 0$, z. B. durch Wärmeisolation des Arbeitszylinders und -kolbens (Bild 8-22). Der 1. Hauptsatz lautet dann

$$\Delta U = W \quad \text{bzw.} \quad dU = dW = -p dV\,. \qquad (8\text{-}95)$$

Mit (8-82) folgt weiter (vgl. (8-69))

$$-W_{12} = -\Delta U = -\nu C_{mV} \Delta T = \nu C_{mV}(T_1 - T_2)$$
$$\text{bzw.} \quad dU = \nu C_{mV} dT = -p\, dV\,. \qquad (8\text{-}96)$$

Arbeit kann wegen der Unterbindung des Wärmeaustausches nur unter entsprechender Verringerung der inneren Energie nach außen abgegeben werden, wobei die Temperatur abnimmt. Der hierfür zu definierende Wirkungsgrad ist $\eta = (-W)/(-\Delta U) = 1$.

Die Zustandsfunktion für die adiabatische Zustandsänderung ergibt sich mithilfe der Zustandsgleichung des idealen Gases (8-26) durch Integration von (8-96) zu

$$TV^{\gamma-1} = c_{ad,1}\,, \quad T^{\gamma} p^{1-\gamma} = c_{ad,2}\,,$$
$$pV^{\gamma} = c_{ad,3}\,. \qquad (8\text{-}97)$$

In diesen *Adiabatengleichungen* (auch *Poisson'sche Gleichungen*) bedeuten die $c_{ad,i}$ Konstanten und $\gamma = C_{mp}/C_{mV}$ den Adiabatenexponenten (vgl. (8-88)). $\gamma$ ist wegen (8-85) stets größer als 1, z. B. für ein-

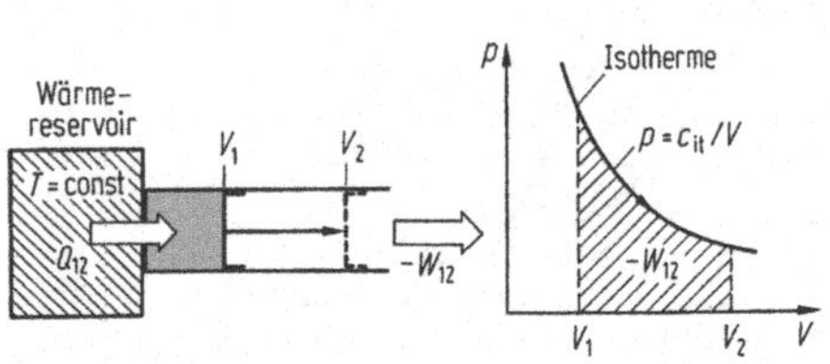


**Bild 8-21.** Isotherme Expansion eines Gases

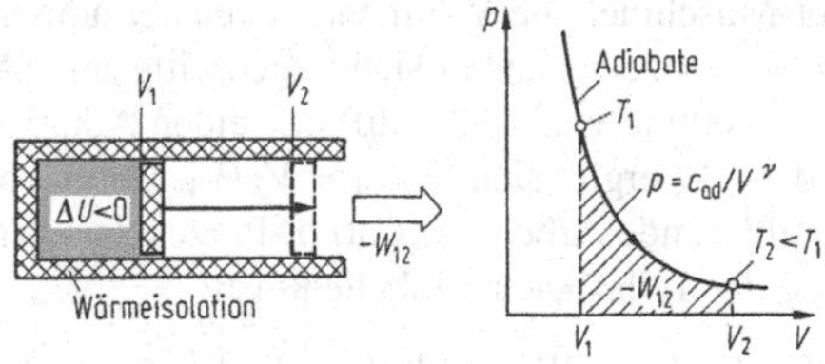


**Bild 8-22.** Adiabatische Expansion eines Gases

atomige Gase $5/3 \approx 1{,}67$, für zweiatomige Gase $7/5 = 1{,}40$, siehe 8.6.1. Im $p,V$-Diagramm verlaufen Adiabaten $p(V)_{\text{ad}}$ daher steiler als Isothermen $p(V)_{\text{it}}$, vgl. Bild 8-16.

Adiabatische Zustandsänderungen treten typisch bei Vorgängen auf, die einerseits so schnell verlaufen, dass kein Wärmeausgleich mit der Umgebung möglich ist, andererseits so langsam, dass innerhalb des Systems zu jedem Zeitpunkt die Einstellung des thermischen Gleichgewichts möglich ist. Beispiele: Schallausbreitung (adiabatische Kompression), Dieselmotor (Zündung durch adiabatische Kompression), Detonation (Explosionsausbreitung durch Stoßwelle mit adiabatischer Kompression).

## 8.8 Kreisprozesse

Zur kontinuierlichen Umwandlung von Wärme in mechanische Arbeit sind periodisch arbeitende Maschinen notwendig, in denen Kreisprozesse (siehe 8.7) ablaufen. Beim Kreisprozess nach Carnot (1824) werden vier verschiedene, abwechselnd isotherme und adiabatische Prozesse zyklisch wiederholt (Bild 8-23). Die dazu benutzte Maschine besteht aus einem Zylinder mit Kolben gemäß Bild 8-21, der als Arbeitssubstanz eine konstante Menge (z. B. 1 mol) eines idealen Gases enthält. Durch Kontakt mit Wärmereservoirs sehr großer Wärmekapazität mit den Temperaturen $T_1$ und $T_2 < T_1$ kann das Arbeitsgas isotherm auf $T_1$ oder $T_2$ gehalten werden (Bild 8-23a). Der Carnot-Prozess ist ein idealisierter Kreisprozess, der reversibel geführt wird (vgl. 8.7) und demzufolge auch umkehrbar ist. Reibungs- und Wärmeleitungsverluste werden vernachlässigt. Er hat nur theoretische Bedeutung zur Berechnung des bestmöglichen Wirkungsgrades $\eta$ bei der Umwandlung von Wärme in mechanische Arbeit. Eine technische Realisierung dieses Kreisprozesses existiert nicht.

Nach 8.7 ergeben sich die in Tabelle 8-10 angegebenen Energieumsetzungen bei den Einzelprozessen der Carnot-Maschine. Die Volumenarbeiten der adiabatischen Teilprozesse heben sich gegenseitig auf. Aus der Anwendung von (8-97) auf die beiden Adiabaten in Bild 8-23b ergibt sich $V_2/V_1 = V_3/V_4$. Damit folgt als resultierende Arbeit des Carnot-Prozesses aus der Summe der Teilarbeiten (Tabelle 8-10)

$$-W_{\square} = -W_{12} - W_{34} = \nu R(T_1 - T_2)\ln\frac{V_2}{V_1}\,. \qquad \text{(8-98)}$$

Ferner wird während der isothermen Expansion die Wärme $Q_{12}$ bei der Temperatur $T_1$ aufgenommen und die Wärme $-Q_{34}$ bei der niedrigeren Temperatur $T_2$ abgegeben:

$$Q_{12} = \nu RT_1 \ln\frac{V_2}{V_1}\,, \quad -Q_{34} = \nu RT_2 \ln\frac{V_2}{V_1}\,. \qquad \text{(8-99)}$$

Zur Berechnung des Wirkungsgrades muss die gewonnene (d. h. vom Prozess abgegebene) Arbeit $-W_{\square}$ nur zur aufgewendeten Wärme $Q_{12}$ in Beziehung gesetzt werden, da die bei der Temperatur $T_2$ freiwerdende Wärme $-Q_{34}$ für den Carnot-Prozess nicht nutzbar ist. Aus (8-98) und (8-99) folgt

$$\eta = \frac{-W_{\square}}{Q_{12}} = \frac{T_1 - T_2}{T_1}\,. \qquad \text{(8-100)}$$

Der Wirkungsgrad des Carnot-Kreisprozesses als Wärmekraftmaschine ist demnach immer kleiner als 1 und geht nur im Grenzfall $T_2 \to 0$ gegen 1. Wie später mithilfe des 2. Hauptsatzes der Thermodynamik gezeigt wird, stellt (8-100) den maximal möglichen Wirkungsgrad einer periodisch arbeitenden Wärmekraftmaschine bei der Umwandlung von Wärme in Arbeit dar. Im Gegensatz zu allen anderen Energieformen lässt sich Wärme infolge ihrer statistisch

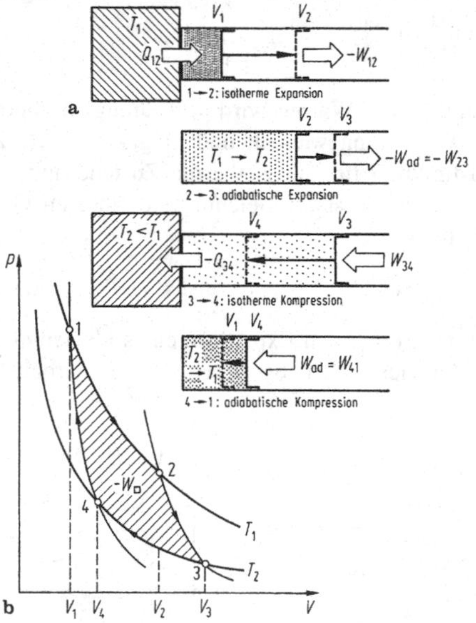


**Bild 8-23.** Der Carnot-Prozess

**Tabelle 8-10.** Energieumsetzungen beim Carnot-Prozess

| Teilprozess | $i \to j$ | $T$ | $V$ | $-W_{ij}$ | $Q_{ij}$ |
|---|---|---|---|---|---|
| isotherme Expansion | $1 \to 2$ | $T_1$ | $V_1 \to V_2$ | $\nu RT_1 \ln \frac{V_2}{V_1}$ | $\nu RT_1 \ln \frac{V_2}{V_1}$ |
| adiabatische Expansion | $2 \to 3$ | $T_1 \to T_2$ | $V_2 \to V_3$ | $\nu C_{mV}(T_1 - T_2)$ | 0 |
| isotherme Kompression | $3 \to 4$ | $T_2$ | $V_3 \to V_4$ | $-\nu RT_2 \ln \frac{V_3}{V_4}$ | $-\nu RT_2 \ln \frac{V_3}{V_4}$ |
| adiabatische Kompression | $4 \to 1$ | $T_2 \to T_1$ | $V_4 \to V_1$ | $-\nu C_{mV}(T_1 - T_2)$ | 0 |

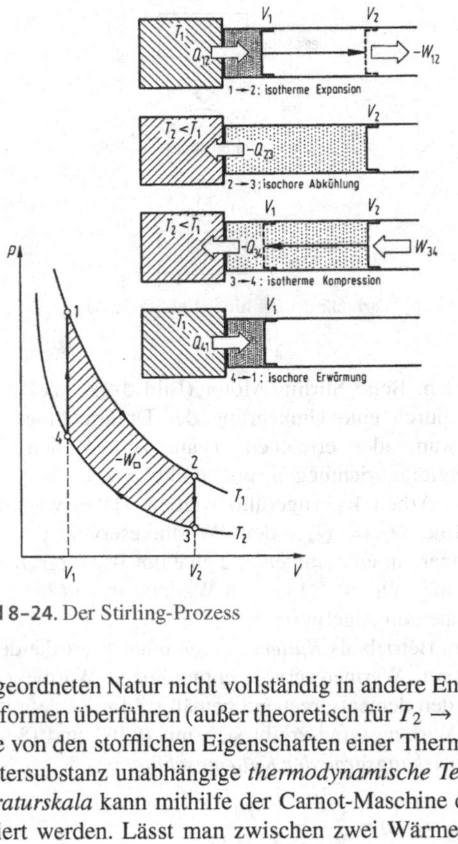


**Bild 8-24.** Der Stirling-Prozess

ungeordneten Natur nicht vollständig in andere Energieformen überführen (außer theoretisch für $T_2 \to 0$). Die von den stofflichen Eigenschaften einer Thermometersubstanz unabhängige *thermodynamische Temperaturskala* kann mithilfe der Carnot-Maschine definiert werden. Lässt man zwischen zwei Wärmereservoirs der Temperaturen $T_1$ und $T_2$ einen Carnot-Prozess ablaufen und bestimmt dessen Wirkungsgrad, so ergibt sich bei Festlegung eines Temperaturwertes, z. B. des Eispunktes des Wassers auf 273,15 K, aus dem gemessenen Wirkungsgrad mit (8-100) der zweite Temperaturwert.

Im Gegensatz zum Carnot-Kreisprozess lässt sich der *Stirling-Kreisprozess* technisch ausnutzen (Stirling-Motor). Beim Stirling-Prozess werden die adiabatischen Teilprozesse durch isochore Prozesse ersetzt (Bild 8-24). Deren Gesamteffekt ist nach Tabelle 8-11 zunächst die Überführung der Wärmemenge $-Q_{23} = Q_{41} = \nu C_{mV}(T_1 - T_2)$ von $T_1$ nach $T_2$. Durch Zwischenspeicherung der bei der isochoren Abkühlung ($2 \to 3$) freiwerdenden Wärme $-Q_{23}$ (z. B. im Verdrängerkolben, Bild 8-25) und Wiederverwendung bei der isochoren Erwärmung ($4 \to 1$) lässt sich jedoch dieser Verlust beliebig klein halten. Für die Bilanz verbleiben dann die isothermen Prozesse, für die sich dieselben Beziehungen (8-98) und (8-99) ergeben, wie für den originalen Carnot-Prozess. Daher ergibt sich derselbe Wirkungsgrad (8-100) auch für den Stirling-Prozess.

Eine technische Form stellt der Heißluftmotor (Stirling-Motor, Bild 8-25) dar. Dabei wird das Arbeitsgas mithilfe eines Verdrängerkolbens, der auch als Wärmezwischenspeicher dient, zwischen einem geheizten und einem gekühlten Bereich des Arbeitszylinders bewegt. Eine über das Schwungrad gekoppelte, um 90° phasenverschobene Steuerung von Arbeits- und Verdrängerkolben bewirkt eine näherungsweise Realisierung der Teilprozesse des Stirling-Prozesses nach Bild 8-24.

### 8.8.1 Wärmekraftmaschine

Kreisprozesse wie der Carnot-Prozess oder der Stirling-Prozess können als Wärmekraftmaschinen genutzt werden. Die dabei auftretenden Energieflüsse lassen sich in einem vereinfachten Schema (Bild 8-26) darstellen, aus dem sich der Wirkungsgrad ablesen lässt. Die Wärmekraftmaschine (im Schema: Kreis) arbeitet zwischen einem Wärmereservoir höherer Temperatur $T_1$ (Beispiel: Dampfkessel) und einem weiteren Wärmereservoir

Tabelle 8-11. Energieumsetzungen beim Stirling-Prozess

| Teilprozess | $i \to j$ | $T$ | $V$ | $-W_{ij}$ | $Q_{ij}$ |
|---|---|---|---|---|---|
| isotherme Expansion | $1 \to 2$ | $T_1$ | $V_1 \to V_2$ | $\nu RT_1 \ln \frac{V_2}{V_1}$ | $\nu RT_1 \ln \frac{V_2}{V_1}$ |
| isochore Abkühlung | $2 \to 3$ | $T_1 \to T_2$ | $V_2$ | 0 | $-\nu C_{mV}(T_1 - T_2)$ |
| isotherme Kompression | $3 \to 4$ | $T_2$ | $V_2 \to V_1$ | $-\nu RT_2 \ln \frac{V_2}{V_1}$ | $-\nu RT_2 \ln \frac{V_2}{V_1}$ |
| isochore Erwärmung | $4 \to 1$ | $T_2 \to T_1$ | $V_1$ | 0 | $\nu C_{mV}(T_1 - T_2)$ |

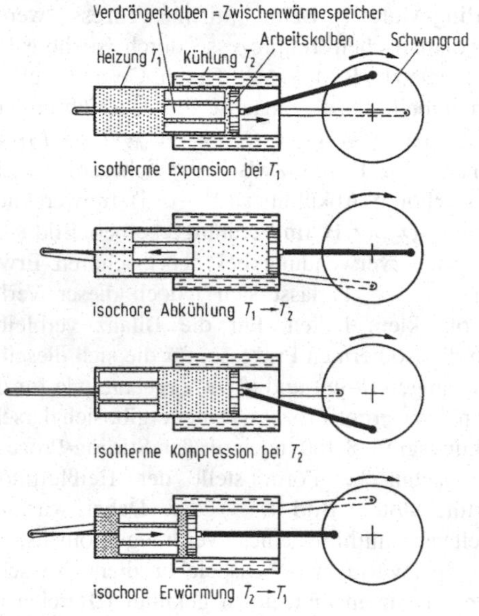


Bild 8-25. Die vier Arbeitsphasen des Stirling-Motors

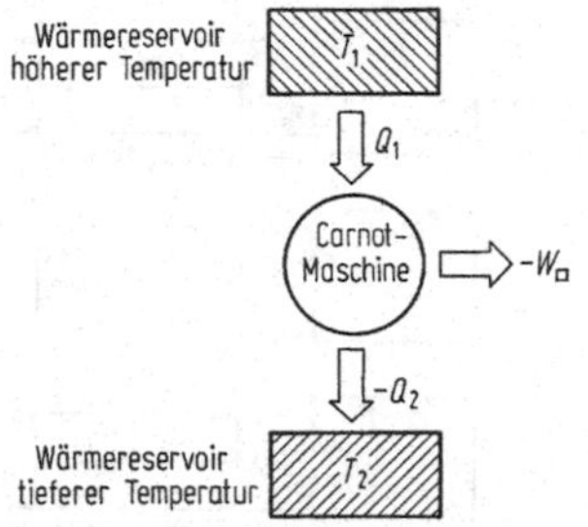


Bild 8-26. Wärmekraftmaschine (Energiefluss)

tieferer Temperatur $T_2$ (Beispiel: Kühlwasser), im Schema als Kästen dargestellt. Gemäß (8-98) bis (8-100) und mit $Q_{12} = Q_1$ beträgt der *Wirkungsgrad der Wärmekraftmaschine*

$$\eta = \frac{-W_\square}{Q_1} = \frac{T_1 - T_2}{T_1} , \qquad (8\text{-}101)$$

d. h., es ist stets $\eta < 1$.

Der ideale Wirkungsgrad hängt allein von den Arbeitstemperaturen ab.

### 8.8.2 Kältemaschine und Wärmepumpe

Die reversibel geführten Kreisprozesse können auch im entgegengesetzten Umlaufsinn durchlaufen werden. Beim Stirling-Motor (Bild 8-25) lässt sich das durch eine Umkehrung der Drehrichtung des Schwungrades erreichen. Dann kehren sich die Energieflussrichtungen um (Bild 8-27), d. h., es muss Arbeit $W_\square$ zugeführt werden. Dabei wird die Wärme $Q_2$ (= $Q_{43}$) dem Wärmereservoir tieferer Temperatur entnommen und eine um $W_\square$ vergrößerte Wärme $-Q_1$ (= $-Q_{21}$) dem Wärmereservoir höherer Temperatur zugeführt.

Beim Betrieb als *Kältemaschine* interessiert die dem kälteren Wärmereservoir entnommene Wärme $Q_2$. Für den dementsprechend gemäß Bild 8-27 definierten Wirkungsgrad ergibt sich mit (8-98) und (8-99) der *Wirkungsgrad der Kältemaschine*

$$\eta = \frac{Q_2}{W_\square} = \frac{T_2}{T_1 - T_2} \lesseqqgtr 1 , \qquad (8\text{-}102)$$

d. h., je nach der Temperaturdifferenz der Wärmereservoire (z. B. Kühlfach eines Kühlschrankes bei $T_2$, Umgebung bei $T_1$) im Vergleich zur tieferen Temperatur $T_2$ kann hier der Wirkungsgrad auch größer als 1 sein. In der Technik werden Stirling-Maschinen (Bild 8-25) als Kältemaschinen zur Erzeugung flüssiger Luft eingesetzt.

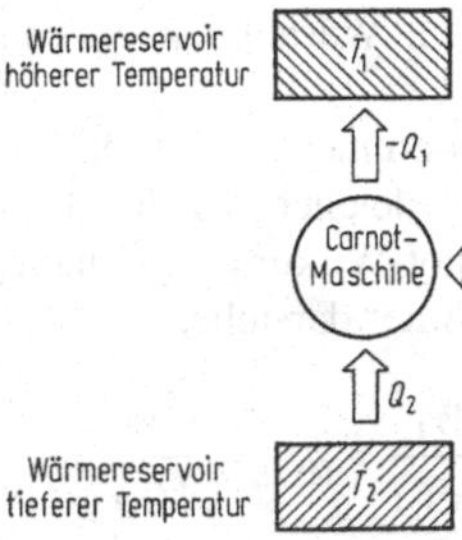


**Bild 8-27.** Kältemaschine und Wärmepumpe (Energiefluss)

Beim Betrieb als *Wärmepumpe* interessiert dagegen die bei der höheren Temperatur $T_1$ abgegebene Wärme $-Q_1$, die etwa zur Raumheizung eingesetzt werden soll, während die bei tieferer Temperatur $T_2$ aufgenommene Wärme $Q_2$ z. B. dem Erdboden, einem Fluss, oder der Umgebungsluft entnommen werden kann. Der dementsprechend gemäß Bild 8-27 definierte *Wirkungsgrad der Wärmepumpe* beträgt mit (8-98) und (8-99)

$$\eta = \frac{-Q_1}{W_\square} = \frac{T_1}{T_1 - T_2} > 1 , \qquad (8\text{-}103)$$

ist also immer größer als 1, wie auch aus dem Energieflussschema Bild 8-27 sofort entnommen werden kann. Beträgt die Temperaturdifferenz zwischen geheiztem Raum und Umgebung nicht mehr als 25 K, so ergeben sich theoretische Wirkungsgrade von mehr als 10! Im Gegensatz dazu beträgt der Wirkungsgrad einer elektrischen Heizung mittels Joule'scher Wärme lediglich 1.

## 8.9 Ablaufrichtung physikalischer Prozesse (Entropie)

Reversibel geführte thermodynamische Prozesse sind umkehrbar, laufen jedoch nicht von allein ab, da sie voraussetzungsgemäß jederzeit im Gleichgewicht sind. Von selbst laufen hingegen Vorgänge ab, die einen endlichen Unterschied, z. B. der Dichte oder der Temperatur, ausgleichen (Diffusion, Wärmeleitung usw.). Solche Prozesse, bei denen Systemteile nicht im Gleichgewicht sind, laufen jedoch nur in der Richtung von selbst ab, in der die vorhandenen Unterschiede ausgeglichen werden, d. h. die Diffusion in Richtung der niedrigeren Teilchenkonzentration

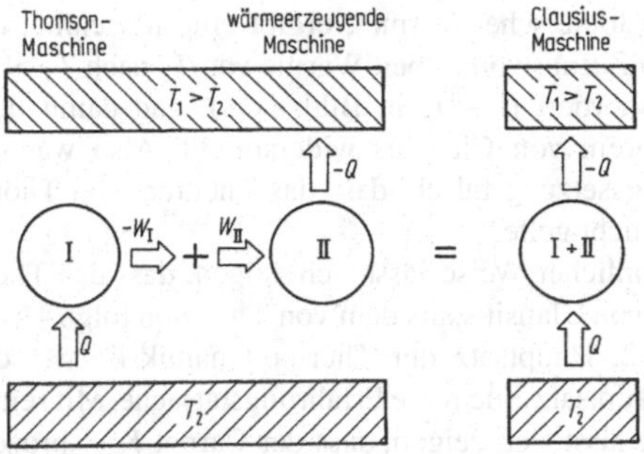


**Bild 8-28.** Zum Theorem von Thomson

oder die Wärmeleitung in Richtung der niedrigeren Temperatur usw.: irreversible Prozesse.
Der umgekehrte Prozess, also etwa ein von selbst ablaufender Wärmetransport von einem Wärmespeicher tieferer Temperatur zu einem mit höherer Temperatur wird nicht beobachtet, obwohl er dem 1. Hauptsatz der Thermodynamik, der Energieerhaltung, nicht widersprechen würde. Er ist jedoch bei einem Vielteilchensystem (z. B. einer makroskopischen Gasmenge) extrem unwahrscheinlich. Diese Aussage ist der Inhalt des
2. *Hauptsatzes der Thermodynamik*:

> Wärme fließt nie von selbst von einem Körper tieferer Temperatur zu einem Körper höherer Temperatur (Theorem von Clausius, 1850).

Eine andere Formulierung des 2. Hauptsatzes stammt von Carnot:

> Es gibt keine periodisch arbeitende Maschine, die nur einem Körper Wärme entzieht und in Arbeit umwandelt: Unmöglichkeit des perpetuum mobile zweiter Art (auch: Theorem von Thomson).

Beide Theoreme sind äquivalent. Dies kann durch den Nachweis gezeigt werden, dass beide Theoreme gegenseitig auseinander folgen. So folgt das Theorem von Thomson aus dem von Clausius: Nimmt man zunächst an, das Theorem von Thomson gelte nicht, dann wäre eine Maschine möglich, die nur bei $T_2$ Wärme entzieht und dafür Arbeit abgibt (I in Bild 8-28). Die Kombination mit einer (in jedem Falle möglichen) Maschine II, die bei $T_1 > T_2$ die gleiche Arbeit in Wärme umwandelt (z. B. durch Reibung oder Joule'sche Wärme), ergibt eine Maschine, die ohne Zufuhr von Arbeit Wärme von $T_2$ nach $T_1 > T_2$ transportiert (I + II in Bild 8-28), und damit dem Theorem von Clausius widerspricht. Also war die Voraussetzung falsch, dass das Theorem von Thomson nicht gelte.

In ähnlicher Weise lässt sich zeigen, dass das Theorem von Clausius aus dem von Thomson folgt.

Der 2. Hauptsatz der Thermodynamik ist wie der 1. Hauptsatz eine reine Erfahrungstatsache. Mit seiner Hilfe lässt sich zeigen, dass der Carnot-Kreisprozess den größtmöglichen Wirkungsgrad besitzt. Dazu wird in einem Gedankenexperiment eine Wärmekraftmaschine (I) mit einer Wärmepumpe (II) gekoppelt. Beide sollen zwischen den gleichen Wärmereservoirs arbeiten (Bild 8-29). Die von der Wärmekraftmaschine (I) geleistete Arbeit $-W_\mathrm{I}$ werde vollständig dazu verwendet, die Wärmepumpe (II) zu betreiben, d. h., es sei

$$-W_\mathrm{I} = W_\mathrm{II} = -W\,. \qquad (8\text{-}104)$$

Zunächst seien beide Maschinen Carnot-Maschinen mit den Wirkungsgraden (8-101) bzw. (8-103):

$$\eta_{\mathrm{C,I}} = \frac{-W_\mathrm{I}}{Q_{1,\mathrm{I}}} = \frac{T_1 - T_2}{T_1}$$

$$\text{und}\quad \eta_{\mathrm{C,II}} = \frac{-Q_{1,\mathrm{II}}}{W_\mathrm{II}} = \frac{T_1}{T_1 - T_2}\,. \qquad (8\text{-}105)$$

Aus den beiden reziproken Wirkungsgraden (8-105) folgt $Q_{1,\mathrm{I}} = -Q_{1,\mathrm{II}}$ und damit auch $-Q_{2,\mathrm{I}} = Q_{2,\mathrm{II}}$. Der Gesamteffekt der beiden gekoppelten Carnot-Maschinen ist also null, da den beiden Wärmereservoirs die gleichen Wärmemengen entzogen und zugeführt werden.

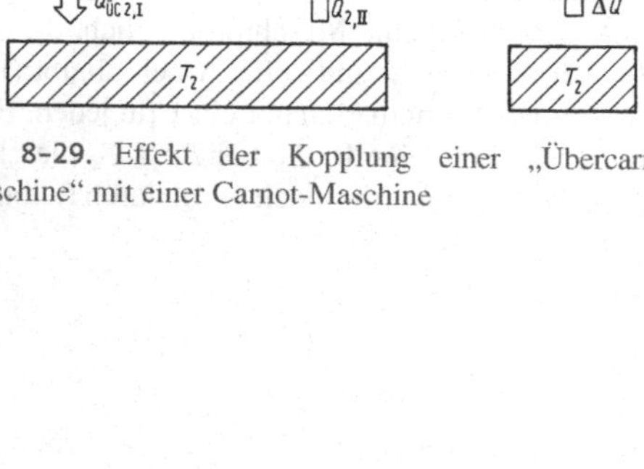

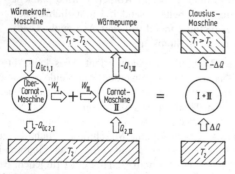

**Bild 8-29.** Effekt der Kopplung einer „Übercarnot-Maschine" mit einer Carnot-Maschine

Nun werde angenommen, dass die Wärmekraftmaschine (I) bei gleicher Arbeit $-W_\mathrm{I}$ einen größeren als den Carnot-Wirkungsgrad habe, also eine „Übercarnot-Maschine" darstelle:

$$\eta_{\mathrm{ÜC,I}} = \frac{-W_\mathrm{I}}{Q_{\mathrm{ÜC1,I}}} > \eta_{\mathrm{C,1}} = \frac{-W_\mathrm{I}}{Q_{1,\mathrm{I}}}\,. \qquad (8\text{-}106)$$

Damit wird die für die Erzeugung der Arbeit $-W_\mathrm{I}$ aufgewendete Wärme $Q_{\mathrm{ÜC1,I}}$ kleiner als die entsprechende Wärmemenge $Q_{1,\mathrm{II}}$. Wegen $W = |Q_{\mathrm{ÜC1,I}}| - |Q_{\mathrm{ÜC2,I}}|$ (1. Hauptsatz) gilt dann auch $|Q_{\mathrm{ÜC2,I}}| < |Q_{2,\mathrm{II}}|$. Da nun die durch die Übercarnot-Maschine (I) von $T_1$ nach $T_2$ transportierten Wärmen kleiner sind als die durch die Carnot-Maschine (II) von $T_2$ nach $T_1 > T_2$ transportierten Wärmen, wäre der Gesamteffekt der beiden gekoppelten Maschinen nicht mehr null, sondern es würde periodisch ohne Arbeitsaufwand Wärme vom Wärmereservoir tieferer Temperatur zum Wärmereservoir höherer Temperatur transportiert werden. Das ist jedoch nach dem 2. Hauptsatz der Thermodynamik (Theorem von Clausius) nicht möglich. Die Voraussetzung, die Existenz einer „Übercarnot-Maschine", trifft also nicht zu, der Carnot-Wirkungsgrad ist der größtmögliche.

Daraus folgt ferner, dass der thermische Wirkungsgrad des Carnot-Prozesses (8-100) für jeden reversibel geführten Kreisprozess zwischen den gleichen Temperaturen gilt. Technische Kreisprozesse sind jedoch mehr oder weniger irreversibel und haben stets einen kleineren Wirkungsgrad als der Carnot-Prozess:

$$\eta_\mathrm{irr} < \eta_\mathrm{rev} = \frac{-W}{Q_1} = \frac{T_1 - T_2}{T_1}\,. \qquad (8\text{-}107)$$

Für den reversibel geführten Carnot-Prozess gilt nach (8-98) und (8-99) die Energiebilanz $-W = Q_1 + Q_2$ mit $Q_2 < 0$. Damit folgt aus (8-106)

$$\frac{Q_2}{Q_1} = -\frac{T_2}{T_1} \quad \text{bzw.} \quad \frac{Q_1}{T_1} + \frac{Q_2}{T_2} = 0\,. \qquad (8\text{-}108)$$

Danach sind die reversibel ausgetauschten Wärmen $Q_i$ den Temperaturen $T_i$ während des Austausches proportional. Die Betrachtung des Carnot-Prozesses hat gezeigt, dass Wärmeenergie bei höherer Temperatur besser nutzbar ist als bei tieferer

Temperatur. Ein (reziprokes) Maß für die „Nutzbarkeit" ist die reduzierte Wärme $Q/T$. Nach (8-108) ist für *reversible Kreisprozesse* die Summe der reduzierten Wärmen gleich 0:

$$\sum \frac{Q_{\text{rev}}}{T} = 0 \quad \text{bzw.} \quad \oint \frac{\mathrm{d}Q_{\text{rev}}}{T} = 0 \,. \qquad (8\text{-}109)$$

Bei *irreversiblen Kreisprozessen* folgt dagegen aus (8-107)

$$\sum \frac{Q}{T} < 0 \quad \text{bzw.} \quad \oint \frac{\mathrm{d}Q}{T} < 0 \,. \qquad (8\text{-}110)$$

Für zwei Punkte 1 und 2 eines beliebigen, reversiblen Kreisprozesses (Bild 8-30), der sich z. B. aus differenziell kleinen isothermen und adiabatischen Zustandsänderungen zusammensetzen lässt, gilt dann nach (8-109) für die beiden Prozessteilwege (a) und (b)

$$\underset{(a)}{\int_1^2 \frac{\mathrm{d}Q_{\text{rev}}}{T}} + \underset{(b)}{\int_2^1 \frac{\mathrm{d}Q_{\text{rev}}}{T}} = 0 \quad \text{bzw.}$$
$$\underset{(a)}{\int_1^2 \frac{\mathrm{d}Q_{\text{rev}}}{T}} = \underset{(b)}{\int_1^2 \frac{\mathrm{d}Q_{\text{rev}}}{T}} \,. \qquad (8\text{-}111)$$

Gleichung (8-111) zeigt, dass bei reversibler Prozessführung das Integral über die reduzierten Wärmen allein vom Anfangs- und Endzustand abhängig ist, nicht aber vom Wege, längs dessen die Zustandsänderung erfolgt. Das Integral der reduzierten Wärmen bei reversibler Zustandsänderung stellt daher eine Zustandsfunktion dar, die als Entropie $S$ bezeichnet wird. Die differenzielle *Entropieänderung* $\mathrm{d}S$ und die *Entropiedifferenz* $\Delta S$ zwischen zwei Zuständen betragen dann

$$\mathrm{d}S = \frac{\mathrm{d}Q_{\text{rev}}}{T}$$

$$\text{bzw.} \quad \Delta S = S_2 - S_1 = \int_1^2 \frac{\mathrm{d}Q_{\text{rev}}}{T} \,. \qquad (8\text{-}112)$$

Für die *Zustandsfunktion* Entropie lässt sich allgemein schreiben

$$S = \int \frac{\mathrm{d}Q_{\text{rev}}}{T} + S_0 \,. \qquad (8\text{-}113)$$

Die Konstante $S_0$ kann frei gewählt und damit der Nullpunkt der Entropie beliebig festgelegt werden, da physikalisch nur Entropieänderungen von Bedeutung sind. In der Technik wird daher der Nullpunkt der Entropie meist willkürlich auf die Temperatur $T_0 = 273{,}15\,\text{K} = 0\,°\text{C}$ gelegt.

SI-Einheit: $[S] = \text{J/K}$ .

Bei reversibel geführten adiabatischen Prozessen ist $\mathrm{d}Q_{\text{rev}} = 0$, d. h., $\Delta S = 0$ oder $S = \text{const}$: Die Entropie bleibt konstant. *Reversible adiabatische Prozesse* sind daher gleichzeitig *isentropische Prozesse*. Für irreversible Zustandsänderungen folgt aus (8-110) und (8-112)

$$\int_1^2 \frac{\mathrm{d}Q}{T} < \int_1^2 \frac{\mathrm{d}Q_{\text{rev}}}{T} = S_2 - S_1 = \Delta S \,. \qquad (8\text{-}114)$$

d. h., der Entropiezuwachs ist größer als das Integral der reduzierten Wärme. Für abgeschlossene Systeme ist $\mathrm{d}Q = 0$. Ist das System nicht im thermischen Gleichgewicht, so laufen die Prozesse in ihm insgesamt irreversibel ab, das System strebt dem thermischen Gleichgewicht zu. Aus (8-114) ergibt sich wegen $\mathrm{d}Q = 0$ für *abgeschlossene Systeme*

$$S_2 - S_1 = \Delta S > 0 \quad \text{oder} \quad S_2 > S_1 \,. \qquad (8\text{-}115)$$

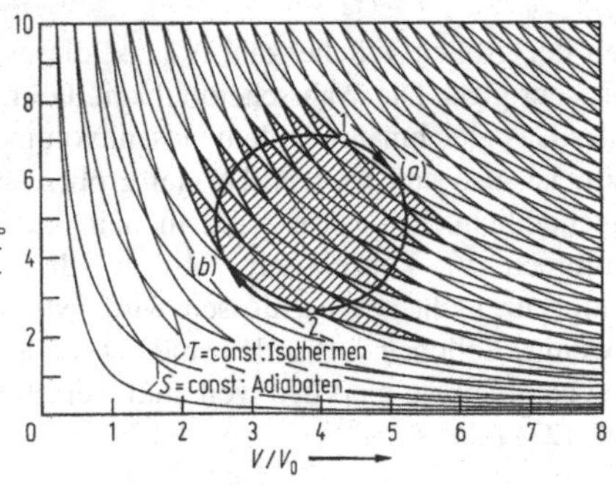


**Bild 8-30.** Beliebiger Kreisprozess aus Isothermen- und Adiabatenstücken

Daraus folgt eine andere Formulierung des 2.Hauptsatzes der Thermodynamik:

*Entropiesatz*: In einem endlichen, abgeschlossenen System nimmt die Entropie stets zu und strebt einem Maximalwert zu. Nur solche Prozesse, bei denen die Entropie wächst, laufen von selbst ab.

*Beispiele* für Entropieänderungen:

*Entropie des idealen Gases*:
Besteht die bei einer reversiblen Expansion eines idealen Gases geleistete Arbeit aus Volumenarbeit $-\mathrm{d}W = p\,\mathrm{d}V$, so lautet der 1. Hauptsatz (8-74)

$$\mathrm{d}Q_{\mathrm{rev}} = \mathrm{d}U + p\,\mathrm{d}V\,. \tag{8-116}$$

Mit (8-111) folgt daraus für die Entropieänderung

$$\mathrm{d}S = \frac{\mathrm{d}U + p\,\mathrm{d}V}{T}\,. \tag{8-117}$$

Durch Einsetzen der Zustandsgleichung für die Stoffmenge $\nu$ eines idealen Gases (8-26) und von $\mathrm{d}U = \nu C_{\mathrm{m}V}\mathrm{d}T$ (8-82) ergibt sich nach Integration für die Entropiedifferenz eines idealen Gases zwischen den Zuständen $(V_1, T_1)$ und $(V_2, T_2)$

$$\Delta S = S_2 - S_1 = \nu C_{\mathrm{m}V} \ln \frac{T_2}{T_1} + \nu R \ln \frac{V_2}{V_1}\,. \tag{8-118}$$

Sonderfälle:
*Isochore Zustandsänderung*: $V_2 = V_1 = \mathrm{const}$, d. h.,

$$\Delta S = \nu C_{\mathrm{m}V} \ln \frac{T_2}{T_1}\,. \tag{8-119}$$

*Isotherme Zustandsänderung*: $T_2 = T_1 = \mathrm{const}$, d. h.,

$$\Delta S = \nu R \ln \frac{V_2}{V_1}\,. \tag{8-120}$$

Die Entropiezunahme (8-120) gilt auch für die irreversible Expansion eines idealen Gases in das Vakuum (Gay-Lussac-Versuch). Der hierbei ausbleibende Wärmeaustausch mit der Umgebung bedeutet nicht, dass die Entropie konstant bliebe.

*Phasenübergänge von Stoffen*
Beim Schmelzen (Erstarren) oder Verdampfen (Kondensieren) der Stoffmenge $\nu$ eines Stoffes muss die Umwandlungsenthalpie $\nu \Delta H_{\mathrm{mu}}$ zugeführt (freigesetzt) werden, wobei die Umwandlungstemperatur $T_{\mathrm{u}}$ konstant bleibt ($\Delta H_{\mathrm{mu}}$ molare Umwandlungsenthalpie, siehe 8.6.2). Die Entropiezunahme (-abnahme) beträgt demnach

$$\Delta S = \frac{1}{T_{\mathrm{u}}} \int_1^2 \mathrm{d}Q_{\mathrm{rev}} = \nu \frac{\Delta H_{\mathrm{mu}}}{T_{\mathrm{u}}}\,. \tag{8-121}$$

*Wärmeleitung*:
Die Entropiezunahme beim Übergang einer Wärmemenge $Q$ von einem wärmeren Körper der Temperatur $T_1$ auf einen kälteren Körper der Temperatur $T_2$ beträgt nach (8-112)

$$\Delta S = S_2 - S_1 = \frac{Q}{T_2} - \frac{Q}{T_1} = Q \frac{T_1 - T_2}{T_1 T_2}\,. \tag{8-122}$$

**Entropie und Wahrscheinlichkeit**

Wahrscheinlichkeitsbetrachtung: Ein Volumen $V_2$ enthalte 1 mol eines idealen Gases (d. h. $N_{\mathrm{A}*} = N_{\mathrm{A}} \cdot (1\,\mathrm{mol}) = 6{,}022\ldots \cdot 10^{23}$ Moleküle). Die Wahrscheinlichkeit $W$, dass sich davon ein bestimmtes Molekül in einem bestimmten, kleineren Teilvolumen $V_1$ befinde, ist $W_{1,1} = V_1/V_2$. Die Wahrscheinlichkeit dafür, dass sich zwei Moleküle gleichzeitig in $V_1$ befinden, ist $W_{1,2} = (V_1/V_2)^2$, usw., entsprechend für alle $N_{\mathrm{A}*}$ Moleküle in $V_1$: $W_{1,N_{\mathrm{A}*}} = (V_1/V_2)^{N_{\mathrm{A}*}}$. Wegen der Größe der Avogadro-Konstante $N_{\mathrm{A}}$ (siehe 8.1) ist diese Wahrscheinlichkeit sehr klein. Hingegen ist es gewiss, dass sich alle $N_{\mathrm{A}*}$ Moleküle in $V_2$ befinden: $W_{2,N_{\mathrm{A}*}} = 1$. Das Verhältnis der Wahrscheinlichkeiten dafür, dass sich alle Moleküle in $V_2$ bzw. in $V_1$ befinden, ist demnach

$$\frac{W_{2,N_{\mathrm{A}*}}}{W_{1,N_{\mathrm{A}*}}} = \left(\frac{V_2}{V_1}\right)^{N_{\mathrm{A}*}}\,. \tag{8-123}$$

Wegen der großen Teilchenzahl $N_{\mathrm{A}*}$ ist dieses Verhältnis sehr groß. Die Wahrscheinlichkeit dafür, dass sich das Gas gleichmäßig in dem Gesamtvolumen $V_2$ verteilt, ist also außerordentlich viel größer als die Wahrscheinlichkeit, dass es sich in dem kleineren Teilvolumen $V_1$ konzentriert, obwohl dies vom 1. Hauptsatz nicht ausgeschlossen wird. Nur wenn sehr wenige Teilchen vorhanden sind, ist die letztere Wahrscheinlichkeit merklich von null verschieden. Aus (8-123) folgt

$$\ln \frac{W_2}{W_1} = N_{\mathrm{A}*} \ln \frac{V_2}{V_1}\,, \tag{8-124}$$

und weiter aus dem Vergleich mit der Entropieänderung (8-120) bei der Expansion $V_1 \to V_2$ in das Vakuum und bei Beachtung von $R/N_A = k$

$$\Delta S = k \ln \frac{W_2}{W_1}, \qquad (8\text{-}125)$$

oder allgemein die Boltzmann-Beziehung

$$S = k \ln W. \qquad (8\text{-}126)$$

Die Entropie ist demnach ein Maß für die Wahrscheinlichkeit eines Zustandes. Die Entropie nimmt zu mit steigender Wahrscheinlichkeit des erreichten Zustandes. Prozesse, bei denen der Endzustand wahrscheinlicher ist als der Anfangszustand ($\Delta S > 0$), laufen in abgeschlossenen Systemen von selbst ab (z. B. Diffusion, Wärmeleitung, vgl. 9 Transporterscheinungen). Vorgänge, bei denen $\Delta S < 0$ ist, sind nur unter Energiezufuhr von außen möglich. Auch reversible Prozesse (z. B. Carnot-Prozess) laufen nicht von allein ab, da hier $\Delta S = 0$ bzw. in jedem Stadium Gleichgewicht vorausgesetzt ist.

# 9 Transporterscheinungen

Atome bzw. Moleküle in Gasen, Flüssigkeiten und Festkörpern oder auch elektrische Ladungsträger (Elektronen, Löcher bzw. Defektelektronen, Ionen) in Gasplasmen, Elektrolyten, Halbleitern und Metallen sind nach 8 in ständiger thermischer Bewegung. Ist außerdem ein räumliches Ungleichgewicht vorhanden, z. B. ein Teilchenkonzentrationsgefälle, ein Temperaturgefälle, ein Geschwindigkeitsgefälle oder (bei elektrischen Ladungsträgern) ein elektrisches Potenzialgefälle, so entstehen Ströme von Teilchen, Ladungen usw., die so gerichtet sind, dass das Gefälle (der Gradient) abgebaut wird. Es handelt sich also um irreversible Ausgleichsvorgänge in Vielteilchensystemen, die unter dem gemeinsamen Oberbegriff „Transporterscheinungen“ behandelt werden können. Insbesondere gehören dazu

- Diffusion: Transport von *Teilchen* (*Materie*),
- Wärmeleitung: Transport von *Energie*,
- innere Reibung (Viskosität) bei Strömungen: Transport von *Impuls*,
- elektrische Leitung: Transport von *Ladung* (siehe 16).

Die folgenden Betrachtungen insbesondere zur Wärmeleitung, Diffusion und Viskosität sind die Grundlage für die weitergehende Behandlung des Energie- und Stofftransports in Abschnitt F 4 und der reibungsbehafteten Strömungen in den Abschnitten E 8.3 und E 8.4.

## 9.1 Stoßquerschnitt, mittlere freie Weglänge

Eine wichtige Größe bei Transportvorgängen ist die „mittlere freie Weglänge“ $l_c$, das ist der Weg, der im Mittel von einem Teilchen zwischen zwei Stößen mit anderen Teilchen zurückgelegt werden kann. Sie hängt vor allem vom „Stoßquerschnitt“ ab, der sich beim Modell der starren Kugeln mit endlichem Radius $r$ für die Teilchen wie folgt berechnen lässt: Bewegt sich ein Strom von Teilchen (Radius $r_1$) durch ein System von anderen Teilchen (Radius $r_2$), so gilt mit $R = r_1 + r_2$ und dem Stoßparameter $b$ als Abstand des Mittelpunktes des Teilchens 2 von der ungestörten Bahn des Mittelpunktes des Teilchens 1 (Bild 9-1):

$$\text{Es erfolgt ein Stoß, wenn } b < R,$$
$$\text{kein Stoß, wenn } b > R.$$

Stöße erfolgen also dann, wenn innerhalb eines Zylinders vom Radius $R = r_1 + r_2$ um die Bewegungsrichtung des stoßenden Teilchens Mittelpunkte anderer Teilchen liegen (Bild 9-2). Die Querschnittsfläche $\sigma$ dieses Zylinders heißt *Stoßquerschnitt* oder *gaskinetischer Wirkungsquerschnitt*:

$$\sigma = \pi R^2 = \pi(r_1 + r_2)^2$$
$$\text{bzw.} \quad \sigma = 4\pi r^2 \quad \text{für} \quad r_1 = r_2 = r. \qquad (9\text{-}1)$$

Die mittlere Stoßzahl $\bar{Z}$ während der Zeit $t$ ergibt sich aus dem vom stoßenden Teilchen mit seinem Stoß-

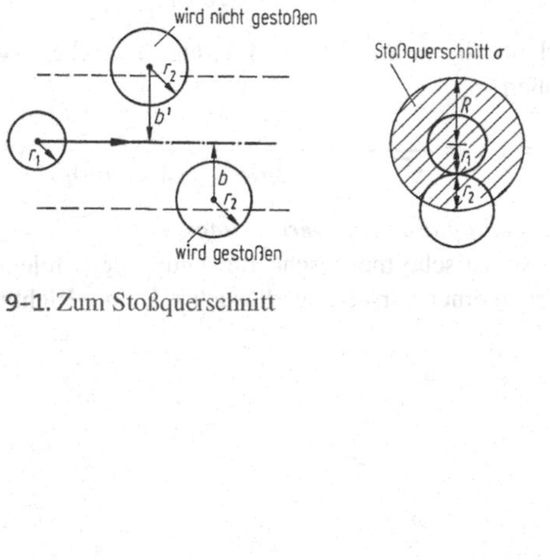


**Bild 9-1.** Zum Stoßquerschnitt

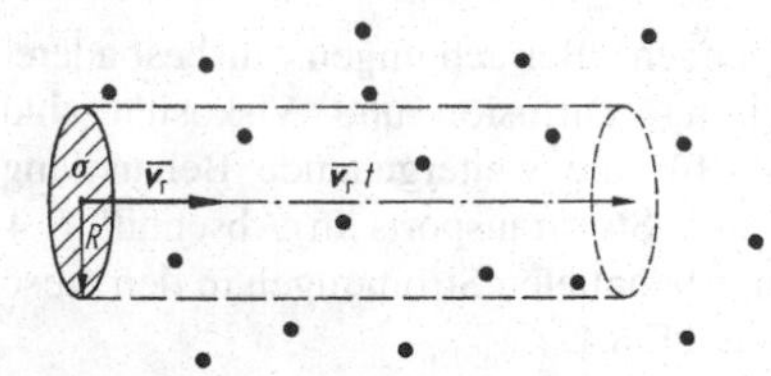


**Bild 9-2.** Zur Berechnung der Stoßzahl

querschnitt $\sigma$ in der Zeit $t$ im Mittel überstrichenen Zylindervolumen der Länge $\bar{v}_r t$ (Bild 9-2) sowie aus der Teilchenzahldichte $n$:

$$\bar{Z} = \sigma \bar{v}_r t n \; ; \tag{9-2a}$$

mittlere Stoßfrequenz:

$$\nu_c = \frac{\bar{Z}}{t} = \sigma \bar{v}_r n \; . \tag{9-2b}$$

Hierin ist $\bar{v}_r$ die mittlere Relativgeschwindigkeit zwischen stoßendem und gestoßenen Teilchen. Da sich auch die gestoßenen Teilchen bewegen, ist $\bar{v}_r$ nicht gleich der mittleren Teilchengeschwindigkeit $\bar{v}$, sondern ergibt sich aus den Einzelgeschwindigkeiten $\boldsymbol{v}_1$ und $\boldsymbol{v}_2$ gemäß

$$\overline{v_r^2} = \overline{(\boldsymbol{v}_1 - \boldsymbol{v}_2)^2} = \overline{v_1^2} + \overline{v_2^2}, \quad \text{da} \quad \overline{\boldsymbol{v}_1 \cdot \boldsymbol{v}_2} = 0 \; . \tag{9-3}$$

Vernachlässigt man den Unterschied zwischen $\overline{v^2}$ und $\bar{v}^2$, so gilt, wenn beide Stoßpartner Teilchen gleicher Sorte sind ($\bar{v}_1 = \bar{v}_2 = \bar{v}$),

$$\bar{v}_r \approx \bar{v}\sqrt{2} \; . \tag{9-4}$$

$\bar{v}$ kann bei Gasmolekülen aus (8-4) oder näherungsweise aus (8-31) berechnet werden. Damit folgt für die mittlere Flugzeit zwischen zwei Stößen

$$\tau_c = \frac{1}{\nu_c} = \frac{1}{\sqrt{2}\,\sigma \bar{v} n} \tag{9-5}$$

und für die *mittlere freie Weglänge* zwischen zwei Stößen

$$l_c = \bar{v}\tau_c = \frac{1}{\sqrt{2}\,\sigma n} = \frac{1}{\sqrt{2}\pi R^2 n} = \frac{1}{4\sqrt{2}\pi r^2 n} \; . \tag{9-6}$$

*Mittlere quadratische Verrückung*:
Die statistische thermische Bewegung der Moleküle führt zu einer Versetzung, die sich z. B. in $x$-Richtung

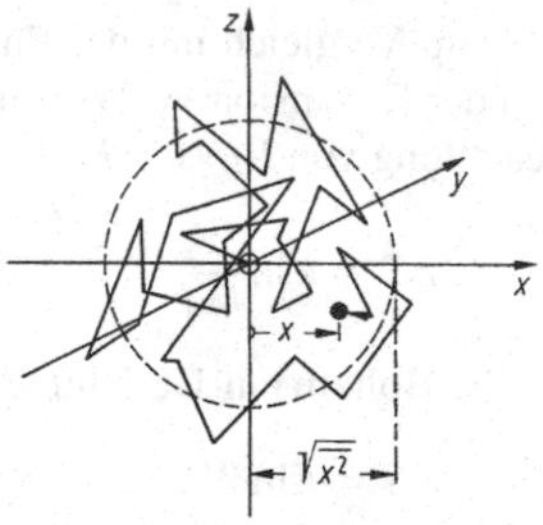


**Bild 9-3.** Bereich der mittleren quadratischen Verrückung bei der statistischen Molekularbewegung

aus den $x$-Komponenten $s_{x,i}$ der statistischen Einzelversetzungen zwischen jeweils zwei Stößen zusammensetzen (Bild 9-3), bei $Z$ Stößen also:

$$x = \sum_{i=1}^{Z} s_{x,i} \; . \tag{9-7}$$

Im zeitlichen Mittel wird die Versetzung wegen der statistischen Unabhängigkeit der Einzelversetzungen verschwinden, jedoch wird die Schwankung (Streuung) von $x$ mit der Zeit zunehmen. Für das mittlere Verrückungsquadrat folgt

$$\overline{x^2} = \sum_i \overline{s_{x,i}^2} = Z\overline{s_x^2} \; , \tag{9-8}$$

da die gemischten Glieder ebenfalls wegen der statistischen Unabhängigkeit der Einzelversetzungen verschwinden. Mit $\overline{s_x} = \overline{v_x}\tau_c$ und mit (8-6) wird aus (9-8)

$$Z\overline{s_x^2} \approx Z\overline{v_x^2}\tau_c^2 = \frac{1}{3}\overline{v^2}\tau_c^2 Z \; , \tag{9-9}$$

worin $\tau_c$ die mittlere freie Flugdauer zwischen zwei Stößen ist. Wegen $Z\tau_c = t$ ergibt sich schließlich als *mittlere quadratische Verrückung* näherungsweise

$$\overline{x^2} \approx \frac{1}{3}\overline{v^2}\tau_c t \; . \tag{9-10}$$

Der Schwankungsbereich $\Delta x = \sqrt{\overline{x^2}} \sim \sqrt{t}$ wird also mit der Beobachtungszeit $t$ größer.

## 9.2 Molekulardiffusion

Der durch die thermische Bewegung bewirkte Transport von Atomen und Molekülen in Gasen,

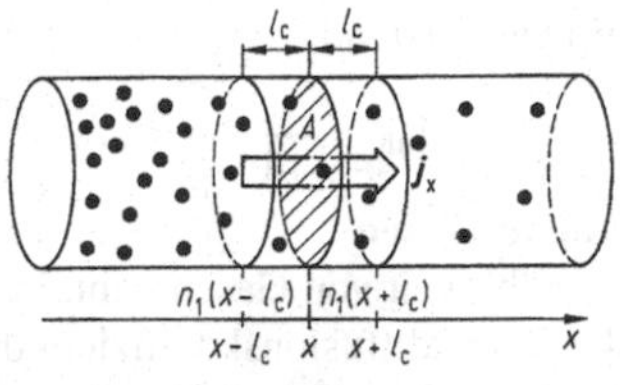


**Bild 9-4.** Zum Fick'schen Gesetz der Diffusion

Flüssigkeiten und Festkörpern wird Diffusion genannt. Bei der Diffusionsbewegung von Molekülen in einem Stoff, der aus Molekülen derselben Art besteht, spricht man von Eigen- oder Selbstdiffusion, im anderen Falle von Fremddiffusion.

Ist ein räumliches Gefälle der Teilchenkonzentration $n$ vorhanden, so führt die Diffusion zu einem gerichteten Massentransport, einem Teilchenstrom in Richtung der geringeren Teilchenkonzentration. Bei einem eindimensionalen Konzentrationsgefälle $\mathrm{d}n/\mathrm{d}x$ in $x$-Richtung (Bild 9-4) gilt im stationären (zeitunabhängigen) Fall für die Teilchenstromdichte $j$ das 1. *Fick'sche Gesetz*

$$j \equiv \frac{\mathrm{d}N}{A\,\mathrm{d}t} = -D\frac{\mathrm{d}n}{\mathrm{d}x}\,, \tag{9-11}$$

$\mathrm{d}N$: effektive Teilchenzahl, die in der Zeit $\mathrm{d}t$ durch einen Querschnitt $A$ geht (Bild 9-4).

$D$ Diffusionskoeffizient, temperaturabhängig.

SI-Einheit: $[D] = \mathrm{m^2/s}$ .

**Selbstdiffusion in Gasen**

Trotz der hohen mittleren thermischen Geschwindigkeit $\bar{v}$ (Bild 8-1 und 8-5) geht die Diffusion zweier Gase ineinander verhältnismäßig langsam vonstatten, wie bei farbigen Gasen, z. B. Bromdampf in Luft, leicht beobachtet werden kann. Das liegt an der ständigen Richtungsumlenkung der Moleküle durch Stöße (Bild 9-3) und wird vor allem durch die mittlere freie Weglänge bestimmt. Die Selbstdiffusion von Molekülen in einem Gas gleichartiger Moleküle kann experimentell nur durch Markierung einer Zahl von Molekülen, deren Diffusion verfolgt werden soll, untersucht werden. Die Markierung der Moleküle kann z. B. darin bestehen, dass ihre Atomkerne radioaktiv sind. Ihre Konzentration sei $n_1$ und in $x$-Richtung ortsabhängig: $n_1 = n_1(x)$. Die Gesamtkonzentration $n$ der Moleküle sei jedoch ortsunabhängig. Dann gilt nach (9-11) für die Diffusionsstromdichte $j_x$ der markierten Moleküle das Fick'sche Gesetz

$$j_x = -D_\mathrm{s}\frac{\mathrm{d}n_1}{\mathrm{d}x}\,, \tag{9-12}$$

worin $D_\mathrm{s}$ der Selbstdiffusionskoeffizient ist. Er lässt sich durch eine Teilchenstrombilanz über die mittlere freie Weglänge berechnen. Im Mittel bewegen sich etwa 1/6 der markierten Moleküle in $+x$-Richtung und 1/6 in $-x$-Richtung. Durch eine Querschnittsfläche $A$ an der Stelle $x = \mathrm{const}$ (Bild 9-4) bewegen sich in $+x$-Richtung Moleküle, die im Durchschnitt in der Ebene $x - l_\mathrm{c} = \mathrm{const}$ den letzten Stoß erlitten haben und daher eine Teilchenkonzentration $n_1(x - l_\mathrm{c})$ haben (kein Produkt!). Ihre Teilchenstromdichte ist also $\bar{v}n_1(x - l_\mathrm{c})/6$. Entsprechendes gilt für die $-x$-Richtung. Die Netto-Teilchenstromdichte beträgt daher

$$\begin{aligned} j_x &= \frac{1}{6}\bar{v}n_1(x - l_\mathrm{c}) - \frac{1}{6}\bar{v}n_1(x + l_\mathrm{c}) \\ &= \frac{1}{6}\bar{v}\left[-2l_\mathrm{c}\frac{\partial n_1}{\partial x}\right]. \end{aligned} \tag{9-13}$$

Der Vergleich mit (9-12) liefert für den Selbstdiffusionskoeffizienten

$$D_\mathrm{s} = \frac{1}{3}\bar{v}l_\mathrm{c}\,. \tag{9-14}$$

Mit (8-31) und (8-32) und (9-6) folgt daraus

$$D_\mathrm{s} = \frac{1}{\sqrt{6}}\cdot\frac{1}{n\sigma}\sqrt{\frac{kT}{m}} = \frac{1}{\sqrt{6}}\cdot\frac{1}{p\sigma}\sqrt{\frac{(kT)^3}{m}}\,, \tag{9-15}$$

d. h., es gilt für

$$T = \mathrm{const:}\quad D_\mathrm{s} \sim \frac{1}{n} \sim \frac{1}{p}\,, \tag{9-16a}$$

und für

$$p = \mathrm{const:}\quad D_\mathrm{s} \sim T^{3/2}\,. \tag{9-16b}$$

Ferner diffundieren leichte Moleküle (z. B. He, $H_2$) wegen $D_\mathrm{s} \sim 1/\sqrt{m}$ schneller als schwere.

## 9.3 Wärmeleitung

Thermische Energie wird durch Wärmeleitung, durch Konvektion und durch Wärmestrahlung transportiert. Die *Wärmestrahlung* (Transport von Energie durch

elektromagnetische Strahlung) wird in 20.2 behandelt. *Konvektion* ist die durch unterschiedliche Massendichte als Folge von Temperaturunterschieden in Flüssigkeiten oder Gasen hervorgerufene Auftriebsströmung im Schwerefeld, die hier nicht weiter behandelt wird. *Wärmeleitung* bezeichnet den Wärmestrom in Materie, der im Gegensatz zur Konvektion nicht durch einen Massenstrom vermittelt wird, sondern durch Weitergabe der thermischen Energie, z. B. in Gasen durch Stoß von Molekül zu Molekül, in Festkörpern über elastische Wellen (Phononen), in Metallen zusätzlich durch Stöße zwischen den Elektronen des quasifreien Leitungselektronengases, in Richtung der niedrigeren Temperatur, d. h. der niedrigeren Energiekonzentration.
Bei Vorhandensein eines Temperaturgefälles $\mathrm{d}T/\mathrm{d}z$ in $z$-Richtung (Bild 9-5) gilt im stationären Fall für die Wärmestromdichte $q$ analog zum Fick'schen Gesetz der Diffusion das *Fourier'sche Gesetz*

$$q \equiv \frac{\mathrm{d}Q}{A\,\mathrm{d}t} = -\lambda \frac{\mathrm{d}T}{\mathrm{d}z}\,. \qquad (9\text{-}17)$$

($\mathrm{d}Q$ Wärmemenge, die in der Zeit $\mathrm{d}t$ effektiv durch einen Querschnitt $A$ geht (Bild 9-5), $\lambda$ Wärmeleitfähigkeit), Werte für die Wärmeleitfähigkeit von Werkstoffen siehe Tabelle D 9-5.

$$\text{SI-Einheit: } [\lambda] = \mathrm{J/(s \cdot m \cdot K) = W/(m \cdot K)}\,.$$

Für einen homogenen Zylinder der Länge $l$ folgt aus (9-17) für den *Wärmestrom* $\Phi$ bei einer Temperaturdifferenz $\Delta T = T_1 - T_2$ (in Analogie zum Ohm'schen Gesetz des elektrischen Stromes, vgl. 12-6) das sog. *Ohm'sche Gesetz der Wärmeleitung*

$$\Phi = \frac{\mathrm{d}Q}{\mathrm{d}t} = \frac{\Delta T}{R_{\mathrm{th}}}$$

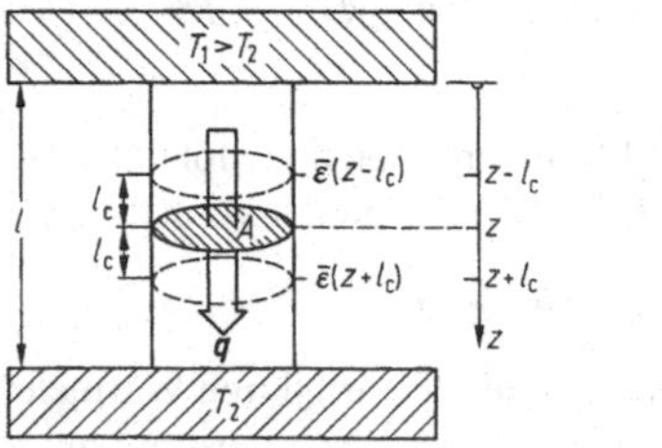


**Bild 9-5.** Zum Fourier'schen Gesetz der Wärmeleitung

mit dem Wärmewiderstand

$$R_{\mathrm{th}} = \frac{l}{\lambda A}\,. \qquad (9\text{-}18)$$

**Wärmeleitung in Gasen**

Die Wärmeleitfähigkeit von Gasen kann in ähnlicher Weise wie der Selbstdiffusionskoeffizient durch eine Wärmestrombilanz über die mittlere freie Weglänge berechnet werden. Im Mittel bewegen sich $1/6$ der Moleküle in $+z$-Richtung und $1/6$ in $-z$-Richtung. Durch eine Querschnittsfläche $A$ an der Stelle $z$ = const (Bild 9-5) bewegen sich in $+z$-Richtung Moleküle, die im Durchschnitt in der Ebene $z - l_c$ = const den letzten Stoß erlitten haben und daher eine mittlere thermische Energie $\bar{\varepsilon}(z - l_c)$ haben (kein Produkt!). Die zugehörige Wärmestromdichte ist also $\bar{v}n\bar{\varepsilon}(z-l_c)/6$. Entsprechendes gilt für die $-z$-Richtung. Für die Netto-Wärmestromdichte folgt daher analog zu (9-13)

$$q_z = \frac{1}{6}\bar{v}n\left[-2l_c\frac{\partial\bar{\varepsilon}}{\partial z}\right] = -\frac{1}{3}\bar{v}nl_c\frac{\partial\bar{\varepsilon}}{\partial T}\cdot\frac{\partial T}{\partial z}\,. \qquad (9\text{-}19)$$

Der Vergleich mit (9-17) liefert für die *Wärmeleitfähigkeit von Gasen*

$$\lambda = \frac{1}{3}\bar{v}nl_c\frac{\partial\bar{\varepsilon}}{\partial T}\,. \qquad (9\text{-}20)$$

$\partial\bar{\varepsilon}/\partial T$ ist die Wärmekapazität bei konstantem Volumen pro Molekül, siehe 8.6.1. Sie hängt von der Zahl der angeregten Freiheitsgrade ab. Für einatomige Gase ist gemäß (8-28) die mittlere thermische Energie pro Molekül $\bar{\varepsilon} = 3\mathrm{k}T/2$ und damit die *Wärmeleitfähigkeit einatomiger Gase*

$$\lambda = \frac{1}{2}k\bar{v}nl_c\,. \qquad (9\text{-}21)$$

Da nach (9-6) die mittlere freie Weglänge $l_c \sim n^{-1} \sim p^{-1}$ ist, bleibt die Wärmeleitfähigkeit von Gasen unabhängig vom Druck $p$. Wenn jedoch bei niedrigen Drücken die mittlere freie Weglänge größer als die Dimension $d$ des Vakuumgefäßes wird, in dem das Gas eingeschlossen ist, so ist in (9-20) und (9-21) $l_c$ durch $d$ (= const) zu ersetzen. In diesem Druckbereich wird die Wärmeleitfähigkeit wegen des verbleibenden Faktors $n$ proportional zum Druck (Anwendung im Pirani-Manometer).
Sowohl $\bar{v}$ als auch $l_c$ nehmen mit steigender Molekülmasse bzw. -größe ab. Daher ist die Wärmeleitfähigkeit für leichte Atome bzw. Moleküle größer als für

schwere. Dieser Effekt wird z. B. für Gasdetektoren zum Nachweis von Wasserstoff (im Stadtgas enthalten) ausgenutzt.

## 9.4 Innere Reibung: Viskosität

Bei strömenden Flüssigkeiten und Gasen tritt neben dem Massentransport der Strömung noch ein weiteres Transportphänomen auf, bei dem die transportierte Größe nicht so deutlich zutage liegt: Die Viskosität (Zähigkeit) als Folge der inneren Reibung, die zu beobachten ist, wenn benachbarte Schichten des Mediums unterschiedliche Strömungsgeschwindigkeiten $v$ haben, also ein Geschwindigkeitsgefälle vorhanden ist.
Molekularkinetisch lässt sich die innere Reibung als *Impulstransport* quer zur Strömungsrichtung deuten. Durch die thermische Bewegung der Moleküle tauschen benachbarte, mit unterschiedlicher Geschwindigkeit strömende Flüssigkeitsschichten Moleküle aus (Bild 9-6). Dadurch gelangen aus der langsamer strömenden Schicht Moleküle mit entsprechend niedrigem Strömungsimpuls in die benachbarte, schneller strömende Schicht und erniedrigen damit dort die mittlere Strömungsgeschwindigkeit. In umgekehrter Richtung gelangen Moleküle mit höherem Strömungsimpuls aus der schneller strömenden in die langsamer strömende Schicht und erhöhen dort die mittlere Strömungsgeschwindigkeit. Um die ursprüngliche Geschwindigkeitsdifferenz aufrecht zu erhalten und die Wirkung des Impulsaustausches zu kompensieren, muss daher eine dementsprechende Schubspannung $\tau_x$ angewendet werden. Die Impulsstromdichte $j_{xz}$, d. h. der auf Fläche und Zeit bezogene, effektiv in $z$-Richtung transportierte Strömungsimpuls, ist nach dem Newton'schen Kraftgesetz (3-5) gleich der erzeugten Schub- oder

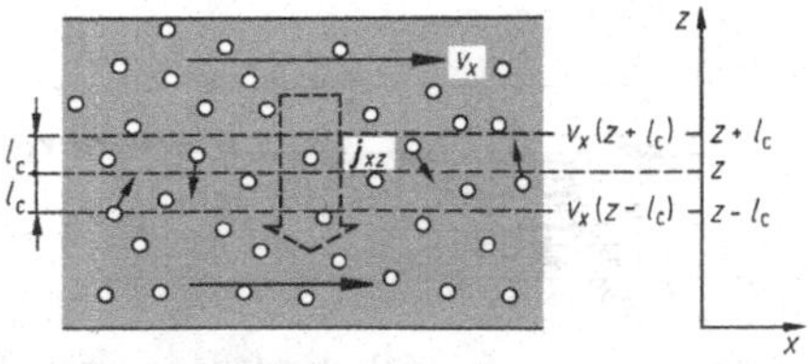


**Bild 9-6.** Impulstransport senkrecht zur Strömungsrichtung bei viskoser Strömung

Scherspannung $\tau_x$:

$$j_{xz} \equiv \frac{\mathrm{d}p_x}{A\,\mathrm{d}t} = \tau_x\,. \qquad (9\text{-}22)$$

Andererseits ist die Impulsstromdichte analog zu den schon behandelten Transportvorgängen proportional zum Geschwindigkeitsgefälle $\mathrm{d}v_x/\mathrm{d}z$ anzusetzen:

$$j_{xz} \sim -\frac{\mathrm{d}v_x}{\mathrm{d}z}\,. \qquad (9\text{-}23)$$

Aus (9-22) und (9-23) folgt das *Newton'sche Reibungsgesetz* der viskosen Strömung:

$$\tau_x = -\eta\frac{\mathrm{d}v_x}{\mathrm{d}z}\,. \qquad (9\text{-}24)$$

$\eta$ *dynamische Viskosität* (früher auch Zähigkeit)

SI-Einheit: $[\eta] = \mathrm{N\cdot s/m^2} = \mathrm{Pa\cdot s}$.
Bis 1977 gültige CGS-Einheit:
$1\ \mathrm{Poise} = 1\ \mathrm{P} = 1\ \mathrm{g/(cm\cdot s)} = 0{,}1\ \mathrm{Pa\cdot s}$.
Üblich: $1\ \mathrm{cP} = 1\ \mathrm{mPa\cdot s}$.

Gelegentlich wird auch die auf die Dichte $\varrho$ bezogene *kinematische Viskosität* $\nu = \eta/\varrho$ benutzt.
Flüssigkeiten, für die der Ansatz (9-24) streng gilt, werden *Newton'sche* bzw. rein oder linear viskose *Flüssigkeiten* genannt (vgl. E 7.2). Die Viskosität ist stark temperaturabhängig (Motorenöle!). Bei manchen zähen Medien hängt die Viskosität auch von der Geschwindigkeit $v$ ab: $\eta$ steigt (Honig, spezielle Polymerkitte) oder sinkt mit $v$ (Margarine, thixotrope Farben).

#### Viskosität von Gasen

In analoger Weise wie bei der Selbstdiffusion und bei der Wärmeleitung von Gasen kann die Viskosität von Gasen mithilfe der obigen Vorstellung des thermischen Impulstransportes senkrecht zur Strömungsrichtung durch eine Impulsstrombilanz über die mittlere freie Weglänge berechnet werden. Im Mittel bewegen sich 1/6 der Moleküle thermisch in $+z$-Richtung und 1/6 in $-z$-Richtung. Durch eine Ebene $z = \mathrm{const}$ (Bild 9-6) bewegen sich in $+z$-Richtung Moleküle (Teilchenstromdichte $n\bar{v}/6$; $\bar{v}$ mittlere thermische Geschwindigkeit), die im Durchschnitt in der Ebene $z - \lambda_c = \mathrm{const}$ den letzten

Stoß erlitten haben und daher einen Strömungsimpuls $mv_x(z - \lambda_c)$ haben. Die mit diesem Teilchenstrom in $+z$-Richtung verbundene Impulsstromdichte ist also $n\bar{v}mv_x(z - \lambda_c)/6$. Entsprechendes gilt für die $-z$-Richtung. Für die Netto-Impulsstromdichte senkrecht zur Strömungsrichtung folgt daher analog zu (9-13) und (9-19)

$$j_{xz} = \frac{1}{6}n\bar{v}m\left[-2l_c\frac{\partial v_x}{\partial z}\right]. \qquad (9\text{-}25)$$

Der Vergleich mit (9-24) ergibt für die dynamische Viskosität von Gasen

$$\eta = \frac{1}{3}n\bar{v}ml_c\,. \qquad (9\text{-}26)$$

Da $l_c \sim n^{-1} \sim p^{-1}$ ist, ist die Viskosität von Gasen ebenso wie die Wärmeleitfähigkeit unabhängig vom Druck $p$, steigt aber wegen $\bar{v} \sim \sqrt{T}$ mit der Temperatur an. Auch hier gilt die Einschränkung, dass die Unabhängigkeit vom Druck nur so lange zutrifft, wie die mittlere freie Weglänge klein gegen die Abstände der begrenzenden Flächen ist. Für sehr kleine Gasdrücke geht dagegen die Viskosität nach null.

Zum anderen gilt für alle drei Transportkoeffizienten für Gase, dass die obigen Herleitungen nur gelten, solange die mittlere freie Weglänge groß gegen den Molekülradius ist, sodass nur Zweiteilchenstöße eine Rolle spielen. Trifft dies nicht mehr zu, etwa bei Flüssigkeiten, so sind die oben abgeleiteten Ausdrücke für die Transportkoeffizienten nicht mehr richtig. Beispielsweise nimmt die Viskosität bei Flüssigkeiten mit steigender Temperatur nicht zu (wie bei Gasen), sondern ab.

Für den Quotienten aus Wärmeleitfähigkeit und Viskosität von Gasen ergibt sich aus (9-21) und (9-26) nach Erweiterung mit der Avogadro-Konstanten $N_A$ und unter Berücksichtigung von (8-43), (8-83) sowie von $kN_A = R$ und $mN_A = M$

$$\frac{\lambda}{\eta} = \frac{C_{mV}}{M}\,, \qquad (9\text{-}27)$$

die experimentell näherungsweise bestätigt wird. Abweichungen ergeben sich vor allem bei der Wärmeleitfähigkeit dadurch, dass bei der Ableitung in 9.3 die Verteilung der Molekülgeschwindigkeiten nicht berücksichtigt wurde, obwohl die schnellen Moleküle in der Verteilung für die Wärmeleitung besonders wichtig sind.

### Laminare Strömung viskoser Flüssigkeiten an festen Grenzflächen

Strömungen ohne Wirbelbildung, bei denen die einzelnen Flüssigkeitsschichten sich nebeneinander bewegen, und die vorwiegend durch die Viskosität der Flüssigkeit bestimmt sind, werden *laminare* oder *schlichte Strömungen* genannt. Bei viskosen Strömungen entlang festen Grenzflächen kann angenommen werden, dass die an die festen Flächen angrenzenden Flüssigkeitsschichten an diesen haften. Für eine Flüssigkeitsschicht der Dicke $D$ zwischen zwei Platten mit Lineardimensionen $L \gg D$ bildet sich nach (9-24) ein lineares Geschwindigkeitsgefälle aus, wenn die eine Platte parallel zur anderen mit einer Geschwindigkeit $v_0$ bewegt wird (Bild 9-7, siehe auch E 8.3.4).

Aus (9-24) folgt für die zur Aufrechterhaltung der Geschwindigkeit $v_0$ der oberen Platte gegen die Reibungskraft $\boldsymbol{F}_R = -\boldsymbol{F}$ notwendige Schubkraft $F = \tau_x A$

$$F = \eta A\frac{v_0}{D}\,. \qquad (9\text{-}28)$$

Bei einer gemäß Bild 9-7 bewegten Platte der Fläche $A$ mit Abmessungen $L$ (z. B. Schleppkahn der Länge $L$), die vergleichbar oder kleiner als $D$ sind, wird die Dicke der Schicht mit etwa linearem Geschwindigkeitsgefälle begrenzt sein. Die bewegte Platte schleppt dann eine Grenzschicht mit sich, deren Dicke $\delta$ sich nach Prandtl mit folgender Überlegung abschätzen lässt: Für eine vorwiegend durch Reibung kontrollierte Strömung lässt sich annehmen, dass die Reibungsarbeit $W_R$ größer als die kinetische Energie $E_k$ der bewegten Flüssigkeit ist. Um eine Platte der Fläche $A$ um ihre eigene Länge $L$ zu verschieben, muss die Reibungsarbeit

$$W_R = \eta A\frac{v_0}{\delta}L \qquad (9\text{-}29)$$

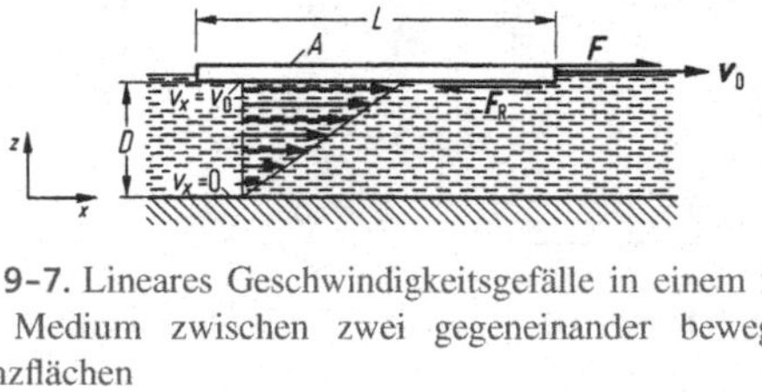


**Bild 9-7.** Lineares Geschwindigkeitsgefälle in einem fluiden Medium zwischen zwei gegeneinander bewegten Grenzflächen

aufgebracht werden. Die kinetische Energie der mitbewegten Flüssigkeitsmenge lässt sich durch Integration über alle schichtförmigen Massenelemente $dm = \varrho A\,dz$ mit der Geschwindigkeit $v = v_0 z/\delta$ zwischen $z = 0$ und $z = \delta$ bestimmen zu

$$E_k = \frac{1}{6} A \varrho \delta v_0^2 . \qquad (9\text{-}30)$$

Aus der Bedingung $W_R > E_k$ folgt dann für die Dicke der Grenzschicht der laminaren Strömung

$$\delta < \sqrt{6 \frac{\eta L}{\varrho v_0}} . \qquad (9\text{-}31)$$

Außerhalb der Grenzschicht kann die Strömung in erster Näherung als ungestört (im betrachteten Falle also als ruhend) angenommen werden. Mit steigender Geschwindigkeit $v_0$ nimmt die Dicke der Grenzschicht ab. Zur Abschätzung des Strömungswiderstandes eines Schiffes oder eines Flugzeuges der Länge $L$ kann angenommen werden, dass der umströmte Körper von einer Grenzschicht der Dicke $\delta \approx (\eta L/\varrho v_0)^{0,5}$ umgeben ist, innerhalb der die Strömungsgeschwindigkeit sich von $v_0$ etwa linear auf 0 ändert (vgl E 8.3.6).

Die Grenzschicht spielt eine wichtige Rolle bei realen Strömungen, wo sie die Bereiche angenähert idealer Strömung mit der Grenzbedingung der viskosen Strömung verknüpft, dass die unmittelbar an einem umströmten Körper angrenzende Flüssigkeit an diesem haftet (siehe 10.2).

Auch *Rohrströmungen* lassen sich mithilfe des Newton'schen Reibungsgesetzes (9-24) berechnen (siehe auch E 8.3.4):

Die durch die Viskosität bei an der Rohrwand haftender Flüssigkeit auftretende Reibungskraft muss im stationären Fall durch ein Druckgefälle $\Delta p = p_1 - p_2$ überwunden werden. Durch Integration von (9-24) ergibt sich ein parabelförmiges Strömungsgeschwindigkeitsprofil (Bild 9-8):

$$v = \frac{\Delta p}{4\eta l}(R^2 - r^2) . \qquad (9\text{-}32)$$

Die über die Querschnittsfläche des Rohres gemittelte Strömungsgeschwindigkeit ergibt sich aus (9-32) zu

$$\bar{v}_{\text{Rohr}} = \frac{\Delta p}{8\eta l} R^2 , \qquad (9\text{-}33)$$

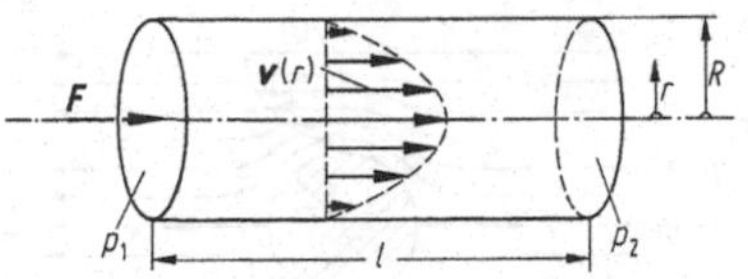


**Bild 9-8.** Laminare Strömung durch ein Rohr

die demnach halb so groß ist wie die sich aus (9-32) für $r = 0$ ergebende maximale Strömungsgeschwindigkeit. Daraus erhält man das in der Zeit $t$ durch das Rohr strömende Flüssigkeitsvolumen, den Volumendurchsatz

$$Q = \frac{V}{t} = \frac{\pi \Delta p R^4}{8\eta l} , \qquad (9\text{-}34)$$

das *Gesetz von Hagen und Poiseuille* ,

das durch den starken Anstieg mit der 4. Potenz des Rohrradius $R$ gekennzeichenet ist. Aus der Druckdifferenz $\Delta p$ in (9-33) lässt sich der Reibungswiderstand bestimmen:

$$F_R = -8\pi\eta l \bar{v}_{\text{Rohr}} . \qquad (9\text{-}35)$$

Der Druckabfall in einem Rohr mit konstantem Querschnitt ist daher proportional zur Länge, wie sich experimentell leicht mittels Steigrohrmanometern zeigen lässt (Bild 9-9).

Bei der *laminaren Umströmung einer Kugel* durch eine viskose Flüssigkeit möge die Strömungsgeschwindigkeit im ungestörten Bereich $v$ betragen. Die an die Kugeloberfläche angrenzende Flüssigkeitsschicht haftet an der Kugel, wodurch in einem Störungsbereich der Größenordnung $r$ ein Geschwindigkeitsgefälle $dv/dz \approx v/r$ auftritt (Bild 9-10). An der Oberflä-

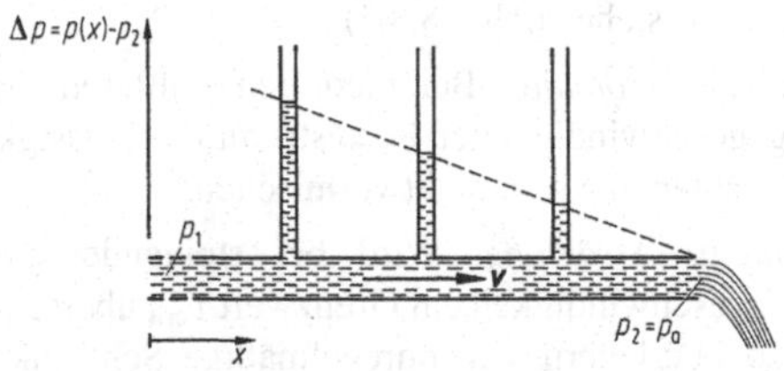


**Bild 9-9.** Linearer Druckabfall in einem Rohr mit konstantem Querschnitt

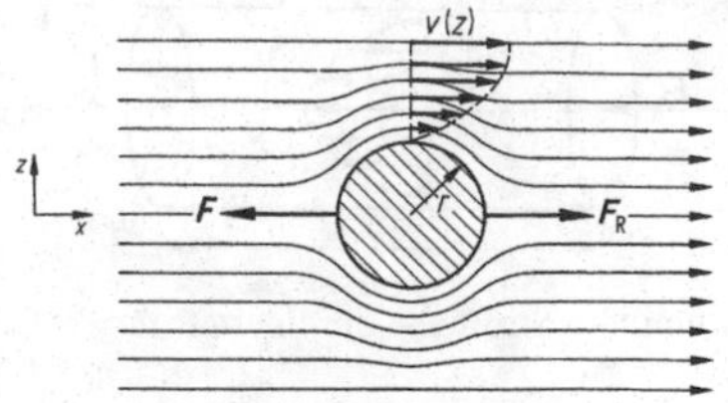


**Bild 9-10.** Viskose Umströmung einer Kugel

che $4\pi r^2$ der Kugel greift also nach (9-28) eine Reibungskraft

$$F_R \approx \eta 4\pi r^2 \frac{v}{r} = 4\pi\eta r v \qquad (9\text{-}36)$$

an, die durch eine entgegengesetzte äußere Kraft gleichen Betrages kompensiert werden muss, um die Kugel am Ort zu halten (Bild 9-10).

Da die Kugel in ihrer Umgebung den Strömungsquerschnitt für die Flüssigkeit einengt, ist in der Realität die Strömungsgeschwindigkeit in der Nachbarschaft der Kugel größer (Kontinuitätsgleichung, siehe 10.1), d. h., direkt angrenzend an die Kugel ist das Geschwindigkeitsgefälle größer als für (9-36) angenommen wurde. Die exakte, aufwändigere Theorie liefert daher einen etwas größeren Wert (vgl. E 8.3.4):

$$F_R = 6\pi\eta r v \qquad (9\text{-}37)$$

(*Stokes'sches Widerstandsgesetz* für die Kugel).

### Laminare und turbulente Rohrströmung

Anstelle der laminaren Hagen-Poiseuille-Strömung (9-32) kann in einem Rohr auch ein anderer Strömungszustand auftreten, der durch unregelmäßige makroskopische Geschwindigkeitsschwankungen quer zur Hauptströmungsrichtung gekennzeichnet ist: *Turbulenz.* Reynolds hat dies durch Anfärbung eines Stromfadens in einer Rohrströmung gezeigt (Bild 9-11, siehe auch E 8.3.5):

*Laminare Strömung*: Bei niedrigen mittleren Strömungsgeschwindigkeiten $\bar{v}_{\text{Rohr}}$ strömt die Flüssigkeit in Schichten, die sich nicht vermischen.

*Turbulente Strömung*: Wird bei steigender Strömungsgeschwindigkeit ein Grenzwert $\bar{v}_{\text{crit}}$ überschritten, so überlagern sich unregelmäßige Schwankungen, benachbarte Schichten verwirbeln sich, die Strömung wird stärker vermischt. Das Strömungs-

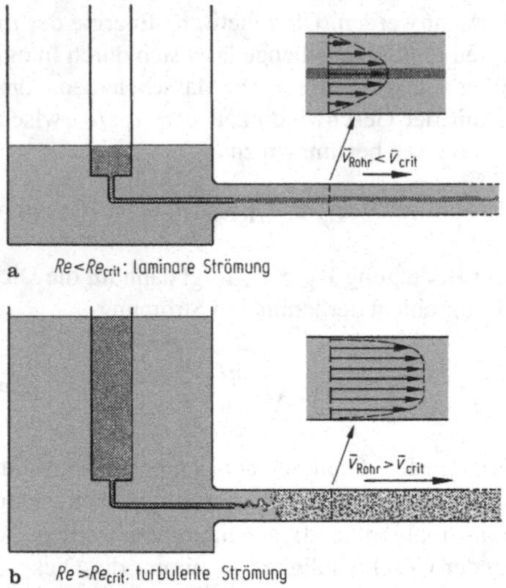


**Bild 9-11.** Reynolds'scher Strömungsversuch: **a** laminare und **b** turbulente Strömung

profil ändert sich von einem parabolischen bei der laminaren Strömung zu einem ausgeglicheneren bei der turbulenten Strömung, bei der nur in der Nähe der Wand die Strömungsgeschwindigkeit stark abfällt (Bild 9-11), siehe auch E 8.3.5.

Der Umschlagpunkt zwischen laminarer und turbulenter Strömung hängt nicht nur von der Strömungsgeschwindigkeit $\bar{v}_{\text{Rohr}}$, sondern auch vom Radius $R$ und von der kinematischen Viskosität $\nu = \eta/\varrho$ in der Weise ab, dass die dimensionslose Kombination dieser drei Größen ein Kriterium für den Strömungszustand darstellt (siehe auch E 8.3.2), die sog. *Reynolds-Zahl*

$$Re \equiv \frac{\bar{v}_{\text{Rohr}} R}{\nu} = \frac{\varrho \bar{v}_{\text{Rohr}} R}{\eta} . \qquad (9\text{-}38)$$

Für andere Strömungsgeometrien muss der Rohrradius $R$ durch eine andere charakteristische Länge $L$ ersetzt werden. Damit lautet das *Reynolds'sche Turbulenzkriterium*:

$$Re < Re_{\text{crit}} : \text{ laminare Strömung ,} \qquad (9\text{-}39)$$
$$Re > Re_{\text{crit}} : \text{ turbulente Strömung .}$$

Die kritische Reynolds-Zahl $Re_{\text{crit}}$ muss experimentell bestimmt werden. Für die Rohrströmung gilt $Re_{\text{crit}} \approx 1200$. Bei besonders sorgfältiger Vermeidung jeglicher Strömungsstörungen sind jedoch auch wesentlich höhere kritische Reynolds-Zahlen möglich. Die Reynolds-Zahl *Re* bestimmt ferner das Ähnlichkeitsgesetz für Strömungen (siehe 10.2).

Das Reynolds'sche Kriterium lässt sich anschaulich begründen aus dem Verhältnis zwischen Trägheitseinfluss (kinetische Energie $\sim \varrho v^2$) und Viskositätseinfluss (Reibungsarbeit $\sim \eta v/R$): Bei Störungen der laminaren Strömung treten Druckänderungen aufgrund des Trägheitseinflusses (Bernoulli-Gleichung, siehe 10.1) auf, die die Störung verstärken. Die allein trägheitsbestimmte Strömung ist daher instabil. Dem wirkt jedoch die Viskosität entgegen. Das Einsetzen der Turbulenz hängt danach vom Verhältnis der beiden Einflüsse ab, d. h. von

$$\frac{\text{Trägheitseinfluss}}{\text{Reibungseinfluss}} \sim \frac{\varrho v^2}{\eta v/R} = \frac{\varrho R v}{\eta} = Re\,. \qquad (9\text{-}40)$$

Nach dem Umschlag zur Turbulenz wächst der Strömungswiderstand nicht mehr linear zur Strömungsgeschwindigkeit $v$ an, wie bei der laminaren Strömung (z. B. (9-35) oder (9-37)) sondern mit $v^2$ (siehe 10.2), also wesentlich stärker. Turbulente Strömung muss also dort vermieden werden, wo es auf minimalen Strömungswiderstand ankommt (Blutkreislauf, Pipelines). Bei Heizungs- oder Kühlröhren ist dagegen Turbulenz erwünscht wegen des besseren Wärmeaustausches zwischen Flüssigkeit und Wand.

# 10 Hydro- und Aerodynamik

In der Hydro- bzw. Aerodynamik werden die Bewegungsgesetze von Flüssigkeiten und Gasen, d. h. der sogenannten *Fluide* behandelt, sowie die Wechselwirkung der strömenden Fluide mit umströmten festen Körpern oder mit berandenden festen Wänden. Die Fluide werden dabei als kontinuierliche Medien betrachtet, die den verfügbaren Raum erfüllen. Flüssigkeiten und Gase unterscheiden sich im Sinne der Hydrodynamik lediglich durch die Druckabhängigkeit ihrer Dichte: Flüssigkeiten sind praktisch inkompressibel (z. B. Wasser ca. 4% Volumenverringerung bei Druckerhöhung um 1000 bar), bei Gasen ist die Dichte eine Funktion des Druckes.

Für jedes Massenelement gilt die Newton'sche Bewegungsgleichung (3-4) bzw. (3-5), wonach die Beschleunigung aus der Summe der angreifenden Kräfte resultiert. Dazu zählen

- Volumenkräfte, das sind äußere Kräfte, die dem Volumen (der Masse) des Flüssigkeitselementes proportional sind (z. B. Schwerkraft),
- Druckkräfte, die auf ein Flüssigkeitselement durch benachbarte Elemente infolge eines Druckgefälles ausgeübt werden, und die senkrecht auf die Oberfläche des betrachteten Elementes wirken,
- Reibungskräfte, die tangential zur Oberfläche des betrachteten Flüssigkeitselementes wirken (Schub- bzw. Scherkräfte, siehe 9.4).

Unter Berücksichtigung dieser Anteile erhält man aus der Newton'schen Bewegungsgleichung die *Navier-Stokes'schen Gleichungen* (vgl. E 8.3.1, E 8.3.3). Hier sollen nur einige Sonderfälle betrachtet werden, bei denen zum leichteren Verständnis der Grundphänomene und zur Vereinfachung bestimmte Vernachlässigungen vorgenommen werden:

1. *Laminare Strömungen*: Hier werden äußere Volumenkräfte und Massenträgheitskräfte vernachlässigt. Das Strömungsverhalten wird allein durch die Reibungskräfte bestimmt. Die stationäre viskose Strömung wurde bereits in 9.4 behandelt.
2. *Turbulente Strömungen*: Hier sind die Massenträgheitskräfte von größerem Einfluss als die Reibungskräfte, siehe 9.4, Reynolds-Kriterium. Über einzelne Aspekte der Wirbelbildung siehe 10.2.
3. *Strömungen idealer Flüssigkeiten*: Hier werden die Reibungskräfte vernachlässigt. Auf diesen Fall lassen sich viele Gesetze der Potenzialtheorie übertragen: *Potenzialströmung* = wirbel- und quellenfreie Strömung. Potenzialströmungen in inkompressiblen Medien lassen sich beliebig überlagern. Aus den Navier-Stokes'schen Gleichungen werden dann die *Euler'schen Bewegungsgleichungen* (siehe E 8.2.2). Durch Integration der Euler'schen Bewegungsgleichung längs einer Stromlinie erhält man die *Bernoulli-Gleichung*, die sich auch aus einfachen Grundannahmen herleiten lässt und viele Strömungsphänomene erklärt (10.1). Über die Änderungen, die durch die Viskosität bei der Beschreibung von Strömungen realer Flüssigkeiten bedingt sind, siehe 10.2.

Das Strömungsfeld kann durch Stromlinien und durch Bahnlinien beschrieben werden. Die Tangenten der Stromlinien geben die Geometrie des Geschwindigkeitsfeldes wieder. Die Bahnlinien beschreiben den

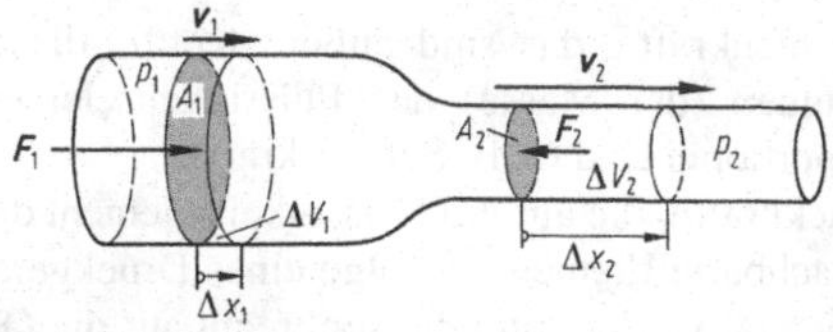


**Bild 10-1.** Zur Herleitung der Kontinuitätsgleichung und der Bernoulli-Gleichung

Weg der einzelnen Flüssigkeitselemente. Für stationäre Strömungen sind Strom und Bahnlinien identisch (E 8.1.1). Sie können in Flüssigkeiten durch Anfärben oder in Gasen mittels Rauchinjektionen sichtbar gemacht werden.

## 10.1 Strömungen idealer Flüssigkeiten

Um bestimmte Gesetzmäßigkeiten strömender Flüssigkeiten einfacher zu erkennen, werde zunächst von der Reibung, d. h. von der Viskosität ganz abgesehen und die stationäre Strömung einer idealen Flüssigkeit der Dichte $\varrho$ durch ein Rohr mit örtlich variablem Querschnitt $A$ betrachtet (Bild 10-1).

Für den stationären Zustand fordert die Massenerhaltung, dass der Massendurchsatz für jeden Querschnitt (z. B. für $A_1$ und $A_2$) gleich ist, sofern zwischen $A_1$ und $A_2$ keine Quellen oder Senken vorhanden sind. Daraus folgt die *Kontinuitätsgleichung*

$$\varrho_1 A_1 v_1 = \varrho_2 A_2 v_2 \qquad (10\text{-}1)$$

und für inkompressible Flüssigkeiten ($\varrho_1 = \varrho_2 = \varrho$)

$$A_1 v_1 = A_2 v_2 \quad \text{bzw.} \quad \Delta V_1 = \Delta V_2 = \Delta V\,. \qquad (10\text{-}2)$$

In engeren Querschnitten ist also die Strömungsgeschwindigkeit größer als in weiten Querschnitten. Zwischen $A_1$ und $A_2$ findet daher eine Beschleunigung, eine Erhöhung der kinetischen Energie $E_k$ statt, die durch ein Druckgefälle mit $p_1 > p_2$ bewirkt werden muss. Die Arbeit $\Delta W$, die dabei zur Beschleunigung aufgewandt werden muss, beträgt unter Berücksichtigung der Kontinuitätsgleichung (10-2)

$$\Delta W = F_1 \Delta x_1 - F_2 \Delta x_2 = (p_1 - p_2)\Delta V\,. \qquad (10\text{-}3)$$

Der Energiesatz $\Delta W = E_{k2} - E_{k1}$ liefert dann mit (4-8) und (10-3) entlang einer Stromlinie:

$$p_1 + \frac{1}{2}\varrho v_1^2 = p_2 + \frac{1}{2}\varrho v_2^2 = \text{const}\,. \qquad (10\text{-}4)$$

Bei einem im Schwerefeld geneigt stehenden Rohr muss außerdem die Änderung der potenziellen Energie $mgz$ aufgebracht werden, wodurch als weiteres Glied in (10-4) der hydrostatische Druck $\varrho gz$ auftritt. Die Druckbilanz für jeden Punkt einer Stromlinie lautet damit (*Bernoulli-Gleichung*)

$$p + \frac{1}{2}\varrho v^2 + \varrho gz = \text{const} = p_{\text{tot}}\,. \qquad (10\text{-}5)$$

Entlang einer Stromlinie ist die Summe aus statischem Druck $p$, dynamischem Druck (Staudruck) $p_{\text{dyn}} = \varrho v^2/2$ und Schweredruck $\varrho gz$ konstant und gleich dem Gesamtdruck $p_{\text{tot}}$. (Die Koordinate $z$ kann auch durch $-h$ ersetzt werden, wenn $h$ die Tiefe unter der Flüssigkeitsoberfläche darstellt.)

Obwohl für inkompressible ideale Flüssigkeiten hergeleitet, gilt die Bernoulli-Gleichung näherungsweise auch für reale Flüssigkeiten, und in Grenzen auch für Gase, da deren Kompressibilität sich erst für Strömungsgeschwindigkeiten in der Nähe der Schallgeschwindigkeit erheblich bemerkbar macht. Längs einer Stromlinie gilt sie sowohl für wirbelfreie als auch für wirbelhafte Strömungen. Der Gesamtdruck $p_{\text{tot}}$ ist jedoch nur bei wirbelfreien Strömungen für alle Stromlinien gleich.

Die Messung von Gesamtdruck $p_{\text{tot}}$, statischem Druck $p$ und dynamischem (Stau-)Druck $p_{\text{dyn}} = \varrho v^2/2$ lässt sich z. B. mit U-Rohr-Manometern durchführen (vgl. E 8.1.3). Dabei wird der Gesamtdruck gemessen, wenn die Strömung senkrecht auf die Messöffnung trifft und $v = 0$ wird (Pitotrohr, Bild E 8.6c), der statische Druck, wenn die Messöffnung tangential an einer Stelle ungestörter Strömung liegt (Drucksonde, Bild E 8-6b). Die Differenz dieser beiden Drucke ergibt den dynamischen Druck und wird mit dem Prandtl'schen Staurohr gemessen (Bild E 8-6d, Anwendung: Geschwindigkeitsbestimmung).

Einige Beispiele für die Anwendung der Bernoulli-Gleichung (weitere in E 8.1.3):

### Ausfluss aus einem Druckgefäß

Die Ausflussgeschwindigkeit $v$ aus einer engen Öffnung (Querschnitt $A$) eines Gefäßes, in dem durch einen Kolben (Querschnitt $A_K$) ein Überdruck $\Delta p$ gegenüber dem Außendruck $p_a$ aufrechterhalten wird (Bild 10-2), lässt sich mithilfe des Energiesatzes oder

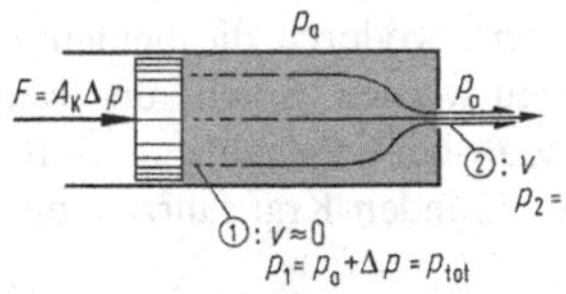


**Bild 10-2.** Ausströmung aus einem Druckgefäß

einfacher aus der Bernoulli-Gleichung berechnen. Aufgrund der Kontinuitätsgleichung (10-2) und wegen $A_K \gg A$ kann die Strömungsgeschwindigkeit in Kolbennähe vernachlässigt werden. Für eine Stromlinie, die in Kolbennähe (1: statischer Druck $p_1 = p_a + \Delta p$) beginnt und durch die Ausflussöffnung (2: statischer Druck $p_2 = p_a$) geht, gilt dann nach Bernoulli (10-4)

$$p_a + \Delta p = p_a + \frac{1}{2}\varrho v^2 \quad \text{bzw.} \quad v = \sqrt{\frac{2\Delta p}{\varrho}} \,. \quad (10\text{-}6)$$

Für zwei verschiedene Gase bei gleichem Druck und gleicher Temperatur folgt aus der allgemeinen Gasgleichung (8-26) und mit $V_m = M/\varrho$, dass die molare Masse $M \sim \varrho$ ist. Aus (10-6) ergibt sich damit

$$\frac{v_1}{v_2} = \sqrt{\frac{\varrho_2}{\varrho_1}} = \sqrt{\frac{M_2}{M_1}} \,. \quad (10\text{-}7)$$

Anwendung: Effusiometer von Bunsen zur Molmassenbestimmung.

Wird der Druck im Gefäß nicht durch einen Kolben erzeugt, sondern durch die Schwerkraft (Bild E 8-8), so muss $\Delta p$ in (10-6) durch den hydrostatischen Druck $\varrho g$ ersetzt werden:

$$v = \sqrt{2gh} \,, \quad (10\text{-}8)$$

d. h., bei Vernachlässigung der Viskosität strömt die Flüssigkeit in der Tiefe $h$ unter der Flüssigkeitsoberfläche aus einer Öffnung mit der gleichen Geschwindigkeit aus, als ob sie die Strecke $h$ frei durchfallen hätte, vgl. (4-26): Torricelli'sches Ausströmgesetz, vgl. E 8.1.3.

### Strömung durch Querschnittsverengungen

In Querschnittseinschnürungen von Rohren ($A_0 \to A_e$) erhöht sich nach der Kontinuitätsgleichung (10-2) die Strömungsgeschwindigkeit von $v_0$ auf $v_e = v_0 A_0 / A_e$. Infolgedessen ist nach der Bernoulli-Gleichung dort der statische Druck $p_e$ geringer als im Normalquerschnitt des Rohres ($p_0$). Dies lässt sich experimentell durch Steigrohrmanometer zeigen (Bild 10-3), wobei bei realen Flüssigkeiten der lineare Druckabfall aufgrund der inneren Reibung überlagert ist (Bild 9-9). Sieht man in der unmittelbaren Nachbarschaft der Verengung vom Druckabfall durch die innere Reibung ab, so ergibt sich aus der Bernoulli'schen Gleichung (10-4) für die lokale Druckerniedrigung

$$\Delta p = p_0 - p_e = \frac{1}{2}\varrho\left(v_e^2 - v_0^2\right) = \frac{1}{2}\varrho v_0^2\left[\left(\frac{A_0}{A_e}\right)^2 - 1\right] \,. \quad (10\text{-}9)$$

Für $A_e \ll A_0$ folgt daraus

$$p_e \approx p_0 - \frac{1}{2}\varrho v_0^2\left(\frac{A_0}{A_e}\right)^2 \,, \quad (10\text{-}10)$$

d. h., bei genügend großem Querschnittsverhältnis $A_0/A_e$ kann der statische Druck $p_e$ in der Verengung auch kleiner als der Außendruck $p_a$ werden. Dann verschwindet die Flüssigkeitssäule über der Verengung (Bild 10-3) völlig und es entsteht ein Unterdruck, das Steigrohr saugt aus der Umgebung Gas oder Flüssigkeit an, es wirkt als Pumpe. Das ist das Prinzip der *Wasser-* und *Dampfstrahlpumpen*, der Zerstäuber und Spritzpistolen, des Bunsenbrenners usw.

Eine Differenzmessung der statischen Drücke in und außerhalb der Verengung z. B. mit einem U-Rohrmanometer erlaubt mit (10-9) auch die Bestimmung der Strömungsgeschwindigkeit $v_0$ im Rohr: *Venturirohr* (vgl. E 8.1.3, Bild E 8-7).

### Kavitation

Sinkt bei einer Strömung durch eine Rohrverengung (oder bei einem sehr schnell durch eine Flüssigkeit bewegten Körper) der statische Druck $p_e$ lokal unter den Dampfdruck der Flüssigkeit $p_d$ (siehe 8.4),

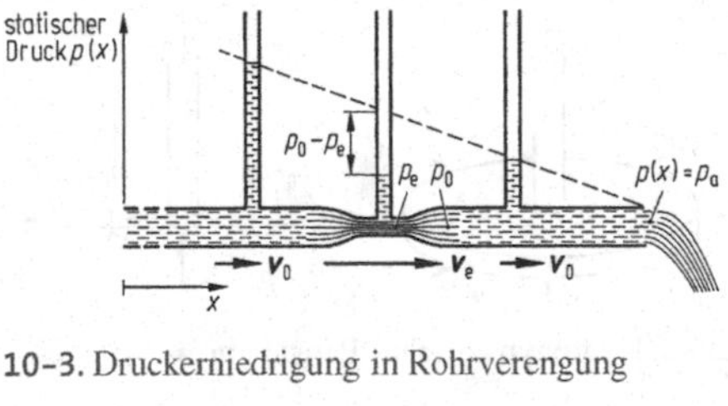


**Bild 10-3.** Druckerniedrigung in Rohrverengung

so treten Dampfblasen auf, die in dahinterliegenden Strömungsbereichen mit höherem Druck implosionsartig wieder in sich zusammenfallen. Die entstehenden Druckstöße führen zu Zerstörungen angrenzender Oberflächen (Schiffsschrauben, Turbinen). Zur Vermeidung der Kavitation muss die Bedingung

$$p_e = p_{tot} - \frac{\varrho}{2} v_e^2 > p_d \qquad (10\text{-}11)$$

eingehalten werden. Daraus ergibt sich als kritische Geschwindigkeit, oberhalb der Kavitation auftritt,

$$v_{crit} = \sqrt{\frac{2(p_{tot} - p_d)}{\varrho}}\,. \qquad (10\text{-}12)$$

### Wandkräfte in Strömungen

Der statische Druck $p_0$ in freien Strömungen ist etwa gleich dem Druck $p_a$ des umgebenden, ruhenden Mediums. Wird eine solche Strömung durch Wände eingeengt, so hat der dadurch dort verringerte statische Druck $p_e$ oft unerwartete Kräfte auf die strömungsbegrenzenden Wände zur Folge. Wird z. B. eine Strömung durch bewegliche, gewölbte Flächen eingeengt (Bild 10-4), so entsteht eine Druckdifferenz $\Delta p$ zwischen dem verringerten statischen Druck $p_e$ und dem äußeren Druck $p_a$, wodurch die beiden Wände zusammengetrieben werden. Solche unerwarteten Seitenkräfte sind z. B. bei nebeneinander mit hoher Geschwindigkeit fahrenden Kraftfahrzeugen zu beachten.

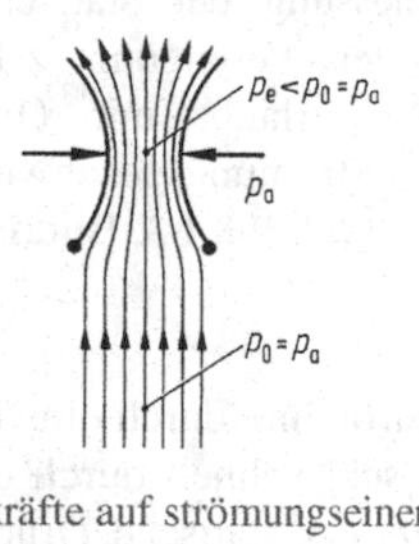


**Bild 10-4.** Seitenkräfte auf strömungseinengende Flächen

Ähnlich unerwartet ist der als hydrodynamisches Paradoxon bezeichnete Effekt: Ein Gas- oder Flüssigkeitsstrahl, der aus einem Rohr gegen eine quergestellte, bewegliche Platte strömt (Bild 10-5), drückt diese nicht weg, sondern zieht sie im Gegenteil sogar an, weil die im zentralen Bereich hohe Strömungsgeschwindigkeit einen kleineren statischen Druck $p_i$ erzeugt als die geringe Strömungsgeschwindigkeit am Rande, wo der dort höhere statische Druck $p_0$ etwa dem Außendruck $p_a$ entspricht. Im zentralen Bereich entsteht daher eine Druckdifferenz $\Delta p = p_a - p_i$, die die bewegliche Platte auf die Rohröffnung zutreibt.

### Umströmte Körper in idealer Flüssigkeit

Bei der Umströmung eines Körpers, der symmetrisch zu einer Ebene parallel zu den ungestörten Stromlinien geformt ist (Kugel, Zylinder, Platte quer oder längs usw., Bilder 10-6 und 10-7), weichen die Stromlinien symmetrisch zu dieser Ebene aus. Die Stromlinie, die die Trennungslinie zwischen den beiden Strömungsbereichen darstellt, die den Körper auf entgegengesetzten Seiten umströmen, heißt Staulinie. Sie stößt auf der Anströmseite senkrecht auf die Körperoberfläche und startet auf der Rückseite ebenfalls senkrecht von der Körperoberfläche (Bild 10-6). An diesen Stellen, den Staupunkten, ist die Strömungsgeschwindigkeit $v = 0$, der dynamische Druck verschwindet demzufolge, und der statische Druck $p_{stat}$ wird gleich dem Gesamtdruck $p_{tot}$: $p = p_{stat} = p_{tot}$. Am Äquator (Kugel, Bild 10-6) ist hingegen die Strömungsgeschwin-

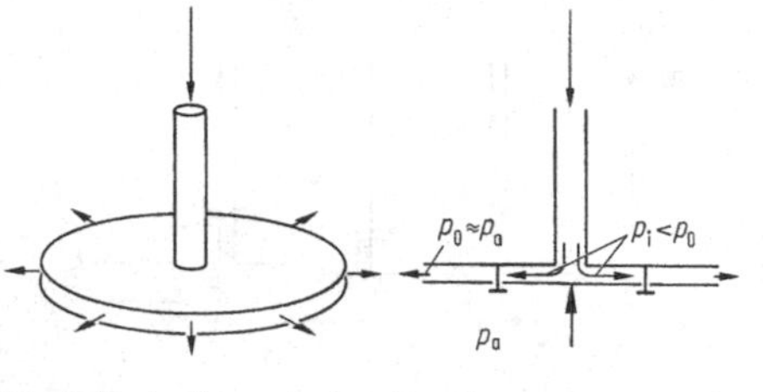


**Bild 10-5.** Hydrodynamisches Paradoxon

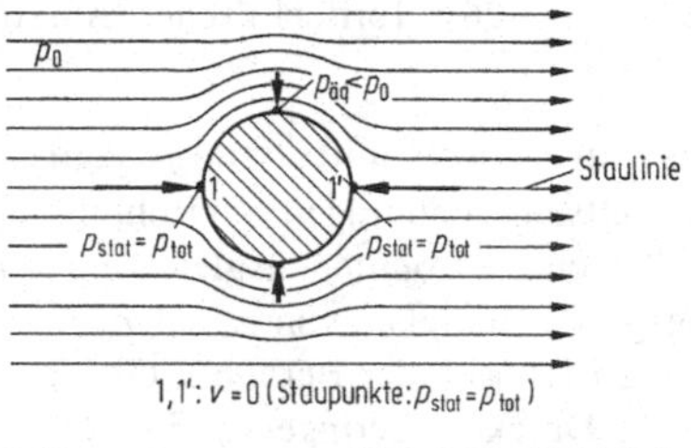


**Bild 10-6.** Umströmung einer Kugel (ähnlich Zylinder)

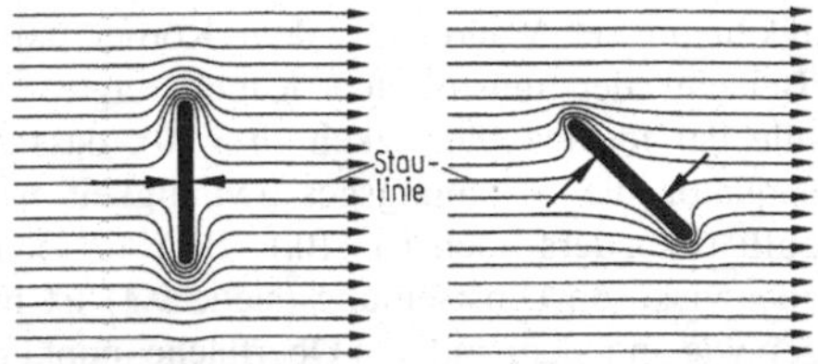


**Bild 10-7.** Symmetrische und unsymmetrische Umströmung einer Platte

digkeit maximal und der statische Druck $p_{äq}$ ein Minimum, kleiner als der statische Druck $p_0$ im ungestörten Strömungsbereich. Bei symmetrischer Umströmung liegen die Staupunkte gegenüber, ebenso die Stellen niedrigsten Druckes. Die Druck- und Kraftverteilung ist daher vollständig symmetrisch, die resultierende Kraft auf den umströmten Körper verschwindet. Das heißt, symmetrisch geformte und orientierte Körper erfahren in einer Strömung einer idealen Flüssigkeit keine resultierende Kraft, bzw. sie lassen sich widerstandslos durch eine ideale Flüssigkeit ziehen. Dieses im Widerspruch zur Erfahrung bei realen Flüssigkeiten stehende Ergebnis muss deshalb modifiziert werden (siehe 10.2).

Bei unsymmetrisch geformten und/oder orientierten Körpern, z. B. einer schräg in der Strömung orientierten Platte (Bild 10-7), verschieben sich die Staupunkte gegeneinander. Die aus der Asymmetrie folgende Druckverteilung bewirkt das Auftreten eines resultierenden Kräftepaars und damit eines Drehmomentes, das den Körper soweit dreht, bis das Drehmoment verschwindet, d. h. die Platte senkrecht zur Strömung orientiert ist. Dieser Effekt lässt sich zur Bestimmung der Teilchengeschwindigkeit in Longitudinalwellen (Schallschnelle) durch Messen des Drehmomentes ausnutzen (Rayleigh-Scheibe).

### Wirbel in idealen Flüssigkeiten

Wirbel sind rotierende Flüssigkeitsbewegungen mit in sich geschlossenen Stromlinien. Sie bestehen aus einem Wirbelkern mit dem Radius $r_0$, in dem im Idealfall (Rankine-Wirbel) die Flüssigkeit wie ein fester Körper mit einheitlicher Winkelgeschwindigkeit $\omega$ rotiert. Er ist umgeben von einer sog. Zirkulationsströmung, in der die Geschwindigkeit nach außen abnimmt, z. B. umgekehrt proportional

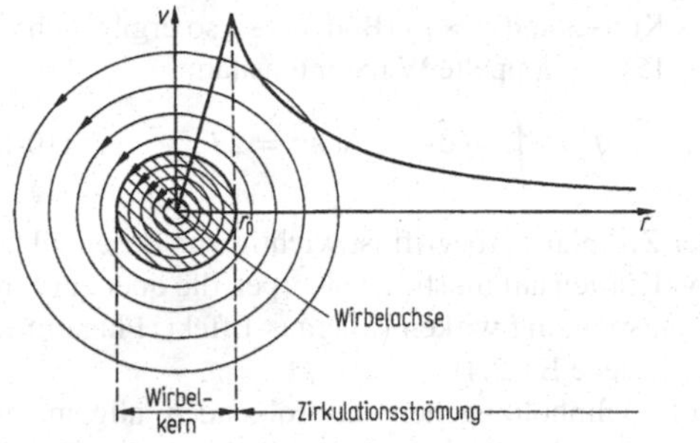


**Bild 10-8.** Aufbau eines Wirbels

zum Abstand $r$ von der Wirbelachse (Bild 10-8, siehe auch E 8.1.3):

$$\text{Wirbelkern}: \quad r < r_0{:}\ v = \omega r\,, \tag{10-13}$$

$$\text{Zirkulationsströmung}: \quad r > r_0{:}\ v = \frac{k}{r} = \frac{\omega r_0^2}{r}\,. \tag{10-14}$$

Das Produkt aus Querschnittsfläche $A = \pi r_0^2$ des Wirbelkerns und seiner Winkelgeschwindigkeit $\omega$ heißt

$$\text{Wirbelintensität}: \quad J = A\omega = \pi\omega r_0^2\,. \tag{10-15}$$

Eine Größe, die eine Aussage über Wirbelzustände in einer Strömung macht, ist die *Zirkulation*

$$\Gamma \equiv \oint_C \boldsymbol{v} \cdot \mathrm{d}\boldsymbol{s}\,. \tag{10-16}$$

Schließt der Integrationsweg auch Wirbelkerne oder Teile davon ein, so ist die Zirkulation $\Gamma \neq 0$. Das trifft z. B. auch für viskose laminare Strömungen zu, etwa bei Bild 9-7. Solche Strömungen sind also wirbelbehaftet. Dagegen ist die Zirkulation in Strömungen idealer Flüssigkeiten außerhalb von Wirbelkernen null, wenn der Integrationsweg den Wirbelkern nicht umschließt, also auch in der Zirkulationsströmung, die den Wirbelkern umgibt. Die Aussage $\Gamma = 0$ ist gleichbedeutend mit der Aussage, dass die Rotation von $\boldsymbol{v}$ (vgl. A 17.3) verschwindet (rot $\boldsymbol{v} = 0$). Eine solche Strömung wird daher als wirbelfrei oder rotationsfrei bezeichnet. Da man sie dann mit Methoden der Potenzialtheorie beschreiben kann, wird sie auch *Potenzialströmung* genannt.

Wird die Zirkulation längs einer Linie gebildet, die den Wirbelkern vollständig umschließt, z. B. längs eines Kreises mit $r > r_0$ (Bild 10-8), so ergibt sich mit (10-15) die doppelte Wirbelintensität:

$$\Gamma = \oint_C \boldsymbol{v} \cdot \mathrm{d}\boldsymbol{s} = 2\Delta\omega r_0^2 = 2J\,. \qquad (10\text{-}17)$$

Der Zirkulationsbegriff ist wichtig zur Beschreibung von Kräften auf umströmte Körper, die quer zur Strömungsrichtung wirken (Magnus-Effekt, Flugauftrieb usw., siehe E 8.2.4).

Auf Helmholtz gehen die folgenden allgemeinen Aussagen über Wirbelströmungen in idealen Flüssigkeiten zurück (*Helmholtz'sche Wirbelsätze*):

1. Satz von der räumlichen Konstanz der Wirbelintensität: Die Zirkulation $\Gamma$ ist für jeden Querschnitt $A$ senkrecht zur Wirbelachse konstant. Im Innern der Flüssigkeit können daher keine Wirbel beginnen oder enden: Wirbelachsen enden stets an Grenzflächen der Flüssigkeit (Wände, freie Oberflächen) oder sind in sich geschlossen (Wirbelringe).
2. Eine Wirbelröhre besteht dauernd aus denselben Flüssigkeitsteilchen: Wirbel haften an der Materie.
3. Satz von der zeitlichen Konstanz der Wirbelintensität: Die Zirkulation einer Wirbelröhre bleibt zeitlich konstant. In idealer, reibungsfreier Flüssigkeit können daher Wirbel weder entstehen noch verschwinden.

Die Wirbelsätze gelten angenähert auch für Fluide mit geringer Viskosität (z. B. für die Atmosphäre). Ändert sich der Wirbelquerschnitt $A$ örtlich oder zeitlich, so ändert sich wegen der Konstanz der Wirbelintensität die Winkelgeschwindigkeit $\omega$ gemäß (10-15) und (10-17) umgekehrt proportional zu $A$. Die Einschnürung eines atmosphärischen Tiefdruckwirbels kann daher zu sehr hohen Windstärken führen.

## 10.2 Strömungen realer Flüssigkeiten

Strömungen realer Flüssigkeiten können näherungsweise umso besser durch die Bernoulli-Gleichung (10-4) oder (10-5) als Strömung idealer Flüssigkeiten beschrieben werden, je kleiner die dynamische Viskosität $\eta$ ist. Diese Näherung versagt jedoch in der unmittelbaren Nachbarschaft einer angrenzenden Wand oder eines umströmten Körpers wegen der Grenzbedingung der viskosen Strömung, wonach die unmittelbar angrenzende Flüssigkeit an der Wand bzw. dem Körper haftet. Am Beispiel der umströmten Kugel zeigte sich im Falle der idealen Flüssigkeit ($\eta = 0$), dass am Kugeläquator die Strömungsgeschwindigkeit nach Bernoulli besonders hoch ist (10.1, Bild 10-6). Im Falle der viskosen Umströmung (siehe 9.4) ist hier dagegen wie an jedem anderen Oberflächenpunkt die Strömungsgeschwindigkeit 0!

Dieser Widerspruch löst sich nach Prandtl durch Berücksichtigung der Viskosität innerhalb einer Grenzschicht (siehe 9.4), in der die lokale Strömungsgeschwindigkeit von null an der Wand bzw. am Körper mit steigendem Abstand anfangs etwa linear bis auf den Wert in der daran angrenzenden Potenzialströmung ansteigt (Bild 10-9). Die Dicke dieser Grenzschicht kann nach (9-31) abgeschätzt werden. Sie ist umso dünner, je kleiner die Viskosität und je größer die Strömungsgeschwindigkeit in der Potenzialströmung ist.

Die Änderung der Strömungsverhältnisse beim Übergang von der reibungsfreien, idealen Strömung zur Strömung in einer realen (nicht zu zähen) Flüssigkeit sei am Beispiel der Zylinderumströmung betrachtet (Bild 10-10).

Auf der Anströmseite entspricht das Strömungsbild qualitativ demjenigen der Potenzialströmung (ähnlich Bild 10-6), wobei zusätzlich die viskose Grenzschicht zwischen der Zylinderoberfläche und der Potenzialströmung anzunehmen ist. Ein Flüssigkeitselement, das dicht an der Staulinie entlangströmt und in die Grenzschicht gelangt, wird von dem Druckgefälle zwischen Staupunkt und dem Punkt maximaler Strömungsverdrängung beschleunigt. Aufgrund der Viskosität in der Grenzschicht erreicht es jedoch nicht die kinetische Energie, die erforderlich wäre, um das Flüssigkeitselement gegen den Druckanstieg

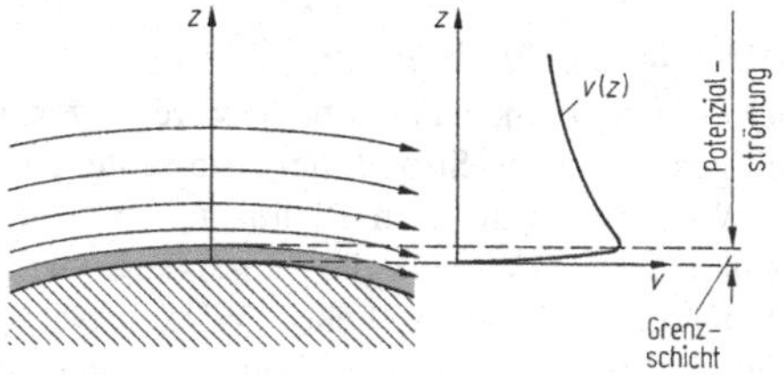


**Bild 10-9.** Prandtl'sche Grenzschicht als Übergang zwischen viskoser Wandhaftung und idealer Strömung

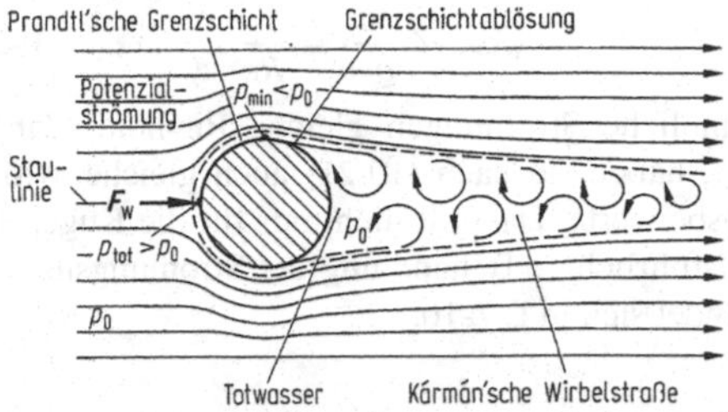


**Bild 10-10.** Umströmung eines Zylinders in einer realen Flüssigkeit

auf der Rückseite des Zylinders wieder bis in die Nähe des hinteren Staupunktes zu bringen, es kommt vielmehr schon vorher zur Ruhe bzw. wird von weiter außen liegenden Stromfäden mitgenommen: *Grenzschichtablösung* (siehe auch E 8.3.6). Die abgelösten Grenzschichten auf beiden Seiten umschließen das *Totwassergebiet* direkt hinter dem umströmten Körper, in dem die Bernoulli-Gleichung nicht angewandt werden kann. Zwischen Totwasser und äußerer Potenzialströmung bilden sich Wirbel aus, wobei mit zunehmender Reynolds-Zahl (9-38) sich zunächst zwei Wirbel entgegengesetzten Drehsinns (Drehimpulserhaltung) hinter dem Körper ausbilden. Bei höheren Reynolds-Zahlen werden diese Wirbel abwechselnd von der Strömung mitgenommen, es entsteht die *Kármán'sche Wirbelstraße* (Bild 10-10). Die Wirbel sorgen auch für einen Druckausgleich zwischen dem statischen Druck $p_0$ der ungestörten Strömung und der hinteren, an das Totwasser angrenzenden Körperoberfläche. Auf der Anströmseite herrscht dagegen der Gesamtdruck $P_{tot}$ der Potenzialströmung, sodass auf einen beliebigen umströmten Körper eine maximale Druckdifferenz

$$\Delta p = p_{tot} - p_0 = \frac{1}{2}\varrho v_0^2 \qquad (10\text{-}18)$$

wirkt, die zu einer Widerstandskraft

$$F_W = c_W A \Delta p = \frac{1}{2} c_W A \varrho v_0^2 \qquad (10\text{-}19)$$

führt (siehe auch E 8.4.2). Hierin ist $A$ die der Strömung dargebotene Querschnittsfläche des Körpers und $c_W$ ein dimensionsloser Widerstandsbeiwert, der von der Form des umströmten Körpers abhängt (Bild 10-11). Er berücksichtigt einerseits, dass der statische Druck auf der Anströmseite nur am Staupunkt gleich dem Gesamtdruck ist, und andererseits die von der Körperform abhängige Stärke der Wirbelbildung, deren Energie der Strömungsenergie entnommen werden muss und ebenfalls zu einem Strömungswiderstandsanteil führt. Bei gleichem Querschnitt $A$ ist der Strömungswiderstand am kleinsten, wenn die Wirbelbildung unterdrückt wird. Dies kann dadurch geschehen, dass das Totwasser- und Wirbelgebiet durch den Körper selbst ausgefüllt wird: „Stromlinienkörper". Hierfür ist daher der Widerstandsbeiwert besonders klein (Bild 10-11; weitere Werte in Tabelle E 8-2). Im Gegensatz zur linearen Abhängigkeit des Strömungswiderstandes von der Geschwindigkeit bei der laminaren Strömung für kleine $v_0$, (9-28), (9-35) und (9-37), ist nach (10-19) bei der turbulenten Strömung für größere $v_0$ der Strömungswiderstand proportional zum Quadrat der Strömungsgeschwindigkeit.

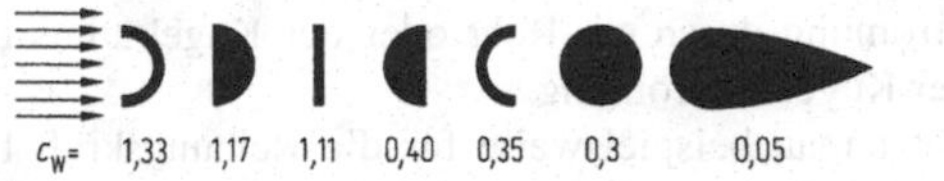


**Bild 10-11.** Widerstandsbeiwerte verschiedener Strömungskörper

**Hydrodynamisch ähnliche Strömungen**

Die exakte Berechnung des Strömungswiderstandes ist bereits bei einfachen Körpern mathematisch extrem aufwändig, sodass Strömungswiderstände im Allgemeinen experimentell bestimmt werden müssen. Bei extremen Abmessungen der zu untersuchenden Körper (Flugzeuge, Schiffe, Kühltürme) müssen solche Messungen an verkleinerten Modellen durchgeführt werden. Die geometrische Ähnlichkeit zwischen Original- und Modellkörper reicht jedoch hinsichtlich des Strömungsverhaltens noch nicht. Es müssen auch die auftretenden Energieformen (kinetische Energie, Reibungsarbeit) bei der Originalströmung und bei der Modellströmung im gleichen Verhältnis zueinander stehen. Dieses Verhältnis wird aber gerade durch die Reynolds-Zahl (9-38) gekennzeichnet. Daher gilt: Zwei Strömungsvorgänge sind hydrodynamisch ähnlich, wenn ihre Reynolds-Zahlen

$$Re = \frac{\varrho L v}{\eta} \qquad (10\text{-}20)$$

gleich sind. $L$ ist hierin eine charakteristische Länge der Strömungsgeometrie, etwa der Rohrradius bei der

Strömung durch ein Rohr oder der Kugelradius bei der Kugelumströmung.

Setzt man beispielsweise für die Reibungskraft bei der laminaren Kugelumströmung gemäß (9-37) formal die Beziehung (10-19) an, so erhält man aus dem Vergleich ($L = r =$ Kugelradius) für den Widerstandsbeiwert der Kugel

$$c_W = 12\,\frac{\eta}{\varrho r v} = \frac{12}{Re}\,. \qquad (10\text{-}21)$$

Da ähnliche Strömungen gleiche Reynolds-Zahlen haben, haben sie nach (10-21) auch gleiche Widerstandsbeiwerte. Das gilt nicht nur für die Kugel. Eine ausführlichere Behandlung der Strömungsmechanik findet sich in E 7-10.

# II. Wechselwirkungen und Felder

Im Teil BI über Teilchen und Teilchensysteme wurden die Bewegungsgesetze von Teilchen und Teilchensystemen unter der Einwirkung von Kräften (allgemeiner: Wechselwirkungen) behandelt, ohne die Art dieser Kräfte und ihre Quellen genauer zu untersuchen. Das soll in diesem Teil II geschehen.

## Übersicht über die fundamentalen Wechselwirkungen

Nach dem Stand unseres Wissens lassen sich alle bekannten Kräfte auf vier fundamentale Wechselwirkungen zurückführen:

*Gravitationswechselwirkung*: Sie wirkt zwischen Massen und manifestiert sich z. B. in der Planetenbewegung und in der Gewichtskraft (siehe 3.2.1). Obwohl die schwächste der bekannten Wechselwirkungen (Tabelle 11-0), ist sie als erste quantitativ untersucht worden (Fallgesetze, Kepler-Gesetze, Newton'sches Gravitationsgesetz). Das Kraftgesetz $F \sim r^{-2}$ (siehe 11.3) hat eine unendliche Reichweite zur Folge.

*Elektromagnetische Wechselwirkung*: Sie wirkt zwischen elektrischen Ladungen und ist die heute am besten verstandene Wechselwirkung. Chemische und biologische Prozesse, die Struktur kondensierter Materie, der überwiegende Teil der Technik beruhen auf elektromagnetischen Wechselwirkungen zwischen Elektronen und Atomkernen und zwischen Atomen untereinander. Das Kraftgesetz (Coulomb-Gesetz, siehe 12.1) zeigt, wie bei der Gravitation, die Abstandsabhängigkeit $F \sim r^{-2}$, die wiederum zu einer unendlichen Reichweite führt.

*Starke Wechselwirkung oder Kernwechselwirkung*: Sie ist verantwortlich für die Bindungskräfte zwischen den Teilchen im Atomkern (Protonen, Neutronen: Nukleonen, siehe 17). Sie ist die Grundlage der Kernenergie und damit auch Ursache der Strahlungsenergie der Sonne. Die Reichweite der Kernkräfte ist von der Größenordnung des Kernradius.

*Schwache Wechselwirkung*: Leptonen (Elektronen, Positronen, siehe 17.5) zeigen keine starke Wechselwirkung, sondern eine um 14 Größenordnungen schwächere Wechselwirkung. Die schwache Wechselwirkung ist maßgebend bei Umwandlungen von Elementarteilchen, u. a. beim β-Zerfall, bei dem ein Neutron n ein Elektron $e^-$ und ein Antineutrino $\bar{\nu}_e$ emittiert und sich in ein Proton p verwandelt, siehe (17-16).

Der schwache Prozess (17-29), bei dem aus zwei Protonen ein Deuteron d (Deuteriumkern $^2D^+$), ein Positron $e^+$ und ein Neutrino $\nu_e$ entstehen, steuert den Brennzyklus der Sonne, insbesondere deren gleichmäßiges und langsames Brennen.

Die Reichweite der schwachen Wechselwirkung ist noch geringer als die der Kernkräfte.

Bei der Gravitationswechselwirkung und bei der elektromagnetischen Wechselwirkung können sich wegen der bis ins Unendliche gehenden Reichweite die Kräfte vieler Teilchen zu makroskopisch messbaren Kräften überlagern. Bei der starken und bei der schwachen Wechselwirkung ist das nicht möglich, da diese kaum über das erzeugende Teilchen hinausreichen. Das Kraftgesetz kann hier nur durch Teilchensonden (Streuexperimente, siehe 16.1.1) erschlossen werden.

**Tabelle 11-0.** Die fundamentalen Wechselwirkungen

| Wechselwirkung | Reichweite | relative Stärke | Beispiel |
|---|---|---|---|
| Gravitationswechselwirkung | $\infty$ | $10^{-38}$ | Kräfte zwischen Himmelskörpern, z. B. Planetenbewegung |
| elektromagnetische Wechselwirkung | $\infty$ | $10^{-2}$ | Kräfte zwischen Ladungen, z. B. im Atom, im Molekül, in Festkörpern |
| starke Wechselwirkung | $10^{-16} \ldots 10^{-15}$ m | 1 | Kräfte zwischen Nukleonen, z. B. im Atomkern |
| schwache Wechselwirkung | $< 10^{-16}$ m | $10^{-14}$ | Wechselwirkungen zwischen Elementarteilchen, z. B. beim Betazerfall |

# 11 Gravitationswechselwirkung

## 11.1 Der Feldbegriff

Die Kraftgesetze für die Gravitationswechselwirkung zwischen zwei Punktmassen (Newton'sches Gravitationsgesetz, 11.3) oder für die elektrische Wechselwirkung zwischen zwei Punktladungen (Coulomb-Gesetz, 12.1) sind typische Fernwirkungsgesetze, die keine Aussagen über die Vermittlung der Kraft machen. Nach der Nahwirkungstheorie (Faraday) geschieht hingegen die Kraftvermittlung mithilfe des Feldbegriffes: Eine Punktmasse oder eine elektrische Ladung verändern den umgebenden Raum, indem sie ein (Gravitations- oder ein elektrisches) Feld erzeugen. Eine zweite Masse oder Ladung erfährt dann eine Kraft, die sich aus der lokalen Stärke des Feldes am Ort der zweiten Masse oder Ladung ergibt: Feldstärke. Im Falle der Gravitation ergibt sich die Kraft $\boldsymbol{F}$ in diesem Bild aus der Masse $m$ und der Gravitationsfeldstärke $\boldsymbol{A}$ am Ort der Masse:

$$\boldsymbol{F} = m\boldsymbol{A} \,. \tag{11-1}$$

Die räumliche Richtungsverteilung der Kraft bzw. der Feldstärke in einem solchen Vektorfeld lässt sich besonders anschaulich durch das Feldlinienbild beschreiben: Kraftlinien oder *Feldlinien* sind Raumkurven, deren Tangenten an jeder Stelle $P$ mit der Richtung der Kraft $\boldsymbol{F}$ bzw. des Feldstärkevektors $\boldsymbol{A}$ an dieser Stelle übereinstimmt (Bild 11-1).

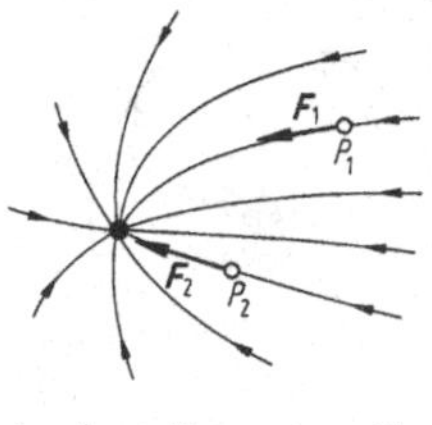


**Bild 11-1.** Feldliniendarstellung eines Kraftfeldes, das von einer Punktquelle ausgeht

## 11.2 Planetenbewegung: Kepler-Gesetze

Die Beobachtung der Gestirnbahnen und insbesondere der Planetenbahnen durch den Menschen favorisierte das *geozentrische Weltsystem* (Aristoteles, 384–322 v. Chr.), das die zentrale Stellung der Erde auch philosophisch festlegte. Eine einigermaßen genaue Beschreibung der Planetenbahnen war in diesem System allerdings nur durch komplizierte Epizykloiden möglich (Ptolemäus, um 100–160 n. Chr.).

Eine einfachere Beschreibung der Planetenbahnen gelang Kopernikus (1473–1543) durch Einführung des *heliozentrischen Weltsystems*, dessen Ursprünge auf Heraklid (4. Jh. v. Chr.) und Aristarch von Samos (3. Jh. v. Chr.) zurückgehen. Danach ließen sich die Planetenbahnen näherungsweise auf Kreisbahnen um die Sonne zurückführen. Gestützt auf die astronomischen Beobachtungen von Kopernikus und vor allem auf die noch ohne Fernrohr durchgeführten, sehr sorgfältigen Messungen von Tycho Brahe (1546–1601) konnte Kepler (1571–1630) drei empirische Gesetzmäßigkeiten über die Bewegung der Planeten gewinnen, die *Kepler'schen Gesetze*:

1. *Kepler'sches Gesetz* (*Astronomia nova*, 1609):
   Die Planetenbahnen sind Ellipsen, in deren gemeinsamen Brennpunkt die Sonne steht (Bild 11-2a).

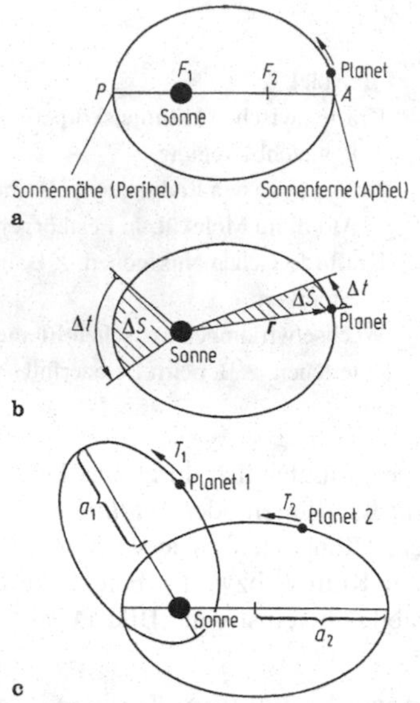


**Bild 11-2.** Kepler-Gesetze: **a** 1. über die Planetenbahnen, **b** 2. über den Flächensatz, **c** 3. über die Umlaufzeiten

2. *Kepler'sches Gesetz* (*Astronomia nova*, 1609): Der Radiusvektor $\boldsymbol{r}$ des Planeten überstreicht in gleichen Zeiten $\Delta t$ gleiche Flächen $\Delta S$ (*Flächensatz*) (Bild 11-2b):

$$\frac{\mathrm{d}S}{\mathrm{d}t} = \mathrm{const}\,. \qquad (11\text{-}2)$$

3. *Kepler'sches Gesetz* (*Harmonices mundi*, 1619): Die Quadrate der Umlaufzeiten $T_i$ der Planeten verhalten sich wie die Kuben ihrer großen Bahnhalbachsen $a_i$ (Bild 11-2c):

$$\frac{T_1^2}{T_2^2} = \frac{a_1^3}{a_2^3} \quad \text{oder} \quad T_i^2 = \mathrm{const} \cdot a_i^3\,, \qquad (11\text{-}3)$$

wobei die Konstante für alle Planeten derselben Sonne gleich ist.

Das vom Radiusvektor $\boldsymbol{r}$ in der Zeit $\mathrm{d}t$ überstrichenen Flächenelement ist $\mathrm{d}\boldsymbol{S} = \boldsymbol{r} \times \mathrm{d}\boldsymbol{r}/2$ (Bild 11-3). Der Drehimpuls $\boldsymbol{L}$ des Planeten der Masse $m$ lässt sich damit ausdrücken durch die Flächengeschwindigkeit $\mathrm{d}\boldsymbol{S}/\mathrm{d}t$:

$$\boldsymbol{L} = \boldsymbol{r} \times (m\boldsymbol{v}) = m\left(\boldsymbol{r} \times \frac{\mathrm{d}\boldsymbol{r}}{\mathrm{d}t}\right) = 2m\frac{\mathrm{d}\boldsymbol{S}}{\mathrm{d}t}\,. \qquad (11\text{-}4)$$

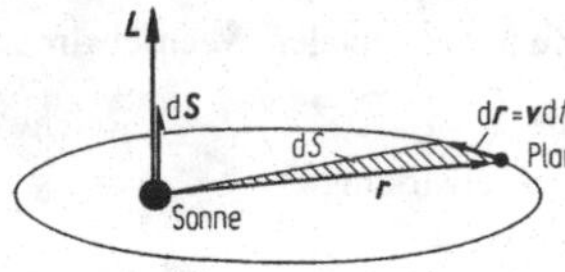


**Bild 11-3.** Zum Flächensatz (2. Kepler-Gesetz)

Der Flächensatz ist daher eine Folge der Drehimpulserhaltung.

## 11.3 Newton'sches Gravitationsgesetz

Kepler hatte bereits die Vorstellung einer Anziehungskraft zwischen Planeten und Sonne entwickelt, die die Planeten entgegen ihrer Trägheit auf Ellipsenbahnen hält, und den Namen Gravitation hierfür eingeführt. Für den Fall der kreisförmigen Planetenbahn lässt sich die Gravitationskraft leicht aus den Kepler'schen Gesetzen (siehe 11.2) herleiten:
Wegen der Gültigkeit des Flächensatzes (2. Kepler'sches Gesetz), d. h. der Drehimpulserhaltung, handelt es sich um eine Zentralkraft (vgl. 3.8). Die Zentripetalkraft auf den Planeten der Masse $m$ in der Kreisbahn (Sonderfall des 1. Kepler'schen Gesetzes) mit dem Radius $r$

$$F_\mathrm{g} = m\omega^2 r = \frac{4\pi^2 mr}{T^2} \qquad (11\text{-}5)$$

wird durch die Gravitationsanziehung ausgeübt (Bild 11-4). Mit dem 3. Kepler'schen Gesetz (11-3) und $a = r$ folgt daraus

$$F_\mathrm{g} = \mathrm{const}\frac{m}{r^2}\,, \qquad (11\text{-}6)$$

wobei die Konstante für alle Planeten einer Sonne der Masse $M$ gleich ist (vgl. 11.2). Nach dem Reaktionsgesetz (3-11) ziehen sich die Massen $M$ und $m$

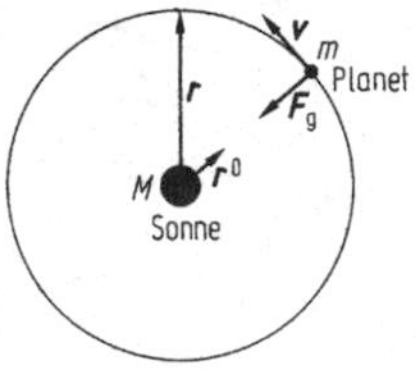


**Bild 11-4.** Zur Herleitung des Newton'schen Gravitationsgesetzes

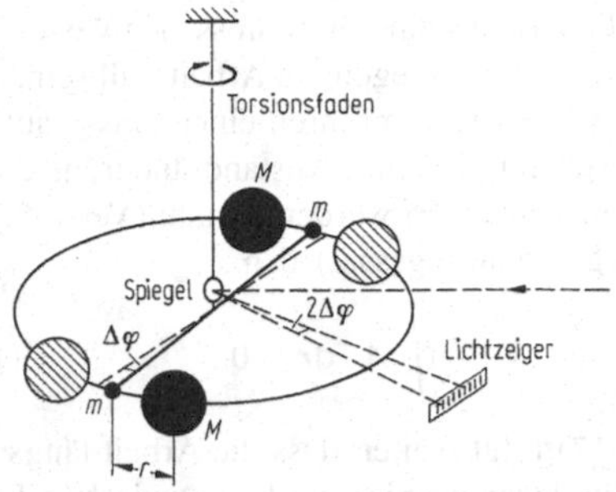


**Bild 11-5.** Gravitationsdrehwaage nach Cavendish. Die Massen $M$ können in zwei symmetrische Positionen gebracht werden

gegenseitig an, sodass $F_g$ auch $\sim M$ sein muss. Aus (11-6) folgt dann in vektorieller Schreibweise das *Newton'sche Gravitationsgesetz*

$$\boldsymbol{F}_g = -G\frac{Mm}{r^2}\boldsymbol{r}^0 , \qquad (11\text{-}7)$$

$\boldsymbol{r}^0$ Einsvektor in Richtung des Radiusvektor (Bild 11-4).

$G = (6{,}67428 \pm 0{,}00067) \cdot 10^{-11}\,\mathrm{N \cdot m^2/kg^2}$ Gravitationskonstante.

Newton hat 1665 gezeigt, dass aus dem Kraftgesetz $F \sim r^{-2}$ (11-7) die elliptischen Umlaufbahnen des 1. Kepler'schen Gesetzes folgen, siehe 11.5 (*Philosophiae naturalis principia mathematica*, 1687).

Die Gravitationskonstante $G$ selbst ist nicht aus den Planetenbewegungen bestimmbar, sondern nur $GM$. Sie muss deshalb durch die direkte Messung der Anziehungskraft zwischen zwei bekannten Massen bestimmt werden. Obwohl die Gravitationsanziehung zwischen zwei wägbaren Massen außerordentlich klein ist, sodass sie normalerweise nicht bemerkt wird, kann sie mit der Drehwaage nach Cavendish (1798) gemessen werden (Bild 11-5). Im Prinzip wird dabei die Beschleunigung $a$ einer kleinen Masse $m$ infolge der Massenanziehung durch eine größere Masse $M$ im Abstand $r$ mithilfe eines langen Lichtzeigers gemessen und daraus die Gravitationskraft bestimmt.

## 11.4 Das Gravitationsfeld

Die Geometrie eines Gravitationsfeldes lässt sich durch Feldlinien beschreiben, die die Richtung der *Gravitationsfeldstärke* $\boldsymbol{A}$ (11-1) in jedem Punkt angeben. Der Vergleich von (11-1) mit dem Newton'schen Kraftgesetz (3-4) zeigt, dass im Falle der Gravitation die Feldstärke gleich der durch sie bewirkten Gravitationsbeschleunigung $a_g$ auf eine Punktmasse $m$ ist:

$$A \equiv \frac{F_g}{m} = a_g , \qquad (11\text{-}8)$$

$$\text{SI-Einheit: } [A] = [a_g] = \mathrm{m/s^2} .$$

Aus dieser Definition von $\boldsymbol{A}$ und dem Gravitationsgesetz (11-7) folgt für die von einer Punktmasse $M$ erzeugte Gravitationsfeldstärke

$$\boldsymbol{A} = \boldsymbol{a}_g = -G\frac{M}{r^2}\boldsymbol{r}^0 . \qquad (11\text{-}9)$$

Dieselbe Gravitationsfeldstärke herrscht im Außenraum einer kugelsymmetrischen, ausgedehnten Masse $M$ vom Radius $R$, die demnach für $r > R$ dieselbe Gravitationsfeldstärke oder -beschleunigung erzeugt wie eine gleich große Punktmasse im Abstand $r$. Dies wird später im analogen Fall der homogen elektrisch geladenen Kugel gezeigt (12.2). Eine näherungsweise kugelsymmetrische Massenverteilung wie die Erde (Masse $M_E$, Erdradius $R_E = 6371\,\mathrm{km}$) zeigt daher an der Erdoberfläche eine Gravitationsbeschleunigung

$$\boldsymbol{a}_g = \boldsymbol{A} = -G\frac{M_E}{R_E^2}\boldsymbol{r}^0 = \boldsymbol{g} , \qquad (11\text{-}10)$$

die den Betrag der Fallbeschleunigung $g \approx 9{,}81\,\mathrm{m/s^2}$ hat. Aus (11-10) folgt dann sofort für die *Masse der Erde* (ohne Atmosphäre) die Abschätzung

$$M_E = \frac{gR_E^2}{G} = 5{,}9675 \cdot 10^{24}\,\mathrm{kg} . \qquad (11\text{-}11)$$

(Als richtiger Wert gilt (IAU, 1984) $M_E = 5{,}9742 \cdot 10^{24}\,\mathrm{kg}$).

Aufgrund der Kenntnis der Gravitationskonstante $G$ kann auch die Masse anderer Himmelskörper aus dem Abstand $r$ und der Umlaufzeit $T$ ihrer Satelliten bestimmt werden, z. B. im System Sonne – Planet oder Planet – Mond. Einige Daten unseres Sonnensystems zeigt Tabelle 11-1. Für Kreisbahnen folgt aus

$$F_g = G\frac{Mm}{r^2} = mr\omega^2 = mr\frac{4\pi^2}{T^2} \qquad (11\text{-}12)$$

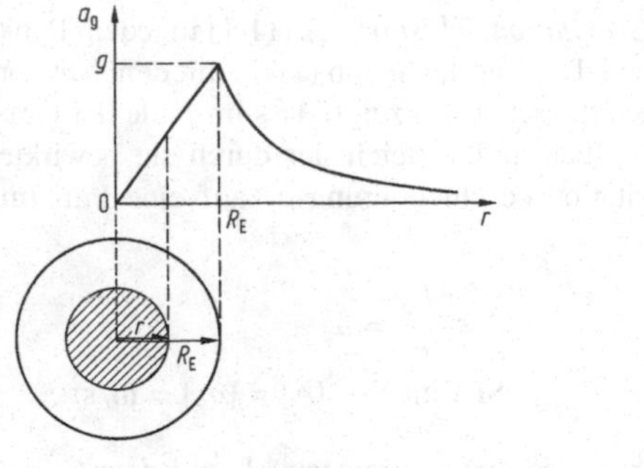


Bild 11-6. Gravitationsfeldstärke bzw. -beschleunigung innerhalb und außerhalb der als homogen angenommenen Erdkugel

für die Masse des Zentralkörpers ($M \gg m$)

$$M = \frac{4\pi^2 r^3}{GT^2} . \qquad (11\text{-}13)$$

Aus (11-9) und (11-11) ergibt sich ferner für den Betrag der Gravitationsfeldstärke bzw. -beschleunigung in größerer Entfernung $r$ vom Erdmittelpunkt

$$A_a = a_g = G\frac{M_E}{r^2} = g\frac{R_E^2}{r^2} \quad \text{für} \quad r > R_E . \qquad (11\text{-}14)$$

Es lässt sich zeigen, dass Massen im Innern einer homogen mit Masse erfüllten Kugelschale keine Kraft erfahren, da sich die Gravitationswirkungen aller Massenelemente der Kugelschale im Inneren gegenseitig aufheben. Die Gravitationsfeldstärke an einer Stelle $r$ im Innern einer Vollkugel (Bild 11-6), z. B. der Erde, ergibt sich daher allein aus der Gravitationswirkung der Masse $m = 4\pi r^3 \varrho/3$ innerhalb des Radius $r$ (konstante Dichte $\varrho$ angenommen):

$$A_i = a_g = \frac{4}{3}\pi\varrho G r = G\frac{M_E}{R_E^3} r \quad \text{für} \quad r < R_E . \qquad (11\text{-}15)$$

## Gravitationspotenzial und potenzielle Energie

Zur Bewegung einer Masse $m$ in einem Gravitationsfeld $\boldsymbol{A}(\boldsymbol{r})$ von $\boldsymbol{r}_1$ nach $\boldsymbol{r}_2$ (Bild 11-7) gegen die Feldkraft $\boldsymbol{F}_g$ ist eine Arbeit

$$W_{12} = -\int_1^2 \boldsymbol{F}_g \cdot d\boldsymbol{r} = -m\int_1^2 \boldsymbol{A} \cdot d\boldsymbol{r} \qquad (11\text{-}16)$$

erforderlich. Längs eines geschlossenen Weges $s_1 + s_2$ (Bild 11-7) muss dagegen die Arbeit null sein, da anderenfalls beim Herumführen einer Masse auf einer geschlossenen Bahn ohne Zustandsänderung des Feldes Arbeit gewonnen werden könnte (Verstoß gegen den Energieerhaltungssatz), d. h.,

$$\oint \boldsymbol{A} \cdot d\boldsymbol{r} = 0 . \qquad (11\text{-}17)$$

Aus (11-17) folgt weiter, dass die Arbeit längs zweier verschiedener Wege $s_1$ und $-s_2$ zwischen 1 und 2 gleich ist, da

$$\int_{s_1} \boldsymbol{A} \cdot d\boldsymbol{r} = \int_{-s_2} \boldsymbol{A} \cdot d\boldsymbol{r} \qquad (11\text{-}18)$$

d. h., die Arbeit im Gravitationsfeld ist unabhängig vom Wege: die Gravitationskraft ist eine *konservative Kraft* (vgl. 4.2).

$W_{12}$ hängt daher nur von $\boldsymbol{r}_1$ und $\boldsymbol{r}_2$ ab. Analog zu 4.2 lässt sich dann eine nur vom Ort abhängige *potenzielle Energie* $E_p(\boldsymbol{r})$ so angeben, dass die für die Verschiebung aufzuwendende Arbeit als Differenz zweier potenzieller Energien darzustellen ist:

$$W_{12} = E_p(\boldsymbol{r}_2) - E_p(\boldsymbol{r}_1) . \qquad (11\text{-}19)$$

Da nach (11-16) die Größe der bewegten Masse $m$ in die potenzielle Energie eingeht, ist es sinnvoll, die massenunabhängige Größe des *Gravitationspotenzials* $V_g(\boldsymbol{r})$ einzuführen:

$$V_g(\boldsymbol{r}) \equiv \frac{E_p(\boldsymbol{r})}{m} \qquad (11\text{-}20)$$

SI-Einheit: $[V_g] = \text{J/kg} = \text{m}^2/\text{s}^2$ .

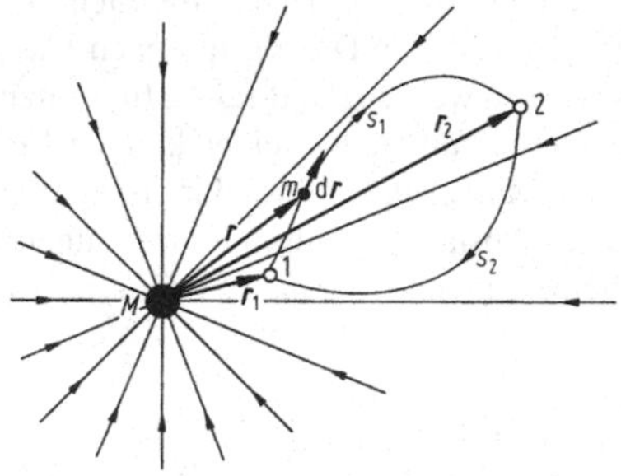


Bild 11-7. Zur Arbeit bei Verschiebung einer Masse im Gravitationsfeld

Die Arbeit $W_{12}$ gemäß (11-16) für die Verschiebung der Masse $m$ von $\boldsymbol{r}_1$ nach $\boldsymbol{r}_2$ lässt sich mit (11-20) auch durch eine Potenzialdifferenz ausdrücken:

$$W_{12} = -m \int_1^2 \boldsymbol{A} \cdot \mathrm{d}\boldsymbol{r} = m[V_g(\boldsymbol{r}_2) - V_g(\boldsymbol{r}_1)] \,. \quad (11\text{-}21)$$

Da es zur Berechnung der Arbeit oder der Feldstärke (bzw. der Kraft) stets nur auf Differenzen der potenziellen Energie (11-19) und (11-24) oder des Potenzials (11-21) und (11-23) ankommt, kann der Nullpunkt der potenziellen Energie bzw. des Potenzials frei gewählt werden. Bei *Zentralfeldern* ist es üblich, den Nullpunkt in die Entfernung $r_2 = \infty$ zu legen, d. h., $E_p(\infty) = 0$ und $V_g(\infty) = 0$. Dann folgt aus (11-21) für das Gravitationspotenzial an der Stelle $\boldsymbol{r}$

$$V_g(\boldsymbol{r}) = \frac{W_{\infty \boldsymbol{r}}}{m} = -\int_\infty^r \boldsymbol{A} \cdot \mathrm{d}\boldsymbol{r} \quad (11\text{-}22)$$

als auf die Masse bezogene Verschiebungsarbeit aus dem Unendlichen an die Stelle $\boldsymbol{r}$ bzw. als Wegintegral der Gravitationsfeldstärke. Die Umkehrung des Zusammenhanges (11-22) zwischen Gravitationspotenzial und -feldstärke lautet (vgl. 4.2)

$$\boldsymbol{A} = -\mathrm{grad}\, V_g(\boldsymbol{r}) \,. \quad (11\text{-}23)$$

Durch Multiplikation mit der Masse $m$ folgt daraus mit (11-1) und (11-13) der bereits bekannte Zusammenhang (4-16) zwischen Kraft und potenzieller Energie

$$\boldsymbol{F}_g = -\mathrm{grad}\, E_p(\boldsymbol{r}) \,. \quad (11\text{-}24)$$

Aus dem differenziell geschriebenen Zusammenhang (11-22)

$$\mathrm{d}V_g(\boldsymbol{r}) = -\boldsymbol{A} \cdot \mathrm{d}\boldsymbol{r} \quad (11\text{-}25)$$

folgt, dass Flächen, die überall senkrecht zur Gravitationsfeldstärke sind, Flächen konstanten Gravitationspotenzials (Äquipotenzialflächen) darstellen, weil Wegelemente $\mathrm{d}\boldsymbol{r}$, die in solchen Flächen liegen, stets senkrecht zu $\boldsymbol{A}$ sind. Aus (11-25) folgt dann weiter $\mathrm{d}V_g(\boldsymbol{r}) = 0$, d. h., $V_g(\boldsymbol{r}) = \mathrm{const}$:

*Äquipotenzialflächen* stehen senkrecht auf Feldlinien.

Potenzialflächen kugelsymmetrischer Massen sind demnach konzentrische Kugelflächen.

Für das Gravitationspotenzial der Erde ergibt sich aus (11-11), (11-14) und (11-22) nach Integration

$$V_g(r) = -G\frac{M_E}{r} = -\frac{gR_E^2}{r} \,, \quad (11\text{-}26)$$

und daraus an der Erdoberfläche, $r = R_E$,

$$V_g(R_E) = -gR_E \,. \quad (11\text{-}27)$$

Die Arbeit im Gravitationsfeld der Erde ist nach (11-21) mit (11-26)

$$W_{12} = GM_E m\left(\frac{1}{r_1} - \frac{1}{r_2}\right) = mgR_E^2\left(\frac{1}{r_1} - \frac{1}{r_2}\right) . \quad (11\text{-}28)$$

Die Beziehungen (11-26) bis (11-28) gelten sinngemäß auch für andere Himmelskörper.

## Fluchtgeschwindigkeit

Wird einem Körper (z. B. einem Raumfahrzeug) in der Nähe der Erdoberfläche $r \approx R_E$ eine kinetische Energie erteilt, die ausreicht, um die Arbeit (11-28)

$$W_{R\infty} = m[V_g(\infty) - V_g(R_E)] = E_k(R_E) = \frac{m}{2}v_f^2 \quad (11\text{-}29)$$

gegen die Gravitationsanziehung zu leisten, so bewegt er sich ohne weiteren Antrieb bis $r \to \infty$. Die dazu erforderliche Geschwindigkeit ergibt sich aus (11-27) und (11-29) unter Beachtung von $V_g(\infty) = 0$ zu

$$v_f = \sqrt{2gR_E} \approx 11{,}2\,\mathrm{km/s} \approx 40\,200\,\mathrm{km/h} \,, \quad (11\text{-}30)$$

*Fluchtgeschwindigkeit der Erde* oder 2. *astronautische Geschwindigkeit* genannt (vgl. 11.5, (11-49)).

## 11.5 Satellitenbahnen im Zentralfeld

Im Folgenden soll die Bahngleichung der Bewegung eines Körpers der Masse $m$ im Feld einer ruhenden Zentralmasse $M$ ($\gg m$), d. h. unter Einwirkung einer Zentralkraft, berechnet werden. Übergang zu Polarkoordinaten ergibt für die Geschwindigkeit (Bild 11-8)

$$\boldsymbol{v} = \dot{\boldsymbol{\varphi}} \times \boldsymbol{r} + \dot{r}\boldsymbol{r}^0 \quad \text{und daraus}$$

$$v^2 = \dot{r}^2 + r^2\dot{\varphi}^2 \,. \quad (11\text{-}31)$$

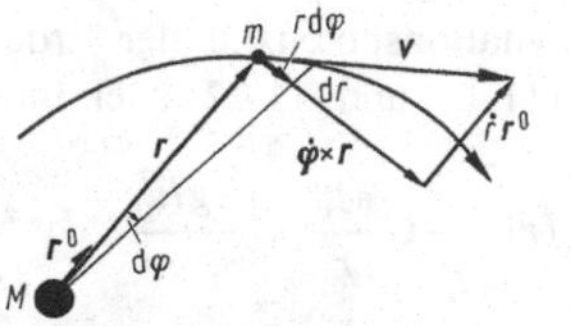


**Bild 11-8.** Zur Berechnung der Geschwindigkeit in Polarkoordinaten

Der bei Zentralkräften geltende Drehimpulserhaltungssatz liefert

$$L = mr^2\dot{\varphi} = \text{const} \quad \text{und daraus}$$

$$\mathrm{d}\varphi = \frac{L}{mr^2}\mathrm{d}t\,. \qquad \text{(11-32)}$$

Der Energieerhaltungssatz lautet mit (11-31) und (11-32)

$$E = E_\mathrm{k} + E_\mathrm{p} = \frac{m}{2}\dot{r}^2 + \frac{L^2}{2mr^2} + E_\mathrm{p} = \text{const}\,. \quad \text{(11-33)}$$

Durch Auflösen nach d$t$ und Ersetzen durch d$\varphi$ aus (11-32) erhält man die allgemeine Bahngleichung in Polarkoordinaten für die Bewegung im Zentralfeld:

$$\varphi(r) = \int \frac{L/r^2}{\sqrt{2m(E - E_\mathrm{p}) - (L/r)^2}}\mathrm{d}r + \text{const}\,. \qquad \text{(11-34)}$$

Im vorliegenden Fall einer Zentralkraft von der allgemeinen Form

$$\boldsymbol{F} = -\frac{\Gamma}{r^2}\boldsymbol{r}^0\,, \qquad \text{(11-35)}$$

wie sie bei der Gravitationskraft ($\Gamma = GMm$) oder bei der Coulomb-Kraft ($\Gamma = -Qq/4\pi\varepsilon_0$, siehe 11-12) zutrifft, hat entsprechend 11.4 die potenzielle Energie die Form

$$E_\mathrm{p} = -\frac{\Gamma}{r}\,. \qquad \text{(11-36)}$$

Nach Einsetzen von $E_\mathrm{p}$ in die allgemeine Bahngleichung (11-34) und Anwendung der Substitution $1/r = -w$ und $\mathrm{d}r = r^2\,\mathrm{d}w$ lässt sich die Integration ausführen mit dem Ergebnis

$$\varphi(r) = \arcsin\frac{1 - \dfrac{L^2}{m\Gamma r}}{\sqrt{1 + \dfrac{2EL^2}{m\Gamma^2}}} + \text{const}\,. \qquad \text{(11-37)}$$

Durch Einführung der Abkürzungen

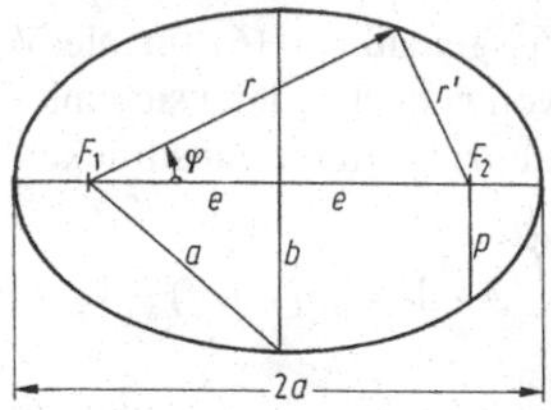


**Bild 11-9.** Zur Geometrie der Ellipse.
$r + r' = 2a$ Definition der Ellipse, $a$ halbe Hauptachse, $b$ halbe Nebenachse, $F_1$, $F_2$ Brennpunkte, $e = \sqrt{a^2 - b^2}$ Brennweite, $\varepsilon = e/a < 1$ Exzentrizität, $p = b^2/a$ Bahnparameter, $R_\mathrm{a} = p$ Hauptachsenscheitel-Krümmungsradius, $R_\mathrm{b} = a^2/b$ Nebenachsenscheitel-Krümmungsradius

$$p = \frac{L^2}{m\Gamma} \quad \text{und} \quad \varepsilon = \sqrt{1 + \frac{2EL^2}{m\Gamma^2}} \qquad \text{(11-38)}$$

und geeignete Wahl des Nullpunktes für $\varphi$ ergibt sich schließlich aus (11-37) als Bahngleichung die Polarkoordinatendarstellung eines Kegelschnittes

$$r = \frac{p}{1 - \varepsilon\cos\varphi} \qquad \text{(11-39)}$$

mit der Exzentrizität $\varepsilon$ und dem Bahnparameter $p$ (Bild 11-9).
Je nach Größe der Gesamtenergie $E$ ergeben sich nach (11-38) unterschiedliche Bahnformen:

$$E < 0\,,\ \varepsilon < 1: \ \text{Ellipse}$$
$$E = 0\,,\ \varepsilon = 1: \ \text{Parabel}$$
$$E > 0\,,\ \varepsilon > 1: \ \text{Hyperbel}\,.$$

Eine geschlossene Bahn (gebundener Zustand) erhält man also nur für negative Gesamtenergie, d. h., wenn die kinetische Energie überall auf der Bahn kleiner ist als der Betrag der negativen potenziellen Energie. Bei positiver potenzieller Energie, d. h. bei abstoßender Zentralkraft (z. B. zwischen elektrischen Ladungen gleichen Vorzeichens, siehe 11-12), sind nur Hyperbelbahnen möglich (ungebundener Zustand), da bei $E > 0$ nach (11-38) die Exzentrizität $\varepsilon > 1$ ist.

## Kreisbahngeschwindigkeit von Satelliten

Für einen Satelliten auf einer Kreisbahn im Abstand $r$ vom Erdmittelpunkt bzw. in der Höhe $h$ über der Erdoberfläche (Bild 11-11) erhält man aus der

Gleichsetzung des Ausdruckes für die Zentripetalkraft (3-19) mit der Gravitationskraft (11-7) unter Beachtung von (11-11)

$$v_{\bigcirc} = \sqrt{\frac{GM_E}{r}} = R_E\sqrt{\frac{g}{r}} = R_E\sqrt{\frac{g}{R_E + h}}\,. \quad (11\text{-}40)$$

Die Kreisbahngeschwindigkeit hängt nicht von der Satellitenmasse, sondern allein von der Höhe $h$ ab, wodurch antriebsfreie Gruppenflüge von Raumschiffen in der gleichen Bahn möglich sind. Satelliten in geringer Höhe (z. B. $h = 100\,\text{km} \ll R_E \approx 6371\,\text{km}$) haben nach (11-40) eine Kreisbahngeschwindigkeit

*1. astronautische Geschwindigkeit*

$$v_{\bigcirc}(R_E) = \sqrt{gR_E} = 7{,}9\,\text{km/s} \approx 28\,500\,\text{km/h} \quad (11\text{-}41)$$

und benötigen daher knapp 1,5 h für eine Erdumkreisung.

Synchronsatelliten haben die gleiche Winkelgeschwindigkeit wie die Erdrotation ($\omega_E$). Wenn ihre Bahnebene in der Äquatorebene der Erde liegt, bewegen sie sich stationär über einem Punkt des Äquators (Fernsehsatelliten!). Mit der Bedingung $v_{\bigcirc} = \omega_E(R_E + h)$ folgt für die Bahnhöhe der Synchronsatelliten aus (11-40)

$$h = \sqrt[3]{\frac{gR_E^2}{\omega_E^2}} - R_E \approx 36\,000\,\text{km}\,. \quad (11\text{-}42)$$

## Bahnenergie

Für die Diskussion der möglichen Bahnformen von Satellitenbahnen ist es zweckmäßig, die Gesamtenergie $E$ zu betrachten. Aus (11-38) erhält man zusammen mit den Beziehungen zwischen den Ellipsenparametern (Bild 11-9)

$$E = -\frac{\Gamma}{2a}\,, \quad (11\text{-}43)$$

d. h., die Gesamtenergie ist durch die Länge der Ellipsen-Hauptachse $2a$ bestimmt.

Im Fall der Gravitationsanziehung durch die Erde ist $\Gamma = GM_E m > 0$. Zu einer endlich langen, positiven halben Hauptachse $a$ (Ellipse, $\varepsilon < 1$) gehört nach (11-43) eine negative Gesamtenergie (Bild 11-10)

$$E = -\frac{1}{2}G\frac{M_E m}{a}\,, \quad (11\text{-}44)$$

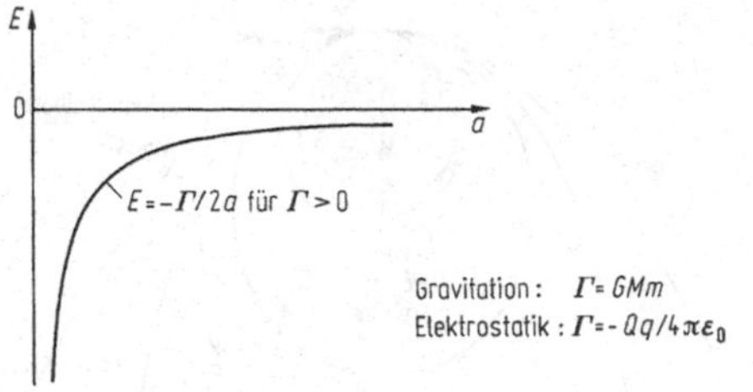


**Bild 11-10.** Gesamtenergie bei Ellipsenbahnen als Funktion der großen Bahnachse

d. h., die stets positive kinetische Energie bleibt in jedem Bahnpunkt kleiner als der Betrag der negativen potenziellen Energie (11-36)

$$E_p = -G\frac{M_E m}{r} = -\frac{gR_E^2 m}{r}\,. \quad (11\text{-}45)$$

Im Fall der Kreisbahn wird $a = r$ und $\varepsilon = 0$. Für die kinetische Energie ergibt sich dann mit (11-40)

$$E_k = \frac{m}{2}v_{\bigcirc}^2 = \frac{1}{2}G\frac{M_E m}{r} = -\frac{1}{2}E_p\,, \quad (11\text{-}46)$$

und die *Gesamtenergie* bei der *Kreisbahn* beträgt

$$E = E_k + E_p = -\frac{1}{2}G\frac{M_E m}{r} = \frac{1}{2}E_p\,. \quad (11\text{-}47)$$

Lässt man in (11-44) $a \to \infty$ gehen, so wird $E = 0$ und die Ellipse geht in eine Parabel ($\varepsilon = 1$) über. In diesem Fall ist die kinetische Energie $E_k = -E_p$ (d. h., $E_k(\infty) = 0$), und für die Geschwindigkeit des Satelliten folgt mit (11-45)

$$v = R_E\sqrt{\frac{2g}{r}}\,. \quad (11\text{-}48)$$

Im Scheitelpunkt der Parabel $r = R_E + h$ (Bild 11-11) ergibt sich daraus als notwendige Einschussgeschwindigkeit in die Parabelbahn und damit als Fluchtgeschwindigkeit für die Starthöhe $h$ das $\sqrt{2}$-fache der Kreisbahngeschwindigkeit (11-40)

$$v_f = R_E\sqrt{\frac{2g}{R_E + h}} = v_{\bigcirc}\sqrt{2}\,. \quad (11\text{-}49)$$

Bei niedriger Starthöhe $h \ll R_E$ folgt daraus der schon aus einer einfacheren Energiebetrachtung

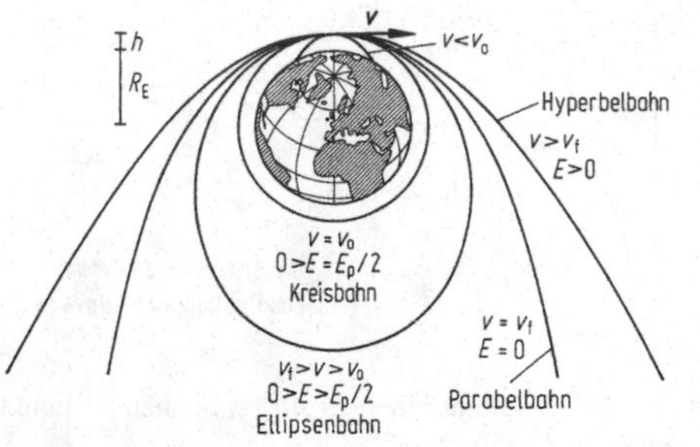


**Bild 11-11.** Satellitenbahntypen bei verschiedenen Bahneinschussgeschwindigkeiten $v$ bzw. Gesamtenergien $E$

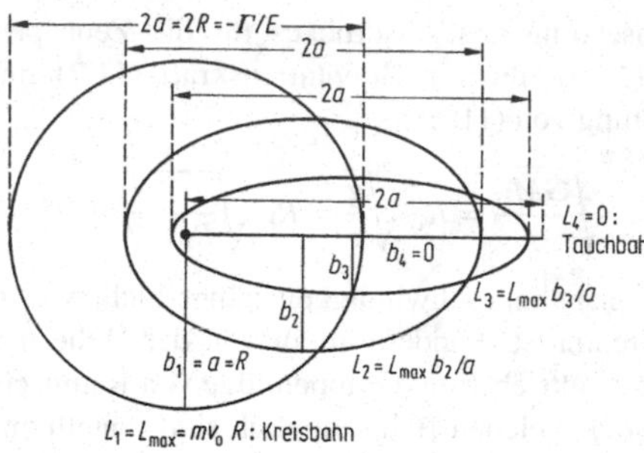


**Bild 11-12.** Ellipsenbahnen gleicher Energie mit unterschiedlichen Drehimpulsen

erhaltene Wert $v_f(R_E) = \sqrt{2gR_E} = 11{,}2\,\text{km/s}$ für die 2. astronautische Geschwindigkeit (11-30).

Für die Sonne als Zentralkörper und die Erde als Startpunkt für eine Parabelbahn um die Sonne ergibt sich analog die 3. astronautische Geschwindigkeit $v_3 \approx 16\,\text{km/s}$.

Bei Einschussgeschwindigkeiten $v > v_f$ gemäß (11-47) wird $E > 0$, das entspricht formal einem negativen Wert der großen Bahnachse $2a$ in (11-43). Eine positive Gesamtenergie bedeutet nach (11-38) $\varepsilon > 1$, also Hyperbelbahnen (Bild 11-11). In diesem Fall hat die kinetische Energie selbst für $r \to \infty$ einen nicht verschwindenden Wert.

### Drehimpuls bei Ellipsenbahnen

Während die Bahnenergie $E$ nach (11-43) allein von der Länge der Hauptachse $2a$ der Bahnellipse abhängt, ist der Bahndrehimpuls $L$ zusätzlich von der Länge der Nebenachse $2b$ abhängig. Aus (11-38) und (11-43) sowie $p = b^2/a$ (Bild 11-9) folgt

$$L = \frac{b}{a}\sqrt{am\Gamma} = b\sqrt{-2mE}\,. \qquad (11\text{-}50)$$

Der Maximalwert des Drehimpulses liegt für die Kreisbahn $b = a$ vor:

$$L_{max} = \sqrt{am\Gamma}: \quad L = \frac{b}{a}L_{max}\,. \qquad (11\text{-}51)$$

Im Grenzfall der linearen Tauchbahn ($b = 0$) verschwindet der Drehimpuls. Ellipsenbahnen gleicher Bahnenergie können also verschiedene Drehimpulse haben. Dies ist ein wesentlicher Aspekt des Bohr-Sommerfeld'schen Atommodells (siehe 16.1.1). Bild 11-12 zeigt einige Beispiele.

# 12 Elektrische Wechselwirkung

## 12.1 Elektrische Ladung, Coulomb'sches Gesetz

Materielle Körper lassen sich in einen „elektrisch geladenen" Zustand versetzen (z. B. durch Reiben von manchen nichtmetallischen Stoffen), in dem sie Kräfte auf andere „elektrisch geladene" Körper ausüben, die nicht auf Gravitationsanziehung zurückzuführen sind. Auf den gleichen Stoffen gleichartig erzeugte *elektrische Ladungen* stoßen sich ab. Es existieren jedoch zwei verschiedene Arten der elektrischen Ladung (du Fay, 1733), die sich gegenseitig anziehen: Positive und negative Ladungen. Die Definition der Vorzeichen ist willkürlich und ist historisch bedingt (Lichtenberg, 1777): Harze, z. B. Bernstein, mit Katzenfell gerieben: (+); Glas mit Leder gerieben: (–). Nach heutiger Auffassung ist die elektrische Ladung neben Ruhemasse und Spin eine grundlegende Eigenschaft der Elementarteilchen. In der uns umgebenden Materie sind die geladenen Elementarteilchen normalerweise die negativ geladenen Elektronen und die positiv geladenen Protonen (siehe 16.1).

Das Kraftgesetz für die Abstoßung bzw. Anziehung zwischen zwei Ladungen $Q$ und $q$ gleichen bzw. entgegengesetzten Vorzeichens wurde experimentell von Coulomb (1785) mithilfe der von ihm erfundenen Torsionswaage gefunden. Das Prinzip der Torsionswaage wurde später auch von Cavendish für die Gravitationsdrehwaage (Bild 11-5) eingesetzt, wobei dort die elektrisch geladenen Körper durch elektrisch neutrale Massen ersetzt wurden. Das Kraftgesetz ent-

**Tabelle 11-1.** Daten unseres Sonnensystems. (Werte nach Gerthsen/Vogel, 20. Aufl.)

| Körper | Masse $M$ $10^{24}$ kg | mittlerer Äquatorradius $R$ km | siderische Rotationsperiode[a] $T_r$ d | große Bahnhalbachse $a$ $10^6$ km | Exzentrizität $\varepsilon$ | siderische Umlaufzeit $T$ a = 365 d |
|---|---|---|---|---|---|---|
| Sonne | $1{,}989 \cdot 10^6$ | 696 000 | 27 | – | – | – |
| Merkur | 0,3302 | 2 440 | 58,65 | 57,91 | 0,206 | 0,240 |
| Venus | 4,869 | 6 052 | −243 | 108,21 | 0,007 | 0,616 |
| Erde | 5,9742 | 6 378.137 | 0,99726968 | 149,598 | 0,016751 | 1,000702 |
| Erdmond | 0,07348 | 1 738 | 27,322 | 0,3844 | 0,0549 | 0,075 |
| Mars | 0,6419 | 3 397 | 1,026 | 227,94 | 0,093 | 1,88 |
| Jupiter | 1 898.8 | 71 492 | 0,4135 | 778,3 | 0,048 | 11,86 |
| Saturn | 568,5 | 60 268 | 0,4375 | 1 427 | 0,056 | 29,46 |
| Uranus | 86,62 | 25 559 | −0,65 | 2 871 | 0,046 | 84,02 |
| Neptun | 102,8 | 24 764 | 0,678 | 4 497 | 0,010 | 164,79 |
| Pluto | 0,015 | 1 151 | −6,387 | 5 914 | 0,249 | 247,69 |

[a] negative Werte kennzeichnen entgegengesetzten Rotationssinn.

spricht hinsichtlich Form und Abstandsverhalten völlig dem Gravitationsgesetz und heißt *Coulomb'sches Gesetz:*

$$\boldsymbol{F}_\mathrm{C} = \frac{1}{4\pi\varepsilon_0} \cdot \frac{Qq}{r^2}\boldsymbol{r}^0 \,. \qquad (12\text{-}1)$$

Wie bei der Gravitationskraft handelt es sich um eine Zentralkraft, die längs der Verbindungslinie zwischen den beiden Ladungen wirkt (Bild 12-1).

Die Einheit der Ladungsmenge $Q$ ist das Coulomb und kann über das Coulomb-Gesetz festgelegt werden, wird jedoch aus Genauigkeitsgründen über die noch einzuführende Stromstärke $I$ (12.6) definiert:

$$\text{SI-Einheit: } [Q] = \mathrm{A \cdot s = C} \text{ (Coulomb).}$$

Die Proportionalitätskonstante wird aus praktisch-rechnerischen Gründen in der Form $1/4\pi\varepsilon_0$ geschrieben und muss im Prinzip experimentell bestimmt werden. Mit der heute gültigen Definition der Vakuumlichtgeschwindigkeit $c_0$ (siehe 1.3 und 19.1) und der magnetischen Feldkonstante $\mu_0 = 4\pi \cdot 10^{-7}\,\mathrm{Vs/Am}$ (siehe 13.1) ergibt sich die elektrische Feldkonstante

$$\varepsilon_0 = \frac{1}{\mu_0 c_0^2} = 8{,}854187817\ldots \cdot 10^{-12}\,\mathrm{A \cdot s/(V \cdot m)}\,. \qquad (12\text{-}2)$$

Die hier verwendete Einheit Volt (V) ist die Einheit des elektrischen Potenzials (12.3).

Zur Messung elektrischer Ladungsmengen können Geräte verwendet werden, die die Abstoßungskräfte zwischen gleichartig geladenen Körpern anzeigen (Elektrometer). Empfindlicher sind Geräte, in denen durch periodische Bewegung der zu messenden Ladung eine periodische Potenzialänderung erzeugt wird, die als Wechselspannung verstärkt und gemessen werden kann (Schwingkondensator-Verstärker, siehe 12.3).

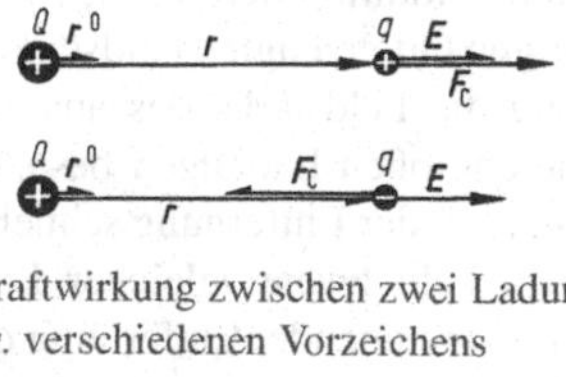


**Bild 12-1.** Kraftwirkung zwischen zwei Ladungen $Q$ und $q$ gleichen bzw. verschiedenen Vorzeichens

## 12.2 Das elektrostatische Feld

Das Coulomb-Gesetz (12-1) ist ein Fernwirkungsgesetz, das eine Kraft beschreibt, die von einer Ladung $Q$ über eine Entfernung $r$ auf eine zweite Ladung $q$ ausgeübt wird. Im Sinne der Nahwirkungstheorie (Faraday, 1852) sind positive und negative elektrische Ladungen Quellen und Senken eines elektrischen Feldes, dessen *Feldstärke* durch die lokale

Kraft auf eine Probeladung $q$ definiert wird:

$$\boldsymbol{E} = \lim_{q\to 0} \frac{\boldsymbol{F}}{q} \qquad (12\text{-}3)$$

SI-Einheit: $[E] = \mathrm{N/C} = \mathrm{V/m}$ .

Der Betrag $E$ der elektrischen Feldstärke darf nicht mit der Energie $E$ verwechselt werden. Die Vorschrift $q \to 0$ ist nur dann von Bedeutung, wenn durch die Kraftwirkung der Probeladung Verschiebungen der felderzeugenden Ladungen (z. B. auf elektrisch leitenden Körpern: Influenz, 12.7) auftreten können. Die Kraft auf die Probeladung folgt daraus zu

$$\boldsymbol{F} = q\boldsymbol{E}\ , \qquad (12\text{-}4)$$

wobei die Richtung sich aus dem Vorzeichen der Ladung $q$ ergibt (Bild 12-1). Wie beim Gravitationsfeld lässt sich die Geometrie des elektrischen Feldes durch Feldlinien beschreiben, die die Richtung der elektrischen Feldstärke (12-3) in jedem Punkt angeben.
Das elektrostatische Feld wird durch ruhende elektrische Ladungen erzeugt. Das einfachste Feld ist das *homogene Feld*, in dem $\boldsymbol{E}$ überall gleich ist. Es ist in guter Näherung realisierbar durch parallele, verschieden geladene Platten, deren Ausdehnung groß gegen den Abstand ist (Bild 12-2a). (Anmerkung: ein homogenes Gravitationsfeld ist in entsprechender Weise nicht erzeugbar.)

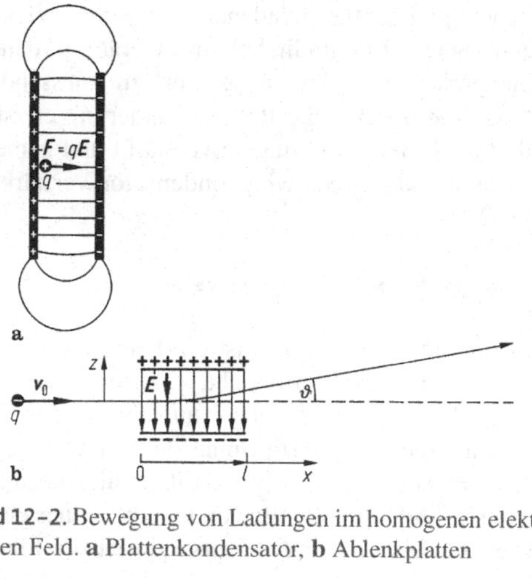


**Bild 12-2.** Bewegung von Ladungen im homogenen elektrischen Feld. **a** Plattenkondensator, **b** Ablenkplatten

**Bewegung von Ladungen im homogenen Feld**

Nach (12-4) erfährt eine Ladung $q$ im elektrischen Feld eine Beschleunigung

$$\boldsymbol{a} = \frac{\boldsymbol{F}}{m} = \frac{q}{m}\boldsymbol{E}\ . \qquad (12\text{-}5)$$

Im homogenen Feld ist daher $\boldsymbol{a}$ = const, sodass frei bewegliche positive Ladungen eine Fallbewegung in, negative Ladungen entgegen der Richtung des elektrischen Feldvektors durchführen. Zur Beschreibung können die Beziehungen für die gleichmäßig beschleunigte Bewegung (2.1) zusammen mit (12-5) herangezogen werden. So folgt für eine senkrecht in ein elektrisches Feld mit der Anfangsgeschwindigkeit $v_0$ eingeschossene negative Ladung $-q$ (Bild 12-2b) als Bahnkurve aus (2-22) eine Parabel ($\alpha = 0$)

$$z = \frac{qE}{2mv_0^2}x^2\ . \qquad (12\text{-}6)$$

Der Ablenkwinkel $\vartheta$ nach Durchfliegen des Feldes der Länge $l$ lässt sich nach Differenzieren aus der Steigung an der Stelle $l$ gewinnen:

$$\tan\vartheta = \frac{ql}{mv_0^2}E\ . \qquad (12\text{-}7)$$

Anwendung: Ablenkung des Elektronenstrahls in der Oszillographenröhre mittels Ablenkplatten.

**Felder von Punktladungen**

Die Feldstärke einer einzelnen Punktladung ergibt sich durch Einsetzen der Coulomb-Kraft (12-1) in die Feldstärke-Definition (12-3):

$$\boldsymbol{E} = \frac{Q}{4\pi\varepsilon_0 r^2}\boldsymbol{r}^0\ . \qquad (12\text{-}8)$$

Die zugehörigen Feldlinien haben also überall radiale Richtung (Bild 12-3).
Feldlinienbilder mehrerer Punktladungen lassen sich durch vektorielle Addition der von den Einzelladungen am jeweiligen Ort erzeugten Feldstärken konstruieren. Während die Feldstärke des aus zwei entgegengesetzt gleichgroßen Ladungen bestehenden Dipols (Bild 12-4) mit der Entfernung schnell abnimmt, nähert sich das Feld zweier gleicher Ladungen $Q$ (Bild 12-5) mit zunehmender Entfernung demjenigen

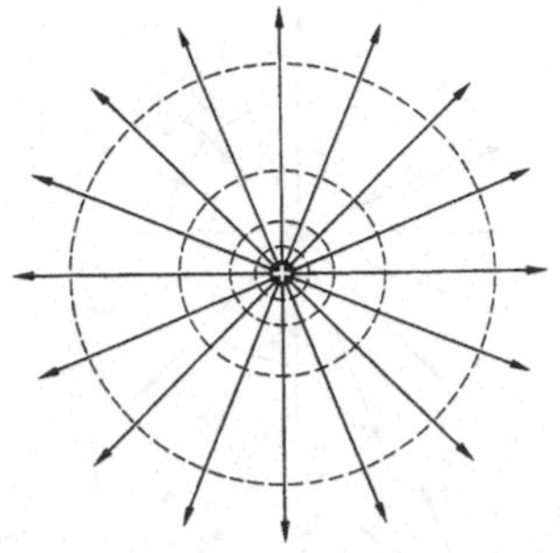

**Bild 12-3.** Feldlinienbild einer Punktladung (gestrichelt: Äquipotenziallinien)

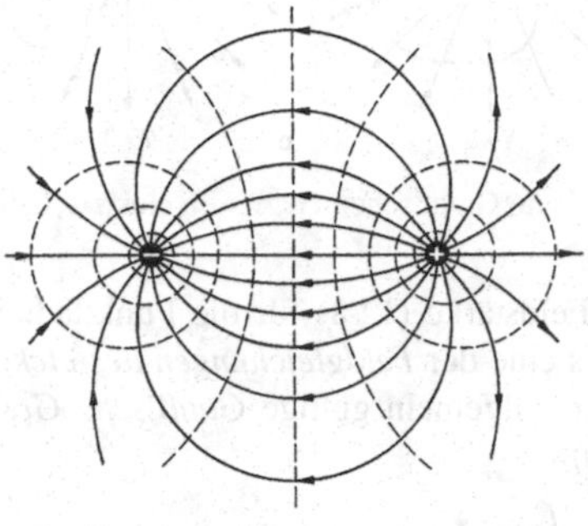

**Bild 12-4.** Feldlinienbild zweier entgegengesetzt gleichgroßer Ladungen: Dipol (gestrichelt: Äquipotenziallinien)

einer Punktladung $2Q$. An dem hier auftretenden Sattelpunkt des Potenzials in der Mitte zwischen beiden Ladungen, wo zwei Feldlinien frontal aufeinanderstoßen, zwei andere senkrecht dazu abgehen, ist die Feldstärke null. Dies gilt generell für Sattelpunkte des Potenzials.

Im allgemeinen Fall von $N$ Punktladungen an den Stellen $\boldsymbol{r}_i$ erhält man die resultierende Feldstärke $\boldsymbol{E}(\boldsymbol{r})$ durch vektorielle Addition (lineare Superposition) aller Punktladungsfeldstärken $\boldsymbol{E}_i(\boldsymbol{r}_i)$ aus (12-8):

$$\boldsymbol{E}(\boldsymbol{r}) = \sum_{i=1}^{N} \boldsymbol{E}_i(\boldsymbol{r}) = \sum_{i=1}^{N} \frac{Q_i}{4\pi\varepsilon_0} \cdot \frac{\boldsymbol{r} - \boldsymbol{r}_i}{|\boldsymbol{r} - \boldsymbol{r}_i|^3} \,. \qquad (12\text{-}9)$$

Liegt statt diskreter Punktladungen eine kontinuierliche Ladungsverteilung im Volumen $V$ vor mit der Raumladungsdichte

$$\varrho(\boldsymbol{r}) = \frac{\mathrm{d}Q}{\mathrm{d}V} \,, \qquad (12\text{-}10)$$

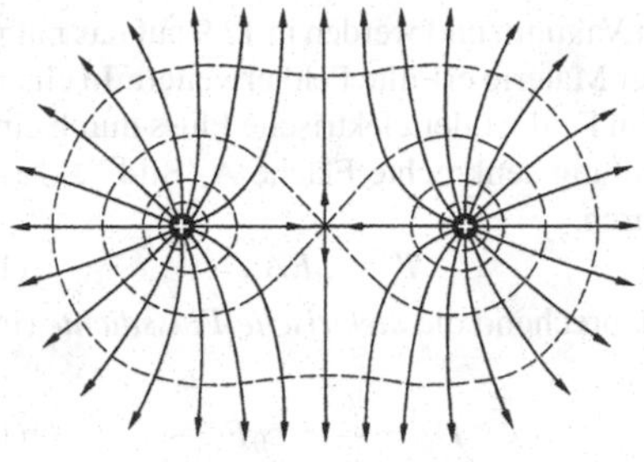

**Bild 12-5.** Feldlinienbild zweier gleicher Ladungen (gestrichelt: Äquipotenziallinien)

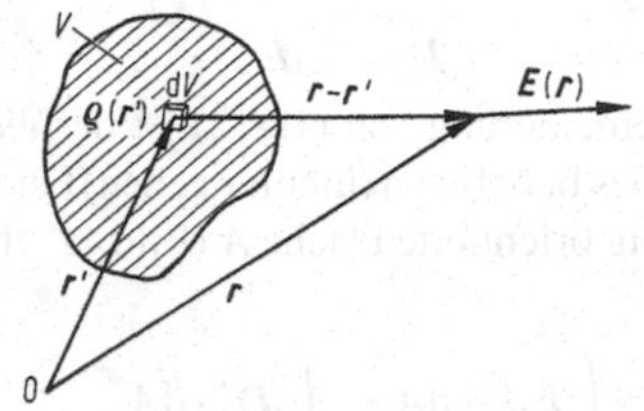


**Bild 12-6.** Zur Berechnung der von einer kontinuierlichen Raumladungsverteilung erzeugten elektrischen Feldstärke

so erhält man die resultierende Feldstärke durch Integration über die von jedem Ladungselement $\mathrm{d}Q$ im Volumen $V$ erzeugte Feldstärke $\mathrm{d}\boldsymbol{E}$ (Bild 12-6):

$$\boldsymbol{E}(\boldsymbol{r}) = \frac{1}{4\pi\varepsilon_0} \int_V \varrho(\boldsymbol{r}') \frac{\boldsymbol{r} - \boldsymbol{r}'}{|\boldsymbol{r} - \boldsymbol{r}'|^3} \mathrm{d}V \,. \qquad (12\text{-}11)$$

Experimentell lässt sich der Verlauf elektrischer Feldlinien mittels kleiner, länglicher Kristalle (Gips, Hydrochinon o. ä.) sichtbar machen, die – z. B. auf einer Glasplatte im Feld – sich durch Dipolkräfte (12.9) in Feldrichtung ausrichten.

### Elektrischer Fluss

Im elektrostatischen Feld beginnen und enden elektrische Feldlinien stets auf Ladungen: Die Gesamtheit der Feldlinien, die von einer Ladungsmenge ausgehen, oder besser: das von der Ladungsmenge $Q$ erzeugte Feld ist daher auch ein Maß für die Ladung $Q$. Eine geeignete Größe zur Beschreibung eines allgemeinen Zusammenhangs zwischen Ladung $Q$ und Feld $\boldsymbol{E}$ ist der elektrische Fluss $\Psi$. Die folgenden Betrachtungen gelten zunächst für das elektrostatische

Feld im Vakuum und werden in 12.9 auf das mit nichtleitender Materie erfüllte Feld erweitert. In einem homogenen Feld ist der elektrische Fluss durch eine zur Feldrichtung senkrechte Fläche $A$ (Bild 12-7a) definiert durch

$$\Psi = \varepsilon_0 E A\,, \tag{12-12}$$

und entsprechend die *elektrische Flussdichte* (im Vakuum)

$$D_0 = \frac{\Psi}{A} = \varepsilon_0 E\,. \tag{12-13}$$

$D_0$ wird auch *elektrische Verschiebungsdichte* (im Vakuum) genannt und ist ein Vektor in Richtung der Feldstärke $\boldsymbol{E}$:

$$\boldsymbol{D}_0 = \varepsilon_0 \boldsymbol{E}\,. \tag{12-14}$$

In Verallgemeinerung von (12-12) ist der *elektrische Fluss* $\Psi$ eines beliebigen (inhomogenen) Feldes durch eine beliebig orientierte Fläche $A$ (Bild 12-7b) im Vakuum

$$\Psi = \int\limits_A \varepsilon_0 \boldsymbol{E}\cdot \mathrm{d}\boldsymbol{A} = \int\limits_A \boldsymbol{D}_0 \cdot \mathrm{d}\boldsymbol{A}\,. \tag{12-15}$$

$$\text{SI-Einheit: } [\Psi] = \mathrm{A\cdot s = C}\,,$$

$$\text{SI-Einheit: } [D] = \mathrm{C/m^2}\,.$$

Der von einer Ladung $Q$ insgesamt ausgehende elektrische Fluss ergibt sich durch Integration gemäß (12-15) über eine geschlossene Oberfläche $S$, z. B. über eine zu $Q$ konzentrische Kugeloberfläche (Bild 12-8a):

$$\Psi = \oint\limits_S \boldsymbol{D}_0 \cdot \mathrm{d}\boldsymbol{A} = \varepsilon_0 E 4\pi r^2\,. \tag{12-16}$$

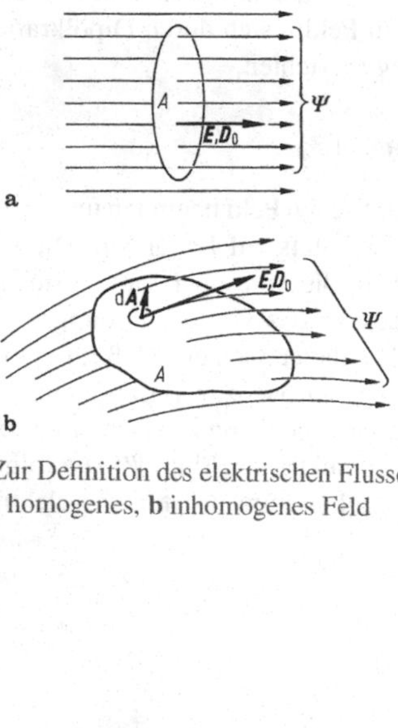


**Bild 12-7.** Zur Definition des elektrischen Flusses (im Vakuum). **a** homogenes, **b** inhomogenes Feld

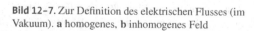

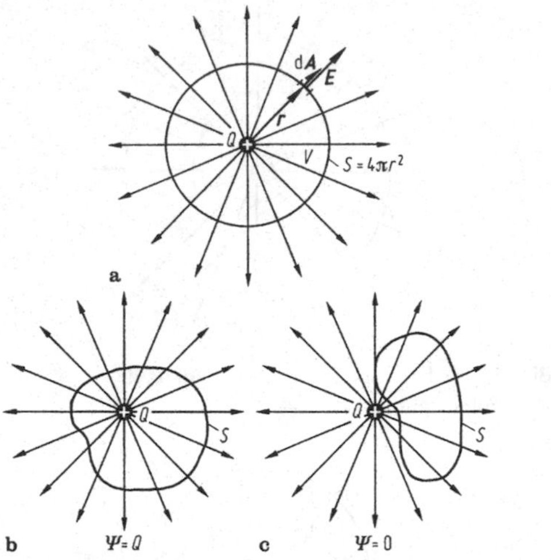


**Bild 12-8.** Zum Gauß'schen Gesetz im elektrischen Feld

Mit der Feldstärke (12-8) für die Punktladung folgt daraus als eine der *Feldgleichungen des elektrischen Feldes* das allgemein gültige *Gauß'sche Gesetz* (im Vakuum):

$$\Psi = \oint\limits_S \boldsymbol{D}_0 \cdot \mathrm{d}\boldsymbol{A} = \oint\limits_S \varepsilon_0 \boldsymbol{E}\cdot \mathrm{d}\boldsymbol{A} = Q\,, \tag{12-17}$$

d. h., der gesamte elektrische Fluss $\Psi$ durch eine geschlossene Oberfläche ist gleich der eingeschlossenen Ladung $Q$ (Bild 12-8b). In (12-17) geht weder die Geometrie der geschlossenen Fläche $S$ noch die Lage der Ladung $Q$ ein. $Q$ kann daher auch aus mehreren Punktladungen $q_i$ oder aus einer Ladungsverteilung der Ladungsdichte $\varrho(\boldsymbol{r})$ bestehen:

$$Q = \sum q_i = \int\limits_V \varrho(\boldsymbol{r})\,\mathrm{d}V\,, \tag{12-18}$$

wobei das Integrationsvolumen $V$ innerhalb der geschlossenen Fläche $S$ liegen muss. Enthält die geschlossene Fläche keine Ladung (Bild 12-8c), so ist der Gesamtfluss durch die Oberfläche null.

Beispiele für die Anwendung des Gauß'schen Gesetzes:

### Homogen geladene Kugeloberfläche

Eine z. B. metallische Kugel des Radius $R$ trage eine Gesamtladung $Q$, die sich im statischen Fall

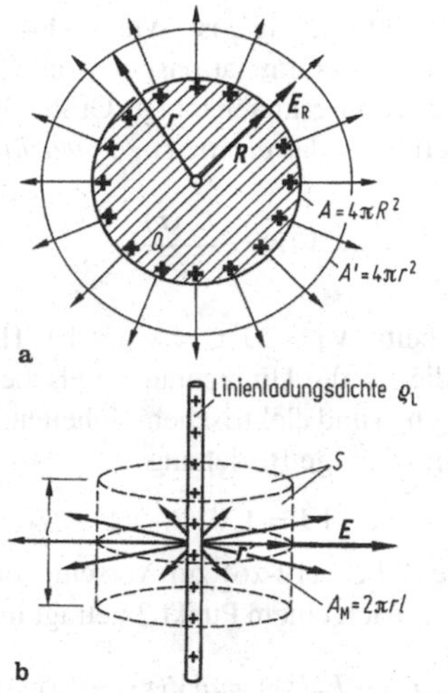


**Bild 12-9.** Außenfeld **a** einer geladenen Kugel und **b** einer Linienladung

gleichmäßig auf der Oberfläche $A = 4\pi R^2$ verteilt (siehe 12.7), sodass die *Flächenladungsdichte*

$$\sigma = \frac{\mathrm{d}Q}{\mathrm{d}A} \qquad (12\text{-}19)$$

$\sigma = Q/4\pi R^2$ beträgt. Wird als Integrationsfläche die Oberfläche der Metallkugel gewählt (Bild 12-9a), so folgt aus dem Gauß'schen Gesetz (12-17) wie in (12-16) für die Oberflächenfeldstärke

$$E_\mathrm{R} = \frac{Q}{4\pi\varepsilon_0 R^2} = \frac{\sigma}{\varepsilon_0}\,, \qquad (12\text{-}20)$$

und entsprechend für einen Radius $r > R$ im Außenraum der geladenen Kugel

$$E(r) = \frac{Q}{4\pi\varepsilon_0 r^2}\,. \qquad (12\text{-}21)$$

Die Feldstärke im Außenraum der geladenen Kugel ist also identisch mit der Feldstärke einer gleichgroßen Punktladung im Zentrum der Kugel.

### Linienladung

Die Feldlinien im Außenraum einer homogen geladenen Linie (Draht, Linienladungsdichte $q_\mathrm{L}$) verlaufen aus Symmetriegründen senkrecht und radial von der Linie weg. Zur Berechnung der Feldstärke benutzen wir eine Integrationsfläche $S$ nach Bild 12-9b. Von der Zylinderoberfläche trägt nur die Mantelfläche $A_\mathrm{M} = 2\pi rl$ zum Oberflächenintegral über die Feldstärke bei, da in den Stirnkreisflächen die Feldstärke senkrecht auf der Flächennormalen steht. Die von der Zylinderoberfläche eingeschlossene Ladung ist $Q = q_\mathrm{L} l$. Das Gauß'sche Gesetz (12-17) ergibt dann für den Betrag der elektrischen Feldstärke im Abstand $r$ von der Linienladung (Rechnung siehe G 10.3)

$$E = \frac{q_\mathrm{L}}{2\pi\varepsilon_0 r}\,. \qquad (12\text{-}22)$$

### Geladener Plattenkondensator

Zwei parallele Metallplatten der Fläche $A$ mögen die Ladungen $+Q$ und $-Q$ tragen (Bild 12-10). Sind die linearen Abmessungen der Platten groß gegen den Plattenabstand $d$, so ist das Feld zwischen den Platten homogen (Bild 12-2) und außen vernachlässigbar klein. Zur Berechnung der Feldstärke $\boldsymbol{E}$ im Innern werde eine Platte mit einer geschlossenen Fläche $S$ umhüllt, von der das homogene Feld die Fläche $A$ durchsetzt (Bild 12-10, gestrichelte Berandung). Zum Gauß'schen Gesetz (12-17) angewandt auf die Fläche $S$ liefert dann nur der Fluss durch die Fläche $A$ einen Beitrag

$$\Psi = Q = \oint_S \boldsymbol{D}_0 \cdot \mathrm{d}\boldsymbol{A} = \int_A \varepsilon_0 \boldsymbol{E} \cdot \mathrm{d}\boldsymbol{A} = \varepsilon_0 EA\,. \qquad (12\text{-}23)$$

Daraus errechnet sich die *Feldstärke im Plattenkondensator* mit (12-19) zu

$$E = \frac{Q}{\varepsilon_0 A} = \frac{\sigma}{\varepsilon_0}\,. \qquad (12\text{-}24)$$

$E$ ist gleichzeitig die Oberflächenfeldstärke auf den Platten, für die sich demnach der gleiche Zusammenhang mit der Flächenladungsdichte $\sigma$ ergibt wie für die geladene Kugel (12-20). Da die Geometrie der geladenen Körper hierbei nicht eingeht, gilt offenbar für geladene (leitende) Flächen generell der Zusammenhang

$$\sigma = \varepsilon_0 E = D_0\,, \qquad (12\text{-}25)$$

der sich auch allgemein aus (12-17) und (12-19) herleiten lässt.

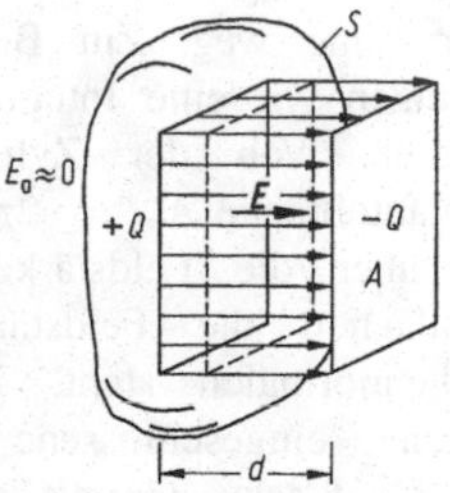


**Bild 12-10.** Zur Berechnung der Feldstärke im Plattenkondensator mit dem Gauß'schen Gesetz

## 12.3 Elektrisches Potenzial, elektrische Spannung

Eine Ladung $q$ in einem elektrostatischen Feld der Feldstärke $\boldsymbol{E}$ erfährt eine Kraft $\boldsymbol{F} = q\boldsymbol{E}$ und besitzt daher eine potenzielle Energie $E_p$, die z. B. in kinetische Energie umgewandelt wird, wenn die Ladung im Vakuum der Kraft ungebremst folgen kann. Die zur Verschiebung der im Bild 12-11 negativen Ladung $q$ von $\boldsymbol{r}_1$ nach $\boldsymbol{r}_2$ mit einer Kraft $-q\boldsymbol{E}(\boldsymbol{r})$ gegen die Feldkraft in einem beliebigen elektrostatischen Feld (Bild 12-11) aufzuwendende äußere Arbeit ist nach dem Energiesatz

$$W_{12}^{a} = -\int_1^2 \boldsymbol{F}(\boldsymbol{r}) \cdot d\boldsymbol{r} = -q\int_1^2 \boldsymbol{E}(\boldsymbol{r}) \cdot d\boldsymbol{r} = E_p(\boldsymbol{r}_2) - E_p(\boldsymbol{r}_1)\,. \tag{12-26}$$

So wie beim Gravitationsfeld die potenzielle Energie proportional zur Masse ist, gilt für das elektrostatische Feld nach (12-26), dass die potenzielle Energie

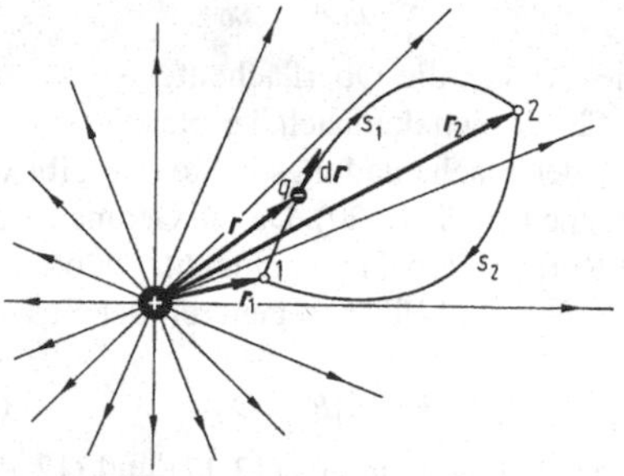


**Bild 12-11.** Zur Arbeit im elektrischen Feld

proportional zur Ladung $q$ ist. Wie in 11.4 ist es daher sinnvoll, eine dem Gravitationspotenzial (11-20) entsprechende, ladungsunabhängige Größe $\boldsymbol{V(r)}$ (auch $\varphi(\boldsymbol{r})$) einzuführen: das *elektrische Potenzial*

$$V(\boldsymbol{r}) = \frac{E_p(\boldsymbol{r})}{q}\,. \tag{12-27}$$

SI-Einheit: $[V] = \text{J/C} = \text{V}$ (Volt). Hieraus folgt die für die Umrechnung zwischen mechanischen und elektrischen Einheiten im SI-System wichtige Beziehung

$$1\,\text{J} = 1\,\text{V} \cdot \text{A} \cdot \text{s}\,. \tag{12-28}$$

Die äußere Arbeit (12-26) zur Verschiebung von einem Punkt 1 nach einem Punkt 2 beträgt mit (12-27)

$$W_{12}^{a} = E_p(\boldsymbol{r}_2) - E_p(\boldsymbol{r}_1) = q[V(\boldsymbol{r}_2) - V(\boldsymbol{r}_1)]\,. \tag{12-29}$$

Ebenso wie die potenzielle Energie ist auch das Potenzial nur bis auf eine willkürliche additive Konstante bestimmt, die bei der Berechnung der Arbeit aufgrund der Differenzbildung herausfällt. Häufig ist es zweckmäßig, die potenzielle Energie bzw. das Potenzial im Unendlichen null zu setzen:

$$E_p(\infty) = 0\,, \quad V(\infty) = 0\,. \tag{12-30}$$

Aus (12-26) folgt dann mit $\boldsymbol{r}_1 \longrightarrow \infty$ und $\boldsymbol{r}_2 = \boldsymbol{r}$ für das Potenzial

$$V(\boldsymbol{r}) = \frac{E_p(\boldsymbol{r})}{q} = \frac{W_{\infty,r}^{a}}{q} = -\int_\infty^r \boldsymbol{E} \cdot d\boldsymbol{r}\,, \tag{12-31}$$

das also der Arbeit zur Verschiebung der Probeladung $q$ aus dem Unendlichen an die Stelle $\boldsymbol{r}$, dividiert durch die Probeladung, entspricht.

Die Potenzialdifferenz zwischen zwei Punkten 1 und 2 wird die *elektrische Spannung*

$$-U_{12} = V(\boldsymbol{r}_1) - V(\boldsymbol{r}_2) \quad \text{bzw.}$$
$$U_{21} = V(\boldsymbol{r}_2) - V(\boldsymbol{r}_1) = -U_{12} \tag{12-32}$$

genannt. Sie hat natürlich dieselbe Einheit Volt wie das elektrische Potenzial. Damit folgt aus (12-29) der Zusammenhang für die äußere Arbeit bei Bewegung der Ladung gegen die Feldkräfte von 1 nach 2:

$$W_{12}^{a} = q\,U_{21} = -q\,U_{12}\,,$$

für die Arbeit durch die Feldkräfte bei Bewegung der Ladung $q$ von 2 nach 1:

$$W_{12} = q\,U_{21} = -q\,U_{12}\,,$$

allgemein:

$$W = q\,U\,. \tag{12-33}$$

Für die auf die Ladung bezogene erforderliche äußere Arbeit $W^{a}_{12}$ zur Bewegung der Ladung $q$ von 1 nach 2 längs des Weges $s_1$ (Bild 12-11) folgt aus (12-26) mit (12-27) und (12-32)

$$\frac{W^{a}_{12}}{q} = V(\boldsymbol{r}_2) - V(\boldsymbol{r}_1) = U_{21} = -\int_1^2 \boldsymbol{E}(\boldsymbol{r}) \cdot \mathrm{d}\boldsymbol{r}\,. \tag{12-34}$$

Längs eines geschlossenen Weges $C = s_1 + s_2$ (Bild 12-11) ist im elektrostatischen Feld die Arbeit null, da andernfalls beim Herumführen einer Ladung auf dem geschlossenen Weg ohne Zustandsänderung des Feldes Arbeit gewonnen werden könnte (Verstoß gegen den Energieerhaltungssatz), d. h.,

$$-\oint_C \boldsymbol{E} \cdot \mathrm{d}\boldsymbol{r} = 0 \quad \text{im elektrostatischen Feld}\,. \tag{12-35}$$

Dies ist neben (12-17) eine weitere *Feldgleichung des elektrostatischen Feldes.* Das geschlossene Linienintegral über die elektrische Feldstärke wird *elektrische Umlaufspannung* genannt. Sie verschwindet im statischen Fall. Aus (12-35) folgt weiter, dass die Arbeit längs zweier verschiedener Wege $s_1$ und $-s_2$ zwischen 1 und 2 (Bild 12-11) gleich ist,

$$\int_{s_1} \boldsymbol{E}(\boldsymbol{r}) \cdot \mathrm{d}\boldsymbol{r} = \int_{-s_2} \boldsymbol{E}(\boldsymbol{r}) \cdot \mathrm{d}\boldsymbol{r}\,, \tag{12-36}$$

d. h., die Arbeit ist unabhängig vom Wege, das elektrostatische Feld ist ein *konservatives Kraftfeld.* Mit dem Stokes'schen Integralsatz (vgl. A 17.3; Gl. (17-30)) lässt sich zeigen, dass (12-35) auch bedeutet, dass

$$\operatorname{rot} \boldsymbol{E}(\boldsymbol{r}) = 0\,, \tag{12-37}$$

d. h., das *elektrostatische Feld* ist wirbelfrei. Für das Coulomb-Feld lässt sich dies auch direkt durch Einsetzen von (12-8) zeigen. Die verschiedenen Formulierungen (12-35) bis (12-37) sind gleichwertig Die Umkehrung des Zusammenhangs (12-31) zwischen elektrischem Potenzial und Feldstärke lautet (vgl. 4.2 und 11.4, sowie G 10.2)

$$\boldsymbol{E}(\boldsymbol{r}) = -\operatorname{grad} V(\boldsymbol{r})\,. \tag{12-38}$$

Aus der differenziellen Formulierung von (12-31)

$$\mathrm{d}V(\boldsymbol{r}) = -\boldsymbol{E}(\boldsymbol{r}) \cdot \mathrm{d}\boldsymbol{r} \tag{12-39}$$

folgt analog zu 11.4, dass Flächen, die überall senkrecht zur elektrischen Feldstärke sind, Flächen konstanten elektrischen Potenzials (*Potenzialflächen*) darstellen. Schnitte solcher Potenzialflächen (Potenziallinien) sind in Bild 12-3 bis 12-5 und 12-12 gestrichelt eingezeichnet.

Für ein *homogenes Feld* in $x$-Richtung erhält man durch Integration von (12-39) eine lineare Ortsabhängigkeit des Potenzials ($V = 0$ bei $x = 0$ vereinbart)

$$V = -Ex \tag{12-40}$$

und Ebenen $x = \text{const}$ als Potenzialflächen (Bild 12-12). Die *Feldstärke im Plattenkondensator* ergibt sich daraus mit (12-32) zu

$$E = \frac{U}{d}\,. \tag{12-41}$$

Zusammen mit (12-24) erhält man aus (12-41)

$$U = Q\frac{d}{\varepsilon_0 A}\,. \tag{12-42}$$

Bei konstanter Ladung $Q$ ist $U \sim d$. Dies wird im Schwingkondensator-Verstärker zur empfindlichen Messung von Ladungsmengen ausgenutzt (siehe 12.1).

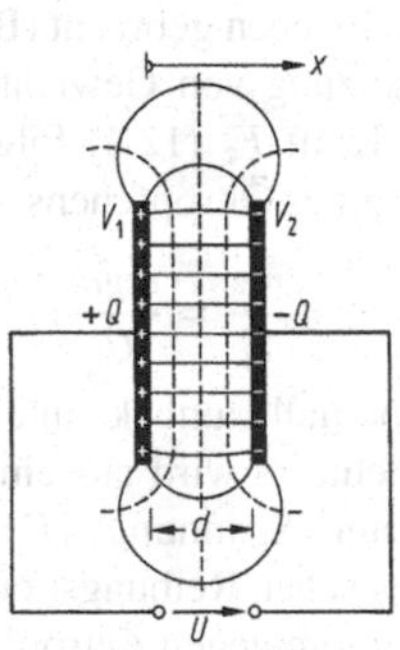


**Bild 12-12.** Plattenkondensator

Das *Potenzial* im Feld *einer Punktladung* ergibt sich durch Integration über die Feldstärke (12-8) gemäß (12-31) zu

$$V(r) = \frac{Q}{4\pi\varepsilon_0 r} . \qquad (12\text{-}43)$$

Potenzialflächen bei der Punktladung sind demnach konzentrische Kugelflächen $r$ = const (Bild 12-3). Auch das Potenzial im Außenfeld einer geladenen Kugel (vgl. 12.2, Bild 12-9) wird durch (12-43) beschrieben, da die Feldstärken (12-21) und (12-8) in beiden Fällen gleich sind. Mit (12-21) ergibt sich ein einfacher Zusammenhang zwischen Feldstärke und Potenzial im Zentralfeld:

$$E(r) = \frac{V(r)}{r} . \qquad (12\text{-}44)$$

Entsprechend beträgt die Oberflächenfeldstärke einer auf das Potenzial $V$ geladenen leitenden Kugel (Radius $R$, Bild 12-9)

$$E_R = \frac{V}{R} . \qquad (12\text{-}45)$$

## 12.4 Quantisierung der elektrischen Ladung

Aus vielen experimentellen Untersuchungen hat sich gezeigt, dass die elektrische Ladung nicht in beliebigen Werten auftritt: Es gibt eine kleinste Ladungsmenge, die Elementarladung. Die absolute Messung des Betrages der Elementarladung erfolgte erstmals durch Vergleich der elektrischen Kraft auf geladene Teilchen mit ihrem Gewicht im Schwerefeld (Millikan-Versuch): Geladene feine Öltröpfchen werden unter mikroskopischer Beobachtung in einem Kondensatorfeld durch Einstellung der richtigen Feldstärke mittels der am Kondensator angelegten Spannung zum Schweben gebracht (Bild 12-13).

Aus der Gleichsetzung von Gewichtskraft $F_G$ (3-7) und elektrischer Kraft $F_e$ (12-4) folgt für die unbekannte Ladung $q$ eines Öltröpfchens

$$q = \frac{mg}{E} = \frac{mgd}{U} . \qquad (12\text{-}46)$$

Die zunächst ebenfalls unbekannte Masse $m$ des Öltröpfchens (Dichte $\varrho$) wird aus einem Fallversuch bei ausgeschalteter Spannung ($E = 0$) bestimmt. Wegen der Stokes'schen Reibungskraft (9-37) der als kugelförmig angenommenen Öltröpfchen beim Fall in dem zähen Medium Luft (Viskosität $\eta$) stellt sich

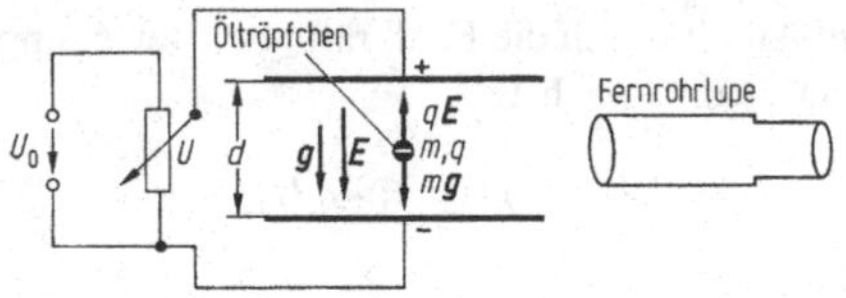


**Bild 12-13.** Millikan-Versuch zur Bestimmung der Elementarladung

eine konstante Fallgeschwindigkeit $v$ der Tröpfchen ein, die unter dem Mikroskop gemessen wird. Die Gleichsetzung von Gewichtskraft und Reibungskraft ergibt

$$F_G = mg = \frac{4}{3}\pi r^3 \varrho g = F_R = 6\pi\eta r v . \qquad (12\text{-}47)$$

Hieraus kann der Tröpfchenradius $r$ und damit $m$ berechnet werden (genaugenommen muss noch der Auftrieb des Öltröpfchens in Luft berücksichtigt werden). Aus vielen Einzelmessungen mit verschiedenen Öltröpfchen ergab sich, dass nur ganzzahlige Vielfache einer kleinsten Ladung $e$ auftreten:

$$q = \pm ne \; (n = 0, 1, 2, \ldots) \qquad (12\text{-}48)$$

mit der *Elementarladung*

$$e = (1{,}602176487 \pm 40 \cdot 10^{-9}) \cdot 10^{-19}\,\mathrm{C}$$

> Die elektrische Ladung ist gequantelt in Einheiten der Elementarladung. Alle in der Natur beobachteten Ladungsmengen sind gleich oder ganzzahlige Vielfache der Elementarladung $e$. Die Beträge der positiven und negativen Elementarladungen sind exakt gleich.

Die meisten Elementarteilchen sind Träger einer Elementarladung (Tabelle 12-1). Die nur gebunden als Bausteine der Hadronen (Mesonen und Baryonen, vgl. Tabelle 12-1) auftretenden *Quarks* haben jedoch die Ladung $\pm e/3$ oder $\pm 2e/3$ (siehe 17.5).

Bausteine der Atome der uns umgebenden Materie sind die positiv geladenen Protonen, die negativ geladenen Elektronen und die Neutronen, die keine Ladung tragen.

*Erhaltungssatz* für die *elektrische Ladung*:

> Die gesamte elektrische Ladung – d. h. die algebraische Summe der positiven und negativen Ladungen – in einem elektrisch isolierten System ändert sich zeitlich nicht.

Beispiele: Ionisation neutraler Atome durch Photonen; Paarerzeugung; Elementarteilchenumwandlungen.
Eine mathematische Formulierung des Erhaltungssatzes der elektrischen Ladung ist die Kontinuitätsgleichung für die elektrische Ladung (12-64).

## 12.5 Energieaufnahme im elektrischen Feld

Ein Teilchen der Ladung $q$, der Masse $m$ und der Geschwindigkeit $\boldsymbol{v}$ besitzt in einem elektrischen Feld am Ort $\boldsymbol{r}$ mit dem elektrischen Potenzial $V(\boldsymbol{r})$ die Gesamtenergie

$$E = E_k + E_p = \frac{1}{2}mv^2 + qV \,. \qquad (12\text{-}49)$$

Kann das Teilchen zwischen den Orten 1 und 2 der elektrischen Feldstärke folgen, so folgt aus dem Energiesatz (12-29)

$$\frac{1}{2}mv_2^2 - \frac{1}{2}mv_1^2 = q(V_1 - V_2) = qU_{12} \,. \qquad (12\text{-}50)$$

Ein Teilchen, das eine Spannung $U$ durchläuft, erfährt also einen Zuwachs seiner kinetischen Energie um $qU$. Wenn $q$ bekannt ist, dann ist auch die durchlaufene Spannung $U$ ein Maß für die Energie. Dies trifft z. B. bei der Beschleunigung von geladenen Elementarteilchen zu, deren Ladung stets $+e$ oder $-e$ ist (Tabelle 12-1). Die Multiplikation der Spannung $U$ mit dem Wert der Ladung in A · s = C kann dann unterbleiben, und die Energieänderung kann in *Elektronenvolt* (eV) angegeben werden. Umrechnung in die SI-Einheit:

$$1\,\text{eV} = (1{,}60217653 \pm 14 \cdot 10^{-8}) \cdot 10^{-19}\,\text{V} \cdot \text{C} = 1{,}602 \ldots 10^{-19}\,\text{J} \,. \qquad (12\text{-}51)$$

Ist die Anfangsgeschwindigkeit des geladenen Teilchens $v_1 = 0$, so ergibt sich seine Endgeschwindigkeit $v_2 = v$ aus (12-50) zu

$$v = \sqrt{\frac{2qU}{m}} \,. \qquad (12\text{-}52)$$

Die Masse von Elektronen lässt sich z. B. aus ihrer Ablenkung im Magnetfeld bestimmen (13.2) und beträgt für kleine Geschwindigkeiten

$$m_e = (9{,}1093826 \pm 16 \cdot 10^{-7}) \cdot 10^{-31}\,\text{kg} \,.$$

Aufgrund dieser geringen Masse wird die Geschwindigkeit von Elektronen im Vakuum schon bei Durchlaufen von nur mäßigen Spannungen sehr hoch:

$$U = 1\,\text{V}: \; v_e \approx 593\,\text{km/s} \,.$$

Die Anwendung von (12-52) auf Elektronen ist daher nur gültig, solange die Geschwindigkeit im nichtrelativistischen Bereich bleibt (4.5):

$$v_e = \sqrt{\frac{2eU}{m_e}} \quad \text{für} \quad U < (10^4 \ldots 10^5)\,\text{V} \,. \qquad (12\text{-}53)$$

Für höhere Beschleunigungsspannungen $U$ muss statt (12-50) der relativistische Energiesatz (4-43) angewendet werden. Mit (4-38) lautet dieser

$$mc_0^2 - m_e c_0^2 = \Delta E_p = eU \qquad (12\text{-}54)$$

mit $m_e$ Ruhemasse des Elektrons.
Mithilfe der Beziehung (4-35) für die geschwindigkeitsabhängige relativistische Masse folgt daraus anstelle von (12-53) für die Elektronengeschwindigkeit

$$v_e = \sqrt{\frac{2eU}{m_e}} \cdot \frac{\sqrt{1 + \dfrac{eU}{2m_e c_0^2}}}{1 + \dfrac{eU}{m_e c_0^2}} \,. \qquad (12\text{-}55)$$

Für kleine $U$ geht (12-55) in (12-53) über. Für $U \longrightarrow \infty$ wird dagegen $v_e \longrightarrow c_0$, d. h., die Vakuumlichtgeschwindigkeit stellt auch hier die Grenzgeschwindigkeit dar. Gleichung (12-55) wird durch Messungen genauestens bestätigt (Bild 12-14).
Elektronen und andere geladene Elementarteilchen können im Vakuum durch elektrische Felder

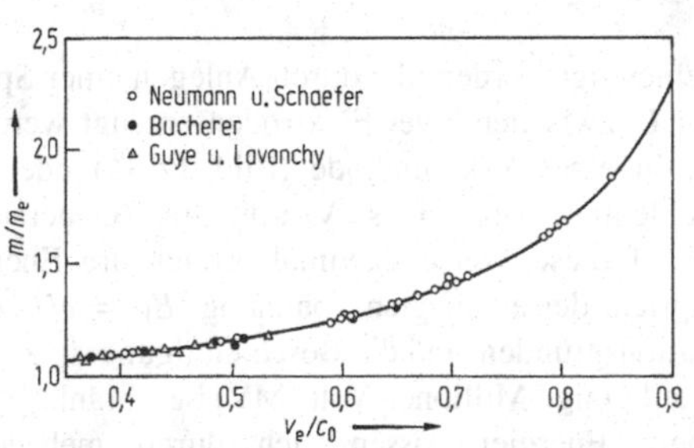


**Bild 12-14.** Zunahme der Elektronenmasse mit steigender Geschwindigkeit: Theorie (12-55) und Messungen

**Tabelle 12-1.** Eigenschaften von Elementarteilchen (nach Gerthsen/Vogel: Physik. 20. Aufl. Berlin: Springer 1999). $m_e$ Elektronenmasse, $e$ Elementarladung, $\hbar = h/2\pi$, $\hbar$ Planck'sches Wirkungsquantum

| Teilchen-familie | Teilchen-name | Symbol Teilchen | Symbol Antiteilchen | Ruhemasse $m_e$ | Ladung Q $e$ | mittlere Lebensdauer $\tau$ s | Spin $J$ $\hbar$ |
|---|---|---|---|---|---|---|---|
| | Photon | $\gamma$ | $\gamma$ | 0 | 0 | $\infty$ | 1 |
| Leptonen | Elektron-Neutrino | $\nu_e$ | $\bar{\nu}_e$ | 0?(<29 · $10^{-6}$) | 0 | $\infty$ | 1/2 |
| | My-Neutrino | $\nu_\mu$ | $\bar{\nu}_\mu$ | 0?(<0,33) | 0 | $\infty$ | 1/2 |
| | Tau-Neutrino | $\nu_\tau$ | $\bar{\nu}_\tau$ | 0?(<35,6) | 0 | $\infty$ | 1/2 |
| | Elektron/Positron | e ($e^-$) | $e^+$ | 1 | $\mp 1$ | $\infty$ | 1/2 |
| | Myon | $\mu^-$ | $\mu^+$ | 207 | $\mp 1$ | $2{,}2 \cdot 10^{-6}$ | 1/2 |
| | Tau-Lepton | $\tau^-$ | $\tau^+$ | 3491 | $\mp 1$ | $5 \cdot 10^{-13}$ | 1/2 |
| Mesonen | Pion ($\pi$-Meson) | $\pi^-$ | $\pi^+$ | 273 | $\mp 1$ | $2{,}6 \cdot 10^{-8}$ | 0 |
| | | $\pi^0$ | $\pi^0$ | 264 | 0 | $0{,}8 \cdot 10^{-16}$ | 0 |
| | Kaon (K-Meson) | $K^-$ | $K^+$ | 967 | $\mp 1$ | $1{,}24 \cdot 10^{-8}$ | 0 |
| | | $K^0$ | $K^0$ | 974 | 0 | $0{,}89 \cdot 10^{-10}/5{,}2 \cdot 10^{-8}$ | 0 |
| Baryonen | Proton | p ($p^+$) | $\bar{p}$ ($p^-$) | 1836 | $\pm 1$ | $\infty$? | 1/2 |
| | Neutron | n | $\bar{n}$ | 1839 | 0 | 918 | 1/2 |
| | $\Lambda$-Hyperon | $\Lambda^0$ | $\overline{\Lambda^0}$ | 2183 | 0 | $2{,}6 \cdot 10^{-10}$ | 1/2 |
| | $\Sigma$-Hyperon | $\Sigma^+$ | $\overline{\Sigma^+}$ | 2328 | +1 | $0{,}8 \cdot 10^{-10}$ | 1/2 |
| | | $\Sigma^0$ | $\overline{\Sigma^0}$ | 2334 | 0 | $< 10^{-14}$ | 1/2 |
| | | $\Sigma^-$ | $\overline{\Sigma^-}$ | 2343 | −1 | $1{,}5 \cdot 10^{-10}$ | 1/2 |
| | $\Xi$-Hyperon | $\Xi^0$ | $\overline{\Xi^0}$ | 2573 | 0 | $3{,}0 \cdot 10^{-10}$ | 1/2 |
| | | $\Xi^-$ | $\Xi^+$ | 2586 | $\mp 1$ | $1{,}7 \cdot 10^{-10}$ | 1/2 |
| | $\Omega$-Hyperon | $\Omega^-$ | $\Omega^+$ | 3272 | $\mp 1$ | $1{,}3 \cdot 10^{-10}$ | 3/2 |

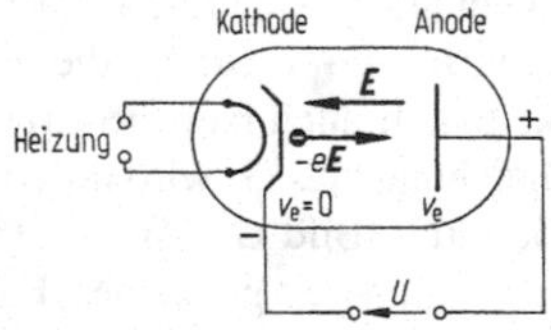


**Bild 12-15.** Vakuumdiode

beschleunigt werden, die durch Anlegen einer Spannung $U$ zwischen zwei Elektroden erzeugt werden, z. B. in einer Vakuumdiode (Bild 12-15) oder im Beschleunigerrohr eines Van-de-Graaf-Generators. Die auf diese Weise maximal erreichbare Energie entspricht der angelegten Spannung: $E_k = eU$. Aus Isolationsgründen sind die Beschleunigungsspannungen auf einige Millionen Volt (MV) beschränkt.

Höhere Energien lassen sich durch mehrfache Ausnutzung derselben Beschleunigungsspannung z. B. im Hochfrequenzlinearbeschleuniger (Wideroe, 1930) erreichen (Bild 12-16). Dabei durchlaufen die Ladungsträger (z. B. Elektronen) nacheinander zunehmend längere Driftröhren, die abwechselnd mit den beiden Polen einer periodisch das Vorzeichen wechselnden Spannung $U_\approx$ verbunden sind. Wird die halbe Periodendauer der Wechselspannung gleich der Driftdauer durch eine Röhre gemacht, so finden phasenrichtig startende Elektronen zwischen zwei Driftröhren immer ein beschleunigendes Feld vor. Bei einer Anzahl von $N$ Driftröhren lässt sich eine Beschleunigungsenergie $E_k = NeU$ erreichen,

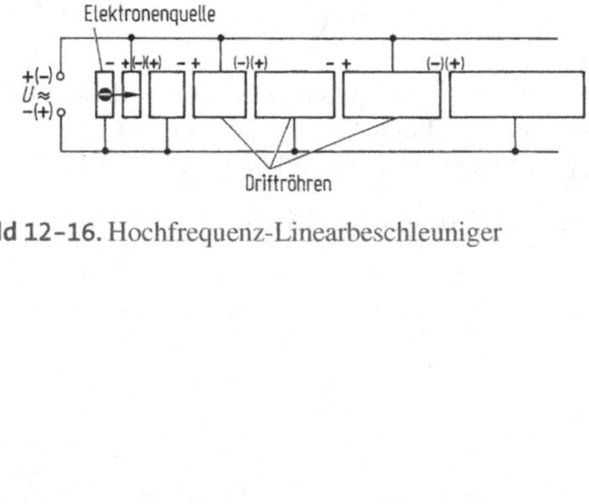


**Bild 12-16.** Hochfrequenz-Linearbeschleuniger

allerdings ist der Teilchenstrom gepulst. Es sind Linearbeschleuniger bis zu mehreren Kilometern Länge gebaut worden.
Hochenergetische Teilchen können auch in Kreisbeschleunigern erzeugt werden (13.2).

## 12.6 Elektrischer Strom

Bewegte elektrische Ladungsträger, wie sie z. B. durch Beschleunigung in elektrischen Feldern erzeugt werden können (12.5), stellen einen elektrischen Strom dar. Elektrische Ströme können in leitfähiger Materie (Metallen, Halbleitern, elektrolytischen Flüssigkeiten, ionisierten Gasen) oder auch im Vakuum erzeugt werden. Die während eines Zeitintervalls d$t$ durch einen beliebigen Querschnitt transportierte elektrische Ladungsmenge d$Q$ definiert die *elektrische Stromstärke*

$$I = \frac{dQ}{dt} . \quad (12\text{-}56)$$

SI-Einheit: $[I]$ = C/s = A (Ampere) .

Zur Definition und Realisierung des Ampere siehe 1.3 und 13.3, Bild 13-16.
Die Stromstärke $I$ ist kein Vektor. Das Vorzeichen des elektrischen Stromes ist positiv definiert, wenn positive Ladungen in Richtung des elektrischen Feldes fließen bzw. wenn negative Ladungen entgegen der Feldrichtung fließen (Bild 12-17). Anderenfalls ist $I$ negativ.
Die räumliche Verteilung der Stromstärke wird durch die *elektrische Stromdichte* $\boldsymbol{j}$ (oder $\boldsymbol{J}$) beschrieben, mit

$$j = \frac{dI}{dA} , \quad (12\text{-}57)$$

worin d$A$ ein Flächenelement senkrecht zum Vektor der Stromdichte $\boldsymbol{j}$ ist. Bei räumlich konstanter Stromdichte gilt z. B. für Bild 12-17: $I = jA$. Zeigt der

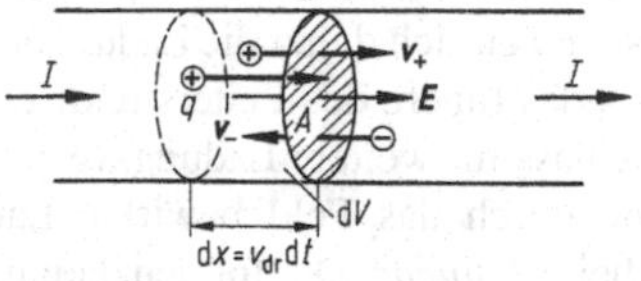


Bild 12-17. Zur Definition der Stromrichtung

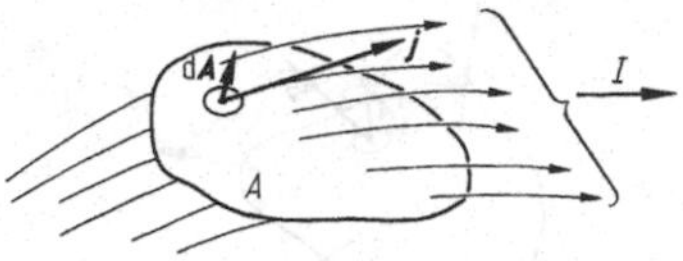


Bild 12-18. Zur Definition der Stromdichte

Flächennormalenvektor $\boldsymbol{A}$ nicht in die Richtung des Stromdichtevektors $\boldsymbol{j}$, so gilt

$$I = \boldsymbol{j} \cdot \boldsymbol{A}$$

bzw. allgemein

$$I = \int_A \boldsymbol{j} \cdot d\boldsymbol{A} , \quad (12\text{-}58)$$

wenn die Stromdichte $\boldsymbol{j}$ örtlich unterschiedlich ist (Bild 12-18).
Zusammenhang zwischen Stromdichte und Ladungsträger-Driftgeschwindigkeit: Der Einfachheit halber sei angenommen, dass nur eine Sorte Ladungsträger mit der Ladung $q$ vorhanden sei, die sich mit einer mittleren Geschwindigkeit, der Driftgeschwindigkeit $v_{dr}$ (vgl. 16.2) bewegen. Dann durchqueren in der Zeit d$t$ alle Ladungsträger d$N$, die sich in dem Volumenelement

$$dV = A\,dx = A\,v_{dr}\,dt$$

befinden, den Querschnitt $A$, also insgesamt die Ladungsmenge

$$dQ = n\,dVq$$

($n$ Teilchenkonzentration der Ladungsträger). Mit (12-56) ergibt sich daraus die Stromstärke

$$I = nqv_{dr}A \quad (12\text{-}59)$$

bzw. mit (12-57) die Stromdichte

$$\boldsymbol{j} = nq\boldsymbol{v}_{dr} . \quad (12\text{-}60)$$

Für Elektronen als Ladungsträger z. B. in Metall gilt mit $q = -e$

$$\boldsymbol{j} = -ne\boldsymbol{v}_{dr} . \quad (12\text{-}61)$$

Als *Beispiel* werde die Driftgeschwindigkeit der Leitungselektronen in Kupfer berechnet:

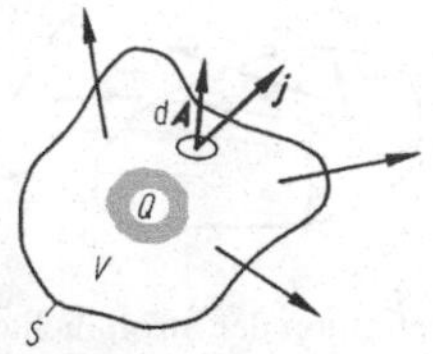


Bild 12-19. Zur Kontinuitätsgleichung für die elektrische Ladung

Wird die Dichte der Leitungselektronen abgeschätzt mit der Annahme, dass jedes Kupferatom ein Elektron in das Leitungsband (siehe 16) abgibt, so beträgt $n_{Cu} = 84 \cdot 10^{27}\,/\mathrm{m}^3$. Mit den Vorgaben $I = 10\,\mathrm{A}$, $A = 1\,\mathrm{mm}^2$, $e = 1{,}6 \cdot 10^{-19}\,\mathrm{As}$ folgt aus (12-61) für die Driftgeschwindigkeit der Elektronen $v_{dr} = 0{,}74\,\mathrm{mm/s} = 2{,}7\,\mathrm{m/h} = 64\,\mathrm{m/d}$. Für die Strecke Berlin–München benötigen die Elektronen daher etwa 25 Jahre. Allein daraus folgt, dass die Driftgeschwindigkeit der Elektronen nichts mit der Ausbreitungsgeschwindigkeit elektrischer Signale zu tun hat.

**Kontinuitätsgleichung**

Wird das Flächenintegral in (12-58) bei der Berechnung der Stromstärke aus der Stromdichte über eine geschlossene Fläche $S$ erstreckt (Bild 12-19), so erhält man den insgesamt aus dem von $S$ umschlossenen Volumen $V$ abfließenden Strom

$$I = \oint_S \boldsymbol{j} \cdot \mathrm{d}\boldsymbol{A} = \frac{\mathrm{d}Q_{tr}}{\mathrm{d}t}\,, \qquad (12\text{-}62)$$

worin $Q_{tr}$ die dabei durch die Oberfläche transportierte Ladung ist.

Die durch die geschlossene Oberfläche $S$ in der Zeit $\mathrm{d}t$ tretende Ladungsmenge $\mathrm{d}Q_{tr}$ ist gleich der Abnahme $-\mathrm{d}Q$ der in $V$ enthaltenen Ladung $Q$ (Ladungserhaltung, siehe 12.4):

$$\frac{\mathrm{d}Q_{tr}}{\mathrm{d}t} = -\frac{\mathrm{d}Q}{\mathrm{d}t} = -\dot{Q}\,. \qquad (12\text{-}63)$$

Aus (12-62) ergibt sich damit die Kontinuitätsgleichung für die elektrische Ladung

$$\oint_S \boldsymbol{j} \cdot \mathrm{d}\boldsymbol{A} = -\frac{\mathrm{d}}{\mathrm{d}t}\int_V \varrho\,\mathrm{d}V = -\dot{Q}\,, \qquad (12\text{-}64)$$

die eine mathematische Formulierung für die Ladungserhaltung (12.4) darstellt, $\varrho$ Raumladungsdichte (12-10).

**Stromarbeit und Leistung**

Die Energie, die ein konstanter elektrischer Strom $I$ im elektrischen Feld infolge der Beschleunigung der Ladung beim Durchlaufen der Spannung $U$ aufnimmt, beträgt pro Ladungsträger $qU$, für $N$ Ladungsträger $NqU = QU$. Mit $Q = It$ (12-56) ergibt sich daher die vom Feld aufzubringende Beschleunigungsarbeit

$$W = QU = UIt\,. \qquad (12\text{-}65)$$

Die damit verknüpfte elektrische Leistung (4-5) beträgt

$$P = \frac{\mathrm{d}W}{\mathrm{d}t} = UI\,. \qquad (12\text{-}66)$$

SI-Einheit: $[P] = \mathrm{V} \cdot \mathrm{A} = \mathrm{W}$ (Watt) .

Gleichungen (12-65) und (12-66) gelten auch, wenn bei Strömen in leitender Materie die Energie der Ladungsträger fortlaufend durch Stöße z. B. an das Kristallgitter abgegeben wird (16.2).

Für leitende Materie gilt in den meisten Fällen eine von Ohm (1825) gefundene lineare Beziehung, das *Ohm'sche Gesetz*

$$U = IR\,, \qquad (12\text{-}67)$$

worin $R$, der *elektrische Widerstand*, eine Bauteilkenngröße ist, die für viele leitende Stoffe bei konstanter Temperatur näherungsweise unabhängig von $U$ und $I$ ist. Eine modellmäßige Begründung für das Ohm'sche Gesetz folgt in 16.

SI-Einheit: $[R] = \mathrm{V/A} = \Omega$ (Ohm) .

## 12.7 Elektrische Leiter im elektrostatischen Feld, Influenz

In elektrisch leitender Materie (elektrische Leiter) können sich Ladungen $q$ unter Einfluss der elektrischen Kraft $\boldsymbol{F} = q\boldsymbol{E}$ bewegen, z. B. Elektronen in Metallen. Unter Einwirkung eines elektrischen Feldes verschieben sich daher die Ladungen im Leiter so lange, bis das Innere des Leiters feldfrei wird und damit der Anlass für weitere Ladungsverschiebungen entfällt. Die durch das Feld bewirkte Ladungsverschiebung heißt *Influenz*. Die Influenzladungen treten an den äußeren Oberflächen des leitenden Körpers

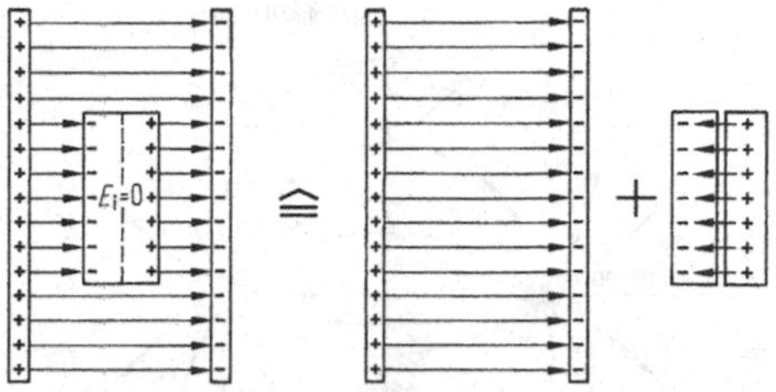


**Bild 12-20.** Zur Wirkung der Influenz

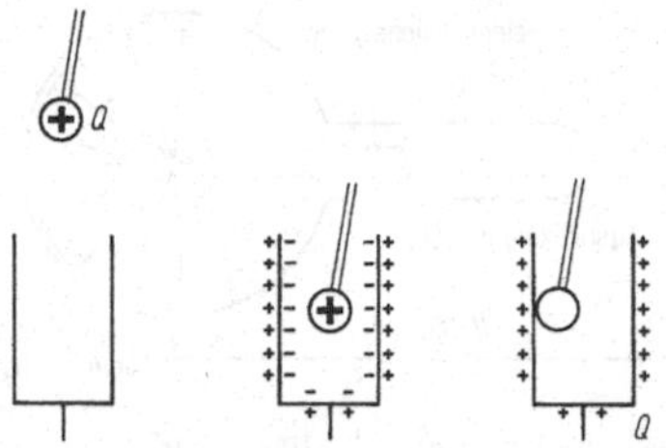

**Bild 12-21.** Faraday-Becher zur Ladungsübertragung

auf (Bild 12-20) und erzeugen ein dem äußeren Feld entgegengesetztes Influenzfeld, das das äußere Feld exakt kompensiert.

Das Auftreten von Influenzladungen lässt sich auch dadurch zeigen, dass als leitender Körper in Bild 12-20 zwei zunächst im Kontakt befindliche Teilkörper (z. B. zwei an der Strichlinie in Bild 12-20 aneinanderliegende Platten) verwendet werden. Werden diese ungeladen in das Feld gebracht, im Feld getrennt und dann herausgeführt, so tragen sie beide entgegengesetzt gleich große Ladungen.

Auch für elektrisch geladene Leiter im Feld der eigenen Ladungen (z. B. Bild 12-9) gilt, dass die Ladungen sich im Felde der umgebenden Ladungen so lange verschieben, bis die Feldstärke im Innern des Leiters verschwindet. Auch hier verteilt sich die Ladung auf der äußeren Oberfläche.

> Das Innere von elektrisch leitenden Körpern in elektrostatischen Feldern ist feldfrei. Das elektrische Potenzial im Körper ist daher konstant, insbesondere ist seine Oberfläche eine Potenzialfläche. Die Feldstärke steht deshalb senkrecht auf der Leiteroberfläche (siehe 12.3), auf der sich die aufgebrachten Ladungen oder die Influenzladungen verteilen.

$$\boldsymbol{E}_\mathrm{i} = 0 \,, \quad V_\mathrm{i} = \mathrm{const} \,. \qquad (12\text{-}68)$$

Gleichung (12-68) gilt auch für das Innere metallischer Hohlräume, sofern sich darin keine isolierten Ladungen befinden. Zur Abschirmung vor äußeren elektrischen Feldern können daher metallisch umschlossene Räume verwendet werden: *Faraday-Käfig*. In das Innere eines metallischen Hohlraumes gebrachte Ladungen fließen bei Kontakt vollständig auf die Außenfläche der Metallumhüllung ab: *Faraday-Becher* zur vollständigen Ladungsübertragung (Bild 12-21).

## Oberflächenfeldstärke und Krümmung

Der Einfluss der Krümmung einer leitenden Oberfläche auf die Oberflächenladungsdichte $\sigma$ bzw. auf die Oberflächenfeldstärke $\boldsymbol{E}$ lässt sich mit einer Anordnung aus zwei leitenden Kugeln 1 und 2 (Radius $R_1$ und $R_2$) abschätzen, die miteinander leitend verbunden sind und dadurch das gleiche Potenzial $V$ besitzen (Bild 12-22).

Feldstärke und Flächenladungsdichte können auf den äußeren Kugelseiten, wo die Störung durch die leitende Verbindung und die zweite Kugel gering ist, in guter Näherung wie bei einzelnen Kugeln berechnet werden. Aus (12-20) und (12-44) folgt dann

$$\frac{E_2}{E_1} = \frac{\sigma_2}{\sigma_1} \approx \frac{R_1}{R_2} \quad \text{für} \quad V_1 = V_2 \,. \qquad (12\text{-}69)$$

Auf beliebig geformte leitende Körper übertragen bedeutet das, dass an Stellen mit kleinen Krümmungsradien $R$ bei Aufladung des Körpers auf ein Potenzial $V$ bzw. eine Spannung $U$ gegenüber der Umgebung besonders hohe Oberflächenfeldstärken

$$E_\mathrm{R} \approx \frac{V}{R} \qquad (12\text{-}70)$$

auftreten (12-44). Das ist bei hochspannungsführenden Teilen zu beachten: An Spitzen, dünnen Drähten und scharfen Kanten treten bereits bei mäßigen Spannungen $U$ Glimmentladungen oder sogar

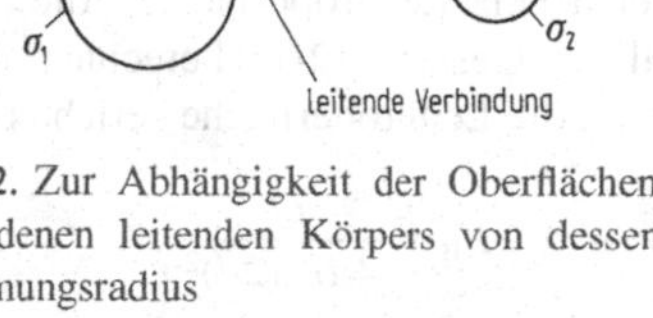

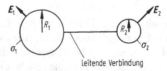

**Bild 12-22.** Zur Abhängigkeit der Oberflächenfeldstärke eines geladenen leitenden Körpers von dessen Oberflächenkrümmungsradius

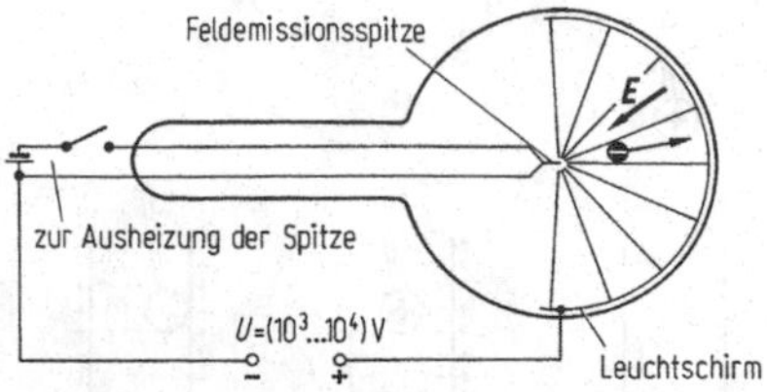


**Bild 12-23.** Feldemissions-Elektronenmikroskop

Feldemission (16.7) auf und führen zu Überschlägen. Kleine Krümmungsradien sind daher zu vermeiden. Ausgenutzt wird dagegen dieser Effekt beim Feldemissions-Elektronenmikroskop (Bild 12-23) und beim Feldionenmikroskop (Müller, 1936 und 1951).

Hierbei werden chemisch geätzte Metallspitzen mit Krümmungsradien von 0,1 bis 1 µm verwendet, sodass bei einer Spannung von 1000 V Feldstärken von $10^9$ bis $10^{10}$ V/m (1 bis 10 MV/mm) erzeugt werden. Bei solchen Feldstärken werden aus der Spitze Elektronen durch Feldemission (16.7) freigesetzt und im umgebenden Radialfeld auf den Leuchtschirm zu beschleunigt. Strukturen auf der Spitze, z. B. örtliche Variationen der Austrittsarbeit (16.7) oder angelagerte Moleküle, werden dann auf dem Leuchtschirm per Zentralprojektion mit einer Vergrößerung von $10^5$ bis $10^6$ sichtbar.

### Elektrische Bildkraft

Ladungen vor ungeladenen, leitenden Oberflächen bewirken durch Influenz eine Ladungsverschiebung in der Weise, dass die Feldlinien senkrecht auf der Leiteroberfläche enden (Bild 12-24). Der entstehende Feldlinienverlauf vor einer ebenen Leiteroberfläche kann durch gedachte Spiegelladungen entgegengesetzten Vorzeichens im gleichen Abstand $d$ hinter der Leiteroberfläche (das „Bild" der felderzeugenden Ladung) beschrieben werden (siehe auch Bild 12-4).

Daraus resultiert eine Kraft zwischen Ladung $Q$ und ungeladener Leiteroberfläche, die sich aus dem Coulomb-Gesetz (12-1) berechnen lässt und senkrecht auf die Leiteroberfläche gerichtet ist:

$$F_B = \frac{Q^2}{4\pi\varepsilon_0(2d)^2} \,. \qquad (12\text{-}71)$$

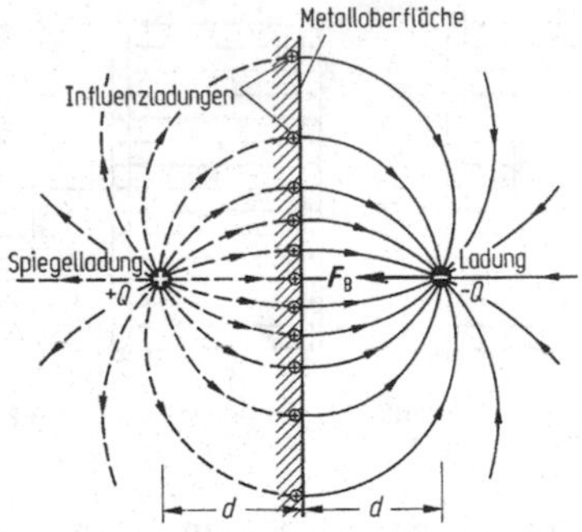


**Bild 12-24.** Zur Entstehung der Bildkraft: Spiegelladungen durch Influenz an leitenden Flächen

## 12.8 Kapazität leitender Körper

Das Potenzial $V$ einer leitenden Kugel (Radius $R$) ist nach (12-43) proportional zur Ladung $Q$ auf der Kugel. Der Quotient beträgt

$$\frac{Q}{V} = 4\pi\varepsilon_0 R \qquad (12\text{-}72)$$

und hängt nur von der Geometrie der Kugel (Radius $R$) ab. Das gilt entsprechend für jeden leitenden Körper. Der Quotient $Q/V$ wird Kapazität $C$ des leitenden Körpers,

$$C = \frac{Q}{V} \,, \qquad (12\text{-}73)$$

genannt und stellt das Aufnahmevermögen des Körpers für elektrische Ladung $Q$ bei gegebenem Potenzial $V$ dar.

SI-Einheit: $[C] = \mathrm{A \cdot s/V = C/V = F}$ (Farad) .

Aus dem Vergleich mit (12-72) ergibt sich die Kapazität der Kugel zu

$$C = 4\pi\varepsilon_0 R \,. \qquad (12\text{-}74)$$

### Kondensatoren

Der Begriff der Kapazität lässt sich auch übertragen auf Systeme aus zwei leitenden Körpern (den Elektroden), die entgegengesetzt gleiche Ladungen tragen (Bild 12-25): Kondensator.

An die Stelle des Potenzials $V$ tritt dann die Potenzialdifferenz (Spannung) $U = V_1 - V_2$, und die *Kapa-*

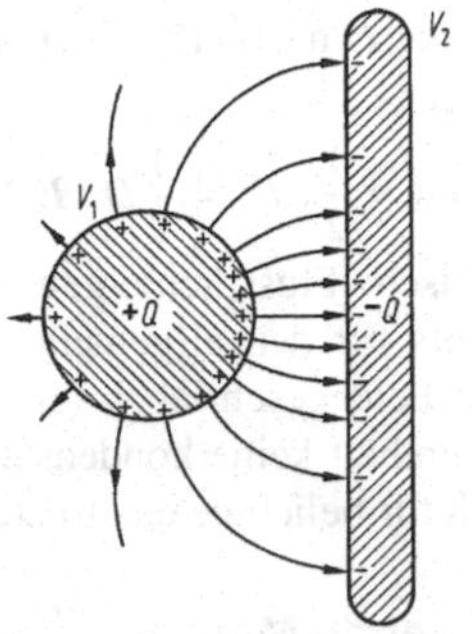


**Bild 12-25.** Kondensator aus zwei leitenden Körpern

*zität des Kondensators* beträgt

$$C = \frac{Q}{U} . \quad (12\text{-}75)$$

Für den *Plattenkondensator* ergibt sich daraus mit (12-42)

$$C = \varepsilon_0 \frac{A}{d} . \quad (12\text{-}76)$$

Zur Kapazität geometrisch anders geformter Kondensatoren (Zylinderkondensator, Kugelkondensator) vgl. G 10.7. Zur Berechnung der resultierenden Kapazität von parallel oder in Reihe geschalteten Kondensatoren siehe G 10.6.

## Nichtleitende Materie im Kondensatorfeld

Wird ein elektrisch isolierendes Material (*Dielektrikum*) in einen Plattenkondensator geschoben (Bild 12-26), so sinkt die am Kondensator mit einem statischen Instrument (Elektrometer) gemessene Spannung von $U_0 = Q/C_0$ auf den kleineren Wert $U_\varepsilon$.

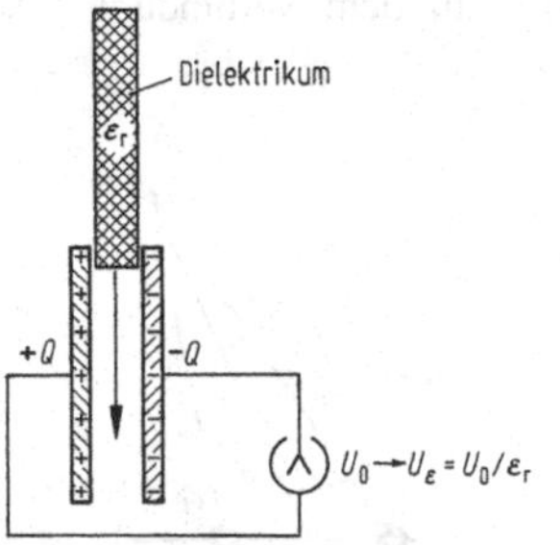


**Bild 12-26.** Zur Wirkung eines Dielektrikums im Kondensator

**Tabelle 12-2.** Permittivitätszahl $\varepsilon_r$ einiger Stoffe

| Stoff | $\varepsilon_r$ |
|---|---|
| *Feste Stoffe*: | |
| Bariumtitanat | 1000...9000 |
| Bernstein | 2,2...2,9 |
| Diamant | 5,68 |
| Eis | 3,2 |
| Gläser | 3...15 |
| Glimmer | 5...9 |
| Hartpapier | 5 |
| Hartporzellan | 5...6,5 |
| Kochsalz | 5,8 |
| Kunstharze | 3,5...4,5 |
| Marmor | 8,4...14 |
| Ölpapier | 5 |
| Papier | 1,2...3 |
| Paraffin | 2,2 |
| Polyethylen (PE) | 2,2...2,7 |
| Polypropylen (PP) | 2,2...2,6 |
| Polystyrol (PS) | 2,3...2,8 |
| Polytetrafluorethylen (PTFE) | 2,1 |
| Polyvinylchlorid (PVC, z. B. Vinidur) | 3,3...4,6 |
| Quarz | 3,5...4,5 |
| Quarzglas | 4 |
| Schwefel | 3,6...4,3 |
| Ziegel | 2,3 |
| *Flüssigkeiten*: | |
| Benzol | 2,28 |
| Ethanol | 25,3 |
| Glycerin | 46,5 |
| Kabelöl | 2,25 |
| Methanol | 33,5 |
| Petroleum | 2,2 |
| Transformatorenöl | 2,2...2,5 |
| Wasser | 80,1 |
| *Gase*(0 °C; 101 325 Pa): | |
| Argon | 1,0005172 |
| Helium | 1,0000650 |
| Kohlendioxid | 1,000922 |
| Luft, trocken | 1,0005364 |
| Sauerstoff | 1,0004947 |
| Stickstoff | 1,0005480 |
| Wasserstoff | 1,0002538 |

Da sich die gespeicherte Ladung $Q$ dabei nicht geändert hat, wie sich durch Entfernen des Dielektrikums zeigen lässt, ist durch das Dielektrikum offenbar die Kapazität von $C_0$ auf $C_\varepsilon > C_0$ gestiegen, sodass $U_\epsilon = Q/C_\epsilon < U_0$. Ursache hierfür ist die Polarisation des Dielektrikums (siehe 12.9). Bei vollständiger Ausfüllung des felderfüllten Volumens durch das Dielektrikum wird das Verhältnis

$$\frac{C_\epsilon}{C_0} = \frac{U_0}{U_\epsilon} = \epsilon_r > 1 \qquad (12\text{-}77)$$

*Permittivitätszahl* (Dielektrizitätszahl) $\epsilon_r$ genannt. Sie ist eine charakteristische Größe des Dielektrikums (Tabelle 12-2).

Für das Vakuum gilt $\varepsilon_r = 1$. Aus $C_\epsilon = \varepsilon_r C_0$ folgt mit (12-76) für die Kapazität des *Plattenkondensators mit Dielektrikum*

$$C = \varepsilon_r \varepsilon_0 \frac{A}{d} \,. \qquad (12\text{-}78)$$

An die Stelle der elektrischen Feldkonstante $\varepsilon_0$ des Vakuums tritt also die *Permittivität* (Dielektrizitätskonstante)

$$\varepsilon = \varepsilon_r \varepsilon_0 \qquad (12\text{-}79)$$

des Dielektrikums im Feld. Das gilt generell für elektrische Felder in Dielektrika.

### Energieinhalt eines geladenen Kondensators

Die differenzielle Arbeit zur weiteren Aufladung eines Kondensators der Kapazität $C$ um die Ladung $\mathrm{d}q$ bei der Spannung $u$ ist nach (12-29) und mit (12-75)

$$\mathrm{d}W = u\,\mathrm{d}q = \frac{1}{C} q\,\mathrm{d}q \,. \qquad (12\text{-}80)$$

Die gesamte Aufladearbeit $W$ und damit die im Kondensator gespeicherte Energie $E_C$ erhält man daraus durch Integration ($q = 0$ bis $Q, u = 0$ bis $U$) und Umformung mit (12-75):

$$W = E_C = \frac{1}{2} \cdot \frac{Q^2}{C} = \frac{1}{2} QU = \frac{1}{2} CU^2 \qquad (12\text{-}81)$$

(vgl. auch G 10.8). Die im Kondensator gespeicherte Energie manifestiert sich als Feldenergie des elektrostatischen Feldes zwischen den Elektroden des Kondensators.

### Energiedichte des elektrostatischen Feldes

Die Dichte der elektrischen Feldenergie $w_e$ lässt sich für den Fall des Plattenkondensators leicht aus dem Quotienten $W/V$ berechnen, worin $V = Ad$ das Volumen des homogenen Feldes zwischen den Kondensatorplatten ist (vgl. G 10.8). Durch Einsetzen der Kapazität des Plattenkondensators (12-78) und Einführen der Feldstärke $\boldsymbol{E}$ nach (12-41) ergibt sich für die *Energiedichte*

$$w_e = \frac{1}{2} \varepsilon \boldsymbol{E}^2 = \frac{1}{2} \boldsymbol{D} \cdot \boldsymbol{E} \,. \qquad (12\text{-}82)$$

$\boldsymbol{D}$ ist die elektrische Flussdichte gemäß (12-14), hier allerdings bereits für den allgemeinen Fall des Dielektrikums im Feld geschrieben (siehe 12.9). Gleichung (12-82) enthält keine kondensatorspezifischen Größen und gilt für beliebige elektrostatische Felder.

## 12.9 Nichtleitende Materie im elektrischen Feld, elektrische Polarisation

Wird Materie in ein elektrisches Feld gebracht, so wird der elektrische Zustand der Materie infolge der elektrischen Kraft auf die in der Materie vorhandenen Ladungen verändert. Im bereits in 12.7 behandelten Falle elektrisch leitender Materie können sie der Kraft folgen, Ladungen entgegengesetzten Vorzeichens sammeln sich daher an gegenüberliegenden Oberflächen: Influenz (Bild 12-20). Bei einem Leiter im Feld bildet sich also eine makroskopische Ladungsverteilung aus, die qualitativ der eines elektrischen Dipols (Bild 12-4) entspricht.

In Nichtleitern (Dielektrika) ist eine makroskopische Ladungsverschiebung nicht möglich. Dennoch bilden sich auch hier im Feld Dipolzustände aus, allerdings im molekularen Maßstab, die Materie wird polarisiert.

### Der elektrische Dipol

Der elektrische Dipol ist ein elektrisch neutrales Gebilde. Er besteht aus zwei gleich großen Punktladungen entgegengesetzten Vorzeichens (Bild 12-4), die im Abstand $l$ auf dem Verbindungsvektor $\boldsymbol{l}$ sitzen (Bild 12-27).

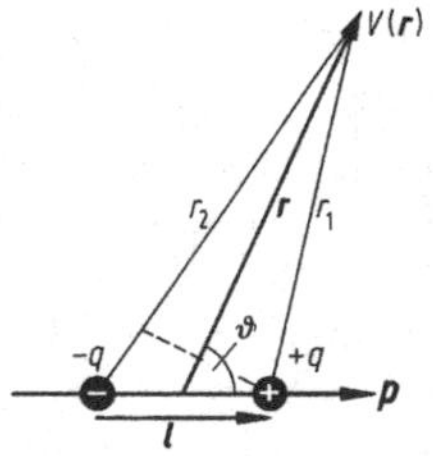


Bild 12-27. Elektrischer Dipol

Seine Eigenschaften werden durch das *elektrische Dipolmoment* $\boldsymbol{p}$ beschrieben:

$$\boldsymbol{p} = q\boldsymbol{l} . \qquad (12\text{-}83)$$

SI-Einheit: $[p] = \mathrm{C \cdot m = A \cdot s \cdot m}$ .

*Anmerkungen*: In der Chemie wird das Vorzeichen des Dipolmoments meist entgegengesetzt definiert. $\boldsymbol{p}$ darf nicht mit dem Impuls verwechselt werden.

Das Potenzial eines Dipols lässt sich durch Überlagerung der Potenziale zweier Punktladungen darstellen (Bild 12-27):

$$V(\boldsymbol{r}) = \frac{1}{4\pi\varepsilon_0}\left(\frac{q}{r_1} - \frac{q}{r_2}\right) = \frac{q}{4\pi\varepsilon_0} \cdot \frac{r_2 - r_1}{r_1 r_2} . \qquad (12\text{-}84)$$

Für Entfernungen $r$, die groß gegen die Dipollänge $l$ sind, gilt

$$r_1, r_2 \gg l: \quad r_2 - r_1 = l \cos\vartheta , \quad r_1 r_2 = r^2 . \qquad (12\text{-}85)$$

Mit (12-83) und (12-84) folgt dann für das Potenzial einer Probeladung im Feld eines Dipols

$$V(\boldsymbol{r}) = \frac{p\cos\vartheta}{4\pi\varepsilon_0 r^2} = \frac{\boldsymbol{p}\cdot\boldsymbol{r}^0}{4\pi\varepsilon_0 r^2} . \qquad (12\text{-}86)$$

Das Potenzial eines Dipols nimmt danach mit $1/r^2$ ab, während das Potenzial der einzelnen Punktladung nach (12-42) nur mit $1/r$ abnimmt. Der schnellere Abfall beim Dipol rührt daher, dass mit steigender Entfernung die beiden Ladungen sich in ihrer Wirkung immer mehr kompensieren. Die Feldgeometrie eines elektrischen Dipols zeigt Bild 12-4.

Im *homogenen elektrischen Feld* wirkt ein Kräftepaar auf die beiden Ladungen des Dipols (Bild 12-28). Die resultierende Kraft auf den Dipol ist null. Das Kräftepaar bewirkt jedoch ein *Drehmoment* $\boldsymbol{M}$, das sich nach (3-23) mit $\boldsymbol{F} = q\boldsymbol{E}$ ergibt zu

$$\boldsymbol{M} = \boldsymbol{p} \times \boldsymbol{E} \qquad (12\text{-}87)$$

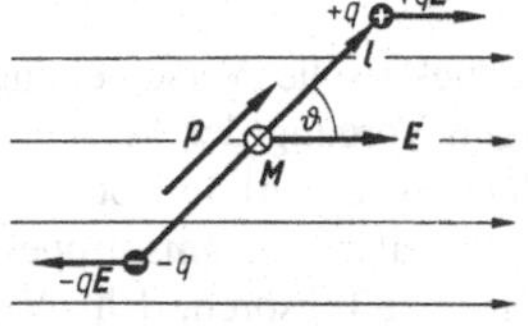


**Bild 12-28.** Drehmoment auf einen elektrischen Dipol im homogenen elektrischen Feld

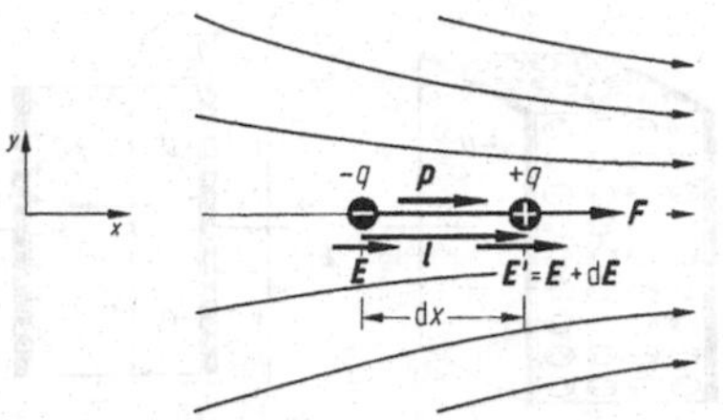


**Bild 12-29.** Resultierende Kraft auf einen elektrischen Dipol im inhomogenen elektrischen Feld

und den Dipol in Feldrichtung zu drehen versucht. Der Dipol im Feld besitzt daher eine potenzielle Energie, die sich aus den potenziellen Energien seiner Einzelladungen zusammensetzt:

$$E_{\mathrm{p,\,dp}} = qV_+ + (-qV_-)$$
$$= -ql\frac{\Delta V}{l} = -pE\cos\vartheta . \qquad (12\text{-}88)$$

Daraus folgt für die potenzielle Energie eines elektrischen Dipols im elektrischen Feld

$$E_{\mathrm{p,\,dp}} = -\boldsymbol{p}\cdot\boldsymbol{E} . \qquad (12\text{-}89)$$

Sie ist minimal, wenn der Dipolvektor $\boldsymbol{p}$ in Feldrichtung zeigt, und maximal für die entgegengesetzte Richtung.

Im *inhomogenen Feld* sind die Kräfte auf die beiden Ladungen eines Dipols vom Betrag verschieden, sodass neben dem Drehmoment auch eine resultierende Kraft auftritt. Für einen in Feldrichtung ausgerichteten Dipol mit differenziell kleiner Länge $l = \mathrm{d}x$ (Bild 12-29) ist die *resultierende Kraft* proportional zum Feldgradienten $\mathrm{d}E/\mathrm{d}x$:

$$F = p\frac{\mathrm{d}E}{\mathrm{d}x} . \qquad (12\text{-}90)$$

## Elektrische Polarisation eines Dielektrikums

Wie in Bild 12-26 betrachten wir einen Plattenkondensator mit Dielektrikum. Bei geladenem Kondensator bewirkt das elektrische Feld eine Polarisation des Dielektrikums: Durch Verschiebungspolarisation in den Atomen und bei polaren Molekülen durch Orientierungspolarisation (siehe unten) wird ein System elektrisch wirksamer Dipole (Bild 12-30) mit Dipolmomenten einer mittleren Größe $\boldsymbol{p}$ erzeugt. Als Pola-

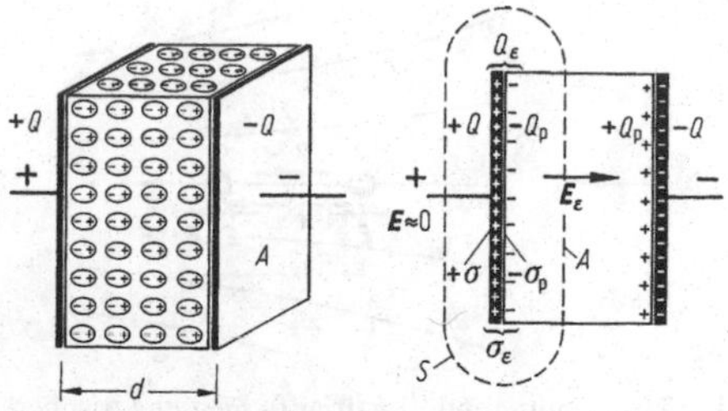


**Bild 12-30.** Polarisation eines Dielektrikums: Entstehung von Polarisationsladungen an den Grenzflächen

risation $\boldsymbol{P}$ ist das auf das Volumen bezogene Dipolmoment definiert, also der Quotient aus dem Gesamtdipolmoment $\boldsymbol{p}_\Sigma$ des Dielektrikums, das sich durch vektorielle Addition aller Einzeldipole $\boldsymbol{p}$ ergibt, und seinem Volumen $V$. Ist $n$ die Dipolzahldichte, so folgt für die *elektrische Polarisation*

$$\boldsymbol{P} = \frac{\boldsymbol{p}_\Sigma}{V} = n\boldsymbol{p} . \tag{12-91}$$

Als Folge der Polarisation entstehen Polarisationsladungen $Q_\mathrm{p} = \boldsymbol{\sigma}_\mathrm{p} \cdot \boldsymbol{A}$ an den Grenzflächen $A$ mit der Flächenladungsdichte $\boldsymbol{\sigma}_\mathrm{p}$ (Bild 12-30). $\boldsymbol{\sigma}_\mathrm{p}$ ist ein Vektor parallel zum Flächennormalenvektor $\boldsymbol{A}$. Für das Gesamtdipolmoment ergibt sich hieraus

$$\boldsymbol{p}_\Sigma = Q_\mathrm{p}\boldsymbol{d} = \boldsymbol{\sigma}_\mathrm{p}Ad = \boldsymbol{\sigma}_\mathrm{p}V . \tag{12-92}$$

Mit (12-91) und (12-24) folgt weiter

$$\boldsymbol{P} = n\boldsymbol{p} = \boldsymbol{\sigma}_\mathrm{p} = -\varepsilon_0\boldsymbol{E}_\mathrm{p} , \tag{12-93}$$

worin $\boldsymbol{E}_\mathrm{p}$ die durch die Polarisationsladungen erzeugte Polarisationsfeldstärke ist, die dem Polarisationsvektor $\boldsymbol{P}$ entgegengerichtet ist.

Die resultierende Feldstärke $\boldsymbol{E}_\varepsilon$ im dielektrikumerfüllten Feld ergibt sich aus der Überlagerung der Feldstärke $\boldsymbol{E}$ ohne Dielektrikum (bei vorgegebener Ladung $Q$ auf den Kondensatorplatten) und der Polarisationsfeldstärke $\boldsymbol{E}_\mathrm{p}$ des eingeschobenen Dielektrikums

$$\boldsymbol{E}_\varepsilon = \boldsymbol{E} + \boldsymbol{E}_\mathrm{p} = \boldsymbol{E} - \frac{\boldsymbol{P}}{\varepsilon_0} . \tag{12-94}$$

Sie ist kleiner als die Vakuumfeldstärke, da die Ladungen $Q$ auf den Platten durch die Polarisationsladungen $Q_\mathrm{p}$ des Dielektrikums teilweise kompensiert werden. Es bleibt lediglich die Ladung $Q_\varepsilon = Q - Q_\mathrm{p} = \sigma_\varepsilon A = \varepsilon_0 E_\varepsilon A$ wirksam. Damit ist die in Bild 12-26 dargestellte Beobachtung erklärt. Für die Permittivitätszahl $\varepsilon_\mathrm{r}$ in (12-77) ergibt sich mit (12-94) für kleine Polarisationen

$$\varepsilon_\mathrm{r} = \frac{U_0}{U_\epsilon} = \frac{Q_0}{Q_\epsilon} = \frac{E}{E_\epsilon} = \frac{E}{E - \dfrac{P}{\varepsilon_0}}$$

$$\approx 1 + \frac{P}{\varepsilon_0 E} = 1 + \frac{np}{\varepsilon_0 E} . \tag{12-95}$$

Die Abweichung von $\varepsilon_\mathrm{r}$ von 1 wird *elektrische Suszeptibilität* $\chi_\mathrm{e}$ genannt und ist gleich dem Quotienten aus Polarisation $P$ und elektrischer Vakuumflussdichte $D_0 = \varepsilon_0 E$:

$$\chi_\mathrm{e} = \frac{P}{\varepsilon_0 E} = \frac{np}{\varepsilon_0 E} , \quad \boldsymbol{P} = \chi_\mathrm{e}\varepsilon_0\boldsymbol{E} . \tag{12-96}$$

Suszeptibilität und Permittivitätszahl beschreiben die elektrischen Eigenschaften eines Dielektrikums gleichwertig und sind verknüpft durch

$$\varepsilon_\mathrm{r} = 1 + \chi_\mathrm{e} . \tag{12-97}$$

Multiplikation von (12-97) mit $\varepsilon_0\boldsymbol{E} = \boldsymbol{D}_0$ führt mit (12-96) zu der Größe

$$\varepsilon_\mathrm{r}\varepsilon_0\boldsymbol{E} = \boldsymbol{D}_0 + \boldsymbol{P} , \tag{12-98}$$

die als *dielektrische Verschiebung* oder *elektrische Flussdichte* (in Materie) bezeichnet wird:

$$\boldsymbol{D} = \varepsilon_\mathrm{r}\varepsilon_0\boldsymbol{E} = \varepsilon\boldsymbol{E} , \tag{12-99}$$

und sich aus der Flussdichte im Vakuum und der Polarisation der Materie zusammensetzt:

$$\boldsymbol{D} = \boldsymbol{D}_0 + \boldsymbol{P} = (1 + \chi_\mathrm{e})\varepsilon_0\boldsymbol{E} . \tag{12-100}$$

In (12-99) und (12-100) ist $\boldsymbol{E}$ die Feldstärke, die sich beispielsweise aus der am Kondensator liegenden Spannung $U$ und dem Plattenabstand $d$ gemäß (12-41) ergibt.

Der Name „dielektrische Verschiebung“ wurde in Hinblick auf den Vorgang der Verschiebungspolarisation gewählt (siehe unten). In isotropen Dielektrika sind $\varepsilon_\mathrm{r}$ und $\chi_\mathrm{e}$ Skalare, in anisotropen Dielektrika (Kristallen) dagegen Tensoren, d. h., Verschiebungsvektor $\boldsymbol{D}$ und Feldstärkevektor $\boldsymbol{E}$ haben dann i. Allg. nicht dieselbe Richtung.

Wir wenden nun das Gauß'sche Gesetz in der Formulierung (12-17) ähnlich wie in Bild 12-10 auf eine geschlossene Fläche $S$ an, die eine der Elektroden des mit Dielektrikum gefüllten Plattenkondensators umschließt (Bild 12-30). Das Volumen dieser Fläche enthält dann die wirksame Ladung

$$Q_\epsilon = Q - Q_p = \frac{Q}{\varepsilon_r} . \qquad (12\text{-}101)$$

Da außerhalb des Plattenkondensators die Feldstärke als vernachlässigbar klein angenommen werden kann, wenn die linearen Abmessungen der Plattenfläche $A$ groß gegen den Plattenabstand $d$ sind, trägt von der Gesamtfläche $S$ nur der Flächenausschnitt $A$ im Kondensatordielektrikum zum Gauß-Integral bei:

$$\oint_S \varepsilon_0 \boldsymbol{E} \cdot \mathrm{d}\boldsymbol{A} = \int_A \varepsilon_0 \boldsymbol{E}_\varepsilon \cdot \mathrm{d}\boldsymbol{A} = Q_\epsilon = \frac{Q}{\varepsilon_r} . \qquad (12\text{-}102)$$

Wir bilden nun das entsprechende Integral über die elektrische Flussdichte in Materie (12-99), und erhalten analog

$$\oint_S \varepsilon_r \varepsilon_0 \boldsymbol{E} \cdot \mathrm{d}\boldsymbol{A} = \int_A \varepsilon_r \varepsilon_0 \boldsymbol{E}_\epsilon \cdot \mathrm{d}\boldsymbol{A} . \qquad (12\text{-}103)$$

Das Integral der rechten Seite wird nur über den homogenen Feldbereich im Kondensator erstreckt, wo $\varepsilon_r$ konstant ist und vor das Integral gezogen werden kann. Mit (12-99) und (12-102) folgt dann die allgemein gültige Form des *Gauß'schen Gesetzes* für das elektrische Feld in Materie:

$$\oint_S \boldsymbol{D} \cdot \mathrm{d}\boldsymbol{A} = \oint_S \varepsilon_r \varepsilon_0 \boldsymbol{E} \cdot \mathrm{d}\boldsymbol{A} = Q , \qquad (12\text{-}104)$$

worin $Q$ die tatsächlich in das von der geschlossenen Fläche $S$ berandete Volumen eingebrachte Ladung ist.

### Verschiebungspolarisation

Makroskopische Materie ist aus Atomen aufgebaut. Diese bestehen aus der negativen Elektronenhülle und dem positiven Atomkern (siehe 16.1). Die Schwerpunkte der positiven und negativen Ladungsverteilungen im Atom fallen normalerweise zusammen. In einem äußeren elektrischen Feld $\boldsymbol{E}$ wirken jedoch auf die atomaren Ladungen verschiedenen Vorzeichens entgegengesetzt gerichtete Kräfte $\boldsymbol{F} = \pm q\boldsymbol{E}$, sodass eine Verschiebung der Ladungsschwerpunkte gegeneinander erfolgt, bis die Coulombanziehungskraft der äußeren Kraft entgegengesetzt gleich ist: Es sind *induzierte Dipole* in Richtung des äußeren Feldes entstanden (Bild 12-31): *Verschiebungspolarisation*. Neben dieser elektronischen Verschiebungspolarisation, die bei allen Substanzen auftritt, gibt es z.B. in Ionenkristallen auch eine ionische Verschiebungspolarisation.

Das pro Atom induzierte elektronische Dipolmoment $\boldsymbol{p} = Q\boldsymbol{\delta l} = Ze\boldsymbol{\delta l}$ kann für nicht zu große Feldstärken proportional zu $\boldsymbol{E}$ angesetzt werden, mit der Polarisierbarkeit α gemäß

$$\boldsymbol{p} = \alpha \boldsymbol{E} . \qquad (12\text{-}105)$$

Um eine Größenordnung für $\alpha$ abzuschätzen, kann als Modell für die Verschiebungspolarisation eines kugelsymmetrischen Atoms eine leitende Kugel angenommen werden, deren Radius dem Atomradius $r_0$ entspricht. Das äußere Feld $\boldsymbol{E}$ induziert in einer solchen Kugel Influenzladungen, deren Feld außerhalb der Kugel durch das Feld eines Dipols im Kugelzentrum mit dem Dipolmoment (ohne Ableitung)

$$\boldsymbol{p} = 4\pi r_0^3 \varepsilon_0 \boldsymbol{E} \qquad (12\text{-}106)$$

wiedergegeben wird. Ein Vergleich mit (12-105) liefert eine nach diesem Modell mit dem Atomvolumen $V_0$ steigende Polarisierbarkeit

$$\alpha = 3\varepsilon_0 \frac{4}{3}\pi r_0^3 = 3\varepsilon_0 V_0 . \qquad (12\text{-}107)$$

Die Polarisation aufgrund der induzierten Dipole beträgt nach (12-91) und (12-105)

$$\boldsymbol{P} = n\boldsymbol{p} = n\alpha \boldsymbol{E} . \qquad (12\text{-}108)$$

Der Vergleich mit (12-96) liefert für Suszeptibilität und Permittivitätszahl

$$\chi_e = \frac{n\alpha}{\varepsilon_0} , \quad \varepsilon_r = 1 + \frac{n\alpha}{\varepsilon_0} . \qquad (12\text{-}109)$$

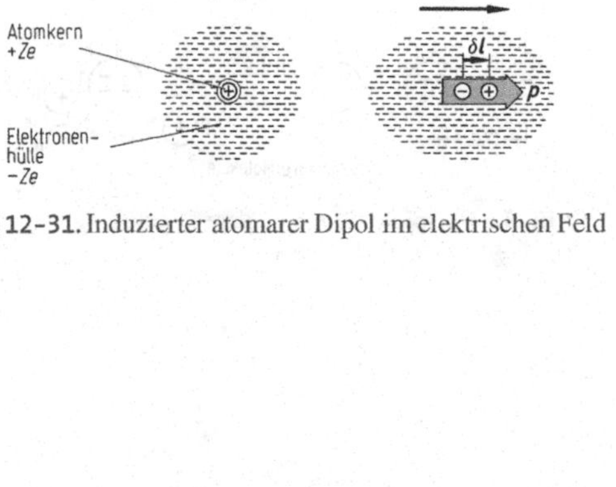


Bild 12-31. Induzierter atomarer Dipol im elektrischen Feld

Diese Beziehungen gelten für dünne Medien (Dipolzahldichte $n$ klein), z. B. Gase, in denen die gegenseitige Wechselwirkung der Dipole noch keine Rolle spielt. In dichten Medien muss für die Polarisation eines induzierten Dipols das von der Polarisation des umgebenden Mediums erzeugte zusätzliche Feld (etwa die ausrichtende Wechselwirkung innerhalb einer Dipolkette) berücksichtigt werden. Das führt (ohne Ableitung) zu den Clausius-Mosotti-Formeln

$$\chi_e = \frac{\dfrac{n\alpha}{\varepsilon_0}}{1 - \dfrac{1}{3}\dfrac{n\alpha}{\varepsilon_0}} ,$$

$$\varepsilon_r = 1 + \frac{\dfrac{n\alpha}{\varepsilon_0}}{1 - \dfrac{1}{3}\dfrac{n\alpha}{\varepsilon_0}} , \qquad (12\text{-}110)$$

die die Beziehungen (12-109) als Grenzfall für kleine $n$ enthalten. Sie gestatten die Berechnung der Dielektrizitätszahl einer dichten nichtpolaren Flüssigkeit aus den Daten ihres Gases.

### Orientierungspolarisation

Viele Moleküle besitzen auch bei Abwesenheit eines äußeren elektrischen Feldes bereits ein elektrisches Dipolmoment, sie stellen *permanente elektrische Dipole* dar. Dies trifft bei nahezu allen Molekülen zu, die nicht aus gleichen Atomen aufgebaut sind: polare Moleküle (z. B. HCl, $H_2O$, $NH_3$, Bild 12-32). Lediglich symmetrisch aufgebaute Moleküle, wie $CO_2$ oder $CH_4$, haben kein permanentes Dipolmoment.

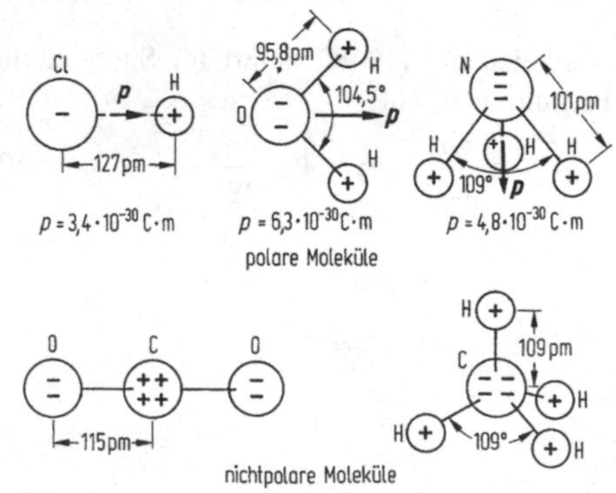


**Bild 12-32.** Beispiele für molekulare Dipole

Eine Stoffportion aus polaren Molekülen (Molekülzahldichte $n$) zeigt ohne äußeres Feld kein resultierendes Dipolmoment, da die thermische Energie für eine statistische Gleichverteilung der Dipolorientierungen sorgt, d. h., je $n/6$ der molekularen Dipole sind in die 6 Raumrichtungen orientiert und heben sich daher in ihrer Wirkung gegenseitig auf. In einem äußeren elektrischen Feld erfahren die Dipole jedoch gemäß (12-84) Drehmomente, die für eine mit $\boldsymbol{E}$ zunehmende Ausrichtung in Feldrichtung gegen die Temperaturbewegung sorgen (Bild 12-33): *Orientierungspolarisation.*

*Anmerkung*: Voraussetzung dafür ist eine gegenseitige Wechselwirkung der Moleküle, die einen Energieaustausch ermöglichen. Anderenfalls würde das äußere Feld allein zu Drehschwingungen der Moleküle Anlass geben, vgl. Bild 5-5.

Im Feld sind daher mehr als $n/6$ Dipole in Feldrichtung orientiert (potenzielle Energie $E_{p+}$) und entsprechend weniger als $n/6$ entgegengesetzt der Feldrichtung (potenzielle Energie $E_{p-}$). Die senkrecht zur Feldrichtung orientierten Dipole heben sich weiterhin in ihrer Wirkung auf. Die Polarisation ergibt sich aus der Differenz der $n_+ \gtrsim n/6$ in und $n_- \lesssim n/6$ gegen die Feldrichtung orientierten Dipole. Sie lässt sich mithilfe des Boltzmann'schen e-Satzes aus der Differenz der potenziellen Energien (12-89) berechnen:

$$\Delta E_p = E_{p^-} - E_{p^+} = 2pE , \qquad (12\text{-}111)$$

$E$ ist hierin die angelegte elektrische Feldstärke. Der Boltzmann'sche e-Satz (8-40) liefert dann

$$\frac{n_-}{n_+} = e^{-\frac{2pE}{kT}} . \qquad (12\text{-}112)$$

Für $E = 0$ und endliche Temperatur $T > 0$ ist demnach die Orientierung gleichverteilt, ebenso für

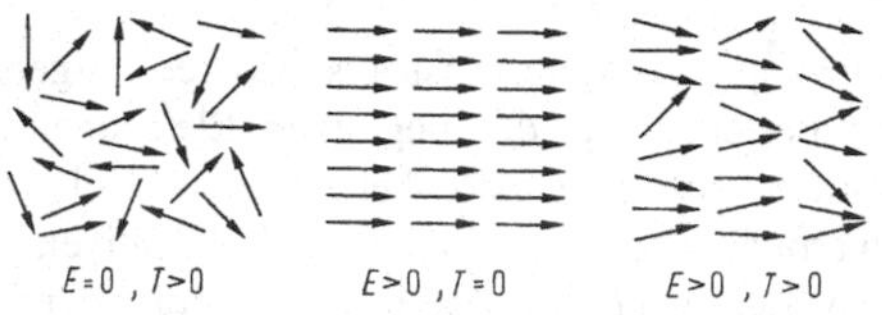


**Bild 12-33.** Ein System elektrischer Dipole unter dem Einfluss von Temperaturbewegung und äußerem elektrischen Feld

$T \to \infty$. Für $T \to 0$ und $E > 0$ sind dagegen alle Dipole in Feldrichtung ausgerichtet (Bild 12-33). Bei Zimmertemperatur ist $2pE \ll kT$ und $n_- \approx n_+ \approx n/6$, sodass (12-112) entwickelt werden kann:

$$\frac{n_-}{n_+} \approx 1 - \frac{2pE}{kT} . \qquad (12\text{-}113)$$

Die resultierende Polarisation ergibt sich aus der Differenz der in und gegen die Feldrichtung ausgerichteten Dipole

$$n_E = n_+ - n_- \approx \frac{n}{6}\left(1 - \frac{n_-}{n_+}\right) \approx \frac{npE}{3kT} \qquad (12\text{-}114)$$

zu

$$P = n_E p = \frac{np^2E}{3kT} . \qquad (12\text{-}115)$$

Mit (12-96) folgt daraus die *paraelektrische Suszeptibilität* und Permittivitätszahl

$$\chi_e = \frac{np^2}{3\varepsilon_0 kT} ,$$
$$\varepsilon_r = 1 + \frac{np^2}{3\varepsilon_0 kT} . \qquad (12\text{-}116)$$

Das Temperaturverhalten $\chi_e \sim 1/T$ wird entsprechend dem Curie-Gesetz der magnetischen Suszeptibilität (13.4) als Curie-Verhalten bezeichnet. Es tritt nur bei Vorhandensein permanenter Dipole, also polarer Moleküle auf.

Allgemein lässt sich die elektrische Suszeptibilität unter Zusammenfassung von (12-109) und (12-110) und (12-116) darstellen durch

$$\chi_e = A + \frac{B}{T} , \qquad (12\text{-}117)$$

worin $A$ den temperaturunabhängigen Anteil der Verschiebungspolarisation und $B$ den eventuell vorhandenen Anteil einer Orientierungspolarisation kennzeichnet.

### Ferroelektrizität

Kristalline Substanzen mit polarer Struktur können unterhalb einer kritischen Temperatur $T_C$ (Curie-Temperatur) ohne angelegtes äußeres Feld eine spontane Polarisation zeigen. Solche Substanzen werden in Analogie zur entsprechenden Erscheinung bei Ferromagnetika (vgl. 13.4) *Ferroelektrika* genannt. Die Polarisation ist durch eine entgegengesetzte äußere elektrische Feldstärke $E > E_c$ (= Koerzitivfeldstärke) umkehrbar. Es liegt eine Domänenstruktur vor, wobei eine Domäne einen Bereich mit paralleler Ausrichtung der Dipole darstellt und durch die Summation der Wirkung aller seiner Dipole ein gegenüber dem Einzeldipol sehr großes Dipolmoment hat. Das Drehmoment zur Umorientierung einer solchen Domäne erfordert daher nach (12-87) nur eine im Vergleich zu paraelektrischen Substanzen geringe äußere Feldstärke: Suszeptibilität $\chi_e$ und Permittivitätszahl $\varepsilon_r$ sind sehr hoch (z. B. $BaTiO_3$, Tabelle 12-2). Sie sind außerdem von der Feldstärke und von der vorherigen Polarisation abhängig. Der Zusammenhang zwischen Polarisation und angelegtem elektrischem Feld ist bei einem Ferroelektrikum daher nicht linear, sondern folgt einer Hysteresekurve (vgl. 13.4). Die parallele Ausrichtung der Dipole innerhalb einer Domäne ist durch die Dipol-Dipol-Wechselwirkung bedingt. Diese Ordnung wird mit steigender Temperatur durch die Wärmebewegung gestört und bricht mit Erreichen der Curie-Temperatur $T_C$ völlig zusammen.

**Tabelle 12-3.** Curie-Temperatur einiger Ferroelektrika

| Name | Formel | $T_C$/K | $C$/K |
|---|---|---|---|
| Bariumtitanat | $BaTiO_3$ | 383 | $1{,}8 \cdot 10^5$ |
| KDP | $KH_2PO_4$ | 123 | $3{,}3 \cdot 10^3$ |
| Kaliumniobat | $KNbO_3$ | 707 | |
| Seignettesalz | $KNaC_4H_4O_6 \cdot 4\,H_2O$ | 297[a] | |

[a] Seignettesalz hat ferner einen unteren Curie-Punkt bei 255 K und ist nur zwischen den beiden Curie-Temperaturen ferroelektrisch.

Oberhalb der Curie-Temperatur $T_C$ verhalten sich manche Ferroelektrika (z. B. $BaTiO_3$) paraelektrisch mit einem Temperaturverhalten gemäß

$$\chi_e = \frac{C}{T - T_C} , \qquad (12\text{-}118)$$

das dem Curie-Weiss'schen Gesetz (siehe 13.4) entspricht.

Andere Ferroelektrika werden für $T > T_C$ piezoelektrisch (siehe unten), z. B. Seignettesalz (Kaliumnatriumtartrat $KNaC_4H_4O_6 \cdot 4\,H_2O$) oder KDP (Kaliumdihydrogenphosphat $KH_2PO_4$).

**Piezoelektrizität**

Elektrische Polarisation kann bei manchen polaren Kristallen auch durch mechanischen Druck erzeugt werden, sofern sie kein Symmetriezentrum besitzen. Dabei werden die positiven und negativen Ionen so gegeneinander verschoben, dass ein elektrisches Dipolmoment entsteht. Beispiele sind Quarz, Seignettesalz, Bariumtitanat. Einen besonders hohen piezoelektrischen Effekt zeigen speziell entwickelte Piezokeramiken wie Bleizirkonattitanat. Der piezoelektrische Effekt ist umkehrbar: Die Anlegung einer elektrischen Spannung bewirkt eine Längenänderung.

Anwendungen: Frequenznormale mit Schwingquarzen, Frequenzfilter für die Nachrichtentechnik, piezoelektrische Druckmesser und Stellglieder, Erzeugung von Ultraschall, Erzeugung von Hochspannungspulsen.

# 13 Magnetische Wechselwirkung

## 13.1 Das magnetostatische Feld, stationäre Magnetfelder

Magnetische Wechselwirkungen sind seit dem Altertum bekannt, z. B. die Kraftwirkungen des als Erz vorkommenden Magneteisensteins $Fe_3O_4$ auf Eisen. Der Name Magnetismus ist abgeleitet von der kleinasiatischen Stadt Magnesia, wo der Überlieferung nach das Phänomen erstmals beobachtet wurde. Die magnetische Wechselwirkung tritt im Gegensatz zur Gravitation nicht bei allen Körpern auf, und im Gegensatz zur elektrischen Wechselwirkung wirkt sie nicht auf normale Isolatoren. Bei natürlich vorkommenden oder künstlich erzeugten *Magneten* konzentriert sich die magnetische Wechselwirkung auf bestimmte Gebiete: Magnetpole. Jeder Magnet hat mindestens zwei Pole (magnetischer Dipol): Nordpol und Südpol. Magnetische Einzelpole (Monopole) sind bisher nicht beobachtet worden. Auch das Durchtrennen eines Dipols (z. B. Zerbrechen eines Stabmagneten) ergibt keine magnetischen Monopole, sondern erneut zwei Dipole. Gleichnamige Magnetpole stoßen sich ab, ungleichnamige ziehen sich an. Im Magnetfeld der Erde richten sich drehbar gelagerte Stabmagnete (Magnetnadeln) so aus, dass der Nordpol nach Norden zeigt. Der Nordpol der Erde ist daher ein magnetischer Südpol (und umgekehrt).

Die Geometrie des Feldes eines magnetischen Dipols lässt sich wie beim elektrischen Feld durch Feldlinien beschreiben, deren Verlauf durch die ausrichtende Wirkung des Magnetfeldes auf längliche magnetische Teilchen (z. B. Eisenfeilspäne) erkennbar gemacht werden kann (Bild 13-1). Sie entspricht der des elektrischen Dipols (Bild 12-4). Der positive Richtungssinn der magnetischen Feldlinien wurde von Nord nach Süd festgelegt.

Magnetfelder können außer von Permanentmagneten (*magnetostatische Felder*) auch durch elektrische Ströme erzeugt werden (Ørsted, 1820). Zeitlich und örtlich konstante Ströme erzeugen *stationäre Magnetfelder*. Ursache sind die bewegten elektrischen Ladungen. Die magnetischen Feldlinien eines geraden, stromdurchflossenen Leiters sind konzentrische Kreise mit dem Leiter als Achse (Bild 13-2). Der Richtungssinn der magnetischen Feldlinien ergibt sich aus der Stromrichtung mithilfe der *Rechtsschraubenregel* und ist verträglich mit der Festlegung in Bild 13-1. Die Feldlinien geben die Richtung der *magnetischen Feldstärke H* an.

Die magnetische Feldstärke wird üblicherweise durch das Feld im Innern einer langen, stromdurchflossenen

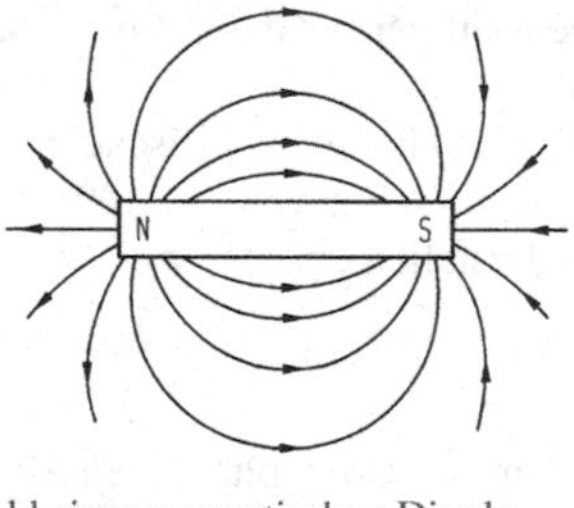


**Bild 13-1.** Feld eines magnetischen Dipols

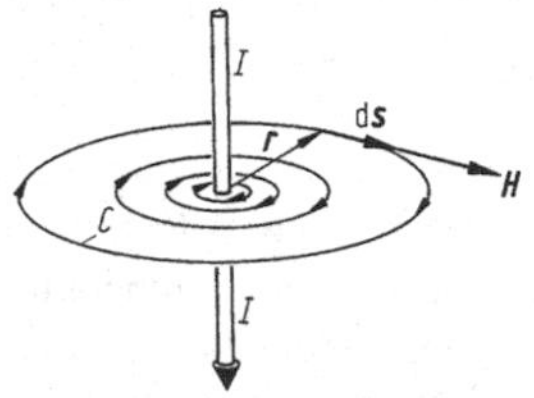


**Bild 13-2.** Magnetisches Feld eines geraden, stromdurchflossenen Leiters

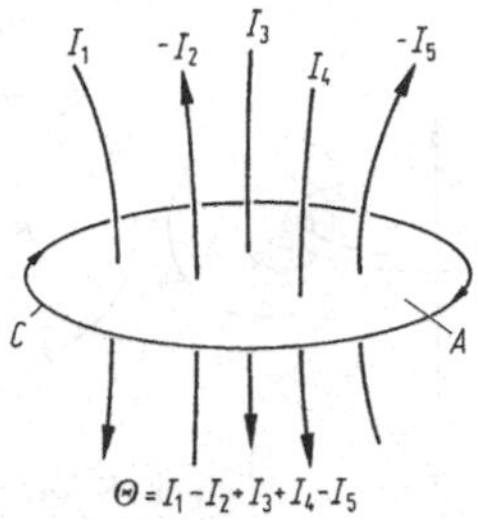


**Bild 13-3.** Zum Begriff der Durchflutung

Zylinderspule definiert ((13-5), Bild 13-4). Wir wollen stattdessen vom allgemeineren Zusammenhang zwischen magnetischer Feldstärke $\boldsymbol{H}$ und felderzeugendem Strom $I$ ausgehen, dem *Ampère'schen Gesetz* oder *Durchflutungssatz*:

$$\oint_C \boldsymbol{H} \cdot \mathrm{d}\boldsymbol{s} = \Theta = \int_A \boldsymbol{j} \cdot \mathrm{d}\boldsymbol{A} \,. \qquad (13\text{-}1)$$

Das Ampère'sche Gesetz ist eine der Feldgleichungen des stationären magnetischen Feldes. Das Linienintegral über die magnetische Feldstärke längs des geschlossenen Weges $C$ wird *magnetische Umlaufspannung* genannt. $\Theta$ ist die gesamte elektrische Stromstärke, die durch die von $C$ berandete Fläche $A$ geht: *Durchflutung*. Bei mehreren Einzelströmen berechnet sich diese durch Summation unter Berücksichtigung der Vorzeichen. Ströme werden positiv gerechnet, wenn ihre Richtung mit der sich aus der Rechtsschraubenregel ergebenden Richtung gemäß dem gewählten Umlaufsinn des Integrationsweges $C$ übereinstimmt (Bild 13-3). Bei räumlich ausgedehnten Ladungsströmen berechnet sich die Durchflutung gemäß (12-58) aus der Stromdichte $\boldsymbol{j}$ durch $A$.

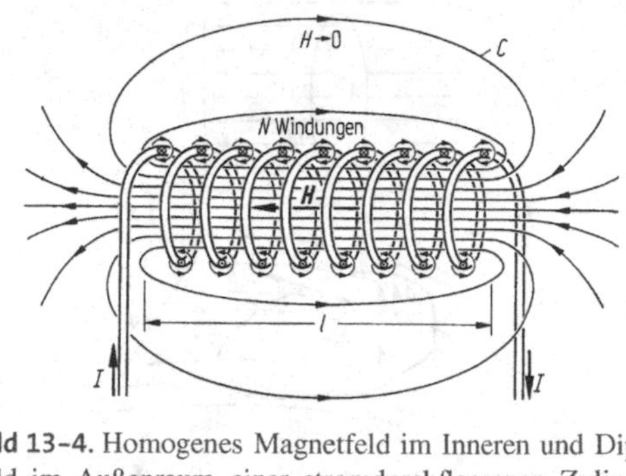


**Bild 13-4.** Homogenes Magnetfeld im Inneren und Dipolfeld im Außenraum einer stromdurchflossenen Zylinderspule

Die Formulierung des Durchflutungssatzes (13-1) in differenzieller Form, die sich durch Anwendung des Stokes'schen Satzes (siehe A 17.3, (17-30)) gewinnen lässt, lautet

$$\operatorname{rot} \boldsymbol{H}(\boldsymbol{r}) = \boldsymbol{j} \,. \qquad (13\text{-}2)$$

Im Gegensatz zum elektrostatischen Feld ist also das stationäre magnetische Feld *nicht wirbelfrei*. Für den geraden, stromdurchflossenen Leiter (Bild 13-2) liefert das Ampère'sche Gesetz bei Wahl einer kreisförmigen Feldlinie als Integrationsweg (Abstand $r$ vom Leiter) den Betrag der magnetischen Feldstärke

$$H = \frac{I}{2\pi r} \,. \qquad (13\text{-}3)$$

Das Feld einer Zylinderspule (Bild 13-4) ist im Innern weitgehend homogen, während das Feld im Außenraum dem eines Dipols (Bild 13-1) entspricht und klein gegen die Feldstärke im Innern ist, sofern die Länge $l$ der Zylinderspule groß gegen den Spulendurchmesser ist. Die Feldstärke im homogenen Bereich lässt sich ebenfalls mit dem Ampère'schen Gesetz berechnen. Wird als Integrationsweg z. B. die Feldlinie $C$ gewählt, so liefert nur der Weg der Länge $l$ im Spuleninnern einen wesentlichen Beitrag zum Integral. Die Durchflutung ist andererseits $NI$ ($N$ Windungszahl der Spule, $I$ Stromstärke):

$$\oint_C \boldsymbol{H} \cdot \mathrm{d}\boldsymbol{s} = \int_l \boldsymbol{H} \cdot \mathrm{d}\boldsymbol{s} = Hl = \Theta = NI \,. \qquad (13\text{-}4)$$

Für das homogene Feld der *langen Zylinderspule* gilt daher

$$H = \frac{IN}{l} \,. \qquad (13\text{-}5)$$

Mithilfe der Zylinderspule lässt sich leicht ein definiertes homogenes Magnetfeld erzeugen, dessen Feldstärke sich sehr einfach aus (13-5) berechnen lässt. Hieraus lässt sich auch die Einheit der magnetischen Feldstärke $\boldsymbol{H}$ ablesen:

SI-Einheit: $[H] = \mathrm{A/m}$ .

Zum Magnetfeld eines stromdurchflossenen Leiters tragen alle Elemente des Stromes bei. Jedes einzelne Element der Länge d$\boldsymbol{l}$ (Bild 13-5) erzeugt im Abstand $\boldsymbol{r}$ einen differenziellen Anteil d$\boldsymbol{H}$ der magnetischen Feldstärke (vgl. G 12.2) gemäß dem *Biot-Savart'schen Gesetz*:

$$\mathrm{d}\boldsymbol{H} = \frac{I}{4\pi} \cdot \frac{\boldsymbol{r} \times \mathrm{d}\boldsymbol{l}}{r^3},$$

$$\text{Betrag: } \mathrm{d}H = \frac{I}{4\pi} \cdot \frac{\mathrm{d}l}{r^2} \sin\alpha \,. \qquad (13\text{-}6)$$

Die gesamte magnetische Feldstärke $\boldsymbol{H}$ ergibt sich aus (13-6) durch Integration über den ganzen Stromfaden $C$:

$$\boldsymbol{H} = \frac{I}{4\pi} \int_C \frac{\boldsymbol{r} \times \mathrm{d}\boldsymbol{l}}{r^3} \,. \qquad (13\text{-}7)$$

Diese Form des Biot-Savart'schen Gesetzes stellt eine spezielle Form des allgemeineren Durchflutungssatzes (13-1) dar. Je nach Geometrie der Anordnung ist (13-1) oder (13-7) zur Berechnung der Feldstärke besser geeignet. Die Anwendung von (13-7) auf das Magnetfeld eines geraden, stromdurchflossenen Leiters liefert dasselbe Ergebnis wie (13-3), jedoch ist hier die Berechnung über (13-1) einfacher. Für die Berechnung des Magnetfeldes einer Stromschleife (Bild 13-6) ist dagegen (13-7) zweckmäßiger.
Für das Magnetfeld im Zentrum der kreisförmigen Stromschleife (Radius $R$) ergibt sich aus (13-7) nach Integration über den gesamten Kreisstrom

$$H = \frac{I}{2R} \,. \qquad (13\text{-}8)$$

### Magnetischer Fluss

Nach dem Gauß'schen Gesetz des elektrischen Feldes (12-17) bzw. (12-104) ist der von einer elektrischen Ladung $Q$ ausgehende elektrische Fluss

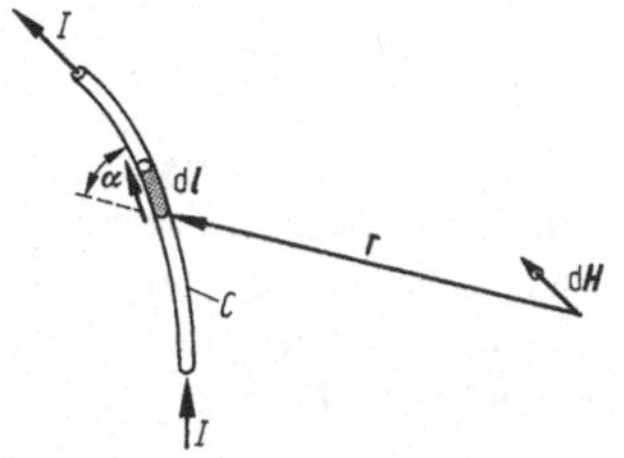


**Bild 13-5.** Zum Biot-Savart'schen Gesetz

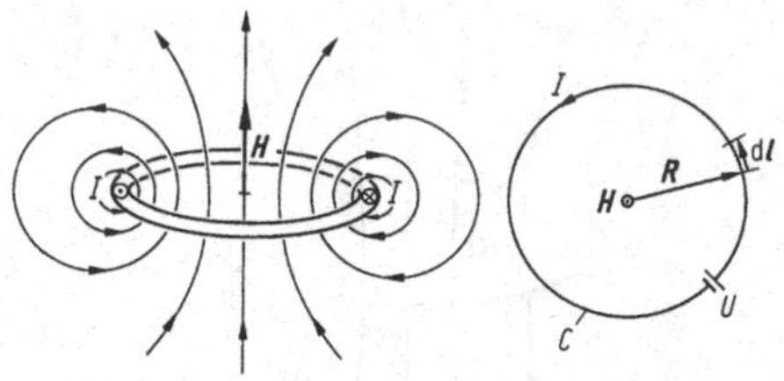


**Bild 13-6.** Das Magnetfeld einer Stromschleife (links stromerzeugende Spannungsquelle $U$ nicht eingezeichnet)

$\Psi = Q$, wobei der elektrische Fluss durch (12-12) bzw. (12-15) definiert wurde. Obwohl im magnetischen Feld magnetische Einzelladungen (Monopole) nicht existieren, lässt sich analog zu (12-12) bzw. (12-15) ein magnetischer Fluss $\Phi$ sowie analog zu (12-13) eine magnetische Flussdichte $\boldsymbol{B}$ definieren. Diese beiden Größen werden es gestatten, die Wirkungen des magnetischen Feldes auch in Materie zu beschreiben (vgl. 13.4).
In einem homogenen Magnetfeld sei der magnetische Fluss durch eine zur Feldrichtung senkrechte Fläche $A$ (Bild 13-7a) definiert durch

$$\Phi = \mu H A \,, \qquad (13\text{-}9)$$

und entsprechend der Betrag der magnetischen Flussdichte

$$B = \frac{\Phi}{A} = \mu H \,. \qquad (13\text{-}10)$$

Hierin wird $\mu$ die Permeabilität des Stoffes genannt, in dem das Magnetfeld vorliegt. Wie die Permittivi-

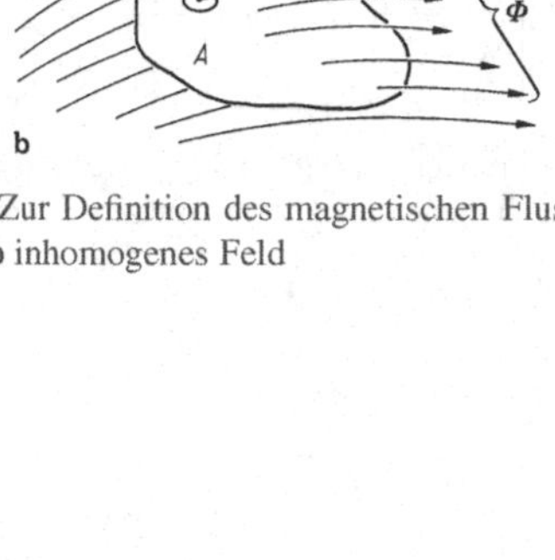

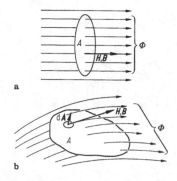

**Bild 13-7.** Zur Definition des magnetischen Flusses. **a** homogenes, **b** inhomogenes Feld

tät $\varepsilon = \varepsilon_r \varepsilon_0$ (12-79) wird auch die *Permeabilität* als Produkt

$$\mu = \mu_r \mu_0 \quad (13\text{-}11)$$

geschrieben, worin nach internationaler Vereinbarung (9. CGPM (1948), Definition des Ampere)

$$\begin{aligned}\mu_0 &= 4\pi \cdot 10^{-7}\,\mathrm{V\,s/A\,m}\\ &= 1{,}2566370614\ldots \cdot 10^{-6}\,\mathrm{V\,s/A\,m} \quad (13\text{-}12)\end{aligned}$$

die *magnetische Feldkonstante* (Permeabilität des Vakuums) ist. $\mu_r = \mu/\mu_0$ wird Permeabilitätszahl des Stoffes genannt und ist dimensionslos. Für das Vakuum ist $\mu_r = 1$. Weiteres zur Permeabilitätszahl siehe 13.4.

Die *magnetische Flussdichte* $\boldsymbol{B}$ wird auch *magnetische Induktion* genannt und ist in magnetisch isotropen Stoffen ein Vektor in Richtung der magnetischen Feldstärke $\boldsymbol{H}$:

$$\boldsymbol{B} = \mu_0 \mu_r \boldsymbol{H} = \mu \boldsymbol{H} \,. \quad (13\text{-}13)$$

In Verallgemeinerung von (13-9) ist der *magnetische Fluss* $\Phi$ eines beliebigen (inhomogenen) Magnetfeldes durch eine beliebig orientierte Fläche $A$ (Bild 13-7b)

$$\Phi = \int_A \mu \boldsymbol{H} \cdot \mathrm{d}\boldsymbol{A} = \int_A \boldsymbol{B} \cdot \mathrm{d}\boldsymbol{A} \,, \quad (13\text{-}14)$$

SI-Einheit: $[\Phi] = \mathrm{V\,s} = \mathrm{Wb}$ (Weber) ,

SI-Einheit: $[B] = \mathrm{V\,s/m^2} = \mathrm{Wb/m^2} = \mathrm{T}$ (Tesla) .

Im elektrischen Feld ergibt das Flächenintegral der elektrischen Flussdichte über eine geschlossene Oberfläche nach (12-17) bzw. (12-104) gerade die eingeschlossene Ladung $Q$ als Quellen des elektrischen Feldes und Ausgangspunkt elektrischer Feldlinien.

Im magnetischen Feld gibt es dagegen keine magnetischen Einzelladungen als Quellen des magnetischen Feldes bzw. als Ausgangspunkt magnetischer Feldlinien. Magnetische Feldlinien sind daher stets geschlossene Linien, auch im Falle der Permanentmagnete (Bild 12-1), wo man sich die äußeren Feldlinien im Innern des Magneten geschlossen denken kann. Dies wird durch Zerbrechen des Magneten bestätigt, wobei zwei neue magnetische Dipole entstehen. Wegen der Nichtexistenz magnetischer Monopole muss das Flächenintegral der

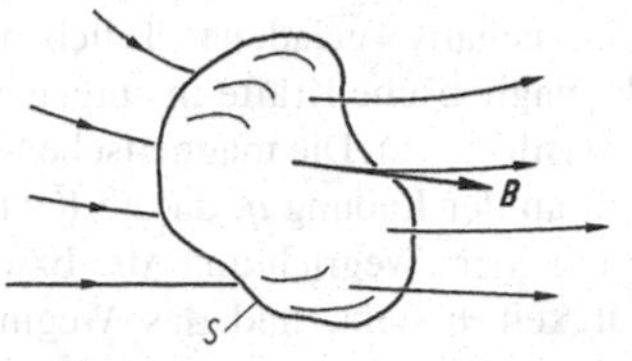


**Bild 13-8.** Zum Gauß'schen Gesetz im magnetischen Feld; eindringende magnetische Feldlinien enden nicht im von $S$ umschlossenen Volumen: Der gesamte magnetische Fluss durch eine geschlossene Oberfläche ist stets null

magnetischen Flussdichte über eine geschlossene Oberfläche $S$ (Bild 13-8) null ergeben (*Gauß'sches Gesetz des magnetischen Feldes*):

$$\oint_S \boldsymbol{B} \cdot \mathrm{d}\boldsymbol{A} = 0 \,. \quad (13\text{-}15)$$

Feldlinien, die in das von der Oberfläche eingeschlossene Volumen eintreten, müssen an anderer Stelle wieder austreten (Bild 13-8). Gleichung (13-15) stellt die zweite *Feldgleichung* des magnetischen Feldes dar und drückt die *Quellenfreiheit des magnetischen Feldes* aus.

## 13.2 Die magnetische Kraft auf bewegte Ladungen

Teilchen, die eine elektrische Ladung $q$ tragen und sich mit einer Geschwindigkeit $\boldsymbol{v}$ durch ein Magnetfeld $\boldsymbol{B} = \mu \boldsymbol{H}$ bewegen (Bild 13-9), z. B. die Elektronen im Elektronenstrahl einer Fernsehbildröhre durch das Magnetfeld der Ablenkspulen, erfahren eine ablenkende Kraft $\boldsymbol{F}_m$, die senkrecht zu $\boldsymbol{v}$ und zu $\boldsymbol{B}$ wirkt:

$$\boldsymbol{F}_m = q\boldsymbol{v} \times \boldsymbol{B} = \mu q \boldsymbol{v} \times \boldsymbol{H} \,. \quad (13\text{-}16)$$

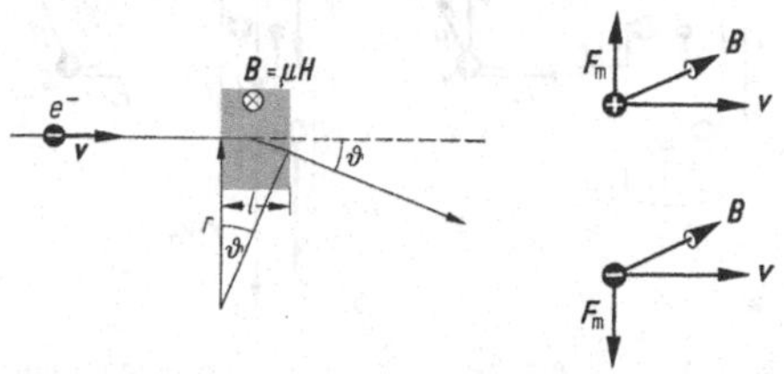


**Bild 13-9.** Ablenkung von bewegten Ladungsträgern im Magnetfeld

Positiv und negativ geladene Teilchen erfahren ablenkende magnetische Kräfte in entgegengesetzten Richtungen (Bild 13-9). Die magnetische Kraft leistet keine Arbeit an der Ladung $q$, da die Kraft $\boldsymbol{F}_\mathrm{m}$ stets senkrecht auf der Wegrichtung $\mathrm{d}\boldsymbol{s}$ bzw. auf der Geschwindigkeit $\boldsymbol{v}$ steht, und das Wegintegral der Kraft daher verschwindet:

$$W = \int \boldsymbol{F}_\mathrm{m} \cdot \mathrm{d}\boldsymbol{s} = \int \boldsymbol{F}_\mathrm{m} \cdot \boldsymbol{v}\mathrm{d}t = 0 \,. \qquad (13\text{-}17)$$

Anders als im elektrischen Feld erfährt daher eine elektrische Ladung im Magnetfeld keine Änderung des Geschwindigkeitsbetrages. Liegt neben dem magnetischen Feld $\boldsymbol{B}$ auch ein elektrisches Feld $\boldsymbol{E}$ vor, so wirkt insgesamt auf die Ladung $q$ die *Lorentz-Kraft*

$$\boldsymbol{F} = q(\boldsymbol{E} + \boldsymbol{v} \times \boldsymbol{B}) \,. \qquad (13\text{-}18)$$

*Hinweis*: Oft wird der 2. Term in (13-18) allein als Lorentz-Kraft bezeichnet.

### Die magnetische Kraft als relativistische Korrektur der elektrischen Kraft

Die elektrostatische Kraft $\boldsymbol{F}_\mathrm{e} = q\boldsymbol{E}$ und die magnetische Kraft $\boldsymbol{F}_\mathrm{m} = q\boldsymbol{v} \times \boldsymbol{B}$ sind keine grundlegend verschiedenen Wechselwirkungen. Vielmehr lässt sich zeigen, dass die magnetische Kraft als relativistische Korrektur der elektrostatischen Kraft aufgefasst werden kann. Dies sei am Beispiel der Kraft auf eine Ladung gezeigt, die sich mit der Geschwindigkeit $\boldsymbol{v}$ parallel zu einem stromdurchflossenen Leiter bewegt (Bild 13-10). Der Strom $I$ im Leiter erzeugt nach (13-3) im Abstand $r$ ein Magnetfeld $H = I/(2\pi r)$. Daraus ergibt sich nach (13-16) eine

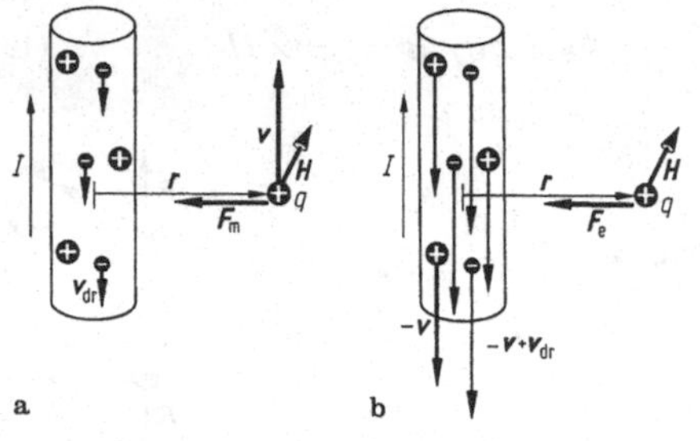


**Bild 13-10.** Magnetische Kraft auf eine bewegte Ladung im Feld eines Stromes: Beschreibung **a** im Laborsystem und **b** im Bezugssystem der bewegten Ladung $q$

magnetische Kraft auf die bewegte Ladung $q$ (im Vakuum) vom Betrag

$$F_\mathrm{m} = \mu_0 q v \frac{I}{2\pi r} \,. \qquad (13\text{-}19)$$

Der Strom $I$ im Leiter wird durch Elektronen der Driftgeschwindigkeit $v_\mathrm{dr}$ (siehe 12.6) im Laborsystem erzeugt, während die im Leiter ortsfesten positiven Ionen im Laborsystem die Geschwindigkeit 0 besitzen (Bild 13-10a). Wir wollen nun die Verhältnisse im Bezugssystem der mit $\boldsymbol{v}$ bewegten Ladung $q$ betrachten (Bild 13-10b). In diesem System hat $q$ die Geschwindigkeit 0, erfährt also keine magnetische Kraft. Die real auf $q$ wirkende Kraft (13-19) kann jedoch nicht von der Wahl des Koordinatensystems abhängen. Tatsächlich wird sie im mit $\boldsymbol{v}$ bewegten System in derselben Größe durch die Coulomb-Kraft geliefert: Im bewegten System haben die positiven Ionen die Geschwindigkeit $|-\boldsymbol{v}|$, die Elektronen die größere Geschwindigkeit $|-\boldsymbol{v}'| \approx |-\boldsymbol{v}+\boldsymbol{v}_\mathrm{dr}| = v+v_\mathrm{dr}$ (vgl. (2-50) für $\beta \ll 1$). Infolgedessen ist die unterschiedliche relativistische Längenkontraktion (Lorentz-Kontraktion, vgl. 2.3.3) zu berücksichtigen, wonach die Längen in Richtung der Bewegung sich um den Lorentz-Faktor $\sqrt{1 - v^2/c_0^2}$ für die Ionen bzw. um $\sqrt{1 - (v + v_\mathrm{dr})^2/c_0^2}$ für die Elektronen verkürzen. Dadurch erhöhen sich die Ladungsträgerkonzentrationen $n_-$ und $n_+$ unterschiedlich stark gegenüber $n_0$ (bei $v = 0$). Die Gesamtladung ist daher nicht mehr null, der stromführende Leiter erscheint negativ geladen und übt eine elektrostatische Coulomb-Kraft auf die Ladung $q$ aus. In der Näherung $c_0 \gg v \gg v_\mathrm{dr}$ ergibt sich ein Überschuss der Konzentration der negativen Ladungsträger

$$\Delta n = \frac{n_0}{\sqrt{1 - (v + v_\mathrm{dr})^2/c_0^2}} - \frac{n_0}{\sqrt{1 - v^2/c_0^2}} \approx \frac{n_0 v v_\mathrm{dr}}{c_0^2} \,. \qquad (13\text{-}20)$$

Für die resultierende Linienladungsdichte $q_\mathrm{L} = -Ae\Delta n$ des stromdurchflossenen Leiters (Querschnitt $A$, Elektronenladung $-e$) erhält man aus (13-20) mit $c_0^2 = 1/\varepsilon_0\mu_0$ (vgl. 12) und (19.1) und mit $I = -n_0 e v_\mathrm{dr} A$ gemäß (12-59)

$$q_\mathrm{L} = -\varepsilon_0\mu_0 v n_0 e v_\mathrm{dr} A = \varepsilon_0\mu_0 v I \,. \qquad (13\text{-}21)$$

Daraus ergibt sich gemäß (12-22) eine elektrische Feldstärke

$$E = \frac{q_L}{2\pi\varepsilon_0 r} = \frac{\mu_0 vI}{2\pi r} \qquad (13\text{-}22)$$

und weiter eine anziehende elektrische Kraft $F_e = qE$ auf die Ladung $q$, mit (13-8)

$$F_e = \mu_0 qv\frac{I}{2\pi r} = \mu_0 qvH\,, \qquad (13\text{-}23)$$

die identisch mit der im Laborsystem berechneten magnetischen Kraft (13-19) ist. Je nach dem gewählten Bezugssystem kommt daher der magnetische oder der elektrische Term der Lorentz-Kraft zur Wirkung, beide sind Ausdruck derselben elektromagnetischen Kraft. In dem betrachteten Beispiel ist zwar wegen der geringen Driftgeschwindigkeit der Elektronen (Größenordnung mm/s, siehe 12.6) der aus der Lorentz-Kontraktion folgende relative Unterschied in den Ladungsträgerkonzentrationen der Gitterionen und der Leitungselektronen extrem klein. Das wird hinsichtlich der elektrostatischen Wirkung jedoch ausgeglichen durch die gewaltige Ladungsmenge, die sich durch den Leiter bewegt.

## Bewegung von Ladungsträgern im homogenen Magnetfeld

Elektrische Ladungen $q$, die sich senkrecht zu den Feldlinien eines homogenen Magnetfeldes $\boldsymbol{B}$ bewegen, z. B. der Elektronenstrahl, der mit einer Vakuumdiode (ähnlich Bild 12-15, mit durchbohrter Anode) im Magnetfeld erzeugt wird (Bild 13-11), erfahren nach (13-16) eine magnetische Kraft senkrecht zur Ladungsgeschwindigkeit $\boldsymbol{v}$ und zum Magnetfeld $\boldsymbol{B}$. Ihr Betrag

$$F_m = qvB \qquad (13\text{-}24)$$

bleibt konstant, da – wie weiter oben bereits erläutert – der Betrag $v$ der Geschwindigkeit der Ladungsträger sich durch eine stets senkrecht wirkende Kraft nicht ändert. Das führt zu einer Kreisbahn der Ladungsträger mit der Masse $m$. Die magnetische Kraft (13-24) wirkt hierbei als Zentralkraft (3-19)

$$\frac{mv^2}{r} = qvB\,, \qquad (13\text{-}25)$$

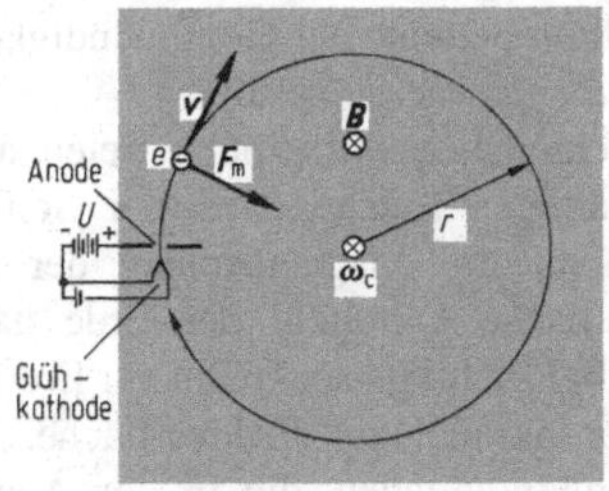


**Bild 13-11.** Kreisbahn einer Ladung im homogenen Magnetfeld

woraus für den Kreisbahnradius folgt

$$r = \frac{mv}{qB}\,. \qquad (13\text{-}26)$$

Die in Bild 13-9 gezeigte Ablenkung eines Elektrons, das ein begrenztes Magnetfeld der Länge $l$ auf einem Kreisbogenstück durchläuft, lässt sich mit (13-26) berechnen zu

$$\vartheta \approx \frac{l}{r} \approx \frac{eB}{m_e v} l \quad \text{für} \quad l \ll r\,. \qquad (13\text{-}27)$$

(Anwendung bei der magnetischen Ablenkung des Elektronenstrahls in der Fernsehbildröhre.)
Mit $v = \omega r$ (2-29) folgt für die Winkelgeschwindigkeit der Ladung der Betrag $\omega_c = qB/m$, bzw. unter Berücksichtigung der Vektorrichtungen in Bild 13-11 die *Zyklotronfrequenz*

$$\boldsymbol{\omega}_c = -\frac{q}{m}\boldsymbol{B}\,. \qquad (13\text{-}28)$$

Die Zyklotronfrequenz ist unabhängig von der Geschwindigkeit $\boldsymbol{v}$ der Ladung sowie vom Bahnradius $r$. Diese Eigenschaften ermöglichen den Bau von Kreisbeschleunigern nach dem Zyklotronprinzip. Ferner ermöglicht die *Zyklotronresonanz* die Messung der effektiven Massen $m^* = qB/\omega_c$ der Ladungsträger in Halbleitern (siehe 16.4).
Bei Ladungsträgern, deren Geschwindigkeit $\boldsymbol{v}$ parallel zur magnetischen Flussdichte $\boldsymbol{B}$ gerichtet ist, tritt nach (13-16) keine magnetische Kraft auf, da das Vektorprodukt paralleler Vektoren verschwindet. In diesem Fall bewegt sich die Ladung geradlinig mit konstanter Geschwindigkeit. Bei schiefer Geschwindigkeitsrichtung der Ladungsträger im Magnetfeld erhält man eine Überlagerung von geradliniger Bewegung für die Parallelkomponente und Kreisbewegung für

die Normalkomponente der Geschwindigkeit, sodass eine *Schraubenbewegung* resultiert.
Diese verschiedenen Situationen treten auch beim Einfall geladener Teilchen von der Sonne („Sonnenwind") auf die Magnetosphäre der Erde auf. Das magnetische Dipolfeld der Erde hat an den Polen eine Feldrichtung senkrecht zur Erdoberfläche, am Äquator parallel zur Erdoberfläche. Die Bahn von Sonnenwindteilchen, die in der Äquatorebene einfallen, wird durch die magnetische Kraft zu Schraubenbahnen aufgewickelt. Sie treffen daher meist nicht auf die Erdatmosphäre, haben aber eine erhöhte Aufenthaltsdauer in diesem Gebiet: *Van-Allen-Strahlungsgürtel*. Anders an den Polen: Dort auftreffende Teilchen bewegen sich etwa parallel zu den Erdfeldlinien und gelangen daher nahezu ungehindert bis zur oberen Erdatmosphäre, wo sie u. a. durch Stoßanregung (siehe 20.4) Moleküle zum Leuchten anregen können: *Polarlichter*.

### Kreisbeschleuniger

Die Anwendung der magnetischen Kraft erlaubt es, die großen Längen der Linearbeschleuniger (12.5, Bild 12-16) zur Teilchenbeschleunigung zu vermeiden, indem durch ein Magnetfeld die Teilchenflugbahn zu Kreis- oder Spiralbahnen aufgewickelt wird. Dieses Prinzip wurde zuerst beim Zyklotron (E. O. Lawrence, 1930) angewendet. Es besteht aus einer flachen Metalldose, die zu zwei D-förmigen Drifträumen aufgeschnitten ist (Bild 13-12) und

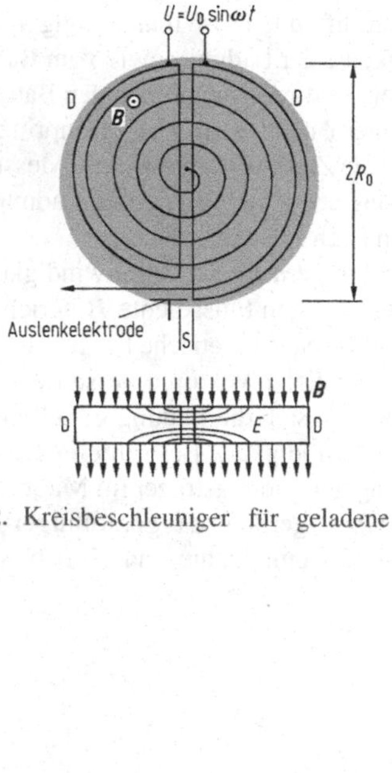


**Bild 13-12.** Kreisbeschleuniger für geladene Teilchen: Zyklotron

senkrecht zur Dosenebene von einem Magnetfeld $\boldsymbol{B}$ durchsetzt wird.
Eine im Zentrum des Spaltes S angeordnete Ionenquelle (z. B. ein durch Elektronenstoß ionisierter Dampfstrahl) emittiert Ionen der Ladung $q$, die durch die zwischen den beiden Ds angelegte Spannung $U$ in das eine D beschleunigt werden. Im Magnetfeld $\boldsymbol{B}$ laufen die Ionen mit einer Winkelgeschwindigkeit entsprechend der Zyklotronfrequenz (13-28) auf Kreisbahnen mit einem Radius nach (13-26) um. Wird die Spannung $U$ während jedes halben Umlaufes umgepolt, so werden die Ionen bei jedem Passieren des Spaltes S entsprechend der Spannung $U = U_0$ beschleunigt, und $v$ und $r$ nehmen entsprechend zu. Da die Winkelgeschwindigkeit nach (13-28) unabhängig von $r$ ist, lässt sich die periodische Umpolung durch Anlegen einer Hochfrequenzwechselspannung

$$U = U_0 \sin\omega t \quad \text{mit} \quad \omega = \omega_c = \frac{q}{m}B \qquad (13\text{-}29)$$

erreichen. Die Grenze der Beschleunigung ist bei $r = R_0$ erreicht. Die Endenergie $E_{k,\,max} = mv^2/2$ beträgt dann mit (13-26)

$$E_{k,\,max} = \frac{q^2B^2}{2m}R_0^2 < m_0c_0^2\,. \qquad (13\text{-}30)$$

Die Resonanzbedingung $\omega = \omega_c$ (13-29) ist beim Zyklotron nicht mehr erfüllt, wenn relativistische Geschwindigkeitsbereiche erreicht werden (siehe 4.5). Das ist der Fall, wenn die kinetische Energie vergleichbar oder größer als die Ruheenergie $m_0c_0^2$ wird. Wegen der mit der Umlaufzahl steigenden Masse (Bild 12-14) sinkt dann die Zyklotronfrequenz, und die Resonanzbedingung bleibt nur erhalten, wenn mit der Umlaufzahl die Hochfrequenz $\omega$ gesenkt oder das Magnetfeld $B$ erhöht wird: *Synchrozyklotron*. Wird das Magnetfeld mit zunehmender Umlaufzahl entsprechend der steigenden Teilchenenergie in der Weise erhöht, dass der Bahnradius (13-26) konstant bleibt (Sollkreis), so lassen sich sehr hohe Energien erreichen: *Synchrotron*.

### Massenspektrometer

Die magnetische Kraft kann auch zur Bestimmung der Masse geladener Teilchen im magnetischen Massenspektrometer verwendet werden (Bild 13-13). Durch eine Spannung $U$ beschleunigte Ionen werden

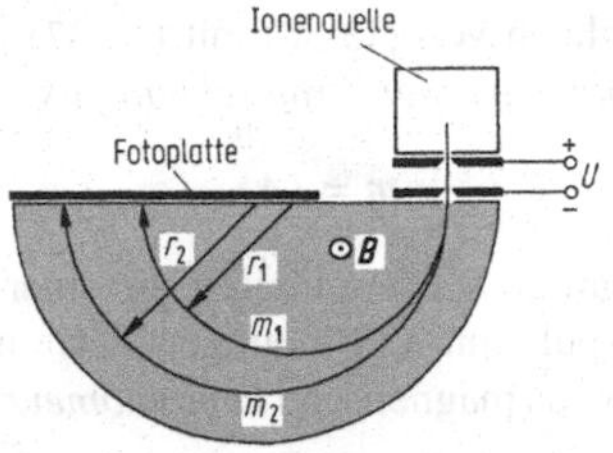


**Bild 13-13.** Magnetisches Massenspektrometer

in ein Magnetfeld $\boldsymbol{B}$ eingeschossen. Der Kreisbahnradius berechnet sich aus (13-26) mit (12-53) zu

$$r = \frac{1}{B}\sqrt{2\frac{m}{q}U}\,, \tag{13-31}$$

woraus die *spezifische Ladung* $q/m$ bestimmt werden kann:

$$\frac{q}{m} = \frac{2U}{r^2B^2}\,. \tag{13-32}$$

Der Bahnradius $r$ kann aus den Schwärzungsmarken auf der Fotoplatte bestimmt werden. Bei bekannter Ladung (meist $\pm e$) ist daraus die Masse der Ionen zu berechnen.

## 13.3 Die magnetische Kraft auf stromdurchflossene Leiter

In einem stromdurchflossenen Draht im Magnetfeld (Bild 13-14) wirkt auf jeden den Strom bildenden Ladungsträger (d. h. auf die Leitungselektronen bei Metallen) die Lorentz-Kraft (13-18). Der elektrische Anteil $-e\boldsymbol{E}$ bewirkt die Driftgeschwindigkeit $\boldsymbol{v}_{\mathrm{dr}}$ der Elektronen. Infolge der Driftgeschwindigkeit wirkt auf jedes einzelne Elektron die magnetische Kraft

$$\boldsymbol{F}_{\mathrm{e}} = -e\boldsymbol{v}_{\mathrm{dr}} \times \boldsymbol{B}\,. \tag{13-33}$$

Die Zahl $N$ der Leitungselektronen (Ladungsträgerkonzentration $n$) im Leiterstück der Länge $l$ und vom Querschnitt $A$ beträgt $N = nlA$. Insgesamt wirkt auf das Leiterstück eine Kraft vom Betrage

$$\boldsymbol{F} = N\boldsymbol{F}_{\mathrm{e}} = -nlAe\boldsymbol{v}_{\mathrm{dr}} \times \boldsymbol{B} = nev_{\mathrm{dr}}A\boldsymbol{l} \times \boldsymbol{B}\,, \tag{13-34}$$

wobei zu beachten ist, dass die Länge $\boldsymbol{l}$ in Richtung des Stromes $I$ zeigt, d. h. bei Elektronen entgegengesetzt zur Driftgeschwindigkeit $\boldsymbol{v}_{\mathrm{dr}}$. Der Faktor $nev_{\mathrm{dr}}A$ ist nach (12-59) gleich der Stromstärke $I$, und somit

$$\boldsymbol{F} = I\boldsymbol{l} \times \boldsymbol{B}\,, \qquad \text{Betrag: } F = IlB\sin\alpha\,. \tag{13-35}$$

Nach (13-35) wirkt auf einen stromdurchflossenen Draht als Folge der magnetischen Kraft auf die Ladungsträger eine Kraft senkrecht zur Drahtrichtung und zur magnetischen Feldrichtung. Dies ist die Grundlage der elektromechanischen Krafterzeugung, insbesondere des Elektromotors.

### Stromschleife im Magnetfeld, magnetischer Dipol

Eine z. B. rechteckige, stromdurchflossene Leiterschleife, die in einem Magnetfeld drehbar angeordnet ist (Bild 13-15), erfährt bezüglich der einzelnen Schleifenstücke nach (13-35) unterschiedliche Kräfte. Auf die Stirnstücke (Länge $b$) wirken entgegengesetzt

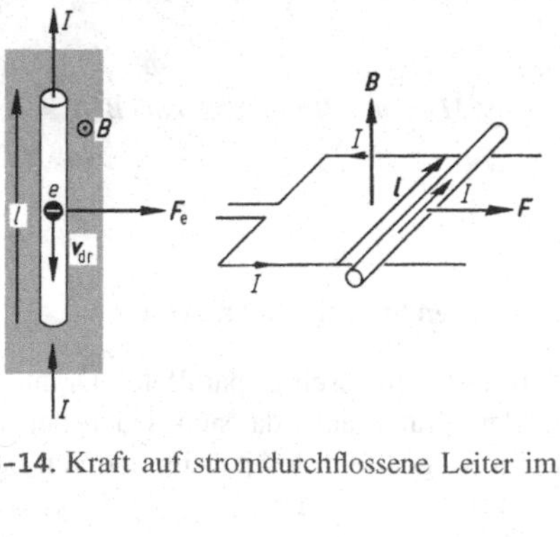


**Bild 13-14.** Kraft auf stromdurchflossene Leiter im Magnetfeld

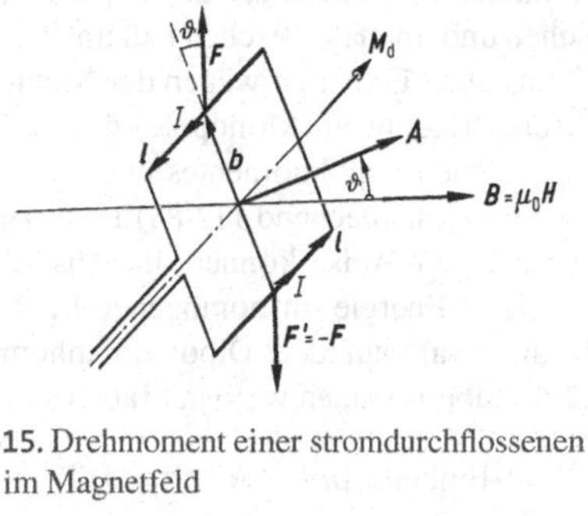


**Bild 13-15.** Drehmoment einer stromdurchflossenen Leiterschleife im Magnetfeld

gleichgroße Kräfte in Drehachsenrichtung, die sich kompensieren. Auf die beiden Längsseiten $\boldsymbol{l}$ wirkt ein Kräftepaar, das nach (3-23) ein Drehmoment (zur Unterscheidung von der Magnetisierung $\boldsymbol{M}$ in diesem Abschnitt mit dem Index d versehen)

$$\boldsymbol{M}_\mathrm{d} = \boldsymbol{b} \times \boldsymbol{F} \tag{13-36}$$

in Drehachsenrichtung erzeugt. Mit (13-35) folgt daraus ein doppeltes Vektorprodukt, dessen Berechnung mittels des Entwicklungssatzes (siehe A 3.3.5) unter Verwendung des Flächennormalenvektors $\boldsymbol{A}$ der Stromschleife (Betrag $A = bl$) das Drehmoment

$$\boldsymbol{M}_\mathrm{d} = I\boldsymbol{A} \times \boldsymbol{B}$$

$$\text{Betrag } M_\mathrm{d} = IAB \sin\vartheta \tag{13-37}$$

ergibt. Die Richtung des Flächennormalenvektors $\boldsymbol{A}$ ist so festgelegt, dass sie sich aus der Stromflussrichtung mit der Rechtsschraubenregel ergibt. Eine stromdurchflossene Leiterschleife erfährt daher im homogenen Magnetfeld ein Drehmoment, das deren Flächennormale in Feldrichtung auszurichten sucht. Sie verhält sich also wie ein magnetischer Dipol (siehe 13.1) und analog zum elektrischen Dipol im homogenen elektrischen Feld (vgl. 12.9). Zur Beschreibung des Verhaltens eines magnetischen Dipols im Feld analog zum elektrischen Fall (12-87) führen wir durch

$$\boldsymbol{M}_\mathrm{d} = \boldsymbol{m} \times \boldsymbol{B} \tag{13-38}$$

das *magnetische Dipolmoment* $\boldsymbol{m}$ ein (Anmerkung: Anders als bei der Einführung des elektrischen Dipolmoments $\boldsymbol{p}$ wird hier nicht die Feldstärke, sondern die Flussdichte $\boldsymbol{B}$ zur Berechnung des Drehmoments benutzt. Deshalb unterscheiden sich die weiter berechneten Ausdrücke für das Dipolmoment im elektrischen und im magnetischen Fall um die jeweilige Feldkonstante. Ferner ist wegen der Nichtexistenz magnetischer Ladungen (Monopole) die Einführung des magnetischen Dipolmomentes über eine Definitionsgleichung entsprechend (12-83) nicht sinnvoll). In entsprechender Weise können die Ausdrücke für die potenzielle Energie im homogenen Feld (12-89) und für die Kraft auf den Dipol im inhomogenen Feld (12-90) übernommen werden (Tabelle 13-1).

$$\text{SI-Einheit: } [m] = \mathrm{A \cdot m^2 = J/T}\,.$$

Durch Vergleich von (13-38) mit (13-37) erhält man das *Dipolmoment einer Stromschleife als*

$$\boldsymbol{m} = I\boldsymbol{A}\,. \tag{13-39}$$

Schaltet man $N$ Stromschleifen zu einer Zylinder- oder Flachspule mit $N$ Windungen zusammen, so ergibt sich für das magnetische *Dipolmoment einer Spule*

$$\boldsymbol{m}_\mathrm{Sp} = NI\boldsymbol{A}\,. \tag{13-40}$$

Wird eine drehbar gelagerte Spule im Magnetfeld nach Bild 13-15 z. B. durch eine Spiralfeder mit einem rücktreibenden Drehmoment versehen, so stellt sich bei Stromfluss im Drehmomentengleichgewicht ein Ausschlag $\Delta\vartheta$ ein, der mit $I$ ansteigt: Prinzip des *Drehspulmessinstrumentes.*

Die gleiche Anordnung ohne rücktreibende Feder, aber mit einer Schleifkontakteinrichtung zur Umpolung der Stromrichtung bei $\vartheta = 0°$ und $\vartheta = 180°$ („Kommutator") stellt die Grundanordnung eines elektrischen Gleichstrommotors dar. Das hierbei wirkende Drehmoment hat durch die Umpolung bei allen Drehwinkeln die gleiche Richtung.

**Tabelle 13-1.** Vergleich: elektrischer Dipol – magnetischer Dipol

| | Drehmoment | Potenzielle Energie | Kraft im inhomogenen Feld (Dipol ‖ Feld ‖ $x$) |
|---|---|---|---|
| elektrischer Dipol | $\boldsymbol{M}_\mathrm{d} = \boldsymbol{p} \times \boldsymbol{E}$ | $E_\mathrm{p,\,dp} = -\boldsymbol{p} \cdot \boldsymbol{E}$ | $F = p\dfrac{\mathrm{d}E}{\mathrm{d}x}$ |
| magnetischer Dipol | $\boldsymbol{M}_\mathrm{d} = \boldsymbol{m} \times \boldsymbol{B}$ | $E_\mathrm{p,\,dp} = -\boldsymbol{m} \cdot \boldsymbol{B}$ | $F = m\dfrac{\mathrm{d}B}{\mathrm{d}x}$ |

### Kräfte zwischen benachbarten Strömen

Zwei stromdurchflossene, parallele Drähte üben aufeinander Kräfte aus, da sich jeder der beiden Ströme im Magnetfeld des jeweils anderen befindet (Bild 13-16).

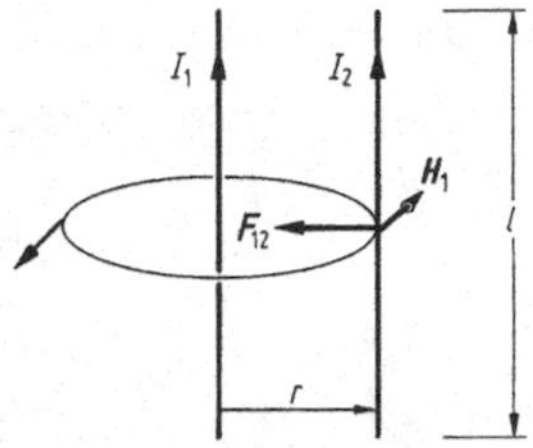


**Bild 13-16.** Kraftwirkung zwischen benachbarten Strömen

Die von $I_1$ im Abstand $r$ erzeugte magnetische Feldstärke beträgt nach (13-3)

$$H_1 = \frac{I_1}{2\pi r} \,. \qquad (13\text{-}41)$$

Dadurch erfährt der von $I_2$ durchflossene Leiter auf der Länge $\boldsymbol{l}$ nach (13-35) eine Kraft

$$\boldsymbol{F}_{12} = \mu_0 I_2 (\boldsymbol{l} \times \boldsymbol{H}_1) \,,$$

$$\text{Betrag } F_{12} = \mu_0 \frac{l}{2\pi r} I_1 I_2 \,. \qquad (13\text{-}42)$$

Nach dem Reaktionsgesetz (3.3) wirkt auf $I_1$ eine gleich große, entgegengesetzt gerichtete Kraft $\boldsymbol{F}_{21}$. Aus (13-42) folgt, dass gleichgerichtete Ströme einander anziehen, während antiparallele Ströme einander abstoßen. Dieser Effekt wird zur Darstellung der Einheit der Stromstärke, des Ampere, ausgenutzt (siehe 1). Benachbarte Windungen in Spulen, die vom Strom gleichsinnig durchflossen werden, ziehen sich demnach an, während sich die gegenüberliegenden Teile einer Windung abstoßen. Eine stromdurchflossene Spule sucht sich daher zu verkürzen und gleichzeitig aufzuweiten. Solche Kräfte können ganz erhebliche Beträge annehmen und müssen bei der Konstruktion von Spulen berücksichtigt werden.

## 13.4 Materie im magnetischen Feld, magnetische Polarisation

Wird Materie in ein magnetisches Feld gebracht, so bilden sich magnetische Dipolzustände aus: Die Materie erfährt eine magnetische Polarisation bzw. eine Magnetisierung; dabei bezeichnen diese beiden Ausdrücke sowohl den Vorgang der magnetischen Ausrichtung als auch zwei vektorielle Größen, die den resultierenden Zustand der Materie beschreiben. Phänomenologisch wird das nach (13-11) durch die Einführung der *Permeabilitätszahl* (relativen Permeabilität) $\mu_r$ im Zusammenhang (13-13) zwischen magnetischer Feldstärke $\boldsymbol{H}$ und magnetischer Flussdichte $\boldsymbol{B}$ beschrieben:

$$\boldsymbol{B} = \mu_0 \mu_r \boldsymbol{H} = \mu \boldsymbol{H} \,. \qquad (13\text{-}43)$$

Bei materieerfüllten Magnetfeldern wird also die magnetische Feldkonstante $\mu_0$ durch die *Permeabilität* $\mu = \mu_0 \mu_r$ ersetzt. Analog zur Einführung der elektrischen Polarisation (12-100) kann die Änderung der magnetischen Flussdichte in Materie auch durch eine additive Größe zur Flussdichte $\boldsymbol{B}_0 = \mu_0 \boldsymbol{H}$ im Vakuum beschrieben werden, die *magnetische Polarisation $\boldsymbol{J}$* gemäß

$$\boldsymbol{B} = \boldsymbol{B}_0 + \boldsymbol{J} = \mu_0 \boldsymbol{H} + \boldsymbol{J} \,. \qquad (13\text{-}44)$$

Anstelle der magnetischen Polarisation $\boldsymbol{J}$ kann auch eine zur Feldstärke $\boldsymbol{H}$ additive Größe, die *Magnetisierung $\boldsymbol{M}$* zur Beschreibung der magnetischen Materieeigenschaften benutzt werden:

$$\boldsymbol{B} = \mu_0 (\boldsymbol{H} + \boldsymbol{M}) \qquad (13\text{-}45)$$

$$\text{mit} \quad \boldsymbol{M} = \boldsymbol{J}/\mu_0 \,. \qquad (13\text{-}46)$$

Die Magnetisierung hängt von der magnetischen Feldstärke $\boldsymbol{H}$ ab. In vielen Fällen (Diamagnetismus, Paramagnetismus) gilt die Proportionalität

$$\boldsymbol{M} = \chi_m \boldsymbol{H} \,, \qquad (13\text{-}47)$$

worin $\chi_m$ die sog. *magnetische Suszeptibilität* ist. Suszeptibilität und Permeabilitätszahl beschreiben gleichermaßen die magnetischen Eigenschaften eines Stoffes und sind verknüpft durch

$$\mu_r = 1 + \chi_m \,, \qquad (13\text{-}48)$$

wie sich durch Einsetzen von (13-47) in (13-45) und Vergleich mit (13-43) zeigen lässt.
Der Zusammenhang zwischen der Magnetisierung $\boldsymbol{M}$ eines zylindrischen Stabes und seinem magnetischen Moment $\boldsymbol{m}_\Sigma$ in einem äußeren Magnetfeld $\boldsymbol{H}$ lässt sich durch Vergleich mit einer Zylinderspule gleicher Abmessungen herstellen, die so erregt wird, dass das durch sie erzeugte zusätzliche Magnetfeld $\boldsymbol{H}_z$ gerade der Magnetisierung $\boldsymbol{M}$ entspricht (Bild 13-17):

$$H_z = \frac{NI}{l} \equiv M \,. \qquad (13\text{-}49)$$

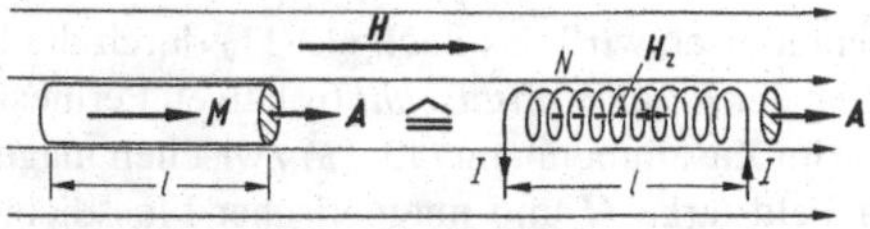


**Bild 13-17.** Zur Berechnung des magnetischen Moments eines magnetisierten Stabes

Das magnetische Moment $\boldsymbol{m}_\Sigma$ des magnetisierten Stabes mit dem Volumen $V = lA$ ist dann gleich dem der Spule gleichen Volumens und beträgt gemäß (13-40) mit (13-49)

$$\boldsymbol{m}_\Sigma = NI\boldsymbol{A} = \boldsymbol{M}V\,. \quad (13\text{-}50)$$

Die Magnetisierung $\boldsymbol{M} = \boldsymbol{J}/\mu_0$ ist demnach gleich dem auf das Volumen bezogenen magnetischen Moment und ist damit der elektrischen Polarisation (12-91) analog:

$$\boldsymbol{M} = \frac{\boldsymbol{J}}{\mu_0} = \frac{\boldsymbol{m}_\Sigma}{V}\,. \quad (13\text{-}51)$$

Für das magnetische Moment $\boldsymbol{m}_\Sigma$ eines magnetisierten Körpers gilt nach (13-50) mit (13-47) $\boldsymbol{m}_\Sigma \sim \chi_\mathrm{m}\boldsymbol{H}$. Je nach Vorzeichen von $\chi_\mathrm{m}$ (Tabelle 13-2) erfährt daher ein magnetisierter Körper in einem inhomogenen Magnetfeld eine Kraft (Tabelle 13-1), die ihn in den Bereich größerer Feldstärke (für $\chi_\mathrm{m} > 0$) oder kleinerer Feldstärke (für $\chi_\mathrm{m} < 0$) treibt, d. h. in das Magnetfeld hineinzieht oder aus ihm herausdrängt (Bild 13-18).

Je nach Wert der magnetischen Suszeptibilität $\chi_\mathrm{m}$ werden die folgenden Fälle unterschieden:

$\chi_\mathrm{m} < 0,\ \mu_\mathrm{r} < 1$: Diamagnetismus

$\chi_\mathrm{m} > 0,\ \mu_\mathrm{r} > 1$: Paramagnetismus

$\chi_\mathrm{m} \gg 0,\ \mu_\mathrm{r} \gg 1$: Ferro-, Ferri- und Antiferromagnetismus.

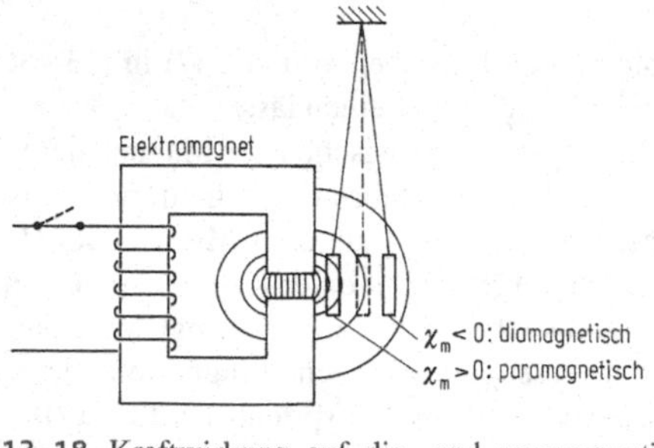


**Bild 13-18.** Kraftwirkung auf dia- und paramagnetische Körper im inhomogenen Magnetfeld eines Elektromagneten

**Tabelle 13-2.** Magnetische Suszeptibilität einiger Stoffe

| Stoff | $\chi_\mathrm{m} = \mu_\mathrm{r} - 1$ |
|---|---|
| *Diamagnetische Stoffe*: | |
| Helium | $-1{,}05 \cdot 10^{-9}$ |
| Wasserstoff | $-2{,}25 \cdot 10^{-9}$ |
| Methan | $-6{,}88 \cdot 10^{-9}$ |
| Stickstoff | $-8{,}60 \cdot 10^{-9}$ |
| Argon | $-1{,}09 \cdot 10^{-8}$ |
| Kohlendioxid | $-1{,}19 \cdot 10^{-8}$ |
| Methanol | $-6{,}97 \cdot 10^{-6}$ |
| Benzol | $-7{,}82 \cdot 10^{-6}$ |
| Wasser | $-9{,}03 \cdot 10^{-6}$ |
| Kupfer | $-9{,}65 \cdot 10^{-6}$ |
| Glycerin | $-9{,}84 \cdot 10^{-6}$ |
| Petroleum | $-1{,}09 \cdot 10^{-5}$ |
| Aluminiumoxid | $-1{,}37 \cdot 10^{-5}$ |
| Aceton | $-1{,}37 \cdot 10^{-5}$ |
| Kochsalz | $-1{,}39 \cdot 10^{-5}$ |
| Wismut | $-1{,}57 \cdot 10^{-4}$ |
| *Paramagnetische Stoffe*: | |
| Sauerstoff | $1{,}86 \cdot 10^{-6}$ |
| Barium | $6{,}94 \cdot 10^{-6}$ |
| Magnesium | $1{,}74 \cdot 10^{-5}$ |
| Aluminium | $2{,}08 \cdot 10^{-5}$ |
| Platin | $2{,}57 \cdot 10^{-4}$ |
| Chrom | $2{,}78 \cdot 10^{-4}$ |
| Mangan | $8{,}71 \cdot 10^{-4}$ |
| flüssiger Sauerstoff | $3{,}62 \cdot 10^{-3}$ |
| Dysprosiumsulfat | $6{,}32 \cdot 10^{-1}$ |
| *Ferromagnetische Stoffe*: [a] | |
| Gusseisen | 50 ... 500 |
| Baustahl | 100 ... 2000 |
| Übertragerblech | 500 ... 10 000 |
| Permalloy | 6000 ... 70 000 |
| Ferrite | 10 ... 1000 |

[a] Maximalwerte aus größter Steigung der Hysteresekurve

## Atomistische Deutung der magnetischen Eigenschaften von Materie

Die magnetischen Eigenschaften von Materie sind durch die Wechselwirkung des Magnetfeldes in erster Linie mit den Elektronen der Atomhülle und deren magnetischen Momenten bedingt. Die Eigenschaften atomarer magnetischer Momente sind quantenmechanischer Natur. Eine anschauliche Behandlung ist problematisch. Dennoch können bestimmte magnetische

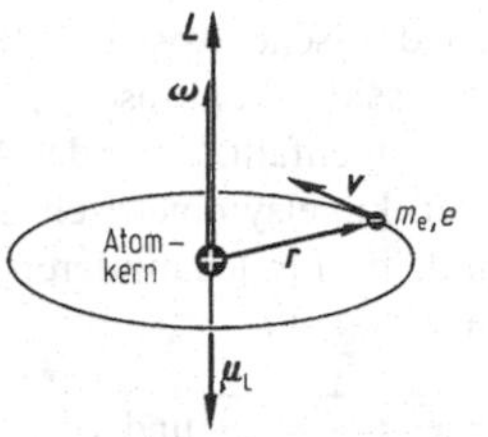


**Bild 13-19.** Drehimpuls und magnetisches Moment eines kreisenden Atomelektrons

Eigenschaften gemäß dem Rutherford-Bohr'schen Atommodell (siehe 16.1, Behandlung der Atomelektronen als Kreisstrom mit dem positiven Atomkern im Zentrum) anschaulich gemacht und teils richtig, teils nur qualitativ zutreffend berechnet werden.

Im Bohr'schen Bild ist der Bahnmagnetismus eines um den Atomkern kreisenden Elektrons leicht richtig zu berechnen (Bild 13-19).

In Bezug auf den Atomkern hat das kreisende Elektron einen Bahndrehimpuls (3-28)

$$\boldsymbol{L} = m_e \boldsymbol{r} \times \boldsymbol{v} = m_e \boldsymbol{\omega} r^2 \,. \qquad (13\text{-}52)$$

Das rotierende Elektron mit der Umlauffrequenz $\nu = \omega/2\pi$ stellt ferner einen Kreisstrom dar:

$$I = \frac{dQ}{dt} = -\nu e = -\frac{\omega e}{2\pi} \,. \qquad (13\text{-}53)$$

Nach (13-39) ist damit ein magnetisches Moment $\mu_L = IA$ verknüpft, für das sich mit (13-52) und (13-53) ergibt

$$\boldsymbol{\mu}_L = -\frac{e}{2m_e}\boldsymbol{L} \,. \qquad (13\text{-}54)$$

(Bei atomaren Teilchen werden magnetische Momente mit $\boldsymbol{\mu}$ anstatt mit $\boldsymbol{m}$ bezeichnet.) Dass atomare Drehimpulse mit magnetischen Momenten

$$\boldsymbol{\mu}_L = -\gamma \boldsymbol{L} \qquad (13\text{-}55)$$

verknüpft sind, wird als *magnetomechanischer Parallelismus* bezeichnet und wurde durch den *Einstein-de-Haas-Effekt* makroskopisch nachgewiesen. $\gamma$ heißt *gyromagnetisches Verhältnis* und hat demnach für den Bahnmagnetismus des Elektrons den Wert

$$\gamma = \frac{e}{2m_e} \,. \qquad (13\text{-}56)$$

Nach Bohr hat der Bahndrehimpuls für die Haupt-Quantenzahl $n = 1$ den Wert $L = \hbar$ (siehe 16.1.1; $\hbar = h/2\pi$ Drehimpulsquantum, $h$ Planck-Konstante). Damit folgt für das magnetische Moment der 1. Bohr'schen Bahn, das *Bohr-Magneton*:

$$\mu_B = \frac{e\hbar}{2m_e} = (9{,}27400899 \pm 37 \cdot 10^{-8}) \cdot 10^{-24}\,\text{J/T} \,. \qquad (13\text{-}57)$$

Neben dem Bahndrehimpuls und dem damit verbundenen magnetischen Moment besitzt das Elektron außerdem einen *Eigendrehimpuls* oder *Spin* $S$ vom Betrage $S = \hbar/2$. Auch der Spin ist mit einem magnetischen Moment verknüpft, dessen Betrag ebenfalls durch das Bohr'sche Magneton gegeben ist.

Je nach Aufbau der atomaren Elektronenhülle und der chemischen Bindungsstruktur in Molekülen und Festkörpern und der daraus resultierenden Gesamtwirkung der mit den Bahn- und Eigendrehimpulsen verknüpften magnetischen Momente ergeben sich unterschiedliche magnetische Eigenschaften, deren Grundzüge kurz besprochen werden sollen.

### Diamagnetismus

Die meisten anorganischen und fast alle organischen Verbindungen sind diamagnetisch, d. h., sie schwächen das äußere Feld: $\chi_m < 0$, $\mu_r < 1$. Ursache des Diamagnetismus sind die durch das Einschalten des äußeren Magnetfeldes in den Atomen (Molekülen, Ionen) des Stoffes induzierten magnetischen Momente. Diamagnetika sind daher magnetische Analoga zu den unpolaren Dielektrika (siehe 12.9, Verschiebungspolarisation).

Es werde zunächst eine einzelne Elektronenkreisbahn um den Atomkern betrachtet (z. B. die des $i$-ten Elektrons der Elektronenhülle), deren Flächennormalenvektor senkrecht zum äußeren Magnetfeld $\boldsymbol{H}$ stehen möge (Bild 13-20). Das magnetische Moment $\boldsymbol{\mu}_L$ erfährt dadurch nach (13-38) ein Drehmoment $\boldsymbol{M}_d = \boldsymbol{\mu}_L \times \boldsymbol{B}$. Wegen des nach (13-54) mit $\boldsymbol{\mu}_L$ gekoppelten Bahndrehimpulses $\boldsymbol{L}$ wirkt $\boldsymbol{M}_d$ auch auf $\boldsymbol{L}$ und erzeugt eine Kreiselpräzession mit der Präzessionskreisfrequenz $\omega_L = M_d/L$ (vgl. 7.4). Mit (13-54) folgt daraus die *Larmor-Frequenz*

$$\omega_L = \mu_0 \frac{e}{2m_e}\boldsymbol{H} = \frac{e}{2m_e}\boldsymbol{B} \,. \qquad (13\text{-}58)$$

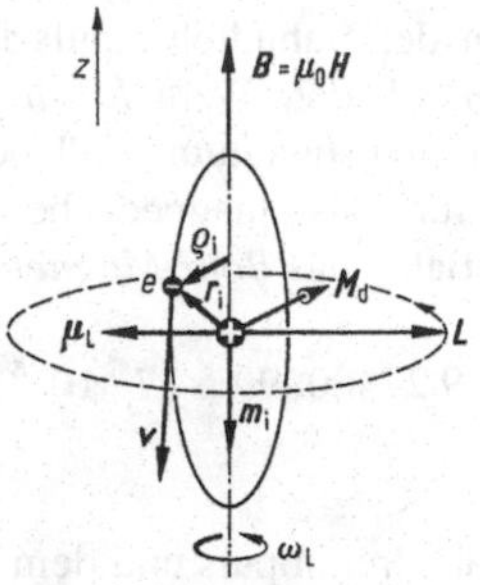


**Bild 13-20.** Präzessionswirkung eines äußeren Magnetfeldes auf atomare Elektronenbahnen

Die Präzession der Elektronenbahn mit der Frequenz $\nu_L$ um die Feldrichtung $\boldsymbol{B}$ bedeutet einen zusätzlichen Kreisstrom $I$ senkrecht zur Elektronenkreisbahn, für den sich mit (13-58) ergibt:

$$I = -\nu_L e = -\frac{e^2}{4\pi m_e} B \,. \qquad (13\text{-}59)$$

Daraus folgt ein durch das Einschalten des äußeren Feldes $\boldsymbol{B}$ induziertes magnetisches Moment, das sich nach (13-39) mit $A = \pi\bar{\varrho}_i^2$ berechnen lässt. Die Präzession ist langsam gegen die Umlaufzeit des Elektrons $i$ auf seiner Kreisbahn. Für die Fläche $A$ des Präzessionskreisstromes $I$ muss daher ein mittlerer Abstand $\bar{\varrho}_i$ von der Präzessionsdrehachse angesetzt werden. Mit $m = IA$ (13-39) und (13-59) folgt für das induzierte magnetische Moment des $i$-ten Elektrons

$$\boldsymbol{m}_i = -\frac{e^2\bar{\varrho}_i^2}{4m_e}\boldsymbol{B} \,, \qquad (13\text{-}60)$$

das dem äußeren Feld $\boldsymbol{B}$ entgegengerichtet ist, dieses also schwächt. Ein Atom der Ordnungszahl $Z$ (siehe 16.1) enthält $Z$ Elektronen in der Hülle. Bei Einschalten des Magnetfeldes liefert jedes Elektron einen Beitrag $\boldsymbol{m}_i$. Das gesamte induzierte magnetische Moment eines Atoms beträgt daher

$$\boldsymbol{m} = \sum_{i=1}^{Z} \boldsymbol{m}_i = -\frac{Ze^2\bar{\varrho}^2}{4m_e}\boldsymbol{B} \,, \qquad (13\text{-}61)$$

worin

$$\bar{\varrho}^2 \approx \overline{\varrho^2} = \overline{x^2} + \overline{y^2} \qquad (13\text{-}62)$$

der mittlere quadratische Abstand aller $Z$ Elektronen von der Präzessionsdrehachse ist, wenn diese mit der $z$-Achse zusammenfällt. Unter der Annahme, dass die $Z$ Elektronen kugelsymmetrisch um den Atomkern verteilt sind, gilt für den mittleren Kernabstand $\bar{r}$ der Elektronen

$$\frac{1}{3}\bar{r}^2 \approx \frac{1}{3}\overline{r^2} = \overline{x^2} = \overline{y^2} = \overline{z^2} \text{ und } \bar{\varrho}^2 \approx \frac{2}{3}\bar{r}^2 \,. \qquad (13\text{-}63)$$

Damit folgt für das *induzierte magnetische Moment eines Atoms* aus (13-61)

$$\boldsymbol{m} = -\frac{Ze^2\bar{r}^2}{6m_e}\boldsymbol{B} \,, \qquad (13\text{-}64)$$

und bei einer Atomzahldichte $n$ für die *Magnetisierung diamagnetischer Stoffe* (13-47)

$$\boldsymbol{M} = n\boldsymbol{m} = -n\frac{Ze^2\bar{r}^2}{6m_e}\mu_0\boldsymbol{H} = \chi_{\text{dia}}\boldsymbol{H} \,, \qquad (13\text{-}65)$$

die dem äußeren Magnetfeld proportional ist. Die *magnetische Suszeptibilität für Diamagnetika* beträgt daher

$$\chi_{\text{dia}} = -\mu_0\frac{Ze^2\bar{r}^2}{6m_e}n < 0 \qquad (13\text{-}66)$$

und ist <0, da alle Größen in (13-66) positiv sind. Diese diamagnetische Eigenschaft haben die Atome aller Substanzen. Die in (13-54) berechneten magnetischen Bahnmomente $\mu_L$ der einzelnen Elektronenbahnen spielen außer als Ursache der Präzession normalerweise keine Rolle, da sie sich in der Summe aller Elektronenbahnen meist gegenseitig kompensieren, wenn nicht bereits im Atom, dann im Molekül oder im Festkörper. Bei manchen Substanzen trifft dies jedoch nicht zu, dann wird der Diamagnetismus durch nichtkompensierte permanente magnetische Momente überdeckt, die vom Bahn- oder Spinmagnetismus herrühren: Paramagnetismus.

Der oben hergeleitete Diamagnetismus kann auch als Induktionseffekt (siehe 14.1) beim Einschalten des äußeren Magnetfeldes gedeutet werden. Die Durchrechnung liefert dasselbe Ergebnis (13-66).

Bei Metallen liefert das Elektronengas (vgl. 16.2) nach Landau einen zusätzlichen Beitrag zum Diamagnetismus (Landau-Diamagnetismus). Sowohl die diamagnetische Suszeptibilität $\chi_{\text{dia}}$ nach (13-66) als auch in guter Näherung der Landau-Diamagnetismus sind unabhängig von Feldstärke und Temperatur.

### Paramagnetismus

Sind permanente, nicht kompensierte magnetische Momente $\boldsymbol{m}$ vorhanden, z. B. durch nichtkompensierte Bahn- oder Spinmomente (nicht abgeschlossene Elektronenschalen, ungerade Elektronenzahlen), so zeigt sich ein magnetisches Verhalten analog zum elektrischen Verhalten eines Systems polarer Moleküle (vgl. 12.9, Orientierungspolarisation). Ohne äußeres Magnetfeld sind die Orientierungen der magnetischen Momente durch die thermische Bewegung statistisch gleichverteilt, sodass keine makroskopische Magnetisierung resultiert. Ein eingeschaltetes äußeres Feld sucht die Dipole aufgrund des dann wirkenden Drehmomentes (13-38) gegen die Temperaturbewegung in Feldrichtung auszurichten, es entsteht eine makroskopische Magnetisierung. Der Ausrichtungsgrad lässt sich wie bei der elektrischen Orientierungspolarisation aus der potenziellen Energie $E_p$ der Dipole im Magnetfeld (Tabelle 13-1) mithilfe des Boltzmann'schen e-Satzes (8-40) abschätzen. Wegen $E_p \ll kT$ ergibt sich analog zu (12-111) bis (12-116) für die paramagnetische Suszeptibilität das *Curie'sche Gesetz*

$$\chi_{\mathrm{para}} = \frac{C_{\mathrm{m}}}{T} \qquad (13\text{-}67)$$

und die Permeabilitätszahl

$$\mu_{\mathrm{r}} = 1 + \frac{C_{\mathrm{m}}}{T}$$

mit der Curie-Konstanten

$$C_{\mathrm{m}} = \mu_0 \frac{m^2}{3k} n \,. \qquad (13\text{-}68)$$

Für die paramagnetische Suszeptibilität gilt also die gleiche Temperaturabhängigkeit wie für die paraelektrische Suszeptibilität (12-116).

Zum Paramagnetismus tragen bei Metallen nach Pauli ferner die magnetischen Momente des Leitungselektronengases bei. Der Pauli-Paramagnetismus ist um einen Faktor 3 größer als der Landau-Diamagnetismus und wie dieser temperaturunabhängig.

### Magnetisch geordnete Zustände: Ferro-, Antiferro- und Ferrimagnetismus

Kristalline Substanzen, die permanente magnetische Momente enthalten, können unterhalb einer kritischen Temperatur in einen magnetisch geordneten Zustand, d. h. eine *spontane Magnetisierung* ohne äußeres Feld, übergehen. Ursache hierfür ist die gegenseitige Wechselwirkung zwischen den magnetischen Momenten der Atome bzw. zwischen den damit verknüpften Elektronenspins. Die Bahnmomente sowie die Momente des Atomkerns sind dagegen zu vernachlässigen. Die direkte magnetische Wechselwirkung zwischen den magnetischen Momenten ist vergleichsweise klein und führt nur bei sehr tiefen Temperaturen zu spontaner Magnetisierung. Bei Zimmertemperatur sind magnetisch geordnete Zustände nach Heisenberg auf die quantenmechanische Austauschwechselwirkung (aufgrund der Überlappung von Elektronenwellenfunktionen) zwischen den nicht abgesättigten Elektronenspins benachbarter Atome zurückzuführen, die zu Parallel- oder Antiparallelstellung der benachbarten Spins führt. Demzufolge treten folgende charakteristische Ordnungszustände der Spins auf (Bild 13-21):

- *Ferromagnetismus*: Parallele Ausrichtung aller Spins. Große Sättigungsmagnetisierung ohne äußeres Magnetfeld unterhalb der Curie-Temperatur $T_C$. Beispiele: Eisen, Nickel, Kobalt.
- *Antiferromagnetismus*: Antiparallele Ausrichtung benachbarter Spins unterhalb der Néel-Temperatur $T_N$ mit gegenseitiger Kompensation der magnetischen Momente. Trotz geordneten Zustands der Spins ist daher die Magnetisierung ohne äußeres Magnetfeld null. Beispiele: MnO, FeO, CoO, NiO.
- *Ferrimagnetismus*: Antiferromagnetische Ordnung, bei der sich die magnetischen Momente wegen unterschiedlicher Größe nur teilweise kompensieren. Unterhalb der Néel-Temperatur bleibt

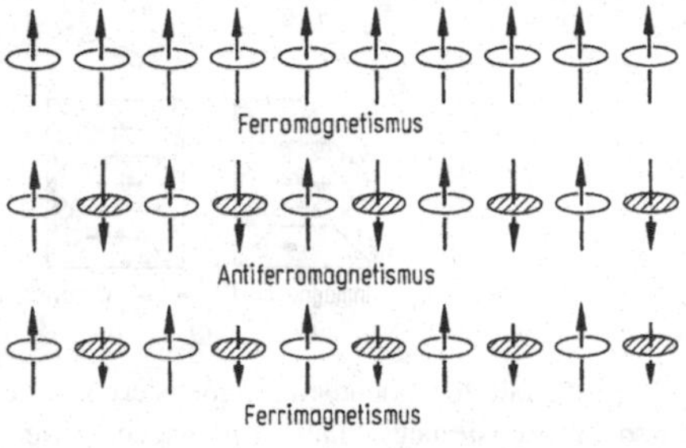


**Bild 13-21.** Ordnung der magnetischen Dipolmomente in ferro-, antiferro- und ferrimagnetischen Stoffen

daher ohne äußeres Feld eine endliche Sättigungsmagnetisierung übrig, die typischerweise kleiner ist als beim Ferromagnetismus. Beispiele sind die Ferrite der Zusammensetzung $MO \cdot Fe_2O_3$, wobei M z. B. für Mn, Co, Ni, Cu, Mg, Zn, Cd oder Fe (ergibt Magnetit $Fe_3O_4$) steht.

Die Eigenschaften der spontanen Magnetisierung seien anhand der Ferromagnetika betrachtet. Ein einheitlich bis zur Sättigung magnetisierter ferromagnetischer Kristall (alle Spinmomente parallel in eine Richtung ausgerichtet) würde ein großes magnetisches Moment und eine große magnetische Streufeldenergie im Außenraum besitzen. Ohne äußeres Feld zerfällt daher die Magnetisierung des Kristalls in eine energetisch günstigere Anordnung verschieden orientierter ferromagnetischer Domänen: *Weiss'sche Bezirke* (Bild 13-22, Abmessungen ca. $(1 \ldots 100\,\mu\mathrm{m})^3$), die in sich selbst bis zur Sättigung magnetisiert und so orientiert sind, dass der magnetische Fluss sich weitgehend innerhalb des Kristalls schließt (unmagnetisierter Zustand, Bild 13-22a). In wenig gestörten Einkristallen haben die Weiss'schen Bezirke eine geometrisch regelmäßige Form.
Die Magnetisierung der Domänen erfolgt in den sog. *leichten Kristallrichtungen.* Das sind z. B. im kubischen Eisenkristall die Würfelkanten. Die Sättigungsmagnetisierung lässt sich nur durch Anlegen eines starken äußeren Feldes aus den leichten Richtungen herausdrehen. In den Wänden zwischen verschieden orientierten Domänen springt die Spinrichtung nicht unstetig von der einen in die andere Orientierung, sondern ändert sich allmählich über einen Bereich von etwa 300 Gitterkonstanten: Bloch-Wände.

Die Bloch-Wände können durch das *Bitter-Verfahren* markiert werden: Bei Aufbringen kleiner ferromagnetischer Kristalle auf die polierte Oberfläche des Ferromagnetikums (z. B. durch Aufschlämmen aus kolloidaler Lösung, oder durch Aufdampfen von Eisen in einer Gasatmosphäre) sammeln diese sich durch Dipolkräfte im inhomogenen Streufeld der Grenzen zwischen den verschieden orientierten Weiss'schen Bezirken, d. h. an den Bloch-Wänden, und machen sie dadurch sichtbar. Zur Sichtbarmachung verschieden orientierter Weiss'scher Bezirke können magnetooptische Effekte ausgenutzt werden: Die Drehung der Polarisationsebene von Licht durch magnetisierte Stoffe (in Transmission: Faraday-Effekt; in Reflexion: magnetooptischer Kerr-Effekt).
Beim Magnetisieren des Materials durch ein äußeres Magnetfeld wird vom unmagnetisierten Zustand ausgehend zunächst die sog. „Neukurve" durchlaufen (Bild 13-23). Dabei wachsen die Domänen mit Komponenten in Feldrichtung auf Kosten der anderen durch Bloch-Wand-Verschiebungen (Bild 13-22b bis d). Die Bloch-Wände bleiben dabei teilweise an Kristallinhomogenitäten und Störstellen hängen und reißen sich erst nach weiterer Magnetfelderhöhung los (irreversible Wandverschiebungen). Ist durch Wandverschiebung keine weitere Magnetisierungserhöhung mehr zu erreichen (Bild 13-22d), so dreht das weiter steigende Magnetfeld die Spins aus leichten Kristallrichtungen heraus in die Feldrichtung (Bild 13-22e). Dabei können andere leichte Kristallrichtungen überstrichen werden, die wiederum plötzliche Magnetisierungsänderungen zur Folge haben (irreversible Drehprozesse). Schließlich stehen alle Spins parallel zum Magnetfeld, die Sättigungsmagne-

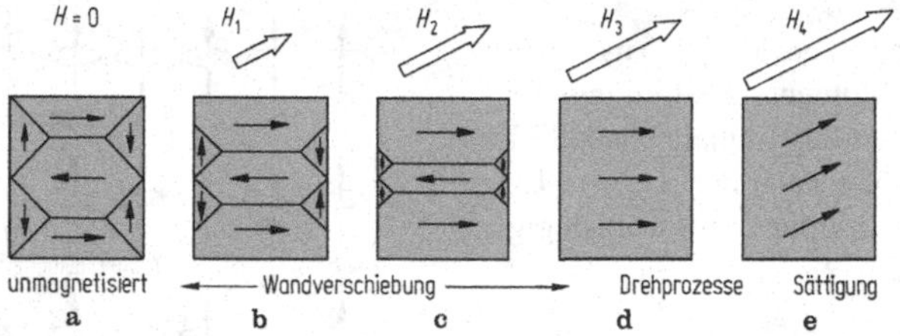


**Bild 13-22.** Zerfall der spontanen Magnetisierung eines wenig gestörten ferromagnetischen Einkristalls in Weiss'sche Bezirke und Magnetisierungsablauf: **a** unmagnetisierter Zustand. **b–d** Magnetisierung etwa in äußerer Feldrichtung durch Wachsen der richtig orientierten Bereiche (Wandverschiebung); **d** magnetischer Einbereich in leichter Kristallrichtung. Durch Drehprozesse Übergang zur Sättigungsmagnetisierung: **e** magnetischer Einbereich in Feldrichtung

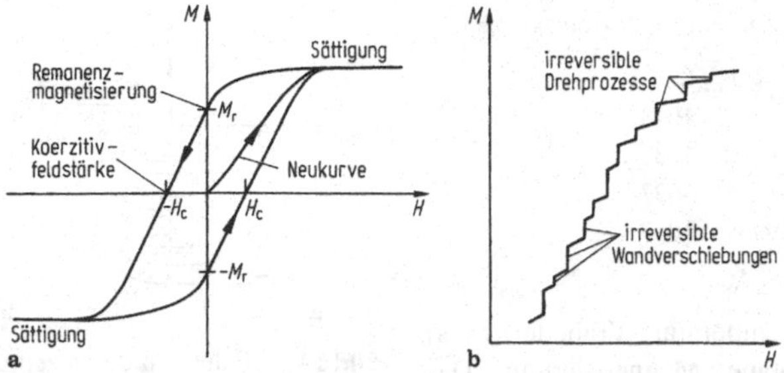


**Bild 13-23.** **a** Hysteresekurve eines Ferromagnetikums, **b** Teil der Magnetisierungskurve höher aufgelöst

tisierung in Feldrichtung ist erreicht (Bild 13-22e). Eine weitere Felderhöhung ändert die Magnetisierung nicht mehr. Die Magnetisierungskurve ist daher nicht stetig, sondern enthält eine Vielzahl von kleinen Sprüngen (Bild 13-23). Die damit verbundenen plötzlichen Magnetisierungsänderungen lassen sich mit einer Induktionsanordnung nachweisen: *Barkhausen-Sprünge.* Die äußere Feldstärke, die erforderlich ist, um die Magnetisierung eines Weiss'schen Bezirks in die äußere Feldrichtung zu schwenken, ist sehr viel kleiner als diejenige, die bei ungekoppelten Einzeldipolen zur völligen Ausrichtung gegen die Temperaturbewegung erforderlich ist. Ursache dafür – und damit für die große Permeabilitätszahl von Ferromagnetika, vgl. Tabelle 13-2 – ist das gegenüber dem Einzeldipol vielfach höhere magnetische Moment eines Weiss'schen Bezirks und das damit verbundene große Drehmoment im äußeren Feld.

Bei Reduzierung der äußeren Feldstärke bis auf Null verschwindet die Magnetisierung nicht vollständig, sondern es bleibt eine Restmagnetisierung bestehen, diese Erscheinung heißt Remanenz. Sie kann durch die Remanenzmagnetisierung $\boldsymbol{M}_\mathrm{r}$, ebenso gut auch durch die Remanenzinduktion $\boldsymbol{B}_\mathrm{r}$ oder die Remanenzpolarisation $\boldsymbol{J}_\mathrm{r}$ beschrieben werden, wobei gilt: $\boldsymbol{B}_\mathrm{r} = \boldsymbol{J}_\mathrm{r} = \mu_0 \boldsymbol{M}_\mathrm{r}$, siehe Bild 13-23a. Diese verschwindet erst bei Anlegen eines entgegengerichteten Feldes in Höhe der *Koerzitivfeldstärke* $-H_\mathrm{c}$. Bei weiterer Variation der äußeren Feldstärke kann die ganze Magnetisierungskurve durchfahren werden, deren beide Äste bei negativer bzw. bei positiver Feldänderung nicht identisch sind: *Hysterese.*

Die Magnetisierung bei einer bestimmten Feldstärke ist daher nicht eindeutig, sondern hängt von der Vorgeschichte ab: Gedächtnis-Effekt. Je nach Richtung der vorherigen Sättigungsmagnetisierung liegt bei $H = 0$ eine Remanenz $+M_\mathrm{r}$ oder $-M_\mathrm{r}$ vor: Prinzip der magnetischen Informationsspeicherung.

Für Permanentmagnete ist eine hohe Remanenz und eine hohe Koerzitivfeldstärke erwünscht (*hartmagnetische* Werkstoffe). Damit verbunden ist eine große Fläche der Hysteresekurve. Diese ist ein Maß für die Ummagnetisierungsverluste pro Volumeneinheit bei einem vollen Durchlauf. Bei Anwendungen mit ständig wechselndem Magnetfeld (Wechselstrom-Transformatoren, Generatoren, Motoren) sind deshalb *weichmagnetische* Werkstoffe mit niedriger Remanenz und geringer Koerzitivfeldstärke erforderlich.

Die spontane Magnetisierung hat bei $T = 0$ K ihren Höchstwert (Sättigungsmagnetisierung $M_\mathrm{s}$). Mit zunehmender Temperatur verringert die thermische Bewegung die Sättigungsmagnetisierung (Bild 13-24), insbesondere durch das Auftreten von *Spinwellen* im System der parallelen Spins.

Die Spinwellen sind – wie auch die elastischen Schwingungen des quantenmechanischen Oszillators (siehe 5.2.2) oder elastische Wellen im Festkörper – gequantelt, die Quanten heißen *Magnonen.*

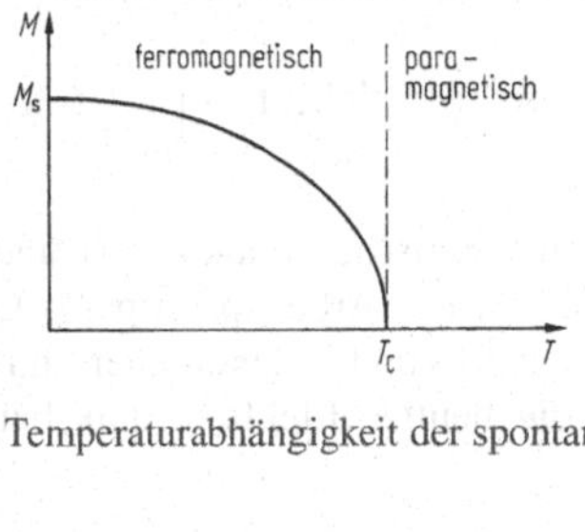


**Bild 13-24.** Temperaturabhängigkeit der spontanen Magnetisierung

Tabelle 13-3. Curie-Temperatur einiger Ferromagnetika

| Material | $\vartheta_C/°C$ | $T_C/K$ |
|---|---|---|
| Eisen | 770 | 1043 |
| Kobalt | 1115 | 1388 |
| Nickel | 354 | 627 |
| AlNiCo | 720...760 | 993...1033 |

Oberhalb der Curie-Temperatur (Tabelle 13-3) verschwindet die spontane Magnetisierung. Das Material verhält sich dann paramagnetisch mit einer Temperaturabhängigkeit der paramagnetischen Suszeptibilität, die dem Curie'schen Gesetz (13-67) entspricht, jedoch mit einer um $T_C$ verschobenen Temperaturabhängigkeit (*Curie-Weiss'sches Gesetz*):

$$\chi_m = \frac{C}{T - T_C} \quad \text{für} \quad T > T_C \, . \qquad (13\text{-}69)$$

# 14 Zeitveränderliche elektromagnetische Felder

Statische, d. h. zeitunabhängige, elektrische und magnetische Felder folgen teilweise sehr ähnlichen Gesetzen (vgl. 13 u. 14). Eine Verknüpfung beider Felder geschah bisher jedoch allein über das dem Ørsted-Versuch zugrunde liegende Phänomen der Erzeugung eines statischen Magnetfeldes durch einen stationären elektrischen Strom (13.1), das durch das Ampère'sche Gesetz (Durchflutungssatz (13-1) beschrieben wird. Ferner wirkt auf bewegte elektrische Ladungen und auf elektrische Ströme die magnetische Kraft (13-16) bzw. (13-35), die in 13.2 bereits als relativistische Ergänzung der elektrostatischen Kraft erkannt wurde. Der innere Zusammenhang beider Felder wird jedoch erst bei der Betrachtung zeitveränderlicher magnetischer und elektrischer Felder deutlich.

## 14.1 Zeitveränderliche magnetische Felder: Induktion

Die elektromagnetische Induktion (Faraday, 1831; Henry, 1832) ist das Arbeitsprinzip des Generators, des Transformators und vieler anderer Einrichtungen, auf denen die heutige Elektrotechnik beruht, siehe Kap. G.

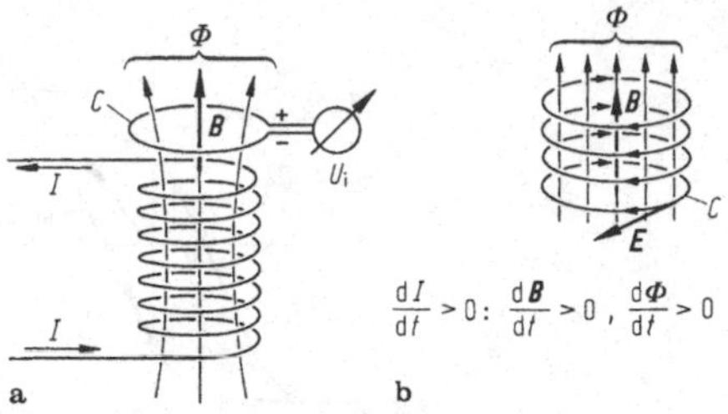


Bild 14-1. Induktion durch zeitliche Änderung des magnetischen Flusses

### Induktion durch zeitveränderliche Magnetfelder

Wird z. B. durch eine stromdurchflossene Spule (Bild 14-1) oder mittels eines Permanentmagneten ein magnetisches Feld erzeugt, das gleichzeitig mit einem Fluss $\Phi$ eine Leiterschleife durchsetzt, so wird mit einem an die Leiterschleife angeschlossenen Spannungsmessinstrument (z. B. Drehspulmessinstrument, siehe 13.3) dann eine induzierte Spannung beobachtet, wenn der durch die Leiterschleife gehende magnetische Fluss $\Phi$ sich zeitlich ändert, etwa durch Änderung des Stromes in der felderzeugenden Spule, oder durch Abstandsänderung des Permanentmagneten, oder durch Kippung des induzierenden Feldes gegen die Schleifenfläche: *Induktion*. Experimentell ergibt sich das *Induktionsgesetz*

$$u_i = -N\frac{d\Phi}{dt} \, , \qquad (14\text{-}1)$$

worin $N$ die Zahl der Windungen der Leiterschleife ist, in Bild 14-1a also $N = 1$. Das Minuszeichen kennzeichnet, dass die Richtung des induzierten elektrischen Feldes bzw. der induzierten Spannung sich aus der Feldänderungsrichtung entgegengesetzt dem Rechtsschraubensinn ergibt.
Ein zeitlich veränderliches Magnetfeld erzeugt also offenbar ein elektrisches Feld, das den magnetischen Fluss umschließt (Bild 14-1b). Es ist nicht an einen vorhandenen Leiter geknüpft, sondern auch im Vakuum vorhanden (wie z. B. die Anwendung zur Elektronenbeschleunigung im Betatron nachweist).

### Induktion in bewegten Leitern im Magnetfeld

In einem zeitlich konstanten Magnetfeld lassen sich induzierte Spannungen dadurch erzeugen, dass die

Leiterschleife oder Teile davon im Magnetfeld bewegt werden. In diesem Fall lässt sich die induzierte Spannung mithilfe der magnetischen Kraft auf die Leitungselektronen berechnen. Dazu werde die in Bild 14-2 dargestellte, besonders einfache Geometrie betrachtet, wobei nur das Leiterstück der Länge $\boldsymbol{l}$ senkrecht zum homogenen Magnetfeld $\boldsymbol{B}$ mit einer Geschwindigkeit $\boldsymbol{v}$ bewegt wird.

Auf die Elektronen im bewegten Leiter wirkt die magnetische Kraft (13-16). Das entspricht einer durch die Bewegung induzierten elektrischen Feldstärke

$$\boldsymbol{E}_\mathrm{i} = \frac{\boldsymbol{F}_\mathrm{m}}{-e} = \boldsymbol{v} \times \boldsymbol{B} \,. \tag{14-2}$$

Die im bewegten Leiterstück $\boldsymbol{l}$ induzierte Spannung $u_\mathrm{i} = \boldsymbol{E}_\mathrm{i} \cdot \boldsymbol{l}$ ist daher

$$u_\mathrm{i} = (\boldsymbol{v} \times \boldsymbol{B}) \cdot \boldsymbol{l} = Blv \,. \tag{14-3}$$

Dies ist die gesamte in der Leiterschleife induzierte Spannung, da die anderen Leiterschleifenteile ruhen. Auch bei dieser Induktionsanordnung ändert sich durch die Vergrößerung der Schleifenfläche $A$

$$\frac{\mathrm{d}A}{\mathrm{d}t} = \frac{l\mathrm{d}x}{\mathrm{d}t} = lv \tag{14-4}$$

der magnetische Fluss $\Phi = \boldsymbol{B} \cdot \boldsymbol{A} = BA$ in der Leiterschleife (Flächennormalenvektor $\boldsymbol{A} \| \boldsymbol{B}$), obwohl $\boldsymbol{B} = \mathrm{const}$ ist:

$$\frac{\mathrm{d}\Phi}{\mathrm{d}t} = \frac{\mathrm{d}(\boldsymbol{B} \cdot \boldsymbol{A})}{\mathrm{d}t} = B\frac{\mathrm{d}A}{\mathrm{d}t} = Blv \,. \tag{14-5}$$

Mit (14-3) ergibt sich daraus wiederum das Induktionsgesetz (14-1) für $N = 1$, wenn mit einem negativen Vorzeichen der in Bild 14-2 eingezeichnete Richtungssinn für $u_\mathrm{i}$ im Hinblick auf die positive Flussänderung und den Rechtsschraubensinn berücksichtigt wird:

$$u_\mathrm{i} = -\frac{\mathrm{d}\Phi}{\mathrm{d}t} \,. \tag{14-6}$$

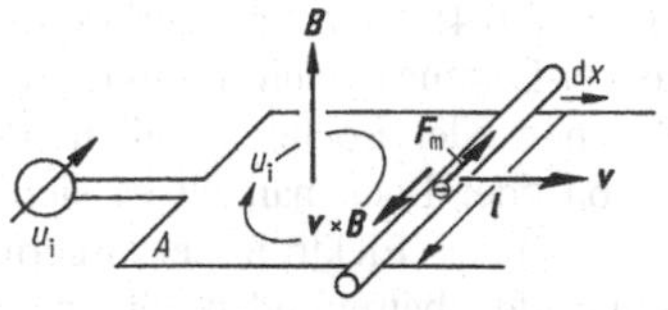


**Bild 14-2.** Induktion in einem bewegten Leiter im Magnetfeld

Dieser Zusammenhang gilt also offenbar unabhängig davon, auf welche Weise der magnetische Fluss in der Leiterschleife geändert wird, ob durch Änderung des Magnetfeldes $\boldsymbol{B}$ bei stationärer Leiterschleife, oder durch Änderung der Schleifenfläche $\boldsymbol{A}$ bei konstantem Magnetfeld. Im ersten Fall werden die Elektronen im Leiter durch die induzierte elektrische Kraft $-e\boldsymbol{E}$, im zweiten Fall durch die geschwindigkeitsinduzierte magnetische Kraft $-e\boldsymbol{v} \times \boldsymbol{B}$ in Bewegung gesetzt. Auch hierdurch wird deutlich, dass die Kraft auf Ladungen $q$ in voller Allgemeinheit durch die Lorentz-Kraft (13–18)

$$\boldsymbol{F} = q(\boldsymbol{E} + \boldsymbol{v} \times \boldsymbol{B}) \tag{14-7}$$

gegeben ist. Wählen wir die Schleifenkurve $C$ als Integrationsweg (Bild 14-1), so folgt aus (14-6) mit

$$u_\mathrm{i} = \oint_C \boldsymbol{E} \cdot \mathrm{d}\boldsymbol{s} \tag{14-8}$$

und mit der Definition (13-14) des magnetischen Flusses für eine beliebige, von $C$ berandete Fläche $A$ die allgemeinere Formulierung des *Induktionsgesetzes (Faraday-Henry-Gesetzes)*:

$$\oint_C \boldsymbol{E} \cdot \mathrm{d}\boldsymbol{s} = -\frac{\mathrm{d}}{\mathrm{d}t}\int_A \boldsymbol{B} \cdot \mathrm{d}\boldsymbol{A} \tag{14-9}$$

Dies ist die allgemein gültige Form einer der beiden Feldgleichungen des elektrischen Feldes, die sich vom elektrostatischen Fall (12-35) dadurch unterscheidet, dass die rechte Seite nicht verschwindet.

### Weitere Induktionseffekte

Ist das die Leiterschleife mit dem Flächennormalenvektor $\boldsymbol{A}$ durchsetzende Magnetfeld $\boldsymbol{B}$ homogen, so lässt sich (14-1) mit $\Phi = \boldsymbol{B} \cdot \boldsymbol{A}$ auch schreiben

$$u_\mathrm{i} = -N\frac{\mathrm{d}(\boldsymbol{B} \cdot \boldsymbol{A})}{\mathrm{d}t} \,. \tag{14-10}$$

Wird eine Leiterschleife gemäß Bild 13-15 mit einer Winkelgeschwindigkeit $\omega = \vartheta/t$ im homogenen Magnetfeld gedreht, so wird darin nach (14-10) eine Spannung

$$u_\mathrm{i} = -N\frac{\mathrm{d}(BA\cos\vartheta)}{\mathrm{d}t} = NAB\omega\sin\omega t = \hat{u}\sin\omega t \tag{14-11}$$

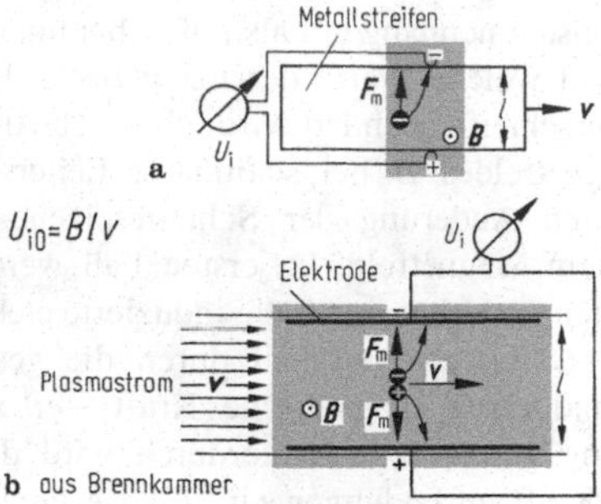


**Bild 14-3.** a Induktion in einem ausgedehnten bewegten Leiter und b Prinzip des magnetohydrodynamischen Generators

erzeugt: Prinzip des Wechselstromgenerators. Die Spannung ändert mit $t$ periodisch ihr Vorzeichen, d. h. ihre Richtung: *Wechselspannung*. Der Maximalwert (Amplitude) ist $\hat{u} = NAB\omega$.

Der bewegte Leiter im Induktionsversuch Bild 14-2 muss nicht die Form eines Drahtes haben: Ein bewegter Metallstreifen zwischen Schleifkontakten (Bild 14-3a) zeigt aufgrund der auftretenden magnetischen Kraft den gleichen Induktionseffekt. Benutzt man anstelle des Metallstreifens einen ionisierten Gasstrom (Plasma; Bild 14-3b), so erhält man das Grundprinzip des *magnetohydrodynamischen Generators* (sog. MHD-Generator), dessen prinzipieller Vorteil darin besteht, keine bewegten Bauteile zu besitzen. Das Plasma wird in einer Brennkammer erzeugt. Da beim MHD-Generator die Umwandlung von thermischer in elektrische Energie direkt erfolgt, kommt der Wirkungsgrad näher an den thermodynamischen Wirkungsgrad (8-100) heran als bei herkömmlichen Verfahren der Energiewandlung. Die induzierte Spannung $U_{i0}$ (im Leerlauf) ergibt sich aus (14-3).

## Hall-Effekt

Wird die Bewegung von Ladungsträgern in einem Magnetfeld $\boldsymbol{B}$ nicht durch die Bewegung eines Leiters infolge einer äußeren Kraft erzwungen, sondern durch einen elektrischen Strom in einem ruhenden Leiter, so wirkt auch in diesem Falle die magnetische Kraft (13-16) senkrecht zur Ladungsträgergeschwindigkeit $\boldsymbol{v}_{dr}$ und zu $\boldsymbol{B}$. Im Falle eines metallischen Bandleiters werden die Leitungselektronen seitlich

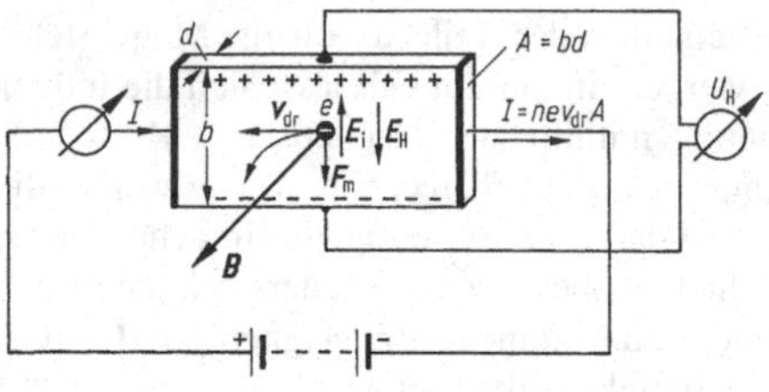


**Bild 14-4.** Hall-Effekt an einem Bandleiter im Magnetfeld

abgedrängt (Bild 14-4), sodass eine Seite des Leiters einen Elektronenüberschuss, also eine negative Ladung erhält, während die gegenüberliegende Seite infolge Elektronendefizits eine positive Ladung durch die ortsfesten Gitterionen erhält. Der Wirkung der magnetischen Kraft

$$\boldsymbol{F}_m = -e(\boldsymbol{v}_{dr} \times \boldsymbol{B}) = -e\boldsymbol{E}_i \qquad (14\text{-}12)$$

entspricht eine induzierte Feldstärke

$$\boldsymbol{E}_i = \boldsymbol{v}_{dr} \times \boldsymbol{B} = -\boldsymbol{E}_H\,. \qquad (14\text{-}13)$$

Die dadurch bewirkte Ladungstrennung erzeugt eine entgegengerichtete Coulomb-Feldstärke, die Hall-Feldstärke $\boldsymbol{E}_H$. Mithilfe des Zusammenhangs (12-59) zwischen Stromstärke $I$ und Driftgeschwindigkeit $v_{dr}$ folgt daraus ($\boldsymbol{B}$ senkrecht zum Bandleiter)

$$E_H = -\frac{IB}{nebd} = \frac{U_H}{b}\,, \qquad (14\text{-}14)$$

($b$, $d$ Breite und Dicke des Bandleiters, Bild 14-4) und für die *Hall-Spannung*

$$U_H = A_H \frac{IB}{d} \qquad (14\text{-}15)$$

mit dem *Hall-Koeffizienten für Elektronenleitung*

$$A_H = -\frac{1}{ne}\,. \qquad (14\text{-}16)$$

In Halbleitern (16.4) ist neben der Leitung durch Elektronen (N-Leitung) auch Leitung durch sog. Defektelektronen oder Löcher möglich. Bei einem Defektelektron oder Loch handelt es sich um eine durch ein fehlendes Elektron hervorgerufene positive Ladung des betreffenden Gitterions. Diese positive Ladung ist durch Platzwechsel benachbarter Elektronen in das Loch beweglich, verhält sich also wie ein realer, beweglicher positiver Ladungsträger: P-Leitung. Bei reiner P-Leitung (Löcherkonzentration $p$) kehrt sich das Vorzeichen des *Hall-Koeffizienten für Löcherleitung* (14-16) um:

$$A_{\mathrm{H}} = \frac{1}{pe} \qquad (14\text{-}17)$$

und damit auch das Vorzeichen der Hall-Spannung. Aus Vorzeichen und Betrag der experimentell gewonnenen Hall-Koeffizienten eines Halbleiters lässt sich daher die Art und die Konzentration der vorhandenen Ladungsträger bestimmen, eine wichtige Messmethode zur Bestimmung von Halbleitereigenschaften.
Bei gemischter Leitung (Elektronen und Löcher) erhält man

$$A_{\mathrm{H}} = \frac{1}{e(p-n)} \,. \qquad (14\text{-}18)$$

*Anmerkung*: Die Ausdrücke für den Hall-Koeffizienten (14-16) bis (14-18) gelten korrekt nur bei starkem Magnetfeld $\boldsymbol{B}$ (bzw. $\mu_{\mathrm{e}} B \gg 1$; $\mu_{\mathrm{e}}$ Beweglichkeit, siehe 15.1). Bei schwachen Magnetfeldern $\mu_{\mathrm{e}} B \ll 1$ muss die Streuung der Ladungsträger an Kristallfehlern berücksichtigt werden, was zu leicht veränderten Formeln für den Hall-Koeffizienten führt.
Bei bekanntem Hall-Koeffizienten $A_{\mathrm{H}}$, Dicke $d$ des Bandleiters und Stromstärke $I$ kann aus der Messung der Hall-Spannung $U_{\mathrm{H}}$ nach (14-15) die magnetische Flussdichte $B$ bestimmt werden: Prinzip der *Hall-Generatoren* bzw. *Hall-Sonden* zur Ausmessung von Magnetfeldern. Wegen des größeren Hall-Effekts werden Hall-Sonden aus Halbleitern hergestellt: ihre gegenüber Metallen niedrigere Ladungsträgerkonzentration (vgl. 16.4) hat nach (14-16) und (14-17) einen größeren Hall-Koeffizienten zur Folge.

### Lenz'sche Regel

Die Bedeutung des negativen Vorzeichens im Induktionsgesetz (14-1) bzw. (14-6) manifestiert sich in der Lenz'schen Regel:

> Induzierte Ströme sind stets so gerichtet, dass der Vorgang, durch den sie erzeugt werden, gehemmt wird.

*Beispiele* für die Anwendung der Lenz'schen Regel: Wird in der Anordnung Bild 14-2 das Messgerät für die induzierte Spannung durch einen Belastungswiderstand $R$ ersetzt, sodass ein Strom $I = U_{\mathrm{i}}/R$ fließt (Bild 14-5), so erfährt der mit $\boldsymbol{v}$ bewegte Leiter nach (13-35) eine hemmende Kraft

$$\boldsymbol{F} = I(\boldsymbol{l} \times \boldsymbol{B}) \parallel -\boldsymbol{v} \,, \qquad (14\text{-}19)$$

deren Betrag sich mit (14-3) zu

$$F = IlB = \frac{B^2 l^2}{R} v \qquad (14\text{-}20)$$

ergibt. Es tritt also eine die Bewegung hemmende Kraft auf, die der Geschwindigkeit des Leiters proportional ist.
Wird statt des Leiters ein leitendes Blech durch ein Magnetfeld bewegt (Bild 3-5), so führt die induzierte Spannung zu Strömen, die sich innerhalb des Bleches schließen: *Wirbelströme*. Auch diese erzeugen eine bremsende Kraft (*Wirbelstrombremsung*):

$$\boldsymbol{F}_{\mathrm{R}} \sim -B^2 \boldsymbol{v} \,. \qquad (14\text{-}21)$$

Die Lenz'sche Regel kann für diese Fälle so formuliert werden: Induzierte Ströme suchen die sie erzeugende Bewegung zu hemmen.
Die Wirbelstrombremsung wird technisch angewandt. Dort, wo der Effekt störend ist, muss die Wirbelstrombildung innerhalb des Leiters durch Einschnitte oder Isolierschichten, die den Stromfluss verhindern, vermieden werden (Demonstrationsbeispiel: Waltenhofen'sches Pendel).
Wirbelströme treten auch auf, wenn der leitende Körper ruht und das Magnetfeld dagegen bewegt wird. Es kommt nur auf die Relativbewegung an. In diesem Falle bewirken die Wirbelströme eine mitnehmende Kraft auf den Leiter, die die Relativgeschwindigkeit zwischen Leiter und Magnetfeld zu verringern

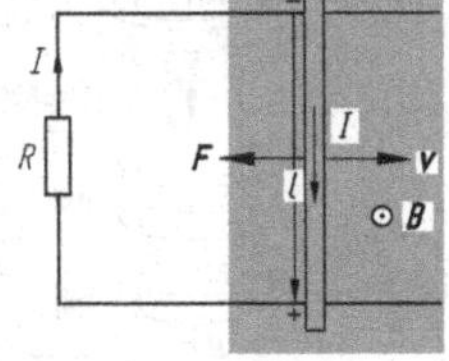


**Bild 14-5.** Zur Lenz'schen Regel: Hemmende Kraft durch induzierte Ströme bei Bewegung eines Leiters im Magnetfeld

sucht (Demonstrationsbeispiel: Arago-Rad). Anwendung z. B. Wirbelstromtachometer, Drehstrommotor.

Die in einer geschlossenen Leiterschleife oder in einem flächenhaft ausgedehnten Leiter (Blech) durch ein sich zeitlich änderndes Magnetfeld induzierten Ströme bzw. Wirbelströme sind ebenfalls so gerichtet, dass ihr Magnetfeld die Änderung des induzierenden Magnetfeldes zu verringern sucht: Steigt das induzierende Magnetfeld an, so ist das induzierte Magnetfeld entgegengesetzt gerichtet. Sinkt das induzierende Magnetfeld, so ist das induzierte Magnetfeld gleichgerichtet (Bild 14-6).

Für solche Fälle kann die Lenz'sche Regel so formuliert werden: Induzierte Ströme suchen durch ihr Magnetfeld die Änderung des bestehenden Magnetfeldes zu hemmen.

Demonstrationsbeispiel: Versuch von Elihu Thomson (Bild 14-7). Bei Einschalten des Stromes $I$ und damit des von 0 ansteigenden Magnetfeldes $\boldsymbol{B}$ werden in dem Aluminiumring Ströme $I_i$ so induziert, dass ihr Magnetfeld $\boldsymbol{B}_i$ dem ansteigenden Feld $\boldsymbol{B}$ entgegengerichtet ist. Als Folge treten Kräfte $\boldsymbol{F}_i$ auf, die den Ring nach oben beschleunigen.

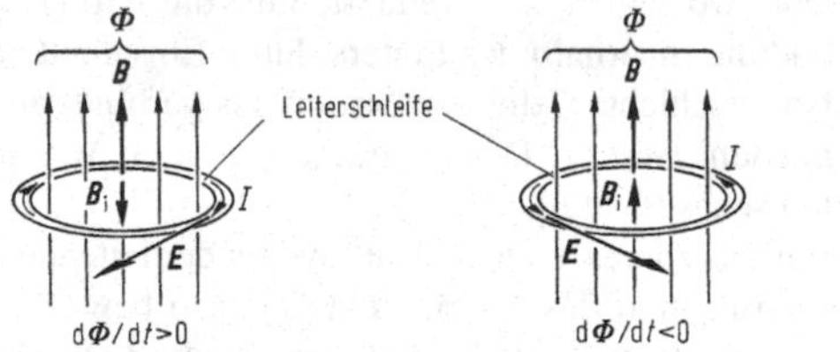


**Bild 14-6.** Zur Lenz'schen Regel: Feldänderungshemmende Wirkung induzierter Ströme

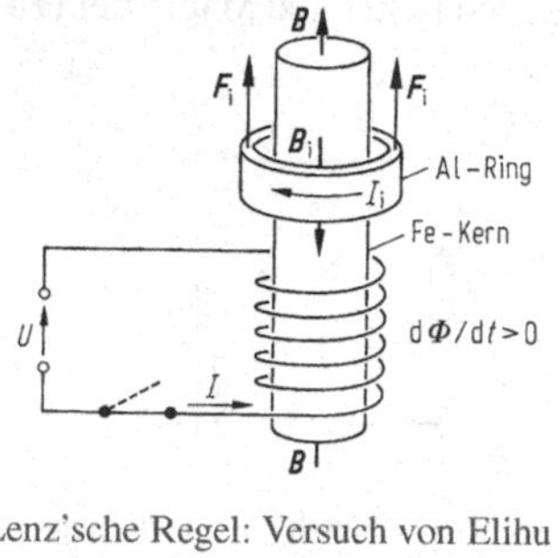


**Bild 14-7.** Lenz'sche Regel: Versuch von Elihu Thomson

Der Effekt tritt in entsprechender Weise auch bei Wechselstrom auf, siehe 15.3.2 Transformator.

## 14.2 Selbstinduktion

Ein zeitlich veränderlicher Strom $i$ in einer Leiterschleife oder einer Spule erzeugt ein zeitlich veränderliches Magnetfeld. Nach dem Induktionsgesetz (14-1) bzw. (14-6) hat das veränderliche Magnetfeld auch an der felderzeugenden Schleife oder Spule selbst eine induzierte Spannung $u_i$ zur Folge: Selbstinduktion. Die induzierte Spannung $u_i$ wirkt derart auf den zeitveränderlichen Strom $i$ zurück, dass der ursprünglichen Strom- und Feldänderung entgegengewirkt wird (Lenz'sche Regel, siehe 14.1). Die Spule zeigt daher ein ähnlich träges Verhalten wie die Masse in der Mechanik.

*Beispiel:* Lange *Zylinderspule* im Vakuum oder in Luft. Aus (13-9) und (13-5) folgt für den magnetischen Fluss in der Spule der Länge $l$

$$\Phi = \mu_0 \frac{NA}{l} i \,. \qquad (14\text{-}22)$$

Mit dem Induktionsgesetz (14-1) folgt daraus die durch Selbstinduktion entstehende Spannung in der Spule

$$u_i = -N\frac{\mathrm{d}\Phi}{\mathrm{d}t} = -\mu_0 \frac{N^2 A}{l} \cdot \frac{\mathrm{d}i}{\mathrm{d}t} \,. \qquad (14\text{-}23)$$

Die Spulenwerte werden zu einer Spuleneigenschaft, der Selbstinduktivität oder kurz Induktivität $L$, zusammengefasst, womit sich die für beliebige Spulen geltende Beziehung

$$u_i = -L\frac{\mathrm{d}i}{\mathrm{d}t} \qquad (14\text{-}24)$$

ergibt.

Für eine lange Zylinderspule ergibt sich durch Vergleich von (14-23) und (14-24) die *Induktivität*

$$L = \mu_0 \frac{N^2 A}{l} \,. \qquad (14\text{-}25)$$

Allgemein beträgt die Induktivität einer Spule mit $N$ Windungen nach (14-23) und (14-24)

$$L = N\frac{\Phi}{I} = \frac{N}{I}\int_A \boldsymbol{B} \cdot \mathrm{d}\boldsymbol{A} \,. \qquad (14\text{-}26)$$

SI-Einheit: $[L] = \mathrm{V \cdot s/A = Wb/A = H}$ (Henry) .

Umfassen die verschiedenen Windungen einer Spule unterschiedliche Teilflüsse, so ist nach (G 13-5) und (G 13-6) zu verfahren. Zur Berechnung der Induktivität anderer Spulengeometrien vgl. G 13.3.3.

Das Selbstinduktionsgesetz (14-24) zeigt, dass die induzierte Spannung der Stromänderungsgeschwindigkeit $\mathrm{d}i/\mathrm{d}t$ proportional ist. Wird insbesondere ein Spulenstrom $i$ ausgeschaltet, d. h. ein sehr schneller Stromabfall erzwungen, so kann bei großen Induktivitäten eine sehr hohe Induktionsspannung entstehen, die zu Überschlägen und zur Zerstörung der Spule führen kann. Hier ist durch Einschaltung von Vorwiderständen für ein kleines $\mathrm{d}i/\mathrm{d}t$ zu sorgen. Zu Ein- und Ausschaltvorgängen vgl. G 18.1.

## 14.3 Energieinhalt des Magnetfeldes

Um das Magnetfeld einer Spule (Bild 14-8) aufzubauen, muss der Spulenstrom $i$ von 0 auf den Endwert $I$ gebracht werden. Der Strom $i$ muss dabei durch eine äußere Spannung $u$ gegen die selbstinduzierte Spannung $u_\mathrm{i}$ (14-24) getrieben werden (Lenz'sche Regel):

$$u = -u_\mathrm{i} = L\frac{\mathrm{d}i}{\mathrm{d}t}\,. \qquad (14\text{-}27)$$

Die in der Zeit $\mathrm{d}t$ dafür aufzubringende Arbeit $\mathrm{d}W$ beträgt nach (12-66) damit

$$\mathrm{d}W = ui\,\mathrm{d}t = Li\,\mathrm{d}i\,. \qquad (14\text{-}28)$$

Die Gesamtarbeit $W$ ist nach dem Energiesatz gleich der im Magnetfeld gespeicherten Energie $E_\mathrm{L}$. Sie ergibt sich aus (14-28) durch Integration für $i$ von 0 bis $I$ zu

$$E_\mathrm{L} = \frac{1}{2}LI^2\,, \qquad (14\text{-}29)$$

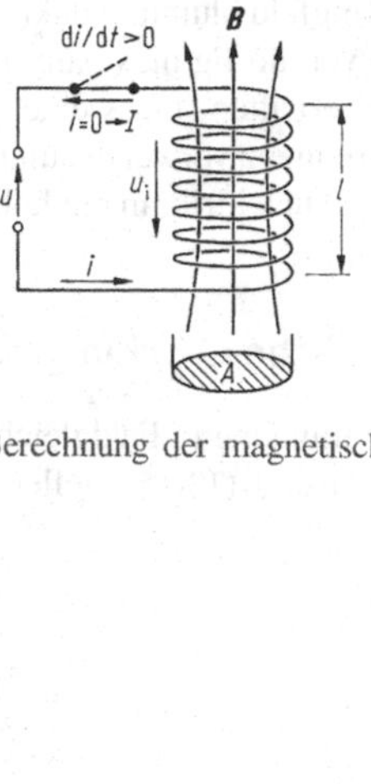


**Bild 14-8.** Zur Berechnung der magnetischen Feldenergie einer Spule

vgl. G 13.3.4.

Bei einer langen Zylinderspule ist das Außenfeld gegenüber dem Feld im Inneren der Spule näherungsweise vernachlässigbar. Für diesen Fall lässt sich die *Energiedichte des magnetischen Feldes* $w_\mathrm{m} = E_\mathrm{L}/V$ der Spule leicht aus (14-29) und dem Spulenvolumen $V = lA$ mithilfe der Feldstärke (13-5) und der Induktivität (14-25) der Zylinderspule berechnen zu

$$w_\mathrm{m} = \frac{1}{2}\mu H^2 = \frac{1}{2}\boldsymbol{B}\cdot\boldsymbol{H}\,. \qquad (14\text{-}30)$$

Diese Beziehung ist nicht auf das Spulenfeld beschränkt, sondern allgemein für alle magnetischen Felder gültig (vgl. G 13-2).

## 14.4 Wirkung zeitveränderlicher elektrischer Felder

Ein zeitveränderliches magnetisches Feld $\boldsymbol{B}$ bzw. ein zeitveränderlicher magnetischer Fluss $\Phi$ erzeugt eine elektrische Umlaufspannung $U = \oint_C \boldsymbol{E}\cdot\mathrm{d}\boldsymbol{s}$ (Bilder 14-1 und 14-6), die durch das *Induktionsgesetz* oder das *Faraday-Henry-Gesetz* (14-6) bzw. (14-9) beschrieben wird:

$$\oint_C \boldsymbol{E}\cdot\mathrm{d}\boldsymbol{s} = -\frac{\mathrm{d}}{\mathrm{d}t}\int_A \boldsymbol{B}\cdot\mathrm{d}\boldsymbol{A} = -\frac{\mathrm{d}\Phi}{\mathrm{d}t}\,. \qquad (14\text{-}31)$$

Maxwell erkannte 1864, dass der *Durchflutungssatz* oder das *Ampère'sche Gesetz* (13-1)

$$\oint_C \boldsymbol{H}\cdot\mathrm{d}\boldsymbol{s} = \int_A \boldsymbol{j}\cdot\mathrm{d}\boldsymbol{A} = \Theta = i_\mathrm{L} \qquad (14\text{-}32)$$

durch einen Term zu ergänzen ist, der eine Analogie zum Induktionsgesetz darstellt. Damit lautet das *Ampère-Maxwell'sche Gesetz:*

$$\oint_C \boldsymbol{H}\cdot\mathrm{d}\boldsymbol{s} = \int_A \boldsymbol{j}\cdot\mathrm{d}\boldsymbol{A} + \frac{\mathrm{d}}{\mathrm{d}t}\int_A \boldsymbol{D}\cdot\mathrm{d}\boldsymbol{A}\,. \qquad (14\text{-}33)$$

Der zweite Term der rechten Seite von (14-33) heißt Maxwell'sche Ergänzung. In einem elektrisch nicht leitenden Gebiet, in dem keine freien elektrischen Ladungen und damit kein Leitungsstrom $i_\mathrm{L}$ vorhanden sind, also die Stromdichte $\boldsymbol{j} = 0$ ist, wird die Analogie zum Induktionsgesetz (14-31) vollständig:

$$\oint_C \boldsymbol{H}\cdot\mathrm{d}\boldsymbol{s} = \frac{\mathrm{d}}{\mathrm{d}t}\int_A \boldsymbol{D}\cdot\mathrm{d}\boldsymbol{A} = \frac{\mathrm{d}\Psi}{\mathrm{d}t} = i_\mathrm{V} \quad (\text{für} \quad \boldsymbol{j} = 0)\,. \qquad (14\text{-}34)$$

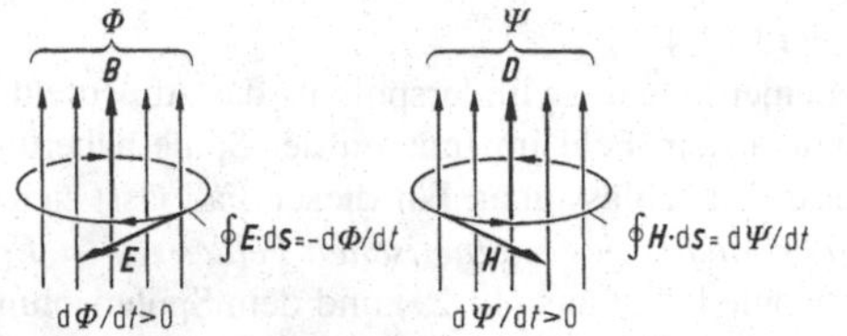


**Bild 14-9.** Elektrische und magnetische Umlaufspannung bei zeitveränderlichen magnetischen und elektrischen Feldern

Diese Gleichung sagt aus, dass ein zeitveränderliches elektrisches Feld $\boldsymbol{E}$ bzw. ein zeitveränderlicher elektrischer Fluss $\Psi$ eine magnetische Umlaufspannung $\oint \boldsymbol{H} \cdot \mathrm{d}\boldsymbol{s}$ erzeugt (Bild 14-9), sich also genauso wie ein Leitungsstrom $i_\mathrm{L} = \int \boldsymbol{j} \cdot \mathrm{d}\boldsymbol{A}$ verhält, vgl. (14-32). Der zeitliche Differenzialquotient des elektrischen Flusses bzw. der dielektrischen Verschiebung $\Psi$ (siehe 12.2 und 12.9) wird daher Verschiebungsstrom $i_\mathrm{V}$ genannt. Zeitveränderliche elektrische und magnetische Felder verhalten sich also ganz entsprechend (Bild 14-9).

Der Ausdruck für die Maxwell'sche Ergänzung lässt sich plausibel machen durch die Betrachtung des Aufladevorganges eines Plattenkondensators (Bild 14-10). Der Ladestrom $i$ bewirkt einen Anstieg der elektrischen Feldstärke $\boldsymbol{E}$ im Kondensator und

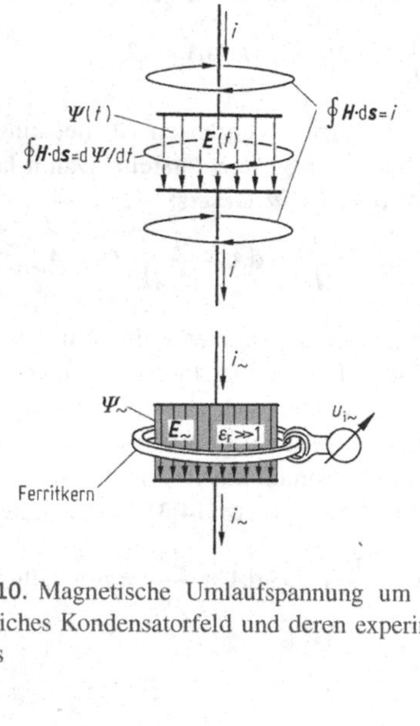


**Bild 14-10.** Magnetische Umlaufspannung um ein zeitveränderliches Kondensatorfeld und deren experimenteller Nachweis

damit eine zeitliche Änderung $\mathrm{d}\Psi/\mathrm{d}t$ des elektrischen Flusses $\Psi$. Aus der Definition der Kapazität $C = Q/U$ gemäß (12-75) folgt durch zeitliche Differenziation unter Berücksichtigung der Stromdefinition (12-56)

$$\frac{\mathrm{d}Q}{\mathrm{d}t} = i = C\frac{\mathrm{d}u}{\mathrm{d}t}\,. \tag{14-35}$$

Daraus ergibt sich mit der Feldstärke (12-41) und der Kapazität (12-78) des Plattenkondensators folgender Zusammenhang zwischen Ladestrom $i$ und zeitlicher Änderung des elektrischen Flusses im Kondensator:

$$i = \varepsilon A\frac{\mathrm{d}E}{\mathrm{d}t} = \frac{\mathrm{d}}{\mathrm{d}t}(AD) = \frac{\mathrm{d}\Psi}{\mathrm{d}t}\,. \tag{14-36}$$

$i$ und $\mathrm{d}\Psi/\mathrm{d}t$ sind also korrespondierende Größen. Da $\mathrm{d}\Psi/\mathrm{d}t$ gewissermaßen die Fortsetzung des Ladestroms $i$ innerhalb des Kondensators darstellt (Bild 14-10 oben), ist es aus Kontinuitätsgründen plausibel anzunehmen, dass die nach dem Durchflutungssatz (14-32) um den Ladestrom $i$ bestehende magnetische Umlaufspannung $\oint \boldsymbol{H} \cdot \mathrm{d}\boldsymbol{s}$ sich auch im Bereich des sich zeitlich ändernden elektrischen Flusses im Kondensator fortsetzt, d. h., dass dort

$$\oint_s \boldsymbol{H} \cdot \mathrm{d}\boldsymbol{s} = \frac{\mathrm{d}\Psi}{\mathrm{d}t} \tag{14-37}$$

ist, entsprechend der Maxwell'schen Ergänzung (14-34).

Zum experimentellen Nachweis einer magnetischen Umlaufspannung um ein zeitveränderliches Kondensatorfeld lässt man dieses sich zeitlich periodisch ändern, indem als Ladestrom ein Wechselstrom (15.3) verwendet wird. Dann ist auch die entstehende magnetische Umlaufspannung zeitlich periodisch veränderlich. Mithilfe einer das Kondensatorfeld umschließenden Ringspule oder einem Ferritring mit Spule (Bild 14-10 unten) lässt sich dann das mit der magnetischen Umlaufspannung verknüpfte zeitperiodische magnetische Ringfeld durch Induktion nachweisen. Um dabei eine vernünftig messbare Induktionswechselspannung zu erhalten, muss eine möglichst hohe Wechselstromfrequenz verwendet und das Kondensatorfeld durch ein Dielektrikum mit hohem $\varepsilon_\mathrm{r}$ verstärkt werden.

## 14.5 Maxwell'sche Gleichungen

Die bisher gefundenen Feldgleichungen (14-9), (14-33), (12-104) und (13-15) stellen das Axiomensystem der phänomenologischen Elektrodynamik in integraler Form dar. Da in diesen vier Gleichungen fünf vektorielle Größen $(\boldsymbol{E}, \boldsymbol{H}, \boldsymbol{D}, \boldsymbol{B}, \boldsymbol{j})$ und eine skalare Größe $(q)$ als Unbekannte auftreten, werden zur Lösbarkeit des Gleichungssystems noch die sogenannten Materialgleichungen (12-99), (13-43) und das Ohm'sche Gesetz (12-67) benötigt. Das Ohm'sche Gesetz lässt sich in den lokalen Größen $\boldsymbol{j}$ und $\boldsymbol{E}$ ausdrücken (siehe 15.1):

$$\boldsymbol{j} = \gamma \boldsymbol{E} \qquad (14\text{-}38)$$

mit $\gamma$ elektrische Leitfähigkeit (Konduktivität) (15-5).

Damit erhalten wir das folgende Gleichungssystem der phänomenologischen Elektrodynamik (Maxwell'sche Gleichungen):

Faraday-Henry-Gesetz (*Induktionsgesetz*):

$$\oint_C \boldsymbol{E} \cdot \mathrm{d}\boldsymbol{s} = -\frac{\mathrm{d}}{\mathrm{d}t} \int_A \boldsymbol{B} \cdot \mathrm{d}\boldsymbol{A} = -\frac{\mathrm{d}\Phi}{\mathrm{d}t} . \qquad (14\text{-}39)$$

Die zeitliche Änderung des magnetischen Flusses durch eine Fläche $A$ erzeugt in der Randkurve $C$ der Fläche eine elektrische Umlaufspannung von gleichem Betrag und entgegengesetztem Vorzeichen.

Ampère-Maxwell'sches Gesetz (*Durchflutungssatz* für $\mathrm{d}\Psi/\mathrm{d}t = 0$):

$$\oint_C \boldsymbol{H} \cdot \mathrm{d}\boldsymbol{s} = \int_A \boldsymbol{j} \cdot \mathrm{d}\boldsymbol{A} + \frac{\mathrm{d}}{\mathrm{d}t} \int_A \boldsymbol{D} \cdot \mathrm{d}\boldsymbol{A}$$

$$= i_\mathrm{L} + \frac{\mathrm{d}\Psi}{\mathrm{d}t} = i_\mathrm{L} + i_\mathrm{V} : \qquad (14\text{-}40)$$

Der Gesamtstrom aus Leitungsstrom und Verschiebungsstrom (bzw. zeitlicher Änderung des elektrischen Flusses) durch eine Fläche $A$ erzeugt in der Randkurve $C$ der Fläche eine magnetische Umlaufspannung von gleicher Größe.

Zusatzaxiome über die *Quellen der Felder* (Gauß'sche Gesetze), $S$ ist eine beliebige geschlossene Oberfläche:

$$\oint_S \boldsymbol{D} \cdot \mathrm{d}\boldsymbol{A} = Q : \qquad (14\text{-}41)$$

Die elektrischen Ladungen $Q$ sind Quellen der elektrischen Flussdichte $\boldsymbol{D}$.

$$\oint_S \boldsymbol{B} \cdot \mathrm{d}\boldsymbol{A} = 0 : \qquad (14\text{-}42)$$

Es gibt keine magnetischen Ladungen (magnetische Monopole) als Quellen der magnetischen Flussdichte $\boldsymbol{B}$ (und damit auch keinen dem elektrischen Leitungsstrom entsprechenden magnetischen Strom in (14-39)).

*Materialgleichungen*:

$$\boldsymbol{D} = \varepsilon_\mathrm{r} \varepsilon_0 \boldsymbol{E} , \qquad (14\text{-}43)$$

$$\boldsymbol{B} = \mu_\mathrm{r} \mu_0 \boldsymbol{H} , \qquad (14\text{-}44)$$

$$\boldsymbol{j} = \gamma \boldsymbol{E} . \qquad (14\text{-}45)$$

Die Materialgleichungen beschreiben den Einfluss von Stoffen auf das elektrische bzw. das magnetische Feld sowie auf den Stromfluss im elektrischen Feld. Die Verknüpfung zwischen den elektrischen und magnetischen Feldgrößen und der Kraft auf elektrische Ladungen $Q$ wird nach (12-5) geleistet durch die *Lorentz-Kraft*:

$$\boldsymbol{F} = Q(\boldsymbol{E} + \boldsymbol{v} \times \boldsymbol{B}) . \qquad (14\text{-}46)$$

Mit diesem Gleichungssystem lassen sich die makroskopischen Eigenschaften von elektrischen Ladungen und elektrischen und magnetischen Feldern in voller Übereinstimmung mit der experimentellen Erfahrung beschreiben. Insbesondere aus der Verknüpfung der beiden Phänomene, die durch die Maxwell'schen Gleichungen (14-39) und (14-42) für $\boldsymbol{j} = 0$ beschrieben werden, hatte Maxwell bereits erkannt, dass elektromagnetische Wellen möglich sind (siehe 14-19).

*Anmerkung:* Für die Lösung mancher Probleme der Elektrodynamik ist die integrale Form der Maxwell'schen Gleichungen und der Zusatzaxiome (14-39) bis (14-42) weniger geeignet als die differenzielle Form, die in G 14.1 behandelt ist.

# 15 Elektrische Stromkreise

Die Zusammenschaltung von elektrischen Stromquellen und Verbrauchern (z. B. Widerstände, Kondensatoren, Spulen, Gleichrichter, Transistoren) wird als Stromkreis bezeichnet. In einem geschlossenen Stromkreis ist ein Stromfluss möglich, in einem offenen Stromkreis ist der Stromfluss, z. B. durch einen nicht geschlossenen Schalter, unterbrochen. Stromkreise können mithilfe des Ohm'schen Gesetzes und der Kirchhoff'schen Gesetze berechnet werden, vgl. auch Kap. G Elektrotechnik.

## 15.1 Ohm'sches Gesetz

Für elektrische Leiter gilt in den meisten Fällen in mehr oder weniger großen Bereichen der elektrischen Feldstärke $\boldsymbol{E}$ und bei konstanter Temperatur $T$ als Erfahrungsgesetz eine lineare Beziehung zwischen Strom $i$ und Spannung $u$ (Ohm, 1825), das *Ohm'sche Gesetz*:

$$i = Gu \quad \text{bzw.} \quad u = Ri\,, \tag{15-1}$$

vgl. (12-67). *Elektrischer Leitwert G* und *elektrischer Widerstand R* sind definitionsgemäß einander reziprok:

$$G = \frac{1}{R}\,. \tag{15-2}$$

$$\text{SI Einheiten: } [G] = \text{A/V} = \text{S (Siemens)}\,,$$
$$[R] = \text{V/A} = \Omega \text{ (Ohm)}\,.$$

Für ein homogenes zylindrisches Leiterstück der Länge $l$ und vom Querschnitt $A$ (Bild 15-1) gilt der aus $u = El$ sowie aus der Stromdefinition (12-56) plausible Zusammenhang

$$i = \frac{A}{\varrho l}u\,, \tag{15-3}$$

aus dem sich durch Vergleich mit (15-1) für den elektrischen Widerstand des Leiterstücks ergibt:

$$R = \frac{\varrho l}{A}\,. \tag{15-4}$$

Der *spezifische Widerstand* (Resistivität) $\varrho$ ist eine Materialeigenschaft (Tabelle 15-1), die ebenso gut

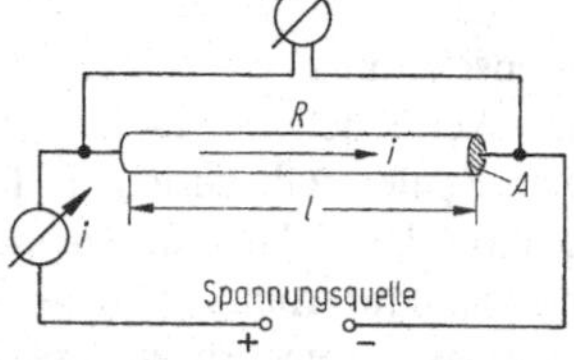


**Bild 15-1.** Zum Ohm'schen Gesetz: Widerstand eines zylindrischen Leiterstücks

**Tabelle 15-1.** Spezifischer Widerstand $\varrho_{20}$ und Temperaturkoeffizient $\alpha_{20}$ von Leitermaterialien bei 20 °C

| Leitermaterial | $\varrho_{20}$ nΩ · m[a] | $\alpha_{20}$ $10^{-3}$/K |
|---|---|---|
| Aluminium[b] | 28,264 | 4,03 |
| Blei | 208 | 4,2 |
| Eisen | 100 | 6,1 |
| Gold | 22 | 3,9 |
| Kupfer[b] | 17,241 | 3,93 |
| Nickel | 87 | 6,5 |
| Platin | 107 | 3,9 |
| Silber | 16 | 3,8 |
| Wismut | 1170 | 4,5 |
| Wolfram | 55 | 4,5 |
| Zink | 61 | 4,1 |
| Zinn | 110 | 4,6 |
| Graphit | 8000 | −0,2 |
| Kohle (Bürsten-) | 40 000 | |
| Quecksilber | 960 | 0,99 |
| Chromnickel (80Ni, 20Cr) | 1120 | 0,2 |
| Konstantan | 500 | 0,03 |
| Manganin | 430 | 0,02 |
| Neusilber | 300 | 0,4 |
| Resistin | 510 | 0,008 |

(vgl. auch Tabellen D 9-10 und G 1-1)
[a] $1\,\text{n}\Omega\cdot\text{m} = 1\,\Omega\cdot\text{mm}^2/\text{km}$
[b] Normwerte der Elektrotechnik (IEC)

durch ihren Kehrwert, die *elektrische Leitfähigkeit* $\gamma$, beschrieben werden kann:

$$\varrho = R\frac{A}{l} \equiv \frac{1}{\gamma}\,. \tag{15-5}$$

$$\text{SI-Einheiten: } [\varrho] = \Omega\cdot\text{m}\,,$$
$$[\gamma] = \text{S/m}\,.$$

Führt man $R$ aus (15-4) in (15-1) ein, so folgt mit $u = El$ und $i = jA$ das in Feldgrößen ausgedrückte *Ohm'sche Gesetz* (14-38), vektoriell geschrieben:

$$\boldsymbol{j} = \gamma\boldsymbol{E}\,. \tag{15-6}$$

Bei Annahme von Elektronen als Ladungsträger des elektrischen Stromes lautet der Zusammenhang zwischen Stromdichte $j$ und Driftgeschwindigkeit $\boldsymbol{v}_{\text{dr}}$ nach (12-61)

$$\boldsymbol{j} = -ne\boldsymbol{v}_{\text{dr}}\,. \tag{15-7}$$

Für die Driftgeschwindigkeit folgt damit

$$v_{dr} = -\frac{\gamma}{ne}\boldsymbol{E} = -\mu_e \boldsymbol{E} \qquad (15\text{-}8)$$

mit der *Beweglichkeit des Elektrons*

$$\mu_e = \frac{|v_{dr}|}{E}\,, \qquad (15\text{-}9)$$

$$\text{SI-Einheit: } [\mu_e] = \text{m}^2/(\text{V}\cdot\text{s})\,.$$

Die Beweglichkeit gibt die auf die Feldstärke bezogene Driftgeschwindigkeit der Elektronen an. Für die Beweglichkeit der Leitungselektronen gilt

$$\mu_e = \frac{\gamma}{ne} \quad \text{und} \quad \gamma = ne\mu_e\,. \qquad (15\text{-}10)$$

Beispiel: Für Kupfer ist $\mu_e \approx 4{,}3 \cdot 10^{-3}\text{m}^2/\text{Vs}$, d. h., bei einer Feldstärke von 1 V/m beträgt die Driftgeschwindigkeit 4,3 mm/s (siehe auch 12.6).

Ursache für die Bewegung der Ladungsträger ist die elektrische Kraft $\boldsymbol{F} = -e\boldsymbol{E}$ (12-4). Gleichung (15-8) bedeutet demnach, dass die Kraft geschwindigkeitsproportional ist ($v_{dr} \sim F$), ein für Reibungskräfte typisches Verhalten (siehe 3.2.3). In Leitern wird dieses Reibungsverhalten durch unelastische Stöße mit Gitterstörungen verursacht (siehe 16.2), bei denen die Leitungselektronen die im elektrischen Feld aufgenommene Beschleunigungsenergie immer wieder per Stoß an das Kristallgitter abgeben und dieses damit aufheizen: *Joule'sche Wärme*. Nach dem Energiesatz ist die Joule'sche Wärme gleich der vom elektrischen Feld geleisteten Beschleunigungsarbeit (12-65), woraus sich mit dem Ohm'schen Gesetz (15-1) für die elektrische Arbeit zur Erzeugung Joule'scher Wärme im Widerstand ergibt:

$$\text{d}W = ui\,\text{d}t = \frac{u^2}{R}\text{d}t = i^2R\,\text{d}t\,. \qquad (15\text{-}11)$$

Für konstante Spannungen $U$ und Ströme $I$ folgt daraus

$$W = UIt = \frac{U^2}{R}t = I^2Rt\,.$$

Mit steigender Temperatur wird auch die Zahl der Gitterstörungen größer, an denen die Elektronen gestreut werden (unelastische Stöße erleiden). Daher ist es verständlich, dass der elektrische Widerstand temperaturabhängig ist (Näheres in 16.2). In den meisten Fällen sind lineare Ansätze für die Temperaturabhängigkeit des Widerstandes ausreichend:

$$R = R_0[1 + \alpha_0\vartheta] \text{ bzw. } R = R_{20}[1 + \alpha_{20}(\vartheta - 20\,°\text{C})]\,. \qquad (15\text{-}12)$$

Hierin ist $\vartheta$ die Celsius-Temperatur, $\alpha_0$ bzw. $\alpha_{20}$ der Temperaturkoeffizient des Widerstandes (Tabelle 15-1) und $R_0$ bzw. $R_{20}$ der Widerstandswert bei 0 bzw. 20 °C.

## 15.2 Gleichstromkreise, Kirchhoff'sche Sätze

Die Aufrechterhaltung eines elektrischen Stromes in einem Leiter erfordert eine Energiezufuhr durch eine *Spannungsquelle* (Bild 15-1). Die Spannungsquelle enthält die von ihr gelieferte elektrische Energie in Form chemischer Energie (Batterie, Akkumulator, Brennstoffzelle), oder sie wird ihr in Form von Strahlungsenergie (Fotozellen, Solarzellen) oder mechanischer Energie (magnetodynamische oder elektrostatische Generatoren) zugeführt.

Wir betrachten zunächst einen geschlossenen Stromkreis wie in Bild 15-2, auch *Masche* genannt. Bei stationären, d. h. zeitlich konstanten Verhältnissen, bei denen die Potenziale in den verschiedenen Punkten des Stromkreises sich nicht ändern, folgt aus (12-35), dass die elektrische Umlaufspannung null ist. Legt man einen Umlaufsinn beliebig fest, und gibt man den Teilspannungen in der Masche dann ein positives Vorzeichen, wenn sie von + nach – durchlaufen werden (anderenfalls ein negatives Vorzeichen), so gilt z. B. für die Masche in Bild 15-2:

$$-U_0 + IR_i + IR = 0\,. \qquad (15\text{-}13)$$

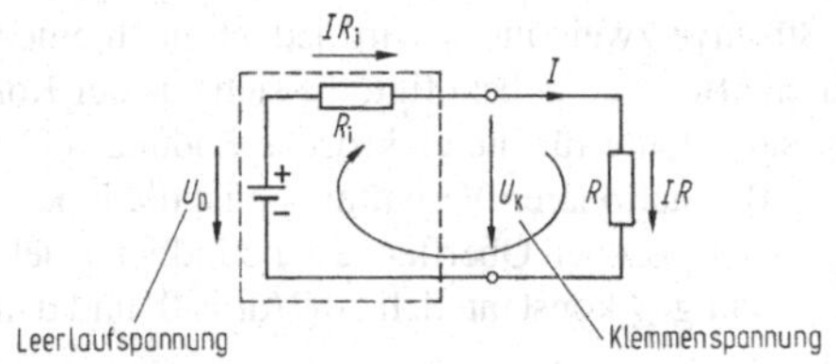


**Bild 15-2.** Zum 2. Kirchhoff'schen Satz: Stromkreis (Masche) aus Spannungsquelle $U_0$ mit Innenwiderstand $R_i$ und Verbraucherwiderstand $R$

Im allgemeinen Fall von $m$ Spannungsquellen und $n$ Widerständen in einer einfachen Masche gilt sinngemäß der *2. Kirchhoff'sche Satz* (Maschenregel):

$$\sum_{i=1}^{m} u_{0i} + \sum_{j=1}^{n} iR_j = 0\,. \qquad (15\text{-}14)$$

Im Falle der Masche Bild 15-2 ist der Spannungsabfall am Widerstand $R$ nach dem Ohm'schen Gesetz (15-1) gegeben durch $U_K = IR$. Spannungsquellen haben i. Allg. einen nicht vernachlässigbaren inneren Widerstand $R_i$. Die von der Spannungsquelle gelieferte sog. Leerlaufspannung $U_0$ kann daher nur dann an den Anschlussklemmen gemessen werden, wenn der Strom $I = 0$ ist, d. h. kein Verbraucherwiderstand $R$ angeschlossen ist (bzw. $R \to \infty$). Anderenfalls tritt an den Anschlussklemmen die sog. Klemmenspannung $U_K$ auf, für die sich nach (15-13) ergibt:

$$U_K = U_0 - IR_i\,. \qquad (15\text{-}15)$$

Die Klemmenspannung ist daher bei Belastung der Quelle ($I \neq 0$) stets kleiner als die Leerlaufspannung. Die Spannungsquelle kann für $R = 0$ ($U_K = 0$) den maximalen sog. Kurzschlussstrom

$$I_k = \frac{U_0}{R_i} \qquad (15\text{-}16)$$

liefern. Sowohl für $R = 0$ als auch für $R = \infty$ ist die im Verbraucher umgesetzte Leistung null. Die maximale Leistung im Verbraucher erhält man für $R = R_i$, sog. Leistungsanpassung.

Bei komplizierteren Netzwerken mit Stromverzweigungen lassen sich stets so viele Maschen definieren, dass jeder Zweig des Netzes in mindestens einer Masche enthalten ist. Aus (15-14) erhält man dann entsprechend viele Maschengleichungen für die Spannungen.

Bei Stromverzweigungen wird jedoch noch eine zusätzliche Bedingung benötigt, die sich aus der Kontinuitätsgleichung für die elektrische Ladung (12-64) ergibt. Bei stationären Verhältnissen ist die innerhalb einer geschlossenen Oberfläche $S$ befindliche elektrische Ladung $Q$ konstant, d. h., $\mathrm{d}Q/\mathrm{d}t = 0$, und damit

$$\oint_S \boldsymbol{j} \cdot \mathrm{d}\boldsymbol{A} = 0\,. \qquad (15\text{-}17)$$

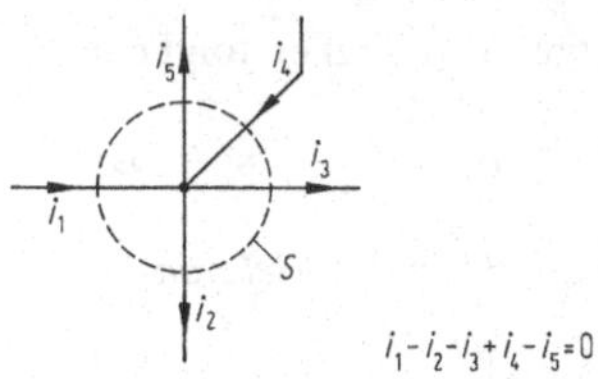


**Bild 15-3.** Zum 1. Kirchhoff'schen Satz: Stromverzweigung (Knoten)

Umschließt die Oberfläche $S$ einen Stromverzweigungspunkt, auch *Knotenpunkt* genannt, von $n$ Zweigen (Bild 15-3), so folgt daraus der *1. Kirchhoff'sche Satz* (Knotenregel):

$$\sum_{z=1}^{n} i_z = 0\,, \qquad (15\text{-}18)$$

d. h., in einem Verzweigungspunkt oder Knoten ist die Summe der zufließend gerechneten Ströme gleich null. Ströme mit abfließender Bezugsrichtung müssen in (15-18) mit negativem Vorzeichen eingesetzt werden, vgl. Bild 15-3.

Allgemein ist zu beachten:

Man unterscheidet bei Netzwerkuntersuchungen den (willkürlichen) *Bezugssinn* von Strömen und Spannungen, der erforderlich ist, um die Beziehungen sinnvoll formulieren zu können und den (physikalischen) *Richtungssinn*, der sich aus Rechnung (und/oder Messung) ergibt und sich im Vorzeichen vom Bezugssinn unterscheiden kann.

Mit den beiden Kirchhoff'schen Sätzen lassen sich auch Parallel- und Reihenschaltungen von Widerständen oder kompliziertere Netzwerke berechnen, vgl. G 3.1.

## 15.3 Wechselstromkreise

Wechselstromgeneratoren erzeugen nach (14-11) Induktionsspannungen

$$u = \hat{u}\sin(\omega t + \alpha) \qquad (15\text{-}19)$$

mit dem Spitzenwert $\hat{u}$, deren Vorzeichen zeitlich periodisch wechselt: *Wechselspannung*. Der Nullphasenwinkel $\alpha$ hängt von der Wahl des Zeitnullpunktes ab. Ein an einen solchen Generator angeschlossener Verbraucher wird dann von einem ebenfalls zeitperiodischen *Wechselstrom* durchflossen, der die gleiche *Kreisfrequenz* $\omega$, aber – je nach Verbraucher (vgl.

15.3.3) – meist einen anderen Wert des Nullphasenwinkels hat:

$$i = \hat{\imath} \sin(\omega t + \beta) \,. \tag{15-20}$$

Zwischen den entsprechenden Phasen von $u$ und $i$ herrscht die *Phasenverschiebung*

$$\beta - \alpha = \varphi \,. \tag{15-21}$$

Obwohl Wechselströme zeitlich veränderliche Größen sind, lassen sich Gleichstrombeziehungen, wie die für die elektrische Arbeit oder die Kirchhoff'schen Sätze, auch auf Wechselstromkreise anwenden, wenn sie auf differenziell kleine Zeiten $\mathrm{d}t$ beschränkt werden, in denen sich Spannungen und Ströme nicht wesentlich ändern, d. h., wenn sie auf die Momentanwerte von Spannungen und Strömen bezogen werden.

### 15.3.1 Wechselstromarbeit

Phasenverschiebungen $\varphi$ zwischen Strom und Spannung (Bild 15-4) treten vor allem dann auf, wenn neben Ohm'schen Widerständen auch Induktivitäten (Spulen) und Kapazitäten (Kondensatoren) im Wechselstromkreis vorhanden sind. Zur Vereinfachung wird durch geeignete Wahl des Zeitnullpunktes $\alpha = 0$ und gemäß (15-21) $\beta = \varphi$ gesetzt:

$$u = \hat{u} \sin \omega t \,, \quad i = \hat{\imath} \sin(\omega t + \varphi) \,. \tag{15-22}$$

Die Arbeit $\mathrm{d}W$ in der Zeit $\mathrm{d}t$ beträgt nach (15-11)

$$\mathrm{d}W = ui \,\mathrm{d}t \,, \tag{15-23}$$

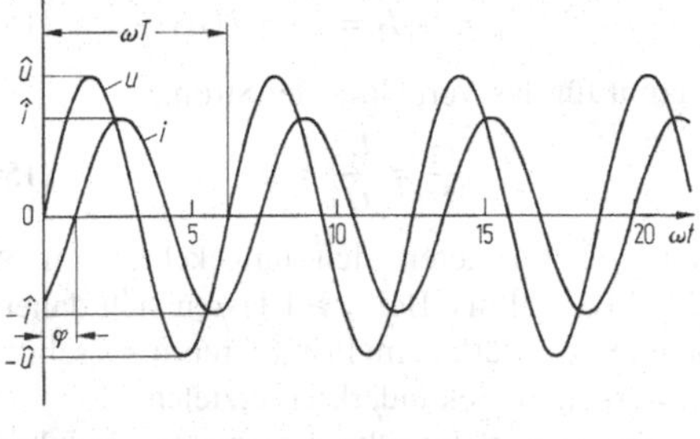


**Bild 15-4.** Spannungs- und phasenverschobener Stromverlauf in einem Wechselstromkreis

worin $u$ und $i$ die Momentanwerte nach (15-22) sind. Die Stromarbeit während einer endlichen Zeit, z. B. einer Periodendauer $T = 2\pi/\omega = 1/\nu$, ergibt sich daraus durch Integration

$$W = \int_0^T \hat{u} \sin \omega t \, \hat{\imath} \sin(\omega t + \varphi) \, \mathrm{d}t \,. \tag{15-24}$$

Nach Umformung des Integranden mittels der Produktenregel trigonometrischer Funktionen lässt sich das Integral lösen:

$$W = \frac{1}{2} \hat{u} \, \hat{\imath} \, T \cos \varphi \,. \tag{15-25}$$

Für $t \neq nT$ $(n = 1, 2, \ldots)$ gilt (15-25) nicht exakt, da dann über eine Periode nur unvollständig integriert wird. Für $t \gg T$ ist dieser Fehler jedoch zu vernachlässigen, und es gilt

$$W = \frac{1}{2} \hat{u} \, \hat{\imath} \, t \cos \varphi \,. \tag{15-26}$$

Anstelle der Spitzenwerte $\hat{u}$ und $\hat{\imath}$ werden üblicherweise die *Effektivwerte* $U$ (oder $U_{\mathrm{eff}}$) und $I$ (oder $I_{\mathrm{eff}}$) verwendet. Diese sind als quadratische Mittelwerte

$$U = \sqrt{\frac{1}{T} \int_0^T u^2 \, \mathrm{d}t} \,,$$

$$I = \sqrt{\frac{1}{T} \int_0^T i^2 \, \mathrm{d}t} \tag{15-27}$$

definiert und ergeben im zeitlichen Mittel dieselbe Arbeit wie Gleichspannungen und -ströme gleichen Betrages. Für harmonisch zeitveränderliche $u$ bzw. $i$ ergeben sich aus (15-22) und (15-27) die Effektivwerte

$$U = \frac{\hat{u}}{\sqrt{2}} \quad \text{und} \quad I = \frac{\hat{\imath}}{\sqrt{2}} \,. \tag{15-28}$$

Damit folgt aus (15-26) für die Arbeit im Wechselstromkreis

$$W = UIt \cos \varphi \,, \tag{15-29}$$

d. h. formal dasselbe Ergebnis wie bei der Gleichstromarbeit (15-11), wenn $\varphi = 0$ ist, was bei

Ohm'schen Verbrauchern der Fall ist (15.3.3). Entsprechend gilt für die *Leistung im Wechselstromkreis*, die *Wirkleistung*

$$P = UI\cos\varphi\,. \tag{15-30}$$

Wegen der weiteren Begriffe *Blindleistung* und *Scheinleistung* siehe G 5.2.1.

### 15.3.2 Transformator

Zwei oder mehr induktiv, z. B. über einen Eisenkern, gekoppelte Spulen stellen einen *Transformator* dar, mit dessen Hilfe Wechselspannungen und -ströme induktiv auf andere Spannungs- und Stromwerte übersetzt werden können (Bild 15-5).
Hier wird nur der *ideale Transformator* behandelt (zum verlustbehafteten Transformator siehe G 6). Der ideale Transformator ist gekennzeichnet durch Verlustfreiheit, Streuungsfreiheit und ideale magnetische Eigenschaften:

- Keine Stromwärmeverluste in den Spulenwicklungen, da deren elektrischer Widerstand verschwindet.
- Keine Ummagnetisierungsverluste, da keine Hysterese vorhanden ist (Zweige der Hystereseschleifen, vgl. Bild 13-23a, fallen zusammen).
- Keine Wirbelstromverluste, da die Leitfähigkeit des Kernmaterials verschwindet (bei Eisen angenähert durch Lamellierung und Isolierung).
- Die Spulen sind magnetisch fest gekoppelt, d. h. der von einer Spule erzeugte magnetische Fluss geht vollständig durch die andere (kein Streufluss).
- Bei sekundärem Leerlauf ($i_2 = 0$) ist der Eingangsstrom $i_1$ null, da die Permeabilität des Kernmaterials unendlich ist.
- Die Beziehung $\Phi(i)$ ist (im betrachteten Betriebsbereich) linear, d. h. insbesondere, es tritt keine Sättigung der magnetischen Polarisation auf.

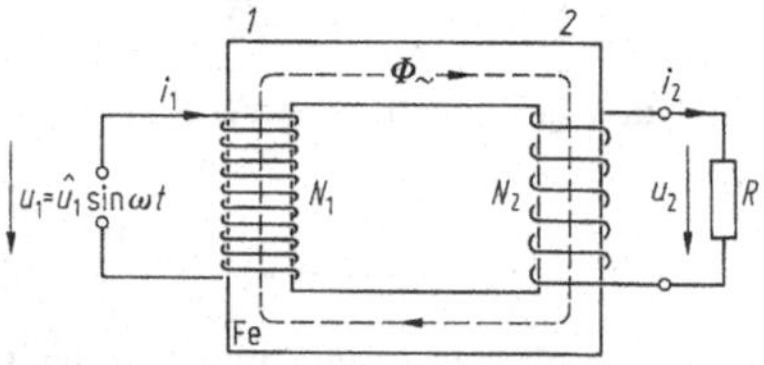


**Bild 15-5.** Prinzipaufbau eines Transformators

Wird an die Wicklung 1 eine Wechselspannung $u_1 = \hat{u}_1 \sin\omega t$ angelegt (Bild 15-5), so fließt ein Wechselstrom $i_1$, der im Eisenkern einen magnetischen Wechselfluss $\Phi_\sim$ erzeugt. Nach dem 2. Kirchhoff'schen Satz (15-14) gilt für $u_1$ und für die durch den Wechselfluss $\Phi_\sim$ in der Wicklung 1 (Windungszahl $N_1$) induzierte Spannung $u_i$

$$u_1 + u_i = 0\,. \tag{15-31}$$

Mit dem Induktionsgesetz (14-1) folgt daraus:

$$u_1 = N_1 \frac{d\Phi_\sim}{dt}\,. \tag{15-32}$$

Da derselbe magnetische Wechselfluss $\Phi_\sim$ auch die Wicklung 2 (Windungszahl $N_2$) durchsetzt, wird dort eine Induktionsspannung $u_2$ erzeugt:

$$u_2 = (-)N_2 \frac{d\Phi_\sim}{dt}\,. \tag{15-33}$$

Da das Vorzeichen von $u_2$ auch vom Wicklungssinn abhängt, lassen wir es im Weiteren fort. Aus (15-32) und (15-33) folgt

$$\frac{u_1}{u_2} = \frac{U_1}{U_2} = \frac{N_1}{N_2} = n\,. \tag{15-34}$$

$n$ ist das *Windungszahlverhältnis*. Die Spannungen transformieren sich also entsprechend dem Windungszahlverhältnis.
Anwendungen: Spannungswandlung, z. B. Hochspannungserzeugung für die Fernübertragung elektrischer Energie (Minimierung der Leitungsverluste), Niederspannungserzeugung für elektronische Anwendungen u. ä.
Ist an die Sekundärwicklung ein Verbraucher angeschlossen, sodass ein Strom $i_2$ (Effektivwert $I_2$) fließt, so gilt beim idealen Transformator für die primär- und sekundärseitige Leistung

$$P_1 = U_1 I_1 = P_2 = U_2 I_2 \tag{15-35}$$

und damit für das Verhältnis der Ströme

$$\frac{I_2}{I_1} = \frac{U_1}{U_2} = n\,. \tag{15-36}$$

Ströme transformieren sich umgekehrt zum Windungszahlverhältnis. Bei $n \gg 1$ lassen sich daher bei mäßigen Stromstärken im Primärkreis u. U. sehr hohe Stromstärken im Sekundärkreis erzielen.
*Anwendungen*: Schweißtransformator, Induktions-Schmelzofen u. a.

Auch die Anordnung Bild 14-7 stellt einen Transformator dar, allerdings mit einem großen Streufluss, da der Eisenkern nicht geschlossen ist. Der Ring kann als Sekundärwicklung mit einer einzigen, kurzgeschlossenen Windung aufgefasst werden. Wird an die Primärwicklung eine Wechselspannung angeschlossen, so wird der Ring als Folge der Lenz'schen Regel wie beim Einschalten einer Gleichspannung nach oben beschleunigt, bzw. je nach Stärke des Primärstromes gegen die Schwerkraft in der Schwebe gehalten. Wird statt des Ringes über dem Eisenkern eine metallische Platte (nicht ferromagnetisch) angebracht, so werden auch darin Kurzschlussströme (Wirbelströme!) induziert, die ebenfalls abstoßende Kräfte bewirken: Prinzip der Magnet(schwebe)bahn.

### 15.3.3 Scheinwiderstand von R, L und C

Neben dem Spannungsabfall an einem nach (15-4) zu berechnenden Ohm'schen Widerstand, der seine Ursache im Leitungsmechanismus des Leitermaterials hat (16.2), treten in Wechselstromkreisen auch Spannungsabfälle an Spulen (Induktivitäten $L$) und Kondensatoren (Kapazitäten $C$) auf. Induktivitäten und Kapazitäten stellen damit ähnlich wie der Ohm'sche Widerstand sog. Scheinwiderstände $Z$ dar, die entsprechend dem Ohm'schen Gesetz (15-1) und mit (15-28) aus

$$Z = \frac{\hat{u}}{\hat{\imath}} = \frac{U}{I} \tag{15-37}$$

zu berechnen sind. Ferner gilt in einem Wechselstromkreis nach Bild 15-6 der 2. Kirchhoff'sche Satz (15-14) in der Form

$$u - u_Z = 0 \quad \text{bzw.} \quad u_Z = u = \hat{u}\,\sin\omega t \tag{15-38}$$

für die Momentanwerte der Spannung.

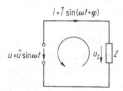

**Bild 15-6.** Scheinwiderstand in einem einfachen Wechselstromkreis

#### Ohm'scher Widerstand im Wechselstromkreis

Aus dem Ohm'schen Gesetz (15-1) folgt mit (15-38) für den Strom im Ohm'schen Widerstand (Bild 15-7a)

$$i = \frac{u}{R} = \frac{\hat{u}}{R}\sin\omega t = \hat{\imath}\sin\omega t \quad \text{mit} \quad \hat{\imath} = \frac{\hat{u}}{R} \tag{15-39}$$

und damit aus (15-37) der Scheinwiderstand des Ohm'schen Widerstandes

$$Z_R = R\,, \tag{15-40}$$

der mit seinem Gleichstromwiderstand identisch und frequenzunabhängig ist. Aus (15-38) und (15-39) folgt ferner, dass zwischen Spannung und Strom die Phasenverschiebung (15-21) $\varphi = \varphi_R = 0$ ist (Bild 15-7a). Damit folgt aus (15-30) die Wirkleistung im Ohm'schen Widerstand

$$P = UI\,. \tag{15-41}$$

Der Ohm'sche Widerstand ist ein sog. Wirkwiderstand (oder Resistanz). Das Umgekehrte gilt nicht: Es gibt (nichtlineare) Wirkwiderstände, die nicht Ohm'sch sind.

#### Induktivität im Wechselstromkreis

Bei einer Spule mit der Induktivität $L$ und vernachlässigbarem Ohm'schem Widerstand im Wechselstrom-

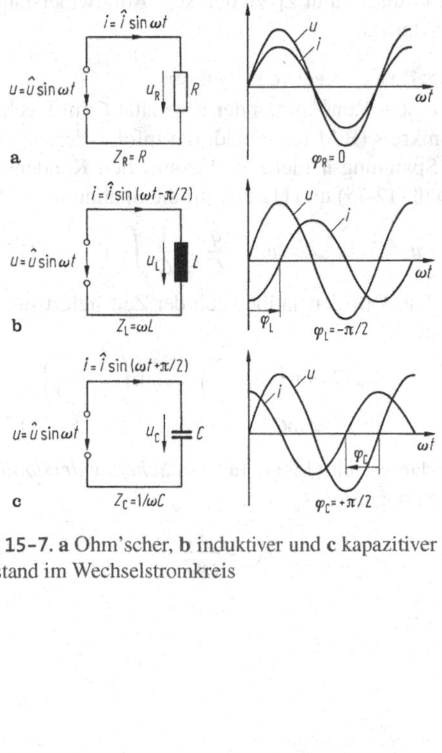


**Bild 15-7.** **a** Ohm'scher, **b** induktiver und **c** kapazitiver Widerstand im Wechselstromkreis

kreis (Bild 15-7b) muss die angelegte Spannung $u = u_L$ die nach der Lenz'schen Regel induzierte Gegenspannung $u_i$ überwinden. Aus (15-38) ergibt sich mit der Selbstinduktion nach (14-24)

$$u = \hat{u}\sin\omega t = u_L = -u_i = L\frac{di}{dt}\,. \qquad (15\text{-}42)$$

Durch Integration folgt daraus für den Strom

$$i = \frac{\hat{u}}{\omega L}\sin\left(\omega t - \frac{\pi}{2}\right) = \hat{\imath}\sin\left(\omega t - \frac{\pi}{2}\right)$$

$$\text{mit} \quad \hat{\imath} = \frac{\hat{u}}{\omega L} \qquad (15\text{-}43)$$

und mit (15-37) für den *Scheinwiderstand einer Induktivität*

$$Z_L = \omega L\,. \qquad (15\text{-}44)$$

$Z_L$ steigt mit der Frequenz des Wechselstroms linear an. Der Strom $i$ hat nach (15-43) bei der Induktivität eine Phasennacheilung, d. h. eine Phasenverschiebung von

$$\varphi_L = -\frac{\pi}{2} \qquad (15\text{-}45)$$

gegenüber der Spannung $u$ (Bild 15-7b). Im Lauf einer Periode $T$ ist daher das Produkt $ui$ genauso lange positiv wie negativ und verschwindet im zeitlichen Mittel. Deshalb ist für eine Induktivität die Wirkleistung nach (15-30) mit (15-45) null. Aus diesem Grunde zählt $Z_L$ zu den sog. Blindwiderständen (Reaktanzen).

#### Kapazität im Wechselstromkreis

Bei einem Kondensator der Kapazität $C$ im Wechselstromkreis (Bild 15-7c) lädt der infolge der angelegten Spannung $u$ fließende Strom $i$ den Kondensator gemäß (12-75) und (12-56) auf die Spannung

$$u = \hat{u}\sin\omega t = u_C = \frac{q}{C} = \frac{1}{C}\int i\,dt \qquad (15\text{-}46)$$

auf. Die Differenziation nach der Zeit liefert für den Strom

$$i = \omega C\hat{u}\sin\left(\omega t + \frac{\pi}{2}\right) = \hat{\imath}\sin\left(\omega t + \frac{\pi}{2}\right)$$

$$\text{mit} \quad \hat{\imath} = \omega C\hat{u} \qquad (15\text{-}47)$$

und daraus mit (15-37) für den *Scheinwiderstand einer Kapazität*

$$Z_C = \frac{1}{\omega C}\,. \qquad (15\text{-}48)$$

$Z_C$ ändert sich umgekehrt proportional mit der Frequenz. Der Strom $i$ hat nach (15-47) eine Phasenvoreilung von

$$\varphi_C = \frac{\pi}{2} \qquad (15\text{-}49)$$

gegenüber der Spannung $u$ (Bild 15-7c). Auch für die Kapazität ist daher die Wirkleistung zeitlich gemittelt nach (15-30) null und $Z_C$ stellt einen *Blindwiderstand* (Reaktanz) dar.

## 15.4 Elektromagnetische Schwingungen

In Zusammenschaltungen von Induktivitäten, Kapazitäten und Ohm'schen Widerständen können freie und erzwungene elektromagnetische Schwingungen angeregt werden. Die zugehörigen Differenzialgleichungen können aus den Kirchhoff'schen Sätzen gewonnen werden und entsprechen denjenigen der mechanischen Schwingungssysteme (5.3, 5.4). Die Lösungen werden daher aus 5.3 und 5.4 übernommen, wobei lediglich die Variablen und Konstanten entsprechend umbenannt werden. Auf die zur Beschreibung derartiger Kombinationen von Schaltelementen ebenfalls sehr geeignete komplexe Schreibweise bzw. Zeigerdarstellung wird an dieser Stelle unter Hinweis auf Kap. G verzichtet.

### 15.4.1 Freie, gedämpfte elektromagnetische Schwingungen

Lässt man einen zuvor auf die Spannung $U_0$ aufgeladenen Kondensator der Kapazität $C$ sich über eine Spule der Induktivität $L$ und einen Ohm'schen Widerstand $R$ entladen (Reihenschaltung von $R$,$L$ und $C$, Bild 15-8), so wird durch den über $L$ fließenden Entladungsstrom $i$ während des Zerfalls des elektrischen Feldes des Kondensators ein Magnetfeld in der Spule aufgebaut. Nach Absinken der Kondensatorspannung $u_C$ auf null wird jedoch der Strom $i$ durch die Spule durch Selbstinduktion weitergetrieben (Lenz'sche Regel), was zu einem erneuten Aufbau des elektrischen Feldes im Kondensator in umgekehrter Richtung führt, bis das magnetische Feld in der Spule abgeklungen ist. Nun beginnt der beschriebene Vorgang erneut, jedoch in entgegengesetzter Richtung. Die Energie des Systems pendelt also zwischen elektrischer und magnetischer Feldenergie hin und

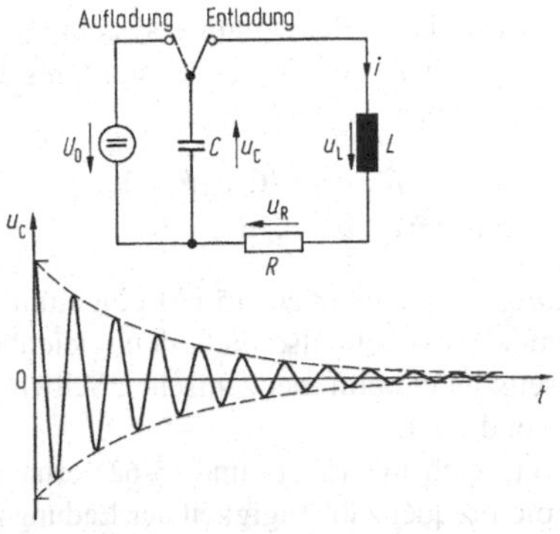


**Bild 15-8.** Anregung gedämpfter elektromagnetischer Schwingungen in einer Reihenschaltung von $R$, $L$ und $C$

her. Bei kleinem Widerstand $R$ führt das zu gedämpften elektromagnetischen Schwingungen, wobei die Dämpfung durch den Energieverlust im Ohm'schen Widerstand bedingt ist (Joule'sche Wärme).

Zur Berechnung des Systems werde von der Energie ausgegangen. Zu einem beliebigen Zeitpunkt $t$ ist die Feldenergie im Kondensator nach (12-81)

$$E_C = \frac{1}{2}Cu_C^2 = \frac{1}{2}\cdot\frac{q^2}{C}\,, \qquad (15\text{-}50)$$

und in der Spule nach (14-29)

$$E_L = \frac{1}{2}Li^2\,. \qquad (15\text{-}51)$$

Die Gesamtenergie $E = E_C + E_L$ bleibt zeitlich nicht konstant, sondern wird durch den Strom $i$ im Widerstand $R$ allmählich in Joule'sche Wärme umgesetzt. Die zeitliche Abnahme der Energie $E$ ergibt sich aus der umgesetzten Leistung:

$$\frac{\mathrm{d}E}{\mathrm{d}t} = -u_R i = -Ri^2\,. \qquad (15\text{-}52)$$

Durch Einsetzen von (15-50) und (15-51) und Beachtung der Stromdefinition (12-56) folgt daraus die Spannungsbilanz entsprechend dem 2. Kirchhoff'schen Satz:

$$L\frac{\mathrm{d}i}{\mathrm{d}t} + Ri + \frac{q}{C} = u_L + u_R + u_C = 0\,. \qquad (15\text{-}53)$$

Mit $i = \mathrm{d}q/\mathrm{d}t$ (12-56) ergibt sich schließlich eine Differenzialgleichung vom Typ der Schwingungsgleichung (5-36) für die Ladung $q$:

$$L\frac{\mathrm{d}^2q}{\mathrm{d}t^2} + R\frac{\mathrm{d}q}{\mathrm{d}t} + \frac{1}{C}q = 0\,. \qquad (15\text{-}54)$$

Die Einführung von allgemeinen Kenngrößen entsprechend (5-37) und (5-38)

$$\frac{R}{2L} = \delta: \text{ Abklingkoeffizient der Amplitude} \qquad (15\text{-}55)$$

$$\frac{1}{LC} = \omega_0^2: \text{ Kreisfrequenz } \omega_0 \text{ des ungedämpften Oszillators} \qquad (15\text{-}56)$$

führt zu der (5-39) entsprechenden Form der Schwingungsgleichung

$$\frac{\mathrm{d}^2q}{\mathrm{d}t^2} + 2\delta\frac{\mathrm{d}q}{\mathrm{d}t} + \omega_0^2 q = 0\,. \qquad (15\text{-}57)$$

Für geringe Dämpfung $\delta \ll \omega_0$, d. h. $R \ll 2\sqrt{L/C}$, lautet die Lösung entsprechend (5-46) bei den Anfangsbedingungen $q(0) = q_0$ und $\dot{q}(0) = i(0) = 0$:

$$q \approx q_0 \mathrm{e}^{-\delta t}\cos\omega t\,. \qquad (15\text{-}58)$$

Es ergibt sich also eine gedämpfte Schwingung der Ladung $q$ mit der Kreisfrequenz (5-45)

$$\omega = \sqrt{\omega_0^2 - \delta^2} \approx \omega_0 = \frac{1}{\sqrt{LC}} \qquad (15\text{-}59)$$

und damit auch z. B. der Spannung $u_C = q/C$ am Kondensator (Bild 15-8):

$$u_C \approx U_0\,\mathrm{e}^{-\delta t}\cos\omega t \quad \text{mit} \quad U_0 = \frac{q_0}{C}\,. \qquad (15\text{-}60)$$

Durch Variation der Dämpfung $\delta \lesseqgtr \omega_0$, also $R \lesseqgtr 2\sqrt{L/C}$, lassen sich hier in gleicher Weise wie beim mechanischen Schwingungssystem (5.3) neben dem gedämpften Schwingfall auch der aperiodische Grenzfall und der Kriechfall einstellen. Der RLC-Kreis stellt daher ein schwingungsfähiges elektromagnetisches System dar: *Schwingkreis*.

### 15.4.2 Erzwungene elektromagnetische Schwingungen, Resonanzkreise

#### Reihenschwingkreis

Ein elektromagnetischer Schwingkreis, z. B. aus einer Reihenschaltung von Induktivität $L$, Widerstand $R$ und Kapazität $C$ wie in Bild 15-8, kann durch periodische Anregung, etwa durch Einspeisung einer Wechselspannung $u = \hat{u}\sin\omega t$ (Bild 15-9), zu erzwungenen Schwingungen veranlasst werden.

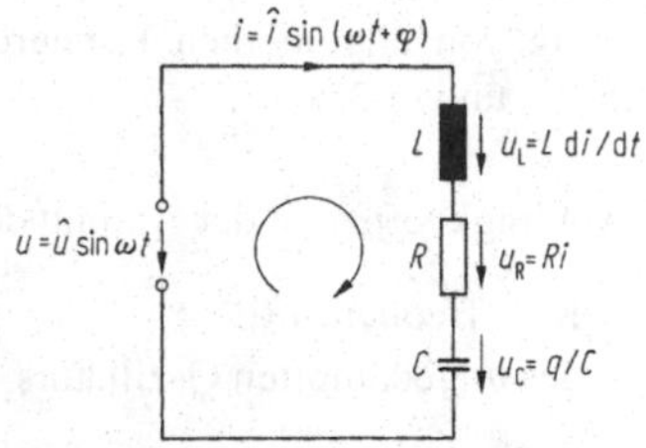


**Bild 15-9.** Reihenschwingkreis mit Wechselspannungsanregung

Die Spannungsbilanz (15-53) ist hierfür um die Spannungsquelle $u$ zu ergänzen:

$$\begin{aligned} L\frac{\mathrm{d}i}{\mathrm{d}t} + Ri + \frac{q}{C} &= u_\mathrm{L} + u_\mathrm{R} + u_\mathrm{C} \\ &= u = \hat{u}\sin\omega t\,. \end{aligned} \quad (15\text{-}61)$$

Mit $i = \mathrm{d}q/\mathrm{d}t$ (12-56) und den Kenngrößen $\delta$ und $\omega_0$ (15-55) bzw. (15-56) folgt daraus die Differenzialgleichung der erzwungenen Schwingung für die Ladung $q$

$$\frac{\mathrm{d}^2q}{\mathrm{d}t^2} + 2\delta\frac{\mathrm{d}q}{\mathrm{d}t} + \omega_0^2 q = \frac{\hat{u}}{L}\sin\omega t\,, \quad (15\text{-}62)$$

die vollständig analog zur Differenzialgleichung des entsprechenden mechanischen Schwingungssystems (5-59) ist. Als Lösung für den stationären Fall (nach Abklingen von Einschwingvorgängen, siehe 5.4) kann wie in (5-60) angesetzt werden:

$$q = \hat{q}\sin(\omega t + \vartheta) = \hat{q}\sin\left(\omega t + \varphi - \frac{\pi}{2}\right) \quad (15\text{-}63)$$
$$\text{mit} \quad \varphi = \vartheta + \frac{\pi}{2}\,.$$

Für den Strom $i$ folgt daraus durch Differenzieren nach der Zeit

$$i = \hat{\imath}\sin(\omega t + \varphi) \quad \text{mit} \quad \hat{\imath} = \omega\hat{q}\,. \quad (15\text{-}64)$$

$\vartheta$ und $\varphi$ sind die zunächst willkürlich angesetzten Phasenverschiebungen (Phasenwinkel) zwischen der Ladung $q(t)$ bzw. dem Strom $i(t)$ und der Spannung $u(t)$. Sowohl die Amplituden $\hat{q}$ und $\hat{\imath}$ als auch die Phasenwinkel $\vartheta$ und $\varphi$ sind Funktionen der anregenden Kreisfrequenz $\omega$. Die mathematische Form dieser funktionalen Abhängigkeit lässt sich durch den Vergleich mit den Beziehungen (5-60) bis (5-62) für das mechanische Schwingungssystem gewinnen. Dabei entsprechen sich folgende mechanische und elektrische Größen:

$$\begin{aligned} &m \mathrel{\hat{=}} L\,,\ r \mathrel{\hat{=}} R\,,\ c \mathrel{\hat{=}} 1/C\,,\ \hat{F} \mathrel{\hat{=}} \hat{u}\,,\\ &x \mathrel{\hat{=}} q\,,\ v \mathrel{\hat{=}} i\,,\ a \mathrel{\hat{=}} \mathrm{d}i/\mathrm{d}t\,,\ \varphi \mathrel{\hat{=}} \vartheta\,. \end{aligned} \quad (15\text{-}65)$$

*Anmerkung*: Der hier über (15-63) eingeführte Phasenwinkel $\varphi$ entspricht also nicht dem gleichbenannten Phasenwinkel beim mechanischen Schwingungssystem, sondern $\vartheta$.

Durch Vergleich mit (5-61) und (5-62) erhalten wir nun für die Frequenzabhängigkeit der Ladungsamplitude

$$\hat{q}(\omega) = \frac{\hat{u}}{L\sqrt{\left(\omega^2 - \omega_0^2\right)^2 + 4\Delta^2\omega^2}} \quad (15\text{-}66)$$

und für die Frequenzabhängigkeit des Phasenwinkels $\vartheta$

$$\tan\vartheta = \frac{2\Delta\omega}{\omega^2 - \omega_0^2}\,. \quad (15\text{-}67)$$

Mit $\hat{\imath} = \omega\hat{q}$ nach (15-64) und durch Ersatz der Kenngrößen $\delta$ und $\omega_0$ nach (15-55) bzw. (15-56) folgt aus (15-66) für die Frequenzabhängigkeit des Stromes das sog. *Ohm'sche Gesetz des Wechselstromkreises*

$$\hat{\imath}(\omega) = \frac{\hat{u}}{\sqrt{R^2 + \left(\omega L - \dfrac{1}{\omega C}\right)^2}}\,, \quad (15\text{-}68)$$

wobei anstelle der Spitzenwerte $\hat{u}$ und $\hat{\imath}$ ebenso gut die Effektivwerte gemäß (15-37) geschrieben werden können. Gleichung (15-68) hat die Form des Ohm'schen Gesetzes, worin der Wurzelterm den Scheinwiderstand $Z$ der Reihenschaltung der Blindwiderstände von $L$ und $C$ und des Ohm'schen Widerstandes $R$ darstellt:

$$Z(\omega) = \sqrt{R^2 + \left(\omega L - \frac{1}{\omega C}\right)^2}\,. \quad (15\text{-}69)$$

Für die *Resonanzfrequenz* gilt die *Thomson'sche Schwingungsformel*

$$\omega_0 = \frac{1}{\sqrt{LC}}\,, \quad (15\text{-}70)$$

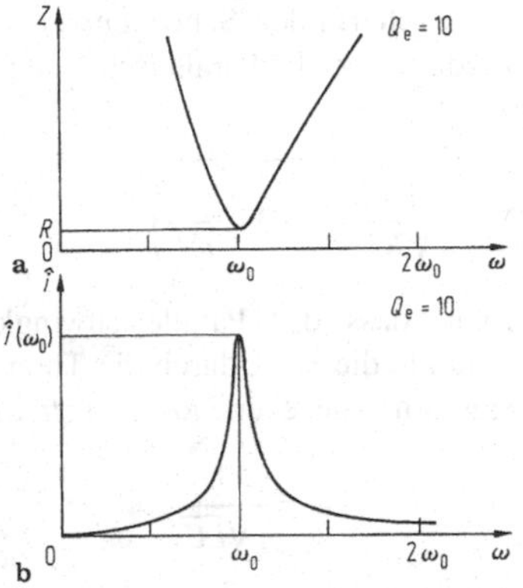


**Bild 15-10.** **a** Frequenzabhängigkeit des Scheinwiderstandes und **b** Resonanzverhalten des Stromes beim Reihenresonanzkreis aus *R*, *L* und *C*

für $\omega = \omega_0$ hat *Z* den kleinsten, rein Ohm'schen Wert (Bild 15-10)

$$Z(\omega_0) = R \qquad (15\text{-}71)$$

und der Strom nach (15-68) den maximalen Wert (*Stromresonanz*, Bild 15-10):

$$\hat{i}(\omega_0) = \frac{\hat{u}}{R} . \qquad (15\text{-}72)$$

Dabei ist vorausgesetzt, dass *u* von einer Konstantspannungsquelle geliefert wird, deren Klemmenspannung sich durch die erhöhte Strombelastung bei Resonanz nicht ändert. Es liegen also (nach der mathematischen Struktur der Differenzialgleichung (15-62) zwangsläufig) ganz analoge Resonanzmaxima vor (Bild 15-10) wie bei den erzwungenen Schwingungen der mechanischen Schwingungssysteme (5.4.1).

In (5.4.1) wurde die Güte *Q* eines Schwingungssystems als Resonanzüberhöhung (5-67) der Auslenkungsamplitude $\hat{x}$ definiert. Entsprechend können wir hier die Resonanzüberhöhung der Ladungsamplitude $\hat{q}$ als Güte *Q* einführen (die Güte *Q* ist nicht zu verwechseln mit der Ladung *Q*) und erhalten aus (15-66):

$$Q = \frac{\hat{q}(\omega_0)}{\hat{q}(0)} = \frac{\omega_0}{2\delta} = \frac{\omega_0 L}{R} = \frac{1}{\omega_0 CR} . \qquad (15\text{-}73)$$

Die Güte bestimmt gleichzeitig nach (5-71) die Halbwertsbreite der Resonanzkurve. Die Konstanten $\omega_0$ und $\delta$ wurden aus (15-56) bzw. (15-55) eingesetzt. Im Resonanzfall erhält man mit (15-72) sowie mit (15-44) und (15-48) für die Spannungen an der Spule bzw. am Kondensator

$$\hat{u}_L(\omega_0) = \hat{i}(\omega_0)Z_L = \frac{\omega_0 L}{R}\hat{u} = Q\hat{u} , \qquad (15\text{-}74)$$

$$\hat{u}_C(\omega_0) = \hat{i}(\omega_0)Z_C = \frac{1}{\omega_0 CR}\hat{u} = Q\hat{u} . \qquad (15\text{-}75)$$

Die Spitzenspannungen an Spule und Kondensator sind daher im Resonanzfall gleich groß und übersteigen die insgesamt an die Reihenschaltung angelegte Spannungsamplitude $\hat{u}$ um den Gütefaktor *Q*. Dass die Gesamtspannung *u* im Resonanzfall dennoch nur dem Spannungsabfall $u_R$ am Ohm'schen Widerstand entspricht, liegt daran, dass $u_L$ und $u_C$ gegenüber dem gemeinsamen Strom *i* nach (15-45) und (15-49) um $\pi/2$ bzw. $-\pi/2$, also gegeneinander um $\pi$ phasenverschoben sind, sich also gegenseitig kompensieren.

Den Phasenwinkel $\varphi$ zwischen Strom *i* und Gesamtspannung *u* erhalten wir aus (15-67), indem wir beachten, dass wegen (15-63) $\tan\varphi = -1/\tan\vartheta$ ist. Nach Einsetzen von $\delta$ und $\omega_0$ aus (15-55) bzw. (15-56) folgt

$$\varphi = \arctan\frac{\frac{1}{\omega C} - \omega L}{R} . \qquad (15\text{-}76)$$

Der Phasenverlauf als Funktion der Frequenz (Bild 15-11) zeigt, dass bei niedrigen Frequenzen ($\omega \ll \omega_0$) $\varphi \approx \pi/2$ ist, der Reihenschwingkreis sich also nach (15-49) kapazitiv verhält. Bei hohen Frequenzen ($\omega \gg \omega_0$) wird $\varphi \approx -\pi/2$, der Reihenschwingkreis wirkt nach (15-45) wie eine Induktivität. Bei Resonanz ($\omega = \omega_0$) liegt rein Ohm'sches Verhalten vor ($\varphi = 0$).

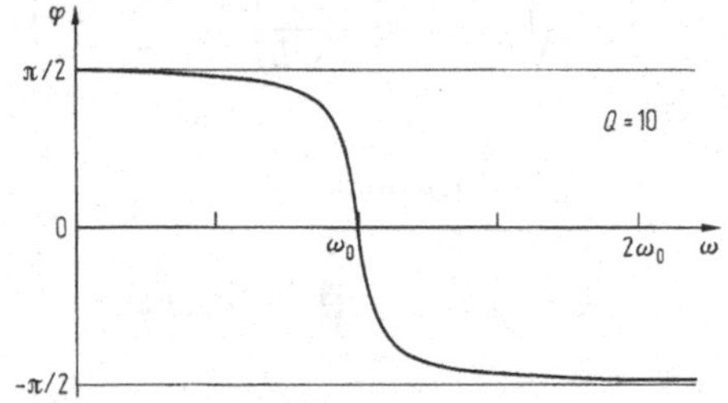


**Bild 15-11.** Phasenverschiebung zwischen Strom und Spannung im Reihenresonanzkreis

Die Leistung im Resonanzkreis ist bei Resonanz ein Maximum, da $u$ und $i$ dann phasengleich sind und das Produkt $ui$ wegen der Stromresonanz maximal wird.

**Parallelschwingkreis**

Auch eine Parallelschaltung von Kapazität $C$, Widerstand $R$ und Induktivität $L$ (Parallelschwingkreis, Bild 15-12), z. B. mit einer amplitudenkonstanten Einströmung $i = \hat{\imath} \sin \omega t$ zeigt Resonanzverhalten. Ausgehend von der Strombilanz z. B. im oberen Knotenpunkt (1. Kirchhoff'scher Satz (15-18))

$$C\frac{\mathrm{d}u}{\mathrm{d}t} + \frac{1}{R}u + \frac{1}{L}\int u\,\mathrm{d}t = i_\mathrm{C} + i_\mathrm{R} + i_\mathrm{L} = \hat{\imath} \sin \omega t \tag{15-77}$$

gelangt man zu einer Differenzialgleichung für den Spulenfluss $\Phi = \int u\,\mathrm{d}t$

$$C\frac{\mathrm{d}^2\Phi}{\mathrm{d}t^2} + \frac{1}{R}\cdot\frac{\mathrm{d}\Phi}{\mathrm{d}t} + \frac{1}{L}\Phi = \hat{\imath} \sin \omega t\,, \tag{15-78}$$

die wiederum die Differenzialgleichung der erzwungenen Schwingung darstellt. Analog dem Vorgehen beim Reihenschwingkreis wird als Lösung für den stationären (eingeschwungenen) Fall angesetzt

$$\Phi = \hat{\Phi} \sin\left(\omega t + \varphi - \frac{\pi}{2}\right), \tag{15-79}$$

woraus durch Differenzieren nach der Zeit folgt

$$u = \hat{u} \sin(\omega t + \varphi) \quad \text{mit} \quad \hat{u} = \omega\hat{\Phi}\,. \tag{15-80}$$

Für die Frequenzabhängigkeit der Spannungsamplitude ergibt sich analog zu (15-68)

$$\hat{u} = \frac{\hat{\imath}}{\sqrt{\frac{1}{R^2} + \left(\omega C - \frac{1}{\omega L}\right)^2}}\,, \tag{15-81}$$

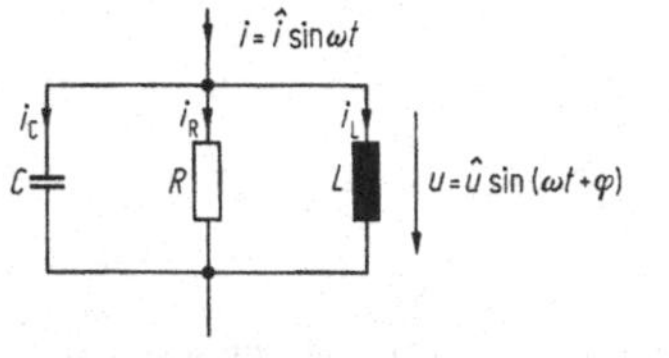


**Bild 15-12.** Parallelschwingkreis mit Wechseleinströmung

worin der Wurzelterm den Scheinleitwert $Y$ (auch: Betrag der Admittanz) der Parallelschaltung von $L$, $R$ und $C$ darstellt:

$$Y = \sqrt{\frac{1}{R^2} + \left(\omega C - \frac{1}{\omega L}\right)^2}\,. \tag{15-82}$$

Hieraus folgt, dass der Parallelschwingkreis bei gleichen $L$ und $C$ dieselbe, durch die Thomson'sche Schwingungsformel gegebene *Resonanzfrequenz*

$$\omega_0 = \frac{1}{\sqrt{LC}} \tag{15-83}$$

wie der Reihenschwingkreis (15-70) hat. Bei Resonanz hat der Scheinleitwert einen rein Ohm'schen Minimalwert

$$Y(\omega_0) = Y_\mathrm{min} = \frac{1}{R}\,, \tag{15-84}$$

die Spannungsamplitude $\hat{u}$ demzufolge ein Maximum (*Spannungsresonanz*)

$$\hat{u}(\omega_0) = \hat{\imath}R\,. \tag{15-85}$$

Für den Phasenwinkel $\varphi$ zwischen Spannung $u$ und Gesamtstrom $i$ ergibt sich analog zu (15-76)

$$\varphi = \arctan\left[R\left(\frac{1}{\omega L} - \omega C\right)\right]. \tag{15-86}$$

Die Einzelströme $i_\mathrm{C}$ und $i_\mathrm{L}$ sind bei Resonanz aufgrund der Spannungsresonanz maximal und um den Gütefaktor höher als der Gesamtstrom $i$, jedoch gegenphasig. Der Gütefaktor $Q$ beim Parallelkreis ergibt sich als Resonanzüberhöhung aus der Frequenzabhängigkeit des Flusses $\Phi$ (hier nicht behandelt) zu

$$Q = \frac{\hat{\Phi}(\omega_0)}{\hat{\Phi}(0)} = \frac{R}{\omega_0 L} = R\omega_0 C\,. \tag{15-87}$$

Anders als beim Reihenschwingkreis (15-73) steigt also beim Parallelschwingkreis die Güte mit dem Widerstand $R$.

### 15.4.3 Selbsterregung elektromagnetischer Schwingungen durch Rückkopplung

Reale Schwingungssysteme sind stets gedämpft. Eine angestoßene Schwingung klingt daher mit dem durch die Dämpfung bestimmten Abklingkoeffizienten $\delta$ zeitlich ab (5-46) oder (15-60).

Ungedämpfte Schwingungen eines Schwingungssystems lassen sich dadurch erreichen, dass die Dämpfungsverluste durch periodische Energiezufuhr ausgeglichen werden. Das kann durch eine äußere periodische Anregung geschehen (*Fremderregung*) und führt zu erzwungenen Schwingungen (vgl. 5.4 und 15.4.2). Eine andere Möglichkeit besteht darin, die periodische Anregung durch das Schwingungssystem selbst zu steuern. Das kann mithilfe des *Rückkopplungsprinzips* erreicht werden und führt zur *Selbsterregung* von Schwingungen.

Im Falle der elektromagnetischen Schwingungen wird dazu ein Verstärker benötigt, an dessen Ausgang ein Schwingkreis geschaltet ist (Bild 15-13). Ferner ist ein Rückkopplungsweg erforderlich, mit dessen Hilfe ein Bruchteil der Schwingungsenergie des Schwingkreises auf den Eingang des Verstärkers zurückgekoppelt werden kann. Dies kann durch direkten Abgriff von der Schwingkreisspule geschehen (Dreipunktschaltung), oder durch induktive Rückkopplung (Bild 15-13). Wird nun der Schwingkreis etwa durch den Einschaltstromstoß der Stromversorgung des Verstärkers zu einer gedämpften Schwingung der Eigenfrequenz $\omega_0 = 1/\sqrt{LC}$ angeregt, so wird in der Rückkopplungsspule eine Spannung gleicher Frequenz induziert, die verstärkt wieder auf den Schwingkreis am Verstärkerausgang gelangt. Die Phasenlage der rückgekoppelten Spannung muss dabei so sein, dass der Schwingungsvorgang unterstützt wird (Mitkopplung). Ist die Phase dagegen um $\pi$ verschoben, so wird die Schwingung unterdrückt (Gegenkopplung).

Zur Vereinfachung wird angenommen, dass die Phasenverschiebung zwischen Schwingkreisspannung $U_s$ und der Rückkopplungsspannung $U_r$ null ist, und dass ferner die Phasenverschiebung zwischen Eingangsspannung $U_e$ des Verstärkers und seiner Ausgangsspannung $U_a$ ebenfalls null ist (oder beide Phasenverschiebungen $\pi$ betragen). Dann lassen sich die Verhältnisse folgendermaßen quantitativ beschreiben:

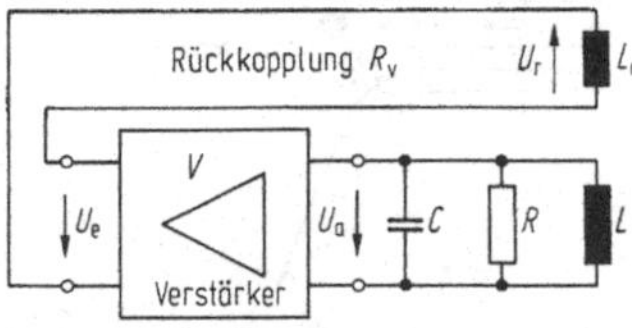


**Bild 15-13.** Rückkopplungsgenerator zur Erzeugung elektromagnetischer Schwingungen

$$\text{Verstärkungsfaktor:} \quad V = \frac{U_a}{U_e}$$

$$\text{Rückkopplungsfaktor:} \quad R_v = \frac{U_r}{U_s} \qquad (15\text{-}88)$$

Da der Schwingkreis am Verstärkerausgang liegt, ist $U_s = U_a$. Ist nun die Rückkopplungsspannung $U_r$ gerade gleich der Verstärkereingangsspannung $U_e$, die verstärkt gleich der ungeänderten Schwingkreisspannung $U_s$ ist, so ist offensichtlich ein stationärer Zustand erreicht, bei dem die Schwingkreisverluste durch Rückkopplung und Verstärkung ausgeglichen werden. Für diesen gilt

$$VR_v = \frac{U_a}{U_e}\frac{U_r}{U_s} = 1\,. \qquad (15\text{-}89)$$

Für die *Selbsterregungsbedingung*

$$VR_v > 1 \qquad (15\text{-}90)$$

führt jede Störung (Stromschwankung) zur Aufschaukelung von Schwingungen der Frequenz $\omega = \omega_0 = 1/\sqrt{LC}$. Im Allgemeinen ist sowohl die Rückkopplung als auch die Verstärkung mit Phasenverschiebungen verbunden, die in der Selbsterregungsbedingung berücksichtigt werden müssen.

Der erste Rückkopplungsgenerator als Oszillator für elektromagnetische Schwingungen wurde von Alexander Meißner 1913 mithilfe einer verstärkenden Elektronenröhre aufgebaut. Heute werden hierfür allgemein Halbleiterverstärker verwendet.

# 16 Transport elektrischer Ladung: Leitungsmechanismen

## 16.1 Elektrische Struktur der Materie

### 16.1.1 Atomstruktur

Das Phänomen der elektrolytischen Abscheidung z. B. von Metallen durch Stromfluss in wässrigen Metallsalzlösungen oder in Metallsalzschmelzen (siehe 16.5 und C 9.8) oder der Ionisierbarkeit von Gasen (vgl. 16.6) zeigt, dass die Bestandteile der Materie, die Atome, unter geeigneten Bedingungen elektrisch geladen sein, d. h. „Ionen" bilden können. Aus dem Vergleich chemischer Bindungsenergien (Größenordnung 10 eV) mit der elektrostatischen potenziellen Energie zweier Elementarladungen im Abstand von Atomen in kompakter Materie (aus Beugungsuntersuchungen, siehe 23: Größenordnung $10^{-10}$ m) lässt sich folgern, dass die strukturbestimmenden Kräfte in kompakter Materie, im Molekül und vermutlich auch im Atom elektrostatischer Natur sein dürften. Da ferner die Materie im Allgemeinen elektrisch neutral ist, müssen pro Atom im Normalfall gleich viele positive und negative Elementarladungen vorhanden sein. Die relativ leicht abstreifbaren Elektronen (z. B. durch Reiben von Kunststoffen) besitzen nicht genügende Masse, um die Masse der Atome zu erklären. Der Hauptteil der Atommasse muss deshalb durch schwerere Teilchen, z. B. positiv geladene Protonen und ungeladene Neutronen gebildet sein.

Die Größe der atomaren Bestandteile lässt sich durch *Streuversuche* mit Teilchensonden bestimmen. Lenard (1903) hatte aus der Durchdringungsfähigkeit von Elektronenstrahlen bei dünnen Metallfolien geschlossen, dass das Atominnere weitgehend materiefreier, leerer Raum ist. Rutherford, Geiger und Marsden (1911–1913) haben Streuexperimente mit α-Teilchen (17.3) an dünnen Folien durchgeführt, bei denen aus der Winkelverteilung der gestreuten α-Teilchen auf das Kraftgesetz zwischen diesen und den streuenden Atomen geschlossen werden kann. Dabei ergab sich die Coulomb-Kraft als maßgebende Wechselwirkung: Rutherford-Streuung. Aus Abweichungen vom so gefundenen Streugesetz bei höheren Energien ließ sich schließlich der Radius der streuenden, massereichen positiven Teilchen des Atoms zu etwa $10^{-15}$ m (= 1 fm) ermitteln.

Solche Beobachtungen und die Tatsache, dass die Coulomb-Kraft (12-1) dieselbe Abstandabhängigkeit (11-35) wie die Gravitationskraft (11-7) hat, legten ein Planetenmodell für den Atomaufbau nahe: Protonen (und die erst 1932 durch Chadwick entdeckten Neutronen) bilden den positiv geladenen, massereichen Atomkern (Ladung $+Ze$), um den die $Z$ Elektronen auf Bahnen der Größenordnung $10^{-10}$ m kreisen.

### Rutherford-Streuung

Als Messmethode zur Untersuchung atomarer Dimensionen sind Streuexperimente in der Atom- und Kernphysik außerordentlich wichtig. Als Beispiel werde die von Rutherford behandelte Streuung am Coulomb-Potenzial betrachtet. Wird ein Strom von leichten Teilchen der Masse $m$ und der Ladung $Z_1 e$ (α-Teilchen: $Z_1 = 2$) auf ein ruhendes, schweres Teilchen der Masse $M \gg m$ und der Ladung $Ze$ geschossen, so findet aufgrund der Coulomb-Kraft (12-1) eine Ablenkung statt, deren Winkel $\vartheta$ vom Stoßparameter $b$ (siehe 6.3.2 und Bild 16-1a) abhängt.

Die Primärenergie der gestreuten Teilchen sei $E_0 = mv_0^2/2 > 0$. Da die Coulomb-Kraft (12-1) eine Zentralkraft der Form $F \sim r^{-2}$ (vgl. (11-35)) darstellt, sind die Bahnkurven für $E > 0$ Hyperbeln (siehe 11.5), deren Asymptoten den Streuwinkel $\vartheta$ einschließen. Aus dem Zusammenhang zwischen Coulomb-Kraft und Impulsänderung des gestreuten Teilchens folgt unter Berücksichtigung der Drehimpulserhaltung nach Integration über die Bahnkurve die Beziehung

$$\cot\frac{\vartheta}{2} = \frac{2b}{r_0} \quad \text{mit} \quad r_0 = \frac{Z_1 Z e^2}{4\pi\varepsilon_0 E_0}\,. \tag{16-1}$$

Die Konstante $r_0$ ist der Minimalabstand (Umkehrpunkt, Bild 16-1b) für den zentralen Stoß ($\vartheta = 180°$, $b = 0$), bei dem die gesamte kinetische Energie $E_0$ des gestreuten Teilchens in potenzielle Energie im

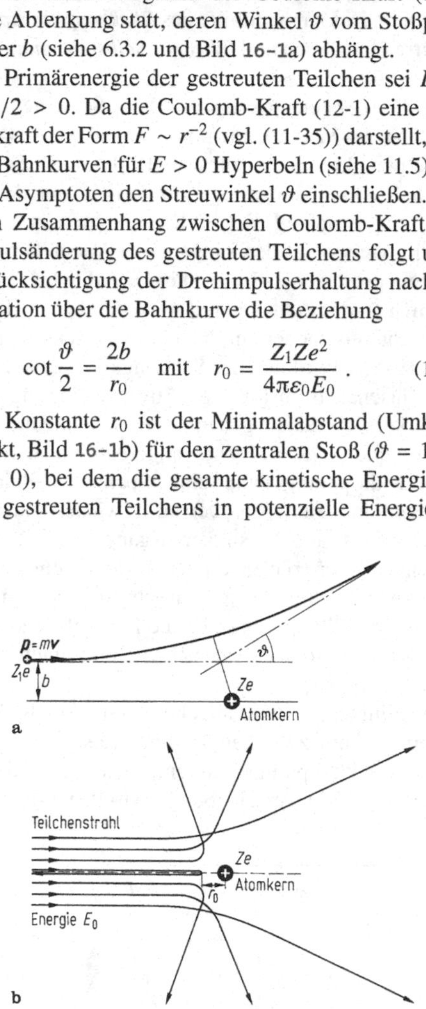


**Bild 16-1.** Streuung am Coulomb-Feld eines schweren geladenen Teilchens

Coulomb-Feld des streuenden Teilchens umgesetzt ist, wie sich durch Vergleich mit (12-43) erkennen lässt.

Gleichung (16-1) lässt sich experimentell nicht im Einzelfall prüfen, da in atomaren Dimensionen der zu einem bestimmten Streuwinkel gehörende Stoßparameter $b$ nicht gemessen werden kann. Deshalb wird bei Streuversuchen ein statistisches Konzept angewendet: Durch einen im Vergleich zu den Atomdimensionen breiten, gleichmäßigen Teilchenstrahl wird dafür gesorgt, dass alle Stoßparameter (< Strahlradius) gleichmäßig vorkommen (Bild 16-1b). In diesem Fall ist die Winkelverteilung, d. h. die Zahl der in ein Raumwinkelelement $\mathrm{d}\Omega = 2\pi \sin\vartheta\, \mathrm{d}\vartheta$ (mittlerer Streuwinkel $\vartheta$, Bild 16-2) gestreuten Teilchen, eine eindeutige und messbare Funktion des streuenden Potenzials.

In einen Streuwinkelbereich $\mathrm{d}\vartheta$ bei einem mittleren Streuwinkel $\vartheta$ werden offensichtlich alle diejenigen Teilchen des primären Strahls gestreut, die ein ringförmiges Flächenstück $\mathrm{d}\sigma = 2\pi b \mathrm{d}b$ des Strahlquerschnitts durchsetzen (Bild 16-2). Diese Fläche $\mathrm{d}\sigma$ wird differenzieller Streuquerschnitt genannt. Aus $b(\vartheta)$ gemäß (16-1) erhält man durch Differenzieren nach $\vartheta$ den differenziellen *Rutherford-Streuquerschnitt*

$$\mathrm{d}\sigma(\vartheta) = r_0^2 \frac{\mathrm{d}\Omega}{16 \sin^4 \dfrac{\vartheta}{2}} = \left(\frac{Z_1 Z e^2}{4\pi\varepsilon_0 E_0}\right)^2 \frac{\mathrm{d}\Omega}{16 \sin^4 \dfrac{\vartheta}{2}} . \tag{16-2}$$

Gleichung (16-2) ist hier in klassischer Rechnung für das reine, punktsymmetrische Coulomb-Potenzial des Atomkerns gewonnen worden. Dasselbe Ergebnis liefert die erste Näherung der quantenmechanischen Rechnung („1. Born'sche Näherung"), die hier nicht dargestellt wird. Eine Einschränkung der Gültigkeit besteht ferner darin, dass die Abschirmung des Coulomb-Potenzials des streuenden Atomkerns durch die Elektronenhülle nicht berücksichtigt ist. Diese macht sich vor allem in den Randbereichen des Atoms bemerkbar, also bei großen Stoßparametern $b$, d. h. nach (16-1) bei kleinen Streuwinkeln $\vartheta$.

Bei Streuversuchen wird meistens nicht an einzelnen Atomen gestreut, sondern z. B. an dünnen Schichten mit einer Flächendichte $n_s$ der Atome in der Schicht. Wegen der im Vergleich zur Atomgröße sehr geringen Kerngröße überdecken sich die Streuquerschnitte der Atomkerne in dünnen Schichten nur sehr selten. In großer Entfernung von der streuenden Schicht summieren sich dann die Streuintensitäten entsprechend der Zahl der streuenden Atomkerne. Ist $N$ die Zahl der auf die streuende Schicht fallenden Streuteilchen, so ergibt sich aus (16-2) für die Zahl der in den Raumwinkel $\mathrm{d}\Omega$ gestreuten Teilchen $\mathrm{d}N$ die *Rutherford'sche Streuformel*

$$\frac{\mathrm{d}N}{\mathrm{d}\Omega} = N n_s \left(\frac{Z_1 Z e^2}{4\pi\varepsilon_0 E_0}\right)^2 \frac{1}{16 \sin^4 \dfrac{\vartheta}{2}} . \tag{16-3}$$

Bei der Streuung von α-Teilchen an Folien aus verschiedenen Metallen fanden Geiger und Marsden die Rutherford-Streuformel für nicht zu kleine Streuwinkel $\vartheta$ gut bestätigt.

Bei hohen Energien können die Streuteilchen dem Atomkern sehr nahe und in den Bereich der Kernkräf-

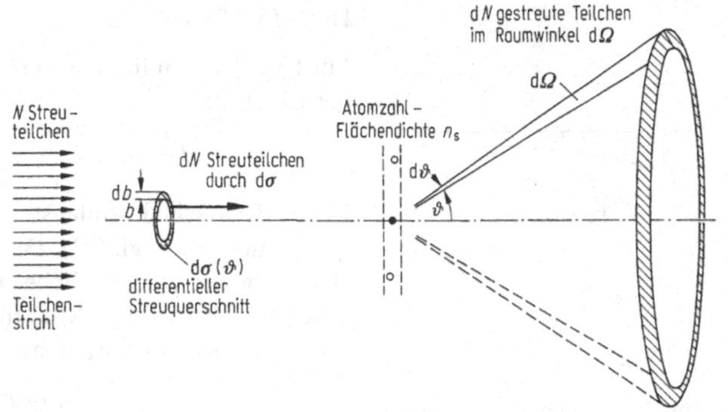


**Bild 16–2.** Zum Begriff des Streuquerschnitts

te kommen. Dann wird das Kraftgesetz verändert und die Rutherford-Streuformel gilt nicht mehr. Der Kernradius kann daher mithilfe von (16-1) aus der Energie ermittelt werden, bei der bei Streuwinkeln $\vartheta \approx 180°$ zuerst Abweichungen von (16-3) beobachtet werden.

Zur Erläuterung des *Rutherford'schen Planetenmodells* des Atoms werde als einfachstes das Wasserstoffatom ($Z = 1$) betrachtet (Bild 16-3a). Der Kern des Wasserstoffatoms besteht aus einem einzelnen Proton der Masse $m_p = 1{,}67262171 \cdot 10^{-27}$ kg (vgl. 17.1) und der Ladung $+e$. Die Elektronenhülle enthält ein Elektron (Ladung $-e$). Die elektrostatische Wechselwirkung zwischen Elektron und Kern ergibt mit (12-1) als Radius $r$ der Kreisbahn des Elektrons mit der Geschwindigkeit $v$

$$r = \frac{e^2}{4\pi\varepsilon_0 m_e v^2} \, . \qquad (16\text{-}4)$$

Die Gesamtenergie des Elektrons auf einer Kreisbahn ergibt sich aus der kinetischen Energie $E_k$ des Elektrons und seiner potenziellen Energie $E_p$ im Feld des Protons aus ((12-43): $Q = e$) in gleicher Weise wie bei der Gravitation (11-47) zu

$$E = E_k + E_p = \frac{1}{2}E_p = -\frac{1}{2} \cdot \frac{e^2}{4\pi\varepsilon_0 r} \, . \qquad (16\text{-}5)$$

Nach der klassischen Mechanik ist jeder Bahnradius (16-4) und damit jeder Wert <0 der Gesamtenergie (16-5) des Atoms möglich (Bild 16-3b; vgl. Bild 11-10). Dies führt jedoch zu Widersprüchen hinsichtlich der beobachteten Existenz diskreter, stationärer Energiezustände (20.4), sowie hinsichtlich der Stabilität der Atome: Positiver Atomkern und umlaufendes Elektron bilden einen zeitveränderlichen elektrischen Dipol, der nach den Gesetzen der Elektrodynamik (siehe 16-19) elektromagnetische Wellen abstrahlt, damit dem Atom Energie entzieht und so zu einer stetigen Annäherung des Elektrons an den Kern führt. Die Durchrechnung ergibt einen „Zusammenbruch" des Atoms in ca. $10^{-8}$ s. Das Rutherford'sche Atommodell ist daher nicht ausreichend.

a

b

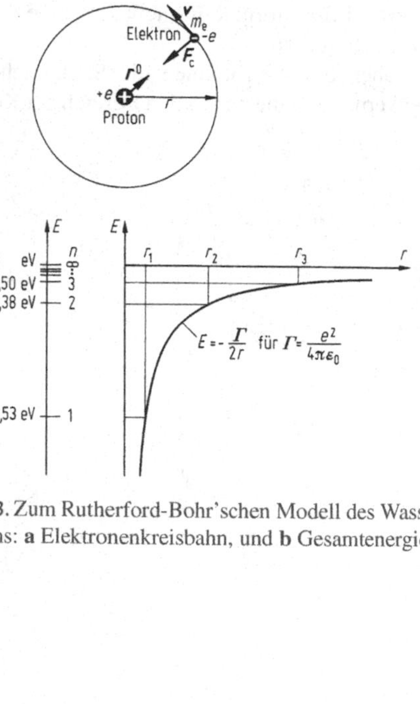


**Bild 16-3.** Zum Rutherford-Bohr'schen Modell des Wasserstoffatoms: **a** Elektronenkreisbahn, und **b** Gesamtenergie

**Bohr'sches Modell des Atoms**

Niels Bohr hat das Rutherford'sche Planetenmodell des Atoms weiter entwickelt und dessen Unzulänglichkeiten dadurch zu beseitigen versucht, dass er annahm, dass die oben genannten, zu Widersprüchen führenden Gesetze der klassischen Makrophysik für das Mikrosystem des Atoms nicht gelten. So postulierte er die Existenz *diskreter, strahlungsfreier Bahnen* im Atom, als deren Auswahlprinzip er für das *Phasenintegral* $\oint p \, dq$ die Quantenbedingung (*1. Bohr'sches Postulat*)

$$\oint p \, dq = nh \quad \text{mit} \quad n = 1, 2, \ldots \qquad (16\text{-}6)$$

fand. Hierin bedeuten $p = mv$ den Impuls des Elektrons und $q = r$ seine Ortskoordinate. $h$ ist die Planck-Konstante (siehe 5.2.2).

*Anmerkung*: Dieselbe Quantenbedingung (16-6) stellt auch das Auswahlprinzip für die möglichen Energiewerte des quantenmechanischen harmonischen Oszillators (5.2.2) dar.

Für Kreisbahnen folgt aus (16-6) für den Drehimpuls des Elektrons

$$L = m_e v_n r_n = n\frac{h}{2\pi} = n\hbar \, . \qquad (16\text{-}7)$$

Das 1. Bohr'sche Postulat stellt also eine Drehimpulsquantelung dar (vgl. 7.3). Die genauere Quantenmechanik liefert eine ähnliche, nur für kleinere $n$ abweichende Beziehung. Mit (16-4) folgt daraus für die möglichen Kreisbahnradien

$$r_n = \frac{4\pi\varepsilon_0\hbar^2}{m_e e^2} n^2 \, . \qquad (16\text{-}8)$$

Für $n = 1$ erhält man den Radius des Wasserstoffatoms im Grundzustand, den sog. Bohr'schen Radius

$$r_1 = a_0 = (52{,}91772108 \pm 18 \cdot 10^{-8})\,\mathrm{pm}\,. \quad (16\text{-}9)$$

Aus (16-5) und (16-8) folgen schließlich die *stationären Energieniveaus des Wasserstoffatoms* nach Bohr

$$E_n = -\frac{m_e e^4}{8\varepsilon_0^2 h^2} \cdot \frac{1}{n^2} \quad (16\text{-}10)$$

$$(n = 1, 2, \ldots ; \text{Haupt-Quantenzahl})\,.$$

Die gleichen Energiewerte ergeben sich auch aus der Quantentheorie (als Eigenwerte der Schrödinger-Gleichung, siehe 25.3 sowie C 1.4). Da genau genommen das Elektron sich nicht um den Kern, sondern um das Massenzentrum (siehe 6.1) des Systems Elektron – Kern bewegt, muss die Elektronenmasse $m_e = 9{,}10938215 \cdot 10^{-31}$ kg in (16-10) durch die reduzierte Masse (6-53) von Kern und Elektron ersetzt werden, im Falle des Wasserstoffatoms:

$$m_e \to \frac{m_e}{1 + m_e/m_p} = 0{,}99945568\,m_e\,. \quad (16\text{-}11)$$

Die im Rutherford'schen Atommodell beliebigen, kontinuierlich verteilten „erlaubten" Energiewerte werden also im Bohr'schen Atommodell mithilfe einer Drehimpulsquantelung auf bestimmte diskrete Energieterme gemäß (16-10) eingeschränkt, die stationär und nichtstrahlend sind. Das Energieschema eines Atoms (*Termschema*) lässt sich daher durch Markierung der „erlaubten" Energiewerte auf der Energieskala darstellen (Bild 16-3b).

*Anmerkung*: Eine gewisse anschauliche Deutung des Auftretens der Drehimpulsquantelung stellt die Behandlung der Welleneigenschaften von Elektronen (Materiewellen, siehe 25.2) dar.

Eine weitere Annahme von Bohr betrifft den Übergang des Atoms von einem Energiezustand in einen anderen. Analog zur Beschreibung des Verhaltens mikroskopischer harmonischer Oszillatoren (siehe 5.2.2) in der zeitlich vorangegangenen Planck'schen Strahlungstheorie (1900, siehe 20.2) postuliert Bohr, dass ein solcher Übergang nur zwischen stationären Energiezuständen $E_m$ und $E_n$ möglich ist, wobei die Energiedifferenz $\Delta E = E_m - E_n$ je nach Richtung des Übergangs absorbiert oder emittiert wird. Die Absorption kann z. B. aus einem äußeren elektromagnetischen Strahlungsfeld erfolgen, wobei die Energie des Atoms erhöht wird (das Atom wird „angeregt"). Umgekehrt kann ein „angeregtes" Atom durch Emission von elektromagnetischer Strahlung der Frequenz $\nu$ in einen Zustand geringerer Energie übergehen. Beide Fälle werden durch die Bedingung *(2. Bohr'sches Postulat, Bohr'sche Frequenzbedingung)*

$$\Delta E = E_m - E_n = h\nu \quad (16\text{-}12)$$

beschrieben (weiteres siehe 20.4, 20.5 und C 1.2).

Der Erfolg des Bohr'schen Atommodells zeigte sich in der außerordentlich genauen Übereinstimmung der aus den Bohr'schen Postulaten berechneten Emissions- und Absorptionsfrequenzen mit den experimentell beobachteten Spektren des Wasserstoffs (20.4). Auch wasserstoffähnliche Systeme (ein- bzw. mehrfach ionisierte Atome der Kernladungszahl Z mit einem einzigen Elektron in der Hülle) lassen sich in analoger Weise aus (16-10) berechnen, wenn die erhöhte Kernladung durch einen zusätzlichen Faktor $Z^2$ im Zähler berücksichtigt wird. Mehrelektronensysteme lassen sich dagegen durch das Bohr'sche Modell nicht mehr beschreiben. Sommerfeld versuchte, das Bohr'sche Atommodell durch Annahme von (wiederum diskreten) Ellipsenbahnen der Elektronen zu erweitern. Danach sollten zu jeder Energie $E_n$ mehrere Ellipsenbahnen gleicher Hauptachsenlänge, aber mit unterschiedlicher Nebenachsenlänge und daher mit unterschiedlichem Drehimpuls (Bild 11-12) erlaubt sein. Das Auswahlprinzip ist wiederum die Drehimpulsquantelung entsprechend (16-7). Das liefert eine weitere Quantenzahl, die Neben- oder Drehimpuls-Quantenzahl. Ihre nach diesem Modell möglichen Werte stimmten jedoch nicht mit den spektroskopischen Daten überein.

Trotz des Erfolges des Bohr'schen Atommodells hinsichtlich der wasserstoffähnlichen Systeme ist der Begriff der Elektronen„bahn" im Bohr'schen Sinne jedoch nicht aufrecht zu erhalten. Er würde nämlich eine Lokalisierung des Elektrons zumindest im Bereich des Atoms (ca. $10^{-10}$ m) erfordern. Aus der Heisenberg'schen Unschärferelation (vgl. 25.1) lässt sich dann eine Mindestimpulsunschärfe und daraus wiederum eine Energieunschärfe berechnen, die in der gleichen Größenordnung liegt wie die sich aus (16-5) ergebenden Energiewerte des Atoms. Der Begriff einer Elektronenbahn im Atom mit definiertem Ort und Impuls des Elektrons verliert daher jeglichen Sinn.

## Quantenzahlen

Das heutige *wellenmechanische* oder *quantenmechanische Atommodell* nach Schrödinger bzw. Heisenberg setzt an die Stelle des Bahnbegriffs die (komplexe) Zustands- oder *Wellenfunktion* $\Psi$ des Elektrons, auf die später bei der Behandlung der Materiewellen nochmals eingegangen wird (vgl. 25). Das Betragsquadrat der $\Psi$-Funktion kann als Dichte der *Aufenthaltswahrscheinlichkeit* des Elektrons gedeutet werden. Die Wellenfunktion erhält man als Lösung der *Schrödinger-Gleichung* des betrachteten atomaren Systems (vgl. 25.3 und C 1.4), die auch die zugehörigen Energieniveaus als Eigenwerte liefert. Wegen des erheblichen mathematischen Aufwandes kann darauf in diesem Rahmen nicht im Einzelnen eingegangen werden. Die Lösungsfunktionen der Schrödinger-Gleichung enthalten die Quantenzahlen $n$, $l$ und $m$ als Parameter, die unterschiedliche Elektronenzustände beschreiben. Die räumliche Verteilung der Aufenthaltswahrscheinlichkeitsamplitude der Elektronen im Atom (nicht ganz korrekt auch „Elektronenwolke" genannt) lässt sich durch die *Orbitale* darstellen (vgl. C 1.4.3). Sie zeigt für unterschiedliche Quantenzahl-Kombinationen ganz verschiedene Symmetrien (vgl. C, Bild 1-2).

$n$ wurde bereits als *Haupt-Quantenzahl* eingeführt und bestimmt beim Wasserstoffatom die Eigenwerte der Energie (Bindungsenergie des Elektrons je nach Anregungszustand)

$$E_n = -\frac{m_e e^4}{8\varepsilon_0^2 h^2} \cdot \frac{1}{n^2} = \frac{E_1}{n^2} \qquad \text{(vgl. (16-10))}$$

mit dem unbeschränkten Wertevorrat

$$n = 1, 2, \ldots ,$$

ein Ergebnis, das auch aus der Bohr'schen Rechnung (16-10) erhalten wurde. Bei Mehrelektronenatomen hängen die Energieniveaus auch von den anderen Quantenzahlen ab.

Die *Neben-* oder *Bahndrehimpuls-Quantenzahl* $l$ bestimmt den Betrag des gequantelten Bahndrehimpulses $L$ eines Elektronenzustandes

$$L = \sqrt{l(l+1)}\hbar , \qquad (16\text{-}13)$$

wobei seine maximale Komponente in einer physikalisch ausgezeichneten Richtung (etwa durch ein Magnetfeld z. B. in $z$-Richtung definiert) durch

$$L_{z,\max} = l\hbar \qquad (16\text{-}14)$$

mit dem Wertevorrat

$$l = 0, 1, \ldots, (n-1)$$

(das sind $n$ mögliche Werte) gegeben ist. Da der Betrag des Drehimpulses $L$ nach (16-13) stets etwas größer als $L_{z,\max}$ ist, bildet der Drehimpulsvektor $\boldsymbol{L}$ einen Winkel $\varphi$ mit der physikalisch ausgezeichneten Richtung (Bild 16-4). Dieser Winkel kann verschiedene Werte annehmen (Richtungsquantelung, siehe unten). Die *magnetische Quantenzahl m* legt die gequantelte Orientierung des Bahndrehimpulses hinsichtlich einer physikalisch vorgegebenen Richtung fest, indem seine Projektion auf die ausgezeichnete Raumrichtung $z$ wiederum nur Beträge

$$L_z = m\hbar \qquad (16\text{-}15)$$

mit dem Wertevorrat

$$m = 0, \pm 1, \pm 2, \ldots, \pm l$$

(das sind $2l + 1$ Werte) annehmen kann: *Richtungsquantelung*. Deren erster experimenteller Nachweis erfolgte durch den *Stern-Gerlach-Versuch* (1921). Bild 16-4a zeigt die möglichen Orientierungen des Bahndrehimpulses für $n = 3$ in den Fällen $l = 2$ und $l = 1$. Im ferner möglichen Fall $l = 0$ verschwindet der Bahndrehimpuls.

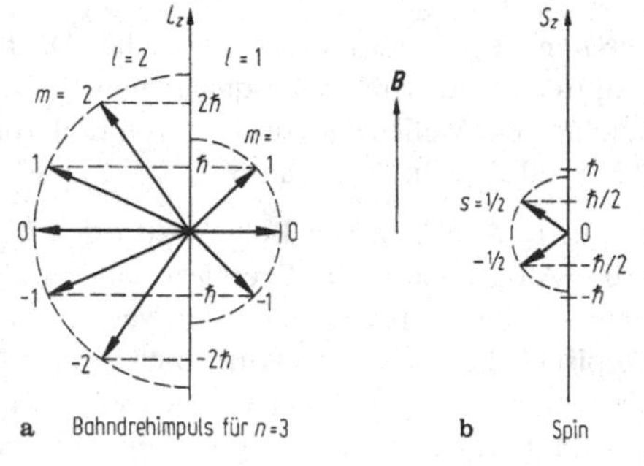


**Bild 16-4.** Richtungsquantelung: Mögliche Orientierungen **a** des Bahndrehimpulses $\boldsymbol{L}$ für $n = 3$ und **b** des Eigendrehimpulses $\boldsymbol{S}$ des Elektrons (Spin) zu einer physikalisch ausgezeichneten Richtung (Magnetfeld $\boldsymbol{B}$)

Der Bahndrehimpuls ist mit einem magnetischen Dipolmoment $\mu_L$ verknüpft (magnetomechanischer Parallelismus, siehe 13.4). In einem Magnetfeld wird daher ein Drehmoment auf den Bahndrehimpuls ausgeübt, das zu einer Präzession des Drehimpulses um die Feldrichtung und zu einer zusätzlichen potenziellen Energie $E_p = -\mu_L \cdot B = -\mu_L B \cos\varphi$ (Tabelle 13-1) führt. Je nach der Orientierung des Bahndrehimpulses bzw. des damit verbundenen magnetischen Momentes zur Feldrichtung (Bild 16-4) haben daher die durch unterschiedliche Quantenzahlen gekennzeichneten Elektronenzustände etwas unterschiedliche Energien im Magnetfeld: Mit zunehmender Magnetfeldstärke $\boldsymbol{H}$ oder Flussdichte $\boldsymbol{B}$ spalten Energiezustände gleicher Haupt-Quantenzahl $n$ auf in mehrere Energieniveaus, deren Anzahl durch den Wertevorrat der magnetischen Quantenzahl $m$ gegeben ist.

Eine weitere Eigenschaft des Elektrons neben Masse und Ladung ist sein *Eigendrehimpuls* oder *Spin*, der sich nicht auf eine Bahnbewegung zurückführen lässt. Der Spin des Elektrons wurde zunächst hypothetisch von Goudsmit und Uhlenbeck (1925) zur Erklärung der Feinstruktur der Spektrallinien eingeführt. Diese Eigenschaft wird in der Schrödinger-Gleichung nicht berücksichtigt, sondern erst in deren relativistischer Verallgemeinerung (z. B. von Dirac). Der Betrag des Spinvektors $\boldsymbol{S}$ ist analog zu (16-13)

$$S = \sqrt{l_s(l_s+1)}\,\hbar = \frac{\sqrt{3}}{2}\hbar \quad \text{mit} \quad l_s = \frac{1}{2}\,. \qquad (16\text{-}16)$$

Auch der Spin unterliegt der Richtungsquantelung (Bild 16-4b). Er kann zwei Orientierungen annehmen, die durch die Spinquantenzahl $s$ beschrieben werden. Seine Projektion auf eine physikalisch ausgezeichnete Richtung $z$ ist durch

$$S_z = s\hbar \quad \text{mit} \quad s = \pm\frac{1}{2} \qquad (16\text{-}17)$$

gegeben. Auch der Spin des Elektrons ist mit einem magnetischen Dipolmoment verknüpft (Bohr'sches Magneton, siehe 13.4).

### Elektronenschalen-Aufbau des Atoms

Zur Erklärung des Periodensystems der Elemente (vgl. C 3) führte Pauli 1925 das folgende Ausschließungsprinzip ein:

*Pauli-Prinzip*:

> Ein durch eine räumliche Wellenfunktion mit einer gegebenen Kombination von Quantenzahlen $n$, $l$ und $m$ sowie durch eine Spinquantenzahl $s$ charakterisierter Quantenzustand in einem Atom kann höchstens durch *ein* Teilchen besetzt werden.

Danach müssen sich alle Elektronen eines Atoms voneinander um mindestens eine der vier Quantenzahlen unterscheiden. Aufgrund der oben genannten Wertevorräte für die verschiedenen Quantenzahlen lässt sich für jede Haupt-Quantenzahl $n$ eine Anzahl von $2n^2$ verschiedenen Quantenzahlkombinationen angeben. Jeder Zustand $n$ kann also maximal $2n^2$ Elektronen aufnehmen. Das System von Elektronen mit der gleichen Haupt-Quantenzahl $n$ wird *Elektronenschale* genannt. Diese wiederum gliedern sich in Unterschalen, deren Elektronen die gleiche Neben-Quantenzahl $l$ aufweisen.

In einem Atom der Ordnungszahl $Z$ (Protonenzahl gleich Hüllenelektronenzahl) nehmen die Elektronen im Grundzustand die niedrigsten Energiezustände ein. Mit steigender Ordnungszahl werden die einzelnen Elektronenschalen aufgefüllt. Ab $n = 3$ bleiben einige Unterschalen aus energetischen Gründen zunächst frei, um erst bei höheren $Z$ aufgefüllt zu werden. Wie sich daraus mit zunehmendem $Z$ die Elektronenkonfigurationen der verschiedenen Atome des *Periodensystems der Elemente* ergeben, ist in C 1.5 bis C 2.1 dargestellt.

*Chemische Bindungsvorgänge* zwischen zwei oder mehreren Atomen zu *Molekülen* spielen sich in den äußersten Elektronenschalen ab, die noch Elektronen enthalten:

*Valenzelektronen.* Dabei zeigen Atome mit voll gefüllten (abgeschlossenen) äußeren Elektronenschalen eine besonders hohe Energie zum Abtrennen eines Valenzelektrons (Ionisierungsenergie). Sie sind daher stabil und chemisch inaktiv (z. B. Edelgase). Valenzelektronenschalen, die nur ein oder zwei Elektronen enthalten, oder denen nur ein oder zwei Elektronen zur abgeschlossenen Schale fehlen, sind dagegen chemisch besonders aktiv. Bei der chemischen Bindung zweier Atome werden meist abgeschlossene Elektronenschalen dadurch erreicht, dass z. B. Valenzelektronen von einem Atom abgegeben und vom anderen aufgenommen werden (*Ionenbindung*), oder dass Elektronenpaare beiden Atomen gemeinsam angehören (*Atombindung*). Einzelheiten siehe C 4.1–4.4.

### 16.1.2 Elektronen in Festkörpern

Dieselben Bindungsarten, die zu Molekülen führen, können auch makroskopische raumperiodische Strukturen erzeugen: kristalline Festkörper. Die Ionenbindung (heteropolare Bindung) führt zu *Ionenkristallen*, die aus mindestens zwei Atomsorten bestehen (z. B. NaCl, $CaF_2$, MgO). Die Atombindung (homöopolare oder kovalente Bindung) liegt z. B. bei nichtmetallischen Kristallen vor, die nur aus einer einzigen Atomsorte bestehen (*kovalente Kristalle*, z. B. B, C, Si, P, As, S, Se).
Zusätzlich können bei Festkörpern noch weitere Bindungsarten auftreten. Dipolkräfte zwischen permanenten oder induzierten elektrischen Dipolmomenten der beteiligten Atome oder Moleküle (Van-der-Waals-Kräfte) führen zu *Van-der-Waals-Kristallen* (z. B. bei sehr tiefen Temperaturen auftretende feste Edelgase, oder Molekülgitterkristalle wie fester Wasserstoff oder alle Kristalle organischer Verbindungen).
Atome, die nur wenige Valenzelektronen in der äußersten Schale haben (z. B. Na, K, Mg, Ca und andere Metalle), lassen sich bis zur „Berührung" der inneren abgeschlossenen Schalen zusammenbringen. Die Bereiche der maximalen Aufenthaltswahrscheinlichkeit der Valenzelektronen überlappen sich dann so stark, dass die Valenzelektronen nicht mehr einem bestimmten Atom zuzuordnen sind. Sie gehören allen Gitterionen gemeinsam an (*„freies Elektronengas"*) und können sich im Metall quasi frei bewegen: *Metallische Leitfähigkeit*. Die Bindung der sich abstoßenden Gitterionen durch die freien Elektronen (*metallische Bindung*) ähnelt der kovalenten Bindung, ist jedoch nicht lokalisiert.

#### Energiebändermodell des Festkörpers

Das Energietermschema eines einzelnen Atoms weist scharf definierte Terme auf (Bild 16-3b links). Im Festkörper (Kristall) beeinflussen sich die Elektronen benachbarter Atome gegenseitig, die Festkörperatome stellen gekoppelte Systeme dar. Bei den Schwingungen haben wir kennen gelernt, dass $N$ gleiche Schwingungssysteme auf eine Kopplung in der Weise reagieren, dass die Eigenfrequenz in $3N$ Eigenfrequenzen aufspaltet (siehe 5.6.2), wobei die Aufspaltung zwischen zwei benachbarten Frequenzen umso größer ist, je stärker die Kopplung zwischen den Oszillatoren ist (Bild 5-27).
Ein dazu analoges Verhalten zeigen die diskreten Eigenenergien der Atome. Bei der Kopplung von $N$ Atomen im Festkörper spalten die Energieterme der Atome in sehr viele ($N$ ist bei einer Stoffmenge von 1 mol von der Größenordnung $10^{23}$!) benachbarte Energiewerte auf, die bei einem Festkörper von makroskopischer Größe praktisch beliebig dicht liegen: Es entstehen quasikontinuierliche *Energiebänder* (Bild 16-5). Für die Diskussion elektrischer Leitungsphänomene wird oft horizontal noch eine Ortskoordinate aufgetragen.
Da die höheren Energieniveaus des Atoms zu weiter außen liegenden Bereichen der Elektronenhülle gehören, die die Kopplung mit den Nachbaratomen stärker spüren, als die zu inneren Elektronenschalen gehörenden, tiefer liegenden Energieniveaus, werden die höheren Niveaus (höhere Quantenzahlen) zu breiteren Energiebändern aufgespalten. Die Aufspaltung der Energieniveaus von ganz innen liegenden Elektronenschalen (niedrige Quantenzahlen) bleibt insbesondere bei Atomen mit höherer Ordnungszahl $Z$ gering. Dies ist wichtig bei der Anregung atomspezifischer, charakteristischer Röntgenstrahlung (siehe 19.1).
Die Elektronen des Festkörpers besetzen Energiezustände innerhalb der Energiebänder, die durch sog. verbotene Zonen (Energielücken) voneinander getrennt sind. Entsprechend der Zahl der vorhandenen Elektronen ($Z$ für jedes Atom) sind bei einem nicht

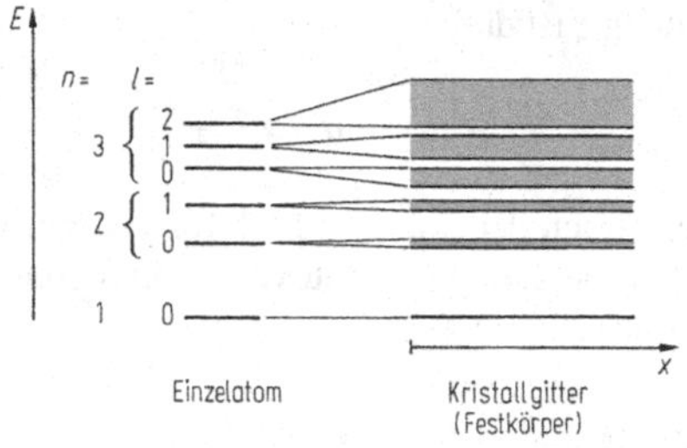


**Bild 16-5.** Übergang von diskreten Energieniveaus eines einzelnen Atoms zu Energiebändern im Festkörper (Kristallgitter)

angeregten Festkörper die unteren Energiebänder mit Elektronen vollständig gefüllt. In vielen Fällen, z. B. bei den Ionenkristallen, sind die äußersten, die Valenzelektronen enthaltenden Schalen der Gitterbausteine (Ionen) voll besetzt (damit wird ja gerade die Bindung erreicht). Das überträgt sich auf die Energiebänder: Das oberste, noch Elektronen enthaltende Band ist voll besetzt: *Valenzband*. Das nächsthöhere Band ist leer (Bild 16-6). Es wird wegen seiner Bedeutung für elektrische Leitungsvorgänge bei energetischer Anregung (siehe 16.4) *Leitungsband* genannt. Dazwischen liegt eine „verbotene Zone" (*Energielücke*), in der keine Elektronenzustände vorhanden sind. Elektronen in vollbesetzten (abgeschlossenen) Schalen bzw. Bändern sind besonders fest an ihre Ionen gebunden, können sich daher auch bei Anlegung eines elektrischen Feldes nicht ohne Weiteres bewegen. Die äquivalente Betrachtung im Bändermodell ergibt ebenfalls keine Bewegungsmöglichkeit: Die Aufnahme von Bewegungsenergie würde die Besetzung eines etwas höheren Zustandes im Valenzband erfordern. Diese sind jedoch alle ebenfalls durch Elektronen besetzt, und eine Mehrfachbesetzung von Energiezuständen durch Elektronen ist nach dem Pauli-Verbot (vgl. Pauli-Prinzip, siehe oben) nicht möglich. In einem voll besetzten Energieband können Elektronen daher keine Bewegungsenergie aufnehmen. Ein Festkörper mit einem Bänderschema gemäß Bild 16-6 stellt daher (insbesondere bei $T = 0\,\mathrm{K}$, vgl. 16.4) einen elektrischen Isolator dar.

In einem Metallkristall (z. B. Elemente der I. Hauptgruppe des Periodensystems) sind dagegen die Valenzelektronen in nicht abgeschlossenen Schalen, das entsprechende Energieband ist nur teilweise gefüllt (Bild 16-7). Wie oben bei der metallischen

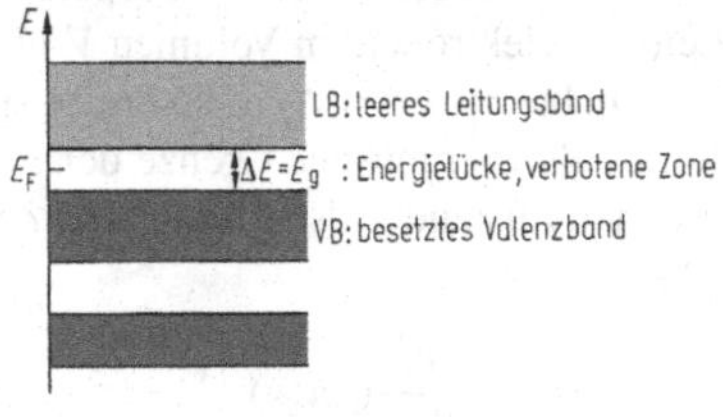


**Bild 16-6.** Valenzband VB, Leitungsband LB und verbotene Zone $\Delta E = E_g$ im Energiebänderschema eines Festkörpers (Isolator)

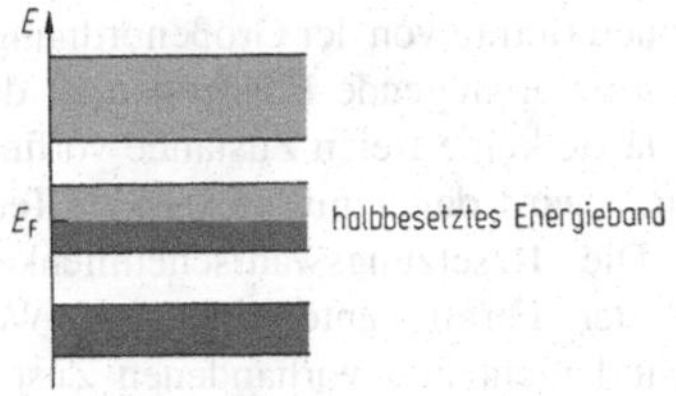


**Bild 16-7.** Energiebänderschema eines elektrischen Leiters (Metall)

Bindung diskutiert, sind solche Elektronen nicht mehr an ein bestimmtes Gitterion gebunden, sie sind vielmehr quasifrei beweglich (energetisch allerdings auf die Energiebänder beschränkt). Bei Anlegen eines elektrischen Feldes nehmen sie Bewegungsenergie auf und stellen einen elektrischen Strom dar. Im Bändermodell bedeutet dies, dass sie durch die Energieaufnahme etwas höhere Zustände im vorher unbesetzten Teil des Bandes einnehmen. Metalle sind daher elektrische Leiter. Teilweise unbesetzte Energiebänder können auch dadurch auftreten, dass Valenz- und Leitungsband einander überlappen (z. B. Elemente der II. Hauptgruppe des Periodensystems).

$E_F$ wird *Fermi-Energie* oder Fermi-Niveau genannt und kennzeichnet die Grenze zwischen besetztem und unbesetztem Energiebereich. $E_F$ ist eine charakteristische Größe der *Fermi-Dirac-Verteilungsfunktion*

$$f_{FD}(E) = \frac{1}{e^{(E-E_F)/kT} + 1}\,, \tag{16-18}$$

die die Wahrscheinlichkeit beschreibt, mit der ein bestimmter Energiezustand mit Elektronen besetzt ist. Die Fermi-Dirac-Statistik gilt für Teilchen mit halbzahligem Spin, zu denen die Elektronen nach 17 gehören.

Für $T = 0\,\mathrm{K}$ stellt (16-18) eine Sprungfunktion dar (*Fermi-Kante* bei $E = E_F$):

$$f_{FD}(E) = \begin{cases} 1 & \text{für} \quad E < E_F \\ 0 & \text{für} \quad E > E_F \end{cases}\,, \tag{16-19}$$

d. h., unterhalb der Fermi-Kante sind alle Zustände mit Elektronen besetzt, oberhalb $E_F$ leer (Bild 16-8). Bei Temperaturen $T > 0$ können Elektronen in einem Bereich der Größenordnung $kT$ ($k$ Boltzmann-Konstante, vgl. (8-29)) unterhalb der Fermi-Kante thermisch angeregt werden, d. h., ihre Energie erhöht sich um einen Betrag von der Größenordnung $kT$. Für energetisch tiefer liegende Elektronen ist dies nicht möglich, da sie keine freien Zustände vorfinden. Die Fermi-Kante wird daher mit steigender Temperatur weicher: Die Besetzungswahrscheinlichkeit dicht unterhalb der Fermi-Kante sinkt auf Werte <1, d. h., es sind nicht alle vorhandenen Zustände mit Elektronen besetzt. Die dort fehlenden Elektronen besetzen nun Zustände dicht oberhalb der Fermi-Kante, die Besetzungswahrscheinlichkeit ist jetzt dort >0 (Bild 16-8). Die Breite des Übergangsbereiches ist von der Größenordnung der thermischen Energie $kT$ und bei normalen Temperaturen sehr klein im Vergleich zur Fermi-Energie. Dies ändert sich erst bei Temperaturen $T$ in der Größenordnung der *Fermi-Temperatur*

$$T_F = \frac{E_F}{k}, \qquad (16\text{-}20)$$

(vgl. z. B. Bild 16-8 für $T = 0{,}5T_F$). Da die Fermi-Temperatur bei Metallen $T_F > 10^4$ K beträgt (Tabelle 16-1), tritt dieser Fall bei Festkörpern nicht auf.

Der höherenergetische Teil der Fermi-Dirac-Verteilung (16-18) geht in die Boltzmann-Verteilung über (vgl. (8-40)):

$$f_{FD}(E) \to e^{-(E-E_F)/kT} = f_B(E - E_F) \quad \text{für} \quad (E - E_F) \gg kT\,. \qquad (16\text{-}21)$$

Die Fermi-Dirac-Verteilung ist auch gültig für den Fall, dass zwischen besetztem und unbesetztem Bandbereich eine Energielücke auftritt (Bild 16-6). Die Fermi-Kante liegt dann in der Mitte der Energielücke zwischen Valenzband VB und Leitungsband LB.

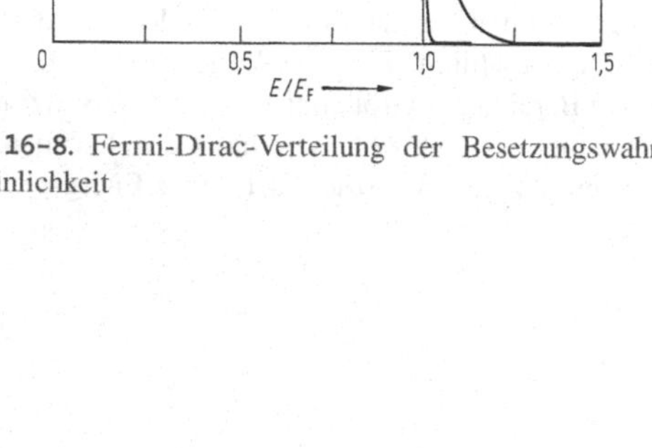

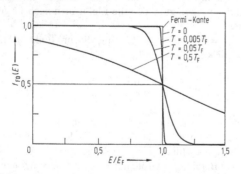

**Bild 16-8.** Fermi-Dirac-Verteilung der Besetzungswahrscheinlichkeit

**Tabelle 16-1.** Parameter des Fermi-Niveaus von Metallen

| Metall | $n$ $10^{27}$ /m³ | $E_F$ eV | $T_F$ $10^3 \cdot$ K |
|---|---|---|---|
| Li | 46 | 4,7 | 54 |
| Na | 25 | 3,1 | 36 |
| K | 13,4 | 2,1 | 24 |
| Cu | 85,0 | 7,0 | 81 |
| Ag | 57,6 | 5,5 | 64 |
| Au | 59,0 | 5,5 | 64 |

## 16.2 Metallische Leitung

Die elektrischen Leitungseigenschaften der Metalle lassen sich weitgehend durch das Modell des *freien Elektronengases* verstehen. Es beschreibt die Leitungselektronen ähnlich wie die frei beweglichen Moleküle eines Gases. Dabei wird die Wechselwirkung der Leitungselektronen mit den gitterperiodisch angeordneten Atomrümpfen vernachlässigt, es wird lediglich die Begrenzung des metallischen Körpers für die Bewegung der Elektronen berücksichtigt. Wird z. B. ein Würfel der Kantenlänge $L$ (Volumen $V = L^3$) betrachtet, so können im Sinne der Wellenmechanik (siehe 25) nur solche Wellenfunktionen für die Aufenthaltswahrscheinlichkeit der Elektronen im Würfel existieren, für die in jeder der drei Würfelkantenrichtungen eine ganzzahlige Anzahl von Materiewellenlängen hineinpasst. Zählt man die Möglichkeiten hierfür ab, so erhält man die Zahl der möglichen Elektronenzustände als Funktion der zugehörigen Energie. Die hier nicht dargestellte Rechnung ergibt für diese *Zustandsdichte*

$$Z(E) = \frac{1}{V} \cdot \frac{dN}{dE} = \frac{1}{2\pi^2}\left(\frac{2m_e}{\hbar^2}\right)^{3/2} \sqrt{E}\,, \qquad (16\text{-}22)$$

die nur von der Energie der Zustände, nicht aber von der gewählten Geometrie des Metallkörpers abhängt. Sind $N$ Leitungselektronen im Volumen $V$ enthalten, beträgt ihre Dichte also $n = N/V$, so ergibt sich (ohne Rechnung) als energetische Grenze der mit Elektronen besetzten Zustände, also für die *Fermi-Energie* (siehe 16.1)

$$E_F = \frac{\hbar^2}{2m_e}(3\pi^2 n)^{2/3}\,. \qquad (16\text{-}23)$$

Daraus berechnete Werte für die Fermi-Energie verschiedener Metalle zeigt Tabelle 16-1. Die Dichte der besetzten Zustände im Bänderschema (Bild 16-7) ergibt sich nun aus dem Produkt der Zustandsdichte $Z(E)$ nach (16-22) und der Fermi-Dirac-Verteilung $f_{\mathrm{FD}}(E)$ nach (16-18) zu

$$Z(E)f_{\mathrm{FD}}(E) = \frac{1}{2\pi^2}\left(\frac{2m_e}{\hbar^2}\right)^{3/2}\sqrt{E} \times \frac{1}{\exp[(E-E_F)/kT]+1}\,. \qquad (16\text{-}24)$$

Bei Zimmertemperatur ist demnach nur ein sehr geringer Anteil der Leitungselektronen thermisch angeregt (Bild 16-9). Das ist auch der Grund dafür, dass das freie Elektronengas im Metall praktisch nicht zu dessen Wärmekapazität beiträgt, obwohl dies vom Gleichverteilungssatz her eigentlich zu erwarten wäre (vgl. 8.6).

Dass sich die Leitungselektronen im Metall etwa wie freie Teilchen verhalten, kann mit dem *Tolman-Versuch* gezeigt werden. Wird ein Metall beschleunigt oder abgebremst (Beschleunigung $\boldsymbol{a}$), so zeigen freie Elektronen träges Verhalten, d. h., hinsichtlich des Metallkörpers als Bezugssystem tritt eine Beschleunigung der Elektronen der Größe $-\boldsymbol{a}$ auf. Der zugehörigen Trägheitskraft $-m_e\boldsymbol{a}$ entspricht eine elektrische Feldstärke $\boldsymbol{E} = m_e\boldsymbol{a}/q$ bzw. eine spezifische Ladung

$$\frac{q}{m} = \frac{a}{E}\,. \qquad (16\text{-}25)$$

Tolman hat $\boldsymbol{a}$ und $\boldsymbol{E}$ bei Drehschwingungen eines Metallringes gemessen. Die elektrische Feldstärke $\boldsymbol{E}$ erzeugt dabei einen oszillierenden Ringstrom, dessen

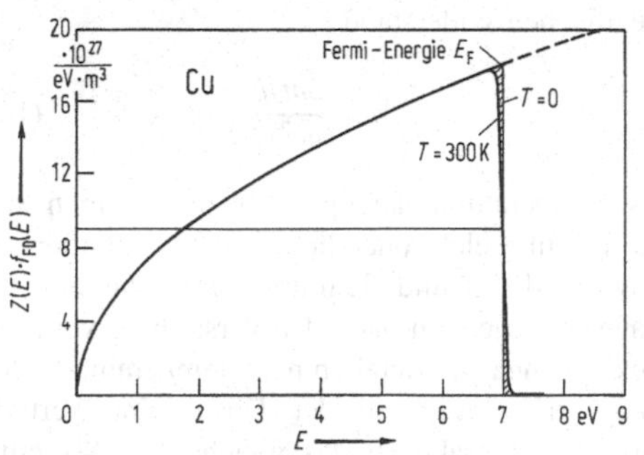


**Bild 16-9.** Dichte der mit Leitungselektronen besetzten Energiezustände in Kupfer bei $T = 300\,\mathrm{K}$

magnetisches Wechselfeld induktiv gemessen werden kann. Er erhielt Werte für die spezifische Ladung der Leitungselektronen, die im Rahmen der Messgenauigkeit mit der *spezifischen Ladung freier Elektronen*

$$\frac{e}{m_e} = (1{,}75882012 \pm 15\cdot 10^{-8})\cdot 10^{11}\ \mathrm{A\,s/kg}\,, \qquad (16\text{-}26)$$

wie sie im Vakuum durch Versuchsanordnungen gemäß Bild 13-11 bestimmt werden kann, übereinstimmten. Damit ist nachgewiesen, dass die Ladungsträger des elektrischen Stromes in Metallen quasifreie Elektronen sind.

### Klassische Theorie des Elektronengases

Nach P. Drude und H. A. Lorentz wird die Bewegung der freien Elektronen im Metall wie die Bewegung der Moleküle eines Gases behandelt. Die Leitungselektronen bewegen sich statistisch ungeordnet, tauschen durch Stöße Energie und Impuls mit dem Kristallgitter aus und nehmen daher dessen Temperatur $T$ an. Bei Anlegen eines elektrischen Feldes $\boldsymbol{E}$ erhalten sie eine Beschleunigung $\boldsymbol{a} = -e\boldsymbol{E}/m_e$, die ihnen in der Zeit $\tau$ zwischen zwei unelastischen Zusammenstößen mit dem Gitter eine Geschwindigkeit $\boldsymbol{v}_E = \boldsymbol{a}\tau = -e\tau\boldsymbol{E}/m_e$ in (negativer) Feldrichtung erteilt. Ferner sei angenommen, dass die Elektronen bei den unelastischen Stößen mit dem Gitter alle im Feld auf der mittleren freien Weglänge $l_e = \bar{v}\tau$ aufgenommene Energie als Gitterschwingungsenergie (Phononen), d. h. als Joule'sche Wärme, an das Gitter abgeben und nach jedem solcher Stöße erneut im Feld starten müssen. Dann ergibt sich als mittlere, durch die Feldstärke $\boldsymbol{E}$ verursachte *Driftgeschwindigkeit* der Leitungselektronen (vgl. 12.6)

$$\boldsymbol{v}_{\mathrm{dr}} = -\frac{1}{2}\tau\frac{e}{m_e}\boldsymbol{E} = -\frac{el_e}{2m_e\bar{v}}\boldsymbol{E}\,. \qquad (16\text{-}27)$$

Die Driftgeschwindigkeit $\boldsymbol{v}_{\mathrm{dr}}$ überlagert sich der viel höheren thermischen Geschwindigkeit $\bar{v}$, jedoch führt nur $\boldsymbol{v}_{\mathrm{dr}}$ zu einem resultierenden elektrischen Strom. Gleichung (16-27) hat die Form der Definitionsgleichung (15-8) bzw. (15-9) der Beweglichkeit. Durch Vergleich erhält man für die *Beweglichkeit* der Elektronen

$$\mu_e = \frac{1}{2}\tau\frac{e}{m_e} = \frac{el_e}{2m_e\bar{v}}\,. \qquad (16\text{-}28)$$

Der Zusammenhang (15-7) zwischen Stromdichte $\boldsymbol{j}$ und Driftgeschwindigkeit liefert schließlich mit (16-27)

$$\boldsymbol{j} = \frac{1}{2}\tau\frac{ne^2}{m_e}\boldsymbol{E} = \frac{ne^2 l_e}{2m_e\bar{v}}\boldsymbol{E}\,. \qquad (16\text{-}29)$$

Für Metalle ist $v_{dr} \ll \bar{v}$ (siehe 12.6), sodass $\bar{v}$ bei konstanter Temperatur durch das Anlegen des Feldes praktisch nicht geändert wird. Auch die anderen Faktoren vor der Feldstärke sind von $\boldsymbol{E}$ unabhängig. Damit stellt (16-29) das aus dem Drude-Lorentz-Modell hergeleitete *Ohm'sche Gesetz* dar. Durch Vergleich mit (15-6) ergibt sich für die *elektrische Leitfähigkeit*

$$\gamma = \frac{1}{2}\tau\frac{ne^2}{m_e} = \frac{ne^2 l_e}{2m_e\bar{v}}\,. \qquad (16\text{-}30)$$

*Anmerkung*: Bei der elektrischen Leitung in verdünnten ionisierten Gasen (16.6) kann $v_{dr}$ in die Größenordnung der mittleren thermischen Geschwindigkeit $\bar{v}$ kommen, sodass diese durch $\boldsymbol{E}$ verändert wird. Dann treten Abweichungen vom Ohm'schen Gesetz auf.

Es liegt nahe anzunehmen, dass die besonders große Wärmeleitfähigkeit der Metalle ebenfalls auf das freie Elektronengas zurückzuführen ist. Wir können dazu die Beziehung für die Wärmeleitfähigkeit einatomiger Gase (9-21) übernehmen:

$$\lambda = \frac{1}{2}k\bar{v}nl_e\,. \qquad (16\text{-}31)$$

Bilden wir nun den Quotienten $\lambda/\gamma$ und setzen gemäß (8-42) $m\bar{v}^2 \approx 3\,kT$, so erhalten wir das von Wiedemann und Franz 1853 empirisch gefundene, von Lorenz 1872 ergänzte Gesetz (*Wiedemann-Franz'sches Gesetz*):

$$\frac{\lambda}{\gamma} = LT \quad \text{mit} \quad L = \frac{3k^2}{e^2}\,. \qquad (16\text{-}32)$$

Die korrektere Berechnung unter Berücksichtigung der Fermi-Dirac-Verteilung (16-18) bzw. (16-24) liefert für die Konstante $L$ (Sommerfeld, 1928) den nur wenig abweichenden Wert für alle Metalle (und für Temperaturen weit oberhalb der Debye-Temperatur $\Theta_D$, die hier nicht erläutert werden kann)

$$L = \frac{\pi^2 k^2}{3e^2} = 2{,}443\ldots \cdot 10^{-8}\,\mathrm{V^2/K^2}\,. \qquad (16\text{-}33)$$

Experimentelle Werte liegen bei 2,2 bis $2{,}6 \cdot 10^{-8}\,\mathrm{V^2/K^2}$ für verschiedene reine Metalle ($T \gtrsim 200\,\mathrm{K}$). Die relativ gute Übereinstimmung der klassischen Rechnung mit (16-33) liegt mit daran, dass sowohl für die elektrische Leitung als auch für die Wärmeleitung vor allem die schnellen Elektronen maßgebend sind, deren Energieverteilung sich der klassischen Boltzmann-Verteilung annähert (16-21). Dagegen versagt die klassische Vorstellung bei der Berechnung der Wärmekapazität des Elektronengases. Hier muss die Fermi-Dirac-Verteilung beachtet werden, die bewirkt, dass bei normalen Temperaturen nur ein sehr geringer Anteil der Leitungselektronen thermisch angeregt ist.

### Temperaturabhängigkeit des elektrischen Widerstandes von Metallen

Reine Metalle zeigen empirisch nach (15-12) und Tabelle 15-1 einen von der Temperatur abhängigen spezifischen Widerstand

$$\varrho = \varrho_0(1 + \alpha\vartheta) = \varrho_0(1 - \alpha T_0 + \alpha T)\,, \qquad (16\text{-}34)$$

worin $\vartheta = T - T_0$ die Celsius-Temperatur und $T_0 = 273{,}15\,\mathrm{K}$ bedeuten. Für reine Metalle ist nach Tabelle 15-1 in den meisten Fällen $\alpha \approx 0{,}004\,\mathrm{K^{-1}} \approx 1/T_0$, sodass $\alpha T_0 \approx 1$ ist. Damit erhalten wir für reine Metalle aus (16-34) in grober Näherung das empirische Ergebnis

$$\varrho \approx \varrho_0\alpha T \approx \frac{\varrho_0}{T_0}T\,, \qquad (16\text{-}35)$$

das anhand des Modells des freien Elektronengases zu interpretieren ist. Aus (16-30) ergibt sich für den spezifischen Widerstand

$$\varrho = \frac{2m_e\bar{v}}{ne^2 l_e}\,. \qquad (16\text{-}36)$$

Als temperaturabhängige Größen kommen hierin die Leitungselektronendichte $n$, die mittlere Geschwindigkeit $\bar{v}$ und die mittlere freie Weglänge $l_e$ in Frage. $n$ ist jedoch nach der Vorstellung vom freien Elektronengas in Metallen nicht temperaturabhängig. Für $\bar{v}$ trifft aufgrund der Fermi-Dirac-Verteilung (Bild 16-9) praktisch das gleiche zu. Als einzige temperaturabhängige Größe bleibt $l_e$ als mittlere freie Weglänge zwischen zwei unelastischen Stößen

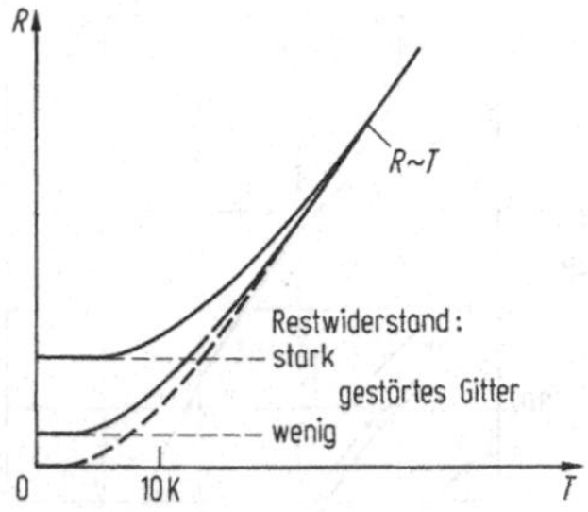


**Bild 16-10.** Temperaturabhängigkeit des elektrischen Widerstandes verschieden stark gestörter Metallkristalle

der Elektronen mit dem Gitter. Solche unelastischen Stöße treten an Störungen des periodischen Aufbaues des Kristallgitters auf, während das regelmäßige, periodische Gitter (aus wellenmechanischen Gründen) von den Leitungselektronen frei durchlaufen werden kann. Solche Störungen sind z. B. die thermischen Gitterschwingungen. Mit steigender Temperatur nimmt daher die freie Weglänge $l_e$ ab, der Widerstand steigt mit $T$ gemäß (16-35). Bei tiefen Temperaturen sind dagegen die temperaturunabhängigen Gitterstörungen (wie Fremdatome, Leerstellen, Korngrenzen zwischen verschiedenen Kristalliten usw.) maßgebend für $l_e$ bzw. $\varrho$. Der temperaturproportionale Widerstand geht daher bei tiefen Temperaturen ($T \lesssim 10\,\mathrm{K}$) in einen konstanten *Restwiderstand* über, dessen Wert ein Maß für die Reinheit und Ungestörtheit des Metallkristalls ist (Bild 16-10). Metallegierungen sind stark gestörte Kristalle, in denen $l_e$ klein und damit $\varrho$ groß ist und beide kaum von der Temperatur abhängen: Widerstandslegierungen (Tabelle 15-1).

## 16.3 Supraleitung

Der elektrische Widerstand von Metallen nimmt nach 16.2 mit sinkender Temperatur ab, geht aber für $T \to 0$ in den konstanten Restwiderstand über (Bild 16-10), der durch die Gitterstörungen bestimmt ist. Mit abnehmender Konzentration der Gitterstörungen nähert sich der Widerstand dem Wert 0, verschwindet jedoch nicht vollständig, da absolute Fehlerfreiheit und $T = 0$ nicht erreichbar sind. Einige Metalle, z. B. Quecksilber oder Blei, zeigen jedoch bei Unterschreiten einer materialabhängigen *kritischen Temperatur* $T_c$ von wenigen

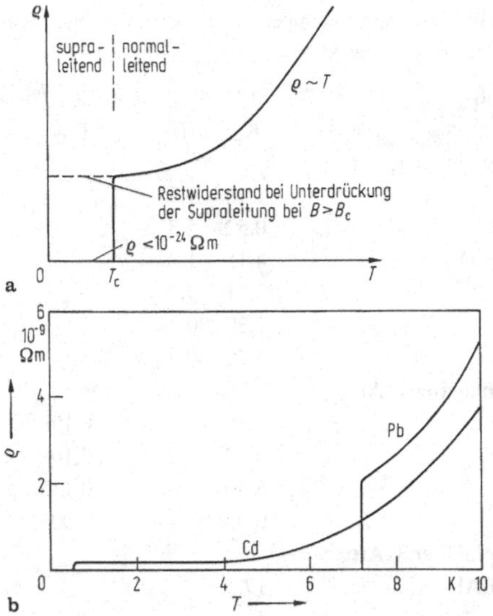


**Bild 16-11.** Kritische Temperatur und Sprungkurve des spezifischen Widerstandes von Supraleitern. **a** schematisch, **b** für Blei und Cadmium

Kelvin (Bild 16-11) einen unmessbar kleinen Widerstand: *Supraleitung* (Kamerlingh Onnes, 1911). Für Elementsupraleiter liegen die *Sprungtemperaturen* durchweg unter 10 K (Tabelle 16-2), bei Verbindungs- und Legierungssupraleitern bisher maximal bei 23 K. Für die Nutzung der idealen Leitfähigkeit von Supraleitern ist daher die Kühlung mit flüssigem Helium (Siedetemperatur 4,2 K, Tabelle 8-5) Voraussetzung. Erst 1986 wurden höhere Sprungtemperaturen entdeckt (Bednorz und Müller): Bestimmte keramische Stoffe mit Perowskit-Struktur zeigen Supraleitung bei 37 K, bei 93 K und sogar bei über 100 K (Tabelle 16-2): *Hochtemperatur-Supraleiter.*

Für solche Supraleiter genügt die Kühlung mit flüssigem Stickstoff (Siedetemperatur 77,4 K, Tabelle 8-5), ein enormer technischer Vorteil.

Die in Tabelle 16-2 angegebenen Sprungtemperaturen $T_c$ gelten für den Fall, dass keine äußere magnetische Feldstärke anliegt. Für eine äußere magnetische Flussdichte $B_a > 0$ wird dagegen die Sprungtemperatur kleiner, der supraleitende Zustand wird oberhalb einer kritischen äußeren magnetischen Flussdichte $B_c$ zerstört. Der Zusammenhang zwischen der *kritischen*

**Tabelle 16-2.** Sprungtemperatur $T_c$ und kritische Flussdichte $B_c$ verschiedener Supraleiter, vgl. auch G 1-2

| Stoff | $T_c$ K | $B_c(T \to 0)$ mT | $B_{c2}(T \to 0)$ T |
|---|---|---|---|
| Supraleiter 1. Art: | | | |
| Al | 1,18 | 9,9 | |
| Cd | 0,52 | 5,3 | |
| Hg($\alpha$) | 4,15 | 41,2 | |
| In | 3,41 | 29,3 | |
| Pb | 7,20 | 80,3 | |
| Sn | 3,72 | 30,9 | |
| Supraleiter 2. Art: | | | |
| Nb | 9,46 | | 0,198 |
| Ta | 4,48 | | 0,108 |
| V | 5,30 | | 0,132 |
| Zn | 0,9 | | 0,0053 |
| Supraleiter 3. Art: | | | |
| $Nb_3Al$ | 17,5 | | |
| $Nb_3Ge$ | 23 | | |
| $Nb_3Sn$ | 18 | | $\approx 25$ |
| NbTi (50%) | 10,5 | | $\approx 14$ |
| NbZr (50%) | 11 | | |
| $V_3Ga$ | 16,8 | | $\approx 21$ |
| $V_3Si$ | 17 | | $\approx 23{,}5$ |
| Keramische Supraleiter (Hochtemperatursupraleiter): | | | |
| $La_{1,85}Sr_{0,15}CuO_4$ | 37 | | |
| $YBa_2Cu_3O_7$ | 93 | | $\approx 350\,(B_{c2\parallel})$ |
| $Bi_2Sr_2Ca_2Cu_3O_{10}$ | 110 | | |
| $Tl_2Ba_2Ca_2Cu_3O_{10}$ | 125 | | |
| $HgBa_2Ca_2Cu_3O_8$ | 133 | | |

*Flussdichte* $B_c$ und der Temperatur $T$ lässt sich in den meisten Fällen in guter Näherung durch die empirische Beziehung

$$B_c = B_{c0}\left[1 - \left(\frac{T}{T_c}\right)^2\right] \qquad (16\text{-}37)$$

darstellen. Die Bilder 16-12 und 16-13 zeigen diesen Zusammenhang für einige Supraleiter 1. Art und 3. Art.

Diese Erscheinung hängt mit dem zweiten wichtigen Phänomen der Supraleitung neben der idealen Leitfähigkeit, dem *Meißner-Ochsenfeld-Effekt* (1933) zusammen. Danach wird ein Magnetfeld aus dem Inneren eines Supraleiters verdrängt, solange die Ener-

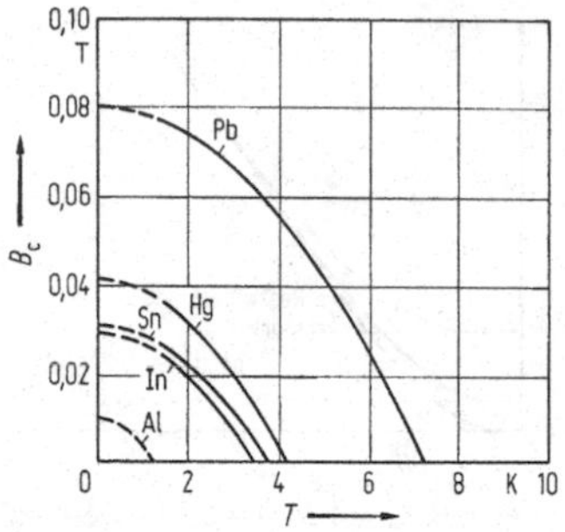


**Bild 16-12.** Kritische Flussdichte $B_c$ als Funktion der Temperatur für einige Elementsupraleiter 1. Art

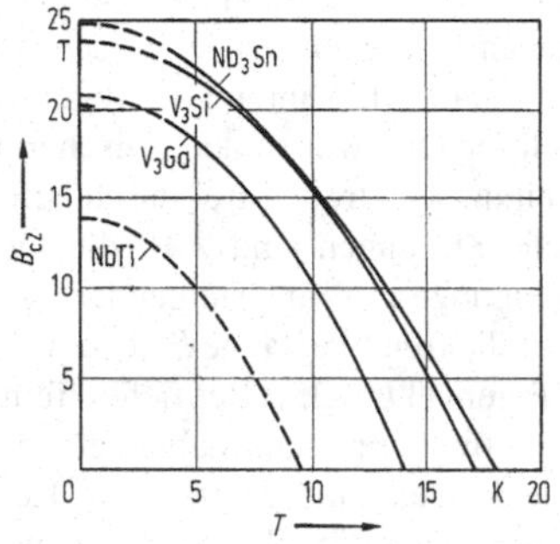


**Bild 16-13.** Kritische Flussdichte $B_{c2}$ als Funktion der Temperatur für einige Supraleiter 3. Art (Hochfeldsupraleiter)

gie hierfür kleiner ist, als der Energiegewinn durch den Eintritt des supraleitenden Zustandes. Das erfolgt unabhängig davon, ob das Magnetfeld nach oder vor der Abkühlung unter $T_c$ eingeschaltet wird. Im ersten Fall könnte die ideale Leitfähigkeit allein zur Erklärung der Feldfreiheit des Supraleiters herangezogen werden (Induktion von Abschirmströmen nach der Lenz'schen Regel, siehe 14.1). Im zweiten Fall ist das nicht möglich.

Ein Supraleiter, aus dem das äußere Magnetfeld $\boldsymbol{B}_a$ verdrängt wird ($\boldsymbol{B}_i = \mu_r\mu_0\boldsymbol{H} = 0$), zeigt damit einen *idealen Diamagnetismus*:

$$\mu_r = 0 \quad \text{für} \quad T < T_c\,. \qquad (16\text{-}38)$$

Derselbe Sachverhalt lässt sich auch durch die Magnetisierung $\boldsymbol{M}$ ausdrücken (13-45): $\boldsymbol{B}_i = \boldsymbol{B}_a + \mu_0\boldsymbol{M} = 0$. Die Magnetisierung eines Supraleiters mit vollständigem Meißner-Effekt ergibt sich daher aus

$$-\mu_0\boldsymbol{M} = \boldsymbol{B}_a \quad \text{für} \quad T < T_c\,. \qquad (16\text{-}39)$$

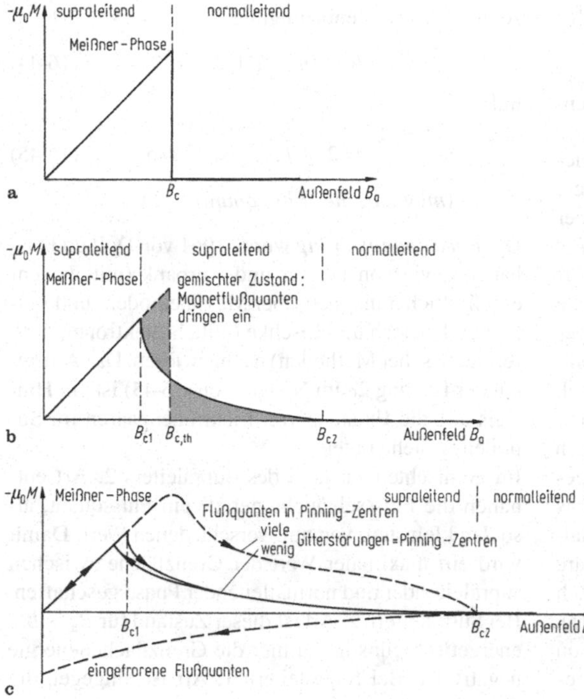


**Bild 16-14.** Magnetisierungskurven von Supraleitern (lange Stäbe parallel zu $B_a$). Supraleiter **a** 1. Art, **b** 2. Art, **c** 3. Art

Vollständigen Meißner-Effekt zeigen nur die *Supraleiter 1. Art* (Tabelle 16-2), deren Magnetisierungskurve (für einen langen Zylinder parallel zu $\boldsymbol{B}_a$) Bild 16-14a zeigt. Für $B_a < B_c$ fließen dabei in einer dünnen Oberflächenschicht (Eindringtiefe $\lambda \approx (10^{-7} \ldots 10^{-8})$ m, siehe unten) des supraleitenden Körpers Abschirmströme, deren Feld das äußere Feld (bis auf die Oberflächenschicht) exakt kompensiert. Für $B_a \geqq B_c$ bricht die Supraleitung sprunghaft zusammen.

Stromführende supraleitende Drähte erzeugen selbst ein Magnetfeld (13-3), das schließlich die Supraleitung zerstören kann. Die *Stromtragfähigkeit* ist daher begrenzt und umso geringer, je größer ein von außen angelegtes Feld ist.

Phänomenologisch lassen sich die beiden Haupteigenschaften der Supraleiter durch die London'sche Theorie (F. und H. London, 1935) mit den *London'schen Gleichungen* beschreiben:

$$(I) \quad \frac{\mathrm{d}}{\mathrm{d}t}(\Lambda \boldsymbol{j}_s) = \boldsymbol{E}$$

$$(II) \quad \operatorname{rot}(\Lambda \boldsymbol{j}_s) = -\boldsymbol{B} \tag{16-40}$$

$\boldsymbol{j}_s = -n_s e_s \boldsymbol{v}_s$ ist die Suprastromdichte. Die I. London'sche Gleichung beschreibt daher einen idealen Leiter mit verschwindendem Ohm'schen Widerstand, in dem die Ladungen in einem elektrischen Feld beschleunigt werden, sodass $\dot{\boldsymbol{v}}_s \sim \boldsymbol{E}$ (im Gegensatz zum Ohm'schen Gesetz mit $\boldsymbol{v} \sim \boldsymbol{E}$). Ferner ist

$$\Lambda = \frac{m_s}{n_s e_s^2} \,. \tag{16-41}$$

$n_s$, $m_s$, $e_s$ und $\boldsymbol{v}_s$ sind Anzahldichte, Masse, Ladung und Geschwindigkeit der supraleitenden Ladungsträger. Die II. London'sche Gleichung liefert für das Magnetfeld an einer supraleitenden Oberfläche (Ebene $x = 0$, supraleitend für $x > 0$)

$$B_z(x) = B_z(0)\mathrm{e}^{-x/\lambda} \,. \tag{16-42}$$

Das äußere Magnetfeld klingt also innerhalb des supraleitenden Bereiches exponentiell ab. Seine Eindringtiefe $\lambda$ ist nach der London'schen Theorie

$$\lambda = \sqrt{\Lambda/\mu_0} \,. \tag{16-43}$$

Damit beschreibt die II. London'sche Gleichung den idealen Diamagnetismus. Bei *Supraleitern 2. Art* (Tabelle 16-2) gibt es bei niedrigem Außenfeld zunächst ebenfalls eine Meißner-Phase (Bild 16-14b).

Bei einer ersten kritischen Flussdichte $B_{c1}$ beginnt das äußere Magnetfeld in Form von normalleitenden magnetischen Flussschläuchen in den Supraleiter einzudringen, sodass die Magnetisierung $-\boldsymbol{M}$ wieder kleiner wird (bei nach wie vor verschwindendem elektrischen Widerstand!), bis schließlich bei einer sehr viel höheren zweiten kritischen Flussdichte $B_{c2}$ die gesamte Probe normalleitend geworden ist. Für theoretische Betrachtungen kann eine fiktive kritische Flussdichte $B_{c,th}$ definiert werden derart, dass die getönten Flächen in Bild 16-14b gleich sind. Die Magnetisierungskurve der Supraleiter 2. Art ist reversibel, sie kann in beiden Richtungen durchlaufen werden.

Der supraleitende Zustand im Außenfeldbereich $B_{c1} < B_a < B_{c2}$ heißt *gemischter Zustand*. Im gemischten Zustand von supraleitenden Proben aus reinen, ungestörten Kristallen bilden die normalleitenden magnetischen Flussschläuche reguläre trigonale oder rechteckige Flussliniengitter (je nach Orientierung der Kristallstruktur zum Magnetfeld). Die Flussliniengitter wurden erstmals 1966 von Essmann und Träuble durch Dekoration mittels eines Bitter-Verfahrens (siehe 13.4) sichtbar gemacht.

Der gemischte Zustand kann durch die phänomenologische Ginsburg-Landau-Theorie (1950) beschrieben werden, indem für die Grenzfläche zwischen normal- und supraleitendem Bereich eine *Grenzflächenenergie* eingeführt wird. Je nach deren Vorzeichen wird die Bildung solcher Grenzflächen energetisch begünstigt (Supraleiter 2. Art im gemischten Zustand) oder behindert (Supraleiter 1. Art).

*Anmerkung*: Der gemischte Zustand ist vom *Zwischenzustand* zu unterscheiden, der in Supraleitern 1. und 2. Art bei solchen Probengeometrien auftritt, bei denen durch die Feldverdrängung lokal am Probenrand $B_c$ (bzw. $B_{c1}$) überschritten wird, obwohl im entfernteren, ungestörten Außenfeld noch $B_a < B_c$ (bzw. $B_a < B_{c1}$) gilt. Im Zwischenzustand ist die supraleitende Probe von makroskopischen, normalleitenden magnetischen Bereichen durchzogen.

Die normalleitenden, magnetischen Flussschläuche sind vollständig von supraleitendem Material umschlossen. Für einen magnetischen Fluss $\Phi$ in einem zweifach zusammenhängenden, supraleitenden Gebiet gilt, wie die Wellenmechanik der Supraleitung zeigt, eine Quantenbedingung

$$\Phi = n\Phi_0 \quad (n = 0, 1, 2, \ldots) \tag{16-44}$$

mit

$$\Phi_0 = \frac{h}{2e} = 2{,}067\ldots \cdot 10^{-15}\,\mathrm{Wb} \tag{16-45}$$

(*magnetisches Flussquant*) .

Die *Flussquantisierung* wurde 1961 von Doll und Näbauer sowie von Deaver und Fairbank (mittels sehr empfindlicher magnetischer Messmethoden) und später von Boersch und Lischke (mittels elektroneninterferometrischer Methoden) nachgewiesen. Das Auftreten der Ladung $2e$ im Nenner von (16-45) ist ein Hinweis auf die Existenz von Elektronenpaaren im Supraleiter, siehe unten.

Im gemischten Zustand des Supraleiters 2. Art enthalten die Flussschläuche gerade ein Flussquant, also den kleinsten, von null verschiedenen Wert. Damit wird ein maximaler Wert der Grenzfläche zwischen supraleitender und normalleitender Phase geschaffen. Bei Supraleitern 2. Art ist dieser Zustand für $B_a > B_{c1}$ energetisch günstig, da hier die Grenzflächenenergie negativ ist. Bei Supraleitern 1. Art ist hingegen die Grenzflächenenergie positiv, weshalb ein gemischter Zustand dort nicht auftritt.

Stark gestörte Supraleiter 2. Art werden *Supraleiter 3. Art* genannt (Tabelle 16-2). Die Kristallstörungen wirken als sogenannte Pinning-Zentren, an denen die Flussquanten haften bleiben. Das hat Hystereseeffekte zur Folge, wobei nach Durchlaufen der Magnetisierungskurve bis $B_a > B_{c2}$ bei verschwindendem Außenfeld eine Restmagnetisierung durch eingefrorene, haftende Flussquanten bestehen bleibt (Bild 16-14c). Die Pinning-Zentren sind für die Stromtragfähigkeit der Supraleiter von großer Bedeutung, da ein von außen aufgeprägter Strom gemäß (13-35) eine Kraft auf die Flussschläuche ausübt. Ohne Pinning-Zentren würde dies zum Wandern der Flussschläuche, das heißt, zum Auftreten einer Induktionsspannung und damit zu Ohm'schen Verlusten führen.

Supraleiter 3. Art haben sehr hohe kritische Flussdichten (Tabelle 16-2) bei gleichzeitig großer Stromtragfähigkeit. Sie sind deshalb von technischer Bedeutung vor allem für die Erzeugung großer Magnetfelder im sogenannten *Dauerstrombetrieb*: In einer supraleitend kurzgeschlossenen, supraleitenden Spule fließt der Strom zeitlich konstant beliebig lange ohne Spannungsquelle weiter, und das erzeugte Magnetfeld bleibt ohne weitere Energiezufuhr erhalten, wenn man von der Energie für die Kühlung gegen äußere Wärmezufuhr durch flüssiges Helium absieht. Während des Hochfahrens des Stromes durch die supraleitende Spule wird der eingebaute supraleitende Kurzschluss durch eine kleine Heizwicklung normalleitend gehalten (Bild 16-15). Nach Einstellung des erforderlichen Stromes wird die Heizung ausgeschaltet, die Spule arbeitet im Dauerstrombetrieb und die Stromzufuhr kann abgeschaltet werden.

Die mikrophysikalische Begründung der Supraleitung erfolgte 1957 durch Bardeen, Cooper und Schrieffer (*BCS-Theorie*). Diese mathematisch sehr anspruchsvolle Theorie geht von folgenden Grundgedanken aus: Für $T < T_c$ besteht das Leitungselektronensystem des Supraleiters aus normalen freien Elektronen, die sich wie bei der metallischen Leitung (16.2) verhalten, und aus Elektronenpaaren mit antiparallelem Impuls und Spin (*Cooper-Paare*), die den reibungsfreien Suprastrom tragen. Die Kopplung zweier Elektronen zu einem Cooper-Paar erfolgt über die Wechselwirkung mit dem Gitter (Austausch von Phononen, Nachweis durch den *Isotopeneffekt*, d. h. die Abhängigkeit der Sprungtemperatur von der Masse der Gitterionen). Anschauliche Vorstellung: Ein sich durch das Metallgitter bewegendes Elektron polarisiert das Gitter in seiner Nähe, d. h., es zieht die positiven Ionen etwas an. Entfernt es sich schneller, als die Gitterionen zurückschwingen können, so wirkt diese lokale Gitterdeformation als positive Ladung

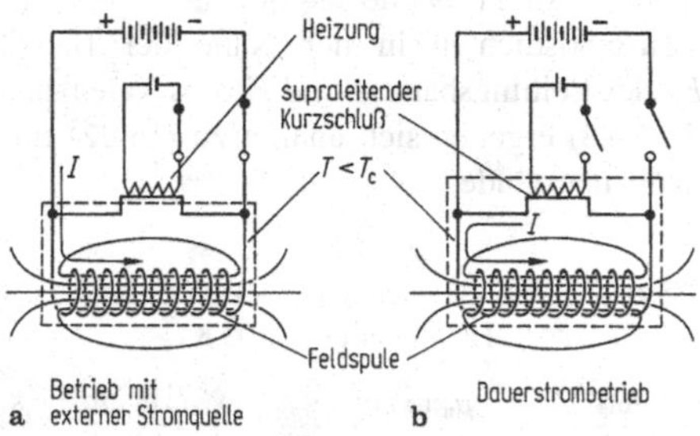


**Bild 16-15.** Magnetfelderzeugung durch Supraleitungsspulen: Kurzgeschlossene supraleitende Spule **a** im Lade- und **b** im Dauerstrombetrieb

anziehend auf ein weiteres Elektron in der Nähe. Dieser dynamische Vorgang kann zu einer zeitweisen Bindung beider Elektronen zu einem Cooper-Paar führen, wobei die Reichweite (*Kohärenzlänge*) bis etwa $10^{-6}$ m betragen kann. Die Bindungsenergie liegt bei $10^{-3}$ eV. Dies führt für $T < T_c$ zur Bildung einer *Energielücke* $2\Delta$ von der Breite der Bindungsenergie symmetrisch zur Fermi-Energie im Energieschema der Elektronen. Die thermische Energie muss klein gegen $\Delta$ sein, deshalb tritt Supraleitung vorwiegend bei sehr tiefen Temperaturen auf (Tabelle 16-2). Bei Hochtemperatursupraleitern scheint die Cooper-Paar-Bildung von Löchern (16.4) eine Rolle zu spielen.

Wegen des antiparallelen Spins sind Cooper-Paare Quasiteilchen mit dem Spin 0. Sie unterliegen daher nicht der Fermi-Dirac-Statistik (16-18), sondern der hier nicht behandelten Bose-Einstein-Statistik, sie sind Bose-Teilchen. Diese unterliegen nicht dem Pauli-Verbot (siehe 16.1) und können daher alle in einen untersten Energiezustand übergehen. Alle Cooper-Paare können dann durch eine einzige Wellenfunktion beschrieben werden, sie sind zueinander kohärent. Dieser Zustand kann nur durch Zuführung einer Mindestenergie gestört werden ($2\Delta$ pro Cooper-Paar). Dadurch kommt es zum verlustlosen Fließen des Stromes bei Anlegen eines elektrischen Feldes.

## 16.4 Halbleiter

Halbleiter unterscheiden sich insbesondere durch zwei Eigenschaften von metallischen Leitern:

1. Ihre Leitfähigkeit $\gamma$ liegt in einem weiten Bereich zwischen etwa $10^{-7}$ S/m und $10^5$ S/m, also zwischen der Leitfähigkeit von Metallen ($10^7$ bis $10^8$ S/m) und derjenigen von Isolatoren ($10^{-17}$ bis $10^{-10}$ S/m).
2. Die Temperaturabhängigkeit des Widerstandes von Halbleitern ist entgegengesetzt zu derjenigen von Metallen (Bild 16-16).

### 16.4.1 Eigenleitung

Ein Halbleiter ist bei tiefen Temperaturen fast ein Isolator und wird erst bei höheren Temperaturen elektrisch leitend. Anders als bei Metallen gibt es bei tiefen Temperaturen kein quasifreies Elektronengas,

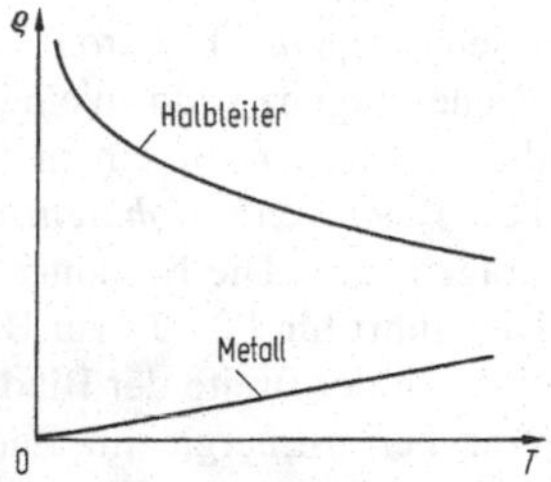


**Bild 16-16.** Temperaturabhängigkeit des spezifischen Widerstandes $\varrho$ von Metallen und Halbleitern (schematisch)

die Elektronen sind weitgehend gebunden. Die Bindungsenergie liegt unter 1 bis 2 eV. Die Verteilung der thermischen Energie reicht bei Zimmertemperatur aus, um einige Elektronen von ihren Atomen zu trennen, die sich nun im elektrischen Feld bewegen können. Die daraus resultierende elektrische Leitfähigkeit steigt mit der Temperatur aufgrund der zunehmenden Anzahldichte $n$ der nicht mehr gebundenen Elektronen, vgl. (16-30). Dieser Temperatureffekt übersteigt bei weitem den auch bei Halbleitern vorhandenen Effekt der Verringerung der mittleren freien Weglänge $l_c$ bzw. der mittleren Stoßzeit $\tau$ (auch: Relaxationszeit) mit steigender Temperatur. Die Relaxationszeit $\tau$ und gemäß (16-28) die Beweglichkeit $\mu$ zeigen nach der (nicht dargestellten) Theorie aufgrund der Wechselwirkung mit den Gitterschwingungen in reinen Halbleitern eine Temperaturabhängigkeit

$$\mu(T) = \text{const} \cdot T^{-3/2} \,. \qquad (16\text{-}46)$$

Im Bändermodell des Halbleiters (Bild 16-6, mit einer schmaleren Energielücke $\Delta E = E_g$ als beim Isolator, Tabelle 16-4) bedeutet die thermische Anregung der Elektronen, dass entsprechend der Besetzungswahrscheinlichkeit gemäß der Fermi-Dirac-Verteilung (Bild 16-8) mit einer bei höheren Temperaturen stärker verrundeten Fermi-Kante einige Valenzelektronen in das Leitungsband gehoben werden, wo sie für die elektrische Leitung zur Verfügung stehen. Im Valenzband entstehen dadurch unbesetzte Zustände, die sich wegen des Ionenhintergrundes wie positive Ladungen verhalten. Sie werden *Löcher* oder *Defektelektronen* genannt. Durch Platzwechsel von benachbarten gebundenen Elektronen kann ein Loch an deren Ort wandern (Bild 16-17). Im elektrischen Feld bewegen sich

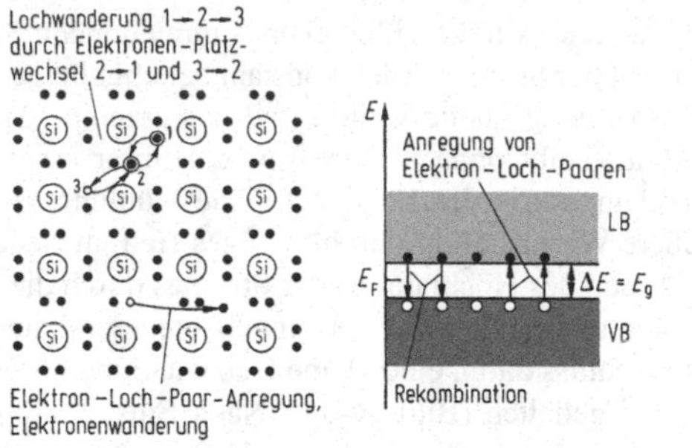


**Bild 16-17.** Elektron-Loch-Paar-Anregung im planaren Gittermodell und im Bänderschema (Eigenleitung)

Löcher wie positive Ladungen $+e$ in Feldrichtung und tragen als solche zur Stromstärke bei.
Wegen der paarweisen Anregung von Elektronen und Löchern in reinen Halbleitern, d. h. bei reiner *Eigenleitung*, sind die Anzahldichte $n$ der Elektronen im Leitungsband und die Anzahldichte $p$ der Löcher im Valenzband gleich der sog. *Eigenleitungsträgerdichte* (auch: intrinsische Trägerdichte):

$$n = p = n_i \,. \qquad (16\text{-}47)$$

Die Leitfähigkeit beliebiger Halbleiter ergibt sich in Erweiterung von (15-10) zu

$$\gamma = e(p\mu_p + n\mu_n) \,, \qquad (16\text{-}48)$$

bzw. für Eigenleitung

$$\gamma = en_i(\mu_p + \mu_n) \,, \qquad (16\text{-}49)$$

wobei $\mu_n$ und $\mu_p$ die Beweglichkeiten von Elektronen und Löchern sind (Tabelle 16-3).
Die Zustandsdichten in der Nähe der Bandkanten $E_c$ des Leitungsbandes und $E_v$ des Valenzbandes (Bild 16-18) ergeben sich analog zu (16-22) für die Elektronenzustände

**Tabelle 16-3.** Beweglichkeit von Elektronen und Löchern für einige wichtige Halbleiter ($T = 300$ K)

| Halbleiter | $\mu_n$ in cm²/V s | $\mu_p$ in cm²/V s |
|---|---|---|
| Ge | 3900 | 1900 |
| Si | 1350 | 480 |
| GaAs | 8500 | 435 |

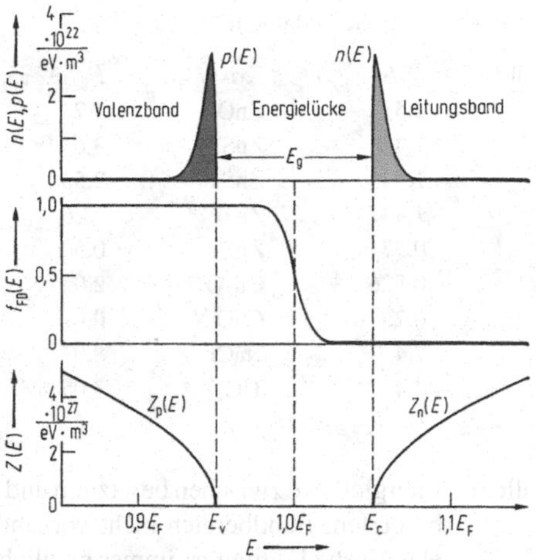


**Bild 16-18.** Zustandsdichten $Z(E)$, Besetzungswahrscheinlichkeit $f(E)$ und Elektronendichte $n(E)$ bzw. Löcherdichte $p(E)$ im Valenz- und Leitungsband (berechnet für $E_F$ = 5 eV, $E_g$ = 0,5 eV, $T$ = 300 K)

$$Z_n(E) = \frac{1}{2\pi^2}\left(\frac{2m_n^*}{\hbar^2}\right)^{3/2}\sqrt{E - E_c} \qquad (16\text{-}50)$$

im Leitungsband

und für Löcherzustände

$$Z_p(E) = \frac{1}{2\pi^2}\left(\frac{2m_p^*}{\hbar^2}\right)^{3/2}\sqrt{E_v - E} \qquad (16\text{-}51)$$

im Valenzband.

$m_n^*$ und $m_p^*$ sind die *effektiven Massen* der Leitungselektronen und Löcher in der Nähe der jeweiligen Bandkanten, die durch den Einfluss des Kristallpotenzials von der Masse der freien Elektronen abweichen können. Wie bei der metallischen Leitung (16.2) ergibt sich auch hier die Besetzungsdichte durch Multiplikation mit der Besetzungswahrscheinlichkeit, die durch die Fermi-Dirac-Verteilung $f_{FD}(E)$ nach (16-18) gegeben ist. Für die Elektronen nahe der unteren Leitungsbandkante folgt

$$n(E) = Z_n(E) f_{FD}(E) \qquad (16\text{-}52)$$

und für die Löcher an der oberen Valenzbandkante

$$p(E) = Z_p(E)[1 - f_{FD}(E)]\,. \qquad (16\text{-}53)$$

Ist die thermische Energie $kT$ klein gegen die Breite der Energielücke $\Delta E = E_c - E_v = E_g$, so liegt die Fermi-Energie $E_F$ in der Mitte der Energielücke, d. h., $E_F = E_c - E_g/2 = E_v + E_g/2$. Ferner gilt dann für das Leitungsband $E - E_F \gg kT$, d. h., anstelle der Fermi-Dirac-Verteilung kann innerhalb des Bandes die Boltzmann-Näherung (16-21) verwendet werden. Die Gesamtdichte der Leitungselektronen im Leitungsband folgt aus

$$n = \int_{E_c}^{\infty} Z_n(E) f_{FD}(E)\,\mathrm{d}E\,. \qquad (16\text{-}54)$$

Gleichung (16-54) kann in der Näherung $f_{FD}(E) \approx f_{MB}(E)$ als bestimmtes Integral geschlossen angegeben werden und liefert

$$n(T) = a_n T^{3/2} \mathrm{e}^{-E_g/2kT} \qquad (16\text{-}55)$$

mit

$$a_n = 2\left(\frac{2\pi m_n^* k}{h^2}\right)^{3/2}. \qquad (16\text{-}56)$$

Entsprechend ergibt sich wegen der Symmetrie der Zustandsdichten und der Fermi-Dirac-Verteilung für die Gesamtdichte der Löcher im Valenzband

$$p(T) = a_p T^{3/2} \mathrm{e}^{-E_g/2kT}\,, \qquad (16\text{-}57)$$

worin $a_p$ sich wie (16-56) mit $m_n^* \to m_p^*$ berechnet. Das Produkt von freier Elektronen- und Löcherdichte beträgt nach (16-55) bis (16-57) und (16-47)

$$n(T)p(T) = n_i^2(T) \qquad (16\text{-}58)$$
$$= 4\left(\frac{2\pi kT}{h^2}\right)^3 \left(m_n^* m_p^*\right)^{3/2} \mathrm{e}^{-E_g/kT}\,.$$

Für einen gegebenen Halbleiter ist $np$ bei fester Temperatur eine Konstante, die sich auch bei Dotierung (16.4.2) nicht ändert.

Aus (16-46), (16-48), (16-55) und (16-57) folgt für die *Temperaturabhängigkeit* des spezifischen Widerstandes von Halbleitern

$$\varrho(T) = \mathrm{const} \cdot \mathrm{e}^{E_g/2kT}\,. \qquad (16\text{-}59)$$

Wegen der starken, exponentiellen Abhängigkeit besonders bei tiefen Temperaturen (Bild 16-16) sind

**Tabelle 16-4.** Energielücke $E_g$ zwischen Valenz- und Leitungsband in Halbleitern und Isolatoren ($T = 300$ K)

| Kristall | $E_g$/eV | Kristall | $E_g$/eV | Kristall | $E_g$/eV | Kristall | $E_g$/eV |
|---|---|---|---|---|---|---|---|
| C (Diamant) | 5,4 | InSb | 0,165 | CdO | 2,5 | ZnO | 3,2 |
| Si | 1,107 | InAs | 0,36 | CdS | 2,42 | ZnS | 3,6 |
| Ge | 0,67 | InP | 1,27 | CdSe | 1,74 | ZnSe | 2,58 |
| Te | 0,33 | GaSb | 0,67 | CdTe | 1,44 | ZnTe | 2,26 |
| Se | 1,6...2,5 | GaAs | 1,35 | PbS | 0,37 | ZnSb | 0,50 |
| As (amorph) | 1,18 | GaP | 2,24 | PbSe | 0,526 | $Cu_2O$ | 2,06 |
| | | BN | 4,6 | PbTe | 0,25 | CuO | 0,6 |
| | | SiC | 2,8 | MgO | 7,4 | NaCl | 8,97 |
| | | $Al_2O_3$ | 7,0 | BaO | 4,4 | $TiO_2$ | 3,05 |

Halbleiterwiderstände (C, Ge) gut zur Messung tiefer Temperaturen geeignet.
Die Breite der verbotenen Zone $E_g$ (Energielücke, Tabelle 16-4) lässt sich aus der Frequenzabhängigkeit der Lichtabsorption bestimmen. Nach der Lichtquantenhypothese (20.3) beträgt die Energie eines Lichtquants $E = h\nu$. Von einem Halbleiter kann die Energie eines Lichtquants erst dann durch Erzeugung eines Elektron-Loch-Paares absorbiert werden, wenn

$$E = h\nu \geqq E_g \qquad (16\text{-}60)$$

(*Fotoleitung*). Bei angelegtem elektrischen Feld setzt dann ein Fotostrom bei Bestrahlung mit Licht der Frequenz $\nu \geqq \nu_c = E_g/h$ ein. Für Licht unterhalb der Grenzfrequenz $\nu_c$ bleibt der Halbleiter durchsichtig und nichtleitend.
Kristalle mit Energielücken $E_g > 2$ eV werden zu den Isolatoren gerechnet. Nach der Breite der Energielücke lassen sich damit die Leitungseigenschaften von Metallen, Halbleitern und Isolatoren gemäß Bild 16-19 charakterisieren:

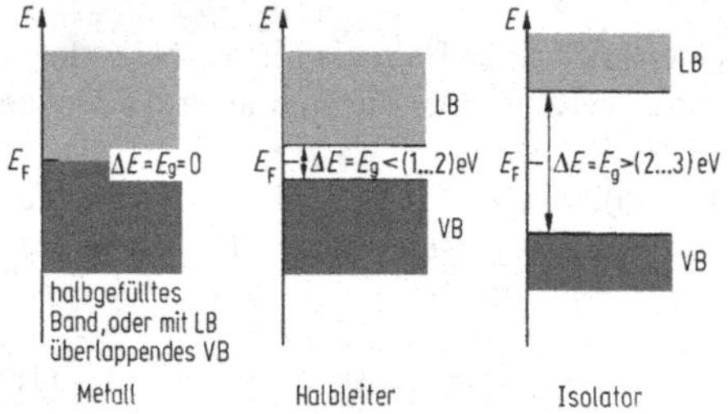


**Bild 16-19.** Energielücke zwischen Valenz- und Leitungsband bei Metallen, Halbleitern und Isolatoren

Metalle: Energielücke zwischen besetztem und unbesetztem Bandbereich nicht vorhanden, elektrische Leitung ist immer möglich.

Halbleiter: Kleine Energielücke zwischen Valenz- und Leitungsband, elektrische Leitung ist erst nach Energiezufuhr (thermisch, Licht) durch Elektron-Loch-Paarbildung möglich.

Isolatoren: Keine Leitung möglich, da Energielücke zwischen Valenz- und Leitungsband zu groß für thermische oder andere Anregung.

### 16.4.2 Störstellenleitung

Durch den Einbau von anderswertigen Fremdatomen (Dotierung) in den Halbleiterkristall kann die Leitfähigkeit etwa bei $T = 300$ K um Größenordnungen erhöht werden: Störstellenleitung. Werden z. B. 5-wertige Arsenatome in das 4-wertige Grundgitter (Ge, Si) eingebaut, so sind die überzähligen 5. Valenzelektronen nicht innerhalb von Elektronenpaaren an den nächsten Gitternachbar gebunden, sondern können durch geringe Energiezufuhr $E_d$ ($10^{-2}$ bis $10^{-1}$ eV) von ihren Atomen abgetrennt werden (Bild 16-20a). Solche höherwertigen Fremdatome, die Elektronen liefern, heißen *Donatoren*. Im Bänderschema befinden sich die Donatorniveaus energetisch dicht unterhalb der Leitungsbandkante (Bild 16-20b). Im ionisierten Zustand (d. h. bei abgetrenntem Elektron) sind die ortsfesten Donatoren positiv geladen.
Bei Zimmertemperaturen ($kT = 0{,}026$ eV) haben die meisten Donatorniveaus ihre Elektronen durch

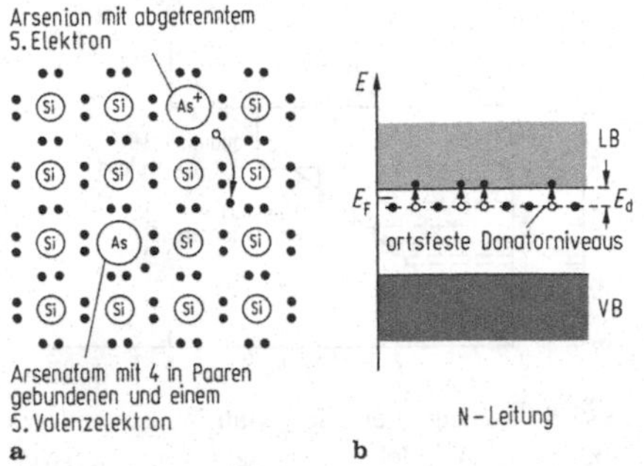


**Bild 16-20.** N-Leitung in Halbleitern mit Donatorstörstellen

thermische Anregung an das Leitungsband abgegeben. Die elektrische Leitung in solchen Halbleitern erfolgt daher fast ausschließlich durch Elektronen im Leitungsband: *N-Leiter*. Eigenleitung durch Elektronen-Loch-Paaranregung wird gegenüber der Störstellenleitung je nach Dotierungsdichte erst bei höheren Temperaturen merklich.

Wird mit geringerwertigen Fremdatomen dotiert, z. B. mit 3-wertigen Boratomen im 4-wertigen Si-Gitter, so ist jeweils eine Elektronenpaarbindung nicht vollständig (Bild 16-21a). Unter geringem Energieaufwand $E_a$ ($10^{-2}$ bis $10^{-1}$ eV) können solche Fremdatome benachbarte Elektronen aus dem Valenzband aufnehmen (*Akzeptoren*) und damit dort Löcher erzeugen. Im Bänderschema befinden sich die Akzeptorniveaus energetisch dicht oberhalb der Valenzbandkante (Bild 16-21b).

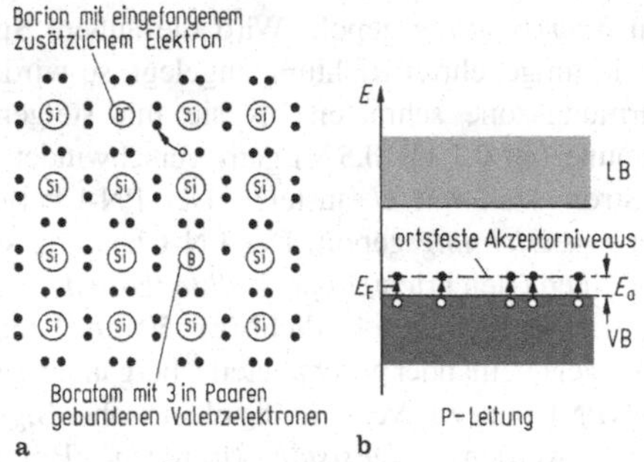


**Bild 16-21.** P-Leitung in Halbleitern mit Akzeptorstörstellen

Auch hier sind bei Zimmertemperatur die Störstellen weitgehend ionisiert, d. h., sie haben durch thermische Anregung Elektronen aus dem Valenzband aufgenommen. Die ortsfesten Akzeptoren sind dann negativ geladen. Die elektrische Leitung erfolgt fast ausschließlich durch die erzeugten Löcher im Valenzband: *P-Leiter*.

Die Fermi-Kante liegt bei dotierten Halbleitern in der Mitte zwischen den Störstellenniveaus und der zugehörigen Bandkante. Für die Gesamtdichten $n, p$ der Leitungselektronen bzw. Löcher ist nunmehr nicht mehr die Breite $E_g$ der Energielücke zwischen Valenz- und Leitungsband maßgebend, sondern die Anregungsenergie $E_d$ bzw. $E_a$. Demzufolge ergibt sich für die Temperaturabhängigkeit des spezifischen Widerstandes

$$\varrho(T) \sim [n(T)]^{-1} \sim e^{E_d/2kT} \qquad (16\text{-}61)$$

für N-Leitung und

$$\varrho(T) \sim [p(T)]^{-1} \sim e^{E_a/2kT} \qquad (16\text{-}62)$$

für P-Leitung.

### 16.4.3 Hall-Effekt in Halbleitern

Die experimentelle Feststellung, welche Art von Majoritätsladungsträgern vorliegt, kann mittels des Hall-Effekts erfolgen (14.1). Die Hall-Spannung $U_H$ senkrecht zum Strom $I$ in einem Bandleiter im transversalen Magnetfeld $B$ (Bild 14-4) ist nach (14-15) gegeben durch

$$U_H = A_H \frac{IB}{d} \qquad (16\text{-}63)$$

mit dem Hall-Koeffizienten (14-18)

$$A_H = \frac{1}{e(p-n)} \,. \qquad (16\text{-}64)$$

Für reine Löcherleitung (P-Leitung) bzw. reine Elektronenleitung (N-Leitung) folgt daraus

$$A_{HP} = \frac{1}{ep} \,, \quad A_{HN} = -\frac{1}{en} \,. \qquad (16\text{-}65)$$

N- und P-Leitung sind daher durch die entgegengesetzten Vorzeichen der Hall-Spannung zu erkennen.

Aus der Größe der Hall-Spannung bzw. des Hall-Koeffizienten (16-65) können ferner die Ladungsträgerdichten $n$ und $p$ bestimmt werden.
Aufgrund der formalen Ähnlichkeit von (16-63) mit dem Ohm'schen Gesetz $U = RI$ wird

$$R_{\text{H}} = \frac{A_{\text{H}}B}{d} \qquad (16\text{-}66)$$

*Hall-Widerstand* genannt. Der klassische Hall-Widerstand steigt linear mit der magnetischen Flussdichte $B$ an. Die Hall-Spannung ergibt sich daraus zu

$$U_{\text{H}} = R_{\text{H}}I\,. \qquad (16\text{-}67)$$

In geeigneten Halbleiteranordnungen (Silizium-Metalloxid-Oberflächen-Feldeffekttransistor: MOSFET) lassen sich bei bestimmten Betriebsbedingungen nahezu zweidimensionale Leitergeometrien erzeugen (Dicke $d = (5\ldots10)$ nm). Das Elektronengas in einer solchen Anordnung kann in guter Näherung als zweidimensional behandelt werden, d. h., dass die Dicke $d$ der leitenden Schicht keinen Einfluss mehr auf die Leitung hat. Der Hall-Widerstand $R_{\text{H}}$ wird dann unabhängig von der Geometrie gleich dem spezifischen Hall-Widerstand $\varrho_{\text{H}}$. Der Hall-Widerstand im zweidimensionalen Elektronengas zeigt bei tiefen Temperaturen und hohen Magnetfeldern eine Quantisierung in ganzzahligen Bruchteilen eines größten Wertes $R_{\text{H0}}$ (von Klitzing, 1980), den *Quanten-Hall-Effekt* (Klitzing-Effekt)

$$R_{\text{H}} = \varrho_{\text{H}} = \frac{R_{\text{H0}}}{i} \quad (i = 1, 2, \ldots) \qquad (16\text{-}68)$$

mit dem allein durch Naturkonstanten bestimmten Wert des elementaren *Quanten-Hall-Widerstandes*

$$R_{\text{H0}} = \frac{h}{e^2} = 25\,812{,}807557\,\Omega\,. \qquad (16\text{-}69)$$

Der Hall-Widerstand steigt unter diesen Bedingungen nicht mehr linear, sondern stufenförmig mit dem Magnetfeld $B$ an, wobei die Plateaus konstanten Hall-Widerstandes durch (16-68) gegeben sind (Bild 16-22). Die Lagen der Plateaus sind unabhängig vom Material und sehr genau ($3{,}7 \cdot 10^{-9}$) reproduzierbar. Sie eignen sich daher hervorragend als Widerstandnormal.

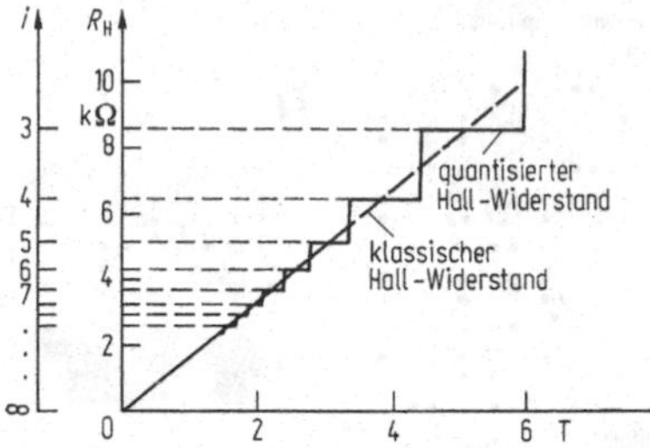


**Bild 16-22.** Abhängigkeit des Hall-Widerstandes eines zweidimensionalen Elektronengases vom transversalen Magnetfeld: klassischer Verlauf und nach dem Quanten-Hall-Effekt ($T = 0{,}008$ K)

### 16.4.4 PN-Übergänge

Grenzt ein P-Halbleiter an einen N-Halbleiter (z. B. durch unterschiedliche Dotierung auf beiden Seiten einer Grenzfläche), so diffundieren im Bereich der Grenzfläche (Diffusionszone) Löcher und Elektronen in das jeweils andere Dotierungsgebiet und rekombinieren dort. Die ortsfesten positiven Donator-Störstellen und negativen Akzeptor-Störstellen bilden schließlich eine Raumladungs-Doppelschicht, deren Feldstärke eine weitere Diffusion unterbindet. Die Diffusionszone eines solchen *PN-Überganges* zeigt daher eine Ladungsträgerverarmung. Durch Anlegen einer elektrischen Spannung $U$ zwischen N- und P-leitendem Bereich eines solchen Überganges kann die Feldstärke im Verarmungsbereich erhöht werden, die Verarmungszone wird breiter. Wegen der fehlenden Ladungsträger in dieser *Sperrschicht* fließt trotz angelegter Spannung kein Strom: Der PN-Übergang ist in *Sperrrichtung* gepolt. Wird die äußere Spannung in umgekehrter Richtung angelegt, so wird die Verarmungszone schmaler, bis sie mit steigender Spannung (ab 0,1 bis 0,5 V) ganz verschwindet und der Strom steil mit $U$ ansteigt: Der PN-Übergang ist in *Flussrichtung* gepolt. Der PN-Übergang stellt daher einen Gleichrichter dar: *Halbleiterdiode.*
Eine Anordnung aus sehr dicht (ca. 50 μm) benachbarten, gegeneinander geschalteten Übergängen (PNP oder NPN) kann zur Verstärkung elektrischer Signale benutzt werden: *Transistor* (Bardeen, Brattain, Shockley, 1948). Näheres zu den Schaltelementen Diode und Transistor siehe G 27 und auch G 25.

## 16.5 Elektrolytische Leitung

*Elektrolyte* sind Stoffe, deren Lösung oder Schmelzen den elektrischen Strom leiten. Elektrolytische Leitung tritt bei Substanzen mit Ionenbindung (16.1 und C 4) auf, wenn diese durch thermische Anregung aufgebrochen wird (*Dissoziation*) und die Ionen beweglich sind. Das kann bei hohen Temperaturen in Salzschmelzen der Fall sein. Bei Zimmertemperatur reicht die thermische Energie $kT \approx 0{,}026\,\mathrm{eV}$ dazu i. Allg. nicht aus. Bei Lösung in einem Lösungsmittel wird jedoch die Coulomb-Kraft (12-1) zwischen den Ionen um den Faktor der Permittivitätszahl $\varepsilon_\mathrm{r}$ des Lösungsmittels reduziert (Wasser: $\varepsilon_\mathrm{r} = 81$, siehe Tabelle 12-2). Die Dissoziationsarbeit (12-26)

$$W_\mathrm{diss} = -\int_{r_0}^{\infty} F_\mathrm{C}\,\mathrm{d}r = \frac{1}{\varepsilon_\mathrm{r}} \cdot \frac{(ze)^2}{4\pi\varepsilon_0 r_0} \qquad (16\text{-}70)$$

kann dann teilweise durch die thermische Energie aufgebracht werden ($z$ Wertigkeit; $r_0$ Bindungsabstand der Ionen). Beispiel: Kochsalzmolekül NaCl ($r_0 \approx 0{,}2\,\mathrm{nm}$) in Luft: $W_\mathrm{diss} = 7{,}2\,\mathrm{eV}$, in Wasser: $W_\mathrm{diss} = 0{,}09\,\mathrm{eV}$. Mit steigender Temperatur erhöht sich die Leitfähigkeit der Elektrolyte durch Zunahme der Ladungsträgerdichte und Abnahme der Viskosität.

Ein Salz der Zusammensetzung MeA (Me Metall, A Säurerest) dissoziiert in Lösung in die Ionen

$$\mathrm{MeA} \rightarrow \mathrm{Me}^{(z^+)} + \mathrm{A}^{(z^-)},$$

$$\text{Beispiele:}\ \mathrm{NaCl} \rightarrow \mathrm{Na}^+ + \mathrm{Cl}^-$$

$$\mathrm{CuSO_4} \rightarrow \mathrm{Cu}^{2+} + \mathrm{SO}_4^{2-}\,.$$

Beim Ladungstransport im angelegten elektrischen Feld wandern die positiven Ionen (Kationen) zur Kathode, die negativen Ionen (Anionen) zur Anode (Bild 16-23). Dort geben sie ihre Ladung ab und werden an den Elektroden abgeschieden (*Elektrolyse*, vgl. C 9.8) oder unterliegen chemischen Sekundärreaktionen. Im Gegensatz zu den Metallen und Halbleitern, die durch den elektrischen Ladungstransport nicht verändert werden, findet bei der elektrolytischen Leitung eine Zersetzung des Leiters statt.

Reine Lösungsmittel haben in der Regel eine sehr geringe Leitfähigkeit. Für die Leitfähigkeit gilt

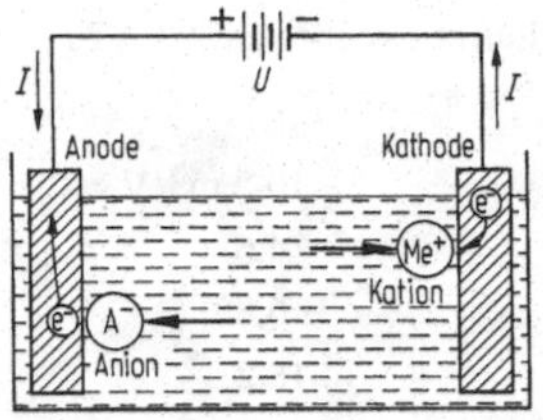


**Bild 16-23.** Elektrolytische Leitung durch Kationen und Anionen

daher bei kleinen Konzentrationen $c_\mathrm{B}$ eines gelösten Salzes B die Proportionalität $\gamma \sim c_\mathrm{B}$, da mit zunehmender Konzentration die Ladungsträgerdichte erhöht wird. Bei hohen Konzentrationen tritt infolge Abschirmung des äußeren Feldes durch Anlagerung entgegengesetzt geladener Ionen eine Sättigung der Konzentrationsabhängigkeit der Leitfähigkeit ein (Debye-Hückel-Theorie).

### Geschwindigkeit des Ionentransports

Ähnlich wie bei den Halbleitern und anders als bei den Metallen übernehmen bei den Elektrolyten zwei Sorten von Ladungsträgern mit i. Allg. unterschiedlichen Beweglichkeiten $\mu_+$ (Kationen) und $\mu_-$ (Anionen) den Stromtransport. Die Leitfähigkeit ist daher analog zu (16-48)

$$\gamma = n_+ ze\mu_+ + n_- ze\mu_- = nze(\mu_+ + \mu_-)\,. \qquad (16\text{-}71)$$

Die Größenordnung der Ionenbeweglichkeit lässt sich abschätzen aus dem Gleichgewicht zwischen viskoser Reibungskraft einer Kugel gemäß (9-37) und der elektrischen Feldkraft auf die Ionen:

$$6\pi\eta r_\mathrm{i} v = zE\,. \qquad (16\text{-}72)$$

$\eta$ ist die dynamische Viskosität (9.4) des Lösungsmittels (z. B. von Wasser bei $\vartheta = 20\,°\mathrm{C}$: $\eta = 1{,}002\,\mathrm{mPa \cdot s}$). Der Ionenradius $r_\mathrm{i}$ beträgt etwa 100–200 pm. Daraus ergibt sich eine Ionenbeweglichkeit in Wasser

$$\mu_\mathrm{i} = \frac{|v|}{E} = \frac{ze}{6\pi\eta r_\mathrm{i}} \approx 5 \cdot 10^{-8}\,\mathrm{m^2/V\,s}\,, \qquad (16\text{-}73)$$

die damit um etwa 5 Größenordnungen kleiner als die der Elektronen in Metallen ist (vgl. 15.1 und Tabelle 16-5).

Tabelle 16-5. Ionenbeweglichkeit ($\vartheta = 20\,°C$)

| Ionensorte | $\mu_i$ $10^{-8}\,m^2/V\,s$ |
|---|---|
| $Na^+$ | 4,6 |
| $Cl^-$ | 6,85 |
| $OH^-$ | 18,2 |
| $H^+$ | 33 |

### Elektrolytische Abscheidung

Die beim Ladungstransport durch einen Elektrolyten an den Elektroden abgeschiedene Masse $m$ ist proportional zur transportierten Ladung $Q$:

$$m = CQ = CIt \quad (1.\ \textit{Faraday-Gesetz}) \qquad (16\text{-}74)$$

$C$ elektrochemisches Äquivalent,
SI-Einheit: $[C] = \mathrm{kg/As} = \mathrm{kg/C}$.

Die abgeschiedene Stoffmenge $\nu$ (in Mol, siehe 8.1) ist ferner durch die transportierte Ladung und die Ladung pro Mol gegeben:

$$\nu = \frac{Q}{zF}\,. \qquad (16\text{-}75)$$

Hierin ist die Ladung pro Mol, die *Faraday-Konstante*

$$F = N_A e = (96\,485{,}3399 \pm 0{,}0024)\,\mathrm{C/mol} \qquad (16\text{-}76)$$

mit $N_A = 6{,}02214179 \cdot 10^{23}\,/\mathrm{mol}$, Avogadro-Konstante (siehe 8.1).
Die abgeschiedene Masse ergibt sich daraus mit der molaren Masse $M$ zu (vgl. C 9.8)

$$m = \nu M = \frac{MIt}{zF} \quad (2.\ \textit{Faraday-Gesetz})\,. \qquad (16\text{-}77)$$

## 16.6 Stromleitung in Gasen

Den elektrischen Stromtransport durch ein Gas nennt man *Gasentladung*. Luft und andere Gase sind bei nicht zu hohen Temperaturen Isolatoren. Eine Gasentladung kann daher nur entstehen, wenn Ladungsträger in das Gas injiziert oder in ihm durch Ionisation der Gasmoleküle erzeugt werden. Das kann z. B. geschehen durch Elektronenemission aus einer Glühkathode (siehe 16.7.1), durch thermische Ionisierung (Flamme, Glühdraht) oder durch eine ionisierende Strahlung (Ultraviolett-, Röntgen-, radioaktive Strahlung). Bei der Ionisation werden Elektronen abgetrennt, sodass positive Ionen entstehen. Beide tragen zum Ladungstransport bei.

### 16.6.1 Unselbstständige Gasentladung

Wenn die Stromleitung nach Ende des ladungsträgerliefernden Vorganges (siehe oben) abbricht, so spricht man von einer *unselbstständigen Gasentladung*. Die Strom-Spannungs-Charakteristik (Kennlinie) einer unselbstständigen Gasentladung, wie man sie etwa mit einer Gasflamme als Ionisationsquelle zwischen zwei Metallplatten als Elektroden in Luft messen kann (Bild 16-24a), zeigt ein ausgeprägtes Plateau (Bild 16-24b).

Im Bereich des Plateaus zwischen den Spannungen $U_1$ und $U_2$ werden alle je Zeiteinheit von der Ionisationsquelle erzeugten Ladungsträger abgesaugt. Bei steigender Spannung ist daher zunächst kein weiterer Stromanstieg möglich: *Sättigung*. Für $U < U_1$ ist die Driftgeschwindigkeit der Ladungsträger so klein, dass die Wahrscheinlichkeit der Wiedervereinigung von Elektronen und Ionen zu neutralen Molekülen beachtlich wird: *Rekombination*. Sie fallen für den Stromtransport aus. Für $U > U_2$ ist dagegen die Feldstärke $E$ so groß, dass die Energieaufnahme der Elektronen zwischen zwei Stößen mit Gasmolekülen ausreicht, um die Gasmoleküle bei den Stößen zu ionisieren: *Stoßionisation*. Dadurch werden zusätzliche Ladungsträger erzeugt, und der Strom steigt oberhalb des Sättigungsbereiches wieder an. Ist $l_e$ die mittlere

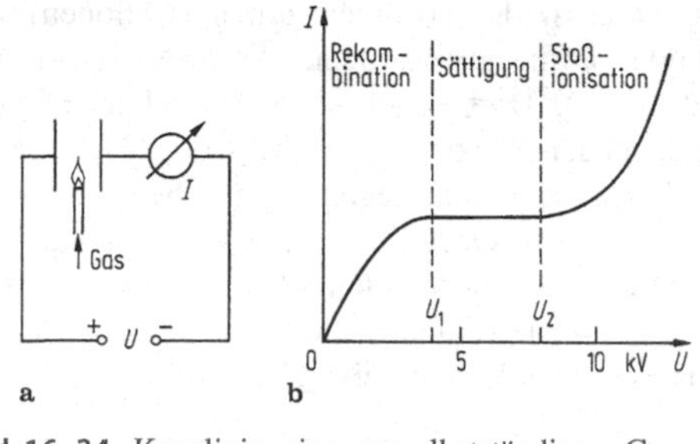


Bild 16-24. Kennlinie einer unselbstständigen Gasentladung

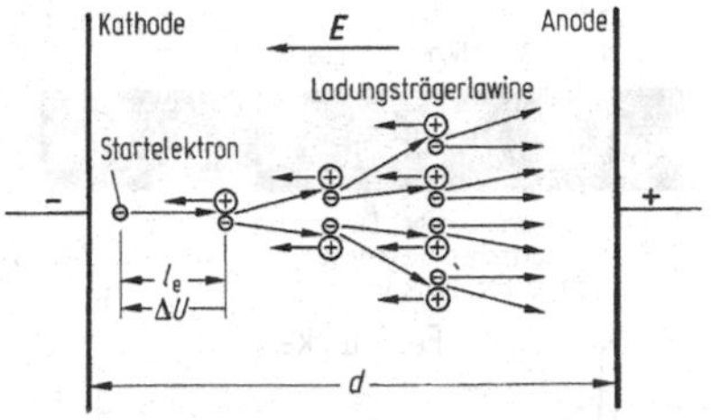


**Bild 16-25.** Entwicklung von Ladungsträgerlawinen bei Stoßionisation durch Elektronen

freie Weglänge der Elektronen, so lautet die Ionisierungsbedingung für Elektronen

$$e\Delta U = eEl_e \geqq E_i \qquad (16\text{-}78)$$

mit $E_i$ Ionisierungsenergie. Die entsprechende Bedingung für die Ionisation durch Ionen wird erst bei höheren Feldstärken erreicht, da die mittlere freie Weglänge der Ionen $l_i$ kleiner als die der Elektronen ist. Die Stoßionisation durch Elektronen führt zu *Ladungsträgerlawinen*, die von jedem „Startelektron" in Kathodennähe ausgelöst werden (Bild 16-25), bei Ankunft an den Elektroden aber wieder erlöschen.

Die unselbstständige Gasentladung wird u. a. bei der *Ionisationskammer* zur Strahlungsmessung eingesetzt, da der Strom (in allen drei Bereichen) proportional zur Zahl und Energie von in den Feldraum eindringenden ionisierenden Teilchen ist.

### 16.6.2 Selbstständige Gasentladung

Bei weiterer Erhöhung der Spannung bzw. Feldstärke kann die Gasentladung in eine selbstständige Entladung umschlagen, die auch ohne Fremdionisation weiterläuft. Das tritt dann ein, wenn die Energieaufnahme auch der Ionen innerhalb ihrer freien Weglänge $l_i$ so groß wird, dass durch Ionisation von Gasmolekülen neue Elektronen in Kathodennähe erzeugt werden:

$$e\Delta U = eEl_i \geqq E_i\,. \qquad (16\text{-}79)$$

Daraus lässt sich eine Beziehung für die *Zündspannung* $U_z$ gewinnen. Die mittlere freie Weglänge $l_i$ hängt nach (9-6) von der Molekülzahldichte und damit vom Druck $p$ ab: $l_i \sim 1/p$. Ferner gilt für die Feldstärke bei der Zündspannung $E = U_z/d$ mit $d$ Elektrodenabstand. Dann folgt aus (16-79)

$$U_z = \text{const} \cdot pd\,. \qquad (16\text{-}80)$$

Die Zündspannung hängt danach nur vom Produkt aus Gasdruck und Elektrodenabstand ab:

$$U_z = f(pd) \quad \text{(Paschen'sches Gesetz)}\,. \qquad (16\text{-}81)$$

In der Form (16-80) gilt das Paschen'sche Gesetz allerdings nur für große Werte von $pd$. Für niedrige Drücke oder kleine Abstände wird $d < l_i$, die Häufigkeit der Stoßionisation nimmt ab. Die Zündspannung erhöht sich, bis durch Ionenstoß an der Kathode hinreichend Sekundärelektronen (siehe 16.7.1) zur Aufrechterhaltung der Entladung ausgelöst werden. Die Theorie von *Townsend* ergibt für diesen Fall die *Townsend'sche Zündbedingung*

$$U_z = \frac{C_1 pd}{\ln(pd) - C_2}\,, \qquad (16\text{-}82)$$

die das Paschen'sche Gesetz mit enthält und bei großen $pd$ näherungsweise in (16-80) übergeht (Bild 16-26). Für jede Spannung oberhalb einer Minimumspannung gibt es danach bei konstantem Druck einen kleinen und einen großen Elektrodenabstand, für den bei vorgegebener Spannung die Entladungsstrecke zündet: Nah- und Weitdurchschlag.

*Anmerkung*: Bei großen Schlagweiten ($pd >$ 1000 Pa · m) wird der Zündmechanismus des Lawinenaufbaus abgelöst vom Kanalaufbau, bei dem sich ein Plasmaschlauch hoher Leitfähigkeit zwischen den Elektroden bildet. An dessen Aufbau ist die bei der Stoßanregung auftretende Lichtstrahlung wesentlich beteiligt.

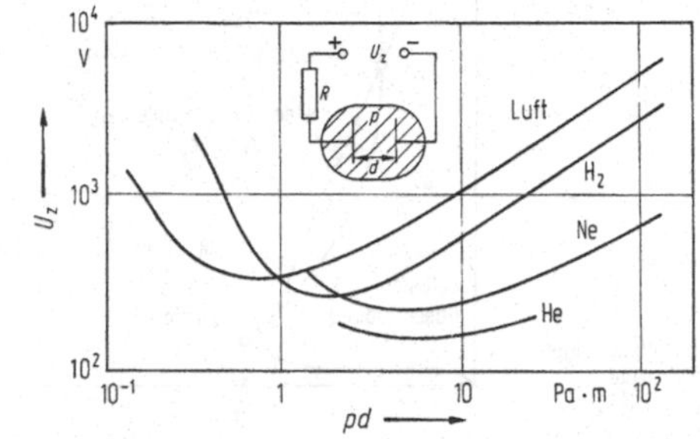


**Bild 16-26.** Zündspannungen verschiedener Gase für ebene Elektroden

Selbstständig brennende Gasentladungen haben über weite Bereiche eine *fallende Kennlinie*, d. h., die Entladungsstromstärke kann aufgrund der Ladungsträgervermehrung durch Stoßionisation unter Absinken der Brennspannung sehr große Werte annehmen, die zur Zerstörung des Entladungsgefäßes führen können. Gasentladungen müssen daher immer mit einem *strombegrenzenden Vorwiderstand* (oder bei Wechselspannung auch mit einer Vorschaltdrossel) betrieben werden. Die vollständige Kennlinie einer Gasentladung zeigt Bild 16-27. Sie besteht aus dem Vorstrombereich der unselbstständigen Gasentladung, dem sich nach Erreichen der Zündspannung die fallende Kennlinie des selbstständigen Entladungsbereiches anschließt. Der obere Schnittpunkt der durch den Vorwiderstand $R$ festgelegten Arbeitsgeraden $I = (U_z - U)/R$ mit der Entladungskennlinie kennzeichnet den sich einstellenden Arbeitspunkt. Der untere Schnittpunkt ist nicht stabil.

Leuchterscheinungen in Gasentladungen treten dadurch auf, dass neben der Stoßionisation auch Stoßanregung der Gasatome erfolgt. Die energetisch um $\Delta E$ angeregten Gasatome gehen meist nach sehr kurzer Zeit ($\approx 10^{-8}$ s) unter Aussendung von Lichtquanten der Energie $\Delta E = h\nu$ wieder in den Grundzustand über (siehe 20.1). Die Leuchterscheinungen sind sehr verwickelt und von den Entladungsparametern abhängig, in der Farbe aber charakteristisch für das verwendete Gas. Bild 16-28a zeigt ein typisches Erscheinungsbild einer Gasentladung bei vermindertem Druck (ca. 100 Pa). Der Potenzial- und Feldstärkeverlauf wird durch die auftretenden Raumladungen gegenüber dem Verlauf ohne Entladung stark verändert

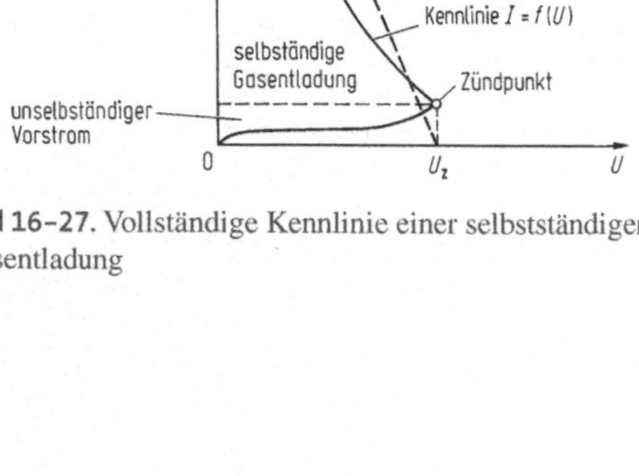

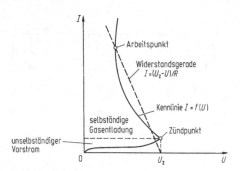

**Bild 16-27.** Vollständige Kennlinie einer selbstständigen Gasentladung

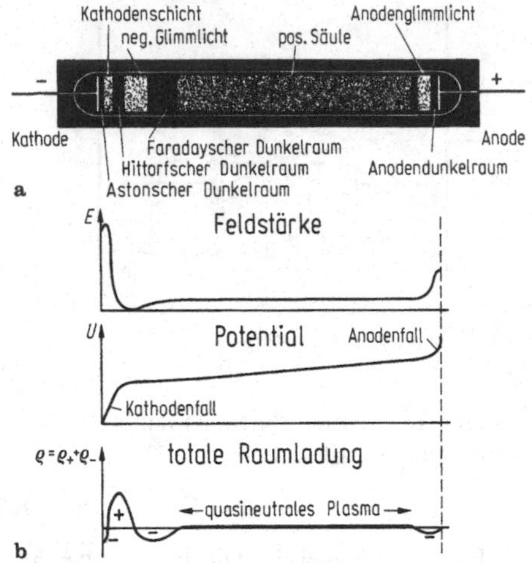


**Bild 16-28.** Leuchterscheinungen, Feldstärke-, Potenzial- und Raumladungsverteilung in einer Gasentladung bei vermindertem Druck

(Bild 16-28b): Die Feldstärken sind besonders groß im Gebiet vor der Kathode (Kathodenfall) und (weniger groß) im Gebiet vor der Anode (Anodenfall). Im Bereich der positiven Säule mit konstanter Feldstärke sind Elektronen und positive Ionen in gleicher Dichte vorhanden: quasineutrales *Plasma*.

Gasentladungslampen gemäß Bild 16-28a mit Edelgasfüllung werden als Glimmlampen mit kleinen Elektrodenabständen (positive Säule unterdrückt) für Anzeigezwecke, als sog. Neonröhren mit großen Elektrodenabständen für Reklamezwecke verwendet. Leuchtstoffröhren haben eine Quecksilberdampfatmosphäre, deren Emission im Ultravioletten durch den auf der Innenwand des Glasrohres aufgebrachten Leuchtstoff in sichtbares Licht umgewandelt wird.

Bei großen Entladungsströmen werden die Elektroden durch die aufprallenden Elektronen (Anode) bzw. Ionen (Kathode) stark erwärmt und können dadurch Elektronen emittieren (Thermoemission, siehe 16.7.1). Die Folge ist eine erhebliche Verringerung der Brennspannung, da die Ionen nicht mehr zur Elektronenerzeugung durch Stoßionisation beitragen müssen: *Bogenentladung* (Lichtbogen). Beispiele: Quecksilberhochdrucklampe, Kohlelichtbogen. Bei letzterem wird die Anodenkohle besonders heiß (ca. 4200 K) und wird deshalb als Lichtquelle kleiner

Ausdehnung für Projektionszwecke verwendet. Weitere Anwendung: Lichtbogenschweißen.

*Funken* sind rasch erlöschende Bogenentladungen in hochohmigen Stromkreisen, bei denen die Spannung an der Funkenstrecke durch den einsetzenden Entladungsstrom zusammenbricht. Bei gegebener Elektrodenform und Druck ist die Zündspannung $U_z$ recht genau definiert: Anwendung als *Kugelfunkenstrecke* zur Hochspannungsbestimmung aus der Schlagweite.

Zum Nachweis ionisierender Teilchen (radioaktive Strahlung, Höhenstrahlung) wird das *Zählrohr* (Geiger u. Müller) verwendet. Es besteht meist aus einem metallischen Zylinder und einem axial ausgespannten Draht als Elektroden in einer geeigneten Gasfüllung. Eine über einen sehr großen Vorwiderstand ($10^8$ bis $10^9\ \Omega$) angelegte Spannung (500 bis 2000 V) sorgt für eine hohe Feldstärke in Drahtnähe. Eindringende ionisierende Teilchen lösen Ladungsträgerlawinen aus, die als Spannungsimpulse verstärkt und gemessen werden können. Bei niedrigerer Spannung (unselbstständige Entladung) arbeitet das Zählrohr im Proportionalbereich, d. h., die Höhe des Spannungsimpulses ist der Zahl der primär erzeugten Ionen proportional und gestattet damit eine Aussage über die Ionisationseigenschaften des einfallenden Teilchens. Bei höherer Spannung wird eine selbstständige Entladung ausgelöst (Auslösebereich), die jedoch durch den Zusammenbruch der Spannung am Zählrohr infolge des hohen Vorwiderstandes wieder gelöscht wird. Hiermit wird allein die Zahl der einfallenden Teilchen gemessen.

### 16.6.3 Der Plasmazustand

Der in Gasentladungen (insbesondere in der positiven Säule) auftretende Plasmazustand, in den auch ohne elektrisches Feld jedes Gas bei sehr hohen Temperaturen übergeht, unterscheidet sich durch das Auftreten frei beweglicher Ladungen (Elektronen und positive Ionen) grundsätzlich von den anderen Aggregatzuständen: vierter Aggregatzustand. Thermisches Gleichgewicht kann sich hier oftmals nur innerhalb der einzelnen Teilchensorten einstellen, sodass man zwischen Neutralteilchentemperatur, Ionentemperatur und Elektronentemperatur unterscheiden muss. Bei hohen Entladungsströmen wirkt das entstehende Magnetfeld komprimierend auf das Plasma: *Pincheffekt*. Durch die Einschnürung erhöht sich die Temperatur des Plasmas, ein wichtiger Effekt der Plasmaphysik, der bei Kernfusionsanlagen ausgenutzt wird (vgl. 17.4).

Plasmen können auch zu elektrostatischen Schwingungen angeregt werden: *Plasmaschwingungen* (Rompe u. Steenbeck). Durch Coulomb-Wechselwirkung mit eingeschossenen, schnellen geladenen Teilchen können lokale Ladungstrennungen des quasineutralen Plasmas herbeigeführt werden, oder auch spontan durch Schwankungserscheinungen entstehen. Dadurch ergibt sich bei einer Ladungsträgerdichte $n$ lokal eine elektrische Polarisation (12-91) $\boldsymbol{P} = n\boldsymbol{p} = -ne\boldsymbol{r}$, bzw. nach (12-94) eine Polarisationsfeldstärke $\boldsymbol{E}_\mathrm{p} = -ne\boldsymbol{r}/\varepsilon_0$, was zu einer rücktreibenden Kraft

$$e\boldsymbol{E}_\mathrm{p} = -\frac{ne^2}{\varepsilon_0}\boldsymbol{r} = m\ddot{\boldsymbol{r}} \qquad (16\text{-}83)$$

führt. Gleichung (16-83) stellt eine Schwingungsgleichung dar. Durch Vergleich mit (5-21) ergeben sich als Eigenfrequenzen für Elektronen (Dichte $n_\mathrm{e}$, Masse $m_\mathrm{e}$) bzw. Ionen (Dichte $n_\mathrm{i}$, Masse $m_\mathrm{i}$) die *Elektronen-Plasmakreisfrequenz*

$$\omega_\mathrm{pe} = \sqrt{\frac{n_\mathrm{e}e^2}{\varepsilon_0 m_\mathrm{e}}} \qquad (16\text{-}84)$$

bzw. die *Ionen-Plasmakreisfrequenz*

$$\omega_\mathrm{pi} = \sqrt{\frac{n_\mathrm{i}e^2}{\varepsilon_0 m_\mathrm{i}}}\,. \qquad (16\text{-}85)$$

Bei einer Elektronendichte von $n_\mathrm{e} \approx 5 \cdot 10^{18}\ /\mathrm{m}^3$ ergibt sich eine Plasmafrequenz $\nu_\mathrm{pe} = \omega_\mathrm{pe}/2\pi = 20 \cdot 10^9$ Hz.

Das freie *Elektronengas in Metallen* stellt unter Berücksichtigung des positiven Gitterionen-Hintergrundes ebenfalls ein Plasma dar, in dem allerdings die Dichten $n_\mathrm{e}$ wesentlich höher sind.

*Beispiel*: Die Atomzahldichte von Aluminium ist $n_\mathrm{Al} = 60{,}3 \cdot 10^{27}\ /\mathrm{m}^3$. Drei Leitungselektronen je Atom ergeben eine Elektronendichte $n_\mathrm{e} = 181 \cdot 10^{27}\ /\mathrm{m}^3$ und daraus eine Plasmafrequenz $\nu_\mathrm{pe} = 3{,}82 \cdot 10^{15}$ Hz. Den Plasmaschwingungen lassen sich Quasiteilchen (*Plasmonen*) der Energie $E_\mathrm{p} = h\nu_\mathrm{p} = 2{,}53 \cdot 10^{-18}$ J = 15,8 eV zuordnen (Bohm u. Pines). Tatsächlich lassen sich beim Durchgang schneller Elektronen durch dünne Al-Schichten Energieverluste dieser Größe nachweisen, die durch Anregung solcher Plasmonen entstehen.

## 16.7 Elektrische Leitung im Hochvakuum

Im Vakuum stehen keine potenziellen Ladungsträger zur Verfügung. Zur Stromleitung müssen daher Ladungsträger von außen in das Vakuum hineingebracht werden (Ladungsträgerinjektion). Dies kann z. B. durch Elektronenemission aus einer Metallelektrode erreicht werden.

### 16.7.1 Elektronenemission

Obwohl die Leitungselektronen innerhalb eines Metalls sich quasi frei bewegen können (freies Elektronengas, siehe 16.2), können sie unter normalen Bedingungen nicht aus dem Metall austreten. Dies ist nur möglich bei Aufwendung einer *Austrittsarbeit* $\Phi$, die bei Metallen etwa zwischen 1 und 5 eV beträgt (Tabelle 16-6). Dem entspricht das *Austrittspotenzial*

$$\varphi = \frac{\Phi}{e}, \qquad (16\text{-}86)$$

das die Höhe des Potenzialwalles an der Oberfläche des Metalls kennzeichnet, den die Leitungselektronen überwinden müssen, wenn sie aus dem Metall in das Unendliche gebracht werden sollen. Die Kraft, gegen die die Austrittsarbeit geleistet werden muss, hat zweierlei Ursachen: (1.) Bei Austritt eines Elektrons aus der Metalloberfläche wird die Ladungsneutralität gestört, es treten rücktreibende Coulomb-Kräfte auf, die durch die Bildkraft (siehe 12.7) beschrieben werden können. (2.) Durch die infolge der thermischen Bewegung austretenden, aber am Potenzialwall sofort wieder reflektierten Elektronen bildet sich eine dünne Ladungsdoppelschicht an der Oberfläche, die selbst zum Potenzialwall beiträgt und weitere Elektronen am Austritt hindert. Das Innere eines Metalls hat also ein niedrigeres Potenzial als das Vakuum, es stellt einen *Potenzialtopf* dar, an dessen Boden sich die Elektronen mit der Fermi-Energie befinden (Fermi-See). Die energetische Darstellung zeigt Bild 16-29. Nur Elektronen mit der Energie $E > E_F + \Phi$ im Metall können die Austrittsarbeit $\Phi$ aufbringen und in das Vakuum gelangen. Die notwendige Mindestenergie $\Phi$ kann z. B. aufgebracht werden durch

**Tabelle 16-6.** Austrittsarbeit $\Phi$ einiger Metalle, Halbleiter und Oxide

| Material | $\Phi$ in eV |
|---|---|
| Aluminium | 4,20 |
| Barium | 2,52 |
| Caesium | 1,95 |
| Eisen | 4,67 |
| Germanium | 5,02 |
| Gold | 5,47 |
| Lithium | 2,93 |
| Kohlenstoff | ≈ 5,0 |
| Kupfer | 5,10 |
| Natrium | 2,35 |
| Molybdän | 4,53 |
| Nickel | 5,09 |
| Palladium | 5,22 |
| Platin | 5,64 |
| Selen | 5,9 |
| Silber | 4,43 |
| Silicium | 4,85 |
| Thorium | 3,45 |
| Wolfram | 4,55 |
| Ba auf BaO | 1,0 |
| Cs auf W | 1,4 |
| Th auf W | 2,60 |
| $LaB_6$ | 2,7 |
| WO | ≈ 10,4 |

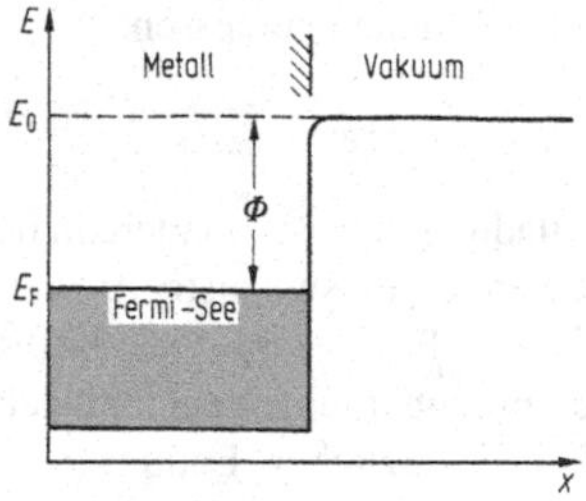


**Bild 16-29.** Energieschema an der Oberfläche eines Metalls (Potenzialtopfmodell)

1. Wärmeenergie: Thermoemission,
2. elektromagnetische Strahlungsenergie (Licht): Fotoemission,
3. elektrostatische Feldenergie: Feldemission,
4. kinetische Stoßenergie: Sekundäremission.

### Thermoemission (Glühemission)

Bei $T > 0$ ist die Dichte der besetzten Zustände durch die Zustandsdichte $Z(E)$ und die Fermi-Dirac-Verteilung $f_{\mathrm{FD}}(E)$ gegeben (siehe 16.2). Bei Zimmertemperatur und $E > E_{\mathrm{F}} + \Phi$ hat die Fermi-Verteilung extrem kleine Werte (Bild 16-9), sodass keine Elektronen emittiert werden. Bei höheren Temperaturen kann jedoch der Thermoemissionsstrom merkliche Werte annehmen und in folgender Weise berechnet werden.

Bei einer Energie $E = E_{\mathrm{F}} + \Phi$ im Metall haben die Leitungselektronen nach Austritt durch die Metalloberfläche in das Vakuum die kinetische Energie 0. Ihre Zustandsdichte beträgt im Vakuum entsprechend (16-22)

$$Z_0(E) = \frac{1}{2\pi^2}\left(\frac{2m_{\mathrm{e}}}{\hbar^2}\right)^{3/2}\sqrt{E - E_{\mathrm{F}} - \Phi} \qquad \text{(16-87)}$$

für $E \geqq E_{\mathrm{F}} + \Phi$.

Die Elektronenkonzentration im Vakuum ergibt sich durch Integration über $E$ gemäß

$$n = \int_{E_{\mathrm{F}}+\Phi}^{\infty} Z_0(E) f_{\mathrm{FD}}(E)\,\mathrm{d}E = 2\frac{(2\pi m_{\mathrm{e}}kT)^{3/2}}{h^3}\mathrm{e}^{-\Phi/kT}, \qquad \text{(16-88)}$$

wobei für $E \geqq E_{\mathrm{F}} + \Phi$ wie in 16.4 die Fermi-Dirac-Verteilung durch die Boltzmann-Näherung (16-21) ersetzt werden kann. Im thermischen Gleichgewicht ist die Stromdichte $j_{\mathrm{s}}$ der aus dem Metall austretenden Elektronen gleich der Stromdichte $j_x$ der aus dem Vakuum auf das Metall treffenden Elektronen

$$j_{\mathrm{s}} = j_x = \frac{1}{2}en\overline{|v_x|}\,. \qquad \text{(16-89)}$$

Die mittlere absolute Geschwindigkeitskomponente senkrecht zur Metalloberfläche $\overline{|v_x|}$ lässt sich durch Mittelung von $|v_x|$ gewichtet mit der eindimensionalen Boltzmann-Verteilung errechnen zu

$$\overline{|v_x|} = \sqrt{\frac{2kT}{\pi m_{\mathrm{e}}}}\,. \qquad \text{(16-90)}$$

Aus (16-88) bis (16-90) folgt schließlich für die thermische Elektronenemission bei der Temperatur $T$ die *Richardson-Dushman-Gleichung*

$$j_{\mathrm{s}} = A_{\mathrm{R}}T^2\mathrm{e}^{-\Phi/kT} \qquad \text{(16-91)}$$

mit der universellen Richardson-Konstante

$$A_{\mathrm{R}} = \frac{4\pi m_{\mathrm{e}}ek^2}{h^3} = 1{,}2\cdot 10^6\ \mathrm{A/(m^2\cdot K^2)}\,. \qquad \text{(16-92)}$$

Die thermische Emissionsstromdichte hängt also exponentiell von der Temperatur und von der Austrittsarbeit ab. Bei $T = 3000\,\mathrm{K}$ ergibt sich eine Emissionsstromdichte von $j_{\mathrm{s}} = 13{,}5\ \mathrm{A/cm^2}$. Für $A_{\mathrm{R}}$ werden experimentell Werte im Bereich $(0{,}2\ldots 0{,}6)\cdot 10^6\ \mathrm{A/(m^2\cdot K^2)}$ gefunden.

### Fotoemission

Die Energie zur Aufbringung der Austrittsarbeit für Elektronen im Fermi-See eines Festkörpers kann auch durch äußere Einstrahlung von Energie in Form elektromagnetischer Strahlung (Licht, Röntgenstrahlung) zugeführt werden: *Fotoeffekt (lichtelektrischer Effekt*, H. Hertz 1887, Hallwachs 1888). Die experimentelle Untersuchung (Hallwachs, Lenard) ergab für den Fotoeffekt:

1. Die Fotoemissions-Stromdichte ist proportional zur eingestrahlten Lichtintensität.
2. Die maximale kinetische Energie der emittierten Elektronen $E_{\mathrm{k,max}}$ ist bei monochromatischer Lichteinstrahlung eine lineare Funktion der Frequenz $\nu$ des Lichtes, aber unabhängig von der Lichtintensität. Unterhalb einer Grenzfrequenz $\nu_{\mathrm{c}}$ tritt keine Fotoemission auf (Bild 16-30b).
3. Die Fotoemission setzt auch bei geringster Bestrahlungsstärke ohne Verzögerung praktisch trägheitslos ein.

Die Erklärung des Fotoeffektes erfolgte durch die *Lichtquantenhypothese* (Einstein, 1905): Die Fotoelektronenauslösung erfolgt durch Einzelprozesse zwischen je einem *Lichtquant der Energie*

$$E = h\nu \qquad \text{(16-93)}$$

und einem Leitungselektron. Dabei wird das Lichtquant absorbiert. Seine Energie gemäß (16-93) liefert die Austrittsarbeit, einen eventuellen Überschuss erhält das Fotoelektron als kinetische Energie $E_{\mathrm{k,max}}$ mit, von der ein Teil $E_{\mathrm{i,coll}}$ durch unelastische Stöße im Innern des Metalls verloren gehen kann. Die Energiebilanz lautet damit

$$h\nu = \Phi + E_{\mathrm{i,coll}} + E_{\mathrm{k}}\,. \qquad \text{(16-94)}$$

Die maximal mögliche kinetische Energie eines ausgelösten Fotoelektrons ergibt sich daraus nach der *Lenard-Einstein'schen Gleichung* zu

$$E_{k,\max} = h\nu - \Phi\,, \qquad (16\text{-}95)$$

was dem experimentellen Befund entspricht (Bild 16-30b). Die *Grenzfrequenz des Fotoeffekts* ergibt sich daraus für $E_{k,\max} = 0$ zu

$$\nu_c = \frac{\Phi}{h} \qquad (16\text{-}96)$$

und gestattet in einfacher Weise die Bestimmung der Austrittsarbeit $\Phi$. Aus der Steigung der Geraden in Bild 16-30b kann ferner das Planck'sche Wirkungsquantum $h$ bestimmt werden. Die maximale kinetische Energie $E_{k,\max}$ lässt sich mit der Anordnung Bild 16-30a messen: Die ausgelösten Fotoelektronen treffen auf die gegenüberliegende Elektrode und laden sie auf, bis das so aufgebaute, stromlos zu messende Gegenpotenzial $U_{\max} = E_{k,\max}/e$ eine weitere Aufladung verhindert.
Die Einstein'sche Erklärung des Fotoeffektes führte die *Quantisierung des elektromagnetischen Strahlungsfeldes* ein, wobei die Quanten (Lichtquanten, Photonen) als räumlich begrenzte elektromagnetische Wellenzüge (*Wellenpakete*, siehe 18.1) zu denken sind, mit einer durch (16-93) gegebenen Energie.

### Schottky-Effekt und Feldemission

Wird an eine Metallkathode ein starkes elektrisches Feld angelegt, so wird die Potenzialschwelle $\Phi$ auf eine effektive Austrittsarbeit $\Phi' = \Phi - \Delta\Phi$ erniedrigt, die sich durch die Überlagerung des durch die äußere Feldstärke $\boldsymbol{E}$ bedingten Abfalls der potenziellen Energie ($E_0 - e|\boldsymbol{E}|x$) mit der durch die Bildkraft verrundeten Potenzialschwelle der Austrittsarbeit ergibt (Bild 16-31). Für den Korrekturterm $\Delta\Phi$ erhält man

$$\Delta\Phi = \sqrt{\frac{e^3|\boldsymbol{E}|}{4\pi\varepsilon_0}}\,. \qquad (16\text{-}97)$$

Diese Absenkung der Austrittsarbeit kann, da sie in den Exponenten der Richardson-Gleichung (16-91) eingeht, eine erhebliche Erhöhung der Thermoemission zur Folge haben: *Schottky-Effekt* (Thermofeldemission).
Nicht thermisch angeregte Elektronen im Fermi-See des Metalls (Bild 16-31) können die auch bei großer Feldstärke $\boldsymbol{E}$ noch vorhandene Potenzialschwelle der Höhe $\Phi'$ und der Breite $\Delta x$ nach den Gesetzen der klassischen Physik nicht überwinden. Die Wellenmechanik zeigt jedoch, dass die Wellenfunktionen der Elektronen, wenn auch stark gedämpft, in die Potenzialschwelle eindringen. Wenn die Schwellenbreite $\Delta x$ sehr klein ist (einige nm bei Feldstärken $|\boldsymbol{E}| = 10^9\,\text{V/m} = 1\,\text{V/nm}$), ist die Amplitude der Wellenfunktionen auf der Vakuumseite der Potenzialschwelle noch merklich, d. h., die Metallelektronen haben auch außerhalb der Austrittspotenzialschwelle noch eine gewisse Aufenthaltswahrscheinlichkeit. Die Elektronen können demnach mit einer gewissen Wahrscheinlichkeit den Potenzialberg wie durch einen Tunnel durchlaufen: *quantenmechanischer Tunneleffekt*. Die Durchtrittswahrscheinlichkeit $D$ für ein Elektron der Energie $E_e$ durch einen Potenzialberg $E(x)$ der Höhe $\Delta E = E_{\max} - E_e$ und der Breite

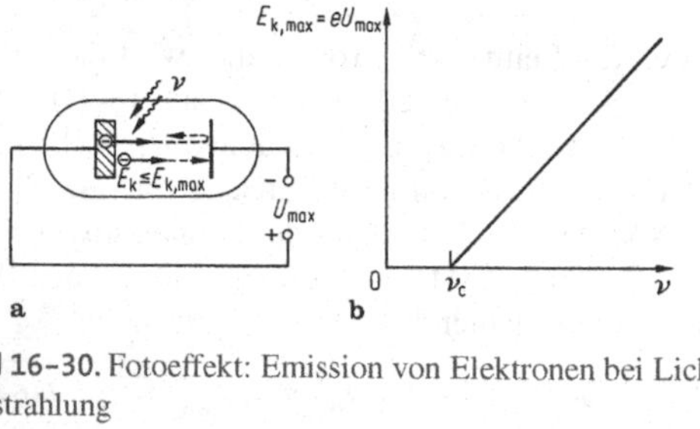


**Bild 16-30.** Fotoeffekt: Emission von Elektronen bei Lichteinstrahlung

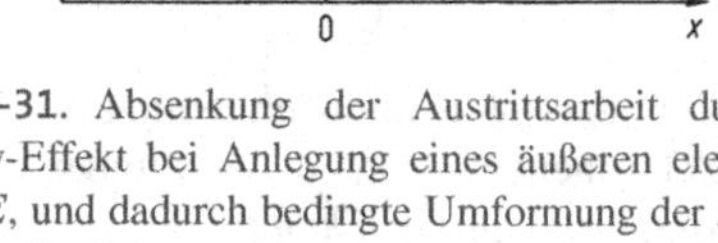

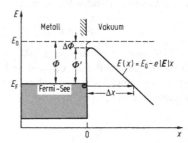

**Bild 16-31.** Absenkung der Austrittsarbeit durch den Schottky-Effekt bei Anlegung eines äußeren elektrischen Feldes $\boldsymbol{E}$, und dadurch bedingte Umformung der Austrittsenergiestufe $\Phi$ in eine Potenzialschwelle endlicher Breite $\Delta x$

$\Delta x = x_2 - x_1$ ergibt sich näherungsweise zu

$$D \approx \exp\left\{-\frac{2}{\hbar}\int_{x_1}^{x_2}\sqrt{2m_e(E(x)-E_e)}\,dx\right\}$$

$$\approx \exp\left\{-\frac{\alpha\Delta x}{\hbar}\sqrt{2m_e\Delta E}\right\} \qquad (16\text{-}98)$$

mit $\alpha \approx (1\ldots 2)$ je nach der Form des Potenzialberges. Die Energie $E$ ist hier nicht mit dem Betrag der Feldstärke $|\boldsymbol{E}|$ zu verwechseln.

Der Tunneleffekt ermöglicht eine Elektronenemission auch bei kalter Kathode allein durch hohe Feldstärken $|\boldsymbol{E}| \geqq 10^9$ V/m. Bei einem homogenen Feld nach Bild 16-31 ergibt die Rechnung, die ähnlich wie für die Thermoemission verläuft (unter Berücksichtigung der Durchlasswahrscheinlichkeit (16-98)), für die Feldemissionsstromdichte bei nicht zu hohen Temperaturen (*Fowler-Nordheim-Gleichung*)

$$j_F = A_F\frac{|\boldsymbol{E}|^2}{\Phi}e^{-\beta\Phi^{3/2}/|\boldsymbol{E}|} \qquad (16\text{-}99)$$

mit

$$A_F = \frac{e^3}{8\pi h} = 2{,}5\cdot 10^{-25}\,A^2\cdot s/V \qquad (16\text{-}100)$$

und

$$\beta = \frac{4\sqrt{2m_e}}{3\hbar e} = 1{,}06\cdot 10^{38}\,kg^{0{,}5}/(V\cdot A^2\cdot s^3)\,. \qquad (16\text{-}101)$$

Die Abhängigkeit der Feldemissions-Stromdichte von der Feldstärke entspricht genau der Abhängigkeit der Thermoemissions-Stromdichte von der Temperatur (16-91).

Ausreichend hohe elektrische Feldstärken lassen sich nach (12-70) besonders leicht an feinen Spitzen mit Krümmungsradien von 0,1 bis 1 μm erzeugen. Anwendungen: Feldemissions-Elektronenmikroskop (Bild 12-23), Raster-Tunnelmikroskop (Bild 25-9).

#### Sekundärelektronenemission

Die Austrittsarbeit kann schließlich auch durch die kinetische Energie primärer Teilchen (Elektronen, Ionen), die auf die Festkörperoberfläche fallen, aufgebracht werden. Die so ausgelösten Elektronen werden *Sekundärelektronen* genannt. Der Sekundärelektronen-Emissionskoeffizient für Elektronen

$$\delta = \frac{j_{sec}}{j_0} \qquad (16\text{-}102)$$

($j_{sec}$ Emissionsstromdichte der Sekundärelektronen; $j_0$ Stromdichte der auffallenden Primärelektronen) hängt von der Energie der Primärelektronen ab (Bild 16-32) und hat bei Metallen Werte um 1, bei Halbleitern und Isolatoren bis über 10. Dieser Unterschied hängt damit zusammen, dass aus Impulserhaltungsgründen (vgl. 6.3.2) beim Stoß äußerer Primärelektronen auf freie Leitungselektronen eine Rückwärtsstreuung sehr viel unwahrscheinlicher ist als beim Stoß auf gebundene Elektronen in Halbleitern oder Isolatoren.

Die Energie der ausgelösten Sekundärelektronen beträgt $\lesssim$20 eV. Mit steigender Primärelektronenenergie nimmt $\delta$ zunächst zu, um nach Durchlaufen eines maximalen Wertes ($E_{p\,max} \approx (500\ldots1500)$ eV) wieder abzusinken, da wegen der steigenden Eindringtiefe der Primärelektronen die Auslösung in so großen Tiefen erfolgt, dass die Austrittswahrscheinlichkeit der Sekundärelektronen abnimmt (siehe Tabelle 16-7).

**Tabelle 16-7.** Maximaler Sekundärelektronen-Emissionskoeffizient $\delta_{max}$ und zugehörige Energie $E_{p\,max}$ für einige Festkörper

| Stoff | $\delta_{max}$ | $E_{p\,max}$/eV |
|---|---|---|
| Eisen | 1,3 | 400 |
| Germanium | 1,15 | 500 |
| Graphit | 1,0 | 300 |
| Kupfer | 1,3 | 600 |
| Molybdän | 1,25 | 375 |
| Nickel | 1,3 | 550 |
| Platin | 1,8 | 700 |
| Silber | 1,5 | 800 |
| Wolfram | 1,4 | 650 |
| NaCl | 6 | 600 |
| BaO | 6 | 400 |
| MgO | 2,4 | 1500 |
| $Al_2O_3$ | 4,8 | 1300 |
| Glimmer | 2,4 | 350 |
| Ag-$Cs_2O$-Cs | 8,8 | 550 |

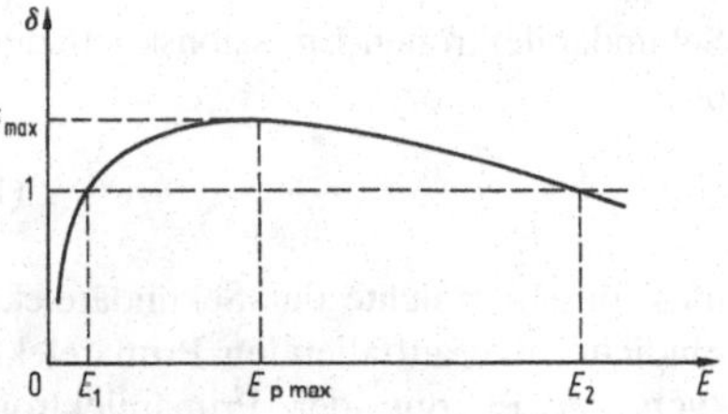


**Bild 16-32.** Sekundärelektronen-Emissionskoeffizient als Funktion der Energie der Primärelektronen (schematisch)

Im Energiebereich zwischen $E_1$ und $E_2$ (Bild 16-32), wo $\delta$ vor allem bei mit Caesium (sehr kleine Austrittsarbeit, Tabelle 16-6) versetzten Materialien Werte $\gg 1$ annehmen kann, ist demnach die Zahl der Sekundärelektronen u. U. erheblich höher als die Zahl der auslösenden Primärelektronen. Dieser Effekt wird u. a. bei den Sekundärelektronenvervielfachern und Kanalmultipliern ausgenutzt. Die material- und winkelabhängige Sekundärelektronenemission wird ferner als Bildsignal im Rasterelektronenmikroskop verwendet (vgl. 25.5).
Auch Ionen können Sekundärelektronen auslösen, z. B. 1 bis 5 Elektronen pro auftreffendes Ion. Beginnend bei einer Ionenenergie von etwa 2 keV steigt die Ausbeute etwa linear an. Ein Maximum der Ausbeute wie bei Elektronen gibt es bei Ionen bis 20 keV nicht. Die Auslösung von Elektronen durch Ionen spielt eine wichtige Rolle bei der selbstständigen Gasentladung (16.6.2).

### 16.7.2 Bewegung freier Ladungsträger im Vakuum

Die Bewegung von freien Ladungsträgern $q$ mit der Geschwindigkeit $\boldsymbol{v}$ im Vakuum, in dem nur elektrische und/oder magnetische Felder $\boldsymbol{E}$ bzw. $\boldsymbol{B}$ auftreten, wird durch die Lorentz-Kraft (13-18)

$$\boldsymbol{F} = q(\boldsymbol{E} + \boldsymbol{v} \times \boldsymbol{B}) \qquad (16\text{-}103)$$

beschrieben. Die Bewegung einzelner geladener Teilchen in solchen Feldern wurde bereits früher besprochen: Beschleunigung und Ablenkung im elektrischen Längs- und Querfeld (12.2), Energieaufnahme im elektrischen Feld (12.5), Ablenkung im magnetischen Feld (13.2).
Treten viele geladene Teilchen als *Raumladung* der Dichte $\varrho(\boldsymbol{r}) = n(\boldsymbol{r})q$ auf, so werden die von außen

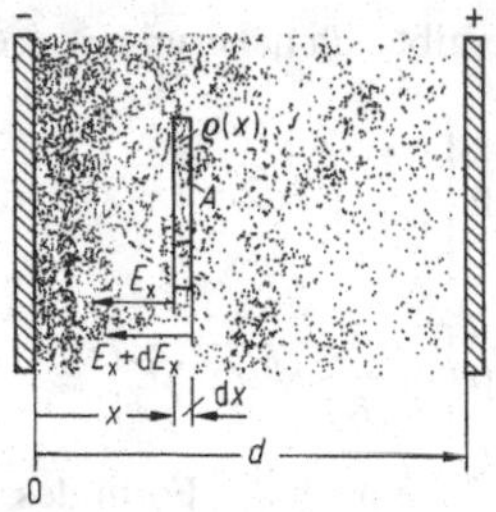


**Bild 16-33.** Zur Herleitung der Potenzialgleichung

vorgegebenen Feldstärken und Potenziale durch die Raumladung verändert, da von den Ladungen selbst ein elektrischer Fluss $\Psi$ ausgeht. Für den Fall einer ebenen Geometrie ergibt sich nach dem Gauß'schen Gesetz (12-17) aus der Bilanz für den elektrischen Fluss durch die Oberfläche einer raumladungserfüllten, flachen Scheibe im Vakuum (Bild 16-33)

$$\frac{\mathrm{d}E_x}{\mathrm{d}x} = \frac{\varrho(x)}{\varepsilon_0} . \qquad (16\text{-}104)$$

Die Feldstärke ergibt sich aus der Änderung des Potenzials $V(x)$ mit $x$ gemäß (12-39), und somit

$$\frac{\mathrm{d}^2 V(x)}{\mathrm{d}x^2} = -\frac{\varrho(x)}{\varepsilon_0} . \qquad (16\text{-}105)$$

Dies ist der eindimensionale Sonderfall der allgemein gültigen Potenzialgleichung

$$\Delta V \equiv \frac{\partial^2 V}{\partial x^2} + \frac{\partial^2 V}{\partial y^2} + \frac{\partial^2 V}{\partial z^2} = -\frac{\varrho}{\varepsilon_r \varepsilon_0} , \qquad (16\text{-}106)$$

(*Poisson-Gleichung*) .

#### Vakuumdiode

Der Effekt der Raumladung soll anhand des von der Kathode in einer Vakuumdiode (Bild 16-34a) ausgehenden Thermoemissions-Elektronenstroms diskutiert werden. Die Kennlinie $i_A = f(u_{AK})$ zeigt drei charakteristisch verschiedene Bereiche (Bild 16-34b):

1. $u_{AK} < 0$: Die aus der Kathode entsprechend der Kathodentemperatur $T_K$ austretenden Elektronen (16-91) müssen gegen ein Anodenpotenzial $-|u_{AK}|$ anlaufen. Sie finden also eine gegenüber der Austrittsarbeit $\Phi$ um $eu_{AK}$ erhöhte Energieschwelle vor, die nur von den Elektronen mit $E_k > eu_{AK}$ überwunden wird.

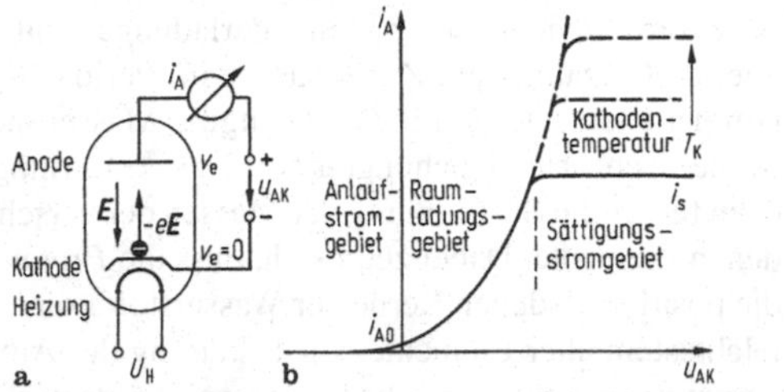


**Bild 16-34.** **a** Vakuumdiode und **b** deren Kennlinien für verschiedene Kathodentemperaturen

Analog zur Richardson-Gleichung (16-91) ergibt sich daher für den Anodenstrom im *Anlaufstromgebiet*

$$i_A = i_{A0} e^{-e|u_{AK}|/kT_K} , \qquad (16\text{-}107)$$

worin $T_K$ die Kathodentemperatur ist.

2. $u_{AK} > 0$: Die Elektronen werden zur Anode beschleunigt. Der Anodenstrom $i_A$ steigt dennoch nicht sofort auf den durch die Richardson-Gleichung (16-91) gegebenen Wert, da bei niedrigen Spannungen die durch den Anodenstrom $i_A = -nevA$ hervorgerufene negative Raumladung $\varrho = -ne = i_A/vA$ in Kathodennähe besonders groß ist ($v$ klein), und die Elektronen geringerer kinetischer Energie von der Raumladung zur Kathode reflektiert werden: *Raumladungsgebiet*. Die Potenzialgleichung (16-105) lautet für diesen Fall

$$\frac{d^2V(x)}{dx^2} = -\frac{\varrho(x)}{\varepsilon_0} = -\frac{i_A}{\varepsilon_0 vA} . \qquad (16\text{-}108)$$

Die Integration ergibt mit (12-53)

$$\frac{1}{2}\left(\frac{dV}{dx}\right)^2 - \frac{1}{2}\left(\frac{dV}{dx}\right)^2_{x=0} = \frac{2i_A}{\varepsilon_0 A}\sqrt{\frac{m_e}{2e}}\sqrt{V} . \qquad (16\text{-}109)$$

Wir nehmen nun an, dass die Elektronenemission aus der Kathode raumladungsbegrenzt sei, d. h., dass durch die negative Raumladung vor der Kathode die Feldstärke dort fast 0 sei (tatsächlich ist sie etwas negativ). Dann ist $(dV/dx)_{x=0} \approx 0$ und (16-109) kann weiter integriert werden ($x = (0 \ldots d)$, $V = (0 \ldots u_{AK})$) mit dem Ergebnis

$$i_A = \frac{4}{9}\varepsilon_0 A\sqrt{\frac{2e}{m_e}} \cdot \frac{u_{AK}^{3/2}}{d^2} , \qquad (16\text{-}110)$$

(*Schottky-Langmuir'sche Raumladungsgleichung*) , dem sog. $U^{3/2}$-Gesetz. Mit steigender Anodenspannung steigt auch die Geschwindigkeit $v$ der Elektronen, sodass die Raumladung $\varrho = ne \sim 1/v$ abgebaut wird und $i_A$ entsprechend der Schottky-Langmuir-Gleichung ansteigt.

3. $u_{AK} \gg 0$: Eine Grenze für das Ansteigen des Anodenstromes mit $u_{AK}$ ist durch die Richardson-Gleichung (16-91) gegeben. Bei hinreichend großer Anodenspannung verschwindet die Raumladungsbegrenzung, und alle von der Kathodenoberfläche $A$ emittierten Elektronen werden abgesaugt. Für das *Sättigungsstromgebiet* gilt dann

$$i_s = A \cdot A_R T_K^2 e^{-\Phi/kT_K} , \qquad (16\text{-}111)$$

wonach der Sättigungsstrom nur von der Kathodentemperatur $T_K$ abhängt. Aus der Kennlinie (Bild 16-34b) folgt, dass die Vakuumdiode den elektrischen Strom praktisch nur für positive Anodenspannung leitet. (Anwendung zur Gleichrichtung von Wechselströmen.)

## Triode

Im Raumladungsgebiet der Vakuumdiode bestimmt die Größe der Raumladung vor der Kathode den Anodenstrom $i_A$. Durch Einführung eines negativ vorgespannten Steuergitters $G$ zwischen Kathode und Anode erhält man eine künstliche, regelbare Raumladung mit der Möglichkeit, durch kleine Steuergitterspannungsänderungen $\Delta u_{GK}$ entsprechende Anodenstromänderungen $\Delta i_A$ zu erzeugen (Bild 16-35). Für konstante Spannung $u_{AK}$ wird das Verhältnis

$$\left(\frac{\Delta i_A}{\Delta u_{GK}}\right)_{u_{AK}} = S \quad \textit{Steilheit} \qquad (16\text{-}112)$$

genannt. Übliche Elektronenröhren haben Steilheiten $S = (1 \ldots 10)\,\text{mA/V}$.

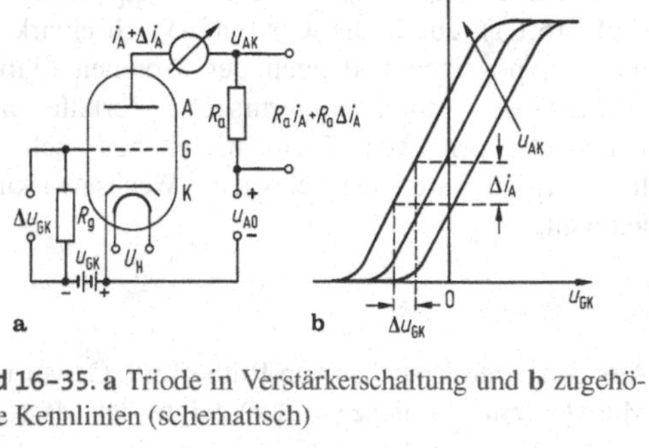


**Bild 16-35.** **a** Triode in Verstärkerschaltung und **b** zugehörige Kennlinien (schematisch)

Bei Einschaltung eines Arbeitswiderstandes $R_a$ in den Anodenstromkreis bewirkt $\Delta u_{GK}$ eine Änderung des Spannungsabfalls an $R_a$ von $\Delta u_{AK} = R_a \Delta i_A \approx S R_a \Delta u_{GK}$. Daraus folgt ein *Spannungsverstärkungsfaktor*

$$\frac{\Delta u_{AK}}{\Delta u_{GK}} \approx S R_a , \qquad (16\text{-}113)$$

der erheblich größer als 1 sein kann. Da bei negativer Steuergitterspannung $u_{GK}$ praktisch kein Gitterstrom fließt, erfolgt die Spannungsverstärkung mit Elektronenröhren nahezu leistungslos.

# 17 Starke und schwache Wechselwirkung: Atomkerne und Elementarteilchen

Die Kern- und Elementarteilchenphysik wird in der Hauptsache durch die starke und die schwache Wechselwirkung bestimmt, vgl. Einleitung zum Teil B II Wechselwirkungen und Felder (vor 11). Die zugehörigen Kräfte haben eine extrem kurze Reichweite $\approx 10^{-15}$ m und spielen daher in der sonstigen Physik gegenüber den elektromagnetischen und Gravitationskräften mit ihrer langen Reichweite keine Rolle. Im Bereich der Atomkerne und Elementarteilchen sind sie jedoch die bestimmenden Kräfte: Die starke Wechselwirkung bewirkt den Zusammenhalt der Atomkerne, indem die anziehenden Kernkräfte zwischen unmittelbar benachbarten Nukleonen die abstoßenden Coulomb-Kräfte übersteigen. Dagegen nehmen die Leptonen (Tabelle 12-1) nicht an der starken Wechselwirkung teil. Bei der Streuung schneller Elektronen an Atomkernen beispielsweise wird daher der Hauptteil des Streuquerschnittes (vgl. 16.1.1) durch die Coulomb-Wechselwirkung mit den positiven Ladungen der Protonen (Tabelle 12-1) im Atomkern verursacht. Zerfälle bzw. Umwandlungen von Elementarteilchen schließlich werden durch die schwache Wechselwirkung geregelt.

## 17.1 Atomkerne

Aus den Streuversuchen von Rutherford, Geiger und Marsden mit α-Teilchen 16.1.1) zeigte sich, dass der Atomkern so viel positive Elementarladungen enthält, wie die Ordnungszahl $Z$ des Atoms im Periodensystem der Elemente (C 1.5–C 2.1) angibt. Massenspektrometrische Untersuchungen (Bild 13-13) ermöglichen ferner die Bestimmung der Massen der verschiedenen Elemente. Dabei zeigt sich, dass die *Protonen*, die positiv geladenen Kerne der Wasserstoffatome als leichtestem aller Elemente, zur Erklärung der Atomkernmassen nicht ausreichen, sondern dass dazu elektrisch neutrale Teilchen, die *Neutronen* hinzugenommen werden müssen (Chadwick, 1932).

Bestandteile der Atomkerne sind demnach die *Nukleonen*

*Proton* (p) mit der Ladung $+e$ und der Ruhemasse

$$m_p = (1{,}672621637 \pm 83 \cdot 10^{-9}) \cdot 10^{-27}\ \text{kg}$$

und *Neutron* (n) mit der Ladung 0 und der Ruhemasse

$$m_n = (1{,}674927211 \pm 84 \cdot 10^{-9}) \cdot 10^{-27}\ \text{kg} .$$

Die Ruhemasse der Nukleonen ist damit etwa 1840-mal größer als die Ruhemasse des Elektrons, siehe 12.4. Ein beliebiger Atomkern enthält $A$ Nukleonen, davon $Z$ Protonen und $N$ Neutronen:

$$A = Z + N \qquad (\textit{Nukleonenzahl} \text{ oder } \textit{Massenzahl}) . \qquad (17\text{-}1)$$

Die Massenzahl $A$ ist gleich der auf ganze Zahlen gerundeten relativen Atommasse $A_r$. $Z$ heißt *Protonenzahl* oder *Kernladungszahl* und ist mit der *Ordnungszahl* im Periodensystem identisch. Schreibweise zur Kennzeichnung eines Atomkerns eines chemischen Elementes X:

$${}^{A}_{Z}\text{X} , \quad \text{z.B.} \quad {}^{1}_{1}\text{H}, {}^{4}_{2}\text{He}, {}^{235}_{92}\text{U}, \ldots$$

Der Index $Z$ (Protonenzahl) wird häufig auch weggelassen, da diese durch das chemische Symbol X eindeutig bestimmt ist. Atomkernarten werden auch *Nuklide* genannt. Unterschiedliche Nuklide unterscheiden sich in mindestens zwei der Zahlen $A, Z, N$.

Die *relative Atommasse* $A_r$ ist das Verhältnis der Atommasse $m_a$ zur sog. vereinheitlichten Atommassenkonstante $m_u$:

$$A_r = \frac{m_a}{m_u} . \qquad (17\text{-}2)$$

Entsprechend wird die *relative Molekülmasse* $M_r$ (siehe 8.1) eines Moleküls der Masse $m_m$ definiert:

$$M_r = \frac{m_m}{m_u} . \quad (17\text{-}3)$$

Die vereinheitlichte *Atommassenkonstante* $m_u$ ist definiert als 1/12 der Masse eines Kohlenstoffnuklids der Massenzahl 12 und beträgt

$$m_u = \frac{1}{12} m\,(^{12}\mathrm{C}) \\ = (1{,}66053886 \pm 28 \cdot 10^{-8}) \cdot 10^{-27}\ \mathrm{kg} .$$

Die Masse dieses Betrages wird als sog. *atomare Masseneinheit* verwendet und dann mit u bezeichnet. Aus Streuversuchen mit α-Teilchen hinreichend hoher Energie (16.1.1) erhält man auch Aussagen über den Kernradius, für den sich die empirische Beziehung

$$R \approx r_0 \sqrt[3]{A} \quad \text{mit} \quad r_0 \approx 1{,}2\ \mathrm{fm} \quad (17\text{-}4)$$

ergibt. $r_0$ entspricht dem Radius eines Nukleons. Gleichung (17-4) bedeutet, dass das Kernvolumen ($\sim R^3$) proportional zur Nukleonenzahl $A$ ansteigt, die Dichte der Kernsubstanz also etwa konstant ist für alle Kerne:

$$\varrho_N \approx \frac{A m_p}{\frac{4\pi}{3} R^3} \approx \frac{m_p}{\frac{4\pi}{3} r_0^3} \approx 2 \cdot 10^{17}\ \mathrm{kg/m^3} . \quad (17\text{-}5)$$

Die Kerndichte ist also etwa um den Faktor $10^{14}$ größer als die Dichte von Festkörpern!

Atome gleicher Ordnungszahl $Z$, aber verschiedener Neutronenzahl $N$ und damit auch verschiedener Massenzahl $A$ werden *Isotope* des chemischen Elements mit der Ordnungszahl $Z$ genannt. Die meisten in der Natur vorkommenden Elemente sind Mischungen aus mehreren Isotopen. Dadurch erklärt sich, dass die relativen Atommassen $A_r$ oft von der Ganzzahligkeit relativ stark abweichen.

Sowohl Protonen als auch Neutronen haben wie die Elektronen (16.1) einen Eigendrehimpuls oder Spin der Größe $\hbar/2$. Ferner muss angenommen werden, dass Nukleonen Bahnbewegungen im Atomkern durchführen, die zu einem Bahndrehimpuls führen. Der resultierende Drehimpuls eines Atomkerns, der *Kernspin* $\boldsymbol{J}$, ist wie der Drehimpuls der Elektronenhülle gequantelt, wobei die zugehörige Quantenzahl $J$ den Betrag des Kernspins $\hbar\sqrt{J(J+1)}$ kennzeichnet. Auch hier gilt eine Richtungsquantelung (vgl. 16.1). Kerne mit geraden Zahlen von Protonen und Neutronen (gg-Kerne) haben eine Spinquantenzahl $J = 0$, d. h., die Spins der Nukleonen sind offenbar paarweise antiparallel angeordnet. Mit dem Kernspin ist schließlich auch ein magnetisches Dipolmoment verknüpft.

Bei der Wechselwirkung zwischen zwei Protonen sind die Kernkräfte (starke Wechselwirkung) für Abstände $r > 0{,}7$ fm anziehend und übersteigen die abstoßende Coulomb-Kraft um einen Faktor $>10^2$. Bereits bei $r \geqq 2$ fm sind die Kernkräfte abgeklungen. Für $r < 0{,}7$ fm wirken die Kernkräfte abstoßend, halten also die Nukleonen in entsprechenden Abständen. Das steht im Einklang mit der von der Nukleonenzahl unabhängigen, etwa konstanten Kerndichte. Aufgrund der Spinwechselwirkung gibt es ferner nichtzentrale Anteile der Kernkraft. Sieht man von solchen Kraftanteilen ab, so lässt sich qualitativ ein Verlauf des Kernpotenzials annehmen, wie er in Bild 17-1 dargestellt ist (Energie-Nullpunkt bei getrennten Nukleonen angenommen: Bei gebundenen Nukleonen ist die innere Energie $U_{int}$ bzw. die potenzielle Energie $E_p$ dann negativ, vgl. Bild 6-7). Für die Wechselwirkung zwischen zwei Neutronen oder zwischen einem Neutron und einem Proton ist dabei allein das Potenzial aufgrund der Kernkraft wirksam, für die Wechselwirkung zwischen zwei Protonen wird dieses noch vom Coulomb-Potenzial überlagert.

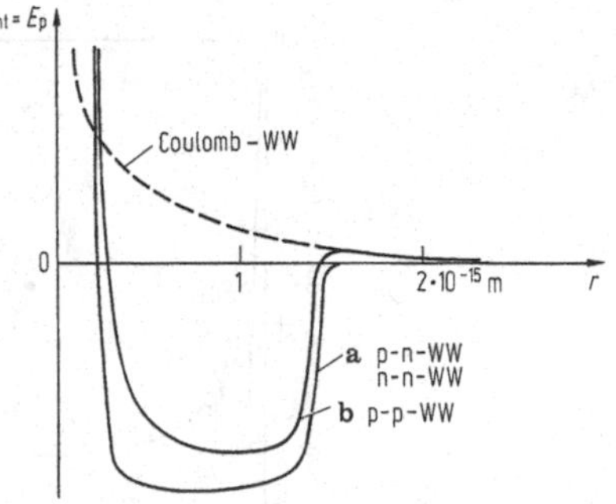


**Bild 17-1.** Potenzielle Energie von Nukleonen (schematisch, Coulomb-Wechselwirkung stark überhöht dargestellt): **a** p-n- und n-n-Wechselwirkung, **b** p-p-Wechselwirkung

## 17.2 Massendefekt, Kernbindungsenergie

Die zur Zerlegung eines Atomkerns gegen die anziehenden Kernkräfte aufzubringende Arbeit stellt die Kernbindungsenergie $E_B$ dar, die meist je Nukleon angegeben wird ($E_b$, Bild 17-2). Bei der Zusammenlagerung von mehreren Nukleonen zu einem Atomkern wird die entsprechende Energie frei. Aufgrund der Einstein'schen Masse-Energie-Beziehung (4-42) ist daher die Masse eines Atomkerns $m_N$ stets kleiner als die Masse aller beteiligten Nukleonen im ungebundenen Zustand ($Zm_p + Nm_n$). Aus der experimentell bestimmbaren Differenz

$$\Delta m = Zm_p + Nm_n - m_N \quad \text{(Massendefekt)} \qquad (17\text{-}6)$$

lässt sich die *Bindungsenergie je Nukleon* berechnen:

$$E_b = \frac{\Delta m c_0^2}{A} . \qquad (17\text{-}7)$$

Einem Massendefekt von der Größe der atomaren Masseneinheit 1 u entspricht eine Bindungsenergie von 931,49 MeV. Für Atomkerne mit Nukleonenzahlen $A > 20$ beträgt die Bindungsenergie je Nukleon ungefähr 8 MeV (Bild 17-2). Bei Atomkernen mit Nukleonenzahlen um 60 hat die Energie je Nukleon ein flaches Minimum (maximale Bindungsenergie).

Die Abhängigkeit der Kernbindungsenergie je Nukleon von der Nukleonenzahl des Kerns lässt sich durch *Kernmodelle* deuten.

Beim *Tröpfchenmodell* wird der Atomkern mit einem makroskopischen Flüssigkeitstropfen verglichen, der ebenfalls eine konstante Dichte unabhängig von seiner Größe aufweist, sowie schnell mit der Entfernung abnehmende Bindungskräfte. So, wie beim Flüssigkeitstropfen die Oberflächenspannung für die kugelförmige Gestalt sorgt, muss auch beim Atomkern eine Oberflächenspannung angenommen werden, die eine etwa kugelförmige Gestalt des Kerns bewirkt. Die Bindung an der Oberfläche ist jedoch geringer als im Volumen. Die Zunahme der Bindungsenergie je Nukleon mit der Nukleonenzahl bei leichten Atomkernen rührt daher vom steigenden Verhältnis der Zahl der Nukleonen im Volumen zu derjenigen an der Oberfläche. Bei schweren Kernen bewirkt hingegen die Zunahme der elektrostatischen Abstoßung der Protonen untereinander aufgrund ihrer steigenden Anzahl eine Verringerung der Bindungsenergie je Nukleon. Die Folge ist eine Verschiebung des Energieminimums (Bindungsenergiemaximums) zugunsten eines Neutronenüberschusses. Andererseits scheint, wie sich bei leichten Kernen zeigt, ein energetischer Vorteil für symmetrische Kerne (Protonenzahl = Neutronenzahl) zu existieren.

Beim *Schalenmodell* des Atomkerns wird davon ausgegangen, dass der Kern ähnlich wie die Elektronenhülle in Schalen unterteilt ist, innerhalb derer die Nukleonen gruppiert und diskreten Energiezuständen zugeordnet sind. Dabei sättigen sich die Drehimpulse je zweier Protonen oder zweier Neutronen gegenseitig ab. Kerne mit gerader Protonenzahl und gerader Neutronenzahl (*gg-Kerne*) enthalten nur gepaarte Protonen und Neutronen und sind deshalb stabiler als

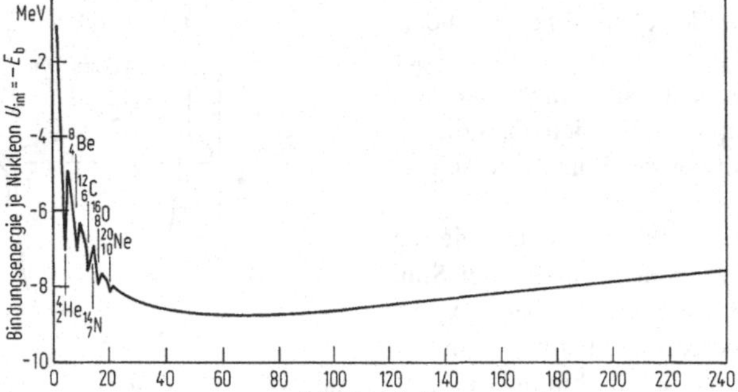


**Bild 17-2.** Bindungsenergie je Nukleon als Funktion der Nukleonenzahl des Kerns (berechnet nach der Weizsäcker-Formel (17-9) sowie (17-11))

*gu-* oder *ug-Kerne*. Die Bindungsenergie je Nukleon ist bei gg-Kernen besonders hoch. Das Gegenteil ist bei *uu-Kernen* der Fall, die sowohl ein ungepaartes Proton als auch ein ungepaartes Neutron enthalten. Dieser Effekt wirkt sich besonders bei den leichten Atomkernen aus und erklärt die dort starken Schwankungen der Bindungsenergie je Nukleon (Bild 17-2). Kerne mit abgeschlossenen Schalen enthalten 2, 8, 20, (28), 50, 82 oder 128 Protonen oder Neutronen (*magische Zahlen*) und sind überdurchschnittlich stabil. Beispiele sind ${}^4_2$He, ${}^{16}_8$O, ${}^{40}_{20}$Ca und ${}^{208}_{82}$Pb.

Die verschiedenen Einflüsse auf die gesamte Kernbindungsenergie $E_B$ lassen sich in der Weizsäcker-Formel zusammenfassen:

$$E_B = a_V A - a_O A^{2/3} - a_C \frac{Z^2}{A^{1/3}} - a_{as} \frac{(A-2Z)^2}{A} + a_p \frac{\delta}{A^{3/4}}\,, \qquad (17\text{-}8)$$

mit $a_V = 15{,}75$ MeV, $a_O = 17{,}8$ MeV, $a_C = 0{,}71$ MeV, $a_{as} = 23{,}7$ MeV, $a_p = 34$ MeV und

$$\delta = \begin{cases} +1 \text{ für gg-Kerne} \\ \phantom{+}0 \text{ für gu- und ug-Kerne} \\ -1 \text{ für uu-Kerne}\,. \end{cases}$$

Der erste Term beschreibt die Zunahme der Bindungsenergie mit der Anzahl der Nukleonen (Volumenenergie). Der zweite Term berücksichtigt die geringere Bindung der Oberflächen-Nukleonen. Der dritte Term beschreibt die Coulomb-Abstoßung der Protonen $\sim Z^2/r$. Der vierte Term stellt die bindungslockernde Asymmetrieenergie dar, die bei $N = Z = A/2$ verschwindet. Bei großen Nukleonenzahlen liegt jedoch wegen der Coulomb-Abstoßung der Protonen untereinander das Energieminimum (Bindungsenergiemaximum) bei $N > Z$. Der fünfte Term berücksichtigt die Paarenergie der Nukleonen-Spins, er hat bei gg-Kernen einen positiven, bei uu-Kernen einen negativen Wert. Die Kernbindungsenergie je Nukleon $E_b$ ergibt sich daraus zu

$$E_b = \frac{E_B}{A} = a_V - a_O \frac{1}{A^{1/3}} - a_C \frac{Z^2}{A^{4/3}} - a_{as} \frac{(A-2Z)^2}{A^2} + a_p \frac{\delta}{A^{7/4}}\,. \qquad (17\text{-}9)$$

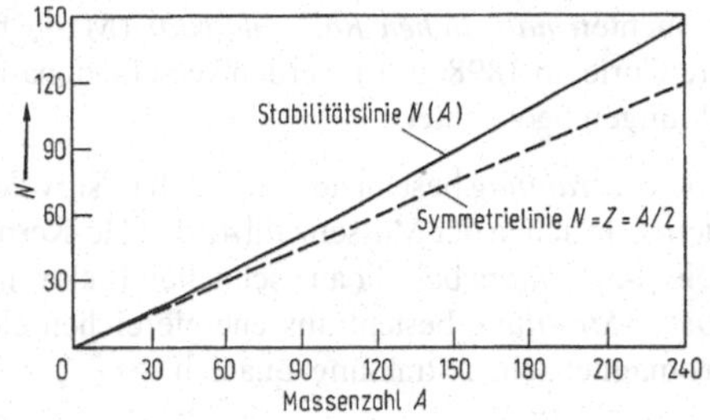


**Bild 17-3.** Stabilitätslinie $N(A)$ nach der Weizsäcker-Formel

Für jede Massenzahl $A$ zeigt die Energie des Kerns bei einer bestimmten Protonenzahl $Z$ ein Minimum (Maximum der Kernbindungsenergie), dessen Lage sich aus (17-8) mit der Bedingung

$$\left(\frac{\partial E_B}{\partial Z}\right)_{A=\text{const}} = 0 \qquad (17\text{-}10)$$

berechnen lässt. Daraus ergibt sich eine *Stabilitätslinie* (Linie der β-Stabilität, siehe 17.3.2)

$$Z = \frac{A}{2 + 0{,}015A^{2/3}} < \frac{A}{2}$$

bzw.

$$N = A - \frac{A}{2 + 0{,}015A^{2/3}} > \frac{A}{2}\,, \qquad (17\text{-}11)$$

die bei schweren Kernen zunehmend von der Linie $N = Z = A/2$ der symmetrischen Atomkerne abweicht (Bild 17-3). Mit (17-11) folgt aus (17-9) der in Bild 17-2 dargestellte Verlauf der Bindungsenergiekurve.

Die stabilen Elemente (siehe 17.3) liegen auf bzw. dicht an der Stabilitätslinie.

## 17.3 Radioaktiver Zerfall

Atomkerne, die nicht dicht an der Stabilitätslinie (Bild 17-3) liegen, oder die große Massenzahlen $A$ aufweisen, können Strahlung emittieren und dabei in einen stabileren Zustand übergehen. Solche instabilen Atomkerne heißen *radioaktiv*. Bei der zuerst an Uransalzen entdeckten (Becquerel, 1896), dann an Polonium, Radium, Aktinium, Thorium, Kalium, Rubidium, Samarium, Lutetium u. a. gefundenen und untersuchten *natürlichen Radioaktivität* (Marie und Pierre Curie ab 1898, u. a.) werden verschiedenartige Strahlungen beobachtet:

1. Die *α-Strahlung* besteht aus zweifach positiv geladenen Teilchen der Massenzahl 4, also He-Kernen.
2. Die *β-Strahlung* besteht aus schnellen Elektronen.
3. Die *γ-Strahlung* besteht aus energiereichen elektromagnetischen Strahlungsquanten.

Die radioaktive Strahlung hängt nicht von äußeren Bedingungen wie Temperatur, Druck, chemische Bindung usw. ab.

### 17.3.1 Alphazerfall

Bei der Emission eines α-Teilchens (He-Kern), das als gg-Kern mit abgeschlossenen Schalen eine besonders stabile Kernstruktur darstellt, aus einem schweren Atomkern X (der sich dabei in einen anderen Atomkern Y umwandelt) wird eine Reaktionsenergie

$$Q = \Delta E = (m_X - m_Y - m_\alpha)c_0^2 = \Delta m c_0^2 > 0 \quad (17\text{-}12)$$

frei, sofern die Massenzahl $A_X$ des Ausgangskerns hinreichend groß ist, wie sich aus dem Verlauf der Bindungsenergie pro Nukleon (Bild 17-2) schließen lässt. α-Strahlung wird in erster Linie für $A_X > 208$ beobachtet. Die Nukleonenzahl des Ausgangskerns reduziert sich beim α-Zerfall um 4, die Protonenzahl um 2, sodass ein anderes chemisches Element (im Periodensystem gegenüber dem Ausgangselement zwei Plätze zurück) entsteht:

$$^{A}_{Z}X \rightarrow {}^{A-4}_{Z-2}Y + {}^{4}_{2}He + \Delta E \,,$$

z. B.:

$$^{238}_{92}U \xrightarrow{4{,}5\cdot 10^9\ a} {}^{234}_{90}Th + {}^{4}_{2}He \,. \quad (17\text{-}13)$$

Der Zerfall erfolgt bei den natürlich radioaktiven Elementen von selbst (spontan), allerdings sehr langsam, anderenfalls würden sie nicht mehr existieren. Bei der Emission des α-Teilchens muss daher offenbar eine Energieschwelle überwunden werden, die höher ist, als die bei der Emission verfügbare Energie $\Delta E$, die sich wiederum gemäß Energie- und Impulssatz (Rückstoß, siehe 3.3.2) auf den neuen Kern Y und das α-Teilchen ($E_\alpha$) verteilt. Die Energieschwelle wird aus dem Potenzialtopf der Kernkräfte und der Coulomb-Abstoßung zwischen Kern Y und dem α-Teilchen gebildet (Bild 17-4a). Das Energiespektrum der α-Strahlung einer Kernsorte mit diskreten Linien (Bild 17-4b) ist ein Hinweis auf die Existenz diskreter Quantenzustände im Kern mit entsprechenden Energieniveaus.

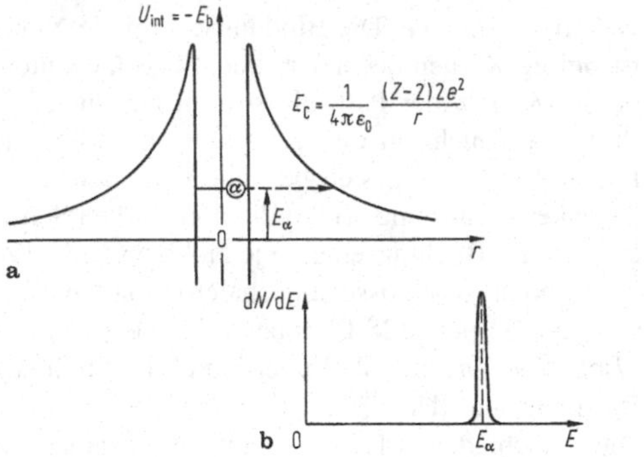


**Bild 17-4.** α-Zerfall: **a** Zu durchtunnelnde Energieschwelle des Kernpotenzials, **b** diskretes Energiespektrum der α-Strahlung

Die Wahrscheinlichkeit des Zerfalls wird dann durch den quantenmechanischen Tunneleffekt (16-98) geregelt (Gamow, 1938), der auch die Feldemission von Elektronen aus Metallen bestimmt (16.7.1). Dementsprechend gibt es eine (zunächst empirisch gefundene) gleichsinnige Beziehung zwischen der Zerfallswahrscheinlichkeit und der Energie $E_\alpha$ des emittierten α-Teilchens:

$$\log \lambda = A + B \log E_\alpha \,, \quad (17\text{-}14)$$

die Geiger-Nuttall'sche Regel ,

mit für alle α-Strahler annähernd gleichen Konstanten $A$ und $B$. $\lambda$ ist die Zerfallskonstante des Zerfallsgesetzes (17-20).

*Anmerkung*: Üblicherweise wird die Geiger-Nuttall'sche Regel mithilfe der hier nicht eingeführten Reichweite $R$ der α-Teilchen in Materie (z. B. in Luft) formuliert. Diese ist jedoch einer Potenz von $E_\alpha$ proportional, sodass sich nur die Konstante $B$ ändert.

### 17.3.2 Betazerfall

Nuklide, die nicht dicht an der Linie der β-Stabilität (Bild 17-3) liegen, können durch Emission eines

Elektrons oder eines Positrons (eines positiv geladenen Elektrons) dieser Linie der minimalen Energie näherkommen. Dabei bleibt die Nukleonenzahl $A$ ungeändert, jedoch ändern sich Neutronenzahl $N$ und Protonenzahl $Z$ gegensinnig um je 1.

Der $\beta^-$-*Zerfall* tritt bei Nukliden mit Neutronenüberschuss oberhalb der Stabilitätslinie (Bild 17-3) auf. Es entsteht ein Element mit einer um 1 höheren Ordnungszahl:

$$^{A}_{Z}\mathrm{X} \rightarrow {}^{A}_{Z+1}\mathrm{Y} + {}^{0}_{-1}\mathrm{e} + \Delta E \,,$$

z. B.:

$$^{234}_{90}\mathrm{Th} \xrightarrow{24{,}1\ \mathrm{d}} {}^{234}_{91}\mathrm{Pa} + \mathrm{e}^- \,. \qquad (17\text{-}15)$$

Zugrunde liegt diesem Prozess die Umwandlung eines Neutrons in ein Proton und ein Elektron. Im Gegensatz zur $\alpha$-Strahlung ist das Energiespektrum der $\beta$-Strahlung jedoch nicht diskret (linienhaft), sondern kontinuierlich zwischen 0 und einer maximalen Energie $E_\beta$ verteilt (Bild 17-5). Ferner ergibt sich aus Nebelkammer- oder Blasenkammer-Aufnahmen des $\beta$-Zerfalls, dass scheinbar der Impulserhaltungssatz meist nicht erfüllt ist: Der Fall entgegengesetzter Impulse von Rückstoßkern und emittiertem Elektron (Fall a in Bild 17-5) tritt nur selten auf. Viel häufiger ist der Fall b, bei dem scheinbar die Impulssumme nicht verschwindet. Außerdem ist scheinbar auch der Drehimpulserhaltungssatz verletzt: Beim $\beta$-Zerfall wird der Kernspin (ganz- oder halbzahlig) nicht geändert, dennoch nimmt das Elektron einen Spin $\hbar/2$ mit. All diese Widersprüche ließen sich durch die Annahme eines weiteren Elementarteilchens, des *Elektron-Neutrinos* $\nu_e$ (hier genauer des Antiteilchens $\bar{\nu}_e$ wegen der Erhaltung der Leptonenzahl, siehe 17.5) beseitigen (Pauli, 1931). Die Neutrinos besitzen keine elektrische Ladung (ionisieren daher nicht), eine nur sehr kleine Ruhemasse ($<3 \cdot 10^{-5}\, m_e$, vielleicht 0) und einen Spin $\hbar/2$. Neutrinos zeigen wegen der fehlenden Ladung und Ruhemasse nur eine extrem geringe Wechselwirkung mit anderer Materie und wurden deshalb erst 1956 direkt nachgewiesen (Reines u. Cowan). Wird beim $\beta$-Zerfall gleichzeitig mit dem Elektron ein Neutrino emittiert, so nimmt dieses einen vom Emissionswinkel abhängigen Anteil der Energie und des Impulses (Bild 17-5c) mit und gleicht den Spin des emittierten Elektrons aus. Damit

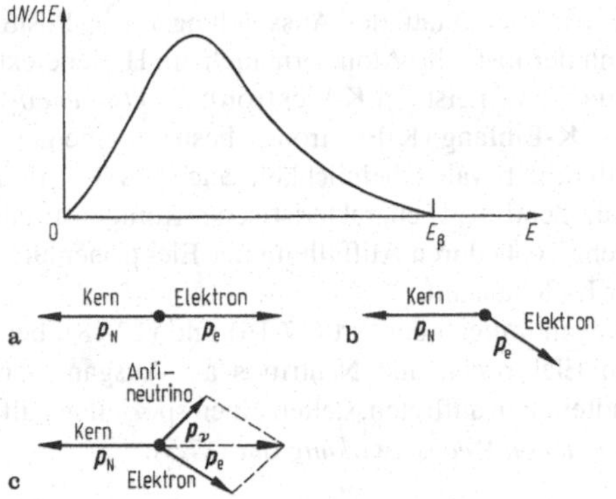


**Bild 17-5.** Kontinuierliches Energiespektrum der $\beta$-Strahlung, Impulsdiagramme zum Impulserhaltungssatz beim $\beta$-Zerfall

sind Energie-, Impuls- und Drehimpulssatz erfüllt und das kontinuierliche $\beta$-Spektrum wird erklärbar.

Dem $\beta^-$-Zerfall liegt daher folgende Neutronenumwandlung zugrunde:

$$\mathrm{n} \rightarrow \mathrm{p} + \mathrm{e}^- + \bar{\nu}_e \,. \qquad (17\text{-}16)$$

Die Reaktionsgleichungen (17-15) müssen demnach durch ein Antineutrino $\bar{\nu}_e$ ergänzt werden.

Der $\beta^+$-*Zerfall* tritt bei Nukliden auf, die eine geringere Neutronenzahl aufweisen, als es der Linie der $\beta$-Stabilität (Bild 17-3) entspricht. Es entsteht ein Element mit einer um 1 niedrigeren Ordnungszahl:

$$^{A}_{Z}\mathrm{X} \rightarrow {}^{A}_{Z-1}\mathrm{Y} + {}^{0}_{1}\mathrm{e} + \Delta E \,,$$

$$\text{z. B.:} \quad {}^{10}_{6}\mathrm{C} \rightarrow {}^{10}_{5}\mathrm{B} + \mathrm{e}^+ \,. \qquad (17\text{-}17)$$

Der $\beta^+$-Zerfall legt die Annahme der Umwandlung eines Protons in ein Neutron nahe unter gleichzeitiger Aussendung eines positiven Elektrons (eines Positrons) $e^+$ und eines Elektron-Neutrinos $\nu_e$. Dies kann jedoch nicht zutreffen, da die Masse des Protons kleiner ist als die des Neutrons. Statt dessen muss angenommen werden, dass aus überschüssiger Kernbindungsenergie zunächst ein Elektronenpaar (Elektron und Positron) entsteht und das Proton sich mit dem Elektron zu einem Neutron verbindet:

$$\mathrm{p} + \mathrm{e}^- + \mathrm{e}^+ \rightarrow \mathrm{n} + \mathrm{e}^+ + \nu_e \,. \qquad (17\text{-}18)$$

Dementsprechend müssen auch hier die Reaktionsgleichungen (17-17) ergänzt werden durch ein

Neutrino $\nu_e$. Statt der Aussendung eines Positrons kann der instabile Atomkern auch ein Hüllenelektron einfangen (meist ein K-Elektron): *Elektroneneinfang* oder K-Einfang (K-Elektronen besitzen eine gewisse Aufenthaltswahrscheinlichkeit auch im Kern). Anschließend tritt charakteristische Röntgenstrahlung (siehe 20.4) durch Auffüllung der Elektronenlücke in der K-Schale auf.
Umwandlungen der Art (17-16) und (17-18), bei denen Elektronen und Neutrinos als Ausgangs- oder Endteilchen auftreten, stellen einen speziellen Fall der *schwachen Wechselwirkung* dar (17.5).

#### γ-Emission

Nach Emission von α- oder β-Teilchen verbleiben die Atomkerne meist in einem energetisch mehr oder weniger angeregten Zustand. Beim Übergang in den energieärmeren Grundzustand wird die Energiedifferenz in Form von elektromagnetischer Strahlung mit großem Durchdringungsvermögen, der γ-Strahlung abgegeben. Dabei ändert sich die Stellung des Atomkerns im Periodensystem nicht.

#### Das Gesetz des radioaktiven Zerfalls

Der radioaktive Zerfall ist rein statistischer Natur, d. h., die Atomkerne wandeln sich unabhängig voneinander mit einer für alle gleichartigen Kerne gleichen Zerfallswahrscheinlichkeit um. Der innerhalb eines Zeitintervalls $\mathrm{d}t$ zerfallende Bruchteil $\mathrm{d}N$ der Atomkerne eines Nuklids bzw. die *Aktivität* $A = -\mathrm{d}N/\mathrm{d}t$ ist deshalb proportional zur Anzahl $N$ der noch vorhandenen, nicht umgewandelten radioaktiven Kerne:

$$A = -\frac{\mathrm{d}N}{\mathrm{d}t} = \lambda N \qquad (17\text{-}19)$$

mit der *Zerfallskonstante* $\lambda$.

$$\text{SI-Einheit: } [A] = \text{Bq (Becquerel)} = \mathrm{s}^{-1} = 1/\mathrm{s}\,.$$

Früher übliche Einheit: Curie (Ci), die Aktivität von etwa 1 g Radium. $1\,\text{Ci} = 37 \cdot 10^9\,\text{Bq}$.
Durch Integration von (17-19) folgt das *Zerfallsgesetz*

$$N = N_0 \mathrm{e}^{-\lambda t}\,, \qquad (17\text{-}20)$$

wobei $N_0$ die anfangs vorhandene Zahl der radioaktiven Kerne ist. Aus (17-19) oder (17-20) folgt, dass in gleichen Zeitintervallen stets der gleiche Bruchteil der vorhandenen Kerne zerfällt. Die Zeit in der jeweils die Hälfte zerfällt, wird *Halbwertszeit* $T_{1/2}$ genannt. Sie folgt aus (17-20) für $N = N_0/2$ zu

$$T_{1/2} = \frac{\ln 2}{\lambda} = \frac{0{,}693\ldots}{\lambda}\,. \qquad (17\text{-}21)$$

Gelegentlich wird auch die *mittlere Lebensdauer* $\tau = 1/\lambda$ benutzt. Das für die Altersbestimmung nach der Radiokarbonmethode ausgenutzte Kohlenstoffnuklid $^{14}$C hat eine Halbwertszeit $T_{1/2} = (5730 \pm 40)\,\text{a}$.
Ersetzt man die Zahl $N$ der vorhandenen Ausgangskerne durch die Masse $m$ der Substanz, so folgt mit der Avogadro-Konstanten $N_\mathrm{A}$ und der Molmasse $M$ aus (17-19) die für die praktische Anwendung geeignetere Beziehung

$$A = \lambda \frac{m N_\mathrm{A}}{M}\,. \qquad (17\text{-}22)$$

## 17.4 Künstliche Kernumwandlungen, Kernenergiegewinnung

Hochangeregte Atomkerne können bei Neutronenüberschuss unter Emission eines Neutrons, bei Protonenüberschuss unter Emission eines Protons zerfallen. Der hochangeregte Zustand (gekennzeichnet durch ein Sternchen *) kann z. B. aus einem instabilen Kern bei vorausgegangener β-Emission entstanden sein:

$$^{17}_{7}\mathrm{N} \to {}^{17}_{8}\mathrm{O}^* + {}^{0}_{-1}\mathrm{e} + \bar{\nu}_\mathrm{e}$$
$$^{17}_{8}\mathrm{O}^* \to {}^{16}_{8}\mathrm{O} + {}^{1}_{0}\mathrm{n}\,. \qquad (17\text{-}23)$$

In Fällen dieser Art emittiert der hochangeregte Kern das Neutron sehr schnell, sodass die Halbwertszeit für das Abklingen der Neutronenstrahlung durch diejenige des vorangegangenen β-Zerfalls gegeben ist (*verzögerte Neutronen*). Die Tatsache der Emission verzögerter Neutronen eröffnet eine wichtige Möglichkeit zur Regelung eines Kernreaktors (siehe unten).
Hochangeregte Atomkerne können auch durch Einschuss von energiereichen Teilchen wie Protonen, Neutronen, Deuteronen (Kerne des Schweren Wasserstoffs: 1 Proton + 1 Neutron), Tritonen (Kerne des überschweren Wasserstoffs: 1 Proton + 2 Neutronen), α-Teilchen oder hochenergetische γ-Quanten erzeugt werden. Wird als Folge ein Teilchen anderer Ladung emittiert, so ist eine *künstliche Kernumwandlung*

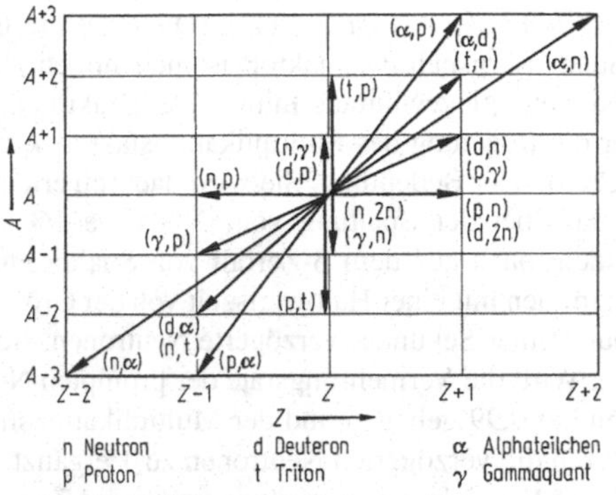


**Bild 17-6.** Übersicht über mögliche künstliche Kernumwandlungen

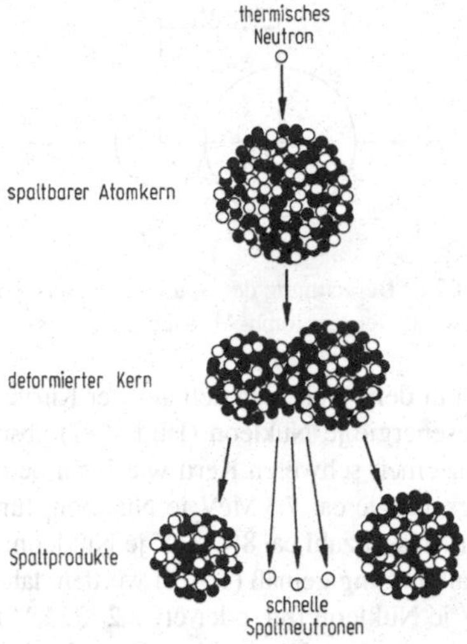


**Bild 17-7.** Neutroneninduzierte Spaltung eines Atomkerns

erfolgt. Die erste künstliche Kernumwandlung wurde von Rutherford beim Beschuss von Stickstoffatomen mit α-Teilchen beobachtet (1919):

$$^{14}_{7}\mathrm{N} + ^{4}_{2}\alpha \rightarrow ^{17}_{8}\mathrm{O} + ^{1}_{1}\mathrm{p}\,. \qquad (17\text{-}24)$$

Eine kürzere Schreibweise setzt die Symbole für Einschuss- und emittiertes Teilchen in Klammern zwischen die Symbole von Ausgangs- und Tochterkern:

$$^{14}_{7}\mathrm{N}(\alpha,\mathrm{p})^{17}_{8}\mathrm{O}\,.$$

Die bekannten Möglichkeiten für Umwandlungen eines Nuklids bei Beschuss mit energiereichen Teilchen (Austauschreaktionen) zeigt Bild 17-6.

## Kernspaltung

Statt der Umwandlung durch Emission einzelner Nukleonen oder eines kleinen Aggregats von Nukleonen (Deuteronen, α-Teilchen) können instabile oder hochangeregte Kerne großer Massenzahl auch in zwei Kerne mittlerer Massenzahlen zerfallen (Bild 17-7): *Kernspaltung* oder *Fission* (Hahn u. Straßmann, 1938). Dabei wird nach der Weizsäcker-Kurve (Bild 17-2) Bindungsenergie frei.

Die Spaltung eines Atomkerns kann durch Einschuss eines langsamen (thermischen) Neutrons ausgelöst (induziert) werden. Im Tröpfchenmodell lässt sich dieser Vorgang verstehen, wenn angenommen wird, dass durch den Einschuss des Neutrons eine Kerndeformation erfolgt, die – infolge der gegenüber den kurzreichweitigen anziehenden Kernkräften dann zur Auswirkung kommenden langreichweitigen Coulomb-Abstoßung zwischen den beiden positiven Ladungsschwerpunkten – zu einem Zerplatzen in hauptsächlich zwei Teilkerne führt. Eine solche neutroneninduzierte Kernspaltung wird z. B. durch die folgende Reaktionsgleichung dargestellt:

$$^{235}_{92}\mathrm{U} + \mathrm{n} \rightarrow ^{145}_{56}\mathrm{Ba}^{*} + ^{88}_{36}\mathrm{Kr}^{*} + 3\mathrm{n} + \Delta E\,. \qquad (17\text{-}25)$$

Es sind auch eine ganze Reihe anderer Spaltungen möglich, wobei eine Häufung von Spaltprodukten mit Massenzahlen um 90 bis 100 und um 145 beobachtet wird.

Eine grobe Abschätzung der dabei freiwerdenden Bindungsenergie $\Delta E$ lässt sich aus der potenziellen Energie der Coulomb-Abstoßung (12-43) gewinnen unter der Annahme, dass die beiden Spaltprodukte als näherungsweise kugelförmige Ladungen $Z_1 e$ und $Z_2 e$ zu Beginn der Trennung entsprechend den beiden Kernradien dicht aneinander liegen (Bild 17-8):

$$\Delta E \approx E_{\mathrm{p}} = Z_1 e V(Z_2 e) = \frac{Z_1 Z_2 e^2}{4\pi\varepsilon_0 d}\,. \qquad (17\text{-}26)$$

Benutzt man als Abstand der Ladungsschwerpunkte $d = R_{\mathrm{Ba}} + R_{\mathrm{Kr}} \approx 11{,}6$ fm aus (17-4), so ergibt sich aus (17-26) $\Delta E \approx 250$ MeV an freiwerdender Bindungsenergie. Dieser Betrag stimmt in der Größenordnung

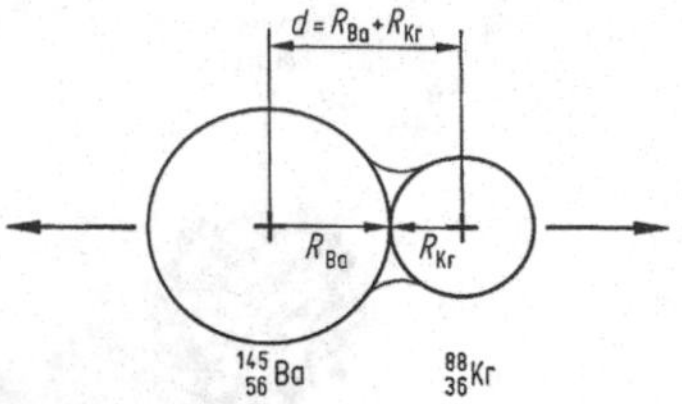


**Bild 17-8.** Zur Berechnung der Spaltenergie aus der potenziellen Energie der Coulomb-Abstoßung

überein mit dem Wert, der sich aus der Kurve für die Bindungsenergie je Nukleon (Bild 17-2) abschätzen lässt: Für einen schweren Kern wie Uran beträgt die Bindungsenergie ca. 7,5 MeV je Nukleon, für Kerne mittlerer Massenzahl ca. 8,4 MeV je Nukleon. Bei einem Spaltvorgang gemäß (17-25) werden daher etwa 0,9 MeV je Nukleon frei, oder etwa 210 MeV für alle Nukleonen des Urankerns. Diese Energie ist um den Faktor $10^7$ größer als die chemische Bindungsenergie zweier Atome! Sie wird zu >80% von den Spaltprodukten einschließlich der Spaltneutronen als kinetische Energie übernommen.

Das Auftreten der Spaltneutronen erklärt sich aus dem relativen Neutronenüberschuss, der bei schweren Kernen höher ist als bei mittelschweren (Bild 17-3), und der daher bei der Spaltung abgebaut wird. Die Spaltneutronen ermöglichen den Vorgang der *Kettenreaktion*, da sie in einer nächsten Generation wiederum Spaltreaktionen hervorrufen können. Die Zahl $N_{i+1}$ der Spaltreaktionen der $(i+1)$-ten Generation ergibt sich aus der Zahl $N_i$ der Spaltreaktionen der $i$-ten Generation entsprechend dem Multiplikationsfaktor

$$k = \frac{N_{i+1}}{N_i} \quad (i = 1, 2, \ldots) . \qquad (17\text{-}27)$$

Für $k < 1$ nimmt die Zahl der Spaltreaktionen je Generation ab, und die Kettenreaktion bricht schließlich ab. Kann dagegen für eine gewisse Zeit $k > 1$ aufrechterhalten werden, so nimmt die Zahl der Kernspaltungen zeitlich exponentiell zu. Bei kurzer Generationsdauer und großem $k$ (bei stark angereichertem oder reinem $^{235}U$ und überkritischer Masse, siehe unten) kommt es zur Kernexplosion: *Atombombe*.

### Kernreaktor

Für eine zeitlich konstante Kernspaltungsrate muss $k = 1$ gehalten werden: Kontrollierte Kettenreaktion im *Kernreaktor* (Fermi, 1942). (Die präzisere Benennung „Kernspaltungsreaktor" ist nicht üblich.) Für die Kernenergiegewinnung mittels Kernreaktoren ist daher die Regelung des Multiplikationsfaktors $k$ von entscheidender Bedeutung. Sie wird dadurch erleichtert, dass bei der Spaltung von $^{235}U$ etwa 1% der Spaltneutronen aus dem β-Zerfall von Spaltprodukten stammen mit einer Halbwertszeit von der Größenordnung einer Sekunde (verzögerte Neutronen, siehe oben). Wird die Vermehrungsrate der prompten Neutronen bei 0,99 gehalten und der Multiplikationsfaktor durch die verzögerten Neutronen zu 1 ergänzt, so bleibt im Falle einer Abweichung genügend Zeit zur Nachregelung.

Im Uranreaktor treten aufgrund mehrerer möglicher Kernspaltungsreaktionen ähnlich (17-25) im Mittel 2,43 Spaltneutronen je $^{235}U$-Kern mit einer kinetischen Energie von 1 bis 2 MeV auf. Bei geringer Größe des Uranvolumens gehen jedoch die meisten Spaltneutronen durch die Oberfläche verloren. Das Verhältnis Volumen zu Oberfläche muss daher hinreichend groß gemacht werden, damit mindestens ein Neutron je Spaltreaktion eine weitere Spaltung hervorruft, das führt auf den Begriff der *kritischen Masse* des Spaltmaterials. Die kritische Masse hängt stark von der Anreicherung des Isotops $^{235}U$ ab, da natürliches Uran im Wesentlichen das neutronenabsorbierende Isotop $^{238}U$ enthält und nur zu 0,7% das spaltbare $^{235}U$. Die schnellen Spaltneutronen haben nur eine geringe Wahrscheinlichkeit, im $^{235}U$-Kern angelagert zu werden und eine Spaltung zu bewirken, sie werden vorwiegend gestreut. Eine hohe Spaltwahrscheinlichkeit tritt erst bei thermischen Geschwindigkeiten auf. Die Neutronen müssen daher abgebremst werden, z. B. durch elastische Stöße mit Kernen vergleichbarer Masse (vgl. (6-42) und Bild 6-11). Hierzu werden *Moderatorsubstanzen* verwendet, das sind Substanzen mit Kernen möglichst niedriger Massenzahl, die jedoch Neutronen nur schwach absorbieren dürfen, z. B. Deuterium (im schweren Wasser) oder Graphit. Zur Regelung des Multiplikationsfaktors werden hingegen Substanzen mit hohem Neutroneneinfangquerschnitt verwendet, z. B. Cadmiumstäbe, die mehr oder weniger in den Reaktorkern eingefahren werden (Bild 17-9).

Die Spaltprodukte geben ihre kinetische Energie durch Stöße an die umgebenden Atome des Kern-

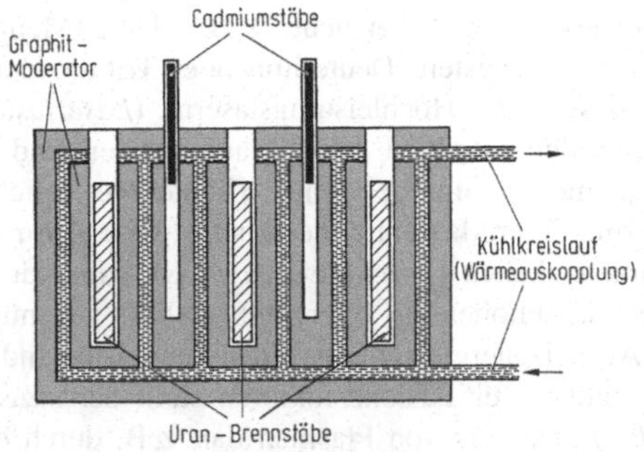


**Bild 17-9.** Prinzipieller Aufbau eines Kernspaltungsreaktors

brennstoffs und des Moderatormaterials in Form von Wärme ab, die durch ein zirkulierendes Kühlmittel, z. B. Wasser oder flüssiges Natrium aus dem Kernreaktor abgeführt und z. B. zur Erzeugung elektrischer Energie ausgenutzt wird.

Das im Uran-Kernbrennstoff enthaltene Isotop $^{238}\mathrm{U}$ wandelt sich unter Beschuss mit schnellen Neutronen über zwei Zwischenstufen in Plutonium um:

$$\begin{aligned} &{}^{238}_{92}\mathrm{U} + {}^{1}_{0}\mathrm{n} \rightarrow {}^{239}_{92}\mathrm{U} + \gamma \\ &{}^{239}_{92}\mathrm{U} \rightarrow {}^{239}_{93}\mathrm{Np} + \mathrm{e}^- \\ &{}^{239}_{93}\mathrm{Np} \rightarrow {}^{239}_{94}\mathrm{Pu} + \mathrm{e}^- \,. \end{aligned} \qquad (17\text{-}28)$$

Im Uranreaktor entsteht daher auch das ebenfalls spaltbare Plutonium: *Brutprozess*. Problematisch ist beim Kernspaltungsreaktor das Entstehen zahlreicher radioaktiver Spaltprodukte.

### Kernfusion

Wie die Bindungsenergiekurve Bild 17-2 ausweist, wird auch beim Aufbau mittelschwerer Kerne aus sehr leichten Kernen bis zu Massenzahlen um 20 Bindungsenergie frei: Kernfusion. Energetisch besonders ergiebig sind Kernverschmelzungen, die als Endprodukt ${}^{4}_{2}\mathrm{He}$-Kerne mit ihrer großen Bindungsenergie (Bild 17-2) ergeben. Solche Fusionsreaktionen liefern die Energie der Sterne und auch der Sonne. Auf der Erde konnte eine Energiefreisetzung auf dieser Basis bisher nur in Form der unkontrollierten Kernfusion in der *Wasserstoffbombe* realisiert werden.

Der Grund dafür sind die hohen Schwellenenergien dieser Prozesse: Die Fusion setzt voraus, dass sich zwei Kerne gegen die Coulomb-Abstoßung einander soweit nähern, dass die kurzreichweitige Kernkraft die Oberhand gewinnt. Für zwei Protonen beispielsweise ist dafür nach (17-26) eine kinetische Energie der Größenordnung 1 MeV erforderlich. Sie sind zwar durch Beschleuniger leicht zu erreichen, jedoch sind so nur vereinzelt Fusionen zu erzielen, da die Reaktionsquerschnitte gegenüber den Streuquerschnitten sehr klein sind. Zur Energiegewinnung muss eine große Anzahl von Kernen eine hinreichend hohe thermische Energie besitzen, damit trotz des kleinen Reaktionsquerschnittes hinreichend viele Fusionsprozesse erfolgen. Im Sonneninnern werden Temperaturen von $10^7$ bis $10^8$ K angenommen. Die daraus gemäß (8-18) zu berechnende mittlere thermische Energie beträgt 1 bis 10 keV, reicht also nicht aus, um den MeV-Wall zu übersteigen. Da es sich jedoch sowohl um eine Verteilung (Bild 8-1) mit auch höherenergetischen Kernen handelt, als auch der Potenzialwall (Bild 16-31 und 17-4) dann bereits aufgrund des Tunneleffekts (16-98) durchdrungen werden kann, setzt die Kernfusion bereits bei diesen Temperaturen ein. Bei der Wasserstoffbombe wird eine Uranbombe als Zünder zur Erzeugung der erforderlichen Temperaturen benutzt.

Die *Sonne* und ähnliche Sterne beziehen ihre Energie vorwiegend aus dem sog. *Deuterium-Zyklus* (Bethe, 1939):

$$\begin{aligned} &{}^{1}_{1}\mathrm{p} + {}^{1}_{1}\mathrm{p} \rightarrow {}^{2}_{1}\mathrm{D} + \mathrm{e}^+ + \nu_\mathrm{e} + 1{,}4\,\mathrm{MeV}\ \text{(langsam)} \\ &{}^{2}_{1}\mathrm{D} + {}^{1}_{1}\mathrm{p} \rightarrow {}^{3}_{2}\mathrm{He} + \gamma + 5{,}5\,\mathrm{MeV}\ \text{(schnell)} \\ &{}^{3}_{2}\mathrm{He} + {}^{3}_{2}\mathrm{He} \rightarrow {}^{4}_{2}\mathrm{He} + 2\,{}^{1}_{1}\mathrm{p} + 12{,}9\,\mathrm{MeV}\ \text{(schnell)}\,. \end{aligned} \qquad (17\text{-}29)$$

Darin bestimmt der erste Prozess als langsamster die Brenngeschwindigkeit der Sonne. Der Bruttoprozess dieser drei Reaktionen lautet:

$$4\,{}^{1}_{1}\mathrm{p} \rightarrow {}^{4}_{2}\mathrm{He} + 2\mathrm{e}^+ + 2\nu_\mathrm{e} + 2\gamma + 26{,}7\,\mathrm{MeV}\,. \qquad (17\text{-}30)$$

Etwa 7% der insgesamt freiwerdenden Energie ($\approx$1,9 MeV) geht auf die Neutrinos über und wird mit diesen nicht ausnutzbar weggeführt.

Bei Sternen mit etwas höheren Temperaturen läuft bevorzugt ein weiterer Zyklus ab, der ebenfalls zur Fusion von 4 Protonen zu einem He-Kern führt, der *Bethe-Weizsäcker-Zyklus* oder CN-Zyklus:

$$\begin{aligned}
&{}^{12}_{6}\mathrm{C} + {}^{1}_{1}\mathrm{p} \rightarrow {}^{13}_{7}\mathrm{N} + \gamma \quad + 1{,}95\,\mathrm{MeV}\,,\\
&{}^{13}_{7}\mathrm{N} \rightarrow {}^{13}_{6}\mathrm{C} + \mathrm{e}^{+} + \nu_{\mathrm{e}} \quad + 2{,}22\,\mathrm{MeV}\,,\\
&{}^{13}_{6}\mathrm{C} + {}^{1}_{1}\mathrm{p} \rightarrow {}^{14}_{7}\mathrm{N} + \gamma \quad + 7{,}54\,\mathrm{MeV}\,,\\
&{}^{14}_{7}\mathrm{N} + {}^{1}_{1}\mathrm{p} \rightarrow {}^{15}_{8}\mathrm{O} + \gamma \quad + 7{,}35\,\mathrm{MeV}\,,\\
&{}^{15}_{8}\mathrm{O} \rightarrow {}^{15}_{7}\mathrm{N} + \mathrm{e}^{+} + \nu_{\mathrm{e}} \quad + 2{,}71\,\mathrm{MeV}\,,\\
&{}^{15}_{7}\mathrm{N} + {}^{1}_{1}\mathrm{p} \rightarrow {}^{12}_{6}\mathrm{C} + {}^{4}_{2}\mathrm{He} + 4{,}96\,\mathrm{MeV}\,.
\end{aligned} \qquad (17\text{-}31)$$

Die Bruttoreaktion ist identisch mit der des Deuterium-Zyklus (17-30). Die Menge des Kohlenstoffs, der quasi als Katalysator wirkt, ändert sich dabei nicht.

Bei etwa $10^8$ K geht das sog. Wasserstoffbrennen in das sog. Heliumbrennen über, z. B. nach dem *Salpeter-Prozess*, dessen Bruttoreaktion

$$3\,{}^{4}_{2}\mathrm{He} \rightarrow {}^{12}_{6}\mathrm{C} + \gamma + 7{,}28\,\mathrm{MeV} \qquad (17\text{-}32)$$

in der Verschmelzung von He-Kernen zu Kohlenstoff-Kernen besteht.

Die *kontrollierte Kernfusion* zur irdischen Fusionsenergiegewinnung ist bisher nicht gelungen. In Betracht gezogen werden z. B. die folgenden Fusionsreaktionen:

$$\begin{aligned}
&{}^{2}_{1}\mathrm{D} + {}^{2}_{1}\mathrm{D} \rightarrow {}^{3}_{2}\mathrm{He} + {}^{1}_{0}\mathrm{n} + \ 3{,}2\,\mathrm{MeV}\,,\\
&{}^{2}_{1}\mathrm{D} + {}^{2}_{1}\mathrm{D} \rightarrow {}^{3}_{1}\mathrm{T} \ + {}^{1}_{1}\mathrm{p} + \ 4{,}2\,\mathrm{MeV}\,,\\
&{}^{2}_{1}\mathrm{D} + {}^{3}_{1}\mathrm{T} \rightarrow {}^{4}_{2}\mathrm{He} + {}^{1}_{0}\mathrm{n} + 17{,}6\,\mathrm{MeV}\,.
\end{aligned} \qquad (17\text{-}33)$$

Die potenzielle Bedeutung der Fusionsenergie ist durch die praktische Unerschöpflichkeit des Brennstoffs Deuterium (zu 0,015% im Wasser enthalten) und durch die fehlende Radioaktivität der Fusionsprodukte bedingt. Allerdings tritt Neutronenstrahlung auf, die in einem Fusionsreaktor abgeschirmt werden müsste, sodass künstliche Radioaktivität aufgrund von Sekundärreaktionen nicht vollständig vermeidbar ist.

### Fusionsreaktor-Experimente

Wegen der erwähnten hohen Schwellenenergie von Fusionsreaktionen sind Temperaturen von $10^7$ bis $10^8$ K erforderlich. Der Fusionsbrennstoff wird dabei zum vollionisierten Plasma. Das Plasma muss bei diesen Temperaturen mit möglichst großer Teilchendichte $n$ möglichst lange zusammengehalten werden (Energieeinschlusszeit $\tau$). Das kann nicht mit materiellen Wänden geschehen. Statt dessen wird versucht, z. B. kleine Mengen (Pellets) aus festem Deuterium oder Tritium durch Beschuss mit Hochleistungslasern (*Laserfusion*) oder Teilchenstrahlen schnell aufzuheizen und zu komprimieren, um bei hoher Dichte die Teilchen aufgrund ihrer Massenträgheit eine gewisse Zeit $\tau$ zusammenzuhalten (*Trägheitseinschluss*), damit durch Fusionsreaktionen ein Energieüberschuss gegenüber der Aufheizenergie erzielt werden kann. Eine andere Möglichkeit für Fusionsreaktoren stellt der *magnetische Einschluss* von Plasmen dar, z. B. durch den Pincheffekt (siehe 16.6.3), der in den im Pulsbetrieb arbeitenden *Tokamaks* ausgenutzt wird. Hierbei bildet ein Plasma-Ringstrom die Sekundärwindung eines Transformators. Die *Stellaratoren* arbeiten dagegen mit externen Magnetfeldern und können kontinuierliche Ringplasmen erzeugen. Neben der Temperatur ist daher der *Einschlussparameter* $n\tau$ wichtig. Die Fusion wird energetisch lohnend, wenn das sog. *Lawson-Kriterium* (1957) erfüllt ist, das z. B. für die Deuterium-Tritium-Reaktion eine Temperatur von $10^8$ K und einen Einschlussparameter $n\tau > 10^{14}\ \mathrm{s/cm^3}$ fordert (Bild 17-10).

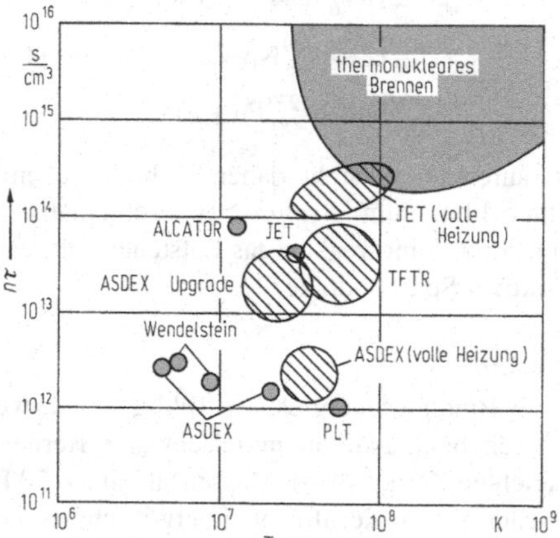


**Bild 17-10.** Lawson-Diagramm mit bisherigen und projektierten Fusionsexperimenten. Graue Kreise: bisher erreichte Werte; schraffierte Flächen: erwartete Bereiche der laufenden Experimente. Stellarator-Anlage: Wendelstein (Garching). Tokamak-Anlagen: ASDEX (Axial Symmetric Divertor Experiment, Garching), Nachfolger: ASDEX Upgrade; PLT (Princeton Large Torus); ALCATOR (MIT, Cambridge); TFTR (Tokamak Fusion Test Reactor); JET (Joint European Torus, Culham)

Bisher konnte der Brennbereich für zwei Sekunden bei einer Fusionsleistung von 1,8 MW (JET, 1991) und für knapp eine Sekunde bei einer Fusionsleistung von 6,4 MW (TFTR, 1993) bzw. 12 MW (JET, 1997) erreicht werden. Mit dem geplanten International Thermonuclear Experimental Reactor ITER soll zum ersten Mal ein brennendes und für längere Zeit energielieferndes Plasma erzeugt werden.

## 17.5 Elementarteilchen

Die Untersuchung des Aufbaus der stofflichen Materie führt auf die Frage nach den Elementarbausteinen, aus denen sich alle bekannten Teilchen, Atomkerne, Atome und Moleküle als Grundbausteine der chemischen Elemente und Verbindungen zusammensetzen. Einige solcher Elementarteilchen wurden bereits in Tabelle 12-1 aufgezählt. Entsprechend ihren Massen werden die Elementarteilchen in drei Familien eingeteilt, in der Reihenfolge steigender Massen: *Leptonen, Mesonen* und *Baryonen*. Baryonen und Mesonen unterliegen allen vier bekannten Wechselwirkungen (Tabelle 11-0) einschließlich der starken (Kern-)Wechselwirkung, während Leptonen der starken Wechselwirkung nicht unterliegen, sondern nur der schwachen, der elektromagnetischen und der Gravitationswechselwirkung. Mit hochenergetischen Elektronen (als Leptonen) oder Protonen (als Baryonen) werden daher bei Streuversuchen an Atomkernen ganz unterschiedliche Kerneigenschaften untersucht: im ersten Falle z. B. die Ladungsverteilung, im zweiten Falle zusätzlich die Verteilung der Kernkräfte. Die der starken Wechselwirkung unterliegenden Mesonen (ganzzahliger Spin, meist 0) und Baryonen (halbzahliger Spin) werden zusammen als *Hadronen* bezeichnet (Bild 17-11). Die Hadronen sind nach derzeitigen Erkenntnissen aus jeweils zwei oder drei *Quarks* (s. u.) zusammengesetzt, die jedoch offenbar nicht als isolierte, freie Teilchen existieren können.

Zu jedem Teilchen existiert ein *Antiteilchen* mit entgegengesetzter elektrischer Ladung, entgegengesetztem magnetischen Moment und entgegengesetzten Werten aller ladungsartigen Quantenzahlen (z. B. Baryonenzahl $B$, Leptonenzahl $L$, Strangeness $S$, Charm $C$, Bottom $B^*$, Isospinkomponente $I_3$, siehe unten). Teilchen und zugehörige Antiteilchen (z. B. Elektron und Positron) können sich beim

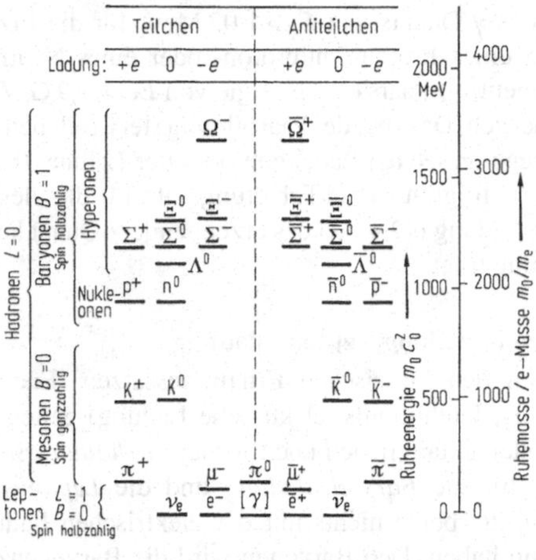


**Bild 17-11.** Teilchen und Antiteilchen mit mittleren Lebensdauern $>10^{-16}$ s, angeordnet nach Ladung und Ruheenergie bzw. Ruhemasse. (Das γ-Quant ist kein Lepton)

Zusammentreffen gegenseitig vernichten, wobei die den Ruhemassen entsprechende Energie als γ-Strahlung in Erscheinung tritt: *Paarvernichtung* (Zerstrahlung, Annihilation). Aus Gründen der Impulserhaltung entstehen dabei gewöhnlich zwei γ-Quanten mit entgegengesetztem Impuls. Auch der umgekehrte Prozess wird beobachtet: Aus hinreichend energiereicher γ-Strahlung (γ-Quanten der Energie $E_\gamma = h\nu > 2m_0c_0^2$) kann im Kernfeld ein Teilchenpaar, bestehend aus Teilchen und Antiteilchen gebildet werden: *Paarbildung*. Die Überschussenergie

$$\Delta E = h\nu - 2m_0c_0^2 = E_\mathrm{k} = 2\left(mc_0^2 - m_0c_0^2\right) \quad (17\text{-}34)$$

(mit (4-38)) wird von den entstandenen Teilchen als kinetische Energie übernommen (hier für beide Teilchen gleich angesetzt). Der Impulserhaltungssatz ist nicht auf diese Weise erfüllbar: Der Impuls eines γ-Quants ist nach (20.3) und mit dem Energiesatz (17-34)

$$p_\gamma = \frac{h\nu}{c_0} = 2mc_0 > 2mv = p_{+-}\,, \quad (17\text{-}35)$$

d. h. immer größer als der Impuls $p_{+-} = 2mv$ des Teilchenpaars. Es muss daher stets ein drittes Teilchen (z. B. ein Atomkern) anwesend sein, das den überschüssigen Impuls übernehmen kann. Für die Erzeugung eines Elektron-Positron-Paars ist eine Energie des γ-Quants von $E_\gamma > 1{,}02$ MeV, für die Erzeugung eines Proton-Antiproton- oder eines Neutron-Antineutron-Paars eine Energie von $E_\gamma > 1{,}9$ GeV erforderlich. Dass bei der Paarbildung stets Teilchen mit entgegengesetzten Ladungen oder der Ladung 0 entstehen, folgt aus dem Erhaltungssatz für die elektrische Ladung (12.4), da das erzeugende γ-Quant keine Ladung trägt.

### Baryonenladung, Leptonenladung

Neben den klassischen Erhaltungssätzen (Energie, Impuls, Drehimpuls, elektrische Ladung) gelten für die Elementarteilchen noch weitere *Erhaltungssätze*, z. B. für die *Baryonenladung* und die *Leptonenladung*, die beide nichts mit der elektrischen Ladung zu tun haben. Den Baryonen wird die Baryonenzahl $B = +1$ (Antiteilchen: $B = -1$), den Mesonen und Leptonen die Baryonenzahl $B = 0$ zugeordnet. Den Leptonen wird die Leptonenzahl $L = +1$ (Antiteilchen $L = -1$), den Hadronen die Leptonenzahl $L = 0$ zugeordnet.

> Bei Reaktionen zwischen Elementarteilchen bleibt die Summe der Baryonenladungen und die Summe der Leptonenladungen erhalten.

Beispielsweise lautet die Gleichung für die Erzeugung eines $\pi^+$-Mesons (Pion)

$$p + p \longrightarrow p + n + \pi^+ \,. \qquad (17\text{-}36)$$

Die Baryonenladungsbilanz lautet hierfür $1 + 1 = 1 + 1 + 0$, die Leptonenladung ist auf beiden Seiten 0, da kein Lepton beteiligt ist. Für den $\beta^-$-Zerfall des Neutrons (17-16) lautet die Baryonenladungsbilanz $1 = 1 + 0 + 0$ und die Leptonenladungsbilanz $0 = 0 + 1 - 1$, d. h., das entstehende Elektron-Neutrino muss ein Antiteilchen sein.

Zeitlich stabile Elementarteilchen gibt es nur sehr wenige (Tabelle 12-1): Elektron-Neutrino (es gibt auch andere Neutrinos, z. B. die beim Zerfall des Myons auftretenden μ-Neutrinos), Elektron, Proton, Neutron (dieses ist nur im Kernverband völlig stabil) und die dazugehörigen Antiteilchen. Alle anderen zerfallen mit einer Halbwertszeit $< 2 \cdot 10^{-6}$ s in andere Elementarteilchen mit geringerer Ruhemasse, wobei sich u. U. Folgezerfälle anschließen. Die Erhaltung der Baryonenzahl bedingt dann, dass das leichteste Baryon, das Proton, stabil sein muss. Ebenso muss das leichteste ladungstragende Lepton, das Elektron, aufgrund der Erhaltung der elektrischen Ladung stabil sein.

Neben den in Tabelle 12-1 und in Bild 17-11 aufgeführten Elementarteilchen wurde eine Vielzahl weiterer Teilchen gefunden, die meist extrem kurzlebig sind ($10^{-22}$ bis $10^{-23}$ s) und die z. T. als Anregungszustände anderer Teilchen interpretiert werden.

### Strangeness, Hyperladung

Hyperonen und K-Mesonen, die stets gemeinsam entstehen, wie z. B. beim Zusammenstoß eines Pions mit einem Proton:

$$\pi^- + p \longrightarrow \Lambda^0 + K^0 \,, \qquad (17\text{-}37)$$

haben eine im Vergleich zur theoretischen Erwartung bzw. zu ihrer Erzeugungsdauer ($10^{-23}$ s) sehr lange mittlere Lebensdauer der Größenordnung $10^{-10}$ s. Zur Kennzeichnung dieses seltsamen Verhaltens wurde eine weitere Quantenzahl, die *Strangeness* (Seltsamkeit) $S$ eingeführt. Für in diesem Sinne normale Teilchen ist $S = 0$, während für die seltsamen Teilchen gilt:

$$K^+,\ K^0:\quad S = +1$$

$$K^-, \Lambda^0:\quad S = -1 \qquad (17\text{-}38)$$

$$\Sigma^+, \Sigma^0, \Sigma^-:\ S = -1 \,.$$

> Die Summe der Quantenzahlen $S$ bleibt bei Prozessen der starken und der elektromagnetischen Wechselwirkung erhalten, nicht aber bei der schwachen Wechselwirkung.

Im Beispiel (17-37) lautet die Bilanz für die Strangeness: $0 + 0 = -1 + 1$.

Der entsprechende Erhaltungssatz gilt wegen der Erhaltung der Baryonenladung auch für die zur *Hyperladung* $Y$ zusammengefassten Baryonenladung $B$ und Strangeness $S$

$$Y = B + S \,. \qquad (17\text{-}39)$$

### Isospin

Bei den Hadronen (Baryonen und Mesonen) existieren verschiedene Gruppen von Teilchen, die jeweils nahezu gleiche Masse haben, sich aber in der

Ladung unterscheiden. Solche Teilchen (z. B. Proton und Neutron) können als verschiedene Zustände ein und desselben Teilchens (hier des Nukleons) aufgefasst werden. Unter anderem zur Unterscheidung dieser Zustände wurde der *Isospin I* als Quantenzahl eingeführt. Es handelt sich um einen Vektor mit drei Komponenten im abstrakten Isospinraum, der wie der Drehimpulsvektor $(2I + 1)$ verschiedene Orientierungen annehmen kann (siehe 16.1). Die dritte Komponente $I_3$ des Isospins liefert eine Aussage über die Ladung. Sie kann entsprechend den möglichen Orientierungen $(2I + 1)$ Werte annehmen. Für $I = 1/2$ ergeben sich demnach 2 Werte für $I_3$, und zwar $+1/2$ für das Proton und $-1/2$ für das Neutron. Pionen ist dagegen der Isospin $I = 1$ zuzuordnen, entsprechend den drei $I_3$-Werten +1 für das $\pi^+$-Meson. 0 für das $\pi^0$-Meson und -1 für das $\pi^-$-Meson. Bei Umwandlungen von Teilchen mit starker Wechselwirkung gilt auch für den Isospin ein Erhaltungssatz ($\Delta I = 0$), während bei der elektromagnetischen Wechselwirkung nur $I_3$ erhalten bleibt ($\Delta I = 0, 1$; $\Delta I_3 = 0$).
Die dritte Komponente $I_3$ des Isospins, die Hyperladung $Y$ und die Quantenzahl $Q^* = Q/e$ der elektrischen Ladung sind über die Formel von *Gell-Mann* und *Nishijima*

$$Q^* = I_3 + \frac{Y}{2} \qquad (17\text{-}40)$$

miteinander verknüpft. Für das Proton ergibt sich damit $Q^* = +1$ ($Q = +e$), für das Neutron $Q^* = 0$.

### Parität

Die Parität $P$ kennzeichnet den Symmetriecharakter der Wellenfunktion des Teilchens bezüglich der räumlichen Spiegelung: Ändert die Wellenfunktion bei Spiegelung ihr Vorzeichen, so ist $P = -1$ (ungerade Parität); bleibt das Vorzeichen erhalten, so ist $P = +1$ (gerade Parität). Bei Prozessen der schwachen Wechselwirkung kann sich die Parität ändern. Das heißt, dass eine Reaktion der schwachen Wechselwirkung in ihrer räumlich gespiegelten Form nicht in genau derselben Weise (z. B. mit der gleichen Häufigkeit) abläuft und bedeutet eine grundlegende Rechts-links-Asymmetrie.

### Quarks

In die Vielfalt der heute bekannten „Elementar"-teilchen brachte das *Quarkmodell* (Gell-Mann, 1964) eine gewisse Ordnung. Nach diesem Modell lassen sich alle bekannten Hadronen aus jeweils drei bzw. zwei Quarks aufbauen. Die Quarks, die gedrittelte elektrische Ladungen haben, scheinen nur in gebundenem Zustand vorzukommen: Die Baryonen bauen sich aus drei Quarks auf (Quarktripletts), die Mesonen aus einem Quark und einem Antiquark (Quarkdoubletts). Aus Streuexperimenten mit hochenergetischen Elektronen und mit Neutrinos lässt sich auf drei Streuzentren in der inneren Struktur des Protons schließen, was als Bestätigung für das Quarkmodell gelten kann. Quarks q treten in sechs Typen oder „Flavours" auf, die die Namen Up (u), Down (d), Charm (c), Strange (s), Top (t) sowie Bottom (b) erhalten haben und in drei Generationen eingeteilt werden:

$$\begin{array}{lccc} & Q^*: & & \\ \text{Quarks:} & \begin{array}{c}+2/3\\-1/3\end{array} & \begin{pmatrix}u\\d\end{pmatrix}\begin{pmatrix}c\\s\end{pmatrix}\begin{pmatrix}t\\b\end{pmatrix} & \\ \text{Generation:} & & 1 \quad\; 2 \quad\; 3 & \end{array} \qquad (17\text{-}41)$$

Dazu kommen ferner die Antiteilchen (Antiquarks) $\bar{q}$. Die Spinquantenzahl aller Quarks und Antiquarks ist $J = 1/2$. Die Baryonenzahl aller Quarks ist $B = 1/3$, die der Antiquarks $B = -1/3$. Um alle Quarks durch Quantenzahlen beschreiben zu können, werden außer den bereits aufgeführten noch die Quantenzahlen *Charm C* und *Bottom B** benötigt, die bei elektromagnetischer und starker Wechselwirkung erhalten bleiben. Bei den Antiquarks sind sämtliche Quantenzahlen (außer Spin $J$ und Isospin $I$) entgegengesetzt zu denjenigen der entsprechenden Quarks. Tabelle 17-1 gibt eine Übersicht über die Quarks und die zugehörigen Quantenzahlen.
Nach Gell-Mann (1971) müssen die Quarks sogar mit einer zusätzlichen Eigenschaft versehen werden, die „Colour" (Farbe) genannt wird und eine Art Ladung der starken Kraft darstellt. Jedes Quark kann danach mit drei verschiedenen *Farbladungen* auftreten, wobei die Quarks als Bestandteile z. B. der Baryonen nur solche Kombinationen bilden können, bei denen sich die Farbladungen insgesamt aufheben, ähnlich wie die additive Mischung von Rot, Grün und Blau das farblose Weiß ergibt.
Die Notwendigkeit der Farbladung und einer entsprechenden Quantenzahl ergibt sich daraus, dass

Tabelle 17-1. Quantenzahlen von Quarks und Antiquarks

| Name | Symbol q, $\bar{q}$ | Spin $J$ | Baryonenzahl $B$ | Isospin $I$ | $I_3$ | Strangeness $S$ | Charm $C$ | Bottom $B^*$ | Ladung $Q^*$ |
|---|---|---|---|---|---|---|---|---|---|
| Up | u | 1/2 | +1/3 | 1/2 | +1/2 | 0 | 0 | 0 | +2/3 |
| | $\bar{u}$ | 1/2 | −1/3 | 1/2 | −1/2 | 0 | 0 | 0 | −2/3 |
| Down | d | 1/2 | +1/3 | 1/2 | −1/2 | 0 | 0 | 0 | −1/3 |
| | $\bar{d}$ | 1/2 | −1/3 | 1/2 | +1/2 | 0 | 0 | 0 | +1/3 |
| Charm | c | 1/2 | +1/3 | 0 | 0 | 0 | +1 | 0 | +2/3 |
| | $\bar{c}$ | 1/2 | −1/3 | 0 | 0 | 0 | −1 | 0 | −2/3 |
| Strange | s | 1/2 | +1/3 | 0 | 0 | −1 | 0 | 0 | −1/3 |
| | $\bar{s}$ | 1/2 | −1/3 | 0 | 0 | +1 | 0 | 0 | +1/3 |
| Top | t | 1/2 | +1/3 | 0 | 0 | 0 | 0 | 0 | +2/3 |
| | $\bar{t}$ | 1/2 | −1/3 | 0 | 0 | 0 | 0 | 0 | −2/3 |
| Bottom | b | 1/2 | +1/3 | 0 | 0 | 0 | 0 | −1 | −1/3 |
| | $\bar{b}$ | 1/2 | −1/3 | 0 | 0 | 0 | 0 | +1 | +1/3 |

die Quarks Fermionen mit dem Spin 1/2 sind, und sich nach dem Pauli-Prinzip (siehe 16.1.1) innerhalb eines Systems in mindestens einer Quantenzahl unterscheiden müssen. Bei bestimmten Quarktripletts ließe sich ohne die Existenz der Quantenzahl der Farbladung diese Bedingung nicht erfüllen.

Gewöhnliche Materie baut sich nur aus Quarks und Leptonen der 1. Generation auf (vgl. Bild 17-12), z. B. die Nukleonen nur aus u- und d-Quarks:

$$\text{Proton:}\quad p = 2u + d\,,$$
$$\text{Neutron:}\; n = u + 2d\,. \qquad (17\text{-}42)$$

Mit Tabelle 17-1 ergibt sich daraus die elektrische Ladungszahl $Q^* = +1$ bzw. 0, die Baryonenzahl $B = 1$ und der Isospin $I_3 = 1/2$ bzw. $-1/2$, sowie ein halbzahliger Spin (bei paarweise antiparalleler Spinanordnung).

Die Pionen setzen sich aus je einem Quark und einem Antiquark der 1. Generation zusammen:

$$\pi^+\text{-Meson:}\; \pi^+ = u + \bar{d}\,,$$
$$\pi^-\text{-Meson:}\; \pi^- = \bar{u} + d\,. \qquad (17\text{-}43)$$

Das ergibt die elektrische Ladungszahl $Q^* = +1$ bzw. $-1$, die Baryonenzahl $B = 0$ und den Isospin $I_3 = +1$ bzw. $-1$, sowie einen ganzzahligen Spin (0).

Die schwereren Teilchen haben als Bestandteile auch Quarks der 2. und 3. Generation.

## Standardmodell

Eine ähnliche Systematik wie in (17-41) hat sich auch für die *Leptonen* herausgestellt, die entweder ganzzahlig geladen oder neutral sind. Neben dem Elektron e und dem Elektron-Neutrino $\nu_e$ zählen zu den Leptonen das *Myon* $\mu$, das *Tau-Lepton* $\tau$, dazu das *My-Neutrino* $\nu_\mu$ bzw. das *Tau-Neutrino* $\nu_\tau$ (Nachweis erst 2000) sowie die jeweiligen Antiteilchen.

Man kennt heute also zwei Klassen von wirklich elementaren Teilchen: Die Quarks, die die Bestandteile der Hadronen sind, und die Leptonen. Nach dem sog. *Standardmodell* der Elementarteilchensystematik lassen sich alle diese Elementarteilchen in drei Generationen oder Familien einordnen, siehe Bild 17-12 (wobei die Antiteilchen nicht mit dargestellt sind).

Die normale Materie setzt sich nur aus Teilchen der 1. Generation zusammen, z. B. bestehen die Atome aus Elektronen e und den Nukleonen Proton p und Neutron n, die sich wiederum aus Up-Quarks u und Down-Quarks d zusammensetzen (Bild 17-12). Zur gewöhnlichen Materie kann auch das Elektron-Neutrino $\nu_e$ gerechnet werden, das beim radioaktiven Zerfall entsteht (siehe 17.3.2). Die kurzlebigen

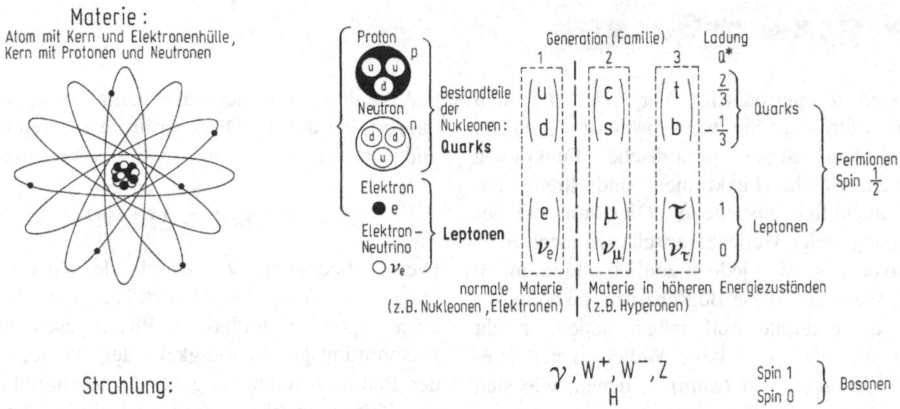


**Bild 17-12.** Elementarteilchensystematik nach dem Standardmodell (ohne Antiteilchen) (Nach M. Davier, Phys. Bl. 50 (1994) 687, vgl. auch Physik J. **2** (2003) Nr. 7/8, S. 57). Neben den Elementarteilchen, die die Materie aufbauen (Quarks und Leptonen), sind die Strahlungsteilchen aufgezählt, die bei Wechselwirkungen zwischen Elementarteilchen ausgetauscht werden. Gegenwärtig ist das Higgs-Boson H noch nicht nachgewiesen

Hyperonen stellen dagegen Materie in höheren Energiezuständen dar, die als Bestandteile auch Quarks der höheren Generationen enthalten. Quarks und Leptonen sind Fermi-Teilchen (Fermionen), d. h. Teilchen mit halbzahligem Spin.

In Bild 17-12 sind ferner die Strahlungsteilchen aufgeführt, die als Bosonen einen ganzzahligen Spin (1 oder 0) haben. Sie werden bei Wechselwirkungsprozessen zwischen den Elementarteilchen ausgetauscht. Das bekannteste ist das *Gammaquant* γ oder *Photon* der elektromagnetischen Wechselwirkung, das die Ruhemasse 0 hat. Andere sind die ruhemassebehafteten *Bosonen* (Bosonen sind Teilchen mit ganzzahligem Spin) der schwachen Wechselwirkung („*Weakonen*": das positiv geladene $W^+$-Boson, das negativ geladene $W^-$-Boson und das neutrale Z- (oder $Z^0$-) Boson) und das 2012 am CERN in Genf wahrscheinlich nachgewiesene schwere *Higgs-Boson* H. Die hypothetischen Higgs-Bosonen können nach dem von Higgs vorgeschlagenen Mechanismus nur unter extremen Energiebedingungen existieren, wie sie unmittelbar nach der vermuteten Entstehung des Universums im „Urknall" geherrscht haben mögen, und sind dann in der sog. Inflationsphase des Universums sehr schnell in Quarks und Leptonen zerfallen.

In Bild 17-12 nicht aufgeführt sind die vermuteten Austauschteilchen der starken Wechselwirkung zwischen Quarks, die *Gluonen* (Ruhemasse 0, Ladung 0, Spin 1) und der Gravitationswechselwirkung, die hypothetischen *Gravitonen* (Ruhemasse 0, Ladung 0, Spin 2).

# III. Wellen und Quanten

*Wellen* sind zeitperiodische Vorgänge, die sich räumlich ausbreiten. Sie werden meist durch im mathematischen Sinne periodische Funktionen beschrieben. Solche Funktionen sind streng genommen unendlich ausgedehnt. Dies stört bei der Beschreibung vieler Welleneigenschaften nicht. Reale Wellenvorgänge sind jedoch zeitlich und räumlich begrenzt. Wo es auf diese Begrenztheit ankommt, es sich also um endliche Wellenzüge handelt, spricht man von Wellengruppen bzw. Wellenpaketen (siehe 18.1) oder auch von *Quanten*, denen, wie sich zeigt, wiederum Teilcheneigenschaften zugeordnet werden können (siehe z. B. 20.3).

## 18 Wellenausbreitung

In einem Medium, in dem die Abweichung des physikalischen Zustandes vom Gleichgewicht an einem betrachteten Ort über einen Kopplungsmechanismus eine entsprechende, aber zeitlich verzögerte Zustandsabweichung an den benachbarten Orten hervorruft, können sich Wellen ausbreiten. Eine solche Abweichung kann z. B. die Auslenkung eines Massenpunktes in einem elastischen Medium sein (z. B. Seilwellen, Wasserwellen), oder der Druck in einem Gas (Schallwellen), die elektrische oder magnetische Feldstärke in Materie oder im Vakuum (z. B. Radiowellen, Lichtwellen), die Aufenthaltswahrscheinlichkeit eines sich bewegenden Teilchens im Raum (Materiewellen).

### 18.1 Beschreibung von Wellenbewegungen, Wellengleichung

Der Begriff *Welle* ist meist mit harmonischen, d. h. sinusförmigen Wellen verknüpft; jedoch gibt es auch anharmonische Wellen und sogar nichtperiodische „Störungen", die sich wie Wellen ausbreiten. Zunächst werden harmonische Wellen betrachtet.

#### Fortschreitende Wellen

Eine (eindimensionale) *harmonische Welle* kann mathematisch dargestellt werden als örtlich sinusförmige Verteilung (z. B. der Auslenkung $\xi$ eines Seiles am Orte $x$), bei der die Ortskoordinate $x$ durch das orts- und zeitabhängige Argument $(x \mp v_\mathrm{p} t)$ ersetzt wird:

$$\xi = \hat{\xi} \sin \frac{2\pi}{\lambda}(x \mp v_\mathrm{p} t)\,. \qquad (18\text{-}1)$$

Hierin bedeuten: $\hat{\xi}$ Amplitude (der Auslenkung), $\lambda$ Wellenlänge (örtliche Periodenlänge), $2\pi(x \mp v_\mathrm{p} t)/\lambda = \Phi$ Phase, $v_\mathrm{p}$ Phasengeschwindigkeit, Ausbreitungsgeschwindigkeit der Welle, genauer der Phase $\Phi$. Gleichung (18-1) beschreibt die mit der Zeit $t$ zunehmende Verschiebung der örtlich sinusförmigen Verteilung (Bild 18-1).

Die zu einer bestimmten Auslenkung (Elongation, z. B. $\xi = 0$ oder $\xi = \hat{\xi}$) gehörende Phase (im Beispiel $\Phi = 0$ bzw. $\Phi = \pi/2$) bewegt sich mit der Geschwindigkeit $v_\mathrm{p} = \pm x/t$ in $+x$- bzw. $-x$-Richtung. Nach Ablauf einer Schwingungsdauer $T$ (zeitliche Periodendauer) hat sich die Welle um eine Wellenlänge $\lambda$ verschoben und jeder Punkt $x$ hat eine vollständige Schwingung durchgeführt. Es gilt daher

$$v_\mathrm{p} = \frac{\lambda}{T}\,. \qquad (18\text{-}2)$$

Durch Einführung der Frequenz $\nu = 1/T$ und der Kreisfrequenz $\omega = 2\pi\nu = 2\pi/T$ (siehe 5.1) sowie der *Kreiswellenzahl* (oder *Kreisrepetenz*) $k = 2\pi/\lambda$ erhält man aus (18-2) die *Phasengeschwindigkeit*

$$v_\mathrm{p} = \nu\lambda = \frac{\omega}{k}\,. \qquad (18\text{-}3)$$

Die Benennung *Repetenz* (Wellenzahl) bezeichnet die Größe $\sigma = 1/\lambda$, wird aber oft für $k = 2\pi\sigma = 2\pi/\lambda$ verwendet. Die Darstellung (18-1) einer eindimensionalen, laufenden harmonischen Welle lautet damit

$$\xi = \hat{\xi} \sin(kx \mp \omega t)\,. \qquad (18\text{-}4)$$

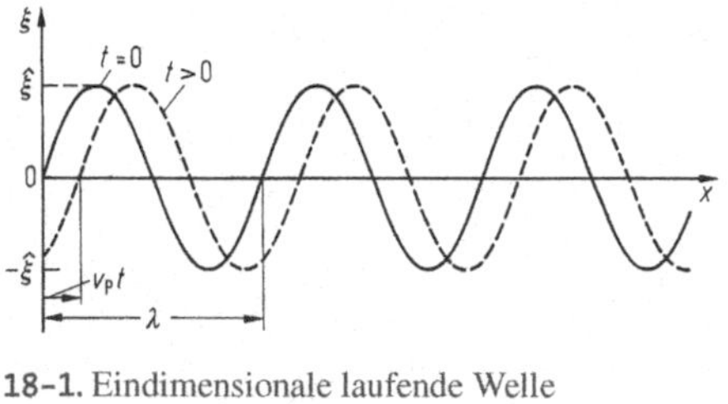


**Bild 18-1.** Eindimensionale laufende Welle

### Wellengleichung

Die harmonische laufende Welle (18-4) stellt sowohl eine zeitliche Sinusverteilung (Schwingung) $\xi(t)$ an einem festem Ort $x$ dar, als auch eine räumliche Sinusverteilung $\xi(x)$ zu einer festen Zeit $t$. Die Welle $\xi(x,t)$ muss demnach zwei Differenzialgleichungen vom Typ der Schwingungsgleichung (5-21) gehorchen:

$$\frac{\partial^2\xi}{\partial t^2} + \omega^2\xi = 0 \quad \text{für festes } x \text{ und} \qquad (18\text{-}5)$$

$$\frac{\partial^2\xi}{\partial x^2} + k^2\xi = 0 \quad \text{für festes } t\,. \qquad (18\text{-}6)$$

Eliminierung des in $\xi$ linearen Gliedes führt mit (18-3) zu der *eindimensionalen Wellengleichung*

$$\frac{\partial^2\xi}{\partial x^2} - \frac{1}{v_\mathrm{p}^2}\cdot\frac{\partial^2\xi}{\partial t^2} = 0\,. \qquad (18\text{-}7)$$

Die Wellengleichung beschreibt allgemein Wellenausbreitungsvorgänge. Neben den harmonischen Wellen sind auch beliebige Funktionen der Form

$$\xi = f(x \mp v_\mathrm{p}t)\,, \qquad (18\text{-}8)$$

also z. B. auch impulsartige Störungen, Lösungen der Wellengleichung, wie sich durch Einsetzen in (18-7) verifizieren lässt. Sie breiten sich wie harmonische Wellen aus.

Neben Wellen in linearen Medien gibt es auch räumlich ausgedehnte Wellen. Eine Fläche in einer Welle, deren sämtliche Punkte zum gleichen Zeitpunkt die gleiche Phase besitzen, wird *Phasenfläche, Wellenfläche* oder *Wellenfront* genannt. Nach der Form der Wellenflächen werden *ebene Wellen, Zylinder-* oder *Kreiswellen* und *Kugelwellen* unterschieden. Während ebene Wellen bei geeigneter Wahl des Koordinatensystems ($x$-Richtung = Wellenflächennormale) ebenfalls durch (18-1) bzw. (18-4) beschrieben werden können, gelten für vom Erregerzentrum bei $r = 0$ weglaufende Zylinder- und Kugelwellen die Gleichungen

$$\xi_\mathrm{Z} = \frac{\xi_1}{\sqrt{r}}\sin(kr - \omega t) \quad (\textit{Zylinderwelle}) \qquad (18\text{-}9)$$

$$\xi_\mathrm{K} = \frac{\xi_1}{r}\sin(kr - \omega t) \quad (\textit{Kugelwelle})\,. \qquad (18\text{-}10)$$

$\xi_1$ ist die Amplitude bei $r = 1$. Sie nimmt mit steigendem Abstand $r$ entsprechend der größer werdenden Wellenfläche ab. Solche räumlich ausgedehnten Wellen sind Lösungen der gegenüber (18-7) erweiterten *dreidimensionalen Wellengleichung*

$$\Delta\xi - \frac{1}{v_\mathrm{p}^2}\cdot\frac{\partial^2\xi}{\partial t^2} = 0\,. \qquad (18\text{-}11)$$

Hierin bedeutet

$$\Delta = \frac{\partial^2}{\partial x^2} + \frac{\partial^2}{\partial y^2} + \frac{\partial^2}{\partial z^2}$$

den Deltaoperator (siehe A 17.1). In Kugelkoordinaten (vgl. A 16.2) lässt sich die dreidimensionale Wellengleichung in der Form

$$\frac{\partial^2(r\xi)}{\partial r^2} - \frac{1}{v_\mathrm{p}^2}\cdot\frac{\partial^2(r\xi)}{\partial t^2} = 0 \qquad (18\text{-}12)$$

schreiben, aus der die Lösung für die Kugelwelle (18-10) durch Vergleich mit (18-4) und (18-7) direkt ablesbar ist.

Beispiele: Von einem punktförmigen Erregungszentrum in einer Wasseroberfläche ausgehende Wasserwellen sind Kreiswellen. Von einem Lautsprecher ausgehende Schallwellen in Luft oder von einer Punktlampe ausgehende Lichtwellen sind Kugelwellen.

### Energietransport

Wie sich etwa bei einer Seilwelle sofort erkennen lässt, ist die Wellenausbreitung nicht mit der Fortbewegung von Elementen des die Welle tragenden Mediums (hier des Seils) verbunden, sondern stellt die Ausbreitung eines Bewegungszustandes dar, der mit dem *Transport von Energie* verbunden ist. Bei den mechanischen (elastischen) Wellen werden zwar die materiellen Elemente des Mediums bewegt, sie schwingen jedoch nur periodisch um die Ruhelage. Ein schwingendes Volumenelement d$V$ mit der Masse d$m = \varrho$d$V$ hat nach (5-27) die Energie

$$\mathrm{d}E = \frac{1}{2}\varrho\omega^2\hat{\xi}^2\mathrm{d}V \qquad (18\text{-}13)$$

und die *Energiedichte*

$$w = \frac{\mathrm{d}E}{\mathrm{d}V} = \frac{1}{2}\varrho\omega^2\hat{\xi}^2 \sim \hat{\xi}^2\,. \qquad (18\text{-}14)$$

Die *Energiestromdichte* oder *Intensität S* einer mechanischen Welle ergibt sich wie jede Stromdichte aus dem Produkt von Dichte und Strömungsgeschwindigkeit, hier also von Energiedichte $w$ und Ausbreitungsgeschwindigkeit $v_p$

$$S = wv_p = \frac{1}{2}v_p\varrho\omega^2\hat{\xi}^2 \sim \hat{\xi}^2 \,. \qquad (18\text{-}15)$$

Die Intensität einer Kugelwelle (18-10) nimmt demnach mit $1/r^2$ ab, in Übereinstimmung mit der Tatsache, dass die Wellenfläche mit $r^2$ zunimmt.
Steht der Vektor $\boldsymbol{\xi}$ der schwingenden Größe (z. B. Auslenkung $\boldsymbol{\xi}$ oder elektrische Feldstärke $\boldsymbol{E}$) senkrecht auf der Ausbreitungsrichtung $\boldsymbol{v}_p$ der Welle, so wird diese als *Transversalwelle* oder Querwelle bezeichnet. Liegt der Vektor $\boldsymbol{\xi}$ der schwingenden Größe parallel zu $\boldsymbol{v}_p$ (wie etwa die Auslenkung bei Schallwellen in Gasen, oder allgemein Dichte- bzw. Druckschwingungen), so handelt es sich um eine *Longitudinalwelle* oder Längswelle. Ist bei Transversalwellen die durch $\boldsymbol{\xi}$ und $\boldsymbol{v}_p$ definierte Schwingungsebene fest oder dreht sie sich definiert um die Ausbreitungsrichtung, so spricht man von einer *polarisierten* Welle. Ändert sich die Schwingungsebene statistisch (wie z. B. beim natürlichen Licht), so heißt die Welle *unpolarisiert*. Bei longitudinalen Wellen gibt es keine Polarisation.

### Stehende Wellen

Durch Überlagerung von gegeneinander laufenden Wellen mit gleicher Frequenz und Wellenlänge

$$\xi = \hat{\xi}\sin(kx - \omega t) + \hat{\xi}\sin(kx + \omega t) \qquad (18\text{-}16)$$

gemäß Bild 18-2 ergeben sich *stehende Wellen* mit ortsfesten *Schwingungsknoten* (Amplitude ständig 0) und *-bäuchen* mit der Amplitude $2\hat{\xi}$ (Bild 18-3).
Trigonometrische Umformung von (18-16) ergibt eine nur ortsabhängige sinusförmige Auslenkungsverteilung $\sin kx$ mit der zeitperiodischen Amplitude $2\hat{\xi}\cos\omega t$ (Bild 18-3):

$$\xi = 2\hat{\xi}\cos\omega t\sin kx \,. \qquad (18\text{-}17)$$

Stehende Wellen lassen sich durch Reflexion einer laufenden Welle an der Grenze des Mediums erzeugen, in dem sich die Welle ausbreitet. Die Reflexion kann mit einem Phasensprung verknüpft sein. Dazu werde die Reflexion eines sehr kurzen Wellenzuges, einer Halbwelle, am Seilende betrachtet.

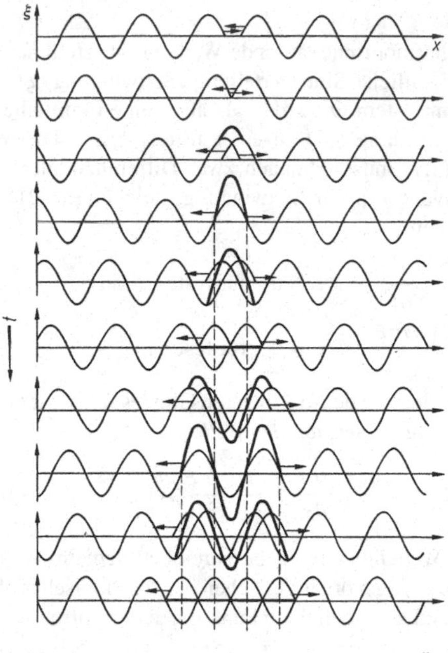


**Bild 18-2.** Entstehung einer stehenden Welle durch Überlagerung von zwei entgegengerichtet laufenden Wellen. Gestrichelt: Knotenlinien

Ist das Seilende fest eingespannt (Bild 18-4a), so erfolgt die Reflexion mit einem Phasensprung $\Delta\Phi = \pi$ der reflektierten Welle gegenüber der ankommenden Welle am Seilende, da nur so die Auslenkungen von ankommender und reflektierter Welle sich am Seilende zur Amplitude 0 überlagern, wie es die feste Einspannung erfordert. Bei einem losen Seilende (Bild 18-4b) wird dagegen die ankommende Welle ohne Phasensprung ($\Delta\Phi = 0$) reflektiert. Dann über-

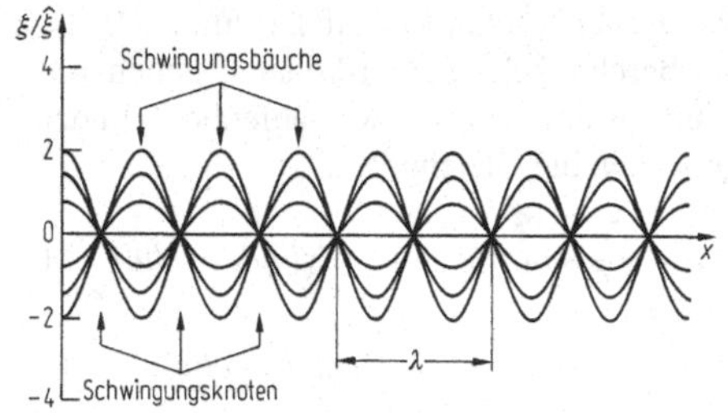


**Bild 18-3.** Stehende Welle: Auslenkungsverteilung zu verschiedenen Zeitpunkten

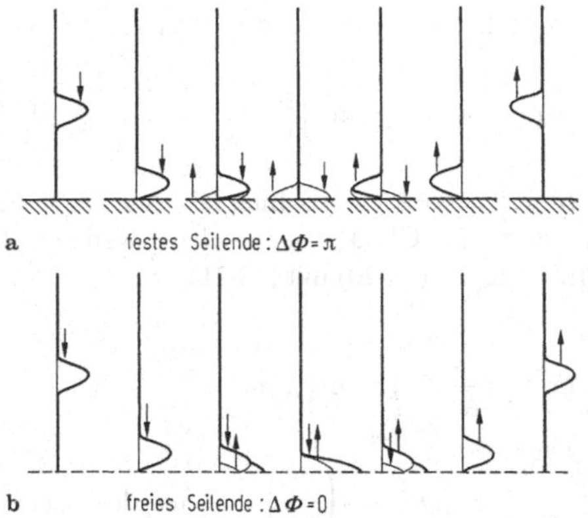


**Bild 18-4.** Reflexion einer Welle **a** am eingespannten Seilende ($\Delta\Phi = \pi$), **b** am losen Seilende ($\Delta\Phi = 0$)

lagern sich ankommende und reflektierte Welle am Seilende zu maximaler Amplitude: Am Seilende liegt ein Schwingungsbauch. Das geschilderte Phasenverhalten tritt generell bei der Reflexion von Wellen an Grenzen zwischen Wellenausbreitungsmedien auf, in denen die Ausbreitungsgeschwindigkeit geringer (dichteres Medium) bzw. höher (dünneres Medium) als im jeweils anderen Medium ist. Der *Phasensprung* beträgt

$\Delta\Phi = \pi$ bei Reflexion am dichteren Medium mit geringerer Phasengeschwindigkeit,

$\Delta\Phi = 0$ bei Reflexion am dünneren Medium mit höherer Phasengeschwindigkeit.

Ist ein Medium beidseitig (Seil, Saite, Stab, Luftsäule) oder allseitig (Membran, Platte, in Behälter eingeschlossenes Gasvolumen) begrenzt, so sind nur bestimmte, *diskrete Frequenzen stationär* als (ein-, zwei- oder dreidimensionale) stehende Wellen anregbar. Ist die Begrenzung durch eine feste Einspannung bedingt, so müssen an den Einspannungen Schwingungsknoten vorliegen.
Für ein eindimensionales System der Länge $L$ gilt dann mit (18-3)

$$L = n\frac{\lambda_n}{2}: \ \lambda_n = \frac{2L}{n}\,,$$

$$\nu_n = n\frac{v_\mathrm{p}}{2L}\,, \quad n = 1,2\,,\ldots\,. \qquad (18\text{-}18)$$

Die gleiche Bedingung gilt, wenn beide Enden frei schwingen können (z. B. Luftsäule in einem offenen Rohr: offene Pfeife). Dann liegen an den Enden Schwingungsbäuche. Sind die Begrenzungen (wie bei der gedackten Pfeife) so, dass ein Ende fest liegt (Knoten), das andere aber frei schwingen kann (Bauch), so gilt

$$L = (2n-1)\frac{\lambda_n}{4}: \quad \lambda_n = \frac{4L}{(2n-1)}\,,$$

$$\nu_n = (2n-1)\frac{v_\mathrm{p}}{4L}\,, \quad n = 1,2,\ldots\,. \qquad (18\text{-}19)$$

Durch die vorgegebenen Randbedingungen können also nur stehende Wellen mit bestimmten, diskreten Frequenzen und Wellenlängen auftreten, die durch die Quantenbedingungen (18-18) und (18-19) gegeben sind. Die diskreten Frequenzen der stehenden Wellen (18-18) entsprechen den Fundamentalfrequenzen der Federkette (vgl. 5.6.2).

## Wellenpakete, Gruppengeschwindigkeit

Bisher wurden Wellen einer bestimmten, diskreten Frequenz $\nu$ bzw. Kreisfrequenz $\omega$ betrachtet (in der Optik: monochromatische Wellen). Solche Wellen kommen in der Natur nicht vor: Es handelt sich stets um örtlich und zeitlich begrenzte Wellenzüge, sie haben eine bestimmte Länge und Dauer. Begrenzte Wellenzüge lassen sich nach dem Fourier-Theorem (5-88) als Überlagerung eines kontinuierlichen Spektrums unendlich langer Wellen auffassen, deren Amplitudenverteilung (ähnlich wie bei der zeitlich begrenzten Schwingung Bild 5-23) sich um eine Mittenfrequenz $\nu_0$ bzw. $\omega_0$ gruppiert. Die Frequenzbreite $2\Delta\omega$ der Spektralverteilung ist umso kleiner, je länger der Wellenzug ist. In erster Näherung kann daher meist allein mit der Mittenfrequenz als der Frequenz des (langen) Wellenzuges gerechnet werden.
In anderen Fällen, z. B. im Zusammenhang mit der Lokalisierbarkeit von Lichtquanten (20.3) und vor al-

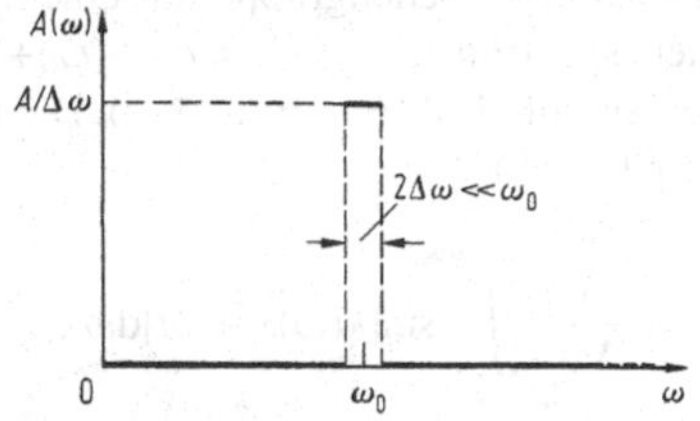


**Bild 18-5.** Frequenzspektrum des Wellenpakets in Bild 18-6

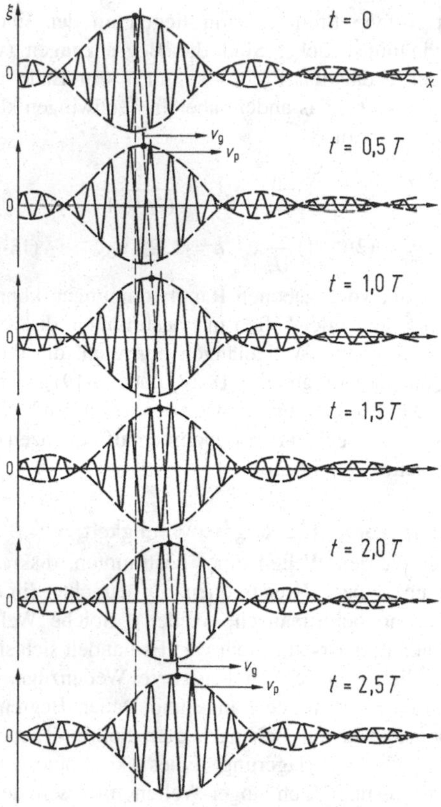


**Bild 18-6.** Ausbreitung einer Wellengruppe bei normaler Dispersion: Phasengeschwindigkeit > Gruppengeschwindigkeit ($v_g = 0{,}8 v_p$)

lem von Teilchen bei deren Beschreibung durch Materiewellen in der Wellenmechanik (siehe 25), kommt es jedoch auf die besonderen Eigenschaften von begrenzten Wellenzügen, sogenannten Wellengruppen oder Wellenpaketen, an. Um diese kennenzulernen, betrachten wir eine Wellengruppe mit einem schmalen Frequenzspektrum $(\omega_0 - \Delta\omega) < \omega < (\omega_0 + \Delta\omega)$ mit konstanter Amplitude $A/\Delta\omega$ (Bild 18-5). Die Fourier-Darstellung lautet dann:

$$\xi(x,t) = \frac{A}{\Delta\omega} \int\limits_{\omega_0-\Delta\omega}^{\omega_0+\Delta\omega} \sin[k(\omega)x - \omega t]\,\mathrm{d}\omega\,. \qquad (18\text{-}20)$$

Die Kreiswellenzahl $k$ hängt über (18-3) von der Kreisfrequenz $\omega$ ab. Wir entwickeln $k$ nach Taylor (vgl. A 11.2.1) in der Umgebung von $\omega_0$:

$$k(\omega) = k_0 + (\omega - \omega_0)\left(\frac{\mathrm{d}k}{\mathrm{d}\omega}\right)_{\omega_0} + \ldots. \qquad (18\text{-}21)$$

Bei hinreichend kleinem Intervall $\Delta\omega \ll \omega_0$ kann nach dem 2. Glied abgebrochen werden. Das Fourier-Integral (18-20) mit (18-21)

$$\xi(x,t) = \frac{A}{\Delta\omega} \int\limits_{\omega_0-\Delta\omega}^{\omega_0+\Delta_0} \sin\left[k_0 x + (\omega - \omega_0)\left(\frac{\mathrm{d}k}{\mathrm{d}\omega}\right)_{\omega_0} x - \omega t\right]\mathrm{d}\omega \qquad (18\text{-}22)$$

lässt sich direkt integrieren und ergibt mit (18-21)

$$\left(\frac{\mathrm{d}k}{\mathrm{d}\omega}\right)_{\omega_0} = \frac{k - k_0}{\omega - \omega_0} = \frac{\Delta k}{\Delta\omega} \qquad (18\text{-}23)$$

die Darstellung

$$\xi(x,t) = 2A\frac{\sin(\Delta kx - \Delta\omega t)}{\Delta kx - \Delta\omega t}\sin(k_0 x - \omega_0 t)\,. \qquad (18\text{-}24)$$

Das Argument $(k_0 x - \omega_0 t)$ stellt die Phase einer Welle dar, die sich mit der Phasengeschwindigkeit $v_p = \omega_0/k_0$ ausbreitet. Diese Welle ist moduliert durch eine langsamer veränderliche Amplitudenfunktion $\sin\Phi/\Phi$, die ihr Hauptmaximum bei $\Phi = \Delta kx - \Delta\omega t = 0$ hat und sich im Wesentlichen zwischen den Nullstellen $\Phi = -\pi$ und $+\pi$ erstreckt. Sie bewegt sich mit der *Gruppengeschwindigkeit*

$$v_g = \frac{\Delta\omega}{\Delta k} = \left(\frac{\mathrm{d}\omega}{\mathrm{d}k}\right)_{\omega_0} \qquad (18\text{-}25)$$

in $+x$-Richtung weiter (Bild 18-6):

$$\xi(x,t) = 2A\frac{\sin \Delta k(x - v_g t)}{\Delta k(x - v_g t)}\sin k_0(x - v_p t) \qquad (18\text{-}26)$$

(*Wellenpaket*).

Phasen- und Gruppengeschwindigkeit können verschieden sein. Durch Differenzieren von (18-3) und von $k = 2\pi/\lambda$ folgt

$$v_g = \frac{\mathrm{d}\omega}{\mathrm{d}k} = v_p + k\frac{\mathrm{d}v_p}{\mathrm{d}k} = v_p - \lambda\frac{\mathrm{d}v_p}{\mathrm{d}\lambda}\,. \qquad (18\text{-}27)$$

Die Gruppengeschwindigkeit ist demnach nur dann gleich der Phasengeschwindigkeit, wenn die Phasengeschwindigkeit nicht von der Wellenlänge $\lambda$ (bzw. der Kreiswellenzahl $k$) abhängt, d. h., wenn keine Dispersion vorliegt (Beispiel: Lichtausbreitung im Vakuum). Anderenfalls gilt:

$$\frac{dv_p}{d\lambda} > 0 \quad (\textit{normale Dispersion}): \quad v_g < v_p \,,$$
$$\frac{dv_p}{d\lambda} < 0 \quad (\textit{anomale Dispersion}): \quad v_g > v_p \,. \tag{18-28}$$

Im Gruppenmaximum der Wellengruppe sind die Amplituden maximal, daher bilden die Gruppenmaxima den Sitz der Energie der Welle. Ferner kann eine Information (Signal) nur mit einem begrenzten Wellenzug bzw. einer Wellengruppe oder einer modulierten Welle übertragen werden. Damit gilt:

> Die Ausbreitung der Energie einer Welle erfolgt mit der Gruppengeschwindigkeit. Sie ist gleich der *Signalgeschwindigkeit.*

## 18.2 Elastische Wellen, Schallwellen

Schallwellen sind elastische Wellen in deformierbaren Medien (Festkörpern, Flüssigkeiten, Gasen). Für den Menschen hörbarer Schall umfasst etwa den Frequenzbereich von 16 Hz bis 16 kHz.

Wellen in deformierbaren Medien werden durch die elastischen Eigenschaften des Mediums (vgl. D 9.2.1, E 5.3) bestimmt, die durch die folgenden Beziehungen beschrieben werden:

*Festkörper*: Relative Längenänderung oder Dehnung $\varepsilon = \Delta L/L$ eines Stabes mit der Länge $L$, dem Querschnitt $A$ und dem *Elastizitätsmodul* $E$ unter Einwirkung einer Zugspannung $\sigma = F/A$ (Hooke'sches Gesetz):

$$\frac{\Delta L}{L} = \frac{1}{E} \cdot \frac{F}{A} \,, \quad \text{d.h.,} \quad \varepsilon = \frac{\sigma}{E} \,. \tag{18-29}$$

Scherung $\gamma$ eines quaderförmigen Volumens des Festkörpers mit dem *Schubmodul* $G$ unter Einwirkung einer auf die Querschnittsfläche $A$ tangential wirkenden Schub- oder Scherspannung $\tau = F/A$:

$$\gamma = \frac{1}{G} \cdot \frac{F}{A} \,, \quad \text{d.h.,} \quad \gamma = \frac{\tau}{G} \,. \tag{18-30}$$

Kompression $-\vartheta = -\Delta V/V$ eines Körpers des Volumens $V$ mit dem Kompressionsmodul $K$ unter allseitigem Druck $p$ bei der Druckänderung $\Delta p$:

$$\frac{-\Delta V}{V} = \frac{\Delta p}{K} \,, \quad \text{d.h.,} \quad -\vartheta = \frac{\Delta p}{K} \,. \tag{18-31}$$

*Flüssigkeiten*: Bei Flüssigkeiten ist anstelle des Kompressionsmoduls $K$ dessen Kehrwert, die *Kompressibilität* $\varkappa$ gebräuchlicher:

$$\varkappa = \frac{1}{K} = -\frac{1}{V}\left(\frac{\partial V}{\partial p}\right)_T \approx \frac{-\Delta V}{V} \cdot \frac{1}{\Delta p} \,. \tag{18-32}$$

Für eine Flüssigkeitssäule der Länge $L$ ergibt sich daraus bei konstantem Querschnitt $A$ unter Einwirkung einer Drucksteigerung $\Delta p = -F/A$ eine relative Längenänderung

$$-\frac{\Delta L}{L} = -\frac{\Delta V}{V} = -\vartheta = \varkappa \Delta p = \varkappa \frac{F}{A} = \frac{1}{K} \cdot \frac{F}{A} \,. \tag{18-32a}$$

Der Vergleich von (18-29) mit (18-32a) zeigt, dass für den Fall der Flüssigkeitssäule der Kompressionsmodul $K = 1/\varkappa$ dem Elastizitätsmodul $E$ von Festkörpern entspricht. Dies benötigen wir unten für die Berechnung der Schallgeschwindigkeit in Flüssigkeiten (18-44) und in Gasen (18-45) aus (18-42).

*Gase*: Gleichung (18-31) gilt auch für Gase, wobei der Kompressionsmodul $K$ mithilfe der allgemeinen Gasgleichung (8–26) berechnet werden kann. Für die schnellen Druckänderungen bei Schallwellen kann ein Wärmeausgleich nicht stattfinden, sodass $K$ unter adiabatischen Bedingungen aus (18-31) berechnet werden muss. Mithilfe der Adiabatengleichung (8–97) erhält man dann

$$K = \frac{1}{\varkappa} = \gamma p = \gamma \frac{RT}{V_m} \quad \text{mit} \quad \gamma = \frac{C_{mp}}{C_{mV}} \,. \tag{18-33}$$

$V_m$ molares Volumen; $C_{mp}, C_{mV}$ molare Wärmekapazitäten bei konstantem Druck bzw. konstantem Volumen (vgl. 8.6.1).

### Ausbreitung transversaler Wellen auf gespannten Seilen und Saiten

Nach einer vorausgegangenen transversalen Auslenkung eines mit einer Kraft $F_0$ bzw. der Zugspannung $\sigma = F_0/A$ gespannten Seils bzw. einer Saite (Querschnitt $A$) wirkt auf jedes Saitenelement der Länge $dx$ (Bild 18-7) eine rücktreibende Kraft

$$F_\xi = F_0 \sin(\alpha + d\alpha) - F_0 \sin\alpha \approx F_0 d\alpha \,. \tag{18-34}$$

Aus $\alpha \approx \tan\alpha = \partial\xi/\partial x$ folgt $\mathrm{d}\alpha \approx \mathrm{d}x(\partial^2\xi/\partial x^2)$ und damit für die rücktreibende Kraft

$$F_\xi = F_0\,\mathrm{d}x\frac{\partial^2\xi}{\partial x^2}\,. \tag{18-35}$$

Die Masse des Saitenelements $\mathrm{d}x$ beträgt $\mathrm{d}m = \varrho A\mathrm{d}x$ ($\varrho$ Dichte). Damit lautet die Bewegungsgleichung für $\mathrm{d}m$

$$F_\xi = \mathrm{d}m\frac{\partial^2\xi}{\partial t^2}\,. \tag{18-36}$$

Aus (18-35) und (18-36) folgt die *Wellengleichung der transversalen Saitenwelle*:

$$\frac{\partial^2\xi}{\partial x^2} - \frac{\varrho}{\sigma}\cdot\frac{\partial^2\xi}{\partial t^2} = 0\,. \tag{18-37}$$

Durch Vergleich mit (18-7) ergibt sich die *Phasengeschwindigkeit der transversalen Saitenwelle*

$$v_\mathrm{p} = \sqrt{\frac{\sigma}{\varrho}}\,. \tag{18-38}$$

## Ausbreitung longitudinaler Wellen in elastischen Medien

Die periodische longitudinale Auslenkung von Massenelementen in einem kontinuierlichen elastischen Medium bewirkt eine periodische Dichteverteilung: Longitudinale elastische Wellen sind *Dichtewellen*. Die zur Behandlung der transversalen Saitenwelle analoge Betrachtung eines Volumenelementes der Masse $\mathrm{d}m$ und der Länge $\mathrm{d}x$ in einem zylindrischen Stab (Massendichte $\varrho$, Querschnitt $A$), das durch eine vorausgegangene longitudinale Auslenkung $\xi$ und die dadurch bedingte ortsabhängige Spannung $\sigma = F/A$ um $\mathrm{d}\xi$ gedehnt wird, liefert unter Zuhilfenahme des Hooke'schen Gesetzes (18-29) und der Bewegungsgleichung für $\mathrm{d}m$ die *Wellengleichung*

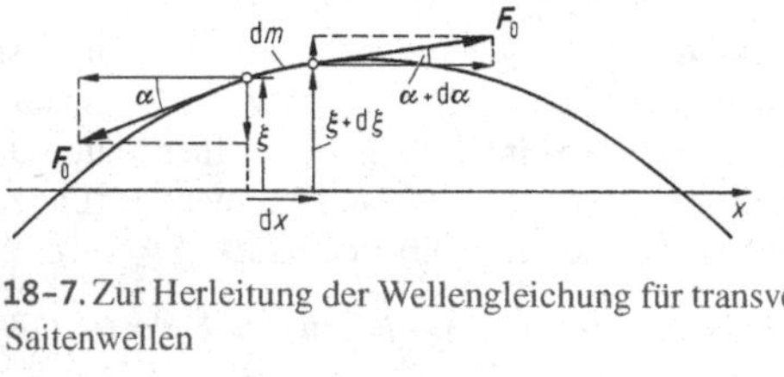


**Bild 18-7.** Zur Herleitung der Wellengleichung für transversale Saitenwellen

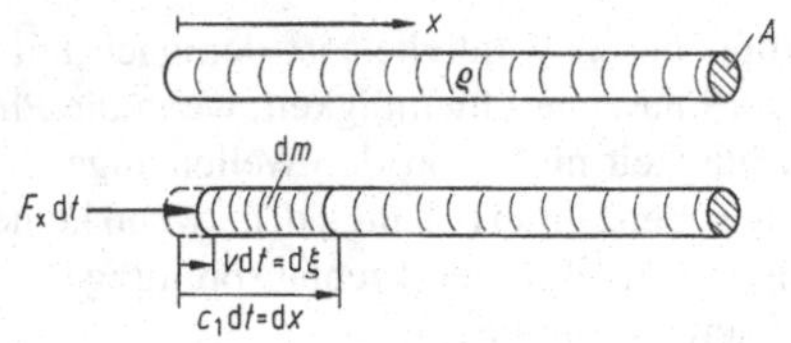


**Bild 18-8.** Ausbreitung einer Longitudinalstörung in einem Stab

*longitudinaler Wellen im Festkörper*:

$$\frac{\partial^2\xi}{\partial x^2} - \frac{\varrho}{E}\cdot\frac{\partial^2\xi}{\partial t^2} = 0\,, \tag{18-39}$$

aus der sich durch Vergleich mit (18-7) die Phasengeschwindigkeit longitudinaler Wellen (18-42) ergibt. Sie ist auch für ausgedehnte Festkörper gültig.

Die Berechnung der Phasengeschwindigkeit $c_\mathrm{l}$ longitudinaler Wellen (und damit der Ausbreitungsgeschwindigkeit von Schall) kann auch auf direkterem Wege erfolgen. Dazu betrachten wir die Ausbreitung einer Störung (Verdichtungsstoß) in einem zylindrischen Stab der Dichte $\varrho$, die durch einen Stoß mit der Kraft $F_x$ während der Zeit $\mathrm{d}t$ auf das linke Stabende erzeugt wird (Bild 18-8).

Dadurch wird das linke Ende des Stabes mit einer Geschwindigkeit $v$ um $\mathrm{d}\xi = v\mathrm{d}t$ nach rechts verschoben. Die Kompressionsstörung läuft mit der Phasengeschwindigkeit $c_\mathrm{l}$ nach rechts, die Teilchen im Kompressionsbereich erreichen in der Zeit $\mathrm{d}t$ nacheinander die Geschwindigkeit $v$. Das Massenelement $\mathrm{d}m = \varrho A\mathrm{d}x$, das durch den Kompressionsbereich $\mathrm{d}x = c_\mathrm{l}\mathrm{d}t$ definiert werde, erfährt damit eine Impulsänderung $\mathrm{d}p_x = v\mathrm{d}m$ als Folge der einwirkenden Kraft

$$F_x = \frac{\mathrm{d}p_x}{\mathrm{d}t} = \varrho A v c_\mathrm{l}\,. \tag{18-40}$$

Durch die Kraft $F_x$ wird ferner das Massenelement $\mathrm{d}m$ der Länge $\mathrm{d}x$ um $\mathrm{d}\xi = v\mathrm{d}t$ komprimiert. Den Zusammenhang liefert das Hooke'sche Gesetz (18-29):

$$\frac{\mathrm{d}\xi}{\mathrm{d}x} = \frac{v}{c_\mathrm{l}} = \frac{1}{E}\cdot\frac{F_x}{A} = \frac{1}{E}\varrho v c_\mathrm{l}\,. \tag{18-41}$$

Daraus folgt für die *Phasengeschwindigkeit longitudinaler Wellen (Schallgeschwindigkeit) in Festkörpern*

$$c_\mathrm{l} = \sqrt{\frac{E}{\varrho}}\,. \tag{18-42}$$

Festkörper können auch tangentiale Scherkräfte aufnehmen, wie sie bei Scherschwingungen auftreten. Deshalb können in Festkörpern auch transversale Wellen auftreten. Die elastische Deformation bei Scherung wird durch (18-30) beschrieben. Statt des Elastizitätsmoduls $E$ tritt hier der Schubmodul $G$ auf. Entsprechend ergibt sich für die *Phasengeschwindigkeit* von *transversalen Scherwellen* und von *Torsionswellen* (die auch auf Scherung beruhen) in Festkörpern

$$c_t = \sqrt{\frac{G}{\varrho}} . \qquad (18\text{-}43)$$

Flüssigkeiten und Gase können keine statischen Tangentialkräfte (Scherkräfte) aufnehmen. Demzufolge können sich hier nur Longitudinalwellen über längere Strecken ausbreiten. Transversale Wellen können nur direkt angrenzend an transversal schwingende Erregerflächen auftreten und klingen mit wachsendem Abstand davon schnell exponentiell ab.

Die Schallgeschwindigkeit in Flüssigkeiten, etwa in einer Flüssigkeitssäule, deren elastische Eigenschaften durch (18-32a) beschrieben werden, lässt sich analog zur Berechnung der Schallgeschwindigkeit im festen Stab bestimmen. Im Ergebnis (18-42) ist dazu der Elastizitätsmodul $E$ durch den Kompressionsmodul $K$ oder die Kompressibilität $\varkappa$ (18-32) zu ersetzen, um die *Schallgeschwindigkeit in Flüssigkeiten* zu erhalten:

$$c_l = \sqrt{\frac{K}{\varrho}} = \sqrt{\frac{1}{\varkappa\varrho}} . \qquad (18\text{-}44)$$

Für Gase erhält man die Schallgeschwindigkeit unter Berücksichtigung der elastischen Eigenschaften bei *adiabatischer* Kompression. Mit (18-33) und der Molmasse $M = \varrho V_m$ folgt dann aus (18-44) die *Schallgeschwindigkeit in Gasen*

$$c_l = \sqrt{\gamma\frac{p}{\varrho}} = \sqrt{\gamma\frac{RT}{M}} . \qquad (18\text{-}45)$$

In Gasen ist daher die Schallgeschwindigkeit stark temperaturabhängig. Sie ist am größten für die Gase mit der kleinsten molaren Masse, Wasserstoff und Helium (Tabelle 18-1).

### Physiologische Akustik

Schall führt in Gasen dazu, dass sich zu dem statischen Druck ein Schallwechseldruck addiert. Der

**Tabelle 18-1.** Longitudinale Schallgeschwindigkeit $c_l$ in verschiedenen Stoffen

| Stoff | | $c_l$ in m/s |
|---|---|---|
| *Feste Stoffe* (20 °C): | | |
| Aluminium | | 5110 |
| Basalt | | ≈ 5080 |
| Blei | | 1200 |
| Eis (−4 °C) | | 3200 |
| Eisen | | 5180 |
| Flintglas | | ≈ 4000 |
| Granit | | ≈ 4000 |
| Gummi | | ≈ 54 |
| Hartgummi | | ≈ 1570 |
| Holz: Buche | | ≈ 3300 |
| Eiche | | ≈ 3800 |
| Tanne | | ≈ 4500 |
| Kronglas | | ≈ 5300 |
| Kupfer | | 3800 |
| Marmor | | ≈ 3800 |
| Messing | | ≈ 3500 |
| Paraffin | | ≈ 1300 |
| Porzellan | | ≈ 4880 |
| Quarzglas | | ≈ 5400 |
| Stahl | | ≈ 5100 |
| Ziegel | | ≈ 3650 |
| Zink | | 3800 |
| Zinn | | 2700 |
| *Flüssigkeiten* (20 °C) | | |
| Aceton | | 1190 |
| Benzol | | 1320 |
| Ethanol | | 1170 |
| Glycerin | | 1923 |
| Methanol | | 1123 |
| Nitrobenzol | | 1470 |
| Paraffinöl | | ≈ 1420 |
| Petroleum | | ≈ 1320 |
| Propanol | | 1220 |
| Quecksilber | | 1421 |
| Schwefelkohlenstoff | | 1158 |
| Schweres Wasser | | 1399 |
| Tetrachlorkohlenstoff | | 943 |
| Toluol | | 1308 |
| Xylol | | 1357 |
| Wasser (dest.) | 0 °C | 1403 |
| | 20 °C | 1483 |
| | 40 °C | 1529 |
| | 60 °C | 1551 |

**Tabelle 18-1.** Fortsetzung

| Stoff | $c_l$ in m/s |
|---|---|
| 80 °C | 1555 |
| 100 °C | 1543 |
| Meerwasser[a] | 1400...1650 |
| *Gase* (0 °C, 101 325 Pa): | |
| Acetylen | 327 |
| Ammoniak | 415 |
| Argon | 308 |
| Brom | 135 |
| Chlor | 206 |
| Helium | 971 |
| Kohlendioxid | 258 |
| Kohlenmonoxid | 337 |
| Luft, trocken −20 °C | 319 |
| 0 °C | 332 |
| +20 °C | 344 |
| +40 °C | 355 |
| Methan | 430 |
| Neon | 433 |
| Sauerstoff | 315 |
| Schwefeldioxid | 212 |
| Stadtgas | ≈ 450 |
| Stickstoff | 334 |
| Wasserstoff | 1286 |
| Xenon | 170 |

[a] abhängig von Temperatur, Salzgehalt und Druck.

Effektivwert des Schallwechseldrucks $p_{eff}$ (der quadratische Mittelwert, siehe 15.3.1 (15-27)) liefert den *Schalldruckpegel*:

$$L_p = 20 \cdot \lg\left(\frac{p_{eff}}{p_0}\right), \qquad (18\text{-}45a)$$

wobei der Bezugsschalldruck nach DIN 45630 festgelegt ist als $p_0 = 2 \cdot 10^{-5}$ Pa und etwa den für einen Menschen gerade noch wahrnehmbaren effektiven Schallwechseldruck angibt. Zur Kennzeichnung des Schalldruckpegels wird die Einheit Dezibel (dB) verwendet (0 dB ist bei 2 kHz gerade noch hörbar, ein Presslufthammer erzeugt in 1 m Entfernung 100 dB). Die Empfindlichkeit des menschlichen Ohres ist allerdings stark frequenzabhängig, so dass der Schalldruckpegel keine angemessene Größe für das Lautheitsempfinden ist. Als *Lautstärke* $L_s$ legt man daher mit der Einheit Phon (phon) denjenigen Zahlenwert fest, den ein 1 kHz Sinuston als Schalldruckpegel haben müsste, um die gleiche Lautstärkeempfindung hervorzurufen. Der Zusammenhang zwischen Schalldruckpegel und Lautstärke ist in DIN 45630 festgelegt. In der akustischen Messtechnik wird allerdings als Maß für das Lautheitsempfinden meist der *bewertete Schalldruckpegel* verwendet. Dabei wird das gesamte hörbare Frequenzspektrum in Terzintervalle (Frequenzverhältnis zwischen Ober- und Untergrenze: $\sqrt[3]{2}$) oder Oktavintervalle (Frequenzverhältnis zwischen Ober- und Untergrenze: 2) aufgeteilt. Der im jeweiligen Frequenzintervall $i$ gemessene Schalldruckpegel $L_i$ wird dann mit einem frequenzabhängigen Faktor $\Delta^*_{X,i}$ bewertet. Den bewerteten Schalldruckpegel erhält man dann mit:

$$L_X = 10 \cdot \lg\left(\sum_{i=1}^{n} 10^{\frac{L_i + \Delta^*_{X,i}}{10\,\mathrm{dB}}}\right) dB(X)\,. \qquad (18\text{-}45b)$$

Das X steht für den Satz verwendeter Bewertungsfaktoren, z. B. A, B oder C, die in der akustischen Messtechnik durch in den Messsignalweg eingeschaltete standardisierte Bewertungsfilter realisiert werden. Überwiegend wird der Satz A nach DIN-IEC 651 verwendet, der für Lautstärken unter 90 phon den Verlauf der Schallempfindung näherungsweise wiedergibt.

## 18.3 Doppler-Effekt, Kopfwellen

Bewegen sich Wellenerzeuger (Quelle Q mit der Frequenz $\nu_Q$) und Beobachter B relativ zueinander, so wird vom Beobachter eine andere Frequenz $\nu_B$ registriert, als im Fall ruhender Quelle und Beobachter (Doppler, 1842). Je nachdem, ob sich Quelle oder Beobachter relativ zum Übertragungsmedium der Welle (z. B. Luft bei Schallwellen, Wasseroberfläche bei Wasserwellen) bewegen, oder ob ein solches Medium nicht existiert (Lichtwellen im Vakuum), sind verschiedene Fälle zu unterscheiden.

### Doppler-Effekt bei mediengetragenen Wellen: Bewegter Beobachter

Die in ruhender Luft von einer ebenfalls ruhenden Schallquelle mit der Frequenz $\nu_Q = c_s/\lambda$ erzeugten Schallwellen breiten sich in Form von Kugelwellen

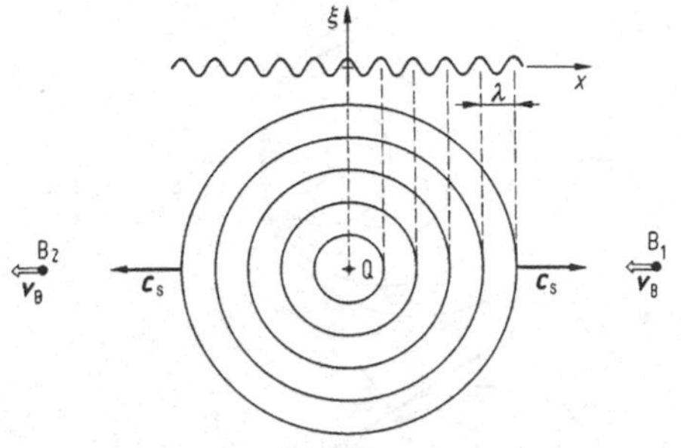


**Bild 18-9.** Zum Doppler-Effekt bei bewegtem Beobachter

mit der Schallgeschwindigkeit $c_s$ aus, deren Wellenberge einen radialen Abstand $\lambda$ (Wellenlänge) haben (Bild 18-9). Bewegt sich ein Beobachter B mit der Geschwindigkeit $v_B$ auf die Quelle Q zu (bzw. von ihr weg), so registriert der Beobachter eine Geschwindigkeit $c_s \pm v_B$ der auf ihn zukommenden Wellenberge und demzufolge gemäß (18-3) eine erhöhte (erniedrigte) Frequenz

$$\nu_B = \frac{c_s \pm v_B}{\lambda} = \nu_Q\left(1 \pm \frac{v_B}{c_s}\right). \qquad (18\text{-}46)$$

**Doppler-Effekt bei mediengetragenen Wellen: Bewegte Quelle**

Bewegt sich bei relativ zum Übertragungsmedium (Luft) ruhendem Beobachter die Schallquelle auf den Beobachter zu (bzw. weg), so verkürzen sich vor der Quelle die Wellenlängen, während sie sich hinter der Quelle verlängern (Bild 18-10). Ursache dafür ist, dass sich die von der Quelle mit der Frequenz $\nu_Q$ erzeugten Wellen nach wie vor im ruhenden Medium

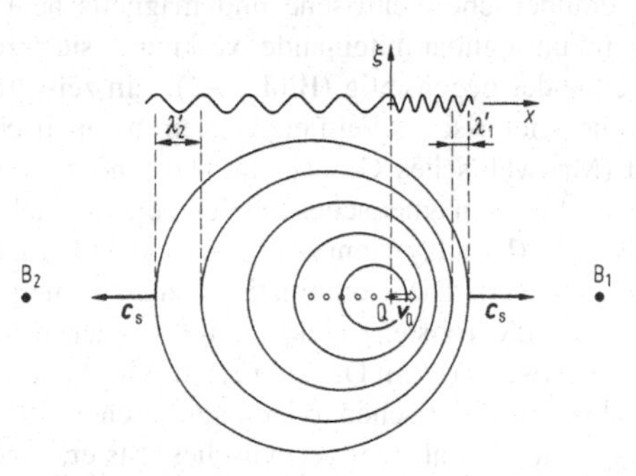


**Bild 18-10.** Zum Doppler-Effekt bei bewegter Schallquelle

mit der Schallgeschwindigkeit $c_s$ ausbreiten, gegenüber der bewegten Quelle jedoch dann eine (je nach Richtung) andere Geschwindigkeit haben. Auf den Beobachter bewegen sich die Wellen mit der Phasengeschwindigkeit $c_s$ zu, der aufgrund der geänderten Wellenlänge $\lambda' = (c_s \mp v_Q)/\nu_Q$ eine erhöhte (erniedrigte) Frequenz registriert:

$$\nu_B = \frac{c_s}{\lambda'} = \frac{\nu_Q}{1 \mp \frac{v_Q}{c_s}}. \qquad (18\text{-}47)$$

Bewegt sich die Schallquelle an einem Beobachter vorbei, so schlägt die Frequenz im Moment des Passierens von einem höheren auf einen niedrigeren Wert um.

Der akustische Doppler-Effekt (18-46) bzw. (18-47) zeigt also bei bewegtem Beobachter ein etwas anderes Ergebnis als bei bewegter Quelle. Bewegen sich sowohl die Schallquelle als auch der Beobachter, so gilt

$$\nu_B = \nu_Q \frac{c_s \pm v_B}{c_s \mp v_Q}. \qquad (18\text{-}48)$$

Das jeweils obere Vorzeichen von $v_B$ bzw. $v_Q$ gilt für eine Bewegung in Richtung auf die Quelle bzw. auf den Beobachter zu, das jeweils untere Vorzeichen für eine Bewegung von der Quelle bzw. vom Beobachter weg.

**Doppler-Effekt elektromagnetischer Wellen (Licht)**

Aus dem Prinzip der Konstanz der Vakuumlichtgeschwindigkeit $c_0$ in zueinander bewegten Inertialsystemen (siehe 2.3.2) folgt, dass für die Lichtausbreitung kein Übertragungsmedium wie bei der Schallausbreitung existiert. Dann sollte der Doppler-Effekt allein von der Relativgeschwindigkeit $v_r$ zwischen Lichtquelle und Beobachter abhängen. Tatsächlich ergibt sich für den *relativistischen Doppler-Effekt* (ohne Ableitung)

$$\nu_B = \nu_0 \sqrt{\frac{c_0 \pm v_r}{c_0 \mp v_r}}. \qquad (18\text{-}49)$$

Der relativistische Doppler-Effekt wird als Rotverschiebung der Spektrallinien von sich schnell entfernenden Sternen beobachtet (untere Vorzeichen), bei umeinander rotierenden Doppelsternen auch als periodisch abwechselnde Rot- und Blauverschiebung.

Für $v_r \ll c_0$ geht der relativistische Doppler-Effekt (18-49) in den klassischen Doppler-Effekt (18-48) über. Für diesen Fall ergibt sich die *Doppler-Verschiebung* der Frequenz zu

$$\frac{\Delta \nu}{\nu_Q} \approx \frac{v_r}{c} \quad \text{für} \quad v_r \ll c\,. \tag{18-50}$$

Anwendung: Geschwindigkeitsmessung an Licht oder Radiowellen emittierenden Sternen oder Satelliten; Radar-Geschwindigkeitsmessung durch Reflexion an bewegten Körpern.

### Kopfwellen, Mach-Kegel

Nähert sich die Geschwindigkeit $v_Q$ einer Schallquelle (z. B. ein Flugzeug) der Schallgeschwindigkeit $c_s$, so überlagern sich alle bereits emittierten Wellenberge in Vorwärtsrichtung direkt an der Schallquelle (Bild 18-11a) und erzeugen sehr hohe Druckamplituden und -gradienten. Nach Durchstoßen dieser sog. Schallmauer fliegt die Quelle mit *Überschallgeschwindigkeit* $v_Q > c_s$ und erzeugt ein Wellenfeld gemäß Bild 18-11b: Die nacheinander ausgelösten Kugelwellenberge durchdringen einander und überlagern sich zu einer kegelförmigen *Kopfwelle (Schockwelle, Mach-Kegel)*, in deren Spitze sich die Schallquelle bewegt.
Die Quelle muss dazu gar keine Schallwellen in üblicher Weise aussenden. Die durch die Bewegung des Körpers in Luft erzeugte Druckstörung breitet sich ebenfalls in der beschriebenen Weise aus und ist dann an der Erdoberfläche als Überschallknall zu hören. Der Öffnungswinkel $\alpha$ des Mach-Kegels (Bild 18-11b) wird durch das Verhältnis von Schall- zu Quellengeschwindigkeit bestimmt:

$$\sin \alpha = \frac{c_s}{v_Q} = \frac{1}{Ma}\,. \tag{18-51}$$

Das Größenverhältnis $Ma = v_Q/c_s$ wird als *Mach-Zahl* bezeichnet. Sie hängt nicht nur von der Quellengeschwindigkeit $v_Q$, sondern wegen (18-45) auch von der Temperatur der Luft ab.
Kopfwellen können auch bei elektromagnetischen Wellen erzeugt werden. Schnell bewegte, elektrisch geladene Teilchen strahlen elektromagnetische Wellen ab. In Substanzen mit der optischen Brechzahl $n > 1$ (siehe 21.1) ist die Phasengeschwindigkeit des Lichtes $c_n = c_0/n < c_0$. Geladene Teilchen, die

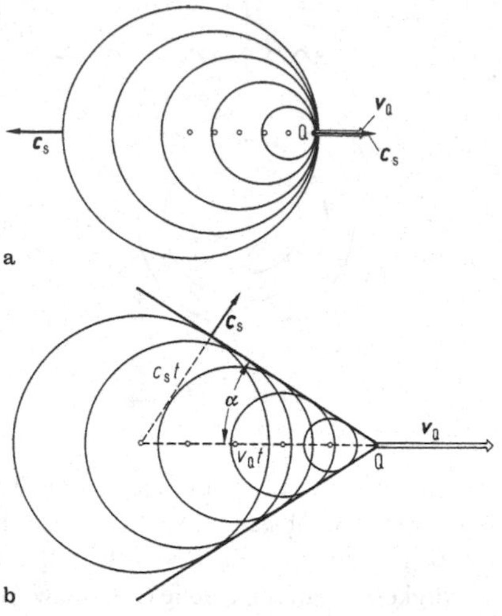


**Bild 18-11.** Wellenfelder einer bewegten Schallquelle, **a** bei $v_Q \approx c_s$, **b** bei $v_Q > c_s$

mit Geschwindigkeiten $v > c_n$ in solche Substanzen geschossen werden, erzeugen dann elektromagnetische Kopfwellen: *Čerenkov-Strahlung*. Für den Öffnungswinkel folgt aus (18-51)

$$\sin \alpha = \frac{c_0}{nv}\,. \tag{18-52}$$

Durch Messung von $\alpha$ kann die Teilchengeschwindigkeit bestimmt werden: Čerenkov-Detektoren.

## 19 Elektromagnetische Wellen

Zeitveränderliche elektrische und magnetische Felder sind untrennbar miteinander verknüpft, sie erzeugen einander gegenseitig (Bild 14-9): Ein zeitveränderliches elektrisches Feld erzeugt ein magnetisches Feld (Maxwell'sches Gesetz (14-34)), und ein zeitveränderliches magnetisches Feld erzeugt ein elektrisches Feld (Faraday-Henry-Gesetz bzw. Induktionsgesetz (14-31)). Die Kombination beider Prinzipien legt daher die Existenz elektromagnetischer Wellen nahe (Maxwell, 1865): Die zeitperiodische Änderung eines lokalen elektrischen (oder magnetischen) Feldes erzeugt ein ebenfalls zeitperiodisches, das erzeugende Feld umschlingendes magnetisches (bzw. elektri-

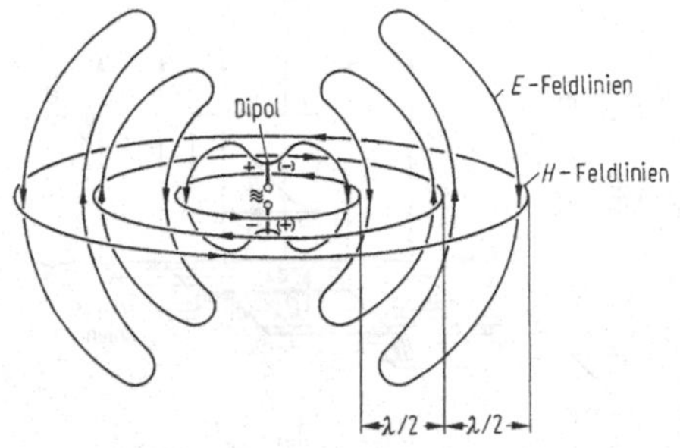


**Bild 19-1.** Elektrische und magnetische Feldlinien um einen schwingenden elektrischen Dipol

sches) Feld. Dieses wiederum induziert um sich herum ein weiteres zeitperiodisches elektrisches (bzw. magnetisches) Feld und so fort (Bild 19-1). Der periodische Vorgang breitet sich daher wellenartig im Raum aus und stellt eine elektromagnetische Welle dar. Die experimentelle Bestätigung erfolgte 1888 durch H. Hertz.

## 19.1 Erzeugung und Ausbreitung elektromagnetischer Wellen

Ein zeitperiodisches elektrisches Feld (Wechselfeld) als Quelle einer sich frei ausbreitenden elektromagnetischen Welle kann z. B. durch eine Dipolantenne erzeugt werden, in die eine hochfrequente Wechselspannung eingespeist wird (Bild 19-1 u. 19-2). Die Dipolantenne stellt dann einen elektrischen Dipol mit periodisch wechselnder Richtung und Betrag des Dipolmoments (12-83) dar. Die erzeugte elektromagnetische Welle ist linear polarisiert, wobei (in der Äquatorebene) die elektrische Feldstärke $\boldsymbol{E}$ parallel zur Dipolachse orientiert ist und die magnetische Feldstärke senkrecht zu $\boldsymbol{E}$ und zur Ausbreitungsrichtung $\boldsymbol{c}$ (Bild 19-2a). Der Nachweis kann wiederum mit einer Dipolantenne erfolgen, an die ein Messinstrument (oder im Laborexperiment eine Glühlampe) angeschlossen ist. Die Lampe leuchtet maximal, wenn der Empfangsdipol parallel zum Sendedipol und damit parallel zum elektrischen Feldstärkevektor ausgerichtet ist (Nachweis der Polarisation). Ein magnetischer Empfangsdipol muss dagegen senkrecht dazu, d. h. parallel zum magnetischen Feldstärkevektor, orientiert werden (Bild 19-2b).
Aus diesen Beobachtungen folgt:

> Bei elektromagnetischen Wellen stehen elektrischer und magnetischer Feldstärkevektor senkrecht aufeinander und auf der Ausbreitungsrichtung: Elektromagnetische Wellen sind *Transversalwellen*.

Eine Dipolantenne erzeugt elektromagnetische Kugelwellen, bei denen in unmittelbarer Dipolnähe (*Nahfeld*: $l \ll r \ll \lambda$) ein Gangunterschied von $\lambda/4$ (Phasendifferenz $\pi/2$) zwischen elektrischem und magnetischem Feld besteht, wie es für die quasistationäre elektrische Schwingung im Dipol anschaulich zu erwarten ist (hier macht sich die endliche Ausbreitungsgeschwindigkeit der Welle noch nicht bemerkbar). Im *Fernfeld* ($r \gg \lambda$) schwingen dagegen elektrisches und magnetisches Feld gleichphasig. In sehr großer Entfernung $r$ kann die Kugelwelle näherungsweise als ebene Welle betrachtet werden (Bild 19-3).

### Wellengleichung elektromagnetischer Wellen

Einen Ausschnitt der Feldverteilung in einer elektromagnetischen Welle (Bild 19-3) zeigt Bild 19-4.

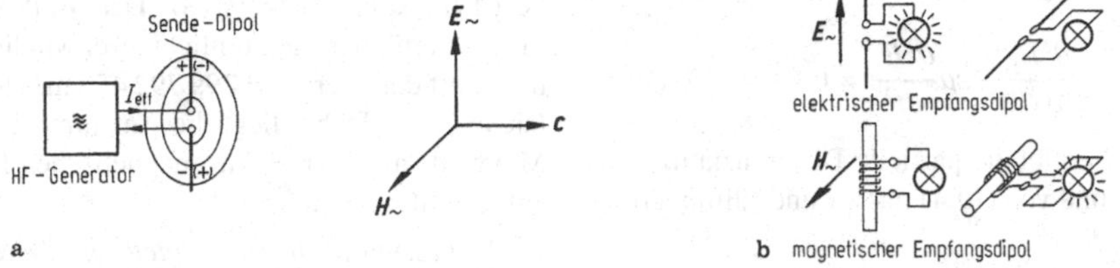


**Bild 19-2. a** Abstrahlung polarisierter elektromagnetischer Wellen durch einen elektrischen Sendedipol. **b** Nachweis durch einen elektrischen oder magnetischen Empfangsdipol mit Glühlampe. Der elektrische Dipol muss parallel zum elektrischen Feldstärkevektor, der magnetische Dipol parallel zum magnetischen Feldstärkevektor ausgerichtet sein

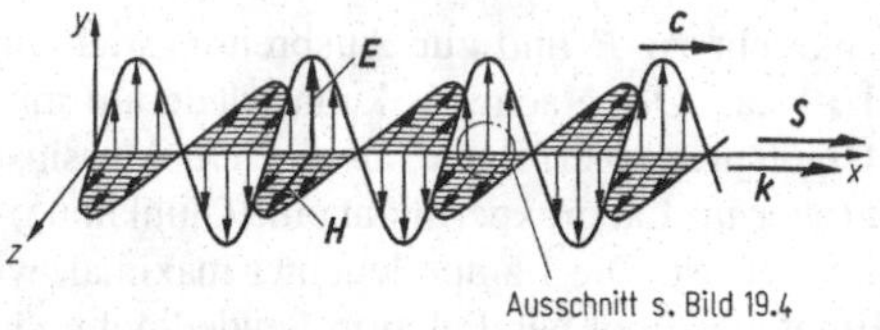


**Bild 19-3.** Linear polarisierte elektromagnetische Welle, die sich in $x$-Richtung ausbreitet

Im nichtleitenden freien Raum ist die Stromdichte $\boldsymbol{j} = 0$. Die Anwendung des Faraday-Henry-Gesetzes (Induktionsgesetz (14-31))

$$\oint_{c_1} \boldsymbol{E} \cdot \mathrm{d}\boldsymbol{s} = -\frac{\mathrm{d}}{\mathrm{d}t} \int \boldsymbol{B} \cdot \mathrm{d}\boldsymbol{A} \tag{19-1}$$

auf einen geschlossenen Weg $c_1$ in der $x,y$-Ebene mit den Abmessungen d$x$ und d$y$ (Fläche d$A$ = d$x$ d$y$) liefert mit $\boldsymbol{B} = \mu \boldsymbol{H}$ (14-45)

$$\frac{\partial E_y}{\partial x} = -\mu \frac{\partial H_z}{\partial t} . \tag{19-2}$$

Entsprechend liefert die Anwendung des Maxwell'schen Gesetzes (14-34)

$$\oint_{c_2} \boldsymbol{H} \cdot \mathrm{d}\boldsymbol{s} = \frac{\mathrm{d}}{\mathrm{d}t} \int \boldsymbol{D} \cdot \mathrm{d}\boldsymbol{A} \tag{19-3}$$

auf einen geschlossenen Weg $c_2$ in der $x$, $z$-Ebene mit den Abmessungen d$x$ und d$z$ (Fläche d$A$ = d$x$ d$z$) und mit $\boldsymbol{D} = \varepsilon \boldsymbol{E}$ (14-44)

$$\frac{\partial H_z}{\partial x} = -\varepsilon \frac{\partial E_y}{\partial t} . \tag{19-4}$$

Partielle Differenziation von (19-2) nach $x$ und von (19-4) nach $t$ und Eliminierung von $\partial^2 H_z / \partial x \, \partial t$ ergibt

$$\frac{\partial^2 E_y}{\partial x^2} - \varepsilon\mu \frac{\partial^2 E_y}{\partial t^2} = 0 . \tag{19-5}$$

Entsprechend ergibt die partielle Differenziation von (19-2) nach $t$ und von (19-4) nach $x$ und Eliminierung von $\partial^2 E_y / \partial x \, \partial t$

$$\frac{\partial^2 H_z}{\partial x^2} - \varepsilon\mu \frac{\partial^2 H_z}{\partial t^2} = 0 . \tag{19-6}$$

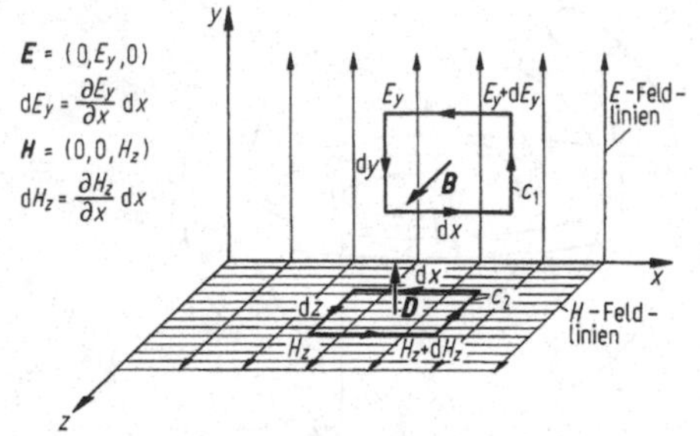


**Bild 19-4.** Zur Herleitung der Wellengleichung elektromagnetischer Wellen

Gleichung (19-5) und (19-6) stellen eindimensionale Wellengleichungen für in $x$-Richtung sich ausbreitende elektromagnetische Wellen dar. Die Verallgemeinerung auf den dreidimensionalen Fall (18-11) und auf Wellen mit beliebiger Polarisationsrichtung lautet

$$\Delta \boldsymbol{E} - \frac{1}{c^2} \cdot \frac{\partial^2 \boldsymbol{E}}{\partial t^2} = 0 ,$$

$$\Delta \boldsymbol{H} - \frac{1}{c^2} \cdot \frac{\partial^2 \boldsymbol{H}}{\partial t^2} = 0 . \tag{19-7}$$

Hierin ist $c$ die *Phasengeschwindigkeit* der elektromagnetischen Wellen, für die sich aus dem Vergleich mit (19-5) und (19-6) ergibt:

$$c = \frac{1}{\sqrt{\varepsilon\mu}} = \frac{1}{\sqrt{\varepsilon_r \mu_r \varepsilon_0 \mu_0}} . \tag{19-8}$$

Im Vakuum ist $\varepsilon_r = \mu_r = 1$. Mit experimentellen Werten von $\varepsilon_0$ und $\mu_0$ folgt daraus für die *Phasengeschwindigkeit elektromagnetischer Wellen im Vakuum:*

$$c_{\text{vac}} = \frac{1}{\sqrt{\varepsilon_0 \mu_0}} = 3{,}00 \cdot 10^8 \text{ m/s} , \tag{19-9}$$

unabhängig von der Frequenz bzw. der Wellenlänge (d. h.: keine Dispersion). Der Wert von $c_{\text{vac}}$ ist identisch mit der Vakuumlichtgeschwindigkeit $c_0$, die heute auf den Wert $c_0 = 299\,792\,458$ m/s festgelegt ist (siehe (1.2)). Daher liegt die Annahme nahe, die von Maxwell in seiner elektromagnetischen Lichttheorie aufgestellt wurde:

*Licht* ist eine *elektromagnetische Welle*.

Diese Annahme wurde bestätigt durch zahlreiche Experimente (z. T. bereits von Heinrich Hertz durchgeführt), die für elektromagnetische Wellen dieselben

Eigenschaften ergeben, wie sie für Licht aus der Optik bekannt sind, insbesondere:
*Reflexion* an Metallflächen; stehende elektromagnetische Wellen im Raum vor der reflektierenden Fläche; Bündelung durch metallische Hohlspiegel.
*Brechung* an großen Prismen (Abmessungen $\gg \lambda$) aus dielektrischem Material [Pech (Heinrich Hertz), Paraffin]; Fokussierung durch Paraffin-Linsen (vgl. 21.1).
Lineare *Polarisation* und Transversalität der von Dipolen abgestrahlten elektromagnetischen Wellen: Nachweis durch „Polarisationsfilter“ (vgl. 21.2), hier aus Metallstab-Gittern mit Stababständen $\ll \lambda$, die für elektromagnetische Wellen undurchlässig sind, wenn die Gitterstäbe parallel zum Feldstärkevektor $\boldsymbol{E}$ orientiert sind (Kurzschluss des elektrischen Feldes durch leitende Stäbe), und durchlässig bei senkrechter Orientierung (Gitterstäbe ohne leitende Verbindung miteinander).
*Beugung* elektromagnetischer Wellen an Doppel- und Mehrfachspalten in Metallschirmen (siehe 23).
Die ebene elektromagnetische Welle im Fernfeld eines Dipols (Bild 19-3) lässt sich beschreiben durch

$$E_y = \hat{E}\sin(kr - \omega t + \varphi_0)\,,$$
$$H_z = \hat{H}\sin(kr - \omega t + \varphi_0)\,, \qquad (19\text{-}10)$$

wobei die Amplituden $\hat{E}$ und $\hat{H}$ eine gegenseitige Abhängigkeit zeigen, die sich aus der Kopplung zwischen $\boldsymbol{E}$- und $\boldsymbol{H}$-Feld gemäß (19-2) und (19-4) ergibt. Einsetzen von $E_y$ und $H_z$ liefert mit (19-8) den Zusammenhang

$$\hat{E} = \sqrt{\frac{\mu}{\varepsilon}}\hat{H} = Z_\mathrm{F}\hat{H}\,. \qquad (19\text{-}11)$$

Hierin hat $Z_\mathrm{F}$ die Dimension eines elektrischen Widerstandes und heißt der *Feldwellenwiderstand*:

$$Z_\mathrm{F} = \sqrt{\frac{\mu}{\varepsilon}}\,. \qquad (19\text{-}12)$$

Der Feldwellenwiderstand des Vakuums ist

$$Z_0 = \sqrt{\frac{\mu_0}{\varepsilon_0}} = 376{,}73\ldots\,\Omega \qquad (19\text{-}13)$$
$$= \mu_0 c_0 \approx 4\pi\cdot 10^{-7}\,\mathrm{Vs/Am}\cdot 3\cdot 10^{8}\,\mathrm{m/s}$$
$$= 120\,\pi\,\Omega\,.$$

Wegen der Gleichphasigkeit von $\boldsymbol{E}$ und $\boldsymbol{H}$ im Fernfeld gilt (19-11) auch für jeden Augenblickswert der Feldstärken

$$E = Z_\mathrm{F}H \quad \text{(Fernfeld)}\,. \qquad (19\text{-}14)$$

**Energiestromdichte, Strahlungscharakteristik**

Die Energiedichte des elektromagnetischen Wellenfeldes $w$ setzt sich aus der Energiedichte $w_\mathrm{e}$ des elektrischen Feldes (12-82) und der Energiedichte $w_\mathrm{m}$ des magnetischen Feldes (14-30) zusammen:

$$w = w_\mathrm{e} + w_\mathrm{m} = \frac{1}{2}\varepsilon E^2 + \frac{1}{2}\mu H^2\,. \qquad (19\text{-}15)$$

Wegen der Kopplung (19-12) und (19-14) zwischen $\boldsymbol{E}$- und $\boldsymbol{H}$-Feld bei der elektromagnetischen Welle sind die Energiedichten $w_\mathrm{e}$ und $w_\mathrm{m}$ gleich und damit

$$w = \varepsilon E^2 = \mu H^2 = \frac{EH}{c}\,. \qquad (19\text{-}16)$$

Die *Energiestromdichte* oder *Strahlungsintensität* einer elektromagnetischen Welle ergibt sich analog (18–15) aus Energiedichte $w$ und Ausbreitungsgeschwindigkeit $c$ zu

$$S = wc = EH \qquad (19\text{-}17)$$

oder vektoriell geschrieben als sog. *Poynting-Vektor*:

$$\boldsymbol{S} = w\boldsymbol{c} = \boldsymbol{E}\times\boldsymbol{H} \qquad (19\text{-}18)$$

$$\text{SI-Einheit: } [S] = \mathrm{W/m^2}\,.$$

Der Poynting-Vektor gibt Betrag und Richtung der elektromagnetischen Feldenergie an, die 1 m² Fläche in 1 s senkrecht durchströmt. Betrachtet man eine geschlossene Oberfläche $A$, die einen Raumbereich $V$ umschließt, so lässt sich der *Energieerhaltungssatz* in *elektromagnetischen Feldern* in folgender Weise formulieren:

$$-\frac{\partial}{\partial t}\int_V w\,\mathrm{d}V = \int_V \varphi\,\mathrm{d}V + \oint_A \boldsymbol{S}\cdot\mathrm{d}\boldsymbol{A}\,. \qquad (19\text{-}19)$$

$\varphi$ ist die räumliche Dichte der Joule'schen Leistung.

*Satz von Poynting*:

> Die zeitliche Abnahme der Gesamtenergie eines elektromagnetischen Feldes ist gleich der pro Zeiteinheit im Volumen erzeugten Joule'schen Wärme und der durch die Oberfläche abgestrahlten Strahlungsleistung.

*Anmerkung*: Der Poynting-Vektor ist für sich genommen nicht eindeutig hinsichtlich der Energieströmung, da z. B. auch gekreuzte statische $\boldsymbol{E}$- und $\boldsymbol{H}$-Felder einen Beitrag zu $\boldsymbol{S}$ liefern, aber natürlich keine Energieströmung bedeuten. Erst die Betrachtung des geschlossenen Oberflächenintegrals in (19-19) liefert bei statischen Feldern als eindeutige Aussage die Gesamtausstrahlung 0, da die geschlossenen Magnetfeldlinien gleich große Beiträge entgegengesetzten Vorzeichens zu $\oint \boldsymbol{S} \cdot \mathrm{d}\boldsymbol{A}$ ergeben.
Die Hertz'sche Theorie ergibt für die Strahlungsintensität eines kurzen Dipols ($l \ll \lambda$, Hertz'scher Oszillator) mit dem maximalen Dipolmoment $\hat{\boldsymbol{p}}$ die *Dipolcharakteristik*

$$S = \frac{\hat{p}^2\omega^4}{32\pi^2\varepsilon_0 c_0^3} \cdot \frac{\sin^2\vartheta}{r^2} . \tag{19-20}$$

$\vartheta$ ist der Winkel zur Dipolachse. Maximale Intensität wird demnach in der Äquatorebene abgestrahlt, in Richtung der Dipolachse ist hingegen die Intensität null (Bild 19-5).
Die *Gesamtausstrahlung $\Phi$ des Hertz'schen Dipols* (Strahlungsleistung) erhält man aus (19-20) durch Integration über eine den Dipol einschließende geschlossene Oberfläche zu

$$\Phi = \frac{\hat{p}^2\omega^4}{12\pi\varepsilon_0 c_0^3} . \tag{19-21}$$

Mit der effektiven Ladung $q(t)$ an den Enden des Dipols der Länge $l$ beträgt das Dipolmoment des periodisch erregten Dipols nach (12-83) $p = q(t)l = \hat{p}\sin\omega t$ und daraus der im Dipol fließende Strom

$$i = \frac{\mathrm{d}q}{\mathrm{d}t} = \frac{1}{l} \cdot \frac{\mathrm{d}p}{\mathrm{d}t} = \frac{\omega\hat{p}}{l}\cos\omega t , \tag{19-22}$$

bzw. der Effektivwert des Stromes (15-28)

$$I = \frac{\omega\hat{p}}{\sqrt{2}\,l} . \tag{19-23}$$

Dem Antennenstromkreis geht Energie in Form der abgestrahlten elektromagnetischen Wellen verloren. Die Strahlungsleistung $\Phi$ der Antenne (19-21) ist gleich der durch die Abstrahlung bedingten elektrischen Verlustleistung $P$ der Antenne, die durch die eingespeiste effektive Stromstärke $I$ wie bei den Wechselstromkreisen (siehe 15.3) ausgedrückt

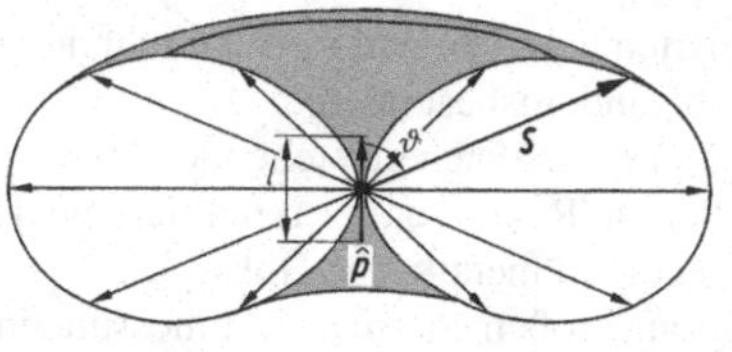


**Bild 19-5.** Schnitt durch die Strahlungsintensitätscharakteristik eines Hertz'schen Dipols (rotationssymmetrisch um die Dipolachse)

werden kann:

$$\Phi = P = R_{\mathrm{rd}} I^2 . \tag{19-24}$$

$R_{\mathrm{rd}}$ wird Strahlungswiderstand der Antenne genannt und hat die Dimension eines Ohm'schen Widerstandes.
Einsetzen von (19-9), (19-13), (19-21) und (19-23) in (19-24) ergibt für den *Strahlungswiderstand eines Hertz'schen Dipols*

$$R_{\mathrm{rd}} = \frac{2\pi}{3}\sqrt{\frac{\mu_0}{\varepsilon_0}}\left(\frac{l}{\lambda}\right)^2 = \frac{2\pi}{3} Z_0 \left(\frac{l}{\lambda}\right)^2$$
$$\approx 789\left(\frac{l}{\lambda}\right)^2 \Omega \quad \text{für} \quad l \ll \lambda . \tag{19-25}$$

Der Strahlungswiderstand einer auf leitender Erde stehenden (halben) Dipolantenne ist doppelt so groß, da nur das halbe Wellenfeld (Erdoberfläche wirkt als Spiegelebene) und damit die halbe Energie ausgestrahlt wird.
Bei technischen Wechselstromfrequenzen ist $\lambda \gg l$ und demzufolge $R_{\mathrm{rd}}$ gegenüber dem Ohm'schen Leitungswiderstand $R$ zu vernachlässigen. Die Abstrahlung steigt jedoch mit steigender Frequenz $\nu$ (sinkender Wellenlänge $\lambda$) stark an (19-21). Der Strahlungswiderstand erreicht ein Maximum bei $l = \lambda/2$ (Standardform der Antenne) und beträgt $R_{\mathrm{rd}} \approx 70\,\Omega$ für den $\lambda/2$-Dipol ((19-25) ist dann nicht mehr gültig).

### Abstrahlung elektromagnetischer Wellen durch beschleunigte Ladungen

Das Dipolmoment des schwingenden Hertz'schen Dipols $p(t) = \hat{p}\sin\omega t$ wurde bei konstanter Dipollänge $l$ durch eine zeitperiodische Ladung $q(t)$ gebildet, die vom eingespeisten, hochfrequenten Wechselstrom erzeugt wurde. Derselbe Sachverhalt kann auch dargestellt werden durch eine schwingende konstante Ladung $q$ mit zeitperiodisch veränderlicher Dipollänge

$I = \hat{I} \sin \omega t$:

$$p(t) = ql(t) = q\hat{l} \sin \omega t \,. \tag{19-26}$$

Zweifache zeitliche Ableitung ergibt einen Zusammenhang zwischen dem Dipolmoment $p$ und der Beschleunigung $a = \ddot{l}$ der Ladung, für die Maximalwerte geschrieben:

$$\hat{p}^2 \omega^4 = q^2 \hat{a}^2 \,. \tag{19-27}$$

Wird dies in (19-20) und (19-21) eingeführt unter Verwendung des quadratischen Mittelwertes der Beschleunigung $\overline{a^2} = \hat{a}^2/2$, so erhalten wir für die *Strahlungscharakteristik einer beschleunigten Ladung q*

$$S = \frac{q^2 \overline{a^2}}{16\pi^2 \varepsilon_0 c_0^3} \cdot \frac{\sin^2 \vartheta}{r^2} \,, \tag{19-28}$$

wobei $\vartheta$ der Winkel zwischen dem Poynting-Vektor $\boldsymbol{S}$ und der Beschleunigung $\boldsymbol{a}$ ist. Für die *Gesamtausstrahlung einer beschleunigten Ladung q* folgt entsprechend die *Larmor'sche Formel*

$$\Phi = \frac{q^2 \overline{a^2}}{6\pi \varepsilon_0 c_0^3} \,. \tag{19-29}$$

Gleichungen (19-28) und (19-29) gelten nicht nur für den betrachteten Fall der schwingenden Ladung, sondern generell für eine mit $\boldsymbol{a}$ beschleunigte Ladung:

> Eine beschleunigte Ladung strahlt elektromagnetische Energie ab.

Die Strahlungscharakteristik entspricht (im nichtrelativistischen Fall) derjenigen eines Dipols (19-28) mit der Achse in Beschleunigungsrichtung. Die beschleunigte Ladung strahlt also vorwiegend senkrecht zur Beschleunigungsrichtung.

### Leitungsgeführte elektromagnetische Wellen

Bei Frequenzen $\nu \geqq 100\,\text{MHz}$ (UKW- und Fernsehfrequenzen) wird die Wellenlänge elektromagnetischer Wellen $\lambda \leqq 3\,\text{m}$. Für Leitungslängen dieser Größenordnung kann daher die endliche Ausbreitungsgeschwindigkeit elektromagnetischer Wellen nicht mehr vernachlässigt werden. Es werde eine Doppelleitung (Lecher-System) betrachtet, die keine Ohm'schen Leitungsverluste habe (ideale Doppelleitung). Dann wird das elektromagnetische Verhalten

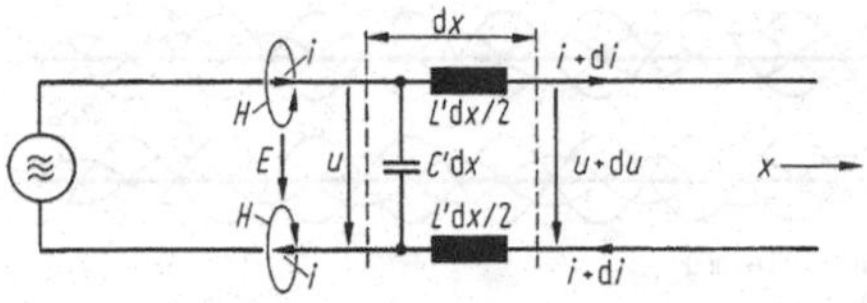


**Bild 19-6.** Doppelleitung (Lecher-System) mit Ersatzschaltbild für die Länge d$x$

durch die längenbezogene Induktivität, den Induktivitätsbelag $L'$ der Doppelleitung und durch die längenbezogene Kapazität, den Kapazitätsbelag $C'$ zwischen den Leitern bestimmt (Bild 19-6). Hinsichtlich der verlustbehafteten Doppelleitung siehe G 9. Beträgt der Abstand der beiden Leiter $d$ und der Drahtradius $r$, so erhält man für Induktivitäts- und Kapazitätsbelag näherungsweise (ohne Ableitung)

$$L' = \frac{\mu}{\pi} \ln \frac{d}{r} \,, \quad C' = \frac{\pi \varepsilon}{\ln \frac{d}{r}} \,. \tag{19-30}$$

Für einen differenziell kleinen Leitungsabschnitt der Länge d$x$ ist eine quasistatische Betrachtung möglich, und die Kirchhoff'schen Sätze (15-14) und (15-18) sind auf die Momentanwerte von Strömen und Spannung anwendbar. Die in einem Ersatzschaltbild (Bild 19-6) zu berücksichtigenden Induktivitäten und Kapazitäten betragen $\mathrm{d}L = L'\,\mathrm{d}x$, $\mathrm{d}C = C'\,\mathrm{d}x$. Die Anwendung der Kirchhoff'schen Sätze auf das Ersatzschaltbild liefert

$$\frac{\partial u}{\partial x} + L' \frac{\partial i}{\partial t} = 0 \,, \quad \frac{\partial i}{\partial x} + C' \frac{\partial u}{\partial t} = 0 \,. \tag{19-31}$$

Durch partielle Differenziation nach $x$ bzw. $t$ und Eliminierung des jeweiligen gemischten Differenzialquotienten ergibt sich die *Wellengleichung für Leitungswellen*

$$\frac{\partial^2 i}{\partial x^2} - L'C' \frac{\partial^2 i}{\partial t^2} = 0 \,,$$

$$\frac{\partial^2 u}{\partial x^2} - L'C' \frac{\partial^2 u}{\partial t^2} = 0 \,. \tag{19-32}$$

Für die *Phasengeschwindigkeit* $c_\mathrm{L}$ *der Leitungswellen* erhält man durch Vergleich mit (19-7) sowie nach Einsetzen von (19-30)

$$c_\mathrm{L} = \frac{1}{\sqrt{L'C'}} = \frac{1}{\sqrt{\varepsilon \mu}} = c \,, \tag{19-33}$$

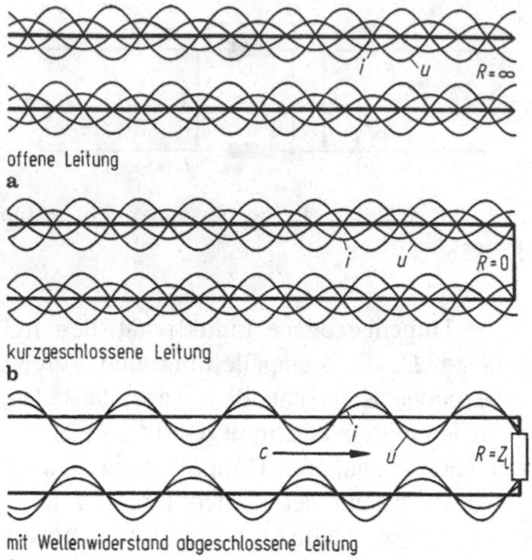


**Bild 19-7.** Stehende und laufende Wellen auf der Doppelleitung (Lecher-System)

die sich damit als identisch erweist mit der Phasengeschwindigkeit freier elektromagnetischer Wellen. Elektromagnetische Wellen breiten sich daher auf Leitungen ähnlich aus wie elastische Wellen auf Seilen, Drähten oder Stäben. Insbesondere werden sie an den Enden der Leitung reflektiert und bilden stehende Wellen (vgl. 18.1). Bei offenem Ende der Doppelleitung wird die Spannungswelle ohne Phasensprung reflektiert, d. h., am Leitungsende liegt ein Spannungsbauch und ein Stromknoten, da hier ständig $i = 0$ sein muss (Bild 19-7a). Bei kurzgeschlossenem Ende der Doppelleitung wird die Spannungswelle mit einem Phasensprung von $\pi$ reflektiert, da durch den Kurzschluss ein Spannungsknoten erzwungen wird. Die Stromwelle zeigt einen Strombauch (Bild 19-7b). In beiden Fällen besteht zwischen Spannungsbäuchen und Strombäuchen eine Phasendifferenz von $\pi/2$ (Wegdifferenz $\lambda/4$). Dies lässt sich durch einen elektrischen (für Spannungsbäuche) oder magnetischen Nachweisdipol (für Strombäuche) zeigen.

Spannung und Strom einer in $+x$-Richtung laufenden Welle auf der idealen Doppelleitung sind darstellbar durch

$$u = \hat{u} \sin(kx - \omega t + \varphi_u) ,$$
$$i = \hat{\imath} \sin(kx - \omega t + \varphi_i) , \qquad (19\text{-}34)$$

wobei die Kopplung zwischen $u$ und $i$ durch (19-31) $\varphi_u = \varphi_i$ erzwingt. Mit (19-33) folgt der *Wellenwiderstand der Doppelleitung*

$$Z_L = \sqrt{\frac{L'}{C'}} = \frac{\hat{u}}{\hat{\imath}} = \frac{U}{I} . \qquad (19\text{-}35)$$

Wird diese Bedingung, die auch für unsymmetrische Doppelleitungen (z. B. Koaxialkabel) gilt, auch am Leitungsende eingehalten durch Abschluss mit einem Ohm'schen Widerstand $R$ von der Größe des Wellenwiderstandes (Bild 19-7c), so wird die Welle vollständig vom Abschlusswiderstand absorbiert und nicht reflektiert (wichtig u. a. bei Antennenleitungen). Mit (19-30) folgt für die symmetrische Doppelleitung näherungsweise

$$Z_L = \frac{1}{\pi} \ln\left(\frac{d}{r}\right) \sqrt{\frac{\mu}{\varepsilon}} , \qquad (19\text{-}36)$$

$$\text{im Vakuum} \quad Z_{L0} \approx 120 \ln\left(\frac{d}{r}\right) \Omega .$$

## 19.2 Elektromagnetisches Spektrum

Nach (19-29) werden elektromagnetische Wellen bei allen Vorgängen erzeugt, bei denen elektrische Ladungen beschleunigt (oder abgebremst) werden. Der elektrische Feldstärkevektor schwingt dabei wie bei der Dipolcharakteristik in der durch die Ausbreitungsrichtung $\boldsymbol{k}$ und den Beschleunigungsvektor $\boldsymbol{a}$ definierten Ebene senkrecht zum Wellenvektor $\boldsymbol{k}$. Beispiele für die Erzeugung kurzwelliger elektromagnetischer Strahlung durch beschleunigte oder abgebremste elektrische Ladungen sind:

### Wärmestrahlung

Die Wärmebewegung in Materie bedeutet, dass die Bestandteile der Atome, die Elektronen und Ionen, mit einer Vielzahl von Frequenzen schwingen (vgl. 5.6.2 Mehrere gekoppelte Oszillatoren), d. h. periodisch beschleunigt werden, und damit elektromagnetische Wellen ausstrahlen, die wir als Wärmestrahlung (*Ultrarot-* oder *Infrarotstrahlung*) registrieren. Bei hohen Temperaturen treten höhere Frequenzen auf, die Materie „glüht", d. h., das Spektrum der erzeugten elektromagnetischen Strahlung reicht bis in das Gebiet der sichtbaren *Lichtstrahlung*, bei sehr hohen Temperaturen (Lichtbogen,

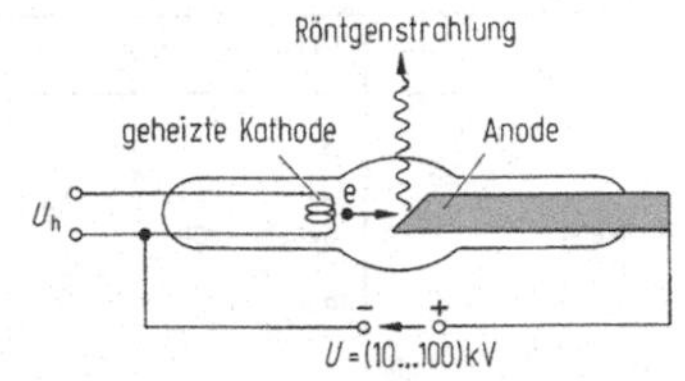


**Bild 19-8.** Röntgenröhre

Sonnenoberfläche) darüber hinaus in den Bereich der *Ultraviolettstrahlung*. Da die Beschleunigungsrichtungen bei der Wärmebewegung statistisch verteilt sind, ist die Wärmestrahlung unpolarisiert (siehe auch 20.2).

### Röntgenbremsstrahlung

Schnelle geladene Teilchen, etwa Elektronen, die in einem elektrischen Feld auf eine Energie von z. B. 10 keV beschleunigt wurden, haben nach (12-53) eine Geschwindigkeit von $v \approx 60\,000$ km/s. Treffen sie dann auf einen Festkörper, wie die Anode einer Röntgenröhre (Bild 19-8), so werden sie innerhalb einer Strecke von 10 bis 100 nm auf die Driftgeschwindigkeit von Leitungselektronen ((12-61), ca. 1 mm/s) abgebremst. Der weit überwiegende Teil der Teilchenenergie wird dabei in Wärmeenergie des Festkörpers umgewandelt. Ein kleiner Teil der Energie geht jedoch in eine elektromagnetische Strahlung über: *Röntgenbremsstrahlung* (Röntgen, 1895). Diese Strahlung, deren Wellencharakter erst später durch Interferenzexperimente an Kristallen nachgewiesen wurde (v. Laue, 1912), ist sehr durchdringend (Anwendung: Röntgendurchleuchtung).

Da es sich bei der Teilchenabbremsung nicht um periodische, sondern um pulsartige Vorgänge handelt, ist das Frequenzspektrum der Röntgenbremsstrahlung nicht diskret, sondern zeigt nach dem Fourier-Theorem (siehe 5.5.2) eine breite, kontinuierliche Verteilung (Bild 19-9).

Die Spektren zeigen eine von der Beschleunigungsspannung $U$ abhängige obere Grenzfrequenz $\nu_c$ bzw. eine untere Grenzwellenlänge $\lambda_c$ (Bild 19-9). Die Erklärung hierfür ergibt sich aus der schon u. a. bei der Fotoleitung (16.4) und bei der Fotoemission (16.7.1) verwendeten Lichtquantenhypothese (20.3). Hiernach tritt auch die Röntgenbremsstrahlung in Form von Lichtquanten oder Photonen der Energie $E = h\nu$ (16-93) auf, hier auch Röntgenquanten genannt, die durch Einzelprozesse bei der Abbremsung eines Elektrons entstehen. Die höchste Quantenenergie, die auf diese Weise entstehen kann, ergibt sich bei vollständiger Umwandlung der Elektronenenergie $eU$ in ein einziges Röntgenquant:

$$eU = h\nu_c\,. \qquad (19\text{-}37)$$

Der im Grunde zu berücksichtigende Energiegewinn der Austrittsarbeit von einigen eV durch die in das Anodenmetall eindringenden Elektronen (Tabelle 16-6) kann gegenüber der Beschleunigungsenergie der Elektronen vernachlässigt werden. Für die *Grenzfrequenz des Röntgenspektrums* folgt aus (19-37)

$$\nu_c = \frac{e}{h}U\,. \qquad (19\text{-}38)$$

Mit $\nu = c/\lambda$ folgt weiter das Duane-Hunt'sche Gesetz

$$U\lambda_c = \frac{hc}{e} = \text{const}\,. \qquad (19\text{-}39)$$

Dem kontinuierlichen Spektrum der Röntgenbremsstrahlung überlagert tritt eine linienhafte Röntgenstrahlung auf, die aufgrund von Übergängen zwischen diskreten Energieniveaus der Anodenatome

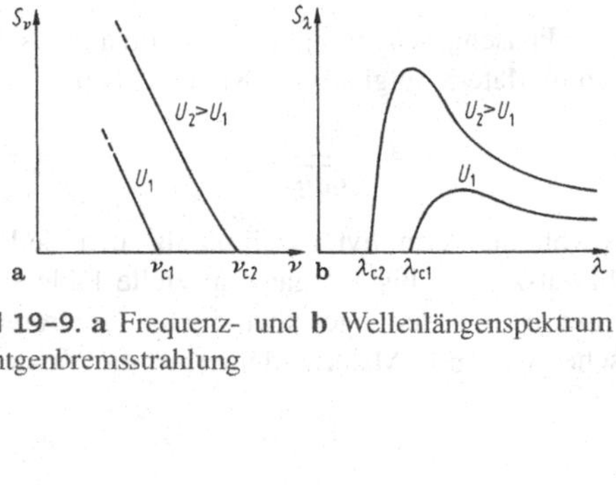


**Bild 19-9. a** Frequenz- und **b** Wellenlängenspektrum der Röntgenbremsstrahlung

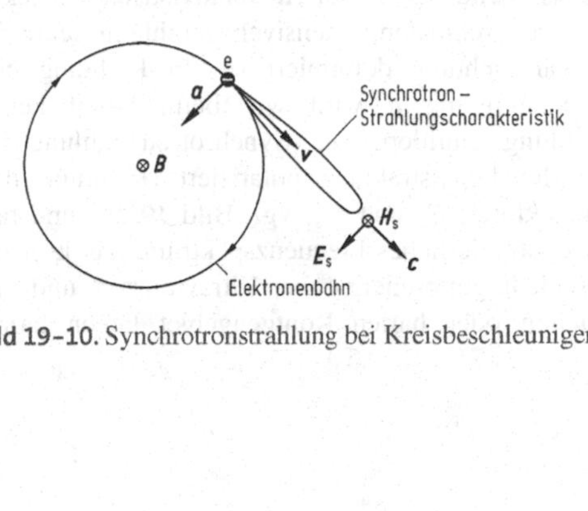


**Bild 19-10.** Synchrotronstrahlung bei Kreisbeschleunigern

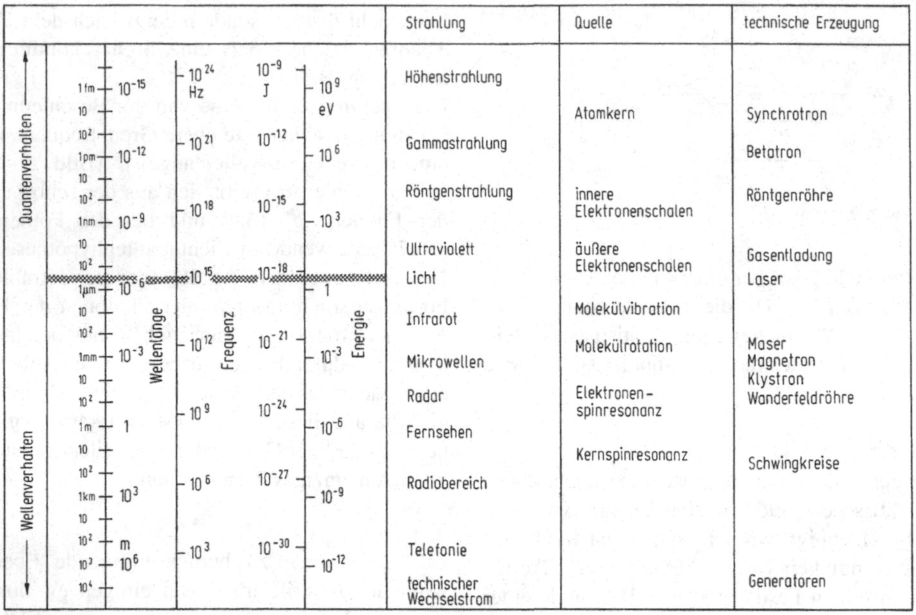


**Bild 19–11.** Spektrum der elektromagnetischen Strahlung

emittiert wird und spezifisch für jede Ordnungszahl $Z$ ist: *charakteristische Röntgenstrahlung* (siehe 20.4).

**Synchrotronstrahlung**

Geladene Teilchen, die sich auf gekrümmten Bahnen bewegen (z. B. infolge von einwirkenden Magnetfeldern $\boldsymbol{B}$), unterliegen einer Normalbeschleunigung $\boldsymbol{a}$. Dies ist u. a. bei Hochenergie-Kreisbeschleunigern (z. B. Synchrotrons) der Fall und führt dort ebenfalls zur Emission von elektromagnetischer Strahlung: *Synchrotronstrahlung* (Bild 19-10).

Die Synchrotronstrahlung ist eine Dipolstrahlung, bei der allerdings die Strahlungscharakteristik des Dipols (Bild 19-5) durch relativistische Effekte zu einer schmalen, intensiven Strahlungskeule in Vorwärtsrichtung deformiert ist. In Richtung der Beschleunigung $\boldsymbol{a}$ wird wie beim Dipol keine Strahlung emittiert. Die Synchrotronstrahlung ist wie die Dipolstrahlung polarisiert (Richtung der Feldvektoren $\boldsymbol{E}_s$ und $\boldsymbol{H}_s$, vgl. Bild 19-10) und hat ein kontinuierliches Frequenzspektrum, das je nach Beschleunigungsenergie im Ultravioletten und im weichen oder harten Röntgengebiet liegen kann.

Eine Übersicht über das gesamte Spektrum der elektromagnetischen Strahlung mit Hinweisen auf weitere Erzeugungsmechanismen zeigt Bild 19-11. Das sichtbare Licht nimmt darin nur einen sehr schmalen Frequenzbereich ein.

# 20 Wechselwirkung elektromagnetischer Strahlung mit Materie

## 20.1 Ausbreitung elektromagnetischer Wellen in Materie, Dispersion

Für die Phasengeschwindigkeit elektromagnetischer Wellen in Materie folgt aus (19-8) und (19-9)

$$c = \frac{c_0}{\sqrt{\varepsilon_r \mu_r}} < c_0 \,. \qquad (20\text{-}1)$$

Da sowohl die Permittivitätszahl $\varepsilon_r$ als auch die Permeabilitätszahl $\mu_r$ bis auf ganz spezielle Fälle stets $\geqq 1$ sind, ist die Phasengeschwindigkeit elektromagnetischer Wellen in Materie kleiner als die Vakuum-

lichtgeschwindigkeit. So erweist sich z. B. bei gleicher Frequenz $\nu$ die Wellenlänge $\lambda$ stehender Wellen auf einem Lecher-System (Bild 19-7), das in Wasser getaucht ist, um einen Faktor 9 kleiner als in Luft oder Vakuum, d. h., $c_{H_2O} \approx c_0/9$.
Das Verhältnis $c_0/c_n > 1$ wird als *Brechzahl n* des Ausbreitungsmediums bezeichnet, wobei $c_n$ die Phasengeschwindigkeit im Medium der Brechzahl $n$ sei. Aus (20-1) folgt dann die *Maxwell'sche Relation*

$$n = \frac{c_0}{c_n} = \sqrt{\varepsilon_r \mu_r}\,. \qquad (20\text{-}2)$$

Für nichtferromagnetische Stoffe ist $\mu_r \approx 1$, sodass sich (20-2) vereinfacht zu

$$n \approx \sqrt{\varepsilon_r}\,. \qquad (20\text{-}3)$$

Die Maxwell'sche Relation wurde experimentell an vielen Stoffen, z. B. an Gasen, bestätigt. Auch für Wasser mit der aufgrund des permanenten Dipolmoments seiner Moleküle (Bild 12-32) hohen Permittivitätszahl $\varepsilon_r = 81$ (Tabelle 12-2) ergibt sich $n = \sqrt{81} = 9$ für elektromagnetische Wellen nicht zu hoher Frequenz (siehe oben). Bei Frequenzen des sichtbaren Lichtes allerdings ist die Brechzahl des Wassers $n = 1{,}33$ (vgl. Tabelle 21-1). Hier liegt offenbar eine Abhängigkeit von der Frequenz bzw. Wellenlänge vor: $n = n(\lambda)$, die Dispersion genannt wird.
Die Dispersion von Materie für elektromagnetische Wellen lässt sich als Resonanzerscheinung deuten. Die positiven und negativen Ladungen $q$ im Atom können bei kleinen Auslenkungen als quasielastisch gebunden angesehen werden. Eine äußere elektrische Feldstärke $\boldsymbol{E}$ in $x$-Richtung induziert ein elektrisches Dipolmoment $\boldsymbol{p} = q\boldsymbol{x} = \alpha\boldsymbol{E}$: Verschiebungspolarisation ($\alpha$ Polarisierbarkeit, siehe 12.9). Eine elektromagnetische Welle regt die Ladungen $q$ zu periodischen Schwingungen an und erzeugt damit periodisch schwingende Dipole. Wird die Dämpfung (z. B. durch Abstrahlung sekundärer elektromagnetischer Wellen, vgl. 19.1, oder durch Absorption) zunächst vernachlässigt, so folgt aus der für erzwungene Schwingungen berechneten Amplitudenresonanzkurve der Auslenkung $x$ (5-61) bis auf einen Phasenfaktor für die Polarisierbarkeit

$$\alpha = \frac{q^2}{m\left(\omega_0^2 - \omega^2\right)}\,. \qquad (20\text{-}4)$$

$\omega_0$ ist die Resonanzfrequenz der Ladungen $q$.
Für Materie geringer Dichte, z. B. für Gase, gilt nach (12-109) mit der Ladungsträgerdichte $n_q$

$$n^2 = \varepsilon_r = 1 + \frac{n_q}{\varepsilon_0}\alpha = 1 + \frac{n_q}{\varepsilon_0} \cdot \frac{q^2}{m\left(\omega_0^2 - \omega^2\right)}\,. \qquad (20\text{-}5)$$

Im Allgemeinen gibt es mehrere Sorten $j$ unterschiedlich stark gebundener Ladungen mit entsprechenden Resonanzfrequenzen $\omega_j$ im Atom (Elektronen in verschiedenen Schalen, bei Ionenkristallen müssen auch die positiven Ionen berücksichtigt werden). Mit $n_q = \sum n_j$ und der Einführung von *Oszillatorenstärken* $f_j = n_j/N$ ($N$ Atomzahldichte, anstelle von $n$ zur Vermeidung von Konfusion mit der Brechzahl) erhalten wir die *Dispersionsformel*

$$n^2 = 1 + \frac{N}{\varepsilon_0} \sum_j \frac{f_j q_j^2}{m_j\left(\omega_j^2 - \omega^2\right)}\,. \qquad (20\text{-}6)$$

Gleichung (20-6) wurde ohne Berücksichtigung von Dämpfung (Absorption) hergeleitet, gilt daher nur außerhalb der Resonanzbereiche (gestrichelt in Bild 20-1). Für dichtere Materie als Gas ist $n$ deutlich größer als 1. Hier ist entsprechend den Clausius-Mosotti-Formeln (12-110) $(n^2 - 1)$ zu ersetzen durch $3\,(n^2 - 1)/(n^2 + 2)$. Für die Elektronenresonanzen ist $q = e$. Bei durchsichtigen Stoffen kommt man meist mit der Annahme von zwei Resonanzstellen aus, von denen eine im Ultravioletten liegt (Elektronen), die andere im Ultraroten (Ionen). Für sehr hohe Frequenzen jenseits der höchsten Eigenfrequenz $\omega_j$ wird nach (20-6) jedenfalls $n < 1$. Das führt dazu, dass Röntgenstrahlen bei sehr streifendem Einfall totalreflektiert werden (vgl. 21.1).
Die Quantenmechanik liefert eine entsprechende Dispersionsformel, bei der lediglich $\omega_j$ durch die Übergangsfrequenz $\omega_{ji} = (E_j - E_i)/\hbar$ für den Übergang vom Grundzustand der Energie $E_i$ zum angeregten Zustand $E_j$ und $f_j$ durch $f_{ji}$ zu ersetzen ist.
Die Dämpfung lässt sich am einfachsten durch Verwendung der komplexen Schreibweise in der Theorie der Ausbreitung elektromagnetischer Wellen in absorbierenden bzw. leitenden Medien beschreiben, die hier nicht im Einzelnen dargestellt wird. Dabei wird die Brechzahl komplex angesetzt (j imaginäre Einheit, $\mathrm{j}^2 = -1$):

$$\tilde{n} = n(1 + \mathrm{j}\kappa)\,. \qquad (20\text{-}7)$$

Als Folge muss, wenn $n = \sqrt{\varepsilon_r}$ weitergelten soll, auch die Permittivitätszahl komplex angesetzt werden:

$$\tilde{\varepsilon}_r = \tilde{n}^2 = n^2(1 + j\kappa)^2 = n^2(1 - \varkappa^2) + j\,2n^2\kappa\,. \quad (20\text{-}7a)$$

Weiterhin erhält man mit $E(\boldsymbol{r}, t) = E(\boldsymbol{r})\exp(-j\omega t)$ aus der Differenzialgleichung für die durch die einfallende Welle erzwungene, gedämpfte Polarisationsschwingung (nicht dargestellt) anstelle von (20-6)

$$\tilde{n}^2 = \tilde{\varepsilon}_r = 1 + \frac{N}{\varepsilon_0}\sum_j \frac{f_j q_j^2}{m_j} \cdot \frac{1}{\left(\omega_j^2 - \omega^2\right) - j\,2\delta\omega}\,. \quad (20\text{-}8)$$

$\delta$ ist der Abklingkoeffizient (vgl. 5.3). Trennung von Real- und Imaginärteil und Vergleich mit (20-7a) liefert schließlich den Brechzahlverlauf und den durch die Dämpfung bewirkten Absorptionsverlauf

$$\operatorname{Re}\tilde{\varepsilon}_r = n^2(1 - \kappa^2) \quad (20\text{-}9)$$

$$= 1 + \frac{N}{\varepsilon_0}\sum_j \frac{f_j q_j^2}{m_j} \cdot \frac{\omega_j^2 - \omega^2}{\left(\omega_j^2 - \omega^2\right)^2 + 4\delta^2\omega^2}\,,$$

$$\operatorname{Im}\tilde{\varepsilon}_r = 2n^2\kappa$$

$$= \frac{N}{\varepsilon_0}\sum_j \frac{f_j q_j^2}{m_j} \cdot \frac{2\delta\omega}{\left(\omega_j^2 - \omega^2\right)^2 + 4\delta^2\omega^2}\,. \quad (20\text{-}9a)$$

Die Größe $\kappa$ bestimmt den Amplitudenabfall beim Eindringen der elektromagnetischen Welle in das dämpfende Medium. Bild 20-1 zeigt, dass zwischen den Resonanzstellen der Brechzahlverlauf durch die absorptionsfreie Dispersionsformel (20-6) recht gut wiedergegeben wird. Hier ist $dn/d\omega > 0$, d. h., es liegt *normale Dispersion* vor (vgl. auch (18-28)). Im Absorptionsgebiet ist dagegen $dn/d\omega < 0$: *anomale Dispersion* (Bild 20-1). Die Absorptionskurve $n^2\kappa(\omega)$ entspricht im Wesentlichen der Funktion für die Leistungsaufnahme des gedämpften Oszillators (5-73) und Bild 5-16.

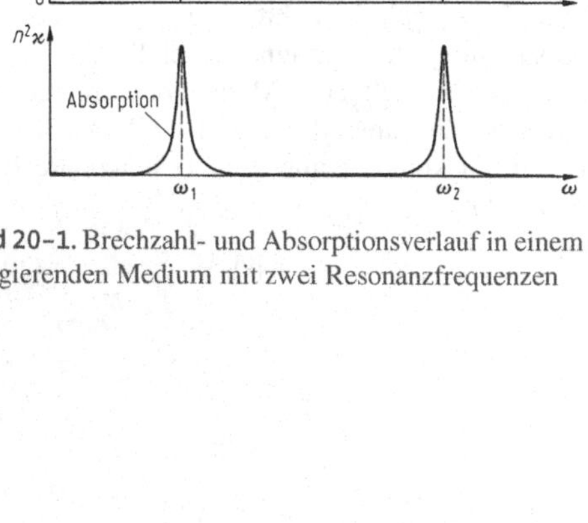

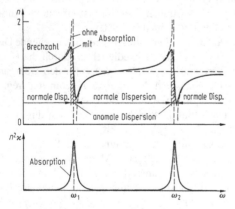

**Bild 20-1.** Brechzahl- und Absorptionsverlauf in einem dispergierenden Medium mit zwei Resonanzfrequenzen

Die Ursache für die Beobachtung, dass in Materie $c_n < c_0$ ist, ist demnach die Anregung von Schwingungen der die Atome bildenden Ladungsträger durch die einfallende elektromagnetische Welle. Dadurch werden sekundäre Streuwellen gleicher Frequenz erzeugt, die sich den primären Wellen überlagern, aber gemäß den Eigenschaften der erzwungenen Schwingungen phasenverzögert sind (Bild 5-15). Da dies bei der weiteren Ausbreitung ständig und stetig erfolgt, resultiert eine Verringerung der Phasengeschwindigkeit gegenüber der Ausbreitung im Vakuum.

Für frei bewegliche Elektronen, etwa im Plasma eines ionisierten Gases (siehe 16.6.3), fehlt die Rückstellkraft. Demzufolge ist hier $\omega_0 = 0$ zu setzen. Berücksichtigen wir nur diese Elektronen, so wird aus (20-6) die *Dispersionsrelation im Plasma*:

$$n^2 = 1 - \frac{Ne^2}{\varepsilon_0 m_e \omega^2} = 1 - \frac{\omega_p^2}{\omega^2}\,, \quad (20\text{-}10)$$

worin $\omega_p$ die *Plasmafrequenz* nach (16-84) ist. Auch hier ist $n < 1$ mit der Möglichkeit der Totalreflexion (z. B. von Radiowellen an der Ionosphäre), vgl. die Bemerkung über Totalreflexion von streifend einfallender Röntgenstrahlung im Anschluss an (20-6).

## Spektralanalyse, Emissions- und Absorptionsspektren

Atome unterschiedlicher Ordnungszahl $Z$ haben wegen der unterschiedlichen Kernladungszahl verschiedene Eigenfrequenzen, die charakteristisch sind für die betreffende Atomsorte. Durch Stoß- oder thermische Anregung können die Atome zu Resonanzschwingungen angeregt werden. Sie senden dann elektromagnetische Wellen der Resonanzfrequenz als Dipolstrahlung aus. Wird diese Strahlung durch einen Spektralapparat mit einem Dispersionselement (Prisma, siehe 21.1; Beugungsgitter, siehe 23.2) räumlich zerlegt (Spektrum), so erscheint die Resonanzstrahlung als diskrete Emissionslinie im Spektrum. Das ergibt die Möglichkeit der *Spektralanalyse*, d. h. der chemischen Analyse von nach Anregung lichtemittierenden Substanzen durch Messung der Wellenlängen $\lambda_j$ der charakteristischen Linien im *Emissionsspektrum*, siehe auch 20.4.

Dieselben Resonanzstellen absorbieren umgekehrt aus einem angebotenen kontinuierlichen Frequenzgemisch das Licht mit den Frequenzen der Resonanzstellen. Das Spektrum des verbleibenden Frequenzgemisches weist dann dunkle Linien auf: *Absorptionsspektrum* (siehe auch Bild 20-11). Fraunhofer hat 1814 solche Absorptionslinien zuerst im Sonnenspektrum gefunden: Analysemöglichkeit von Sternatmosphären.

Die Behandlung von Atomen als Resonanzsysteme mit einer oder mehreren diskreten Resonanzfrequenzen ist geeignet für Materie geringer Dichte, z. B. für Gase. Bei hoher Materiedichte, z. B. in Festkörpern, sind die Resonanzsysteme der Atome stark gekoppelt mit der Folge der Aufspaltung der Atomfrequenzen entsprechend der Zahl der gekoppelten Atome (Größenordnung $10^{23}$ /mol; vgl. 5.6.2 und 16.1.2). Das diskrete *Linienspektrum* geht dann in ein *kontinuierliches Spektrum* über, das seine charakteristischen Eigenschaften weitgehend verliert: Glühende Körper hoher Temperatur emittieren weißes Licht, dessen Spektrum kontinuierlich verteilt ist (vgl. dazu aber 20.4, charakteristische Röntgenlinien), und dessen vom menschlichen Auge sichtbarer Bereich sich von Violett ($\lambda$ = 380 nm, $\nu \approx$ 790 THz) bis Rot ($\lambda$ = 780 nm, $\nu \approx$ 385 THz) erstreckt. Bei diesen Grenzwerten geht die Empfindlichkeit des menschlichen Auges gegen null, während sie ein Maximum im Grüngelben bei $\nu_{max}$ = 540 THz und $\lambda_{max} \approx$ 555 nm aufweist und damit dem Strahlungsmaximum der Sonne optimal angepasst ist, vgl. 20.2, Bild 20-5a.

## 20.2 Emission und Absorption des schwarzen Körpers, Planck'sches Strahlungsgesetz

In jedem Körper der Temperatur $T > 0$ schwingen die Atome des Körpers bzw. deren elektrisch geladene Bestandteile (Elektronen, Ionen) mit statistisch verteilten Amplituden, Phasen und Richtungen (siehe 19-8). Nach 19.1 hat dies die Abstrahlung elektromagnetischer Wellen zur Folge: *Temperaturstrahlung*. Bei höheren Temperaturen als ungefähr $T_0 \approx$ 273 K wird sie als *Wärmestrahlung* empfunden. Bei sehr hohen Temperaturen $T \gg T_0$ tritt dabei auch *Lichtstrahlung* auf: der Körper *glüht.*

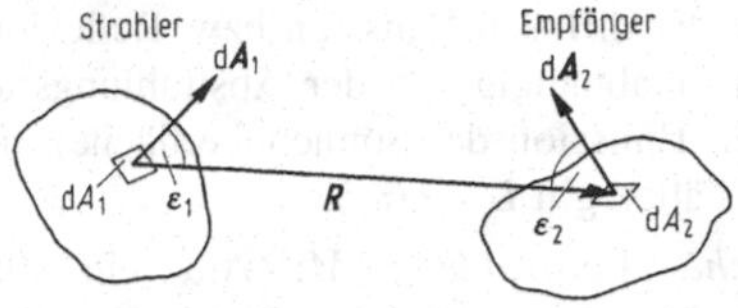


**Bild 20-2.** Zum Grundgesetz der Strahlungsübertragung

Zur Beschreibung des Strahlungsaustausches eines Körpers der Temperatur $T$ („Strahler") mit seiner Umgebung („Empfänger") werden folgende Größen eingeführt (*Strahlergrößen* werden mit dem Index 1, *Empfängergrößen* mit dem Index 2 gekennzeichnet, Bild 20-2):

*Strahlungsleistung* $\Phi$: Quotient der emittierten Strahlungsenergie d$Q$ durch die Zeitspanne d$t$

$$\Phi = \frac{dQ}{dt}\,, \qquad (20\text{-}11)$$

$$\text{SI-Einheit: } [\Phi] = \text{W}\,.$$

*Strahlstärke* $I$: Auf das Raumwinkelelement d$\Omega_2$ (Raumwinkel, unter dem eine Empfängerfläche d$A_2$ von d$A_1$ aus erscheint) entfallende Strahlungsleistung d$\Phi$

$$I = \frac{d\Phi}{d\Omega_2}\,, \qquad (20\text{-}12)$$

$$\text{SI-Einheit: } [I] = \text{W/sr}\,.$$

Die Strahlstärke einer Strahlungsquelle ist i. Allg. von der Abstrahlungsrichtung bzw. deren Winkel $\varepsilon_1$ zur Flächennormalenrichtung d$A_1$ (Bild 20-2) abhängig. Besonders für den Fall der Gültigkeit des *Lambert'schen Cosinusgesetzes* (diffuse Emission bzw. Reflexion) ist es zweckmäßig, eine neue Größe $L$ einzuführen durch

$$dI = L \cos \varepsilon_1 dA_1\,. \qquad (20\text{-}13)$$

$L$ wird *Strahldichte* genannt:

$$L = \frac{1}{\cos \varepsilon_1} \cdot \frac{dI}{dA_1}\,, \qquad (20\text{-}14)$$

$$\text{SI-Einheit: } [L] = \text{W/(m}^2 \cdot \text{sr)}\,.$$

Im Falle der diffusen Emission bzw. Reflexion ist $L$ konstant, unabhängig von der Abstrahlungsrichtung (Beispiel: Emission der Sonnenoberfläche). In allen anderen Fällen gilt $L = L(\varepsilon_1)$.

*Spezifische Ausstrahlung* $M$: Auf ein Flächenelement $\mathrm{d}A_1$ des Strahlers bezogene abgestrahlte Strahlungsleistung $\mathrm{d}\Phi$

$$M = \frac{\mathrm{d}\Phi}{\mathrm{d}A_1}\,, \tag{20-15}$$

SI-Einheit: $[M] = \mathrm{W/m^2}$ .

Bei einem *Lambert'schen Strahler* ergibt sich für die spezifische Ausstrahlung in den Halbraum mit (20-12) bis (20-15) und Wahl des Polarkoordinatensystems mit $\mathrm{d}\boldsymbol{A}_1$ als $\varphi$-Achse ($\varepsilon_1 = \vartheta$)

$$M = L \int_{\Omega_2} \cos\varepsilon_1 \,\mathrm{d}\Omega_2 = L \int_0^{2\pi}\int_0^{\pi/2} \sin\vartheta\,\cos\vartheta\,\mathrm{d}\vartheta\,\mathrm{d}\varphi = \pi L\,. \tag{20-16}$$

Aus (20-12) und (20-13) sowie mit $\mathrm{d}\Omega_2 = \cos\varepsilon_2\,\mathrm{d}A_2/R^2$ folgt ferner das *Grundgesetz der Strahlungsübertragung* im Vakuum

$$\mathrm{d}^2\Phi = L\frac{\cos\varepsilon_1 \cos\varepsilon_2}{R^2}\mathrm{d}A_1\mathrm{d}A_2\,, \tag{20-17}$$

das auch für den Fall $L = L(\varepsilon_1)$ gilt.

*Bestrahlungsstärke* $E$: Auf ein Flächenelement $\mathrm{d}A_2$ des Empfängers auftreffender Strahlungsfluss $\mathrm{d}\Phi$:

$$E = \cos\varepsilon_2\frac{\mathrm{d}\Phi}{\mathrm{d}A_2}\,. \tag{20-18}$$

Die langjährig gemittelte extraterrestrische Sonnenbestrahlungsstärke der Erde heißt *Solarkonstante* $E_{\mathrm{e}0}$. In DIN 5031-8 (03.82) ist der Wert $E_{\mathrm{e}0} = 1{,}37\,\mathrm{kW/m^2}$ angegeben.

Bezieht man die Strahlungsgrößen auf einen Wellenlängenbereich $\mathrm{d}\lambda$ oder ein Frequenzintervall $\mathrm{d}\nu$, so erhält man die entsprechenden spektralen Größen und kennzeichnet sie durch einen Index $\lambda$ oder $\nu$. Bezogen auf $\mathrm{d}\lambda$ erhält man die *spezifische spektrale Ausstrahlung*

$$M_\lambda = \frac{\mathrm{d}M}{\mathrm{d}\lambda}\,, \tag{20-19}$$

SI-Einheit: $[M_\lambda] = \mathrm{W/m^3}$ ,

und auf $\mathrm{d}\nu$ bezogen

$$M_\nu = \frac{\mathrm{d}M}{\mathrm{d}\nu}\,, \tag{20-20}$$

SI-Einheit: $[M_\nu] = \mathrm{W/(Hz\cdot m^2)}$ .

Entsprechendes gilt für die *spektralen Strahldichten* $L_\lambda$ und $L_\nu$.

Die Emission von Strahlung von der Oberfläche eines Körpers der Temperatur $T$ kann durch die spektrale Strahldichte $L_\lambda = L_\lambda(\lambda, T)$ oder auch durch die spezifische spektrale Ausstrahlung in den Halbraum $M_\lambda = M_\lambda(\lambda, T)$ angegeben werden. Für diffuse Strahler gilt nach (20-16) $M_\lambda = \pi L_\lambda$.

Jeder Körper nimmt andererseits Strahlungsleistung $\Phi_\mathrm{e}$ aus der Umgebung auf und absorbiert einen Anteil $\Phi_\mathrm{a}$. Der *Absorptionsgrad* $\alpha$ (integriert über alle Wellenlängen) ist

$$\alpha = \frac{\Phi_\mathrm{a}}{\Phi_\mathrm{e}} \leqq 1\,, \tag{20-21}$$

und der *spektrale Absorptionsgrad*

$$\alpha(\lambda) = \frac{\Phi_{\lambda,\mathrm{a}}}{\Phi_{\lambda,\mathrm{e}}} \leqq 1\,. \tag{20-22}$$

Sowohl $\alpha$ als auch $\alpha(\lambda)$ haben die Dimension eins. Schwarz gefärbte Körper haben einen Absorptionsgrad dicht bei 1, z. B. gilt für Ruß $\alpha \approx 0{,}99$. Ein ideal absorbierender Körper mit $\alpha = 1$, der also sämtliche auftreffende Strahlung bei allen Wellenlängen und Temperaturen vollständig absorbiert, wird als *schwarzer Körper* bezeichnet. Der *Absorptionsgrad des schwarzen Körpers* ist

$$\alpha = (\lambda, T) = \alpha_\mathrm{s} = 1\,. \tag{20-23}$$

Ein solcher schwarzer Körper kann näherungsweise als Hohlraum mit einer kleinen Öffnung realisiert werden (Bild 20-3). Durch die Öffnung einfallende

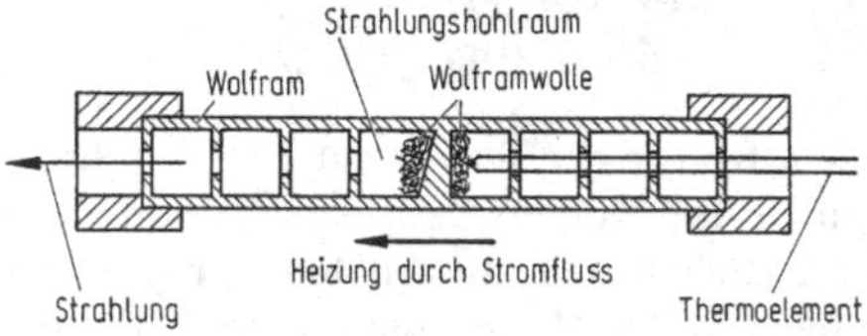


**Bild 20-3.** Realisierung eines schwarzen Körpers als Hohlraumstrahler

Strahlung wird vielfach diffus reflektiert und dabei nahezu vollständig absorbiert, sodass durch die Öffnung keine reflektierte Strahlung wieder nach außen dringt. Die Öffnung erscheint (bei mäßigen Temperaturen) absolut schwarz.

Die experimentelle Erfahrung zeigt, dass Körper mit hohem spektralen Absorptionsgrad $\alpha(\lambda)$ auch eine hohe Emission, d. h. eine hohe spezifische spektrale Ausstrahlung $M_\lambda$ bzw. eine hohe spektrale Strahldichte $L_\lambda$, bei höheren Temperaturen aufweisen. Das Verhältnis beider Größen ist für alle Körper bei gegebener Wellenlänge und Temperatur konstant, bzw. allein eine Funktion von $\lambda$ und $T$, vollkommen unabhängig von den individuellen Körpereigenschaften:

$$\frac{L_\lambda(\lambda, T)}{\alpha(\lambda, T)} = \text{const}\,(\lambda, T) \qquad (20\text{-}24)$$

(Kirchhoff 1860). Das gilt auch für den schwarzen Körper. Wegen (20-23) folgt daraus

$$\frac{L_\lambda(\lambda, T)}{\alpha(\lambda, T)} = L_{\lambda s}(\lambda, T) \qquad (20\text{-}25)$$

(Kirchhoff'sches Strahlungsgesetz).

Bei gegebener Wellenlänge und Temperatur ist daher die spektrale Strahldichte des schwarzen Körpers, die *schwarze Strahlung* oder *Hohlraumstrahlung* (z. B. aus einem Hohlraumstrahler gemäß Bild 20-3) die maximal mögliche. Sie hängt nicht von der Oberflächenbeschaffenheit und dem Material des strahlenden Hohlraums ab.

Für die spektrale Strahldichte eines *nichtschwarzen Körpers* ($\alpha(\lambda) < 1$) ergibt sich aus (20-25)

$$L_\lambda(\lambda, T) = \alpha(\lambda, T) \cdot L_{\lambda s}(\lambda, T) \qquad (20\text{-}26)$$

Entsprechendes ergibt sich für die spezifische spektrale Ausstrahlung, d. h., wegen $\alpha(\lambda) < 1$ ist die Ausstrahlung $M_\lambda$ bzw. die Strahldichte $L_\lambda$ von nichtschwarzen Körpern stets kleiner als die Ausstrahlung $M_{\lambda s}$ bzw. die Strahldichte $L_{\lambda s}$ des schwarzen Körpers bei gleicher Wellenlänge und Temperatur.

Sehr genaue Messungen der Hohlraumstrahlung (Lummer, Pringsheim, 1899) zeigten, dass seinerzeit existierende theoretische Ansätze nicht bestätigt werden konnten: Die sog. *Wien'sche Strahlungsformel* (1896) erwies sich für kleine $\lambda$ als richtig, zeigt aber Abweichungen bei großen $\lambda$. Die sog. *Rayleigh-Jeans'sche Strahlungsformel* wiederum gab die experimentellen Werte nur bei sehr großen Wellenlängen wieder, um bei kleinen $\lambda$ über alle Grenzen zu wachsen (sog. *Ultraviolettkatastrophe*): Bild 20-4.

Max Planck konnte eine zunächst noch nicht theoretisch begründete Interpolation beider Strahlungsformeln angeben (19.10. 1900), die mit den Messungen von Lummer und Pringsheim sehr genau übereinstimmte. Die theoretische Deutung seiner Interpolationsformel gelang Planck kurz danach (14.12. 1900) unter folgenden Annahmen:

1. Die Hohlraumstrahlung ist eine *Oszillatorstrahlung* von den Wänden des Hohlraums, die mit dem (durch die Maxwell'schen Gleichungen beschriebenen) Strahlungsfeld im Hohlraum im Gleichgewicht steht.
2. Die *Energie der Oszillatoren* ist *gequantelt* gemäß

$$E_n = nh\nu = n\hbar\omega \; (n = 0, 1, 2, \ldots)\,. \qquad (20\text{-}27)$$

3. Die Oszillatoren strahlen nur bei Änderung ihres Energiezustandes, z. B. für $\Delta n = 1$. Dabei wird die Energie in *Quanten* der Größe

$$\Delta E = h\nu \qquad (20\text{-}28)$$

in das Strahlungsfeld emittiert oder aus dem Strahlungsfeld absorbiert.

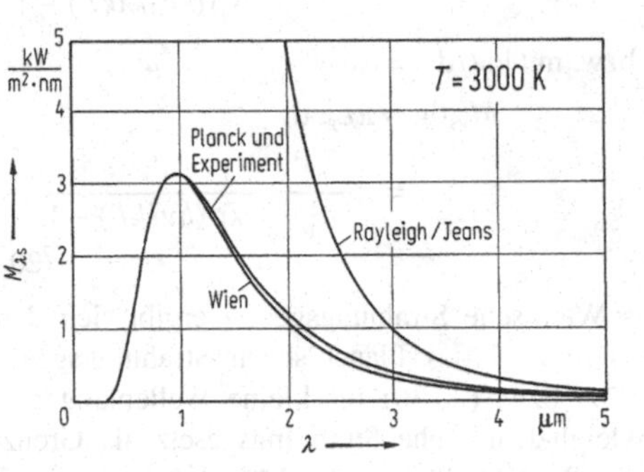


**Bild 20-4.** Spezifische spektrale Ausstrahlung eines schwarzen Körpers bei $T = 3000$ K nach Messungen von Lummer und Pringsheim, die sich mit der Planck'schen Strahlungsformel decken, sowie nach der Wien'schen und der Rayleigh-Jeans'schen Strahlungsformel

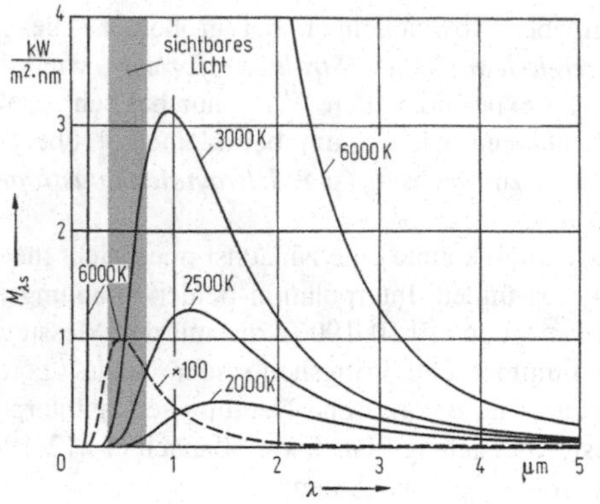


**Bild 20-5.** Strahlungsisothermen des schwarzen Körpers berechnet nach der Planck'schen Strahlungsformel

Die Annahmen 2 und 3 sind aus der klassischen Physik nicht begründbar: Beginn der *Quantentheorie*.

*Anmerkung*: Nach der heutigen Quantenmechanik ergibt sich genauer (5-30) anstelle von (20-27). $h$ ist das Planck'sche Wirkungsquantum (vgl. 5.2.2 u. 25.3).

Für die zeit- und flächenbezogen von einem schwarzen Strahler im Wellenlängenintervall $d\lambda$ unpolarisiert in den Halbraum $2\pi$ emittierte Energie (spezifische spektrale Ausstrahlung in den Halbraum) ergibt sich mithilfe der Planck'schen Annahmen (ohne Ableitung, Bild 20-5) das *Planck'sche Strahlungsgesetz*

$$M_{\lambda s}\, d\lambda = \pi L_{\lambda s}\, d\lambda = \pi \frac{2hc_0^2}{\lambda^5} \cdot \frac{d\lambda}{\exp(hc_0/\lambda kT) - 1}\,, \tag{20-29}$$

bzw. mit $|d\lambda/d\nu| = c_0/\nu^2$

$$M_{\nu s} d\nu = \pi L_{\nu s}\, d\nu = \pi \frac{2h\nu^3}{c_0^2} \cdot \frac{d\nu}{\exp(h\nu/kT) - 1}\,. \tag{20-30}$$

Das Wien'sche Strahlungsgesetz ergibt sich daraus als Grenzfall des Planck'schen Strahlungsgesetzes (20-29) bzw. (20-30) für kleine Wellenlängen, das Rayleigh-Jeans'sche Strahlungsgesetz als Grenzfall für große Wellenlängen (Bild 20-4).

Bild 20-5 zeigt, dass das Maximum der spektralen Ausstrahlung eines schwarzen Strahlers sich mit steigender Temperatur zu kürzeren Wellenlängen verschiebt. Aus (20-29) folgt durch Bildung von $dM_{\lambda s}/d\lambda = 0$ das *Wien'sche Verschiebungsgesetz*

$$\lambda_{max} T = b \tag{20-31}$$

mit $b = 2897{,}7685\,\mu m \cdot K$: Wien-Konstante. Beispiel: Die Oberflächentemperatur der Sonne beträgt ca. 6000 K. Daraus folgt ein Strahlungsmaximum bei $\lambda_{max} \approx 500$ nm, dem die Empfindlichkeitskurve des menschlichen Auges optimal angepasst ist (siehe 20.1). Glühlampen haben dagegen Temperaturen $T \lesssim 3000$ K, ihr Strahlungsmaximum demnach bei $\lambda_{max} \approx 1\,\mu m$. Der größte Teil der elektrischen Energie zum Betreiben von Glühlampen geht daher als Infrarot-, d. h. als Wärmestrahlung verloren (Bild 20-5).

Durch Integration des Planck'schen Strahlungsgesetzes (20-29) über alle Wellenlängen erhält man die spezifische Ausstrahlung des schwarzen Körpers in den Halbraum

$$M_s = \int_0^\infty M_{\lambda s}\, d\lambda = \sigma T^4\,. \tag{20-32}$$

Das ist das *Stefan-Boltzmann'sche Gesetz* mit der *Stefan-Boltzmann-Konstante*

$$\sigma = \frac{2\pi^5 k^4}{15 c_0^2 h^3} = \frac{\pi^2 k^4}{60 c_0^2 \hbar^3} = 5{,}670400 \cdot 10^{-8}\, W/\left(m^2 \cdot K^4\right)\,. \tag{20-33}$$

Die insgesamt von der Fläche $A_1$ eines schwarzen Strahlers der Temperatur $T_1$ abgegebene Ausstrahlung (Strahlungsleistung) beträgt mit (20-15) unter Berücksichtigung der Zustrahlung durch eine Umgebung der Temperatur $T_2$

$$\Delta\Phi_s = \sigma A_1 \left(T_1^4 - T_2^4\right)\,. \tag{20-34}$$

Nichtschwarze Körper strahlen nach (20-26) geringer, da ihr Absorptionsgrad $\alpha < 1$ ist:

$$\Delta\Phi = \alpha\sigma A_1 \left(T_1^4 - T_2^4\right) \tag{20-35}$$

(Strahlungsleistung eines Körpers).

#### Fotometrie

Zusätzlich zu den auf der Strahlungsenergie aufbauenden Größen wie der Strahlungsleistung, der Strahlstärke oder der Bestrahlungsstärke, werden für ingenieurwissenschaftliche Zwecke solche Größen

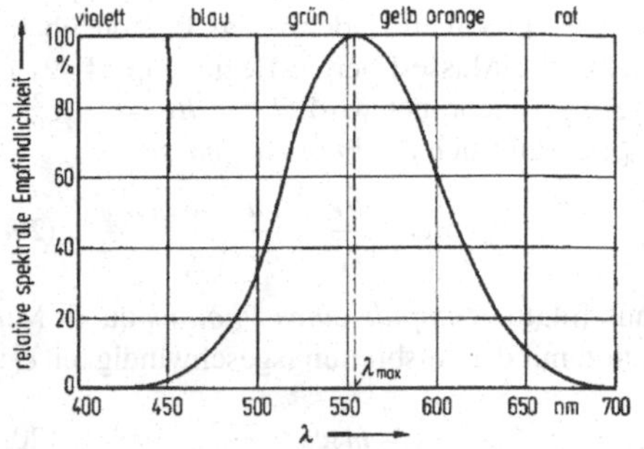


**Bild 20-5 a.** Spektrale Empfindlichkeit des helladaptierten Auges (photopisches Sehen), gemittelt über viele Testpersonen ($V(\lambda)$-Kurve)

benötigt, die die Lichtwahrnehmung des menschlichen Auges berücksichtigen (fotometrische Größen). Evolutionsbedingt hat das menschliche Auge bei Tageslicht eine spektrale Empfindlichkeit entwickelt, dessen Maximum etwa bei einer Wellenlänge von 555 nm liegt und zu größeren und kleineren Wellenlängen hin stark abnimmt. Die auf empirischen Messungen an vielen Testpersonen basierende normierte *Hellempfindlichkeitskurve* $V(\lambda)$ bei Tageslicht (photopischer Bereich) ist in DIN 5031 festgelegt (Bild 20-5a).

Ebenso festgelegt sind Empfindlichkeiten für das Dämmerungs- und Nachtsehen: skotopisches Sehen. Die folgenden Ausführungen beziehen sich auf den photopischen Bereich. Die fotometrische SI-Basiseinheit (siehe 1.3) ist das Candela (cd) für die Lichtstärke, deren Definition gerade beim Maximum der Hellempfindlichkeitskurve erfolgt mit $V(555\,\text{nm}) = 1$. (Eine haushaltsübliche Kerze hat eine Lichtstärke von etwa 1 cd, eine 60 W-Glühlampe von 70 cd.) Soll nun eine Strahlstärke $I_e$ (12) in die entsprechende Lichtstärke $I_v$ umgerechnet werden (der Index $_e$ kennzeichnet die energetischen Größen, $_v$ die visuellen bzw. fotometrischen), so muss das Produkt aus der spektralen Strahlstärke $I_{e,\lambda}$ und der Hellempfindlichkeitskurve über den sichtbaren Spektralbereich integriert werden:

$$I_v = K_m \int_{380\,\text{nm}}^{780\,\text{nm}} I_{e,\lambda}(\lambda)\, V(\lambda)\, d\lambda\,. \qquad (20\text{-}35a)$$

Hierin ist $K_m = 683\,\text{cd}\cdot\text{sr/W}$ bzw. lm/W das fotometrische Strahlungsäquivalent. Zur Bestimmung des *Lichtstroms* $\Phi_v$, der fotometrischen Größe, die der Strahlungsleistung $\Phi_e$ (11) entspricht, muss das Produkt aus der spektralen Strahlungsleistung und der Hellempfindlichkeitskurve über den sichtbaren Spektralbereich integriert werden:

$$\Phi_v = K_m \int_{380\,\text{nm}}^{780\,\text{nm}} \Phi_{e,\lambda}(\lambda)\, V(\lambda)\, d\lambda\,, \qquad (20\text{-}35b)$$

$$\text{SI-Einheit: } [\Phi_v] = \text{cd}\cdot\text{sr} = \text{lm (Lumen)}\,.$$

(Ein Videoprojektor liefert z.B. einen Lichtstrom von 1000 lm, etwa vergleichbar mit dem einer 70 W-Glühlampe.) Die fotometrische Entsprechung der Strahldichte $L_e$ (14) ist die *Leuchtdichte* $L_v$, die die vom Menschen wahrgenommene Helligkeit einer strahlenden Fläche angibt. Ihre Einheit ist cd/m$^2$. Von technischer Bedeutung ist auch die *Beleuchtungsstärke* $E_v$, die fotometrische Entsprechung der Bestrahlungsstärke $E_e$ (20-18). Während die Leuchtdichte eine strahlende Fläche beschreibt (Strahlergröße), dient die Bestrahlungsstärke der Charakterisierung einer bestrahlten Fläche (Empfängergröße). Wie bei (20-18) ergibt sich die Beleuchtungsstärke als Quotient aus dem Lichtstrom $\Phi_v$ und der bestrahlten Fläche unter Berücksichtigung des Winkels zur Flächennormalen. Die Einheit der Beleuchtungsstärke ist lx (Lux) mit lx = lm/m$^2$. (Sommerliches Sonnenlicht erzeugt eine Beleuchtungsstärke von etwa $70\cdot 10^3$ lx, eine als angenehm empfundene Beleuchtungsstärke für Büroarbeitsplätze ist 500 lx.)

## 20.3 Quantisierung des Lichtes, Photonen

Die Strahlungsverteilung des schwarzen Körpers (Hohlraumstrahlers) konnte nach Planck nur erklärt werden durch die Quantisierung der Energie der Hertz'schen Oszillatoren auf der Hohlraumwandung, sodass die Emission und Absorption von Licht nur in Energiemengen einer Mindestgröße $\Delta E = h\nu = \hbar\,\omega$ erfolgen kann (vgl. 20.2). Das legt die Vermutung nahe, dass das Wellenfeld des von einer Lichtquelle ausgestrahlten Lichtes selbst im Ausbreitungsraum nicht kontinuierlich verteilt ist, sondern sich in diskreten „Portionen", *Quanten* genannt, ausbreitet: *Lichtquanten* oder *Photonen*, die als räumlich begrenztes *Wellenpaket*, z.B. wie in Bild 18-6, darstellbar sind (18-26). Damit bekommt das elektromagnetische

Wellenfeld auch Teilcheneigenschaften in Form der Lichtquanten, die räumlich begrenzt sind und denen Energie, Impuls und Drehimpuls zugeschrieben werden können (Einsteins Lichtquantentheorie, 1905).

### Photonenenergie

Zur Erklärung des lichtelektrischen Effektes (Fotoeffekt, siehe 16.7) hatte Einstein angenommen, dass das Licht einen Strom von Lichtquanten (Photonen) der Energie

$$E = h\nu = \hbar\omega \qquad (20\text{-}36)$$

darstellt ($h = 6{,}626\ldots \cdot 10^{-34}$ Js: Planck'sches Wirkungsquantum; $\hbar = h/2\pi = 1{,}0545\ldots \cdot 10^{-34}$ Js). Für die Frequenz $\nu$ bzw. $\omega$ kann dabei die Mittenfrequenz des Frequenzspektrums der Wellenpakete (Bild 18-5) angesetzt werden.
Dieselbe Annahme lieferte auch die Erklärung für einige andere hier bereits behandelte Phänomene, wie z. B. für die Frequenzgrenze bei der Fotoleitung in Halbleitern (16-60), oder für die kurzwellige Grenze des Röntgen-Bremsspektrums (19-37, Bild 19-9). In Bild 20-6 sind die diesen Erscheinungen zu Grunde liegenden energetischen Effekte zusammengestellt.

### Photonenimpuls

Strahlungsquanten (Photonen) transportieren neben ihrer Energie $E = h\nu$ auch einen Impuls $p_\gamma$. Er

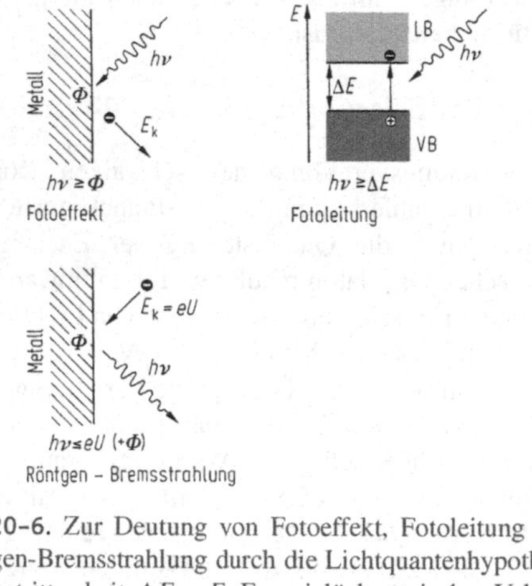


**Bild 20-6.** Zur Deutung von Fotoeffekt, Fotoleitung und Röntgen-Bremsstrahlung durch die Lichtquantenhypothese ($\Phi$ Austrittsarbeit; $\Delta E = E_g$ Energielücke zwischen Valenzband VB und Leitungsband LB eines Halbleiters)

lässt sich berechnen, indem dem Photon über die Einstein'sche Masse-Energie-Beziehung (4-42) eine Masse $m_\gamma$ zugeordnet wird: $E = h\nu = m_\gamma c_0^2$. Mit $\nu = c_0/\lambda$ ergibt sich die *Photonenmasse*

$$m_\gamma = \frac{h\nu}{c_0^2} = \frac{h}{c_0\lambda}\,. \qquad (20\text{-}37)$$

Daraus folgt der *Impuls eines Photons* durch Multiplikation mit der Ausbreitungsgeschwindigkeit $c_0$:

$$p_\gamma = m_\gamma c_0 = \frac{h}{\lambda}\,. \qquad (20\text{-}38)$$

Da das Photon der Masse $m_\gamma$ sich mit Lichtgeschwindigkeit bewegt, ist die relativistische Massenbeziehung (4-35) anzuwenden. Mit (20-37) und $v = c_0$ erhält man dann für die Ruhemasse $m_{\gamma 0}$ des Photons

$$m_{\gamma 0} = \frac{h\nu}{c_0^2}\sqrt{1 - \frac{c_0^2}{c_0^2}} = 0\,. \qquad (20\text{-}39)$$

Das *Photon* hat also die *Ruhemasse null*, es ist im Ruhezustand nicht existent.
Mithilfe des Photonenimpulses $p_\gamma$ lässt sich der *Strahlungsdruck des Lichtes* $p_{\text{rd}}$ sehr einfach berechnen. Dazu wenden wir die Beziehung (6-48) über den durch die elastische Reflexion eines gerichteten Teilchenstromes auf eine Wand ausgeübten Druck $p = 2nmv^2 \cos^2\vartheta$ auf einen Photonenstrom der Teilchendichte $n$ an, der an einer Spiegelfläche vollständig reflektiert wird. Mit (20-36), (20-37) und $v = c_0$ folgt

$$p_{\text{rd}} = 2n\frac{h\nu}{c_0^2}c_0^2\cos^2\vartheta = 2nh\nu\cos^2\vartheta\,. \qquad (20\text{-}40)$$

$nh\nu$ ist jedoch gerade die räumliche Energiedichte des Photonenstromes, dem entspricht im klassischen Bild der elektromagnetischen Welle die Energiedichte $w$ (19-16). Bei senkrechtem Einfall ($\vartheta = 0$) beträgt daher der Lichtdruck auf eine vollständig reflektierende Fläche

$$p_{\text{rd}} = 2w = 2\frac{|\boldsymbol{S}|}{c_0}\,, \qquad (20\text{-}41)$$

auf eine vollständig absorbierende Fläche dagegen

$$p_{\text{rd}} = w = \frac{|\boldsymbol{S}|}{c_0}\,, \qquad (20\text{-}42)$$

$\boldsymbol{S}$: Poynting-Vektor (19-18). Bei einer vollständig absorbierenden Fläche wird nicht der doppelte, sondern nur der einfache Photonenimpuls auf die Fläche übertragen, dadurch halbiert sich der Strahlungsdruck. Bei diffuser Beleuchtung gilt eine Betrachtung analog zu (8-6) und (8-7), die statt 2 und 1 die Faktoren 2/3 und 1/3 für reflektierende bzw. absorbierende Flächen ergibt.

Das Photon, dem wir nun eine Energie $E = h\nu$ und einen Impuls $p_\gamma = h/\lambda$ zuschreiben, also typische Teilcheneigenschaften, zeigt diese noch deutlicher beim Stoß mit klassischen Teilchen, z. B. freien Elektronen. Dabei gelten Energie- und Impulssatz in gleicher Weise wie beim Stoß zwischen klassischen Teilchen (vgl. 6.3.2, Bild 6-13): *Compton-Effekt* (1923). Lässt man monochromatische Röntgenstrahlung der Frequenz $\nu$ und der Wellenlänge $\lambda$ an einem Körper streuen, der quasifreie Elektronen enthält (z. B. aus Graphit), so wird in der Streustrahlung neben einem Anteil mit derselben Frequenz $\nu$ ein weiterer Anteil mit niedrigerer Frequenz $\nu'$ bzw. größerer Wellenlänge $\lambda'$ beobachtet (Bild 20-7). Während die Streustrahlung mit derselben Frequenz durch Dipolstrahlung der durch die einfallende Welle zu Schwingungen angeregten gebundenen Elektronen zustande kommt, lässt sich der frequenz- bzw. wellenlängenverschobene Anteil nur durch nichtzentralen, elastischen Stoß (siehe 6.3.2) zwischen den einfallenden Röntgenquanten und freien Elektronen quantitativ erklären, wenn für die Röntgenquanten Energie und Impuls gemäß (20-36) bzw. (20-38) angesetzt werden.

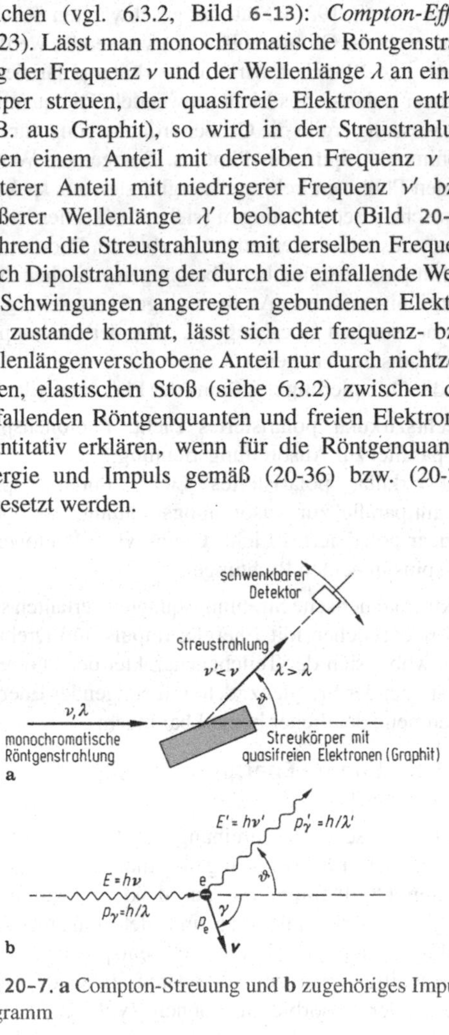


**Bild 20-7.** **a** Compton-Streuung und **b** zugehöriges Impulsdiagramm

Unter der Annahme, dass das gestoßene Elektron ursprünglich in Ruhe ist, liefert der Energiesatz mit der relativistischen kinetischen Energie (4-38) und mit (20-36)

$$h\nu = E_k + h\nu' = (m_e - m_{e0})\, c_0^2 + h\nu' \,. \qquad (20\text{-}43)$$

Mit dem relativistischen Zusammenhang zwischen Gesamtenergie und Impuls eines Teilchens (4-45) erhält man durch Eliminierung von $m_e c_0^2$ für den Impuls $p_e = m_e v$ des Elektrons nach dem Stoß

$$p_e^2 = \frac{1}{c_0^2}\left[(h\nu - h\nu')^2 + 2(h\nu - h\nu')m_{e0}c_0^2\right] \,. \qquad (20\text{-}44)$$

Der Impulssatz liefert für die beiden zueinander senkrechten Impulsanteile (Bild 20-7)

$$x\text{-Komponente: } \frac{h\nu}{c_0} = m_e v \cos\gamma + \frac{h\nu'}{c_0}\cos\vartheta \,, \qquad (20\text{-}45)$$

$$y\text{-Komponente: } 0 = -m_e v \sin\gamma + \frac{h\nu'}{c_0}\sin\vartheta \,. \qquad (20\text{-}46)$$

Durch Eliminierung von $\gamma$ folgt hieraus für den Impuls des Elektrons

$$p_e^2 = \frac{1}{c_0^2}[h^2\nu^2 + h^2\nu'^2 - 2h^2\nu\nu'\cos\vartheta] \,. \qquad (20\text{-}47)$$

Gleichsetzung von (20-44) und (20-47) liefert schließlich für die *Wellenlängenänderung bei Compton-Streuung* in Übereinstimmung mit der experimentellen Beobachtung (Index 0 bei der Ruhemasse des Elektrons ab jetzt wieder weggelassen):

$$\lambda' - \lambda = \frac{h}{m_e c_0}(1 - \cos\vartheta) \,, \qquad (20\text{-}48)$$

mit der *Compton-Wellenlänge* des Elektrons:

$$\lambda_{C,e} = \frac{h}{m_e c_0} = 2{,}42631\ldots \cdot 10^{-12}\,\text{m} \,. \qquad (20\text{-}49)$$

Die Wellenlängenverschiebung ist danach am größten für 180°-Streuung und verschwindet für $\vartheta = 0°$. Die Compton-Streuung ist ein wichtiger Energieverlustprozess von elektromagnetischer Strahlung höherer Energie in Materie.

*Anmerkungen:* Der klassische Ausdruck für die kinetische Energie $E_k = mv^2/2$ in (20-43) liefert das Ergebnis (20-48) nur näherungsweise.

Das zur Compton-Wellenlänge gehörige Lichtquant hat nach (20-37) gerade die Masse des ruhenden Elektrons.

Ein weiterer Effekt des Impulses von elektromagnetischen Strahlungsquanten lässt sich bei der $\gamma$-Emission von Atomkernen (vgl. 17.3) beobachten. Ist $E_\gamma = h\nu$ die Energie des emittierten $\gamma$-Quants, so beträgt nach (20-37) und (20-38) sein Impuls $p_\gamma = E_\gamma/c_0 = -p_N$, worin $p_N$ der nach dem Impulssatz dem Kern übertragene Rückstoßimpuls ist. Das bedeutet einen Energieübertrag an den Kern, die *Rückstoßenergie*

$$\Delta E_\gamma = \frac{p_N^2}{2m_N} = \frac{E_\gamma^2}{2m_N c_0^2}, \qquad (20\text{-}50)$$

die der Energie des $\gamma$-Quants entnommen wird. Bei der 14,4-keV-$\gamma$-Linie des Eisennuklids $^{57}$Fe beträgt die Rückstoßenergie $\Delta E_\gamma \approx 2 \cdot 10^{-3}$ eV und die relative „Verstimmung" des $\gamma$-Quants $\Delta E_\gamma/E_\gamma = \Delta\nu/\nu \approx 10^{-7}$. Die Energieniveaus der Atomkerne haben jedoch eine außerordentliche Schärfe, in diesem Falle eine relative Breite von $\Delta E/E_\gamma = 3 \cdot 10^{-13}$! Das bedeutet, dass die durch die abgegebene Rückstoßenergie „verstimmten" $\gamma$-Quanten nicht mehr von anderen $^{57}$Fe-Kernen absorbiert werden können. Baut man die $^{57}$Fe-Atome jedoch in einen Kristall ein, so besteht eine gewisse Wahrscheinlichkeit dafür (besonders bei tiefen Temperaturen), dass der Rückstoß nicht vom emittierenden Atom, sondern vom ganzen Kristall aufgenommen wird (*Mößbauer-Effekt*, 1958). In (20-50) ist dann statt $m_N$ die um einen Faktor von ca. $10^{23}$ größere Kristallmasse einzusetzen, womit die Rückstoßenergie praktisch vernachlässigbar wird und das rückstoßfreie $\gamma$-Quant von anderen (ähnlich eingebauten) $^{57}$Fe-Atomen nunmehr absorbiert werden kann: *rückstoßfreie Resonanzabsorption.*

Wegen der außerordentlichen Resonanzschärfe rückstoßfreier $\gamma$-Quanten können mit dem Mößbauer-Effekt kleinste Energie- bzw. Frequenzänderungen gemessen werden, z. B. die Frequenzänderung durch den Doppler-Effekt (18-49) bei einer Relativgeschwindigkeit zwischen $\gamma$-Strahler und Absorber von nur wenigen mm/s. Auf diese Weise gelang es auch, die nach dem Einstein'schen Äquivalenzprinzip (allgemeines Relativitätsprinzip, siehe 3.4) zu erwartende, äußerst geringe Frequenzänderung von $\gamma$-Quanten durch den Energiegewinn oder -verlust beim Durchlaufen einer vertikalen Strecke im Erdfeld zu messen.

**Photonendrehimpuls**

Licht kann in verschiedener Weise polarisiert sein (siehe 21.2), z. B. linear (der elektrische Vektor schwingt in einer Ebene, Bild 19-3) oder zirkular (der elektrische Vektor rotiert um die Ausbreitungsrichtung, seine Spitze beschreibt eine Schraubenbahn). Zirkular polarisiertes Licht ist mit einem Drehimpuls verknüpft, der sich experimentell durch Absorption zirkular polarisierten Lichtes durch eine schwarze Scheibe nachweisen lässt, die in ihrem Schwerpunkt an einem Torsionsfaden drehbar aufgehängt ist: Die Scheibe übernimmt den Drehimpuls des absorbierten Lichtes (Beth, 1936). Statt der geschwärzten Scheibe kann auch ein Glimmerblättchen verwendet werden, das als $\lambda/4$-Blättchen wirkt und zirkular polarisiertes in linear polarisiertes Licht umwandelt. Die quantitative Messung ergibt die Größenordnung von $\hbar$ für den Drehimpuls (Spin) des Photons. Der genaue Wert $\hbar$ für den Photonendrehimpuls ergibt sich aus spektroskopischen Beobachtungen (siehe 20.4). Hier ist der Spin $\hbar$ des emittierten oder absorbierten Photons zur Drehimpulserhaltung bei Übergängen zwischen zwei Energieniveaus eines Atoms zwingend notwendig, da sich bei solchen Übergängen i. Allg. der Drehimpuls des Atoms um $\hbar$ ändert.

Für die Orientierung des Spins der Photonen gilt:

- Rechtszirkular polarisiertes Licht: Photonenspin parallel zur Ausbreitungsrichtung,
- linkszirkular polarisiertes Licht: Photonenspin antiparallel zur Ausbreitungsrichtung.
- Linear polarisiertes Licht: Gleich viele Photonenspins in beiden Richtungen.

Elektromagnetische Strahlungsquanten verhalten sich also wie Teilchen mit Energie, Impuls und Drehimpuls, wobei sich der Teilchencharakter der Photonen mit steigender Frequenz, d. h. mit steigender Energie zunehmend deutlicher bemerkbar macht.

## 20.4 Stationäre Energiezustände, Spektroskopie

Die theoretische Beschreibung der Hohlraumstrahlung (Planck, 1900) erzwang die Annahme von quantisierten Oszillatoren, die nur diskrete (stationäre) Energiezustände annehmen und elektromagnetische Strahlung nur „portionsweise" entsprechend den Energiedifferenzen der stationären Zustände emittieren oder absorbieren können (vgl. 20.2). Zur

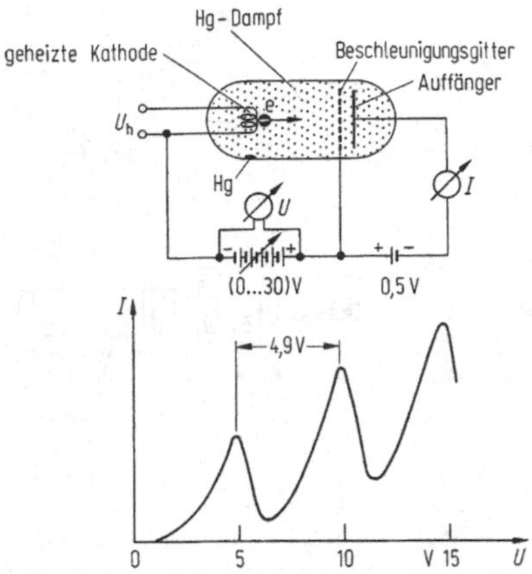


**Bild 20-8.** Franck-Hertz-Versuch: Anregung eines diskreten Energiezustandes in Quecksilberatomen durch Elektronenstoß

Erklärung des Fotoeffektes (siehe 16.7) wurde in Weiterführung dieser Vorstellung angenommen, dass das Licht selbst quantisiert ist: Lichtquantenhypothese (Einstein, 1905), später durch den Compton-Effekt (1923) untermauert (20.3). Zur Beschreibung der diskreten Emissions- und Absorptionslinien in den Spektren von Gasatomen wurde schließlich das Bohr'sche Atommodell formuliert (1913; siehe 16.1), dessen Kernstück die Annahme diskreter, nichtstrahlender Energiezustände im Atom ist. Mithilfe der Drehimpulsquantelung (16-7) ließen sich die Energiezustände des H-Atoms mit großer Genauigkeit berechnen (16-10).

Ein sehr direkter Nachweis für die Existenz diskreter Energiezustände von Atomen ist der *Franck-Hertz-Versuch* (1914). Hierbei werden Elektronen zwischen einer Glühkathode und einer Gitterelektrode durch eine Spannung $U$ beschleunigt und gelangen durch das Gitter hindurch auf eine Auffangelektrode. Im Vakuumgefäß dieser Elektrodenanordnung befindet sich Quecksilberdampf (Bild 20-8). Die Auffangelektrode wird schwach negativ gegen das positive Gitter vorgespannt. Mit steigender Spannung $U$ steigt zunächst der Auffängerstrom $I$ entsprechend der Kennlinie der Vakuumdiode (Bild 16-34b) an. Bei $U = 4{,}9$ V geht $I$ jedoch sehr stark zurück, um bei weiterer Spannungserhöhung wieder anzusteigen. Dieselbe Erscheinung wiederholt sich bei 9,8 V, 14,7 V usw. $\Delta E = 4{,}9$ eV

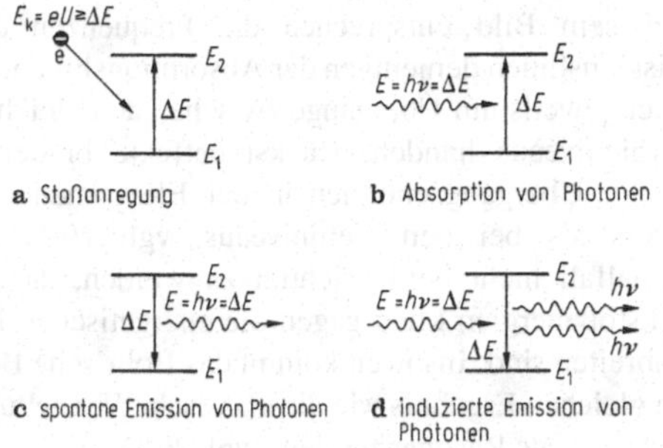


**Bild 20-9.** Übergangsmechanismen zwischen Energieniveaus in Atomen (zur induzierten Emission vgl. 20.5)

entspricht der Quantenenergie $E = h\nu$ der ultravioletten Quecksilberlinie der Wellenlänge $\lambda = 253{,}7$ nm. Die Deutung erfolgt durch die Annahme zweier um $\Delta E = 4{,}9$ eV differierender Energiezustände im Hg-Atom: Wenn die Energie der Elektronen diesen Wert erreicht hat, können sie die Hg-Atome anregen, verlieren durch diesen unelastischen Stoß die Anregungsenergie und können dann zunächst nicht mehr die Gegenspannung des Auffängers überwinden. Dasselbe wiederholt sich bei entsprechend höheren Beschleunigungsspannungen $U$ nach zweifacher, dreifacher usw. Stoßanregung.

Durch *Stoßanregung* wird also ein Übergang von einem niedrigen Energiezustand $E_1$ zu einem höheren Zustand $E_2$ bewirkt (Bild 20-9a). Dieselbe Anregung kann auch durch *Absorption* eines Lichtquants passender Energie $E = h\nu = \Delta E = E_2 - E_1$ bewirkt werden (Bild 20-9b).

Der angeregte Zustand $E_2$ geht meist innerhalb sehr kurzer Zeit (ca. $10^{-8}$ s) wieder in den Grundzustand $E_1$ über, wobei entsprechend der *Bohr'schen Frequenzbedingung* gewöhnlich ein Lichtquant der Energie

$$E = h\nu = \Delta E = E_2 - E_1 \qquad (20\text{-}51)$$

emittiert wird: *Spontane Emission* (Bild 20-9c; vgl. 16.1). Die Wechselwirkung zwischen dem elektromagnetischen Strahlungsfeld und einem Atom kann in folgender Weise zusammengefasst werden:

> Der Übergang zwischen zwei Energieniveaus $E_1$ und $E_2$ eines Atoms kann durch Absorption oder Emission eines Photons der Energie $E = h\nu = \Delta E = E_2 - E_1$ erfolgen.

In diesem Bild entsprechen die Frequenzen der Emissionslinien denjenigen der Absorptionslinien, da es sich jeweils um Übergänge zwischen den gleichen Energieniveaus handelt. Rückstoßeffekte brauchen bei den Übergangsenergien in der Elektronenhülle (anders als bei den Kernniveaus, vgl. 20.3) im Normalfall nicht berücksichtigt zu werden, da die Rückstoßenergien klein gegen die energetischen Linienbreiten sind. Insoweit kommt das Bohr'sche Bild zum gleichen Ergebnis wie die klassische Vorstellung des Atoms als Resonanzsystem (vgl. 20.1).

Für das Wasserstoffatom erhält man aus den Energietermen (16-10) mit der Bohr'schen Frequenzbedingung (20-51) die *Frequenzen des Wasserstoffspektrums*:

$$\nu = \frac{E_m - E_n}{h} = R_\nu \left(\frac{1}{n^2} - \frac{1}{m^2}\right) \qquad (20\text{-}52)$$

mit der *Rydberg-Frequenz*

$$R_\nu = \frac{m_e e^4}{8\varepsilon_0^2 h^3} = 3{,}289842 \cdot 10^{15}\,\mathrm{s}^{-1}\,. \qquad (20\text{-}53)$$

$n$ und $m$ sind die Haupt-Quantenzahlen (vgl. 16.1) des unteren und des oberen Energieniveaus, zwischen denen der Übergang stattfindet. Die Linien, die zu einer vorgegebenen unteren Quantenzahl $n$ gehören, wobei $m$ die Werte $n+1, \ldots, \infty$ durchlaufen kann, bilden *Serien*: Lyman- ($n=1$), Balmer- ($n=2$), Paschen- ($n=3$), Brackett- ($n=4$), Pfund-Serie ($n=5$) usw. (Bild 20-10). Jeder Differenz zweier Energieterme $m$, $n$ entspricht demnach eine definierte Spektrallinie (*Ritz'sches Kombinationsprinzip*).

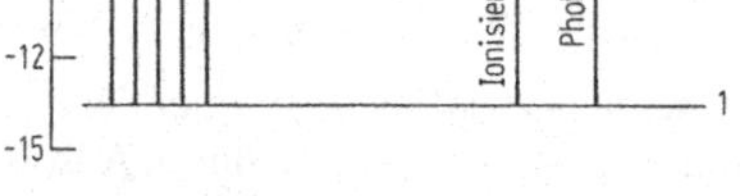

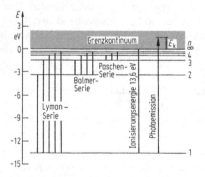

**Bild 20-10.** Termschema des Wasserstoff-Atoms mit eingezeichneten Serienübergängen

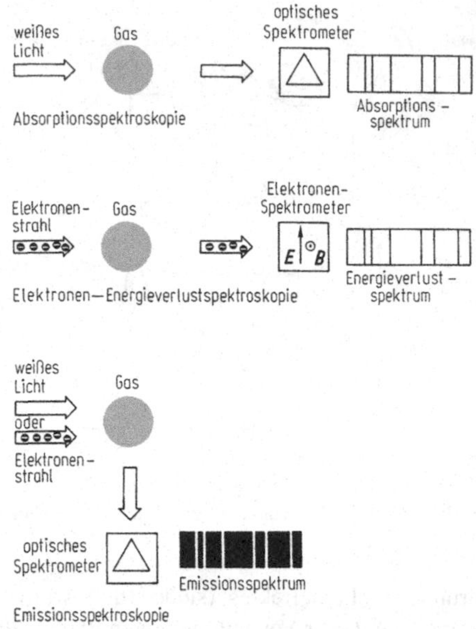


**Bild 20-11.** Verschiedene Arten der Spektroskopie

Bei Anregung mit Photonenenergien $h\nu > E_\infty - E_n = E_i$ (Ionisierungsenergie) findet *Ionisierung* (Fotoeffekt) statt, d. h., ein Elektron aus dem Niveau $n$ wird völlig aus dem Atomverband gelöst. Die Überschussenergie $E_k = h\nu - E_i$ nimmt das Elektron als kinetische Energie mit. Da $E_k$ nicht quantisiert ist, schließt sich an die Seriengrenzen des Absorptionsspektrums jeweils ein *Grenzkontinuum* an.

Die experimentelle Bestimmung der Übergangsenergien und damit die Bestimmung der relativen energetischen Lage der Energieniveaus der Atome erfolgt mittels verschiedener Formen der *Spektroskopie* (Bild 20-11), wobei für die jeweilige Strahlung geeignete Dispersionselemente (Spektrometer) die Strahlung nach der Wechselwirkung mit dem Untersuchungsobjekt (meist in Gasform) örtlich nach Frequenzen oder Energieverlusten zerlegen: Spektrum.

Bei Atomen mittlerer und höherer Ordnungszahlen $Z$ sind die Anregungsenergien innerer Elektronen bereits so groß, dass sie in das Röntgengebiet fallen. *Charakteristische Röntgenstrahlung* tritt daher neben der Bremsstrahlung (Bild 19-9) bei Anregung von Elektronen in inneren Schalen durch Stoß mit hochenergetischen Elektronen auf, wenn

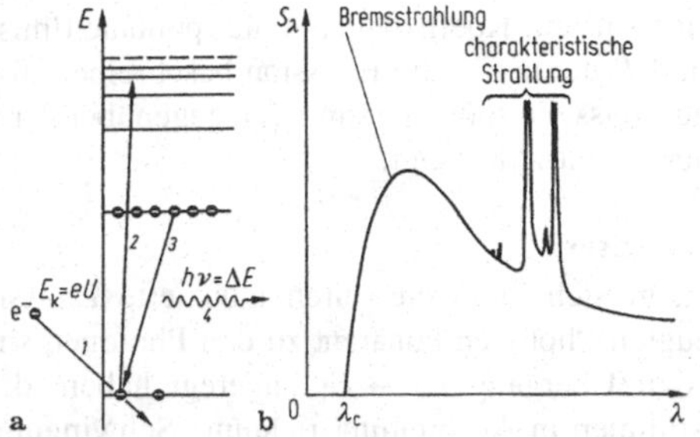


**Bild 20-12.** Anregung charakteristischer Röntgenlinien durch Elektronenstoß. **a** Vorgänge im Termschema: *1*: Eingeschossenes Elektron höherer Energie; *2*: Stoßanregung eines Elektrons einer inneren Schale; *3*: Auffüllung der entstandenen Lücke durch ein Elektron einer höheren Schale; dabei *4*: Emission eines Röntgenquants; **b** Röntgenspektrum

der dadurch freigewordene Platz der inneren Schale durch ein Elektron aus einer weiter außen liegenden Schale aufgefüllt wird (Bild 20-12). Das dabei emittierte Röntgenquant ergibt eine scharfe, für das Material charakteristische Röntgenlinie, die dem Bremsspektrum überlagert ist (Bild 20-12).
Die Röntgenlinien innerer Schalen sind auch bei Atomen im Festkörperverband scharfe Linien, da die Kopplung mit den Nachbaratomen wegen der Abschirmung durch die besetzten äußeren Schalen gering und die dementsprechende Niveauaufspaltung (vgl. Bild 16-5) klein ist.
Charakteristische Röntgenlinien können zur Analyse chemischer Elemente genutzt werden: *Röntgenspektroskopie.* Die Anregung charakteristischer Röntgenlinien kann auch durch ein kontinuierliches Röntgenspektrum erfolgen: *Röntgenfluoreszenzanalyse.*

## 20.5 Induzierte Emission, Laser

Als Übergangsmöglichkeiten zwischen zwei Energieniveaus $E_1$ und $E_2$ eines Atoms wurden bisher neben der Stoßanregung die Anregung des Atoms durch Absorption von Photonen aus einem elektromagnetischen Strahlungsfeld und der Übergang aus dem angeregten in den unteren Energiezustand durch spontane Emission von Photonen betrachtet (Bild 20-9a,b,c). Für eine einfache Herleitung des Planck'schen Strahlungsgesetzes (20-29) bzw. (20-30) hat Einstein (1917) einen weiteren Übergangsprozess angenommen: Erzwungene oder stimulierte oder *induzierte Emission.* Diese stellt die Umkehrung der Absorption aus dem elektromagnetischen Strahlungsfeld dar: Ein angeregtes, d. h. im Zustand $E_2$ befindliches Atom kann durch ein Strahlungsfeld aus Lichtquanten der Energie $E = h\nu = \Delta E$ zur induzierten Emission eines Lichtquants $h\nu = \Delta E$ zum Zeitpunkt der Wechselwirkung mit dem Strahlungsfeld veranlasst werden, wobei das Atom in den unteren Zustand $E_1$ übergeht (Bild 20-9d).
In einem System von $N$ Atomen wird die Wahrscheinlichkeit der Übergänge der Zahl der Atome im jeweiligen Ausgangszustand ($E_1$ oder $E_2$) proportional sein. Außerdem wird die Übergangswahrscheinlichkeit bei der Absorption und der induzierten Emission der Energiedichte $w$ des elektromagnetischen Feldes (19-16) proportional sein. Sind $N_1$ Atome im Energiezustand $E_1$ und $N_2$ Atome im Energiezustand $E_2$, so ergibt sich die Zahl d$Z$ der Übergänge in der Zeit d$t$ für

$$\begin{aligned} &\text{Absorption:} && \mathrm{d}Z_{\mathrm{abs}} = B\,w\,N_1\,\mathrm{d}t \\ &\text{spontane Emission:} && \mathrm{d}Z_{\mathrm{em,\,sp}} = A\,N_2\,\mathrm{d}t \\ &\text{induzierte Emission:} && \mathrm{d}Z_{\mathrm{em,\,ind}} = B\,w\,N_2\,\mathrm{d}t \end{aligned} \qquad (20\text{-}54)$$

$A$, $B$ sind die die Übergangswahrscheinlichkeit bestimmenden Einstein-Koeffizienten, wobei angenommen ist, dass die durch das elektromagnetische Feld der Energiedichte $w$ hervorgerufenen Übergänge in beiden Richtungen gleich wahrscheinlich sind.
Im Strahlungsgleichgewicht des Hohlraumstrahlers (vgl. 20.2) muss die Bilanz gelten:

$$\mathrm{d}Z_{\mathrm{em,\,sp}} + \mathrm{d}Z_{\mathrm{em,\,ind}} = \mathrm{d}Z_{\mathrm{abs}}\,. \qquad (20\text{-}55)$$

Durch Einsetzen von (20-54) erhält man

$$w = \frac{A}{B} \cdot \frac{1}{N_1/N_2 - 1}\,. \qquad (20\text{-}56)$$

Das Verhältnis der Besetzungsdichten $N_2/N_1$ regelt sich im thermischen Gleichgewicht nach der Boltzmann-Statistik (20-8-20-40):

$$\frac{N_2}{N_1} = \mathrm{e}^{-\frac{\Delta E}{kT}} = \mathrm{e}^{-\frac{h\nu}{kT}}\,. \qquad (20\text{-}57)$$

Zwischen der auf den Raumwinkel 1 bezogenen Strahldichte $L$ und der Energiedichte $w$ besteht der

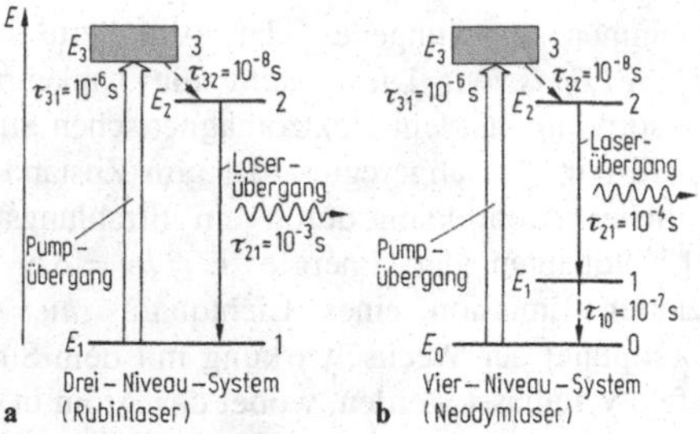


**Bild 20-13.** Energetische Vorgänge beim Laserprozess: **a** Drei-Niveau-System (z. B. Rubin-Laser) und **b** Vier-Niveau-System (z. B. Nd-Glas- oder Nd-YAG-Laser (Neodym-dotierter Yttrium-Aluminium-Granat-Laser), Gaslaser)

Zusammenhang (ohne Herleitung)

$$L_\nu = \frac{c_0}{4\pi} w \,, \qquad (20\text{-}58)$$

sodass für die spezifische Ausstrahlung $M_{\nu s} = \pi L_{\nu s}$ (20-16) eines schwarzen Körpers schließlich die Beziehung folgt

$$M_{\nu s} = \frac{A}{B} \cdot \frac{c_0}{4} \cdot \frac{1}{e^{h\nu/kT} - 1} \,, \qquad (20\text{-}59)$$

die bereits die Form des Planck'schen Strahlungsgesetzes (20-30) hat. Hierin stammt die 1 im Nenner vom Anteil der induzierten Emission, der bei niedrigeren Frequenzen von Bedeutung ist, wo der Wellencharakter stärker hervortritt. Der Faktor $A/B$ lässt sich durch Vergleich mit dem Rayleigh-Jeans'schen Strahlungsgesetz erhalten, das sich im Grenzfall niedriger Frequenzen $\nu$ durch Abzählung der möglichen stehenden Wellen in einem Hohlraum und Anwendung des Gleichverteilungssatzes (vgl. 8.3) gewinnen lässt:

$$\frac{A}{B} = \frac{8\pi h \nu^3}{c_0^3} \,. \qquad (20\text{-}60)$$

Da die Einstein-Koeffizienten $A$ die spontane Emission und $B$ die induzierte Emission beschreiben, folgt daraus, dass die spontane Emission gegenüber der induzierten mit $\nu^3$ ansteigt.

## Maser, Laser

Es zeigt sich, dass die durch induzierte Emission erzeugten Photonen kohärent zu den Photonen sind, die den Übergang $E_2 \to E_1$ angeregt haben, d. h., sie stimmen in Ausbreitungsrichtung, Schwingungsebene und Phase überein. Trifft daher ein Photon der Energie $E = h\nu = \Delta E = E_2 - E_1$ nacheinander auf mehrere angeregte Atome im oberen Energiezustand $E_2$, so kann es durch nacheinander induzierte Emissionen entsprechend verstärkt werden (z. B. Bild 20-14). Da bei gleichen Besetzungszahlen die Absorption nach (20-54) genauso wahrscheinlich wie die induzierte Emission ist, muss zur Erreichung einer effektiven Verstärkung die Zahl $N_2$ der Atome im oberen Niveau $E_2$ größer sein als die Zahl $N_1$ der Atome im unteren Niveau $E_1$: *Besetzungszahl-Inversion* $N_2 > N_1$. Im thermischen Gleichgewicht ist das nach der Boltzmann-Statistik nicht der Fall, da die Besetzungszahlen sich nach (20-57) regeln. Eine Besetzungszahl-Inversion lässt sich nur durch ein System mit mindestens drei Niveaus (Bild 20-13) erreichen. Solche Systeme gestatten die kohärente Verstärkung von Mikrowellen (*Maser*, *m*icrowave *a*mplification by *s*timulated *e*mission of *r*adiation, Townes u. a., 1954) oder Lichtwellen (*Laser*, *l*ight *a*mplification by *s*timulated *e*mission of *r*adiation, Schawlow u. Townes, 1958; Maiman, 1960).

## Drei-Niveau-System

Eine Möglichkeit, eine Überbesetzung des oberen Niveaus $E_2$ eines Laserüberganges zu erreichen, ist die Anregung von höheren Niveaus, hier in $E_3$

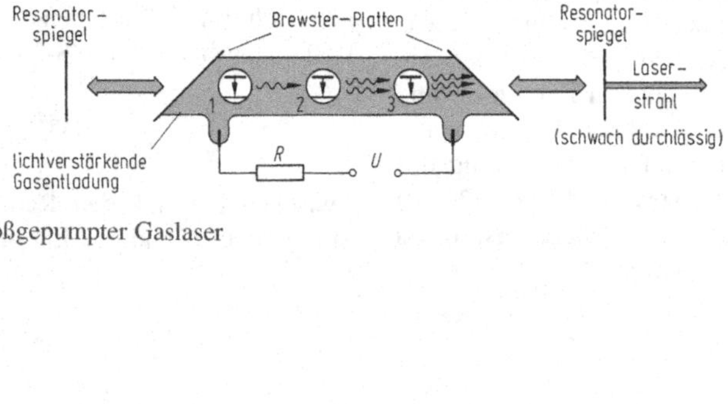


**Bild 20-14.** Elektronenstoßgepumpter Gaslaser

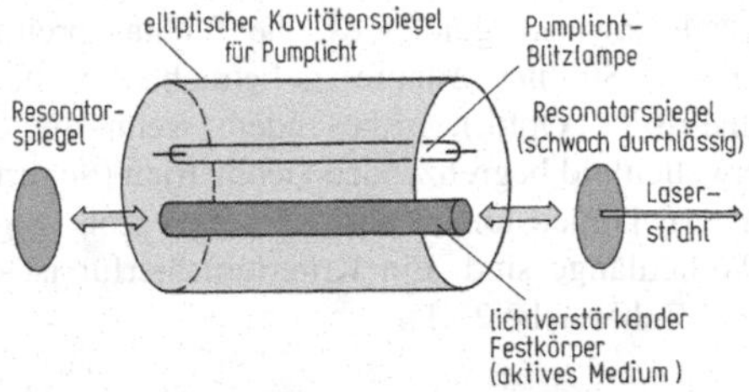


**Bild 20-15.** Optisch gepumpter Festkörperlaser

zusammengefasst dargestellt (Bild 20-13a), vom unteren Laserniveau $E_1$ aus (*Pumpvorgang*) durch Elektronenstoßanregung (z. B. in einer Gasentladung, Bild 20-14) oder durch optische Pumpstrahlung (z. B. durch eine Blitzlampe, Bild 20-15). Dadurch kann eine Besetzungszahlangleichung zwischen $E_1$ und $E_3$ erreicht werden. Wenn für die Übergangszeiten $\tau_{31} \gg \tau_{32}$ gilt, gehen die Atome überwiegend durch spontane Emission oder durch strahlungslose Übergänge (Energieabgabe an das Gitter: Wärme) in das benachbarte Niveau $E_2$ über. Bei langer Lebensdauer $\tau_{21}$ dieses Niveaus (metastabiles Niveau mit nur geringer spontaner Emission) und fortgesetztem Pumpen entsteht hier schließlich eine Überbesetzung oder Besetzungszahl-Inversion gegenüber dem Grundniveau $E_1$: $N_2 > N_1$.

### Vier-Niveau-System

Sehr viel günstiger arbeitet das Vier-Niveau-System (Bild 20-13b). Hier ist das untere Laserniveau $E_1$ nicht identisch mit dem Grundzustand $E_0$ des Atoms. Ist der energetische Abstand $E_1 - E_0$ nicht zu klein, so ist im thermischen Gleichgewicht die Besetzungszahl $N_1$ sehr klein. Ist ferner die Übergangszeit $\tau_{10} \ll \tau_{21}$, so bleibt das Niveau $E_1$ auch bei Übergängen $E_2 \to E_1$ praktisch leer. Eine Überbesetzung von $E_2$ gegenüber $E_1$ durch den Pumpvorgang wird daher sehr leicht erreicht.

Dem Aufbau der Überbesetzung von $E_2$ gegenüber $E_1$ wirkt die spontane Emission $E_2 \to E_1$ entgegen. Da diese nach (20-60) mit $\nu^3$ ansteigt, ist das Erreichen einer Besetzungszahl-Inversion bei höheren Frequenzen entsprechend schwieriger.

### Laser-Anordnungen

In einem Medium, in dem durch einen geeigneten Pumpprozess eine Besetzungszahl-Inversion erzeugt worden ist, etwa in einer Gasentladung eines geeigneten Helium-Neon-Gemisches (Bild 20-14), wird ein Lichtquant der Energie $h\nu = \Delta E$, das z. B. durch spontane Emission eines angeregten Atoms entstanden ist, durch induzierte Emission weiterer angeregter Atome verstärkt. Jedoch beträgt die Verstärkung je Meter Länge nur wenige Prozent. Deshalb wird das verstärkte Licht durch parallele Spiegel, die einen optischen Resonator bilden, immer wieder durch das aktive Medium geschickt und weiter verstärkt. Sind die Verluste geringer als die Gesamtverstärkung, so hat diese Rückkopplung eine Selbsterregung zur Folge: Die Anordnung emittiert kohärentes, polarisiertes Licht, in dem die einzelnen Photonen phasengerecht mit gleicher Schwingungsebene gekoppelt sind. (Ein glühender Körper sendet dagegen völlig unkorrelierte Photonen mit statistisch wechselnden Schwingungsebenen aus: unpolarisiertes, natürliches Licht.) Die das Gasentladungsrohr abschließenden Glasplatten sind unter dem Brewster-Winkel (siehe 21.2) geneigt, um Reflexionsverluste zu vermeiden. Sie legen damit gleichzeitig die Polarisationsebene des vom *Gaslaser* emittierten Laserlichtes fest.

*Festkörperlaser* (Bild 20-15) werden optisch gepumpt. Der lichtverstärkende Festkörper (z. B. Rubin, Neodymglas, Nd-YAG-Kristalle) wird beispielsweise in der einen Brennlinie eines elliptischen Spiegels (Pumplicht-Kavität) angeordnet, in dessen zweiter Brennlinie sich die Pumplichtquelle (Blitzlampe) befindet, sodass das von der Pumplichtquelle ausgehende Licht weitgehend in das aktive Medium überführt wird.

Der Laserprozess kommt zum Erliegen, wenn die Besetzungsinversion abgebaut ist. Blitzlichtgepumpte Laser arbeiten daher im Pulsbetrieb, während kontinuierlich gepumpte Gaslaser im Dauerstrichbetrieb arbeiten können.

Ein Laserlichtstrahl lässt sich mit einer optischen Linse (22.1) nahezu ideal fokussieren. Der Fokusfleckdurchmesser $d$ ist im Wesentlichen durch die Beugung infolge der Strahlbegrenzung bestimmt (vgl. 23 u. 24) und ergibt sich in erster Näherung zu

$$d \approx \frac{\lambda f}{D} . \quad (20\text{-}61)$$

($\lambda$ Wellenlänge des Laserlichtes, $f$ Brennweite der Fokussierungslinse, $D$ Durchmesser des Laserstrahls.) Es sind daher Fokusfleckdurchmesser in der Größenordnung der Wellenlänge erreichbar und dementsprechend extrem hohe Leistungsdichten ($10\,\mathrm{MW}/\mu\mathrm{m}^2$ und mehr) im Fokus.

Bei Anwendungen des Lasers wird z. B. ausgenutzt:

Extreme Leistungsdichte: nichtlineare Optik, Materialbearbeitung (Bohren, Schneiden, Härten); Fusionsexperimente.

Hohe Kohärenz: kohärente Optik, Holographie (vgl. 24.2), Interferometrie (vgl. 23).

Extrem kleine Divergenz: Entfernungsmessung über große Strecken, Satellitenvermessung, Vermessungswesen (z. B. Tunnelbau).

# 21 Reflexion und Brechung, Polarisation

Zur Beschreibung des makroskopischen geometrischen Verlaufes der Ausbreitung elektromagnetischer Wellen (Licht) in Materie lassen sich zu den Wellenflächen (Flächen konstanter Phase, siehe 18.1) senkrechte (orthogonale) Linien verwenden: Lichtstrahlen (Bild 21-1). In isotropen Medien stimmen die Lichtstrahlen mit der Richtung des Poynting-Vektors (19-18) überein und kennzeichnen den Weg der Lichtenergie im Raum. Satz von Malus:

> Die Orthogonalität zwischen Strahlen und Wellenflächen (Orthotomie) bleibt bei der Wellenausbreitung, d. h. auch bei Reflexion und Brechung, erhalten.

Der Zeitabstand zwischen korrespondierenden Punkten zweier Wellenflächen ist gleich für alle Paare von korrespondierenden Punkten A und A′, B und B′, C und C′ usw. (Bild 21-1).

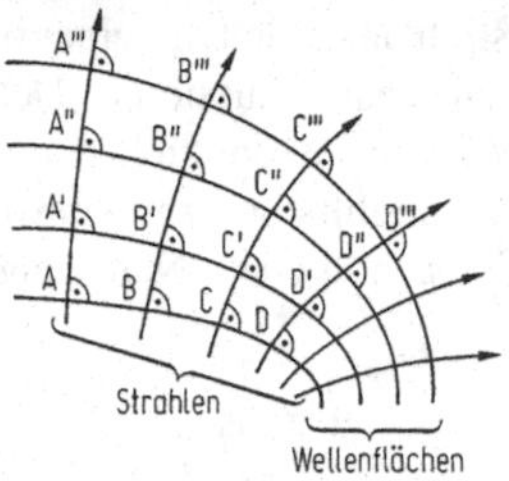


**Bild 21-1.** Strahlen und Wellenflächen stehen überall aufeinander senkrecht

Für viele Zwecke genügt es, die Lichtausbreitung anhand des Strahlenverlaufes zu betrachten (siehe 22 Geometrische Optik), insbesondere wenn die das Lichtwellenfeld begrenzenden Geometrien (Schirme, Blenden) Dimensionen besitzen, die groß gegen die Wellenlänge sind. Ein Kriterium hierfür ist die Fresnel-Zahl (siehe 23.1).

## 21.1 Reflexion, Brechung, Totalreflexion

Unter *Reflexion* und *Brechung* von Licht versteht man die Ausbreitung von Lichtwellen in optisch inhomogener Materie, d. h. in Materie mit örtlich variabler Lichtgeschwindigkeit, insbesondere die Ausbreitung an Grenzflächen zwischen zwei (sonst homogenen) Materiegebieten verschiedener Lichtgeschwindigkeit. Hierüber existieren folgende Erfahrungsgesetze (Bild 21-2): Für die Reflexion von Lichtstrahlen an einer solchen Grenzfläche gilt das *Reflexionsgesetz*

$$\alpha' = \alpha \,. \qquad (21\text{-}1)$$

Für die Brechung (Refraktion) von Lichtstrahlen beim Durchgang durch die Grenzfläche gilt (Snellius 1621)

$$\sin\alpha = \mathrm{const}\cdot\sin\beta \,. \qquad (21\text{-}2)$$

Die Konstante setzt sich aus den optischen Materialeigenschaften beider Medien zusammen. Führt man für jedes Material eine eigene Konstante, die optische Brechzahl $n$ ein, so folgt das *Snellius'sche Brechungsgesetz*

$$n_1 \sin\alpha = n_2 \sin\beta$$

oder (21-3)

$$\frac{\sin\alpha}{\sin\beta} = \frac{n_2}{n_1} = \mathrm{const}\,.$$

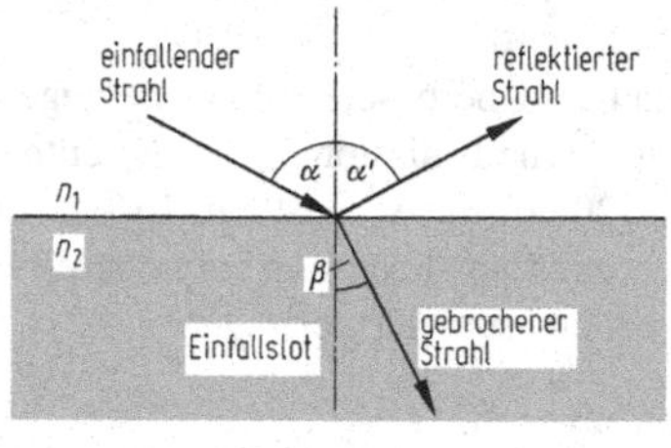


**Bild 21-2.** Reflexion und Brechung von Licht an einer Grenzfläche

Für Vakuum wird gesetzt:

$$n_0 = 1\,. \tag{21-4}$$

Die empirischen Gesetze der Reflexion und Brechung lassen sich mit dem Konzept der Wellenausbreitung, insbesondere des *Huygens'schen Prinzips* (siehe 23.1) verifizieren. Danach werden von jeder Wellenfläche (Phasenfläche) Kugelwellen (Elementarwellen) phasengleich angeregt, deren Überlagerung (tangierende Hüllfläche) eine neue Wellenfläche der ursprünglichen Welle ergibt.

Wir betrachten eine ebene Welle, die unter dem Einfallswinkel $\alpha$ gegen das Einfallslot (Bild 21-3) auf eine Grenzfläche zwischen zwei Medien mit den Brechzahlen $n_1$ und $n_2$ sowie den Lichtgeschwindigkeiten $c_1$ und $c_2$ fällt. Die Phasenfläche AB löst beim weiteren Fortschreiten auf der Grenzfläche AB′ Elementarwellen sowohl im Medium 1 als auch im Medium 2 aus, die sich zu neuen ebenen Phasenflächen A′B′ im Medium 1 bzw. A″B′ im Medium 2 überlagern. Deren unterschiedliche Neigungen ergeben sich aus den unterschiedlich angenommenen Lichtgeschwindigkeiten $c_1$ im Medium 1 bzw. $c_2$ im Medium 2 (hier: $c_2 < c_1$). Nach dem *Satz von Malus* sind die Laufzeiten $\tau$ zwischen den korrespondierenden Phasenflächenpunkten A und A′, B und B′ sowie A und A″ gleich.

Geometrisch ergibt sich aus Bild 21-3:

$$\overline{\mathrm{BB}'} = c_1\tau = \overline{\mathrm{AB}'}\sin\alpha\,, \tag{21-5a}$$

$$\overline{\mathrm{AA}'} = c_1\tau = \overline{\mathrm{AB}'}\sin\alpha'\,, \tag{21-5b}$$

$$\overline{\mathrm{AA}''} = c_2\tau = \overline{\mathrm{AB}'}\sin\beta\,. \tag{21-5c}$$

Aus (21-5a) und (21-5b) folgt $\sin\alpha = \sin\alpha'$ und damit das Reflexionsgesetz (21-1). Für das Brechungsgesetz (21-3) ergibt sich aus (21-5a) und (21-5c)

$$\frac{\sin\alpha}{\sin\beta} = \frac{n_2}{n_1} = \frac{c_1}{c_2} = \text{const}\,, \tag{21-6}$$

d. h., die Brechzahlen verhalten sich umgekehrt wie die Lichtgeschwindigkeiten. Ist das Medium 1 Vakuum, d. h., $n_1 = 1$, so gilt mit $n_2 = n$ sowie mit $c_1 = c_0$ (Vakuumlichtgeschwindigkeit) und $c_2 = c_n$ für die *Brechzahl n* eines an Vakuum grenzenden Stoffes

$$n = \frac{c_0}{c_n} \tag{21-7}$$

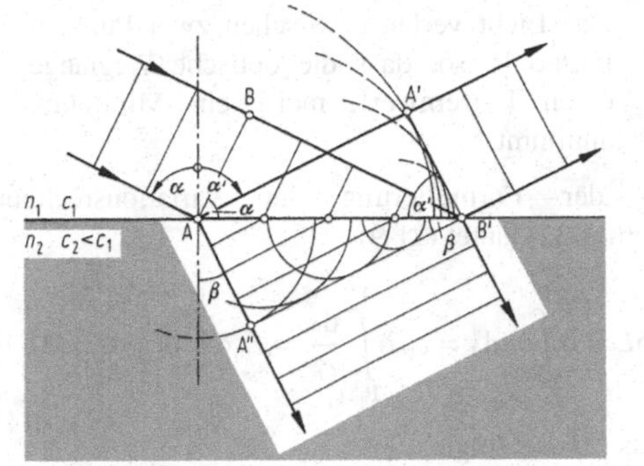


**Bild 21-3.** Reflexion und Brechung einer ebenen Welle an der Grenzfläche zweier Ausbreitungsmedien mit unterschiedlichen Brechzahlen $n$ bzw. Lichtgeschwindigkeiten $c$

in Übereinstimmung mit (20-2). Im Normalfall ist $n > 1$ (Tabelle 21-1), d. h., die Lichtgeschwindigkeit $c_n$ in einem Stoff der Brechzahl $n$ ist kleiner als die Vakuumlichtgeschwindigkeit, was durch Messungen der Lichtgeschwindigkeit in durchsichtigen Stoffen, z. B. von Foucault, bestätigt wurde. In Grenzfällen, z. B. bei Röntgenstrahlen, kann $n$ geringfügig kleiner als 1 werden (siehe 20.1). Das bedeutet, dass die Phasengeschwindigkeit des Lichtes hier $>c_0$ wird. In solchen Fällen bleibt jedoch, wie genauere Überlegungen zeigen, die Gruppengeschwindigkeit (siehe 18.1) und damit die Signalgeschwindigkeit stets kleiner als $c_0$. Wie aus der Betrachtung zur Brechung (Bild 21-3) erkennbar ist, ist für die Ausbreitung einer Lichtwelle in einer vorgegebenen Zeit $\tau$ nicht der geometrische Weg $s$ allein maßgebend, sondern eine Größe $ns$, die bei gleichem Betrag von der Lichtwelle in gleicher Zeit durchlaufen wird. Man definiert daher als *optische Weglänge*

$$L = \int_{\mathrm{P}}^{\mathrm{P}'} n\,\mathrm{d}s\,. \tag{21-8}$$

Mithilfe der optischen Weglänge lassen sich Reflexions- und Brechungsgesetz auch aus einem Extremalprinzip gewinnen (hier nicht durchgeführt), das *Fermat'sche Prinzip*:

$$L = \int_{\mathrm{P}}^{\mathrm{P}'} n\,\mathrm{d}s = \text{Extremum}\,. \tag{21-9}$$

Das Licht verläuft zwischen zwei Punkten P und P′ so, dass die optische Weglänge einen Extremwert, meist ein Minimum, annimmt.

In der Formulierung der Variationsrechnung (vgl. A 32) lautet (21-9):

$$\delta L = \delta \int_{P}^{P'} n \, ds = c_0 \, \delta \int_{P}^{P'} \frac{ds}{c_n} = c_0 \, \delta \int_{P}^{P'} dt = 0 \, . \quad (21\text{-}10)$$

Aus (21-10) folgt:

Laufzeit und optische Länge der physikalisch realisierten Wege des Lichtes sind Minimalwerte.

Das Fermat'sche Prinzip (1650) lässt sich als Grenzfall für $\lambda \to 0$ aus der Wellengleichung (19-7) herleiten und kann auch in der Form der sog. *Eikonalgleichung*

$$(\text{grad } L)^2 = n^2 \quad (21\text{-}11)$$

geschrieben werden. Die Eikonalgleichung stellt die Grundgleichung der *geometrischen Optik* (siehe 22) dar.

Aus dem Fermat'schen Prinzip folgen unmittelbar die drei Grundsätze der geometrischen Optik:

- Geradlinigkeit der Lichtstrahlen im homogenen Medium,
- Umkehrbarkeit des Strahlenganges (in der zeitfreien Formulierung),
- Eindeutigkeit und Unabhängigkeit der Lichtstrahlen.

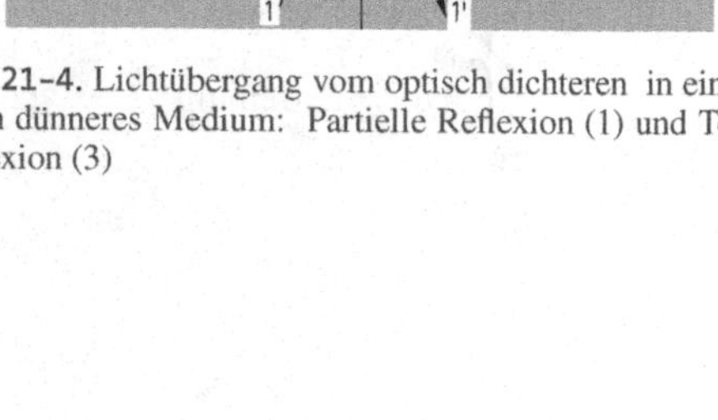

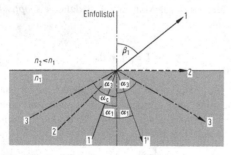

**Bild 21-4.** Lichtübergang vom optisch dichteren in ein optisch dünneres Medium: Partielle Reflexion (1) und Totalreflexion (3)

### Totalreflexion

Geht eine Lichtwelle aus einem Medium mit höherer Brechzahl $n_1$ (optisch dichteres Medium) in ein Medium mit niedrigerer Brechzahl $n_2 < n_1$ (optisch dünneres Medium) über, so ist $\beta > \alpha$ und es lassen sich drei Fälle unterscheiden (Bild 21-4):

1. $\alpha = \alpha_1 < \alpha_c$: Lichtstrahl 1 wird gemäß Brechungsgesetz (21-3) und Reflexionsgesetz (21-1) gebrochen und reflektiert.
2. $\alpha = \alpha_c$: Lichtstrahl 2 verläuft nach der Brechung genau entlang der Grenzfläche: $\beta = 90°$.
3. $\alpha = \alpha_3 > \alpha_c$: Lichtstrahl 3 kann nach dem Brechungsgesetz nicht mehr in das optisch dünnere Medium übertreten. Stattdessen wird das Licht an der Grenzfläche vollständig reflektiert: Totalreflexion.

Der *Grenzwinkel der Totalreflexion* $\alpha_c$ ergibt sich aus dem Brechungsgesetz (21-3) und mit $\beta = \pi/2$ gemäß

$$\sin \alpha_c = \frac{n_2}{n_1} \, . \quad (21\text{-}12)$$

Grenzt das Medium an das Vakuum ($n_2 = 1, n_1 = n$), so vereinfacht sich (21-12) zu

$$\sin \alpha_c = \frac{1}{n} \, . \quad (21\text{-}13)$$

Die Totalreflexion wird z. B. in den Umkehrprismen (Bild 21-5) ausgenutzt (Prismenferngläser, Rückstrahler).

Von großer technischer Bedeutung für die Nachrichtentechnik (optische Signalübertragung) ist die Ausnutzung der Totalreflexion in dünnen Glasfasern, die bei einem Durchmesser von 10 bis 50 µm flexibel sind: Lichtleiterfasern (Bild 21-6).

Das an einem Ende der Glasfaser eingekoppelte Licht wird durch vielfache Totalreflexion bis an das andere Ende geleitet. Das funktioniert (bei etwas einge-

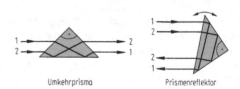

**Bild 21-5.** Totalreflexion im Umkehrprisma und im Rückstrahler

**Tabelle 21-1.** Brechzahlen einiger Stoffe für Licht bei den Wellenlängen wichtiger Fraunhofer'scher Linien

| Stoff | Fraunhofer-Linie (Bezeichnung und Wellenlänge in nm): | | | | | | | |
|---|---|---|---|---|---|---|---|---|
| | A (O) | B (O) | C (H) | D (Na)[a] | E (Fe) | F (H) | G (Fe) | H (Ca) |
| | 760,8 | 686,7 | 656,3 | 589,3 | 527,0 | 486,1 | 430,8 | 396,8 |
| | Brechzahl $n$ gegen Luft | | | | | | | |
| Wasser | 1,3289 | 1,3304 | 1,3312 | 1,3330 | 1,3352 | 1,3371 | 1,3406 | 1,3435 |
| Ethanol | 1,3579 | 1,3593 | 1,3599 | 1,3617 | 1,3641 | 1,3662 | 1,3703 | 1,3738 |
| Quarzglas | 1,4544 | 1,4560 | 1,4568 | 1,4589 | 1,4614 | 1,4636 | 1,4676 | 1,4709 |
| Benzol | 1,4910 | 1,4945 | 1,4963 | 1,5013 | 1,5077 | 1,5134 | 1,5243 | 1,5340 |
| Borkronglas BK1 | 1,5049 | 1,5067 | 1,5076 | 1,5100 | 1,5130 | 1,5157 | 1,5205 | 1,5246 |
| Kanadabalsam | | | | 1,542 | | | | |
| Steinsalz | 1,5368 | 1,5393 | 1,5406 | 1,5443 | 1,5491 | 1,5533 | 1,5614 | 1,5684 |
| Schwerkronglas SK1 | 1,6035 | 1,6058 | 1,6070 | 1,6102 | 1,6142 | 1,6178 | 1,6244 | 1,6300 |
| Flintglas F3 | 1,6029 | 1,6064 | 1,6081 | 1,6128 | 1,6190 | 1,6246 | 1,6355 | 1,6542 |
| Schwefelkohlenstoff | 1,6088 | 1,6149 | 1,6182 | 1,6277 | 1,6405 | 1,6523 | 1,6765 | 1,6994 |
| Diamant | | | | 2,4173 | | | | |

[a] $D_1$(Na): $\lambda_{D1} = 589{,}5932$ nm; $D_2$(Na): $\lambda_{D2} = 588{,}9965$ nm ($\rightarrow \bar{\lambda}_D = 589{,}29$ nm)

schränktem Akzeptanzwinkel $\vartheta'_m$) auch bei gekrümmten Lichtleiterfasern.

Geordnete Bündel solcher Lichtleiterfasern leiten ein auf die eine Stirnfläche projiziertes Bild zur anderen Stirnfläche weiter: Glasfaseroptik (medizinische Anwendung: endoskopische Untersuchung des Körperinneren).

**Brechung am Prisma**

Lichtstrahlen werden durch Prismen von der Prismen-Dachkante weggebrochen (Bild 21-7). Für kleine Dachwinkel $\gamma$ und senkrechten Einfall auf die erste

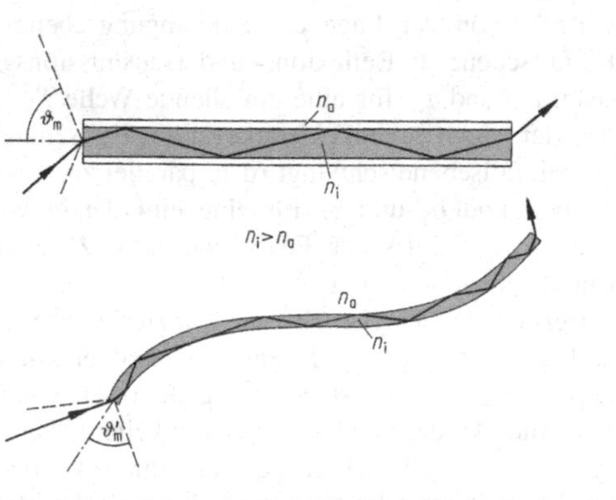


**Bild 21-6.** Lichtleitung mittels Vielfach-Totalreflexion in Glasfasern

Prismenfläche ergibt sich für den Ablenkwinkel $\delta$ aus dem Brechungsgesetz (21-3) näherungsweise

$$\delta \approx \gamma(n-1)\,. \tag{21-14}$$

Der Ablenkwinkel $\delta$ steigt also mit dem Dachwinkel $\gamma$ und der Brechzahl $n$ des Prismas an. Qualitativ gilt das auch für größere Dachwinkel und schrägen Einfall.

Da die Brechzahl $n(\lambda)$ eine Funktion der Wellenlänge ist (Dispersion, siehe 20.1 und Tabelle 21-1), wird bei normaler Dispersion kurzwellige Strahlung durch ein Prisma stärker gebrochen als langwellige Strahlung (Bild 21-8).

Prismen können daher zur spektralen Analyse von Lichtstrahlung angewendet werden: *Prismenspektrographen*. Bei voller Ausleuchtung beträgt das spek-

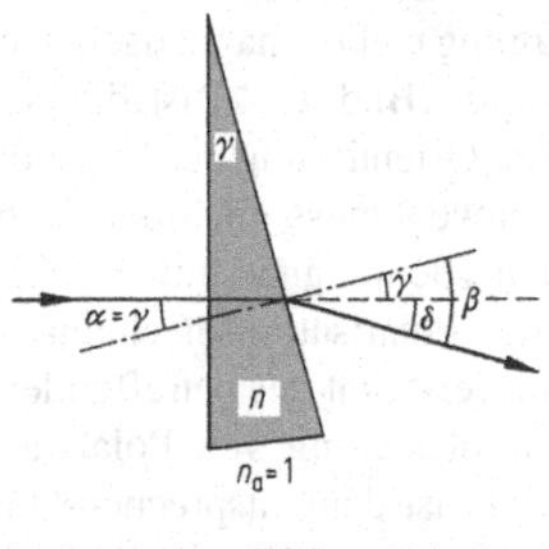


**Bild 21-7.** Ablenkung eines Lichtstrahls durch ein Prisma

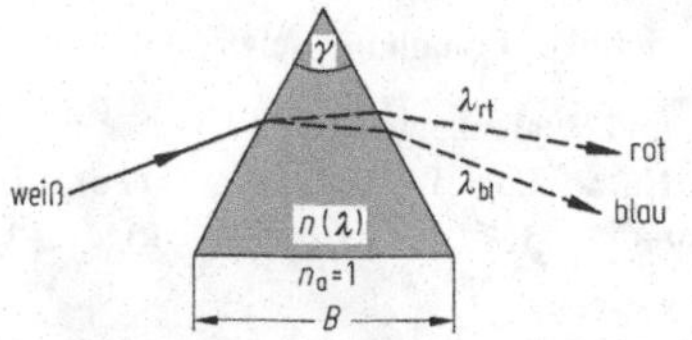


**Bild 21-8.** Dispersion eines Prismas

trale Auflösungsvermögen (ohne Ableitung):

$$\frac{\lambda}{\Delta\lambda} = B\frac{\mathrm{d}n}{\mathrm{d}\lambda}\,. \tag{21-15}$$

Das spektrale Auflösungsvermögen eines Prismas hängt nur von seiner Basislänge $B$ und der Dispersion $\mathrm{d}n/\mathrm{d}\lambda$ des Prismenmaterials, nicht aber vom Prismenwinkel $\gamma$ ab.

## 21.2 Optische Polarisation

Bei longitudinalen Wellen (z. B. Schallwellen) ist die Schwingungsrichtung mit der Ausbreitungsrichtung identisch (siehe 18.1 und 18.2) und damit eindeutig festgelegt. Bei transversalen Wellen (z. B. elektromagnetische Wellen) ist die Schwingungsrichtung senkrecht zur Ausbreitungsrichtung und muss zur eindeutigen Beschreibung zusätzlich angegeben werden. Eine Welle, die nur in einer, durch die Schwingungs- und die Ausbreitungsrichtung aufgespannten Ebene schwingt, heißt *linear polarisiert.* Bei elektromagnetischen Wellen (z. B. Licht) wird die Schwingungsebene des elektrischen Feldstärkevektors (vgl. Bild 19-3) als Schwingungsebene, die des magnetischen Feldstärkevektors als Polarisationsebene bezeichnet. Rotieren die Feldstärkevektoren während des Ausbreitungsvorganges um die Ausbreitungsrichtung, so handelt es sich um *elliptisch* oder *zirkular polarisierte* Wellen.

Bei der Erzeugung elektromagnetischer Wellen durch einen Sendedipol (Bild 19-2) ist die Schwingungsebene durch die Orientierung des Sendedipols festgelegt. Zum Nachweis muss auch der Empfängerdipol in der gleichen Richtung orientiert sein. Die Beobachtung solcher Polarisationserscheinungen beweist daher die Transversalität des betreffenden Wellenvorganges. Die Beobachtung von Polarisationserscheinungen bei Licht ist dementsprechend ein Nachweis dafür, dass Licht ein transversaler Wellenvorgang ist.

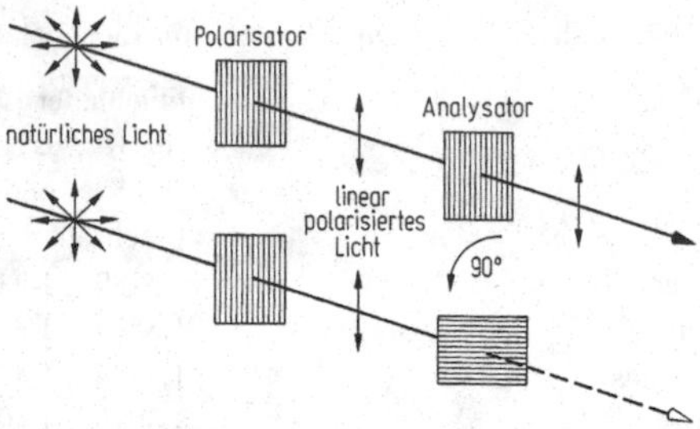


**Bild 21-9.** Erzeugung und Nachweis linear polarisierten Lichtes aus natürlichem Licht mittels Polarisatoren

Die von den Atomen eines glühenden Körpers oder einer normalen Gasentladung (nicht beim Laser) emittierten Lichtquanten haben beliebige Schwingungsebenen. So entstehendes, natürliches Licht ist daher unpolarisiert: Alle Schwingungsebenen kommen gleichmäßig verteilt vor. Durch sog. Polarisatoren, die nur Licht mit einer bestimmten Schwingungsebene passieren lassen (siehe unten), kann aus natürlichem Licht linear polarisiertes Licht erzeugt werden. Durch einen weiteren Polarisator, den Analysator, können die Tatsache der Polarisation und die Lage der Polarisationsebene festgestellt werden (Bild 21-9).

Beim schrägen Einfall einer elektromagnetischen Welle $S$ auf eine ebene Grenzfläche zwischen zwei durchsichtigen Medien unterschiedlicher Brechzahlen $n_1$ und $n_2$ hängen sowohl der Reflexionsgrad $\varrho$ (= reflektierte Intensität / einfallende Strahlungsintensität) als auch der Transmissionsgrad $\tau$ (= Intensität der gebrochenen Welle / einfallende Strahlungsintensität) von der Lage der Schwingungsebene zur Einfallsebene ab. Reflexions- und Transmissionsgrad seien $\varrho_\perp$ und $\tau_\perp$ für eine einfallende Welle $S_\perp$, bei der der elektrische Feldstärkevektor $\boldsymbol{E}_\perp$ senkrecht zur Einfallsebene schwingt (d. h. parallel zur Grenzfläche), und $\varrho_\parallel$ und $\tau_\parallel$ für eine einfallende Welle $S_\parallel$, deren elektrischer Feldstärkevektor $\boldsymbol{E}_\parallel$ in der Einfallsebene schwingt.

Aufgrund des Huygens'schen Prinzips (siehe 21.1 und 23.1) sowie der Strahlungscharakteristik des Dipols (Bild 19-5) ist es anschaulich verständlich, dass die Anregung der Elementarwellen, die sich von der Grenzfläche ausgehend zum reflektierten Strahl überlagern, bevorzugt durch $S_\perp$ erfolgt ($\boldsymbol{E}_\perp \perp$ Einfallsebene, d. h. $\parallel$ Grenzfläche). Die Elemen-

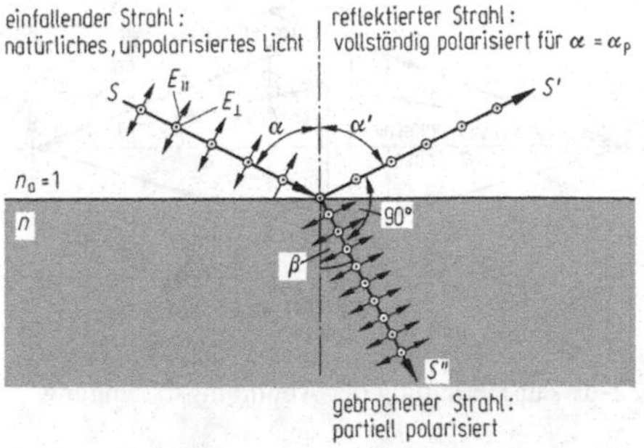


**Bild 21-10.** Polarisation durch Reflexion unter dem Brewster-Winkel $\alpha = \alpha_{\mathrm{p}}$

tarwellen, die durch $S_{\parallel}(\boldsymbol{E}_{\parallel} \parallel$ Einfallsebene) in der Grenzfläche angeregt werden, haben aufgrund der Dipol-Strahlungscharakteristik nur eine geringe Amplitude in Reflexionsrichtung. Für einen Einfallswinkel $\alpha = \alpha_{\mathrm{P}}$, bei dem gebrochener und reflektierter Strahl einen Winkel von 90° bilden (Bild 21-10), wird die Amplitude von $S_{\parallel}$ null: Das von einem einfallenden Strahl $S$ unpolarisierten, natürlichen Lichtes an einer Grenzfläche reflektierte Licht $S'$ ist partiell, im Falle $\alpha = \alpha_{\mathrm{P}}$ vollständig linear polarisiert. Der gebrochene Strahl $S''$ ist stets nur partiell polarisiert (Bild 21-11).

Der Winkel $\alpha_{\mathrm{P}}$ (Brewster-Winkel) lässt sich unter Beachtung von $\alpha_{\mathrm{P}} + \beta = 90°$ aus dem Brechungsgesetz (21-3) berechnen. Mit $n_1 = n_{\mathrm{a}} = 1$ (Vakuum) und $n_2 = n$ folgt das *Brewster'sche Gesetz*:

$$\tan \alpha_{\mathrm{P}} = n\,. \qquad (21\text{-}16)$$

Aus den Maxwell'schen Gleichungen (14-41) und (14-42) lassen sich Grenzbedingungen für die elektrische und magnetische Feldstärke an der

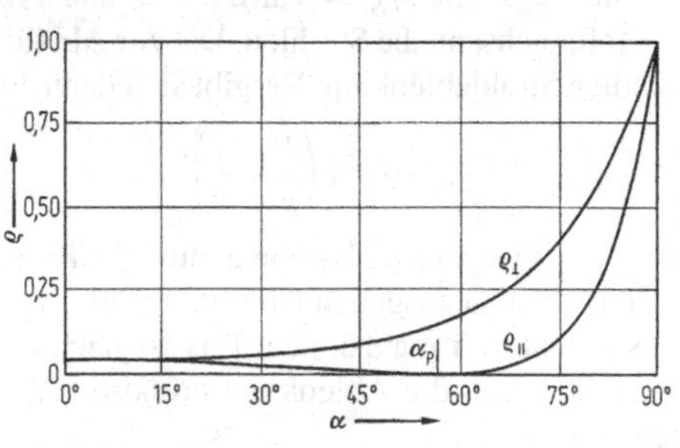


**Bild 21-11.** Reflexionsgrad der Grenzfläche Vakuum/Glas (bzw. Luft/Glas) für linear polarisiertes Licht

Grenzfläche zwischen den beiden Medien herleiten, und aus diesen wiederum Beziehungen für das Reflexionsvermögen $\varrho = 1 - \tau$ (durchsichtige Medien, Absorptionsgrad $\alpha = 0$), die *Fresnel'schen Formeln*:

$$\varrho_{\perp} = 1 - \tau_{\perp} = \frac{\sin^2(\alpha - \beta)}{\sin^2(\alpha + \beta)} \qquad (21\text{-}17)$$

$$\varrho_{\parallel} = 1 - \tau_{\parallel} = \frac{\tan^2(\alpha - \beta)}{\tan^2(\alpha + \beta)}\,. \qquad (21\text{-}18)$$

Für $\alpha + \beta = 90°$ wird $\varrho_{\parallel} = 0$, in Übereinstimmung mit dem Brewster'schen Gesetz (21-16). Zusammen mit dem Brechungsgesetz (21-3) ergibt sich aus (21-17) und (21-18) für $\varrho_{\perp}(\alpha)$ und $\varrho_{\parallel}(\alpha)$ der in Bild 21-11 dargestellte Verlauf für die Reflexion an Glas.

Für Glas ($n = 1{,}50$) erhält man für den Brewster-Winkel $\alpha_{\mathrm{P}} = 56{,}3°$. Wird das unter diesem Winkel von Glasflächen reflektierte, polarisierte Licht durch ein Polarisationsfilter (siehe unten) betrachtet, so lässt es sich durch geeignete Filterstellung (Durchlassebene $\perp$ Polarisationsebene) stark abschwächen: $\varrho_{\parallel} \to 0$ (Anwendung bei der Fotografie durch Fensterscheiben hindurch).

Linear polarisiertes Licht mit der Schwingungsebene in der Einfallsebene ($E_{\parallel}$ in Bild 21-10) wird unter dem Brewster-Winkel $\alpha_{\mathrm{P}}$ ohne Reflexionsverluste gebrochen: Für $\varrho_{\parallel} \to 0$ wird nach (21-18) das Durchlassvermögen $\tau_{\parallel} = 1$ (Anwendung bei den Brewster-Platten des Gaslasers, Bild 20-14).

Bei Übergang zu senkrechtem Einfall wird $\varrho_{\perp} = \varrho_{\parallel} = \varrho$ (Bild 21-11). Aus (21-17) bzw. (21-18) folgt durch Grenzübergang für kleine Winkel

$$\varrho = 1 - \tau = \left(\frac{n-1}{n+2}\right)^2\,. \qquad (21\text{-}19)$$

Für Glas erhält man mit $n = 1{,}50$ einen Reflexionsgrad $\varrho = 0{,}04$, d. h., an jeder Grenzfläche Vakuum/Glas oder Luft/Glas gehen 4% der Lichtintensität durch Reflexion verloren, sofern nicht durch geeignete Aufdampfschichten („Entspiegelung" bzw. „Vergütung") für eine Verminderung des Reflexionsvermögens gesorgt wird.

### Doppelbrechung

Manche durchsichtigen Einkristalle (z. B. Quarz, Kalkspat, Glimmer, Gips) sind *optisch anisotrop*,

d. h., die Phasengeschwindigkeit elektromagnetischer Wellen hängt von der Ausbreitungsrichtung ab. Bei optisch einachsigen Kristallen stimmen die Phasengeschwindigkeiten lediglich in einer Richtung, der optischen Achse, überein.

Bei Auftreffen eines Strahlenbündels natürlichen Lichtes auf einen optisch einachsigen Kristall treten im Allgemeinen zwei senkrecht zueinander linear polarisierte Teilbündel auf, die sich mit unterschiedlicher Phasengeschwindigkeit ausbreiten: Der *ordentliche Strahl* folgt dem Brechungsgesetz, der *außerordentliche Strahl* nicht, er wird unter anderem Winkel gebrochen. Diese Erscheinung wird *Doppelbrechung* genannt.

Manche Kristalle (z. B. Turmalin) haben die Eigenschaft, den außerordentlichen Strahl sehr viel stärker zu absorbieren als den ordentlichen Strahl: *Dichroismus*. Geht ein Strahl natürlichen Lichtes durch eine dünne Platte eines solchen dichroitischen Materials, so wird im Wesentlichen der ordentliche Strahl mit nur geringer Schwächung durchgelassen. Solche Stoffe sind als Polarisationsfilter (siehe oben) geeignet.

## 22 Geometrische Optik

Das in 21.1 eingeführte Strahlenkonzept für die makroskopische Beschreibung der Wellenausbreitung hat sich insbesondere bei Problemen der praktischen Optik (optische Abbildung) bewährt und sich zu einem besonderen Zweig der Optik entwickelt: *geometrische* oder *Strahlenoptik*. Hier geht es um die Bestimmung des Lichtweges in optischen Geräten und um die Klärung der Grundlagen zur optimalen Konstruktion solcher Geräte. Die Grundannahmen des Strahlenkonzeptes (gradlinige Ausbreitung im homogenen Medium, Unabhängigkeit sich überlagernder Strahlen, Umkehrbarkeit des Strahlenganges, Reflexionsgesetz, Brechungsgesetz) bedeuten eine starke Vereinfachung der Realität, da Beugungserscheinungen (vgl. 23) und nichtlineare Erscheinungen (bei Laserstrahlen sehr hoher Intensität in Materie) nicht berücksichtigt werden. Die Grenzen der geometrischen Optik liegen daher dort, wo Abbildungsdetails oder die den Strahlengang begrenzenden Abmessungen (Schirme, Blenden usw.) in den Bereich der Wellenlänge des Lichtes kommen (siehe 23 u. 24).

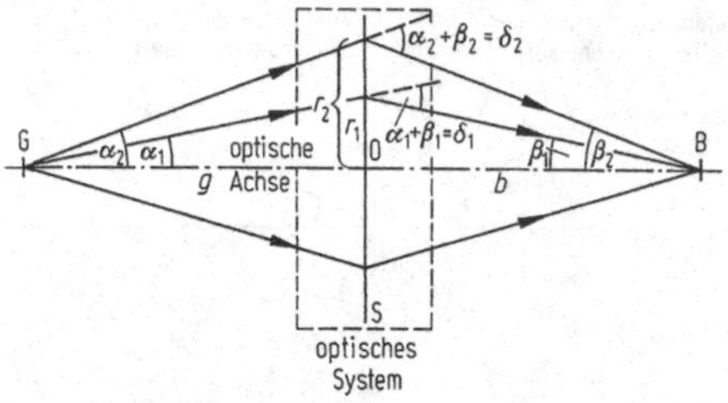

**Bild 22-1.** Zur Herleitung der Abbildungsbedingung

### 22.1 Optische Abbildung

Eine Abbildung im Gauß'schen Sinne der geometrischen Optik liegt dann vor, wenn Lichtstrahlen, die von einem Gegenstandspunkt ausgehen, in einem Bildpunkt wieder vereinigt werden, und wenn verschiedene Punkte eines ausgedehnten ebenen Gegenstandes in einer Bildebene derart abgebildet werden, dass das Bild dem Gegenstand geometrisch ähnlich ist. Ein *optisches System*, das eine derartige Abbildung bewirkt, muss folgende Bedingungen erfüllen (Bild 22-1):

Das abbildende optische System sei in seiner Wirkung auf eine Ebene S senkrecht zur optischen Achse GOB konzentriert. Ein von G unter dem Winkel $\alpha_1$ gegen die optische Achse ausgehender Strahl möge in S so gebrochen werden, dass er die optische Achse hinter dem brechenden System in B unter dem Winkel $\beta_1$ schneidet. Eine Abbildung von G nach B liegt dann vor, wenn auch unter anderen Winkeln $\alpha_2$ von G ausgehende Strahlen so gebrochen werden, dass sie durch B gehen.

Nach Bild 22-1 gilt $r/g = \tan\alpha \approx \alpha$ und $r/b = \tan\beta \approx \beta$ für achsennahe Strahlen. Die zur Abbildung notwendige Strahlablenkung $\delta$ ergibt sich dann zu

$$\delta = \alpha + \beta \approx r\left(\frac{1}{g} + \frac{1}{b}\right) . \qquad (22\text{-}1)$$

Bei gegebener Gegenstandsweite $g$ muss die Bildweite $b$ für alle von G ausgehenden Strahlen gleich sein, darf also nicht von $r$ abhängen. Das ist nach (22-1) dann erfüllt, wenn die Ablenkung proportional zu $r$ erfolgt:

$$\delta = \alpha + \beta = \text{const} \cdot r . \qquad (22\text{-}2)$$

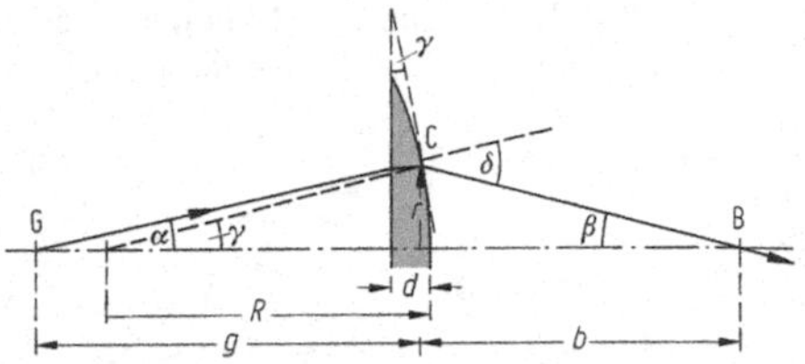


**Bild 22-2.** Zur Berechnung der Linsenformel

Eine analoge Betrachtung für nicht auf der optischen Achse liegende, aber achsennahe Gegenstandspunkte führt zu derselben Beziehung. Die geometrische Ähnlichkeit folgt ebenfalls aus (22-2): Für Strahlen die durch den Mittelpunkt O des optischen Systems gehen, ist $r = 0$ und damit $\delta = 0$, d. h., diese Strahlen werden nicht abgelenkt. Anhand solcher Strahlen lässt sich aber die geometrische Ähnlichkeit zwischen Bild und Gegenstand sofort einsehen. Gleichung (22-2) ist daher die zur Erzielung einer Abbildung notwendige Bedingung.

Die Realisierung einer derartigen Eigenschaft ist z. B. durch um die optische Achse rotationssymmetrische, konvexe Glas- oder Kunststoffkörper möglich, die durch Kugelflächen begrenzt sind. Wegen ihrer Form werden sie *optische Linsen* genannt. Die Abbildung eines Punktes in endlicher Entfernung durch eine dünne *Sammellinse* (z. B. eine Plankonvexlinse mit der Brechzahl $n$ und dem Krümmungsradius $R$, Bild 22-2) kann mithilfe der Ablenkformel (21-14) für das dünne Prisma berechnet werden, da die Linse als ablenkendes Prisma mit vom Achsenabstand $r$ abhängigen Dachwinkel $\gamma$ aufgefasst werden kann (Bild 22-2). Der Begriff dünne Linse bedeutet, dass der optische Weg (vgl. 21-8) in der Linse $L = nd$ klein gegen die Gegenstandsweite $g$ und die Bildweite $b$ ist.

Für das Dreieck GBC mit dem Ablenkwinkel $\delta$ als Außenwinkel zu den Dreieckswinkeln $\alpha$ und $\beta$ gilt unter Berücksichtigung von (21-14)

$$\alpha + \beta = \delta = \gamma(n-1)\,. \qquad (22\text{-}3)$$

Für achsennahe Strahlen (kleine Winkel) ist $\alpha \approx r/g$ und $\beta \approx r/b$. Ferner liefert $\gamma \approx r/R$ zusammen mit (22-3) die erforderliche Abbildungsbedingung (22-2). Damit folgt aus (22-3)

$$\frac{1}{g} + \frac{1}{b} = \frac{n-1}{R} = \text{const}\,. \qquad (22\text{-}4)$$

$b(g)$ ist hiernach unabhängig von $\alpha$, eine notwendige Voraussetzung für die optische Abbildung. Für $g \to \infty$ (parallel einfallende Strahlen) wird die zugehörige Bildweite $b_\infty$ als *Brennweite f* bezeichnet. Die reziproke Brennweite heißt *Brechkraft D*, sie ist für eine dünne Sammellinse

$$\frac{1}{b_\infty} = \frac{1}{f} = D = \frac{n-1}{R}\,. \qquad (22\text{-}5)$$

Gesetzliche Einheit:

$$[D] = 1\ \text{m}^{-1} = 1\ \text{dpt (Dioptrie)}\,.$$

Damit folgt aus (22-4), immer für achsennahe Strahlen, die Abbildungsgleichung (Linsenformel)

$$\frac{1}{g} + \frac{1}{b} = \frac{1}{f}\,. \qquad (22\text{-}6)$$

## Bildkonstruktion

Die beiden Brechungen eines Lichtstrahls an den Oberflächen einer Linse können bei dünnen Linsen in guter Näherung durch eine einzige an der Mittelebene, der *Hauptebene* H, der Linse ersetzt werden. Zur geometrischen Konstruktion der Lage des Bildes ist nach (22-6) lediglich die Kenntnis der Brennweite $f$ der abbildenden Linse und die Vorgabe der Gegenstandsweite $g$ erforderlich. Die Konstruktion selbst kann dann mittels zweier von drei ausgezeichneten Strahlen erfolgen (Bilder 22-3 bis 22-5):

- Parallelstrahl (1), geht nach der Brechung durch den Brennpunkt F′ (1′);
- Mittelpunktsstrahl (2), durchdringt die Linse ungebrochen (2′);
- Brennpunktsstrahl (3), verläuft nach der Brechung parallel zur optischen Achse (3′).

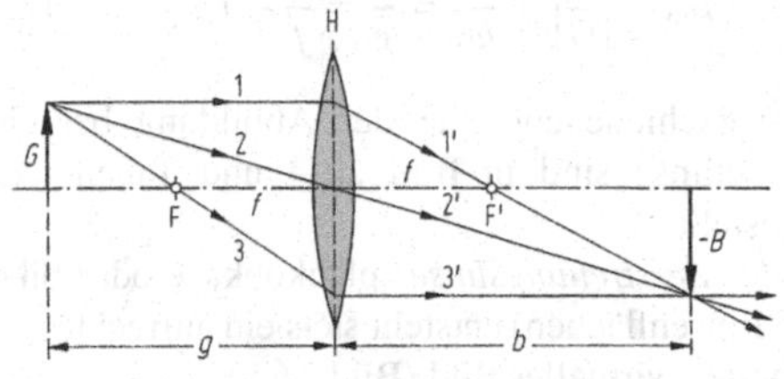


**Bild 22-3.** Bildkonstruktion bei der Sammellinse

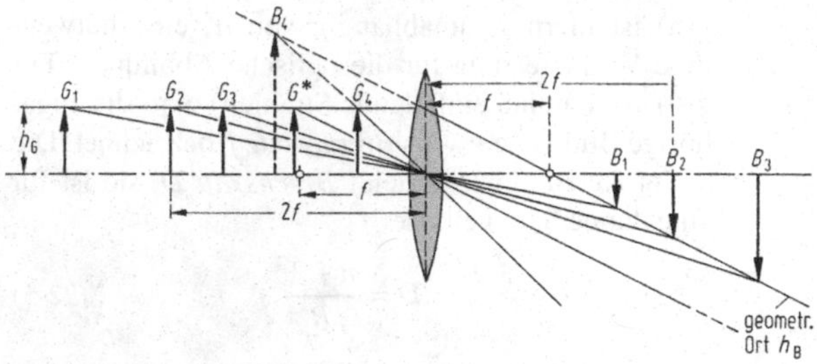


**Bild 22-4.** Zuordnung von Bild und Gegenstand bei der Abbildung durch Sammellinsen

**Tabelle 22-1.** Die verschiedenen Abbildungsfälle bei der Sammellinse

| Gegenstand | Lage | Bild | $\beta_m$ | Bildlage und -art | | Anwendungen |
|---|---|---|---|---|---|---|
| $G_1$ | $g > 2f$ | $B_1$ | $< 1$ | $f < b < 2f$ | (reell) | Fernrohr, Kamera |
| $G_2$ | $g = 2f$ | $B_2$ | $= 1$ | $b = 2f$ | (reell) | Korrelator |
| $G_3$ | $2f > g > f$ | $B_3$ | $> 1$ | $b > 2f$ | (reell) | Projektion |
| $G^*$ | $g \simeq f$ | $B^*$ | $\to \infty$ | $b \to \infty$ | (reell) | Projektor, Mikroskop |
| $G_4$ | $g < f$ | $B_4$ | $> 1$ | $b < 0$ | (virtuell) | Lupe |

Für die *Sammellinse* (plankonvexe oder bikonvexe Linsenflächen) erhält man aus der Linsenformel (22-6) für die Bildweite

$$b = \frac{fg}{g - f} \,. \qquad (22\text{-}7)$$

Für $g > f$ ist $b > 0$, es erfolgt eine reelle Abbildung, wobei das Bild umgekehrt erscheint (Bildhöhe $B < 0$, Bild 22-3). Reelle Abbildung bedeutet, dass das Bild auf einem Schirm an dieser Stelle sichtbar wird. Für $g < f$ wird $b < 0$, das Bild scheint nach dem verlängerten Strahlenverlauf hinter der Linse an einem Ort auf der Gegenstandsseite aufrecht aufzutreten, ohne dass ein Schirm dort das Bild zeigen würde: Virtuelle Abbildung. Der *Abbildungsmaßstab* ergibt sich mittels des Strahlensatzes aus Bild 22-3 bzw. 22-4 zu

$$\beta_m = \left|\frac{B}{G}\right| = \frac{h_B}{h_G} = \frac{b}{g} = \frac{b}{f} - 1 \,. \qquad (22\text{-}8)$$

Die verschiedenen Fälle der Abbildung bei einer Sammellinse sind in Bild 22-4 und Tabelle 22-1 dargestellt.

Bei der *Zerstreuungslinse* (plankonkave oder bikonkave Linsenflächen) entsteht stets ein aufrechtes, verkleinertes, virtuelles Bild (Bild 22-5).

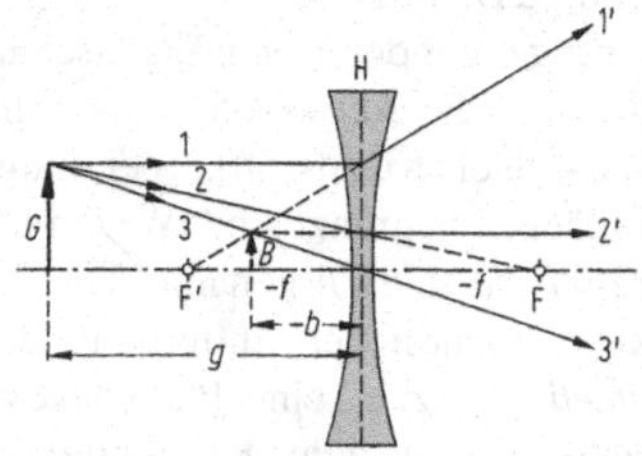


**Bild 22-5.** Bildkonstruktion bei der Zerstreuungslinse

## Kombination dünner Linsen

Systeme aus dünnen Linsen der Brennweiten $f_1$ und $f_2$ mit geringem Abstand $d$ ($\ll f_1, f_2$) voneinander wirken wie eine Linse mit der Brechkraft

$$\frac{1}{f} = \frac{1}{f_1} + \frac{1}{f_2} - \frac{d}{f_1 f_2}$$

bzw. (22-9)

$$D = D_1 + D_2 - dD_1 D_2 \,.$$

Bei sehr kleinen Abständen $d$ kann das letzte Glied vernachlässigt werden. Für diesen Fall lässt sich (22-9) sofort anhand des Verlaufs des Brennpunktstrahls herleiten.

## Dicke Linsen

Bei dicken Linsen gelten die Abbildungsgesetze (22-6) bis (22-8) nur dann, wenn man zwei Hauptebe-

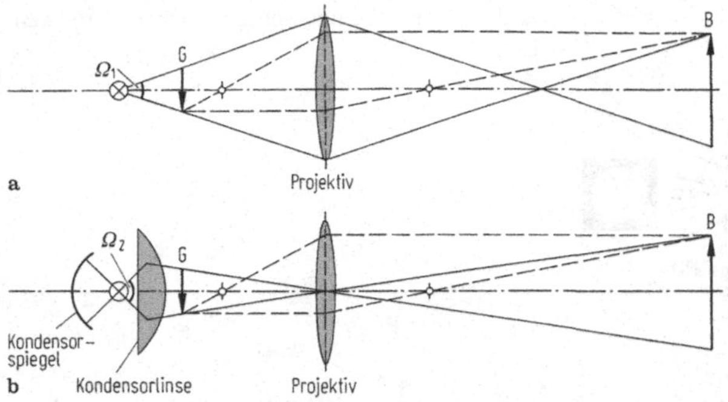


**Bild 22-7.** Projektionsstrahlengang und Projektoranordnung

nen H und H′ einführt, zwischen denen alle Strahlen als achsenparallel laufend angenommen werden (Bild 22-6). Brennweiten, Gegenstands- und Bildweiten beziehen sich dann stets auf die zugehörige Hauptebene.

## Zusammengesetzte optische Geräte

Optische Geräte bestehen meist aus mehreren Linsen oder Linsensystemen, die verschiedene Abbildungs- oder Beleuchtungsfunktionen haben.

**Projektor.** Bild 22-7a zeigt einen Strahlengang zur vergrößerten Projektion, z. B. eines Diapositivs auf eine Leinwand. Dabei wird jedoch der von der Lichtquelle ausgehende Lichtstrom nur zu einem geringen Teil ausgenutzt ($\Omega_1/4\pi$), während der Anteil $(4\pi-\Omega_1)/4\pi$ verloren geht. Deshalb setzt man zwischen Lichtquelle und Gegenstand eine Kondensorlinse, die den ausgenutzten Raumwinkel auf $\Omega_2 > \Omega_1$ vergrößert, sowie einen Kondensorspiegel ein (Bild 22-7b).

Die Kondensorlinse bewirkt ferner, dass der Lichtstrom im Wesentlichen durch den achsennahen Projektivbereich geht, wo die Abbildungsfehler (siehe 22.2) am geringsten sind. Beim Projektor ist i. Allg. $b \gg g$, sodass aus (22-8) für den Abbildungsmaßstab folgt

$$\beta_m \approx \frac{b}{f}\,. \qquad (22\text{-}10)$$

**Mikroskop.** Zur Beobachtung sehr kleiner Gegenstände wird eine zweistufige Abbildung benutzt (Bild 22-8). In der ersten Stufe wird mit dem Objektiv ein stark vergrößertes reelles Bild $B$ des Gegenstandes $G$ hergestellt ($g \approx f_1$). In der zweiten Stufe wird das reelle Zwischenbild B mit dem Okular, das als Lupe wirkt, weiter vergrößert. Es entsteht ein virtuelles Bild $B'$.

**Fernrohre** benutzen wie Mikroskope eine mindestens zweistufige Abbildung. Hier wird ein weit entfernter Gegenstand ($g \to \infty : b \approx f$) durch das Objektiv in der Nähe des bildseitigen Brennpunktes reell abgebildet. Dieses Zwischenbild wird dann wiederum durch ein Okular als virtuelles, vergrößertes Bild betrachtet.

Auf die das Reflexionsgesetz (21-1) ausnutzende Abbildung mit Spiegeln wird hier aus Platzgründen nicht

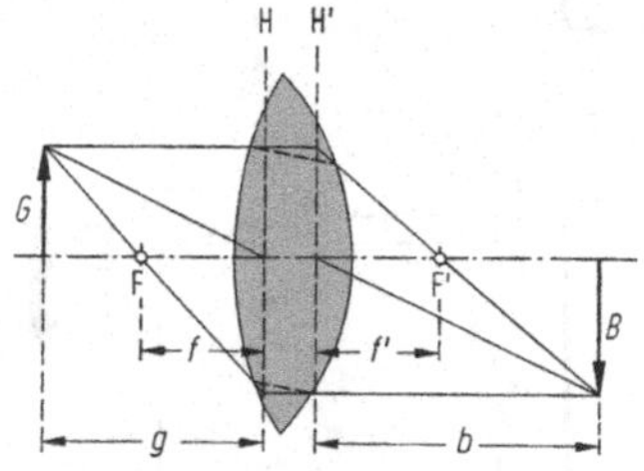


**Bild 22-6.** Bildkonstruktion bei einer dicken Linse

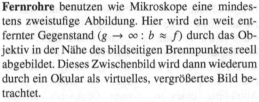

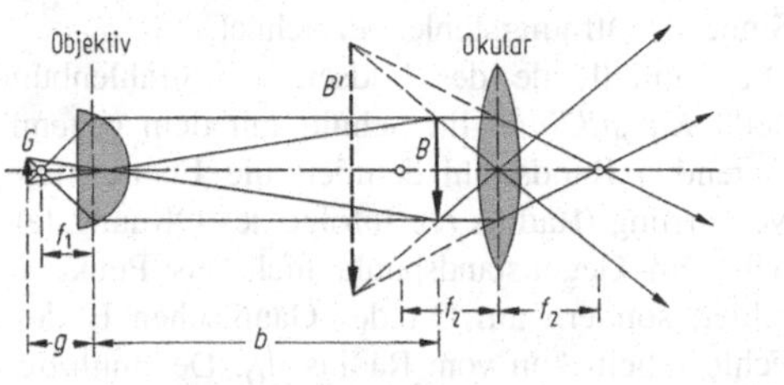


**Bild 22-8.** Strahlengang im Mikroskop

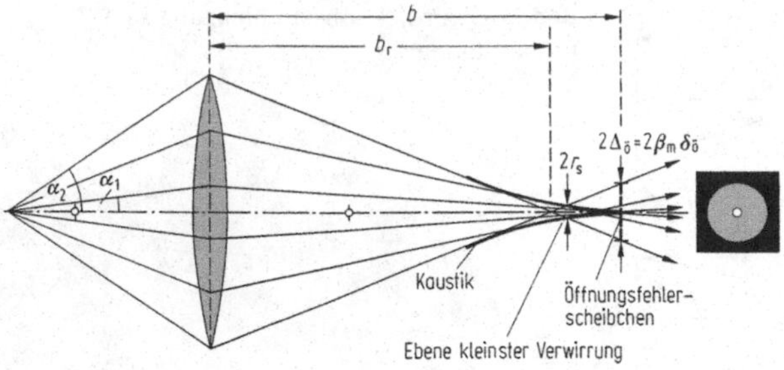


**Bild 22-9a.** Öffnungsfehler einer sphärischen Linse

eingegangen. Man erhält jedoch für die Abbildung mit gekrümmten Spiegeln grundsätzlich analoge Beziehungen wie für die Abbildung mit Linsen.

## 22.2 Abbildungsfehler

Sphärische Linsen erzeugen nur näherungsweise eine fehlerfreie Abbildung, in der jeder Bildpunkt eindeutig einem Gegenstandspunkt zugeordnet ist, und in der die geometrische Ähnlichkeit zwischen Bild und Gegenstand gewahrt ist. Die folgend geschilderten Abbildungsfehler (Linsenfehler, Aberrationen) können teilweise durch Kombinationen geeigneter Linsen (und heute auch durch Verwendung asphärischer Linsen) reduziert (korrigiert) werden.

### Öffnungsfehler (sphärische Aberration)

Die Gültigkeit der Abbildungsgleichung (22-6) ist auf achsennahe Strahlen begrenzt (Bereich der Gauß'schen Abbildung). Achsenferne Strahlen in den Randbereichen einer sphärischen Linse werden stärker gebrochen, als es der Abbildungsbedingung (22-2) entspricht. Die zugehörige Bildweite (bei Abbildung eines $\infty$ fernen Gegenstandpunktes: Brennweite) ist daher kürzer als die der achsenahen Strahlen (Bild 22-9a). Die Differenz der Bildweiten (bzw. der Brennweiten $\delta_f = f - f_r$) wird im engeren Sinne als Öffnungsfehler bezeichnet.

Die Einhüllende des bildseitigen Strahlenbündels heißt *Kaustiklinie*. Ihr Schnitt mit dem gegenüberliegenden Randstrahl definiert die Ebene kleinster Verwirrung (Radius $r_s$). Infolge des Öffnungsfehlers wird ein Gegenstandspunkt nicht als Punkt abgebildet, sondern am Ort des Gauß'schen Bildes als Fehlerscheibchen vom Radius $\Delta_Ö$. Der mithilfe des Abbildungsmaßstabes $\beta_m$ auf die Gegenstandsseite zurückgerechnete Radius des Fehlerscheibchens $\delta_Ö$ steigt mit der 3. Potenz des Linsenaperturwinkels $\alpha$ (ohne Ableitung; Seidel'sche Fehlertheorie):

$$\delta_Ö = \frac{\Delta_Ö}{\beta_m} = C_Ö \alpha^3 \qquad (22\text{-}11)$$

Je nach Linsenform liegt der Öffnungsfehlerkoeffizient $C_Ö$ in der Größenordnung mehrerer Brennweiten $f$. Er ist am kleinsten, wenn die gegenstandsseitigen und die bildseitigen Randstrahlen etwa die gleichen Winkel zur Linsenoberfläche haben. Das erfordert je nach Abbildungsproblem meist eine asymmetrische Linsenform (z. B. plankonvex, vgl. Mikroskopobjektiv, Bild 22-8). Der Öffnungsfehler kann durch Abblendung auf kleine Aperturwinkel $\alpha$ reduziert werden. Dem stehen jedoch die damit verbundene Lichtschwächung und der steigende Beugungsfehler (siehe unten) entgegen.

Eine spezielle Form des Öffnungsfehlers ist die *Koma:* Das Öffnungsfehlerscheibchen wird asymmetrisch, wenn die Linse seitlich ausgeleuchtet wird (Bild 22-9b). Komafiguren werden daher bei schlechter Linsenzentrierung beobachtet.

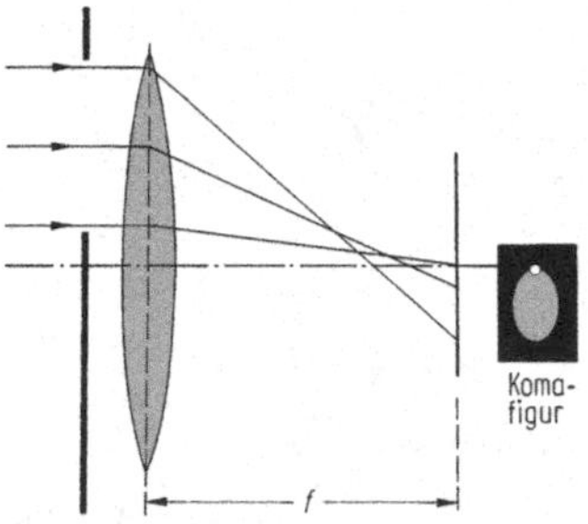


**Bild 22-9b.** Zur Entstehung der Komafigur

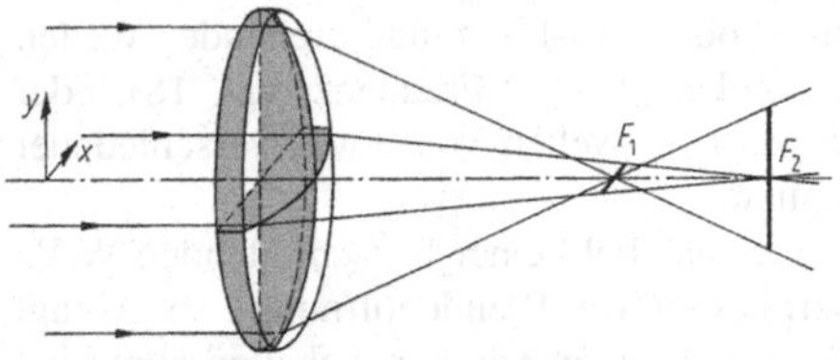


**Bild 22-10.** Astigmatismus einer Linse mit unterschiedlichen Krümmungen: anstelle eines Brennpunktes treten zwei zueinander senkrechte Brennlinien auf

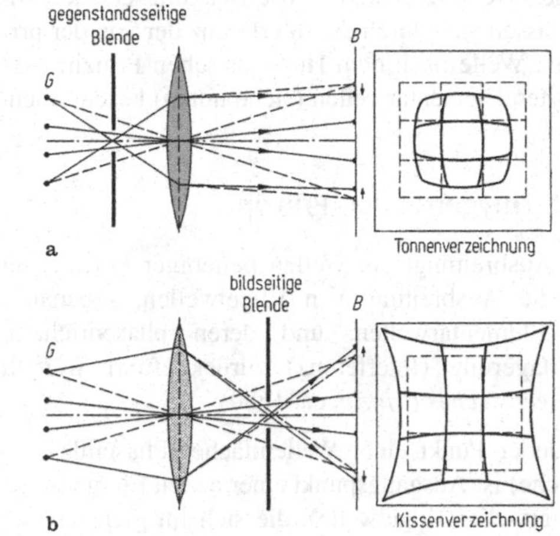


**Bild 22-11.** Zur Entstehung von Tonnen- und Kissenverzeichnung

## Astigmatismus

Linsen mit nicht ganz sphärischen Flächen zeigen in zueinander senkrechten, die optische Achse enthaltenden Schnittflächen unterschiedliche Zylinderlinsenwirkung, d. h., die Brennweiten sind für solche Schnittflächen verschieden. Ein Gegenstandspunkt kann dann bestenfalls in zwei unterschiedlichen Bildebenen als Strich abgebildet werden, wobei die beiden Strichbilder aufeinander senkrecht stehen (Bild 22-10). Derselbe Effekt tritt an sphärischen Linsen bei schiefer Durchstrahlung auf. Für den Astigmatismus korrigierte Linsensysteme: Anastigmate.

## Kissen- und Tonnenverzeichnung

Zu geometrischen Verzeichnungen infolge des Öffnungsfehlers kommt es, wenn das abbildende Strahlenbündel außerhalb der abbildenden Linse durch Blenden eingeengt wird. Eine Blende im Gegenstandsraum bewirkt, dass für die Abbildung der äußeren Gegenstandsbereiche Randbereiche der Linse genutzt werden. Das führt zu kleineren Abbildungsmaßstäben im Randbildbereich als im zentralen Bildbereich: *Tonnenverzeichnung* (Bild 22-11a).

Eine Blende im Bildbereich bewirkt das Gegenteil: äußere Bildbereiche werden stärker vergrößert wiedergegeben als innere Bildbereiche: *Kissenverzeichnung* (Bild 22-11b).

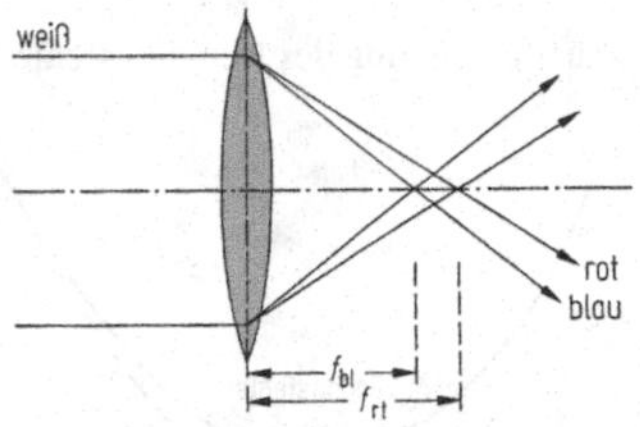


**Bild 22-12.** Zur Entstehung des Farbfehlers

## Farbfehler (chromatische Aberration)

Die Dispersion des Linsenmaterials bewirkt, dass vor allem im Linsenrandbereich blaues Licht stärker gebrochen wird als rotes Licht (vgl. Bilder 21-8 und 22-12). Mit weißem Licht erzeugte Bilder bekommen dann Farbsäume. Der Farbfehler kann für zwei Wellenlängen durch Kombination einer Konvexlinse aus Kronglas und einer Konkavlinse aus Flintglas, die unterschiedliche Dispersion haben (Tabelle 21-1), korrigiert werden: Achromat.

## Bildfeldwölbung

Ein ebener Gegenstand wird durch eine Linse in einer gewölbten Fläche scharf abgebildet. Auf einem ebenen Bildschirm werden dann die Randbereiche unscharf. In dieser Hinsicht korrigiertes Linsensystem: Aplanat.

## Beugungsfehler

Die Berücksichtigung der Welleneigenschaften des Lichtes zeigt, dass Lichtbündel von begrenztem Durchmesser $D$ durch Beugung (siehe 23 und 24) aufgeweitet werden. Bei der Abbildung eines fernen

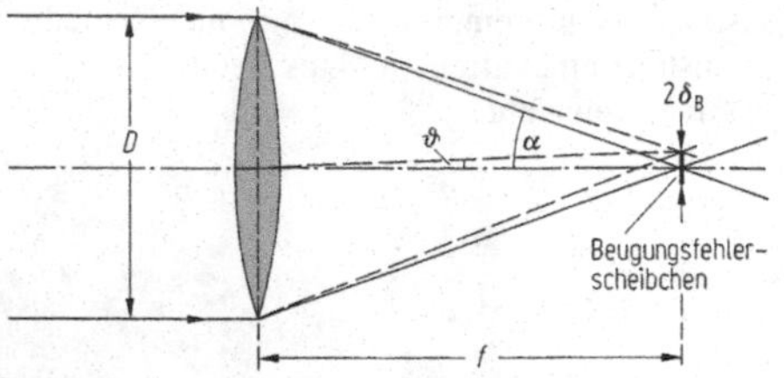


**Bild 22-13.** Zur Berechnung des Beugungsfehlers

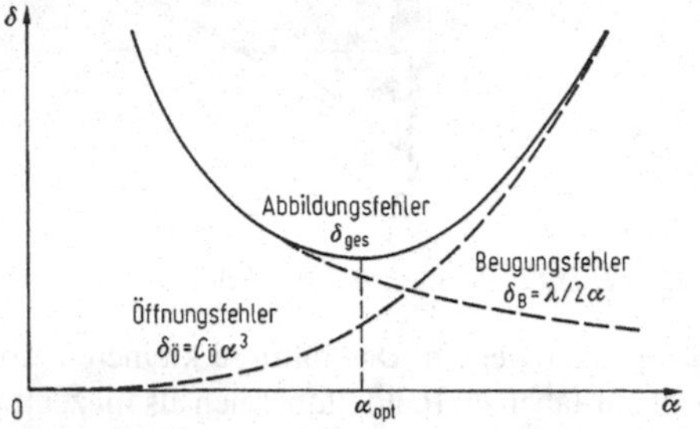


**Bild 22-14.** Abbildungsunschärfe als Funktion des Öffnungswinkels (qualitativ)

Gegenstandspunktes durch eine Linse des Durchmessers $D$ entsteht daher ein Beugungsfehlerscheibchen vom Radius $\delta_B$ (Bild 22-13).

Der Beugungswinkel beträgt nach (23-13) $\vartheta \approx \lambda/D$ mit $\lambda$ = Wellenlänge des verwendeten Lichtes. Mit $D \approx 2\alpha f$ folgt für den Radius des Beugungsfehlerscheibchens

$$\delta_B \approx \vartheta f \approx \frac{\lambda f}{D} \approx \frac{\lambda}{2\alpha} . \qquad (22\text{-}12)$$

Beugungsunschärfe $\delta_B$ und Öffnungsfehlerunschärfe $\delta_Ö$ (22-11) hängen also gegensinnig vom Öffnungswinkel (Aperturwinkel) $\alpha$ ab. Die geringste Unschärfe ist daher für einen optimalen Öffnungswinkel $\alpha_{opt}$ zu erwarten, der nahe bei $\delta_Ö \approx \delta_B$ liegt (Bild 22-14).

# 23 Interferenz und Beugung

Unter *Interferenz* versteht man die Erscheinungen, die durch Überlagerung von am gleichen Ort zusammentreffenden Wellenzügen gleicher Art (elastische, elektromagnetische, Materiewellen, Gravitationswellen usw.) hervorgerufen werden, z. B. gegenseitige Verstärkung oder Auslöschung, stehende Wellen usw. (bei Wellen gleicher Frequenz, vgl. 18), oder Schwebungen (bei Wellen von etwas verschiedener Frequenz) usw.

Bringt man in das Feld einer fortschreitenden Welle ein Hindernis (Schirm, Blendenöffnung), so gelangt z. B. auch in den geometrischen Schattenraum eine Wellenerregung: *Beugung*. Die Beugungserscheinungen lassen sich durch die Interferenz der von der primären Welle nach dem Huygens'schen Prinzip ausgelösten Elementarwellen (siehe unten) beschreiben.

## 23.1 Huygens'sches Prinzip

Die Ausbreitung von Wellen beliebiger Form kann auf die Ausbreitung von Kugelwellen, sogenannten Elementarwellen, und deren phasenrichtige Überlagerung (Interferenz) zurückgeführt werden (*Huygens'sches Prinzip*, ca. 1680):

> Jeder Punkt einer Wellenfläche (Phasenfläche) ist Ausgangspunkt einer neuen Elementarwelle (Kugelwelle), die sich im gleichen Medium mit der gleichen Geschwindigkeit wie die ursprüngliche Welle ausbreitet. Die tangierende Hüllfläche aller Elementarwellen gleicher Phase ergibt eine neue Lage der Phasenfläche der ursprünglichen Welle.

Beispiele für die Anwendung dieses Prinzips zeigt Bild 23-1.

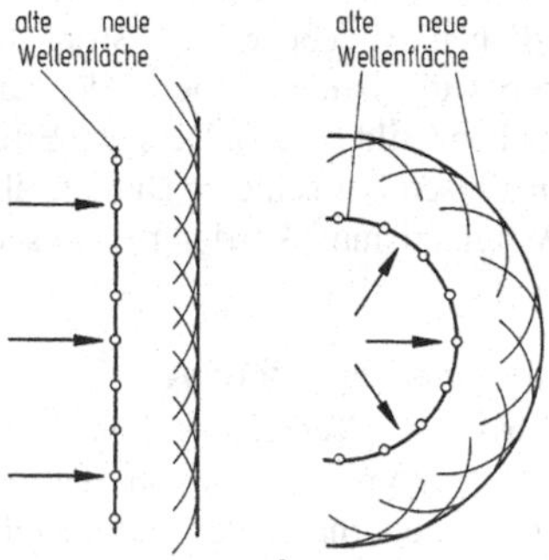


**Bild 23-1.** Entstehung neuer Wellenflächen nach dem Huygens'schen Prinzip **a** für ebene Wellen, **b** für Kugelwellen

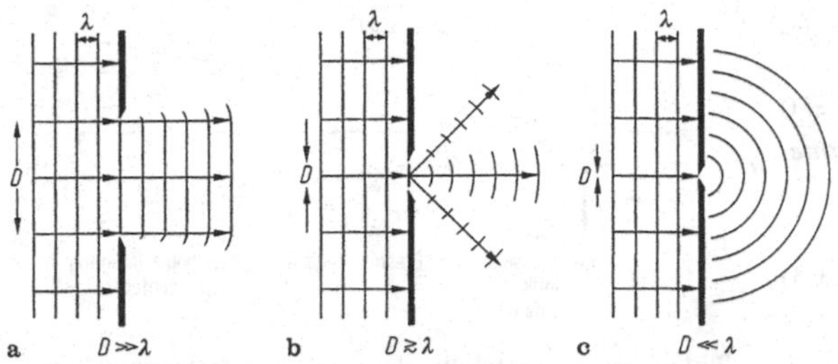


**Bild 23-2.** Durchgang einer Welle durch eine Spaltöffnung bei verschiedenen Spaltbreiten $D$ im Vergleich zur Wellenlänge $\lambda$

Die Anwendung des Huygens'schen Prinzips werde für den Durchgang einer ebenen Welle durch eine Schirmöffnung der Breite $D$ betrachtet (Bild 23-2): Sind die Abmessungen der Schirmöffnung groß gegenüber der Wellenlänge ($D \gg \lambda$, Bild 23-2a), so erhält man hinter dem Schirm ein nahezu ungestörtes Wellenfeld von der Breite der Schirmöffnung. Für diesen Fall ist das Strahlenkonzept offenbar brauchbar. Es treten lediglich geringe Randstörungen auf, die daher rühren, dass im Schattenbereich keine Elementarwellen vom hier ausgeblendeten primären Wellenfeld angeregt werden.
Kommt hingegen die Spaltbreite $D$ in die Nähe der Wellenlänge $\lambda$ ($D \gtrsim \lambda$, Bild 23-2b), so wird die Intensitätsverteilung zunehmend stärker durch Interferenzmaxima und -minima strukturiert, sowohl innerhalb als auch außerhalb des geometrischen Strahlbereichs. Wird schließlich $D \ll \lambda$ (Bild 23-2c), so wird gewissermaßen nur noch eine einzelne Elementarwelle von der Schirmöffnung freigegeben. Das Strahlenkonzept ist hier völlig unbrauchbar, während das Huygens'sche Prinzip die zu beobachtenden Beugungsphänomene richtig beschreibt.
Das Huygens'sche Prinzip, insbesondere in der Erweiterung von Fresnel (siehe unten) ist die Grundlage der quantitativen Theorie der Beugung.
*Huygens-Fresnel'sches Prinzip*:

> Die Amplitude einer Welle in einem beliebigen Raumpunkt ergibt sich aus der Überlagerung aller dort eintreffenden Elementarwellen unter Berücksichtigung ihrer Phase.

Bei der Beugung von elektromagnetischen Wellen, insbesondere von Lichtwellen, ist es für viele Zwecke ausreichend, den vektoriellen Charakter des elektromagnetischen Feldes zu vernachlässigen, d. h. eine skalare Wellentheorie zu betreiben. Zur Vereinfachung der mathematischen Schreibweise werden cos- und sin-Wellen nach der Euler'schen Formel (vgl. A 7.1) komplex zusammengefasst:

$$u(r,t) = \hat{u}[\cos(\omega t - kr) + \mathrm{j}\sin(\omega t - kr)] = \hat{u}\mathrm{e}^{\mathrm{j}(\omega t - kr)} = \hat{u}\mathrm{e}^{-\mathrm{j}kr}\mathrm{e}^{\mathrm{j}\omega t}\,. \quad (23\text{-}1)$$

$u$ ist hierin die Erregung. Das kann z. B. der Betrag der elektrischen oder der magnetischen Feldstärke sein. Eine auslaufende Kugelwelle (vgl. (18-10) lautet in dieser Schreibweise

$$u(r,t) = \frac{u_1}{r}\mathrm{e}^{-\mathrm{j}kr}\mathrm{e}^{\mathrm{j}\omega t}\,. \quad (23\text{-}2)$$

Für die Berechnung der Beugungsintensitäten durch phasenrichtige Überlagerung der elementaren Kugelwellen ist der Zeitfaktor $\mathrm{e}^{\mathrm{j}\omega t}$ nicht wesentlich und wird daher abgespalten. Im Schlussergebnis der Beugungsrechnung kann, wenn nötig, der Realteil der Lichterregung $u$ wiedergewonnen werden durch Addition der konjugiert komplexen Erregung $u^*$.
Die mathematische Ausformulierung des Huygens-Fresnel'schen Prinzips durch Kirchhoff berechnet die Lichterregung $u(\mathrm{P})$ in einem beliebigen Punkt P als Integral der Lichterregung $u$ über eine den Punkt P einschließende Fläche. Handelt es sich um die Beugung an einer Öffnung in einem Schirm (Fläche $A$), so wird man als Integrationsfläche den Schirm einschließlich Öffnung wählen. Da die Erregung auf dem Schirm jedoch nicht bekannt ist, wird nach Kirchhoff angenommen, dass in der freien Öffnung die Erregung vorliegt, die auch ohne Vorhandensein des Schirmes dort auftreten würde, während die Erregung (und deren Gradient) auf dem Schirm selbst gleich null gesetzt wird. Da die Materialeigenschaften des Schirms dann gar nicht mehr in die Rechnung eingehen, muss das Ergebnis für die unmittelbare Nähe des Schirmrandes nicht in jedem Falle zutreffen. Davon

abgesehen ist jedoch die Kirchhoff'sche Beugungstheorie außerordentlich erfolgreich.

Für einen ebenen Schirm an der Stelle $z = 0$ (Bild 23-3) lautet die *Kirchhoff'sche Beugungsformel* in der Formulierung von Sommerfeld

$$u(\mathrm{P}) = \frac{\mathrm{j}}{\lambda} \iint_A u(\xi, \eta) \frac{\mathrm{e}^{-\mathrm{j}kr}}{r} \cos(\boldsymbol{n}, \boldsymbol{r})\, \mathrm{d}\xi\, \mathrm{d}\eta\,. \quad (23\text{-}3)$$

$u(\mathrm{P})$ und $u(\xi, \eta)$ sind die Erregungen im Beobachtungspunkt $\mathrm{P}(x, y, z)$ bzw. in der Schirmöffnung (Schirmkoordinaten $\xi$ und $\eta$), $\boldsymbol{n}$ ist die Flächennormale des Schirms. Gleichung (23-3) formuliert genau die Huygens'sche Vorstellung: Die resultierende Erregung ergibt sich als Überlagerung aller von der beugenden Öffnung ausgehenden Kugelwellen. Der Faktor $\cos(\boldsymbol{n}, \boldsymbol{r})$ entspricht dabei dem Lambert'schen Cosinusgesetz (siehe 20.2). Ferner ist $r \gg \lambda$ vorausgesetzt. Die Erregungsverteilung $u(\xi, \eta)$ in der Schirmöffnung kann z. B. durch eine Lichtquelle $\mathrm{Q}(x_0, y_0, z_0)$ im Abstand $\boldsymbol{R}_0$ erzeugt werden.

Sind die linearen Abmessungen der beugenden Öffnung $D \ll r, R$, so kann $r$ im Nenner durch den mittleren Wert $R$ ersetzt werden und zusammen mit dem dann wenig veränderlichen Faktor $\cos(\boldsymbol{n}, \boldsymbol{r})$ aus dem Integral herausgezogen werden. Wegen $R \gg \xi, \eta$ kann dann $r$ im Exponenten entwickelt werden:

$$r = R - \alpha\xi - \beta\eta + \frac{1}{2R}[\xi^2 + \eta^2 - (\alpha\xi + \beta\eta)^2 + \ldots]\,. \quad (23\text{-}4)$$

Hierbei sind

$$\alpha = \frac{x}{R} \quad \text{und} \quad \beta = \frac{y}{R} \quad (23\text{-}5)$$

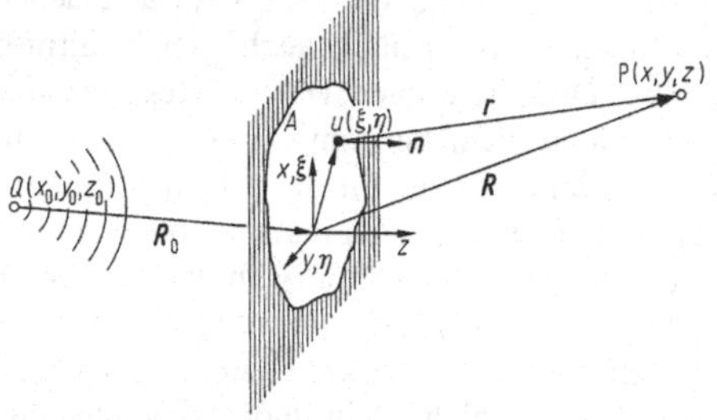


**Bild 23-3.** Zur Beugung an einer Schirmöffnung nach Kirchhoff

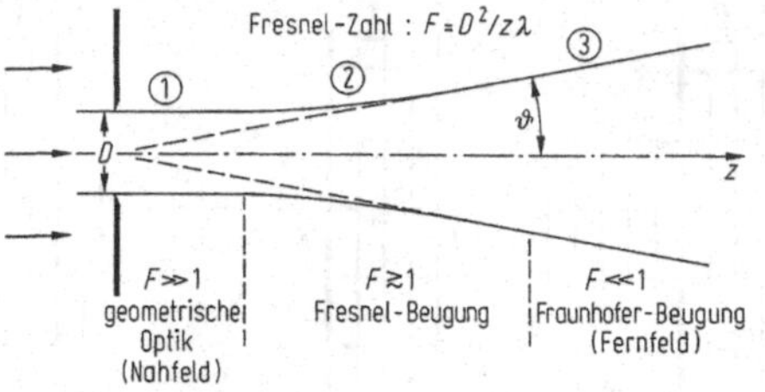


**Bild 23-4.** Zur Einteilung der Beugungserscheinungen hinter einer Öffnung der Breite $D > \lambda$ in charakteristische Bereiche mithilfe der Fresnel-Zahl

die Richtungscosinus von $\boldsymbol{R}$ gegen die $\xi$- bzw. $\eta$-Achse. Diese Entwicklung gestattet eine Einteilung der Beugungserscheinungen:

**Fraunhofer-Beugung.** Für große Entfernungen von Lichtquelle Q und Beobachtungspunkt P vom Schirm, d. h. $R, R_0 \to \infty$, können die quadratischen Glieder vernachlässigt werden. Aus (23-3) ergibt sich dann unter Weglassung des konstanten Phasenfaktors $\exp(-\mathrm{j}kR)$

$$u(\mathrm{P}) = \frac{\mathrm{j}\cos(\boldsymbol{n}, \boldsymbol{R})}{\lambda R} \iint_A u(\xi, \eta)\, \mathrm{e}^{\mathrm{j}k(\alpha\xi + \beta\eta)}\, \mathrm{d}\xi\, \mathrm{d}\eta\,. \quad (23\text{-}6)$$

**Fresnel-Beugung.** In Fällen, in denen die Bedingung für Fraunhofer-Beugung nicht erfüllt ist, müssen mindestens die quadratischen Glieder in (23-4) berücksichtigt werden.

Entsprechend den genannten Einschränkungen lassen sich die verschiedenen Beugungsbereiche mithilfe der *Fresnel-Zahl*

$$F = \frac{D^2}{z\lambda} \quad (23\text{-}7)$$

($D$ lineare Abmessung des beugenden Objekts) charakterisieren (Bild 23-4):

1. Bereich der geometrischen Optik, $F \gg 1 (F \to \infty)$: Die Ausbreitung erfolgt entsprechend der von der Lichtquelle ausgehenden geometrischen Projektion des Schirms. Kennzeichen sind: Geradlinigkeit der Ausbreitung in homogenen Medien (siehe 22), scharfe Schattengrenzen, Einfluss der Wellenlänge vernachlässigbar.
2. Bereich der Fresnel-Beugung, $F \approx 1$ $(10^{-2} < F < 10^2)$:

Die Ausbreitung erfolgt nur näherungsweise im Bereich der geometrischen Schattenprojektion. Mit abnehmenden Werten von $F$ steigt die seitliche Abströmung der Strahlungsenergie und geht in den Beugungswinkel $\vartheta$ (siehe 23.2) über. Die Intensitätsverteilung hinter der Öffnung ist stark strukturiert und zeigt eine ausgeprägte $z$-Abhängigkeit in der Zahl der Interferenzmaxima.

3. Bereich der Fraunhofer-Beugung, $F \ll 1$ ($F \to 0$):
   Die Ausbreitung erfolgt hauptsächlich innerhalb des Beugungswinkels $\vartheta = \arcsin(\lambda/D)$. Die Form der Intensitätsverteilung hängt nicht mehr von $z$ ab.

## 23.2 Fraunhofer-Beugung an Spalt und Gitter

Die Beobachtung der Fraunhofer-Beugung setzt voraus, dass Lichtquelle Q und Beobachtungspunkt P sehr weit von der beugenden Öffnung entfernt sind ($R_0, R \to \infty$). Im Experiment lässt sich dies durch eine Parallelstrahl-Beleuchtung (z. B. mithilfe einer Linse vor dem Objekt, in deren gegenstandsseitigem Brennpunkt sich eine Punktlichtquelle befindet) und eine hinter dem Beugungsobjekt angeordnete Linse erreichen, in deren hinterer Brennebene das Fraunhofer-Beugungsbild auftritt (Bild 23-5).

Nimmt man an, dass die Erregung direkt hinter dem Schirm durch eine konstante Primärerregung $u_e$ erzeugt wird (etwa durch eine Punktquelle $Q(0, 0, -\infty)$, sodass die Schirmebene eine Phasenfläche ist), die durch den Schirm (und seine Öffnung) örtlich moduliert wird, so lässt sich die Erregung auch durch eine Objektfunktion $O(\xi, \eta)$ beschreiben:

$$u(\xi, \eta) = u_e\, O(\xi, \eta)\,. \qquad (23\text{-}8)$$

Das Kirchhoff'sche Integral (23-6) lautet dann bis auf nur langsam mit $x$ und $y$ variierende Vorfaktoren

$$u(\mathrm{P}) = \text{const} \iint_A O(\xi, \eta)\, \mathrm{e}^{\mathrm{j}k(\alpha\xi + \beta\eta)} \mathrm{d}\xi\, \mathrm{d}\eta \qquad (23\text{-}9)$$

und stellt mathematisch eine Fourier-Transformation (A 23.1) dar.

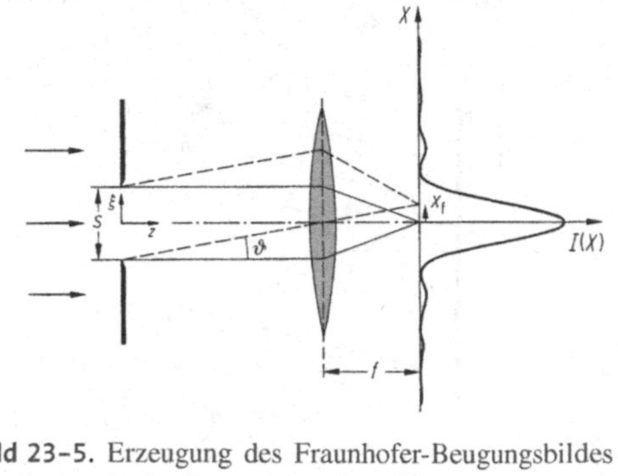


**Bild 23-5.** Erzeugung des Fraunhofer-Beugungsbildes eines Spaltes in der Brennebene einer Linse

### Beugung am Einfachspalt

Die Objektfunktion für einen in $\eta$-Richtung $\infty$-lang ausgedehnten Spalt der Breite $s$ lautet

$$O(\xi, \eta) = O(\xi) = \begin{cases} 1 & \text{für} \quad -s/2 < \xi < s/2 \\ 0 & \text{sonst} \end{cases}\,. \qquad (23\text{-}10)$$

Mit dieser Objektfunktion ergibt das leicht auszuführende Kirchhoff'sche Integral (23-9) für den Intensitätsverlauf $I(X) \sim u^2(X)$ in der Beugungsebene die *Spaltbeugungsfunktion*

$$I(X) = I_0 \frac{\sin^2 X}{X^2}\,. \qquad (23\text{-}11)$$

$I_0$ ist die Intensität an der Stelle $X = 0$, also in Geradeausrichtung. $X = k\alpha s/2 = \pi\alpha s/\lambda = \pi s x_f/\lambda f$ ist eine normierte Koordinate in der Bildebene (Brennebene der nachgeschalteten Linse) mit $x_f \approx \alpha f$ und $\alpha = \sin\vartheta$ (Bild 23-5):

$$X = \frac{\pi s}{\lambda} \sin\vartheta\,. \qquad (23\text{-}12)$$

Bild 23-6 zeigt die Intensitätsverteilung $I(X)$. Sie hat Nullstellen bei $X = \pi, 2\pi, \ldots, n\pi, \ldots$. Hier interferieren alle von der Spaltfläche ausgehenden Elementarwellen so miteinander, dass sie sich insgesamt auslöschen. Die zu den Minima gehörenden Beugungswinkel beim Einfachspalt ergeben sich aus (23-12) zu

$$\sin\vartheta_{\min} = \pm n \frac{\lambda}{s} \quad (n = 1, 2, \ldots)\,. \qquad (23\text{-}13)$$

Wird die Spaltbreite $s$ verringert, so wird die Verteilung umgekehrt proportional zu $s$ breiter (die Intensität dabei geringer), bis schließlich eine einfache Kugelwelle mit nahezu richtungsunabhängiger Intensität übrigbleibt (vgl. auch Bild 23-2c).

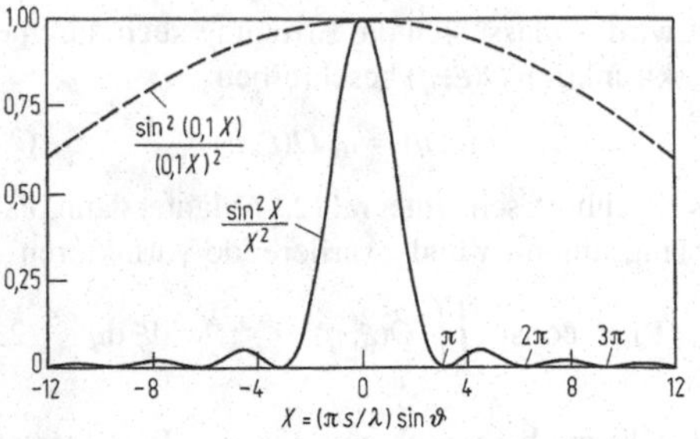


**Bild 23-6.** Spaltfunktion: Fraunhofer-Beugungsintensität hinter Einfachspalten verschiedener Breite $s_1$ und $s_2 = 0{,}1\,s_1$

## Beugung am Doppelspalt

Die Beugungsintensität hinter zwei oder mehr unendlich dünnen Spalten mit dem Abstand $g$ lässt sich auf direktem Wege berechnen. Die Interferenzamplitude der Erregung auf einem weit entfernten Schirm, die durch Überlagerung der an zwei Spalten gebeugten Wellen entsteht (Bild 23-7), ergibt sich aus dem Gangunterschied (Differenz der optischen Weglängen, siehe 21.1) $\Delta L = g\sin\vartheta$ bzw. der daraus resultierenden Phasendifferenz

$$\Delta\varphi = k\Delta L = \frac{2\pi}{\lambda}\,g\sin\vartheta\,. \qquad (23\text{-}14)$$

Die Interferenzamplitude der beiden Wellen mit der Einzelamplitude $u_e$ beträgt in der Beugungsrichtung $\vartheta$ aufgrund der Phasendifferenz gemäß (23-14)

$$u_\vartheta = 2u_e\cos\frac{\Delta\varphi}{2}\,. \qquad (23\text{-}15)$$

Daraus ergibt sich für die Beugungsintensität $I_\vartheta \sim u_\vartheta^2$ (siehe 19.1) des Doppelspaltes (Bild 23-7)

$$I_\vartheta = 4I_e\cos^2\left(\frac{\pi g}{\lambda}\sin\vartheta\right)\,. \qquad (23\text{-}16)$$

Diese Beugungsintensitätsverteilung hat Maxima an den Stellen

$$\sin\vartheta_{max} = \pm n\frac{\lambda}{g} \quad (n = 0, 1, \ldots) \qquad (23\text{-}17)$$

und Minima bei

$$\sin\vartheta_{min} = \pm\left(n + \frac{1}{2}\right)\frac{\lambda}{g} \quad (n = 0, 1, \ldots)\,. \qquad (23\text{-}18)$$

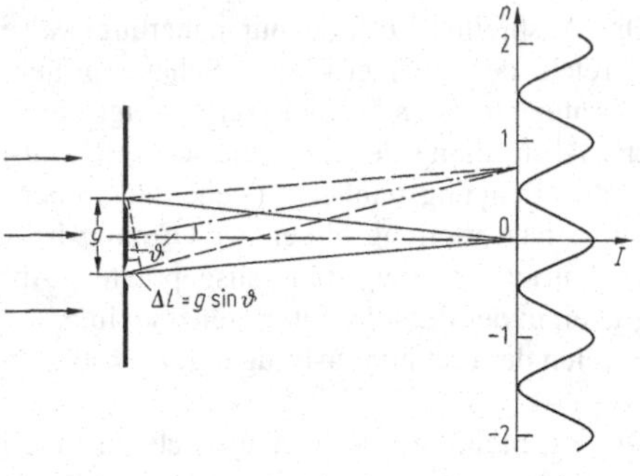


**Bild 23-7.** Beugung am unendlich dünnen Doppelspalt

Die $\cos^2$-förmige Beugungsintensitätsverteilung beim Doppelspalt ist die typische Erscheinungsform der Zweistrahlinterferenz, die sehr häufig z. B. auch bei Interferometern ausgenutzt wird. Da man es in praxi mit endlichen Wellenzügen zu tun hat (vgl. 18.1), treten Interferenzerscheinungen zwischen beiden Wellenzügen nur dann auf, wenn der Weglängenunterschied $\Delta L$ nicht größer ist als die Länge der Wellenzüge, die in diesem Zusammenhang als *Kohärenzlänge* bezeichnet wird.

Zweistrahlinterferenzen treten u. a. bei zwei vom gleichen Verstärker angesteuerten Lautsprechern auf, bei zwei Antennen eines Senders usw.

## Beugung am Gitter

Erhöht man die Zahl $N$ der Spalte über 2 hinaus, so gilt die Bedingung (23-17) für das Auftreten für Maxima weiterhin, da bei dem Beugungswinkel $\vartheta_{max}$ auch die weiteren Spalten phasenrichtig zur Beugungsintensität beitragen (Bild 23-8):

$$\sin\vartheta_{max} = \pm\,n\frac{\lambda}{g}, \quad n = 0, 1 \ldots\,. \qquad (23\text{-}19)$$

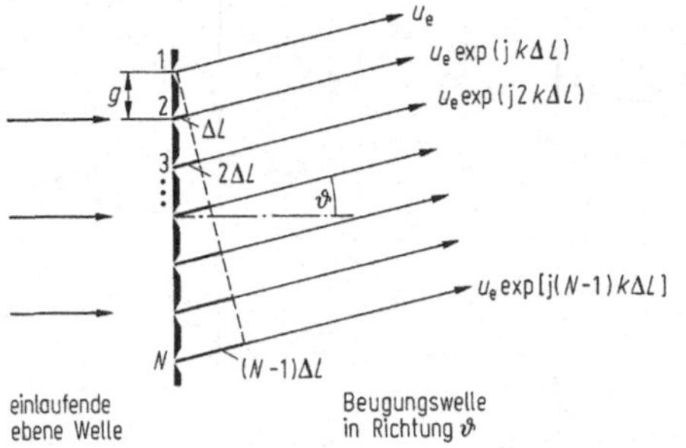


**Bild 23-8.** Zur Beugung am Gitter mit $N$ Spalten

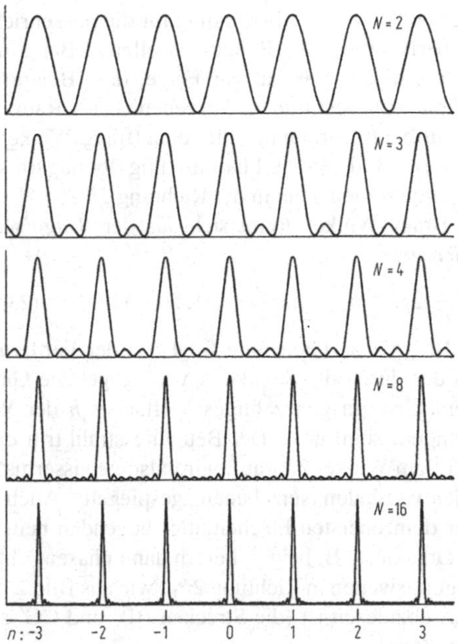


**Bild 23-9.** Verteilung der Fraunhofer-Beugungsintensität eines Gitters mit zunehmender Spaltzahl $N$

Der Abstand $g$ der Gitterspalte wird auch Gitterkonstante genannt.

Zwischen den Hauptmaxima verteilt sich die Beugungsintensität jedoch anders als beim Doppelspalt, da bei diesen Richtungen jeweils viele unterschiedliche Phasen auftreten, die zur destruktiven Interferenz führen. Die Überlagerung der von den einzelnen Spalten ausgehenden Teilwellen in Richtung $\vartheta$ ergibt

$$u_\vartheta = u_e[1 + e^{jk\Delta L} + \ldots + e^{jk(N-1)\Delta L}] . \quad (23\text{-}20)$$

Mit der Summenformel für geometrische Reihen ergibt sich daraus

$$u_\vartheta = u_e \frac{1 - e^{jkN\Delta L}}{1 - e^{jk\Delta L}} = u_e \frac{\sin(kN\Delta L/2)}{\sin(k\Delta L/2)} e^{jk(N-1)\Delta L/2} . \quad (23\text{-}21)$$

Der Exponentialterm ist ein Phasenfaktor mit dem Betrag 1. Die Fraunhofer-Beugungsintensität eines Gitters mit $N$ unendlich dünnen Spalten, die sog. Gitterbeugungsfunktion, beträgt demnach mit $k\Delta L/2 = (\pi g/\lambda)\sin\vartheta$

$$I_\vartheta = I_e N^2 \frac{\sin^2\left(N\frac{\pi g}{\lambda}\sin\vartheta\right)}{N^2\sin^2\left(\frac{\pi g}{\lambda}\sin\vartheta\right)} . \quad (23\text{-}22)$$

Der Bruchausdruck hat in den durch (23-19) gegebenen Hauptmaxima den Wert 1. Hier wächst demnach die Intensität quadratisch mit der Zahl $N$ der Spaltöffnungen des Gitters. Gleichzeitig sinkt die Halbwertsbreite mit $N$ (Bild 23-9). Für $N \to \infty$ erhält man eine Folge von Deltafunktionen (vgl. A 8.3) an den Stellen der Hauptmaxima: „Delta"-Kamm.

Reale Gitterspalte haben immer eine endliche Breite $s$. Daher überlagert sich der Gitterbeugungsfunktion (23-22) stets die Spaltbeugungsfunktion (23-11) als Intensitätsfaktor (Bild 23-10).

*Kreuzgitter* sind Beugungsschirme mit Gitterstrukturen in zwei verschiedenen Richtungen. Sie erzeugen dementsprechend ein zweidimensionales Beugungspunktmuster. Bei der Beugung an vielen, in einer Ebene liegenden, statistisch orientierten Kreuzgittern ordnen sich die Beugungspunkte gleicher Ordnung zu ringförmigen Beugungsstrukturen um die 0. Ordnung als Zentrum. Dies ist das Analogon zu den Debye-Scherrer-Ringen bei der Beugung von Röntgen- und Elektronenstrahlen an Kristallpulvern oder polykristallinen Schichten (siehe unten und 25.4).

### Gitter-Dispersion

Nach (23-19) ist der Beugungswinkel für das Auftreten von Beugungsmaxima von der Wellenlänge $\lambda$ des gebeugten Lichtes abhängig. Bei der Gitterbeugung von weißem Licht sind danach die Beugungswinkel

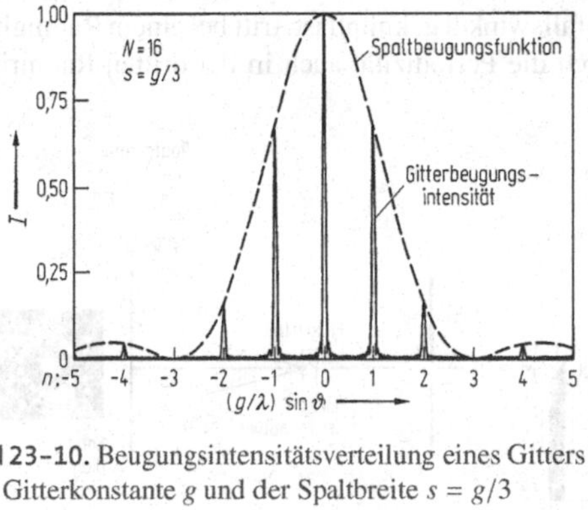


**Bild 23-10.** Beugungsintensitätsverteilung eines Gitters mit der Gitterkonstante $g$ und der Spaltbreite $s = g/3$

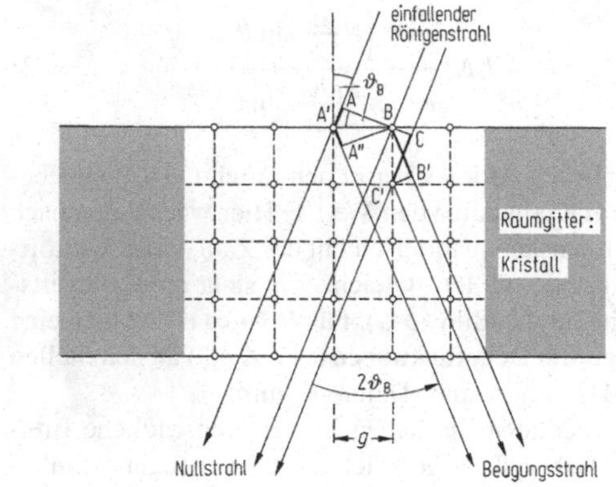


**Bild 23-11.** Röntgenbeugung am Raumgitter

des blauen Strahlungsanteils kleiner als die des roten Anteils. Jede Beugungsordnung spreizt sich daher zu einem Spektrum auf. Anwendung bei der Spektralanalyse: Gitterspektrograf.

### Beugung an Raumgittern

Licht wird (wie jede Welle) nicht nur an Öffnungen gebeugt, sondern ebenso an Hindernissen wie kleinen Kugeln o. ä. Sind solche beugenden Objekte dreidimensional periodisch angeordnet, so liegt ein Raumgitter vor. Fällt eine ebene Welle auf ein solches Raumgitter (Bild 23-11; die Gitterperiodizität ist senkrecht zur Zeichenebene fortgesetzt zu denken), so lässt sich die Beugung daran als sukzessive Beugung an hintereinander angeordneten Flächengittern darstellen (im Bild 23-11 untereinander liegende Kreuzgitter). Während das Entstehen von Beugungsstrahlen an einem einzelnen Flächengitter nicht an bestimmte Einfallswinkel geknüpft ist, tritt bei einem Raumgitter durch die Periodizität auch in der dritten Raumrichtung noch eine dritte Bedingung für die phasenrichtige Überlagerung aller Beugungswellen zu Beugungsmaxima hinzu. Das hat zur Folge, dass Beugungsmaxima von bestimmten Netzebenen des Raumgitters nur bei Einstrahlung unter dem Bragg-Winkel $\vartheta_B$ auftreten (Bild 23-11). Phasenrichtig überlagern sich Beugungswellen dann in der Richtung $2\vartheta_B$.

Der Bragg-Winkel ergibt sich aus der *Bragg'schen Gleichung:*

$$2g \sin\vartheta_B = n\lambda \quad (n = 1, 2, \ldots)\,. \qquad (23\text{-}23)$$

Die Bragg'sche Gleichung folgt aus der Forderung, dass der durch die Strecke AA′A″ gegebene Gangunterschied ein ganzzahliges Vielfaches $n$ der Wellenlänge $\lambda$ sein muss. Der Beugungsstrahl tritt dann unter dem Winkel $2\vartheta_B$ auf, wird also gewissermaßen an den vertikalen Netzebenen „gespiegelt". Auch die unter dem obersten Flächengitter liegenden beugenden Objekte, z. B. bei C′, liefern dann phasenrichtige Beugungswellen in Richtung $2\vartheta_B$, wie aus Bild 23-11 sofort abzulesen ist (die Strecken BB′ und CC′ sind gleich lang).

Solche Raumgitter liegen als Atomgitter in den Kristallen vor. Mit Lichtwellen ($\lambda \approx 500$ nm) sind daran jedoch keine Beugungsmaxima zu erzielen, da die Gitterkonstanten $g$ in der Größenordnung 0,1 bis 1 nm liegen und (23-23) nicht erfüllbar ist. Hingegen lassen sich mit Röntgenstrahlen (siehe 19.2) oder mit Elektronenstrahlen (vgl. 25.4) an Kristallen Beugungsmaxima beobachten, da in beiden Fällen $\lambda < g$ gemacht werden kann.

Durch *Röntgenstrahlbeugung an Kristallen* haben v. Laue, Friedrich und Knipping (1912) erstmals zugleich den Gitteraufbau von Kristallen als auch die Welleneigenschaften der Röntgenstrahlung durch fotografische Registrierung der Laue-Diagramme

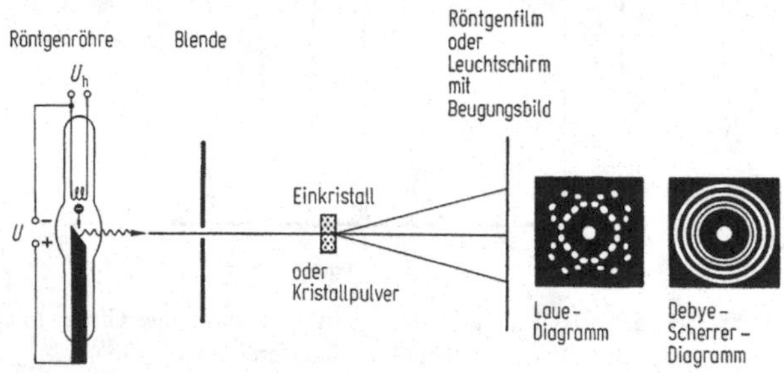


**Bild 23-12.** Röntgenbeugung an Einkristallen (Laue-Diagramm) und an polykristallinen Materialien oder Kristallpulvern (Debye-Scherrer-Diagramm)

nachgewiesen. Seitdem hat sich die Röntgenbeugung als wichtiges Hilfsmittel zur Strukturuntersuchung entwickelt, da durch Messung der Beugungswinkel $\vartheta_B$ über die Bragg'sche Gleichung (23-23) die zugehörigen Gitterkonstanten bestimmt werden können. Bei der Röntgenbeugung an polykristallinen Stoffen oder an Kristallpulvern erhält man (analog zur oben erwähnten Beugung an vielen statistisch orientierten Kreuzgittern) statt der Laue-Punktdiagramme ringförmige Beugungsdiagramme: Debye-Scherrer-Diagramme (Bild 23-12).

# 24 Wellenaspekte bei der optischen Abbildung

Die optische Abbildung ist in 22 im Rahmen der geometrischen Optik behandelt, d. h. unter Verwendung des Strahlenkonzeptes ohne Berücksichtigung der Welleneigenschaften der zur Abbildung verwendeten Lichtstrahlung (Vernachlässigung der Beugung). Nach Behandlung der Beugung in 23 wird die optische Abbildung hier nochmals vom Standpunkt der Wellenausbreitung aus dargestellt.

## 24.1 Abbe'sche Mikroskoptheorie

Wie ähnlich ist bei der optischen Abbildung die geometrische Struktur des Bildes derjenigen des abgebildeten Gegenstandes (Objektes)? Dazu werde die Abbildung eines Beugungsgitters (Gitterkonstante $d$) mittels einer Linse betrachtet (Bild 24-1).

Die vom Objektgitter ausgehenden Beugungsstrahlen werden in der hinteren Brennebene der Abbildungslinse (Objektiv) fokussiert, hier entsteht das Fraunhofer-Beugungsbild des Objekts (siehe 23.2, Bild 23-5), im Falle eines Gitters ein System von hellen Punkten, die die verschiedenen Beugungsordnungen repräsentieren. Das im Verlauf der weiteren Wellenausbreitung von den Beugungspunkten ausgehende Licht interferiert in der Bildebene zur Lichtverteilung des Bildes. Im dargestellten Beispiel (Bild 24-1) werden von der Objektivöffnung die −1., 0. und +1. Beugungsordnung erfasst und in der Brennebene abgebildet. Dementsprechend ergibt sich in der Bildebene eine Intensitätsverteilung, die der Beugungsintensitätsverteilung eines Dreifachspaltes entspricht (Bild 23-9 für $N = 3$). Ersichtlich ist die Ähnlichkeit der Bildintensitätsverteilung mit der des Objekts nur sehr gering. Im Wesentlichen kann aus dem Bild in diesem Falle nur die Gitterkonstante des Objekts (um den Vergößerungsmaßstab gedehnt) entnommen werden. Um eine größere Ähnlichkeit des Bildes mit dem Objekt zu erzielen, müssen offenbar mehr Beugungsordnungen vom Objektiv erfasst und damit zur Abbildung zugelassen werden. Dann verbessert sich die Wiedergabe gemäß Bild 23-9 mit zunehmender Zahl der Quellpunkte in der Brennebene des Objektivs.

Demnach erfolgt vom Beugungsstandpunkt her die Abbildung in zwei Schritten: Zunächst entsteht in der Brennebene das Fraunhofer-Beugungsbild des Objekts. Im zweiten Schritt entsteht in der Bildebene das Bild des Objekts als Beugungsbild der Lichtverteilung in der Brennebene. Beide Schritte lassen sich mathematisch durch das Kirchhoff'sche Integral (23-9) beschreiben, das formal eine Fourier-Transformation (vgl. A 23.1) darstellt. Das Bild entsteht also aus der Objekt-Lichtverteilung durch zweifache Fourier-Transformation. Dies sind die Grundgedanken der *Abbe'schen Mikroskoptheorie* (Ernst Abbe, 1890).

Die Abbe'sche Vorstellung lässt sich durch künstliche Eingriffe in das Beugungsbild in der Objektivbrennebene experimentell überprüfen: Werden alle Beugungsordnungen bis auf eine am weiteren Bildaufbau gehindert (gestrichelte Blende in Bild 24-1), so entsteht lediglich die breite Helligkeitsverteilung auf dem Schirm, die durch eine einzelne Kugelwelle erzeugt wird, ohne jede Strukturinformation über das abzubildende Objekt. Eine Mindestinformation über das abgebildete Objekt ergibt sich offenbar erst dann, wenn mindestens zwei Beugungsordnungen zum Bildaufbau beitragen und eine $\cos^2$-Verteilung in der Bildebene erzeugen (vgl. (23-16)).

Beträgt der Öffnungswinkel des Objektivs $\vartheta_0$, so ist der größte noch vom Objektiv zu erfassende Beugungswinkel $\vartheta \approx \vartheta_0$ (bei schräger Beleuchtung des Objektgitters, sodass 0. und 1. Ordnung gerade noch durch die Objektivlinse gehen, vgl. Bild 24-2). Dem entspricht ein kleinster, noch abzubildender Gitterspaltabstand $d \approx \lambda / \sin \vartheta_0$, den man für $n = 1$ aus der Beugungsformel (23-19) erhält. Da dieselbe Beugungsformel auch für den Doppelspalt gilt (23-17),

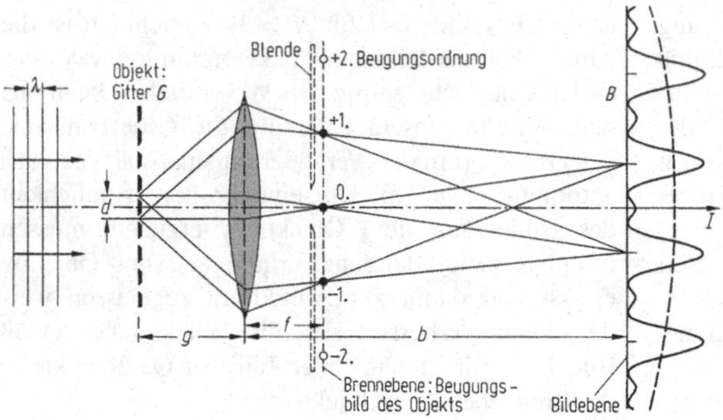


**Bild 24-1.** Zur Abbildung eines Gitterobjekts nach der Abbe'schen Mikroskoptheorie

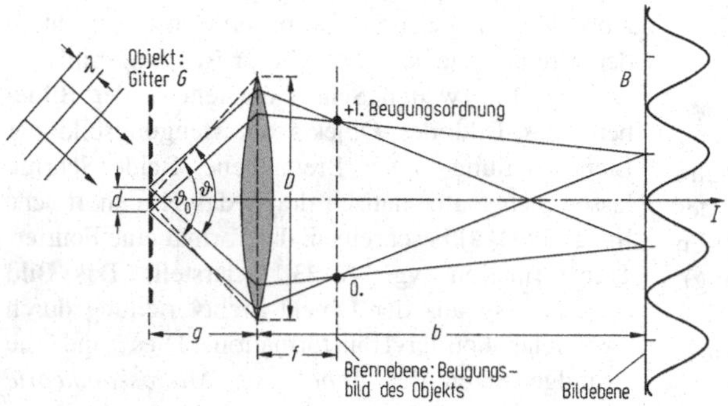


**Bild 24-2.** Zur Auflösungsgrenze bei der optischen Abbildung

gilt offenbar generell für den kleinsten bei gegebenem Objektiv-Öffnungswinkel $\vartheta_0$ noch abzubildenden Abstand, die sog. *Abbe'sche Auflösungsgrenze*,

$$d_{\min} \approx \frac{\lambda}{\sin \vartheta_0} . \qquad (24\text{-}1)$$

Für das *Mikroskop* ist als untere Grenze $\sin \vartheta_0 = 1$ zu erreichen, d. h., die Auflösungsgrenze des Mikroskops ist

$$d_{\min} \approx \lambda . \qquad (24\text{-}2)$$

Das Lichtmikroskop kann daher prinzipiell keine Strukturen auflösen, deren Abstand kleiner als die Wellenlänge des Lichtes von etwa 0,5 µm ist. Höhere Auflösungen lassen sich nur mit Strahlungen kleinerer Wellenlänge erzielen (Elektronenmikroskop, siehe 25.5).

Beim *Fernrohr* ist die Gegenstandsweite $g$ sehr groß gegen den Objektivdurchmesser $D$. Dann ist $\vartheta_0 \approx D/g \approx \sin \vartheta_0$, womit aus (24-1) für die Auflösungsgrenze des Fernrohrs folgt:

$$d_{\min} \approx \frac{\lambda}{D} g . \qquad (24\text{-}3)$$

Beispiel: Bei einer sonst störungsfreien Abbildung mit einem Fernrohrobjektiv von $D = 5$ cm Durchmesser beträgt die Auflösungsgrenze für Gegenstände in $g = 100$ km Entfernung $d_{\min} \approx 1$ m.

## 24.2 Holografie

Die Abbe'sche Theorie (24.1) stellt die optische Abbildung als zweistufigen Vorgang dar, bei dem zunächst das Beugungsbild des Objekts in der Brennebene des Objektivs erzeugt wird. Anschließend entsteht durch Interferenz aus der Lichtverteilung des Beugungsbildes das Bild in der Bildebene. Diese Vorstellung legt nahe, dass im Grunde die Lichtverteilung nicht nur in der Brennebene des Objektivs, sondern in jeder Ebene zwischen Objekt und Bild die vollständige Objektinformation enthält.

Gelingt es, diese Lichtverteilung nach Betrag und Phase z. B. fotografisch zu speichern (*Holografie*, von griech. hólos = ganz und gráphein = schreiben), so muss im Prinzip das Bild daraus rekonstruiert werden können (Gabor, 1948).
Wird danach einfach eine Fotoplatte in die vom Objekt ausgehende Objektwelle gestellt und anschließend entwickelt, so erhält man eine vom Objekt bestimmte Schwärzung, die jedoch nur den Betrag der Amplitude (bzw. deren Quadrat) der Objektwelle am Orte der Fotoplatte wiedergibt, während die Phase nicht registriert wird. Eine Rekonstruktion der Objektwelle, z. B. durch Beleuchtung der (zur Erhaltung eines Positivs umkopierten) Fotoplatte, ist daher so i. Allg. nicht möglich.
Eine gleichzeitige Registrierung von Betrag und Phase der Objektwelle in einem *Hologramm* ist durch zusätzliche Überlagerung einer Referenzwelle erreichbar (Bild 24-3).
Die Objektwelle in der Ebene der Fotoplatte $(x, y)$, die hier durch Beleuchtung eines teiltransparenten Gegenstandes (Objekt) erzeugt wird, werde nach Abspaltung des Zeitfaktors $\exp(-\mathrm{j}\omega t)$ dargestellt durch

$$u_\mathrm{G}(x,y) = |u_\mathrm{G}(x,y)|\,\mathrm{e}^{\mathrm{j}\varphi_\mathrm{G}(x,y)}\,, \qquad (24\text{-}4)$$

worin der Betrag der Erregung $|u_\mathrm{G}(x,y)|$ sich als Beugungserregung aus der Lichtverteilung im Objekt durch Anwendung des Kirchhoff'schen Integrals (für ein ebenes Objekt z. B. aus (23-9)) bestimmen lässt. Bei einiger Entfernung vom Objekt ist $u_\mathrm{G}(x,y)$ dem Objekt i. Allg. nicht mehr erkennbar ähnlich. $\varphi_\mathrm{G}(x,y)$ ist die Phase in der Registrierebene $(x, y)$.

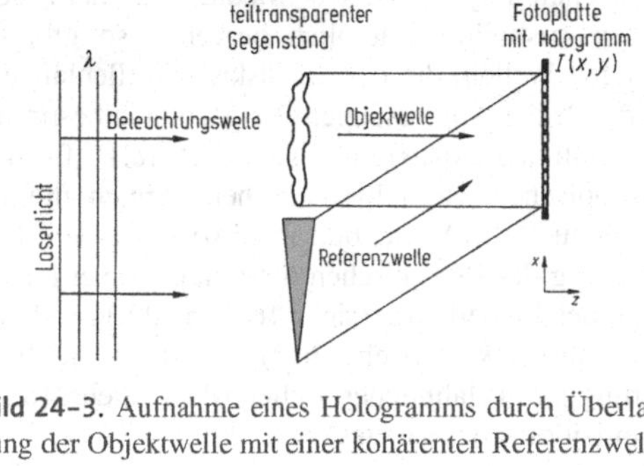


**Bild 24-3.** Aufnahme eines Hologramms durch Überlagerung der Objektwelle mit einer kohärenten Referenzwelle

Eine gleichzeitig auf die Registrierebene (Hologrammebene) eingestrahlte, zur Objektwelle kohärente Referenzwelle (gemeinsame Erzeugung von Beleuchtungs- und Referenzwelle mittels eines Lasers, Bild 24-3)

$$u_\mathrm{R}(x,y) = |u_\mathrm{R}(x,y)|\,\mathrm{e}^{\mathrm{j}\varphi_\mathrm{R}(x,y)} \qquad (24\text{-}5)$$

interferiert mit der Objektwelle und ergibt eine Intensität in der Hologrammebene

$$\begin{aligned} I(x,y) &\sim |u_\mathrm{G} + u_\mathrm{R}|^2 \\ &= |u_\mathrm{G}|^2 + |u_\mathrm{R}|^2 + 2|u_\mathrm{G}|\,|u_\mathrm{R}|\cos(\varphi_\mathrm{G} - \varphi_\mathrm{R})\,. \end{aligned} \qquad (24\text{-}6)$$

Hierin sind

$|u_\mathrm{G}|^2$, $|u_\mathrm{R}|^2$: Intensitäten der Objektwelle bzw. der Referenzwelle ohne Interferenz,
$2|u_\mathrm{G}|\;|u_\mathrm{R}|\;\cos(\varphi_\mathrm{G} - \varphi_\mathrm{R})$: Interferenzglied, beschreibt ein Interferenzstreifensystem im Hologramm, dessen Amplitude durch den Betrag der Objektwelle $|u_\mathrm{G}|$ und dessen örtliche Streifenlage durch die Phasendifferenz $\varphi_\mathrm{G} - \varphi_\mathrm{R}$ zur Referenzwelle bestimmt ist.

Das im Hologramm registrierte Interferenzstreifensystem enthält daher die vollständige Objektwelleninformation.
Nach fotografischer Entwicklung der Hologrammplatte ist deren Amplitudentransmission $t(x,y) \sim I(x,y)$. Nunmehr werde das Hologramm in derselben Anordnung allein durch die Referenzwelle beleuchtet (Bild 24-4). Die Lichtverteilung unmittelbar hinter dem Hologramm ist dann mit (24-6) unter Weglassung des Imaginärteils

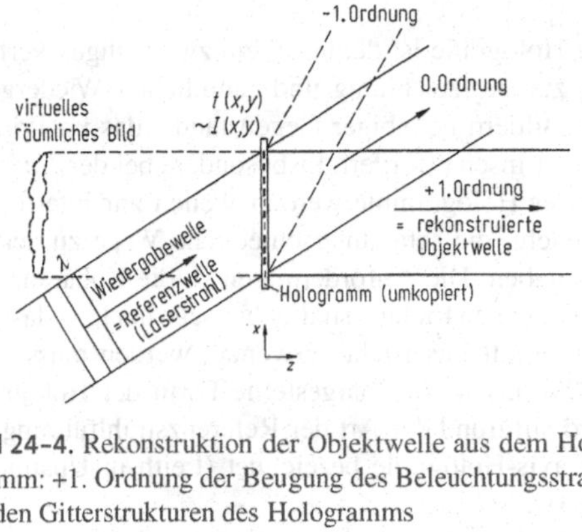


**Bild 24-4.** Rekonstruktion der Objektwelle aus dem Hologramm: +1. Ordnung der Beugung des Beleuchtungsstrahls an den Gitterstrukturen des Hologramms

$$u(x,y) = t(x,y)\,u_R(x,y)$$
$$\sim [|u_G|^2 + |u_R|^2 + 2|u_G||u_R|\cos(\varphi_G - \varphi_G)]$$
$$\times |u_R|\cos\varphi_R$$

$$u(x,y) \sim |u_R|[|u_G|^2 + |u_R|^2]\cos\varphi_R \quad \text{transmittierte Referenzwelle}$$
$$+|u_R|^2|u_G|\cos(\varphi_G - 2\varphi_R) \quad \text{Zwillingsbild}$$
$$+\underline{|u_R|^2|u_G|\cos(\varphi_G)} \quad \text{Objektwelle} \qquad (24\text{-}7)$$

Bis auf einen konstanten Faktor $|u_R|^2$ stellt der dritte Term die gesuchte Lichtverteilung der ursprünglichen Objektwelle dar, die jetzt nicht mehr durch die Beleuchtung des Objekts, sondern des Hologramms erzeugt (rekonstruiert) wird. Damit ist aber nach dem Huygens'schen Prinzip die sich von dieser Lichtverteilung weiter nach rechts ausbreitende neue Objektwelle identisch mit der ursprünglichen, sodass beim Blicken durch das so beleuchtete Hologramm das Objekt an der ursprünglichen Stelle (und zwar räumlich) gesehen wird, ohne dass das Objekt dort vorhanden sein muss. Im Bild der Gitterbeugung ist die rekonstruierte Objektwelle die 1. Ordnung der Beugung der Referenzwelle am Hologrammgitter. Der erste Term in (24-7) stellt die 0. Ordnung, der zweite Term die –1. Ordnung dar, die hier nicht weiter betrachtet wird.

**Achtung:** Beim Betrachten eines Hologramms darf zur Vermeidung von Augenschäden nicht in die 0. Ordnung des beleuchtenden Laserstrahls geblickt werden!

Die Holografie ist demnach ein zweistufiges Verfahren zur Aufzeichnung und räumlichen Wiedergabe von Bildern beliebiger Gegenstände, das im Prinzip keine Linsen erfordert. Insbesondere bei der Aufnahme der Hologramme werden Wellen zur Interferenz gebracht, die sehr unterschiedliche Wege zurückgelegt haben. Die Anforderungen an die Kohärenz des verwendeten Lichtes sind daher sehr hoch, sodass im Normalfall Laserlicht verwendet werden muss (siehe 20.5). Die hier dargestellte Form der Holografie wird aufgrund der Art der Referenzstrahlführung als Off-axis-Holografie bezeichnet (Leith u. Upatnieks, 1963).

# 25 Materiewellen

## 25.1 Teilchen, Wellen, Unschärferelation

Es gibt zwei physikalische Phänomene, die Erhaltungsgrößen wie Energie, Impuls und Drehimpuls speichern und transportieren können (Tabelle 25-1): Teilchen (Partikel) und Wellen.

Die *Teilchen* und ihr Verhalten können im Wesentlichen durch die Erhaltungsgesetze für Energie, Impuls und Drehimpuls beschrieben werden (vgl. 3 und 4). Im makroskopischen Bereich der Physik sind daher keine Einschränkungen hinsichtlich der Werte dieser Größen erkennbar. Solche Einschränkungen werden jedoch im mikroskopischen Bereich der Physik (Atomphysik, Kernphysik) beobachtet, wo die experimentellen Ergebnisse dazu zwangen, Quantenhypothesen für Energie und Impuls bzw. Drehimpuls einzuführen: Quantisierte Oszillatoren in der Planck'schen Strahlungstheorie (siehe 20.2), quantisierte Energien und Drehimpulse in der Atomtheorie (vgl. 16.1). Viel länger akzeptiert sind Quantenvorstellungen, soweit es die Grundbausteine der Materie, die Elementarteilchen, die elektrische Ladung usw. betreffen. Schließlich ist es ein Merkmal der Partikel in der klassischen Mechanik, dass ihr Ort, Impuls usw. im Prinzip zu jedem Zeitpunkt genau angegeben werden kann: Partikel sind lokalisiert.

Bei der Ausbreitung von *Wellen* handelt es sich dagegen um die räumliche Fortpflanzung eines Schwingungsvorganges, der typischerweise ausgedehnt, nicht lokalisiert ist. Es handelt sich nicht wie bei den Teilchen um einen Materietransport, dennoch wird auch hier Energie und Impuls transportiert (vgl. 18.1 und 19.1). Quantisierungsvorschriften gibt es hier bereits im makroskopischen Bereich der klassischen Physik: Ist das Medium, in dem sich Wellen ausbreiten, räumlich begrenzt, so gibt es stehende Wellen, die nur für diskrete Wellenlängen, die durch die Abmessungen des Mediums bestimmt sind, stationär existieren können (vgl. 18.1). Im mikroskopischen, atomphysikalischen Bereich musste jedoch auch das Wellenbild modifiziert werden. Die Erklärung der Planck'schen Strahlungsformel (siehe 20.2), des Fotoeffektes (siehe 16.7 und 20.3) und des Compton-Effektes (siehe 20.3) erforderte die Einführung partikelähnlicher Wellenpakete (siehe 18.1): Quantisierung des Lichtes (siehe 20.3).

**Tabelle 25-1.** Charakteristika von Teilchen und Wellen im makroskopischen und im mikroskopischen Bereich

| | Makroskopischer Bereich | Mikroskopischer Bereich | |
|---|---|---|---|
| Teilchen (Partikel) | räumlich lokalisiert; Energie, Impuls, Drehimpuls,... können beliebige Werte annehmen | Wellenverhalten: Materiewellen, nicht streng lokalisiert | Energie, Impuls, Drehimpuls, |
| Welle | räumlich ausgedehnt; Energie, Impuls,... können beliebige Werte annehmen, aber: Quantelung bei stehenden Wellen | Partikelverhalten: Lichtquanten, nicht beliebig ausgedehnt | ... quantisiert |

Damit erhebt sich die Frage der Lokalisierbarkeit von Wellen. Bei einem klassischen Partikel ist die Ortsbestimmung im Prinzip kein Problem, der Ort eines Partikels lässt sich angeben. Eine Welle hingegen erfüllt immer ein gewisses Gebiet, das beliebig groß sein kann. Dann wird eine Ortsangabe für die Welle unmöglich. Erst der Übergang zu einer endlich langen Welle, einem örtlich begrenzten Wellenpaket (18.1), lässt eine Ortsangabe mit einer gewissen Unschärfe $\Delta x$ zu, die etwa der Länge des Wellenpakets entspricht (Ausbreitung in $x$-Richtung angenommen):

$$\Delta x = v_\mathrm{p}\tau\,. \tag{25-1}$$

$v_\mathrm{p}$ Phasengeschwindigkeit der Welle,

$\tau$ zeitliche Dauer des Wellenzuges.

Mit der Ortsunschärfe ist eine weitere Unschärfe verknüpft. Nach dem Fourier-Theorem ist ein zeitlich begrenzter Wellenzug der Zeitdauer $\tau$ als Überlagerung eines kontinuierlichen Spektrums von unbegrenzten Wellen anzusehen, deren spektrale Amplitudenverteilung (Bild 5-23) die Halbwertsbreite

$$\Delta\nu \approx \frac{1}{\tau} \tag{25-2}$$

aufweist: Frequenzunschärfe. Die Frequenz eines Lichtquants hängt gemäß (20-38) mit seinem Impuls $p_\gamma = h/\lambda$ zusammen:

$$\nu = \frac{v_\mathrm{p}}{\lambda} = \frac{v_\mathrm{p}}{h}p_\gamma\,. \tag{25-3}$$

Aus der Frequenzunschärfe $\Delta\nu$ folgt danach eine Impulsunschärfe

$$\Delta_{\mathrm{p}_x} = \frac{h}{v_\mathrm{p}}\Delta\nu = \frac{h}{v_\mathrm{p}\tau}\,, \tag{25-4}$$

woraus sich mit (25-1) ergibt:

$$\Delta p_x\,\Delta x = h\,. \tag{25-5}$$

Eine genauere Ableitung ergibt die *Heisenberg'sche Unschärferelation* (Heisenberg, 1927):

$$\Delta p_x\,\Delta x \geqq \hbar\,. \tag{25-6}$$

Die Unschärferelation verknüpft die aufgrund der Struktur von Wellenpaketen entstehenden prinzipiellen Messungenauigkeiten korrespondierender physikalischer Größen (Kennzeichen: das Produkt korrespondierender Größen hat die Dimension einer Wirkung) miteinander:

> Ort und Impuls eines Wellenpakets sind nicht gleichzeitig genau messbar. Je genauer der Ort bestimmt wird, desto weniger genau lässt sich sein Impuls bestimmen und umgekehrt.

Wegen der Verwendung von (20-38) gilt die obige Ableitung der Unschärferelation zunächst für elektromagnetische Wellen (Lichtquanten), erweist sich aber auch für Materiewellen (25.2), elastische Wellen usw. als zutreffend. Dass man in der makroskopischen Physik von der Unschärferelation nichts bemerkt, liegt daran, dass das Planck'sche Wirkungsquantum $h = 6{,}62606896 \cdot 10^{-34}\,\mathrm{J}\cdot\mathrm{s}$ so außerordentlich klein ist.

## 25.2 Die De-Broglie-Beziehung

Die Zuordnung von im Sinne der klassischen Physik typischen Teilcheneigenschaften, wie Lokalisierbarkeit, Energie, Impuls usw., zu Wellen legt aus Symmetriegründen die Idee nahe (vgl. Tabelle 25-1), umgekehrt den Materieteilchen auch Welleneigenschaften zuzuordnen: *Materiewellen* (de Broglie, 1924). Zwischen dem Impuls $p = mv$ der Teilchen und der Wellenlänge $\lambda$ der den Teilchen zugeordneten Materiewelle wurde derselbe Zusammenhang wie beim Licht (20-38) vermutet:

$$p = \frac{h}{\lambda} . \qquad (25\text{-}7)$$

Mit (12-53) folgt daraus für die Materiewellenlänge die *De-Broglie-Beziehung*:

$$\lambda = \frac{h}{p} = \frac{h}{mv} = \frac{h}{\sqrt{2emU}} . \qquad (25\text{-}8)$$

Für Elektronen gilt (25-8) nur für Beschleunigungsspannungen $U < (10^4 \ldots 10^5)$ V (vgl. 12.5). Bei relativistischen Geschwindigkeiten muss (12-55) verwendet werden. Werte für die De-Broglie-Wellenlänge von Elektronen finden sich in Tabelle 25-2 (siehe 25.4).

Natürlich wird man hier wie bei den Lichtquanten annehmen, dass die den Teilchen zugeordneten Materiewellen eine begrenzte Länge haben, sodass es sich um Wellenpakete (18.1) handelt, die etwa am Ort des betreffenden Teilchens ihr Zentrum haben. Damit gilt aber die Heisenberg'sche Unschärferelation (25-6), die aus den Wellengruppeneigenschaften und $p = h/\lambda$ resultierte, auch für Materiewellen.

In weiterer Verfolgung der Analogie zur Lichtquantenvorstellung lässt sich die Energie bewegter Teilchen mit einer Frequenz $\nu$ entsprechend (20-36) verknüpfen. Nehmen wir ferner die Äquivalenz von Masse und Energie hinzu, so folgt mit (4-42) für die Frequenz einer Materiewelle

$$\nu = \frac{mc_0^2}{h} . \qquad (25\text{-}9)$$

Damit ergibt sich für die Phasengeschwindigkeit einer Materiewelle mithilfe der De-Broglie-Beziehung (25-8)

$$v_p = \nu\lambda = \frac{mc_0^2\lambda}{h} = \frac{c_0^2}{v} . \qquad (25\text{-}10)$$

Da die Teilchengeschwindigkeit $v$ die Vakuumlichtgeschwindigkeit $c_0$ nicht übersteigen kann (vgl. 4.5), ist offenbar die Phasengeschwindigkeit einer Materiewelle immer größer als $c_0$. Weil nach (10) die Phasengeschwindigkeit von der Wellenlänge $\lambda$ abhängt, liegt auch Dispersion vor. Für diesen Fall bestimmt sich die Gruppengeschwindigkeit $v_g$, also die Ausbreitungsgeschwindigkeit des dem Teilchen zugeordneten Wellenpaketes (siehe 18.1) aus (18-27)

$$v_g = v_p - \lambda\frac{dv_p}{d\lambda} = \frac{d\nu}{d(1/\lambda)} . \qquad (25\text{-}11)$$

Beschränken wir uns zur Vereinfachung der Rechnung auf nichtrelativistische Teilchen ($v \ll c_0$), so ist nach (4-36) bis (4-38)

$$mc_0^2 = m_0c_0^2 + \frac{1}{2}m_0v^2 \quad \text{und} \quad \frac{1}{\lambda} = \frac{m_0v}{h} . \qquad (25\text{-}12)$$

Damit folgt aus (25-9), (25-11) und (25-12)

$$v_g = \frac{d\left(c_0^2 + \frac{1}{2}v^2\right)}{dv} = v , \qquad (25\text{-}13)$$

d. h., die Teilchengeschwindigkeit ist gleich der Gruppengeschwindigkeit der dem Teilchen zugeordneten Wellengruppe (de Broglie), ein Ergebnis, das befriedigend zur Beschreibung eines Teilchens durch eine Wellengruppe passt. Mit (25-10) ergibt sich schließlich die für *Materiewellen* gültige Beziehung

$$v_g v_p = c_0^2 , \qquad (25\text{-}14)$$

die nicht auf elektromagnetische Wellen (Lichtquanten) übertragen werden darf.

*Anmerkung*: Da die Energie $mc_0^2$ in (25-9) nicht eindeutig ist, sondern durch eine potenzielle Energie $E_p = eV$ mit frei wählbarem Nullpunkt ergänzt werden kann, ist die Phasengeschwindigkeit (25-10) willkürbehaftet. Andere Rechnungen liefern z. B. $v_p = v_g/2$. Dies zeigt, dass die Phasengeschwindigkeit von Materiewellen unbestimmt und eine nicht direkt beobachtbare Größe ist. Beobachtet wird stets nur die Gruppengeschwindigkeit.

Der erste Erfolg des Materiewellenkonzepts war eine Deutung der stationären Bohr'schen Bahnen im Atom (siehe 16.1) als stehende Materiewelle der Bahnelektronen auf dem Bahnumfang. Dazu betrachten wir zwei Fälle: Bild 25-1a zeigt den instationären Fall, in dem der Bahnumfang $2\pi r$ nicht durch die Materiewellenlänge $\lambda$ teilbar ist. Bei weiterer Verfolgung der Amplitudenverteilung der Materiewelle über den gezeichneten Bereich hinaus wird deutlich, dass sich

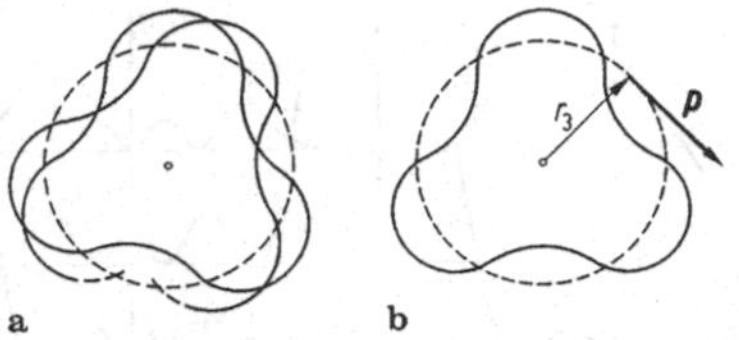


**Bild 25-1.** Materiewellen auf einer Bohr'schen Bahn. **a** instationärer Fall, **b** stationärer Fall für $n = 3$

die Welle durch Interferenz selbst auslöscht. Mit der in der Zeichnung angenommenen Wellenlänge kann sie auf der vorgegebenen Bahn nicht stationär existieren.
Ein stationärer Fall ist nur dann möglich, wenn die Bedingung

$$2\pi r_n = n\lambda \quad (n = 1, 2, \ldots) \qquad (25\text{-}15)$$

erfüllt ist. Mit der De-Broglie-Beziehung (25-8) folgt dann sofort die Bohr'sche Quantenbedingung (16-7) für den Drehimpuls

$$L = r_n p = n\frac{h}{2\pi} = n\hbar\,, \qquad (25\text{-}16)$$

die sich hier ganz zwanglos aus der Forderung stationärer, stehender Materiewellen ergibt.
Mit den den Elektronen im Atom zugeordneten Materiewellen lässt sich auch die im Bohr'schen Atommodell postulierte Strahlungslosigkeit der stationären Bohr'schen Bahnen deuten (vgl. 16.1): Eine längs der klassischen Elektronenbahn schwingende Materiewelle bedeutet, dass das Elektron (besser: seine Aufenthaltswahrscheinlichkeit bzw. die Wellenfunktion, vgl. 25.3) gewissermaßen über den Bahnumfang verschmiert ist. In diesem Bild stellt das System Atomkern – Elektron keinen schwingenden elektrischen Dipol mehr dar, und die Strahlungsnotwendigkeit entfällt.
Noch deutlicher zeigt dies die Unschärferelation (25-6), wenn wir sie z. B. auf das Wasserstoffatom anwenden. Legt man den Ort des Elektrons nur etwa auf den Bereich des Atoms fest, wählt man also als Ortsunschärfe den Durchmesser der ersten Bohr'schen Bahn $\Delta x = 2r_1 = 106$ pm (siehe 16-9), so ergibt sich eine aus der Impulsunschärfe folgende Geschwindigkeitsunschärfe, die von gleicher Größenordnung wie die klassisch nach (16-4) zu berechnende Umlaufgeschwindigkeit des Elektrons ist! Die klassische Rechnung verliert hier also völlig ihren Sinn, d. h., ein solches System darf nicht wie ein klassischer elektromagnetischer Dipol behandelt werden.

## 25.3 Die Schrödinger-Gleichung

Über die physikalische Größe, die bei einer Materiewelle schwingt, ist bisher nichts ausgesagt worden. Zur mathematischen Beschreibung wird daher zunächst eine allgemeine *Wellenfunktion* $\Psi$ eingeführt, die z. B. für ein sich in $x$-Richtung bewegendes Elektron lauten kann

$$\Psi(x,t) = \hat{\Psi}\mathrm{e}^{\mathrm{j}(kx-\omega t)} = \psi(x)\mathrm{e}^{-\mathrm{j}\omega t}\,. \qquad (25\text{-}17)$$

Das Quadrat der Wellenfunktion eines Teilchens $|\Psi(x,t)|^2 = \Psi\Psi^*$ gibt die Wahrscheinlichkeitsdichte dafür an, das Teilchen zur Zeit $t$ am Ort $x$ anzutreffen. Demgemäß wird $\Psi$ auch als Wahrscheinlichkeitsamplitude bezeichnet (genauer: deren Dichte). Handelt es sich um viele Teilchen, die durch dieselbe Wellenfunktion beschrieben werden können, so ist $|\Psi|^2 \sim n$ ($n$ Teilchenzahlkonzentration).
Die Wellenfunktion muss der Wellengleichung (18-7) genügen

$$\frac{\partial^2\Psi}{\partial x^2} - \frac{1}{v_\mathrm{p}^2}\cdot\frac{\partial^2\Psi}{\partial t^2} = 0\,. \qquad (25\text{-}18)$$

Einsetzen der Wellenfunktion (25-17) liefert für den ortsabhängigen Teil $\psi(x)$ der Wellenfunktion

$$\frac{\mathrm{d}^2\psi}{\mathrm{d}x^2} + \frac{\omega^2}{v_\mathrm{p}^2}\psi = 0\,. \qquad (25\text{-}19)$$

Mit der de-Broglie'schen Beziehung $p = h/\lambda$ und mit $v_\mathrm{p} = \nu\lambda$ wird

$$\frac{\omega^2}{v_\mathrm{p}^2} = \frac{p^2}{\hbar^2}\,. \qquad (25\text{-}20)$$

Aus dem Energiesatz folgt

$$p^2 = 2m(E - E_\mathrm{p})\,, \qquad (25\text{-}21)$$

und aus (25-19) bis (25-21) schließlich die *eindimensionale zeitfreie Schrödinger-Gleichung* (1926):

$$\frac{\mathrm{d}^2\psi}{\mathrm{d}x^2} + \frac{2m}{\hbar^2}(E - E_\mathrm{p})\psi = 0\,. \qquad (25\text{-}22)$$

Wird für $E_p$ die potenzielle Energie des Elektrons in dem jeweiligen System eingesetzt, so beschreibt die Schrödinger-Gleichung dieses System. Beispiele sind (ohne Durchrechnung im Einzelnen):

*Freies Elektron*: $E_p = 0$.

Hierfür ergibt sich aus (25-22) eine räumliche Schwingungsgleichung. Mit dem Lösungsansatz

$$\psi(x) = \hat{\psi}\,\mathrm{e}^{jkx} \tag{25-23}$$

erhält man

$$E = \frac{\hbar^2 k^2}{2m} = \frac{p^2}{2m}\,, \tag{25-24}$$

d. h. die kinetische Energie eines freien Elektrons. Dabei ist eine Lösung für jeden Wert von $E$ möglich, die Energie des freien Elektrons ist demnach nicht quantisiert.

*Harmonische Bindung*: $E_p = \frac{m\omega_0^2}{2}x^2$ (vgl. (5-26)).

Bei diesem Potenzial ergeben sich stationäre Lösungen für $\psi$ nur bei bestimmten Eigenwerten der Energie:

$$E = E_n = \left(n + \frac{1}{2}\right)h\nu\,. \tag{25-25}$$

Dies sind die schon bei der Behandlung des harmonischen Oszillators angegebenen möglichen Energiewerte (vgl. 5.2.2). Die Energiequantelung erhält man hier also als Lösung des Eigenwertproblems der Schrödinger-Gleichung. Berechnet man die zugehörigen Wellenfunktionen für die verschiedenen Quantenzahlen $n = 0, 1, \ldots$, so zeigt sich, dass es sich auch hier um eine Art stehender Wellen im Parabelpotenzial des harmonischen Oszillators (Bild 25-2, vgl. auch Bild 5-8) handelt.

*Coulomb-Potenzial des H-Atoms*:

$$E_p = -\frac{e^2}{4\pi\varepsilon_0 r} \quad \text{(siehe 16.1)}\,.$$

In diesem Falle erhält man stationäre Lösungen für die Wellenfunktion der Elektronen im Wasserstoffatom nur für die Energie-Eigenwerte

$$E_n = -\frac{m_e e^4}{8\varepsilon_0^2 h^2}\cdot\frac{1}{n^2}\,. \tag{25-26}$$

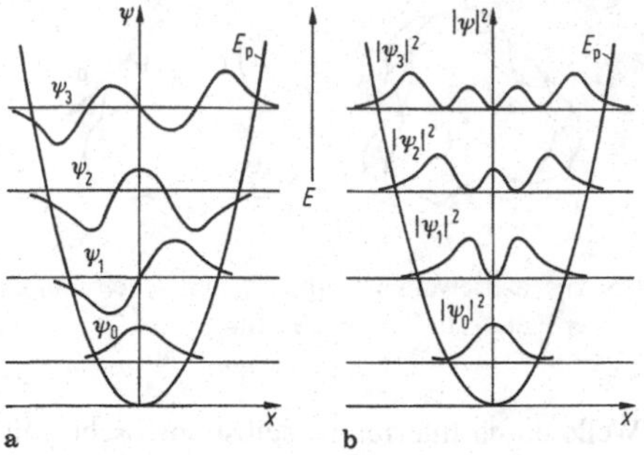


**Bild 25-2.** **a** Wellenfunktion (Wahrscheinlichkeitsamplitude), **b** Aufenthaltswahrscheinlichkeitsdichte für ein Teilchen im Parabelpotenzial der harmonischen Bindung (harmonischer Oszillator)

Dies sind die stationären Energiewerte des Wasserstoff-Atoms, wie sie sich auch aus der Bohr'schen Theorie ergeben haben (16-10).

Die Schrödinger'sche *Wellenmechanik*, deren Grundgleichung die Schrödinger-Gleichung z. B. in der Form (25-22) ist, hat sich in der Atomphysik und in der Chemie (vgl. C 1.4) als außerordentlich erfolgreich erwiesen.

## 25.4 Elektronenbeugung, Elektroneninterferenzen

Der Erfolg der Materiewellenhypothese von de Broglie bei der Deutung der stationären Elektronenzustände im Atom wäre unvollständig ohne einen direkten experimentellen Nachweis für die Welleneigenschaften von Teilchen. Dieser Nachweis wurde ähnlich wie bei den Röntgenstrahlen (vgl. 23.2) durch Beugung am Atomgitter von Kristallen erbracht, und zwar einerseits durch Reflexionsbeugung langsamer Elektronen ($E = (30\ldots300)$ eV) an Nickel-Einkristallen (Davisson u. Germer, 1927) und andererseits durch Beugung mittelschneller Elektronen ($E = (10\ldots100)$ keV) bei der Durchstrahlung (Transmission) dünner kristalliner Schichten (G.P. Thomson, 1927). Bild 25-3a zeigt im Prinzip die Anordnung nach Thomson. Dünne einkristalline Schichten verhalten sich dabei ähnlich wie Kreuzgitter (vgl. 23.2), d. h., sie ergeben ein zweidimensionales Beugungsmuster (Bild 25-3b). Trifft dagegen der Elektronenstrahl auf viele kleine, statistisch

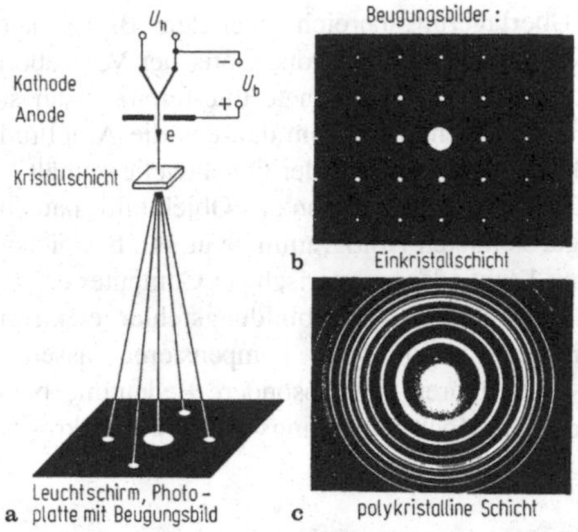


**Bild 25-3.** Elektronenbeugung an kristallinen Schichten (in Transmission): Beugung von 100-keV-Elektronen an Zinnschichten (Dicke: 80 nm). **a** Prinzip der Anordnung, **b** einkristalline Schicht, **c** polykristalline Schicht. (Aufnahmen: G. Jeschke, I. Phys. Inst. TU Berlin)

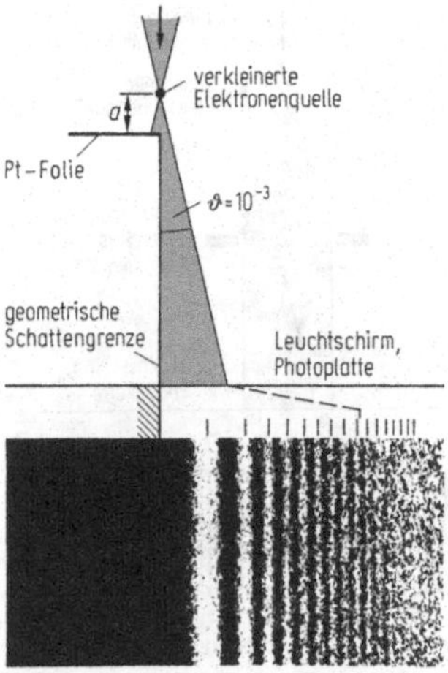


**Bild 25-4.** Fresnel'sche Elektronenbeugung an der Kante nach Boersch. $E = 38$ keV, $a = 140\,\mu$m (H. Boersch: Naturwiss. **28** (1940) 909; Phys. Z. **44** (1943) 202)

orientierte Kristallite, wie sie in einer polykristallinen Schicht vorliegen, so überlagern sich die von den einzelnen Kristalliten stammenden Beugungsreflexe zu Beugungsringen (Bild 25-3c), ganz entsprechend den Debye-Scherrer-Beugungsdiagrammen bei der Röntgenbeugung an Kristallpulvern (vgl. 23.2).

Aus den Beugungswinkeln $\vartheta_B$ der beobachteten Reflexe lassen sich über die auch hier gültige Bragg'sche Gleichung (23-23)

$$2g \sin \vartheta_B = n\lambda \qquad (25\text{-}27)$$

die zugehörigen Netzebenenabstände $g$ bzw. Gitterkonstanten bestimmen, wenn man für $\lambda$ die De-Broglie-Wellenlänge ((25-8), Tabelle 25-2) einsetzt. Ähnlich wie die Röntgenbeugung ist daher die Elektronenbeugung heute ein wichtiges Hilfsmittel der Kristallstruktur- und Substanzanalyse, und jedes (Transmissions-)Elektronenmikroskop (vgl. 25.5) ist heute auch für Elektronenbeugungsaufnahmen eingerichtet.

Die aus der Elektronenbeugung an Kristallen resultierenden Beugungsdiagramme (Bild 25-3) stellen Fraunhofer'sche Beugungsdiagramme an atomaren Strukturen dar. Letzte mögliche Zweifel an der Aussagekraft solcher Wechselwirkungen von Elektronen mit atomaren Abständen als Nachweis für die Wellennatur der Elektronen können durch die Fresnel'sche Beugung von Elektronen an einer makroskopischen Kante, wie Bild 25-4 zeigt (Boersch, 1940), als beseitigt gelten.

In der Lichtoptik ist es möglich, das Licht einer Lichtquelle mittels zweier mit den Basisflächen gegeneinandergesetzter Prismen (Fresnel'sches Biprisma) in zwei kohärente Teilbündel aufzuteilen und diese damit gegenseitig zu überlagern. Im Überlagerungsbereich beobachtet man auf einem Schirm Zweistrahlinterferenzen.

Das entsprechende Experiment lässt sich auch mit kohärenten Elektronenstrahlbündeln durchführen (Möllenstedt u. Düker, 1956). Zur Überlagerung

**Tabelle 25-2.** De-Broglie-Wellenlängen von Elektronen

| Beschleunigungsspannung | Wellenlänge $\lambda$/pm |
|---|---|
| 1V | 1200 |
| 10 V | 390 |
| 100 V | 120 |
| 1 kV | 39 |
| 10 kV | 12 |
| 100 kV | 3,7[a] |
| 1 MV | 0,87[a] |
| 10 MV | 0,12[a] |

[a] relativistisch korrigiert

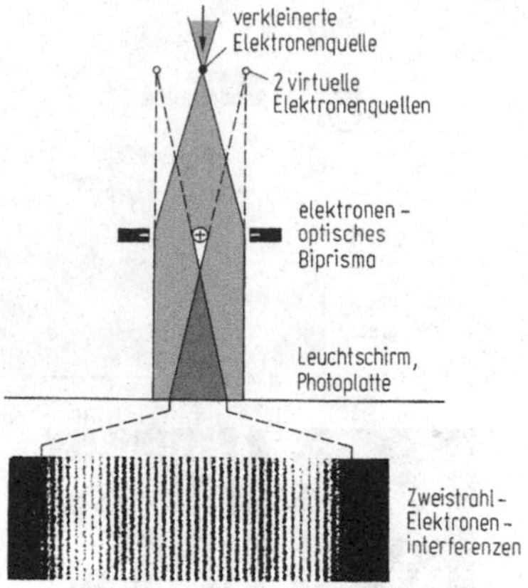


**Bild 25-5.** Zweistrahl-Elektroneninterferenzen am elektronenoptischen Biprisma nach Möllenstedt (G. Möllenstedt, H. Düker: Z. Phys. **145** (1956) 377)

beider Teilbündel wird ein elektronenoptisches Biprisma (Bild 25-5) verwendet, das im Wesentlichen aus einem sehr dünnen Draht (1 bis 10 μm Durchmesser) besteht, der gegenüber der Umgebung positiv aufgeladen wird und die Umlenkung der Elektronenbündel bewirkt. Im Überlagerungsbereich erhält man Zweistrahlinterferenzen der beiden Elektronenwellenbündel (Bild 25-5).

Mit einer solchen Anordnung kann im Prinzip auch *Elektronenholografie* betrieben werden. Die beiden Teilbündel des elektronenoptischen Biprismas können nämlich als Objektwelle einerseits und als Referenzwelle andererseits benutzt werden, in völliger Analogie zur lichtoptischen Holografie (vgl. 24.3). Dazu wird das Untersuchungsobjekt (z. B. eine sehr dünne Schicht) in das eine Teilbündel gebracht. Das im Überlagerungsbereich unter dem Biprisma (gegebenenfalls nach elektronenoptischer Vergrößerung fotografisch) aufgezeichnete Interferenzmuster stellt das Elektronenhologramm dar, das die Amplituden- und Phaseninformation der Objektwelle enthält (vgl. 24.2). Die Rekonstruktion des Objektbildes aus dem aufgezeichneten Hologramm kann nun beispielsweise mit Licht oder rechnerisch per Computer erfolgen. Da sich hierbei die Abbildungsfehler elektronenoptischer Linsen (25.5) kompensieren lassen, hat dieses Verfahren eine besondere Bedeutung bei der modernen Höchstauflösungs-Elektronenmikroskopie (Lichte, 1986).

## 25.5 Elektronenoptik

Das Auflösungsvermögen des Lichtmikroskops ist auf die Wellenlänge des Lichtes von etwa 500 nm begrenzt (vgl. 24.1). Ein besseres Auflösungsvermögen ist nach Abbe (24-1) nur durch Verwendung einer Strahlung kleinerer Wellenlänge erreichbar. Elektromagnetische Strahlung wesentlich kleinerer Wellenlänge bzw. höherer Frequenz (z. B. Röntgenstrahlung) scheidet praktisch aus, da die Brechzahl der Stoffe bei solchen Frequenzen sehr nahe bei 1 liegt (siehe 20.1), sodass sich keine Linsen für derartige Strahlungen herstellen lassen.

Dagegen haben Elektronen bei Energien um 100 keV Wellenlängen von etwa 4 pm (Tabelle 25-2), die damit weit kleiner als die Atomabstände in kondensierter Materie sind. Außerdem lassen sich Elektronen durch elektrische oder magnetische Felder (wie Licht durch ein Prisma) ablenken, sodass eine Elektronenoptik z. B. mit rotationssymmetrischen elektrischen oder magnetischen Feldern als Elektronenlinsen mög-

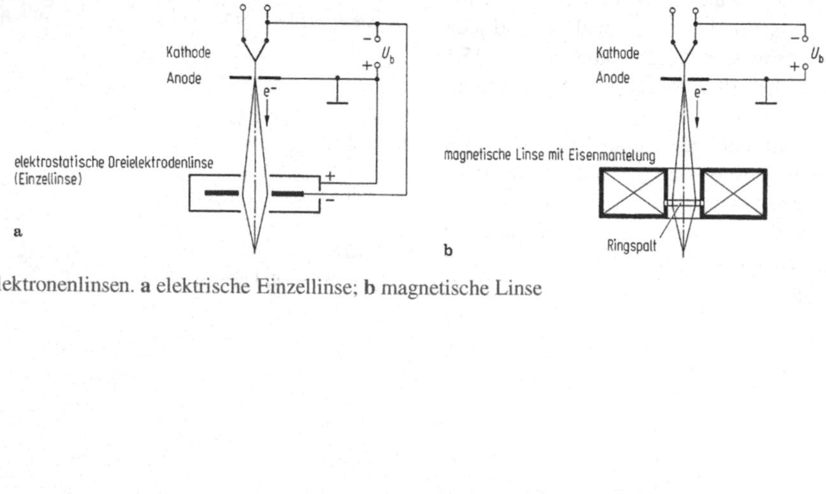


**Bild 25-6.** Elektronenlinsen. **a** elektrische Einzellinse; **b** magnetische Linse

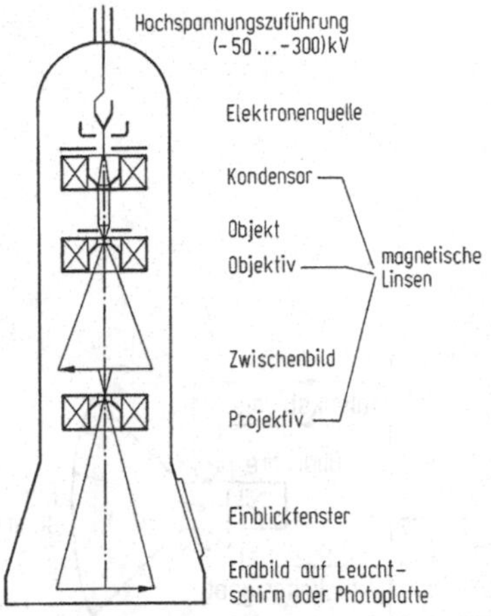


**Bild 25-7.** Prinzipieller, stark vereinfachter Aufbau eines abbildenden Transmissions-Elektronenmikroskops

lich ist (Hans Busch, 1926). Bild 25-6 zeigt Ausführungsformen solcher Elektronenlinsen, und zwar eine elektrostatische Dreielektrodenlinse (a) sowie eine eisengekapselte magnetische Linse mit Ringspalt (b).
Die Brechkräfte solcher Linsen berechnen sich nach Busch für achsennahe Elektronenstrahlen folgendermaßen (ohne Ableitung):
Brechkraft der elektrischen Einzellinse:

$$\frac{1}{f} \approx \frac{1}{8\sqrt{U_\mathrm{b}}} \int \left(\frac{\mathrm{d}U}{\mathrm{d}z}\right)^2 U^{-3/2}\,\mathrm{d}z\,. \qquad (25\text{-}28)$$

Brechkraft der magnetischen Linse:

$$\frac{1}{f} \approx \frac{e}{8mU_\mathrm{b}} \int B_z^2\,\mathrm{d}z\,. \qquad (25\text{-}29)$$

Die Integrale sind längs der optischen Achsen zu erstrecken, soweit die Achsenfeldstärken $E_z = \mathrm{d}U/\mathrm{d}z$ oder $B_z$ von 0 verschieden sind. $U_\mathrm{b}$ ist die Beschleunigungsspannung der Elektronen, und $U = U(z)$ das variable Potenzial auf der optischen Achse (bei der elektrischen Linse). Zur Erzielung kurzer Brennweiten muss der Feldbereich kurz, aber von hoher Feldstärke sein. Es kommt daher z. B. bei den magnetischen Linsen sehr auf geeignete Formung der Polschuhe am Ringspalt an.
Entsprechend den beiden Linsentypen hat man zwei Entwicklungslinien von Elektronenmikroskopen verfolgt: *magnetische Elektronenmikroskope* (Knoll u. Ruska, 1931, Bild 25-7) und *elektrostatische Elektronenmikroskope* (Brüche u. Johannson, 1932). Aus technischen Gründen haben sich heute die magnetischen Elektronenmikroskope weitgehend durchgesetzt.
Elektronenlinsen haben sehr große Öffnungsfehlerkoeffizienten $C_\text{Ö}$ (siehe 22.2) im Vergleich zu lichtoptischen Linsen. Für eine minimale Unschärfe (vgl. Bild 22-14) muss daher die Objektivöffnung bei Elektronenlinsen auf einen Aperturwinkel $\vartheta_0 \approx 4 \cdot 10^{-2}$ rad ($\approx 2°$) beschränkt werden, sodass die der Wellenlänge entsprechende Grenzauflösung nicht erreicht wird. Die Abbe'sche Auflösungsgrenze (24-1) beträgt dabei etwa $d_\mathrm{min} \approx 0{,}1$ nm, sodass dennoch eine atomare Auflösung heute möglich ist.
Ein ganz anderes elektronenmikroskopisches Verfahren stellt das Rasterelektronenmikroskop (Knoll, 1935; v. Ardenne, 1938) dar. Hierbei werden die Objektpunkte durch eine sehr feine elektronenoptisch verkleinerte Elektronensonde von 1 bis 10 nm Durchmesser nacheinander rasterförmig abgetastet (Bild 25-8). In der getroffenen Objektstelle werden Elektronen rückgestreut (RE) und Sekundärelektronen (SE) ausgelöst und von Elektronendetektoren registriert. Das daraus entstehende elektrische Signal wird verstärkt und zur Helligkeitssteuerung des Elektronenstrahls einer Fernsehbildröhre verwendet, der synchron mit dem Abtaststrahl im Rastermikroskop zeilenweise über den Leuchtschirm geführt wird, auf dem dadurch das Bild der abgetasteten Objektfläche erscheint. Dieses Verfahren gestattet damit auch die elektronenmikroskopische Direktabbildung von Oberflächen massiver Objekte. Bei dünnen Schichten als Objekt können auch die transmittierten Elektronen (TE) als Bildsignal dienen.
Eine vom Prinzip her extrem einfache Art der Abbildung durch Oberflächenabtastung ist die *Raster-Tunnelmikroskopie* (Binnig u. Rohrer, 1982). Eine mittels piezoelektrischer Verstellelemente dreidimensional verschiebbare, feine Metallspitze wird der zu untersuchenden Oberfläche auf ca. 1 nm genähert (Bild 25-9). Wird zwischen Spitze und Objektoberfläche eine elektrische Spannung $U_\mathrm{T}$ angelegt, so fließt ein Strom $I_\mathrm{T}$, obwohl keine metallisch leitende Verbindung vorliegt. Ursache ist der quantenmechanische Tunneleffekt, der auch für die Feldemission (siehe 16.7) maßgebend ist. Der „Tunnelstrom" $I_\mathrm{T}$

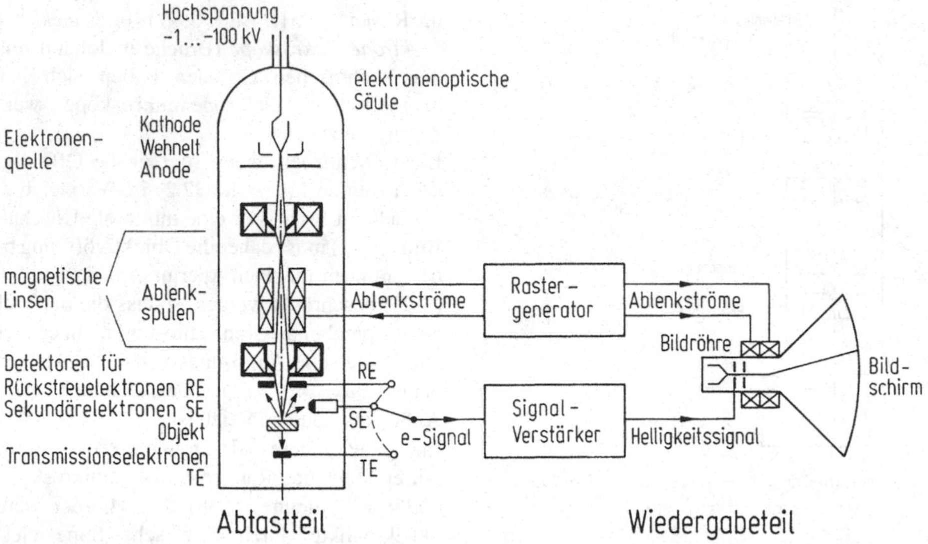


**Bild 25-8.** Prinzipieller Aufbau eines Raster-Elektronenmikroskops zur Abbildung von Oberflächen mit Rückstreuelektronen (RE) oder Sekundärelektronen (SE), bzw. von dünnen Schichten mit transmittierten Elektronen (TE)

hängt exponentiell vom Abstand $s$ zwischen Spitze und Objektoberfläche ab. Man erhält nach Binnig und Rohrer für den Tunnelstrom die Beziehung

$$I_{\mathrm{T}} \sim \frac{U_{\mathrm{T}}}{s} \sqrt{\Phi}\, \mathrm{e}^{-\beta\sqrt{\Phi} s} , \qquad (25\text{-}30)$$

mit $\Phi$ mittleres Austrittspotenzial von Spitze und Objektoberfläche für Elektronen und $\beta = 2\sqrt{2m_{\mathrm{e}}e/\hbar} = 10{,}25\ \mathrm{V}^{-0,5}\ \mathrm{nm}^{-1}$.

Beim rasternden Abtasten der Objektoberfläche mittels der piezoelektrischen $y$- und $x$-Verstellung ($P_y$ und $P_x$) werden mithilfe einer Rückkopplung auf die Abstandsverstellung $P_z$ der Tunnelstrom $I_{\mathrm{T}}$ und damit der Abstand s der Spitze von den Oberflächenstrukturen konstant gehalten. Die Spitze folgt dann allen Höhenveränderungen der Objektoberfläche. Wird das Regelsignal $U_{\mathrm{P}}$ als Bildsignal über der $x, y$-Ebene aufgezeichnet, so erhält man ein Rasterbild der Objekt-

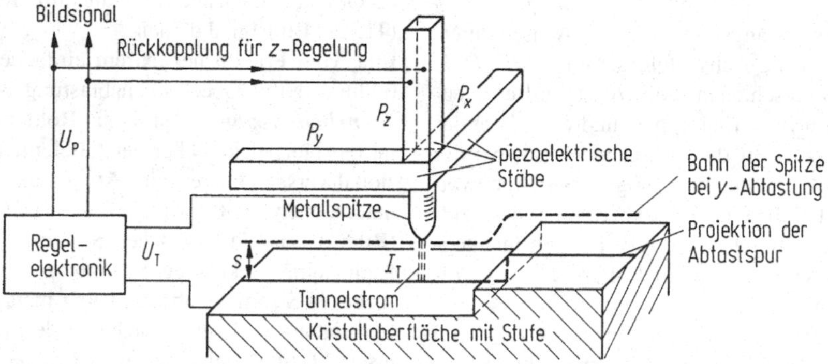


**Bild 25-9.** Objekt-Abtastverfahren beim Raster-Tunnelmikroskop nach Binnig und Rohrer

oberfläche. Der Raster- und Wiedergabeteil entspricht dabei demjenigen im Raster-Elektronenmikroskop (Bild 25-8). Die Auflösung konnte mit sehr feinen Spitzen soweit getrieben werden, dass einzelne Atome aufgelöst werden können.

## Literatur

### Handbücher und Nachschlagewerke

Bergmann/Schaefer: Lehrbuch der Experimentalphysik (8 Bde.) Versch. Aufl. Berlin: de Gruyter 2001–2008

Greulich, W. [Hrsg.]: Lexikon der Physik (6 Bde.). Heidelberg: Spektrum Akad. Verl. 2003

Hering, E.; Martin, R.; Stohrer, M.: Taschenbuch der Mathematik und Physik. 5. Aufl. Berlin: Springer 2005

Kuchling, H.: Taschenbuch der Physik. 20. Aufl. Hanser Fachbuchverlag München; Fachbuchverlag Leipzig 2010

Lide, D. R.: CRC Handbook of Chemistry and Physics. 89th ed. Boca Raton, Fla.: CRC Press 2005

Paul, H. [Hrsg.]: Lexikon der Optik (2 Bde.) Berlin: Springer 2008

Stöcker, H. (Hrsg.): Taschenbuch der Physik. 6. Aufl. Frankfurt/M.: Deutsch 2010

Westphal, W. H.: Physikalisches Wörterbuch. Berlin: Springer 1952

### Allgemeine Lehrbücher

Alonso, M.; Finn, E. J.: Physik. 3. durchges. Aufl. München: Oldenbourg 2000

Berkeley Physik-Kurs (5 Bde.). Versch. Aufl. Wiesbaden: Vieweg 1989–1991

Demtröder, W.: Experimentalphysik I-IV. Versch. Aufl. Berlin: Springer 2005–2010

Feynman, R. P.; Leighton, R. B.; Sands, M.: Vorlesungen über Physik. (3 Bde.). München: Oldenbourg 2009

Gerthsen, C., Meschede, D.: Physik. 24. Aufl. Berlin:Springer 2010

Halliday, D.; Resnick, R.; Walker, J.; Koch, S. W.: Physik. Weinheim: Wiley VCH 2007

Hänsel, H.; Neumann, W.: Physik I-IV. Heidelberg: Spektrum Akad. Verl. 2000–2002

Hering, E.; Martin, R.; Stohrer, M.: Physik für Ingenieure. 10. Aufl. Berlin: Springer 2007

Niedrig, H.: Physik. Berlin: Springer 1992

Orear, J.: Physik. 4. Aufl. München: Hanser 1989

Stroppe, H.: Physik. 14. Aufl. Fachbuchverlag Leipzig/Hanser Fachbuchverlag München; 2008

Tipler, P. A.; Mosca, G.: Physik. 2. Aufl. Heidelberg: Spektrum Akad. Verl. 2009

### Darstellungen von Einzelgebieten

Born, M.: Optik. 4. Aufl. Berlin: Springer 2006

Bucka, H.: Atomkerne und Elementarteilchen. Berlin: de Gruyter 1973

Buckel, W., Kleiner, R.: Supraleitung. 6. Aufl. Weinheim: Wiley-VCH 2004

Eichler, J.; Eichler, H. J.: Laser. 7. Aufl. Berlin: Springer 2010

Ibach, H.; Lüth, H.: Festkörperphysik. 7. Aufl. Berlin: Springer 2008

Kittel, Ch.: Einführung in die Festkörperphysik. 14. Aufl. München: Oldenbourg 2005

Mayer-Kuckuk, T.: Atomphysik. 5. Aufl. Stuttgart: Teubner 1997

Mayer-Kuckuk, T.: Kernphysik. 7. Aufl. Stuttgart: Teubner 2002

Oertel, H. [Hrsg,],Prandtl, L.: Führer durch die Strömungslehre. 12. Aufl. Wiesbaden: Vieweg 2008

Schade, H.; Kunz, E. u. a.: Strömungslehre. 3. Aufl. Berlin: de Gruyter 2007

Schuster, H. G.: Deterministisches Chaos. 3. Aufl. Weinheim: Wiley-VCH 1995

Stierstadt, K.: Physik der Materie. Weinheim: Wiley-VCH 2000

Weber, H.; Herziger, G.: Laser. 3. Aufl. Weinheim: Physik-Verl. 1985